대바늘 뜨개 대백과

전 세계 니터들의 뜨개 바이블

보그 니팅 매거진 편집부 지음 | 한미란 감수

THE ULTIMATE KNITTING BOOK

한스미디어

추천의 글

"뜨개는 양파인가요? 하나를 배우면 또 배워야 할 것이 생기고 배워도 배워도 끝이 없는 것 같아요." 뜨개를 배우시는 분들에게 제가 종종 듣는 이야기입니다. 한국의 뜨개는 본래 정석을 중요시하는 일본식 뜨개의 영향을 많이 받았지만 최근 들어 뜨는 사람의 편의와 다양한 아이디어를 중시하는 서양식 뜨개법이 우리의 뜨개 문화 속으로 빠르게 확산되었습니다. 이 두 가지 기법을 모두 익혀야 하니 많은 분들에게 뜨개가 예전보다 좀 더 어렵게 느껴지는 것도 사실입니다. 이런 시점에 발간되는《대바늘 뜨개 대백과》는 뜨개인들에게 단비 같은 책이 아닐 수 없습니다.

이 책 《대바늘 뜨개 대백과》는 일본식과 서양식 뜨개법을 통틀어 대바늘뜨기에 관한 방대한 양의 정보를 상세하게 담고 있습니다. 책을 읽고 감수를 하는 내내 책 속에 있는 내용들이 다 내 머릿속에 들어 있다면 얼마나 좋을까 하는 생각을 했습니다. 내가 현재 뜨개에 대해 얼마나 알고 있고 앞으로 어떤 부분을 더 배워야 하는지를 알 수 있다면, 뜨개를 정복하는 일이 좀 더 쉽게 느껴질 것입니다. 그리고 이 책은 그 기준이 되어주고 등불이 되어줄 책입니다.

이 책에 담긴 내용들을 모두 내 것으로 만들 수만 있다면 여러분이 바로 니트 마스터! 책을 단순히 소장하는 데 그치지 말고 꼼꼼히 읽고, 여러 번 익혀서 모든 독자분들이 뜨개에 대한 자신감을 찾을 수 있으면 좋겠습니다. 마치 오랜 뜨개 친구처럼, 좋은 뜨개 선생님처럼 항상 옆에 두고 오래도록 함께하는 책이 되기를 진심으로 바랍니다.

2024년 11월
한미란(니트 교육가, 니트 디자이너)

뜨개라는 소박한 예술 속에 우리가 무척 소중히 여기는 위대한 포크아트의 전통이
다시금 출연했다고 강하게 느꼈습니다. 이 책이 우리 니터에게 앞으로도 창조의 두근거림을 내려주기를!

케이프 파셋, 《대바늘 뜨개 대백과》(1989)에서

Table of Contents

오리지널판(1989년 간행)THE ORIGIANAL VOGUE KNITTING BOOK

1989년에 간행된 이 책의 오리지널판(구판)은 〈Vogue Knitting〉 매거진 편집자들이 3년이란 시간을 들여서 정리한 것입니다. 일러스트는 실제로 뜨면서 그린 밑그림을 토대로 손으로 그리고 채색하여 완성했고, 꼼꼼하게 뜬 막대한 양의 스와치는 촬영용 대지에 1장 1장 붙여서 촬영하는 등 작업은 디테일한 부분까지 끝까지 공들이며 진행되었습니다. 당시의 컴퓨터로는 디지털로 그림을 그리기는 어려워서, 그래프나 차트도 손으로 그리고 손으로 채색했습니다. 게다가 인쇄용 조판도 모두 수작업이었습니다.

그렇게 주도면밀한 준비 끝에 스웨터 디자인이나 뜨는 법의 기본 테크닉을 상세하게 탐구하고 해설한 이 책이 완성되었습니다.

목표로 삼은 것은 뜨개의 모든 측면을 명확하고 간결한 말로 해설하고, 정확한 순서를 스텝 바이 스텝으로 시각적으로도 전할 수 있는 궁극의 레퍼런스였습니다. 이 오리지널판은 세월이 흘러도 변함없이 계속 베스트셀러였고 현재의 니터에게 없어서는 안 될 참고서가 됐습니다.

1989년

2002년

2002년의 제2판에서는 패션 관련 페이지를 교체, 오래된 내용의 재점검, 새로운 표지 디자인 등 몇 가지가 개정되었습니다.

오리지널판 팀

롤라 에를리히 Lola Ehrlich
편집부에서 이 책을 구상했을 당시 롤라는 잡지 편집장으로서 원고와 소재를 개발할 때 팀을 이끌었다. 롤라는 결국 잡지를 떠나 롤라햇Lola Hats을 설립했다.

낸시 J. 토마스 Nancy J. Thomas
테크니컬라이팅을 담당한 낸시는 옷과 견본을 감독했다. 그녀는 〈니터스 매거진Knitters Magazine〉의 편집장으로 성공적인 경력을 이어갔고, 실 관련 여러 회사에서도 일했다.

카를라 패트릭 Carla Patrick
아직도 전 업계에서 사용 중인 컴퓨터 생성 뜨개 기호 라이브러리를 고안했다. 그녀는 수석 테크니컬 라이터로 활동하며 사진 자료를 관리했다. 카를라는 지금도 근무하고 있다.

조니 코니글리오 Joni Coniglio
원고를 쓰고 편집했으며 책에 실린 수백여 일러스트레이션을 공들여 감독했다. 조니는 현재 인터위브Interweave/F&W에서 발행하는 출판물의 기술적 측면을 감독하는 일을 한다.

아트 디렉션&디자인
캐런 샐즈기버Karen Salsgiver

작품 디렉터
마사 K. 모런Martha K. Moran

북 에디터
셰리 질렛Cheri Gillette

일러스트레이션
채프먼 분포트&어소시에이츠(영국)
Chapman Bounford & Associates(UK)
케이트 시무넥Kate Simunek

교정·교열
데비 콘Debbie Conn
리자 울스키Liza Wolsky

편집 코디네이터
캐서린 콰툴리Catherine Quartulli

디자인 어시스턴트
수전 카라베타Susan Carabetta

기고 작가
마거릿 브루젤리우스Margaret Bruzelius
마리 린 패트릭 시베렉Mari Lynn Patrick Civelek
바버라 워커Barbara Walker
엘리자베스 짐머만Elezabeth Zimmermann
케이프 파셋Kaffe Fassett

사진
잭 도이치Jack Deutsch
톨킬 구드나손Torkil Gudnason(패션)

뜨개 도안&도면
로버타 프라우어스Roberta Frauwirth
마리 쇠프Marie Schoeff
티머시 맥그래스Timothy McGrath

자문 위원
마이크 브레허Mike Brecher
마이크 샤츠킨Mike Shatzkin
마이클 하카비Michael Harkarvy

기고가
낸시 마챈트Nancy Marchant
노라 고한Norah Gaughan
데버라 뉴턴Deborah Newton
데이비드 프레데릭슨David Frederickson
도러시 래디건Dorothy Radigan
로저 이턴Roger Eaton
로즈 앤 폴라니Rose Ann Pollani
리사 폴Lisa Paul
릴리언 에스포시토Lillian Esposito
마르가리타 메히야Margarita Mejia
메리 앤 에스포시토Mary Ann Esposito
모린 피츠패트릭Maureen Fitzpatric
믹 리버스Mick Rivers
버타 칼라 하카비Berta Carla-Harkavy
샌디 대니얼스Sandy Daniels
수전 올센Susan Olsen
신디 로즈Cindy Rose
실비아 조린Silvia Jorrin
애니 모데싯Annie Modesitt
앤 클루Ann Clue
에마 스콧Emma Scott
엘리자베스 말라멘트Elizabeth Malament
엘시 폴코너Elsie Faulconer

일리샤 헬퍼만Ilisha Helferman
제시카 샤탄Jessica Shatan
조 마크 프리드먼Joe Marc Freedman
조 바이올Joe Vior
캐런 시스티Karen Sisti
캐럴 커빙턴Carol Covington
캐시 그래소Kathy Grasso
케이 니더리츠Kay Niederlitz
크리스 존스Chris Jones
테리 레베Teri Leve
트레버 분포트Trevor Bounford
휴 맥도널드Hugh MacDonald

버터릭출판 책임자
아트 조이나이즈Art Joinnides

특별 감사
바버라 워커, 엘리자베스 짐머만, 멕 스완센Meg Swansen, 커린 쉴즈Corinne Shields, 클라우디아 맨리Claudia Manley, 몬세 스탠리Montse Stanley, 메리 토마스Mary Thomas, 샐리 하딩Sally Harding, 마저리 윈터Margery Winter

2002년판
표지 디자인
벤 오스타시브스키Ben Ostasiewski

표지 사진
아이포미디어eye4media, NYC

개정 리뉴얼판(2018년 간행)

현재 편집자들은 2년에 걸쳐 이 책 전체의 개정 및 갱신 작업을 했습니다. 2000년대의 니팅 붐 시기를 지나며 니터들은 이른 단계에서부터 의욕적으로 인터넷을 활용하기 시작했기에 뜨개에 관한 지식이 단숨에 전 세계로 공유되었습니다. 이것이 새로운 기법이나 신예 디자이너의 발굴로 이어지고 새로운 세계가 열렸습니다.

니터들은 스웨터를 뜨면서도 다른 작품을 병행하여 뜨는 열광적인 시기를 경험했습니다. 스카프, 양말, 숄 등을 뜨는 유행은 이 시기에 처음 시작되었습니다. 여기에 섬유의 조달과 개발, 방적 기술의 혁신, 새로운 뜨개바늘과 도구의 개발과 개량이 어우러져, 우리는 그야말로 지금 뜨개의 역사 속에서 극히 중요한 시간의 한가운데 있다는 것을 알 수 있습니다.

그런 가운데, 우리가 목표로 한 것은 될 수 있는 한, 새로운 정보를 많이 담아서 이 책을 뜨개의 현상을 기록한 특별한 이정표로 만드는 것이었습니다. 구판의 일러스트와 사진의 다수는 현재도 보관되어 있고 1980년 당시와 마찬가지로 지금도 통용됩니다. 여기에 많은 새로운 페이지를 추가하여, 우리 팀은 구판의 소재와 완벽하게 조화되는 것을 목표로 하여 전력을 다했습니다. 인쇄된 디자인은 신구 요소를 멋지게 연결하였습니다.

이 책에 공헌한 많은 분에게 커다란 감사의 뜻을 표함과 동시에 독자 여러분의 뜨개에 언제까지나 도움이 되는 책이 되기를 진심으로 바랍니다.

신판 팀

아트 조이나이즈 Art Joinnides
아트의 원래 구상은 1982년에 폐간된 콘데 나스트Condé Nast의 잡지 〈보그 니팅〉을 재창간하는 것이었습니다. 그 구상은 오리지널 〈보그 니팅〉을 제작하는 것으로 확대됐고, 최신판까지 이어졌다. 아트는 1982년부터 〈보그 니팅〉을 책임지고 있다.

트리샤 맬컴 Trisha Malcolm
현재 편집이사를 맡고 있는 트리샤는 팀과 함께 새 책에 실릴 내용을 결정했고, 각 페이지에 대한 기획을 감독했다.

카를라 패트릭 스콧 Carla Patrick Scott
현재 편집인으로 재직하고 있는 카를라는 사진·일러스트레이션·원고에 관한 정확성을 비롯해 기술적인 측면을 감독했다. 카를라는 오리지널 기호를 개선했고, 실과 치수에 대한 국제 표준을 설정하는 과정에서 업계와 공조하는 데 힘썼다.

로리 스타인버그 Lori Steinberg
연극과 뮤지컬 연출을 병행하는 전문 니터이자 디자이너. 로리는 오리지널판에서 낸시와 카를라, 조니가 맡았던 역할을 대신했다. 콘텐츠 방향과 기획에 대한 컨설팅은 물론 기술 지침과 새 일러스트레이션 설명을 전부 작성했고, 사진을 감독하고 디자인했으며, 니터와 일러스트레이터를 관리하며 수백 개의 견본과 세부 지침을 직접 만들었다.

마저리 앤더슨 Marjorie Anderson
직업 작가, 편집자, 교열 담당자, 전문 니터. 이 책의 새 콘텐츠 기획에 기여했고 책 전체의 각 기법뿐 아니라 뜨개 역사도 철저히 조사했다. 그녀는 서문과 새 원고를 직접 작성했고 광범위한 출처의 목록을 꼼꼼하게 만들었다.

아트 디렉션&디자인
다이앤 램프론Diane Lamphron

주필
마사 K. 모런Martha K. Moran

사진
잭 도이치

니터
로레타 대크먼Loretta Dachman
로리 스타인버그
리사 부첼라토Lisa Buccellato
멀리사 맥길Melissa McGill
에린 슬로네이커Erin Slonaker
재클린 시니Jaclene Sini
크리스티나 벵크Christina Behnke
클라우디아 콘래드Claudia Conrad
해나 월리스Hannah Wallace

일러스트레이터
글리 바Glee Barre
린다 슈밋Linda Schmidt
셰리 버거Sherry Berger
캐럴 루지카Carol Ruzicka
캐시 켈러허Kathie Kelleher
케이트 프랜시스Kate Franci
(브라운 버드 디자인Brown Bird Design)

뜨개 도안
로레타 대크먼
린다 슈밋

뜨개실 전문기자
매슈 슈랭크Matthew Schrank
재클린 시니

인덱스
캐럴 로버츠Carol Roberts

기고 작가
대릴 브라우어Daryl Brower
제이컵 세이퍼트Jacob Seifert

교정
에린 슬로네이커

필사
캐서린 콰툴리 프랭클린Catherine Quartulli Franklin

제작
데이비드 조이나이즈David Joinnides
조앤 크렐렌스타인Joan Krellenstein

마케팅 매니저
베스 리터Beth Ritter

출판인
캐럴라인 킬머Caroline Kilmer

사장President
아트 조이나이즈

회장Chairman
제이 스타인Jay Stein

특별 감사
공예사협의회The Craft Yarn Council, 로라 브라이언트Laura Bryant, 로즈메리 드라이스데일Rosemary Drysdale, 낸시 마챈트, 데버라 뉴턴, 에린 슬로네이커와 캐린 스트롬Karin Strom. 모든 실과 뜨개 도구를 제공해준 데비 블리스Debbie Bliss(니팅 피버Knitting Fever), 짐 브라이슨Jim Bryson(브라이슨유통사Bryson Distributing), 캐스케이드 얀스Cascade Yarns, 클래식 엘리트 얀스Classic Elite Yarns, 코코니트CocoKnits, 디엠시DMC, 이스텍스Istex, 플리마우스 얀Plymouth Yarn, 서다Sirdar, 유니버설 얀Universal Yarn.

이 책의 특징

이 책은 내용과 주제의 배치를 신중히 생각하여 편집했습니다. 그러므로 이 책의 장점 및 구성을 이해하고 나서 책을 보면 더욱 효과적으로 활용할 수 있습니다.

목차는 각 장의 제목에 본문 페이지와 같은 색의 컬러 코드를 할당했습니다. 예를 들어 12장 '스웨터 디자인하기'는 파란색, 그리고 본문 페이지에서는 위쪽 박스 외에 해당 장의 사진이나 순서 일러스트 부분도 이 색으로 코디했습니다. 간단하게 목차의 컬러 코드와 일치하는 부분을 찾으면 해당하는 장을 금방 발견할 수 있는 구조입니다.

각 장의 들어가는 페이지에는 그 장의 주제 일람과 실린 페이지 번호를 기재했습니다. 각 페이지 아래에는 관련 주제가 실려 있는 **참조용 페이지**도 실어서 본문 중의 기법 등 관련 정보를 찾기 쉽게 했습니다. 이 덕분에 책의 이쪽저쪽을 찾아다니거나 색인을 볼 필요가 없습니다.

각 장의 'TIP' 박스에서는 실제로 뜨는 데 도움이 되는 조언을 제공합니다. 또 'TECHNIQUE' 박스에서는 본문 내용에서 한발 더 나아간 옷이나 소품의 구조 예와 상세한 해설을 실었습니다.

또 이번 신판에서는 **차트**도 개수를 늘렸습니다. 교차무늬, 레이스무늬, 배색뜨기, 모자이크뜨기 등의 차트 사용법 등에 대해서도 자세히 해설했습니다. 그리고 차트에 사용하는 기호에 관해서도 9장, P.173~176페이지의 일람 이외에도 해설했습니

다. 기호에 관해서는(P.51처럼) 각종 코늘림이나 코줄임의 제목 부분에도 표시했습니다. 9장 **'도안 이해하기'**에는 **'대바늘 뜨개 용어'**(P.169~172)와 **'대바늘 뜨개의 약어 해설'**(P.164~168)을 수록했습니다.

신판《대바늘 뜨개 대백과》에서는 대바늘 뜨개의 전반적인 해설에 더해서 12장 **'스웨터 디자인하기'**와 디자인 워크 시트(P.212~213)를 개정하여, 여러분의 디자인 워크 정보를 세부에까지 걸쳐서 정리할 수 있도록 했습니다. 이 장에는 '톱다운으로 원통으로 뜨는 디자인'(P.236~241)도 새로 추가했습니다. 새로 추가된 13장, 14장에서는 모자, 손가락장갑과 손모아장갑, 양말, 숄 등 **액세서리의 구조와 디자인**을 상세히 해설했습니다.

이 책은 어떤 스킬 레벨에 있는 사람이라도 활용할 수 있습니다. 내용은 기술적 레벨이 아니라 **주제별**로 편집했습니다. 대바늘 뜨개 초보인 분, 어느 정도 뜨개를 한 경험이 있는 분, 더 나아가서는 프로인 분 등 각자가 각 장의 해설과 테크닉을 유용하게 사용할 것입니다. 한번 전체적으로 읽어보세요. 무엇에 흥미가 있나요? 수록된 모든 테크닉을 익힐 필요는 없습니다. 우선 간단한 테크닉에서부터 시작하여 필요가 변화하거나 구체화된 시점에서 더 공부하세요. 이 책은 언제나 여러분이 뜨개하는 곁에서 조언과 길잡이를 제공합니다.

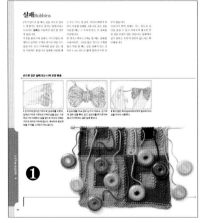

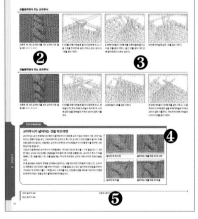

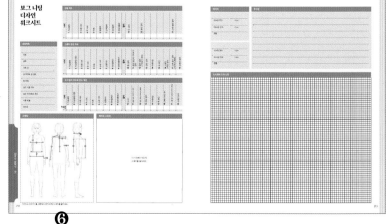

1 알기 쉽도록 장별로 색을 구분하여 표시

2 완성 사진을 게재

3 순서는 일러스트로 자세히 해설

4 도움이 되는 힌트TIP와 테크닉TECHNIQUE은 박스 안에서 해설

5 '이게 뭘까?' 싶은 용어는 각주를 보고 참조할 수 있습니다

6 보그 니팅 디자인 워크시트 수록

실과 도구
Yarns & Supplies

실

실은 뜨개에는 빠질 수 없는 요소입니다. 실의 성질은 반드시 완성품에 드러나며, 뜨개 기술이 아무리 뛰어나도 실이 가지고 있지 않은 성질을 뜨개로 보충할 수는 없습니다.

니터에게 제공되는 실의 수는 최근 20년 동안 약 10배로 늘었고, 섬유의 종류도 다양해졌습니다. 새로운 기술, 마무리 가공, 방적 기술의 혁신으로 참신한 실이 계속 나오고 있습니다. 손뜨개 실에 사용하는 섬유와 가공 방법을 알아두면 작품에 적합한 실을 선택할 수 있습니다.

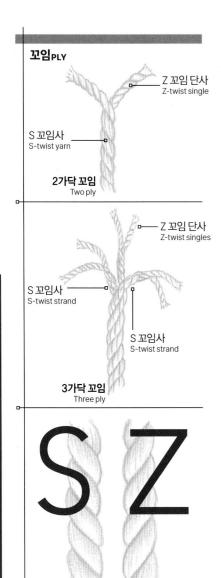

꼬임PLY

Z 꼬임 단사
Z-twist single

S 꼬임사
S-twist yarn

2가닥 꼬임
Two ply

Z 꼬임 단사
Z-twist singles

S 꼬임사
S-twist strand

S 꼬임사
S-twist strand

3가닥 꼬임
Three ply

S 꼬임
S twist

Z 꼬임
Z twist

실에 관한 지식 탐구

모든 실은 섬유에서 뽑아내지만, 실의 완성도에는 조성뿐만 아니라 섬유의 방적 방법이나 처리 방법도 영향을 끼칩니다. 섬유에는 필라멘트filaments(장섬유)와 스테이플staple fibers(단섬유)이 있습니다. **필라멘트**는 연속되어 있는 긴 섬유이고 **스테이플**은 짧은 섬유입니다. 각각 인치나 센티미터 단위로 측정합니다. 견은 유일한 천연 필라멘트입니다. 합성섬유는 필라멘트로 만들어지지만, 후공정에서 4~16.5cm의 스테이플로 커팅하여 방적합니다. 필라멘트로 뽑은 실은 매끄럽고 광택이 있으며, 스테이플로 뽑은 실은 뻣뻣하고 광택이 없습니다. 손뜨개용 필라멘트 실은 일반적으로 가는 필라멘트를 여러 가닥 꼬아서 만든 멀티 필라멘트입니다. 견을 제외한 천연섬유 스테이플의 길이는 다양합니다. 스테이플로 뽑은 실은 짧은 섬유의 모음입니다. 섬유는 1가닥이 길수록 매끄럽고 광택 있는 실이 됩니다. 이 때문에 장모 메리노종이나 섬유가 긴 이집트 면은 소중한 존재입니다. 스테이플은 섬유의 더러움을 제거하고 엉킴을 풀기 위해 커팅합니다. 가는 실로 만들 때는 커팅한 후에 코밍combing도 합니다. 코밍이란 짧은 섬유나 떼어내지 못한 더러움을 제거하고 섬유 방향을 가지런히 정리하는 공정입니다. 이런 공정을 거친 로프 모양의 꼬임 없는 섬유 뭉치(슬라이버)를 느슨하게 꼬아서 조사로 만들고 이것을 당겨서 뽑으면 실이 됩니다.

실의 구조

방적은 섬유에 꼬임을 주어서 실로 만드는 공정입니다. 오른쪽 방향으로 꼰(우연) 것을 **S 꼬임**S twist, 왼쪽 방향으로 꼰(좌연) 것을 **Z 꼬임**Z twist이라고 부릅니다. 단사는 Z 꼬임이 표준이지만, 실 여러 가닥을 꼬을 때는 S 꼬임사가 섞일 때도 있습니다. 가는 실은 굵은 실보다 강하게 꼬아서 강도를 높입니다. 원료인 섬유가 길수록 적은 꼬임으로 실을 만들 수 있습니다. **단사**single는 실 1가닥을 말합니다. **합연사**plied yarn는 단사를 서로 꼬은 실입니다. 2합사two-ply는 2가닥, 3합사 three-ply는 3가닥을 합한 실을 말합니다. 꼬임을 주는 것은 강도와 균일성을 높이고 실을 굵게 하기 위한 것이지만, 실 가닥 수를 늘렸다고 반드시 굵어지는 것은 아닙니다. 4합사(4가닥 꼬임) 강연사는 단사(싱글 플라이) 약연사나 2합사보다 가늘게 만들어집니다.

팬시 얀novelty yarns은 종류나 색, 굵기가 다른 실을 합해서 꼬거나, 같은 실을 부분적으로 속도를 다르게 하여 꼰 실입니다. 비즈나 스팽글, 수정 등을 끼운 것도 있습니다.

부클boucle은 심지 실 1가닥 주위에 다른 실로 고리를 만들고 그것을 세 번째 실로 누른 실입니다. 슬러브slub는 꼬임에 강약을 주거나 부분적으로 섬유를 더 보태서 굵기에 변화를 준 실입니다. 더 독특한 방법으로 만든 실도 있습니다. 예를 들어 셔닐사chenille yarn는 날실에 꼬임이 느슨한 씨실을 끼워서 천을 짜고, 날실을 따라 씨실을 잘라서 씨실에 보풀을 일게 하여 모루철사 형태의 분위기를 냅니다. 그 외에도 다른 성질의 실을 서로 꼬아서 독특한 질감을 내는 퍼 얀(페이크 퍼), 페더 얀(아이래시), 폼폼 얀 등도 있습니다. 리본, 종이 등 예상 밖의 소재로 만든 실도 있습니다. 리본 얀ribbon yarns은 나일론, 레이온, 견직물을 가는 띠 모양으로 만든 것입니다. 레일로드나 래더 얀은 가는 날실 2가닥과 직물 씨실로 만듭니다. 리본 등의 섬유를 고리에 끼운 것도 있습니다. 프린지 얀은 한쪽에 페이크 퍼로 테를 두른 메시 리본으로 되어 있습니다. 러플 얀은 작품을 뜨면 프릴 모양이 되는 메시 구조로 된 실입니다. 양모 방적사는 소모worsted와 방모woolen로 나뉩니다. **소모사**는 장섬유만을 섬유 방향을 나란히 맞춰서 방적한 실로 매끄럽고 균일합니다. 미국에서는 실의 굵기 종류에 '워스티드worsted'라는 단어를 사용하는데, 이것은 방적 방법이 아니라 실의 굵기를 가리킵니다. '펄Perle'은 가는 번수의 강연 소모사의 호칭입니다.

방모사는 커팅은 하지만 코밍은 하지 않습니다. 단섬유를 방적한 실이라서 질감은 투박하고, 같은 굵기의 소모사만큼 강하지는 않습니다. 대중적인 방모사로는 중간 번수에 단사인 아이슬란딕 얀 Icelandic yarn과 가는 번수에 2합사인 셰틀랜드 얀Shetland yarn이 있습니다. 로빙(조사)Roving은 커팅만 한 연속된 굵은 실 모양의 섬유로, 방적하기 전의 것입니다. 가볍게 꼰 것과 꼬지 않은 것이 있습니다.

손으로 실 잣기SPINNING

시판 손뜨개 실의 대다수는 기계 방적이지만, 최근에는 손으로 자아서 실을 만드는 소규모 기업이나 니터도 대폭 늘었습니다. 손으로 실을 자을 때는 물레를 사용합니다. 실 잣는 사람(스피너)이 물레의 발판을 밟아서 바퀴를 회전시키면, 끈이나 벨트로 바퀴와 이어진 실패가 회전하고, 실 잣는 사람이 앞쪽에서 끌어낸 섬유가 꼬여서 감기는 구조입니다. 더욱 단순한 드롭 스핀들drop spindle(일반적으로 목제이고 축에 추가 붙어 있는 도구)을 사용하는 방법도 있습니다. 꼬임을 준 섬유를 드롭 스핀들의 축에 걸고, 실 잣는 사람이 스핀들을 회전시키며 동시에 섬유를 끌어내면 꼬인 실이 축에 감깁니다.

실의 굵기

종류가 다양한 실은 일반적으로 무게 weight로 분류합니다. 그 범위는 극세very fine부터 초극태super bulky나 점보jumbo까지 있습니다. 크래프트 얀 카운슬The Craft Yarn Council(yarnstandards.net)은 니터가 작품에 맞는 소재를 고르고 무사히 완성할 수 있도록 굵기의 기준을 설정했습니다.

삭sock, 핑거링fingering, 베이비baby는 가는 번수의 실로, 몸에 맞는 옷이나 양말, 아기옷용 실입니다. 스포츠 웨이트 sport weight(또는 포 플라이four-ply)는 그보다 조금 굵어서 실내에서도 야외에서도 입을 수 있는 옷에 적합합니다. 더블 니팅double-knitting(DK)이나 라이트 워스티드light-worsted는 더 굵은 실입니다. 워스티드worsted, 아프간afghan, 아란Aran은 DK보다 약간 굵어서 케이블무늬 스웨터 등에 사용합니다. 청키chunky, 크래프트craft, 벌키bulky, 슈퍼 벌키super

바늘 사이즈
JP 0~1호 U.S 000~1(1.5~2.25㎜)

게이지
10㎝=33~40코

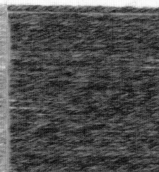

0 레이스LACE
핑거링fingering /
일본 기준: 극세

바늘 사이즈
JP 1~4호 U.S 1~3(2.25~3.25㎜)

게이지
10㎝=27~33코

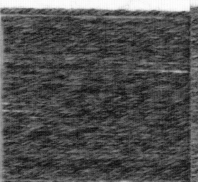

1 슈퍼 파인SUPER FINE
삭sock, 핑거링, 베이비baby /
일본 기준: 합세~중세

바늘 사이즈
JP 4~6호 U.S 3~5(3.25~3.75㎜)

게이지
10㎝=23~26코

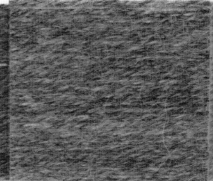

2 파인FINE
스포츠sport, 베이비 /
일본 기준: 합태

바늘 사이즈
JP 5~8호 U.S 5~7(3.75~4.5㎜)

게이지
10㎝=21~24코

3 라이트 웨이트LIGHT WEIGHT
더블 니팅DK, 라이트 워스티드light
worsted / 일본 기준: 합태~병태

바늘 사이즈
JP 8~12호 U.S 7~9(4.5~5.5㎜)

게이지
10㎝=16~20코

바늘 사이즈
JP 11호~8㎜ U.S 9~11(5.5~8㎜)

게이지
10㎝=12~15코

바늘 사이즈
JP 8㎜~13㎜ U.S 11~17(8~12.75㎜)

게이지
10㎝=7~11코

바늘 사이즈
JP 13㎜ 이상 U.S 17 이상(12.75㎜ 이상)

게이지
10㎝=6코 이하

4 미디엄MEDIUM
워스티드worsted, 아란Aran /
일본 기준: 병태

5 벌키BULKY
청키chunky /
일본 기준: 극태~초극태

6 슈퍼 벌키SUPER BULKY
로빙roving /
일본 기준: 초극태

7 점보JUMBO
로빙 /
일본 기준: 초극태

*바늘 사이즈의 JP는 일본 규격 호수, U.S는 미국 규격 호수입니다.

여러 가지 실 YARN STRUCTURE

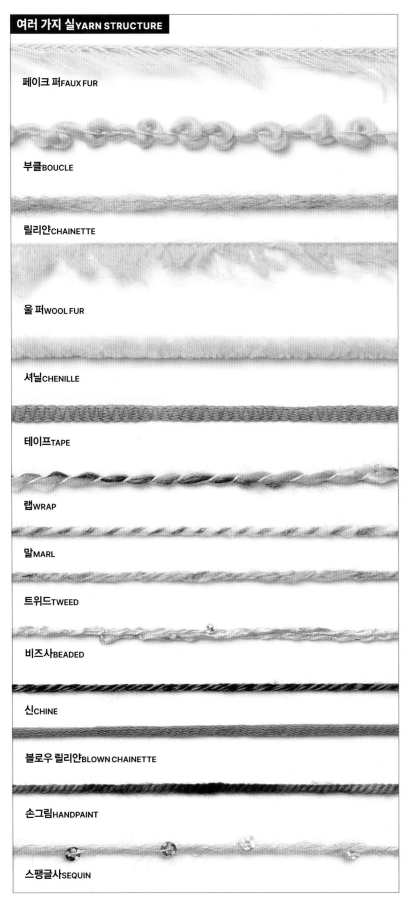

페이크 퍼 FAUX FUR

부클 BOUCLE

릴리안 CHAINETTE

울 퍼 WOOL FUR

셔닐 CHENILLE

테이프 TAPE

랩 WRAP

말 MARL

트위드 TWEED

비즈사 BEADED

신 CHINE

블로우 릴리안 BLOWN CHAINETTE

손그림 HANDPAINT

스팽글사 SEQUIN

bulky는 더 굵어서 옷에도 인테리어에도 사용합니다. 최신 카테고리는 초극태 로빙사를 가리키는 점보jumbo로 암니팅(팔 뜨개)이나 폴리염화비닐PVC 초극태 바늘로 뜨는 초대형 작품에 사용합니다.

실의 마무리 가공

실을 보기 좋게 하거나 내구성을 높이기 위해 특수 가공을 하기도 합니다. 울이나 모헤어에 많은 것은 섬유를 일으키는(기모) 브러싱 가공입니다. 부푼 느낌이 더해져서 풍성한 느낌이 생겨 납니다.

슈퍼워시super wash 가공은 울이 줄어드는 것을 막고 세탁기나 건조기를 사용할 수 있도록 하는 처리입니다. 면사에는 머서라이즈드mercerized 가공을 하여 강도와 광택을 늘리고, 울사에는 방충가공을 하기도 합니다. 캡슐로 된 에센셜오일로 처리하여 바닐라, 라벤더, 카모마일 등의 향기를 내는 실도 있습니다.

실의 색깔

실의 색은 자연색(무염색), 염색한 색 각각 폭넓게 생산됩니다. 자연색 실은 원료 그 자체의 색입니다. 동물의 털이라면 오프화이트나 크리미 베이지에서 짙은 갈색이나 검정에까지 이릅니다. 특별히 재배한 면화는 빨강, 녹색, 갈색 섬유를 만들어냅니다.

뜨개실 매장의 선반에 있는 무지개 같은 풍부한 색상은 천연 또는 합성염료로 만든 것입니다. **천연염료**는 대청, 쪽, 옻, 꼭두서니 등의 식물을 사용하고, **합성염료**에는 산성염료, 유화염료 등이 있습니다. 단색 외에도 다색, 다단계 염색 등의 실도 있습니다. 여러 색을 사용한 실은 다른 색의 실을 합쳐서 꼬는 방법이나 다양한 염색 기술을 구사해서 만듭니다.

스페이스 다이드space-dyed 실은 색이 일정한 간격으로 인쇄되고, 프린트 다이드print-dyed 실은 간격을 달리하여 다양한 색이 인쇄되어 있습니다. 이런 실 중에는 작품을 뜨면 줄무늬 등의 무늬가 생기도록 디자인된 것도 있습니다.

손염색hand-dyed은 염료가 든 바트나 냄비에 실을 담가서 단색으로도 다색으로도 염색할 수 있습니다. **손그림**hand-painted 실은 브러시나 짤주머니 등으로 직접 실에 염료를 물들여서 여러 단계로 염색합니다. 옴브레 실ombre yarns은 한 타래 안에 같은 색의 농담이 있습니다. 색의 깊이는 염색 횟수나 염료에 담그는 시간에 따라 변화합니다. 세미솔리드semisolid는 손염색한 단색 실입니다. 물드는 쪽에 얼룩이 있고 색의 깊이에 차이가 생기지만, 편물은 멀리서 보면 단색으로 보입니다. 그리고 이 얼룩이야말로 손염색사의 아름다움 중 하나입니다.

다단계 염색사로 뜬 편물은 염색 회수에 따라 색이 나타나는 것이 달라집니다. 특정 무늬로 떠지도록 프린트된 것이 아닌 한, 조그만 스와치를 보고 무늬가 어떻게 나타날지 예측하기는 불가능합니다. 소매 등의 좁은 부분은 폭이 넓은 몸판 부분과 상당히 다르게 보입니다. 색이 하나로 합쳐진 면적에 물 웅덩이처럼 치우치는 현상이나, 손염색사에서 줄무늬가 무작위로 생기는 현상을 풀링pooling이라고 합니다. 풀링을 피하려면 걸러뜨기 무늬가 편리합니다. 손염색사일 때는 단색이라도 똑같은 색의 실타래가 없다는 것을 잊지 마세요. 그것이 손염색사의 매력입니다.

감은 실의 형태

실은 다양한 방법으로 감겨 있습니다. **타래**hank는 코일 모양으로 느슨하게 감고, 얽히지 않도록 몇 군데를 다른 실로 묶은 뒤에 마지막으로 비틀어서 마무리한 것입니다. 뜨개를 시작하기 전에 볼 모양으로 감아야 합니다. 이 한 단계를 생략하면 실이 얽혀서 크게 고생합니다. 볼은 **타래**skein나 **공 모양**ball로 감겨 있고, 둘 다 뜨개질하기 쉽도록 실을 가운데에서 뽑아낼 수 있도록 되어 있습니다.

실패에 감은 실spooled yarns은 두꺼운 종이, 플라스틱, 발포스티롤 심지에 감겨 있습니다. 피라미드 모양 실패에 감은 것은 **콘**corn이라고 부릅니다. 실패나 콘에는 타래나 볼보다 많은 실을 감을 수 있어서 기계뜨개에는 실용적입니다.

실에는 **라벨**ball band이 둘러져 있습니

다. 여기에는 실의 조성이나 특수가공 내용, 세탁표시기호, 표준 게이지, 추천 바늘 사이즈 등 중요한 정보가 실려 있습니다. 무게와 실 길이 외에 생산국이 표시되어 있을 때도 있습니다. 실 정보나 섬유 브랜드명(합성섬유의 경우)은 생산국 언어로 표시되어 있기도 합니다.
라벨에는 색 이름, 색 번호, 염색 로트도 인쇄되어 있습니다. 작품을 뜰 때는 실을 필요한 양보다 조금 넉넉하게 구입합니다. 혹시 실을 더 구입할 필요가 생겼을 때는 같은 염색 로트인지를 확인합니다. 로트가 다르면 색이 약간 다를 가능성이 있습니다.

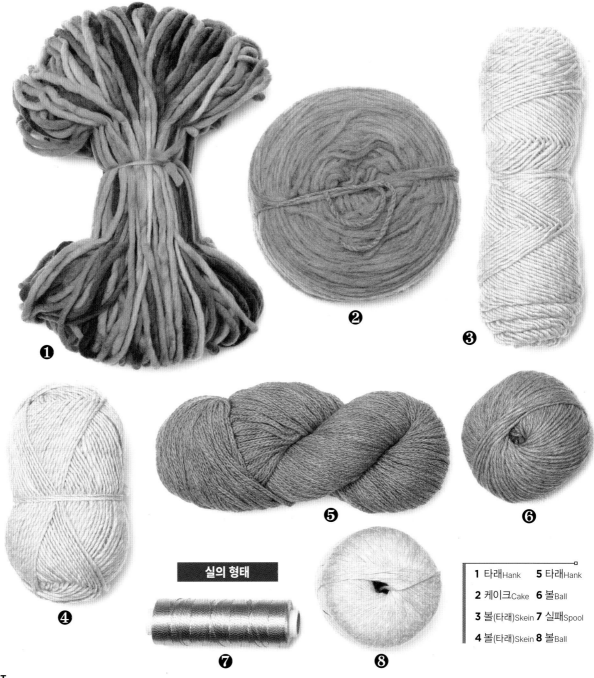

실의 형태

1 타래Hank	5 타래Hank
2 케이크Cake	6 볼Ball
3 볼(타래)Skein	7 실패Spool
4 볼(타래)Skein	8 볼Ball

일반적인 실 굵기 STANDARD YARN WEIGHT

실의 굵기 표시와 카테고리명	**0** 레이스	**1** 슈퍼 파인	**2** 파인	**3** 라이트 웨이트	**4** 미디엄	**5** 벌키	**6** 슈퍼 벌키	**7** 점보
실의 종류	핑거링, 레이스 10-count crochet thread <극세>	삭, 핑거링, 베이비 <합세~중세>	스포츠, 베이비 <합태>	DK, 라이트 워스티드 <합태~병태>	워스티드, 아프간 Afghan, 아란 <병태>	청키, 크래프트Craft, 러그Rug <극태~초극태>	슈퍼 벌키, 로빙 <초극태>	점보, 로빙 <초극태>
메리야스뜨기에서 표준 게이지* 가로세로 10cm	33~40코**	27~32코	23~26코	21~24코	16~20코	12~15코	7~11코	6코 이하
적당한 바늘 두께	1.5~2.25mm	2.25~3.25mm	3.25~3.75mm	3.75~4.5mm	4.5~5.5mm	5.5~8mm	8~12.75mm	12.75mm 이상
적합한 바늘 호수***	JP 0~1호 U.S 000~1호	JP 1~4호 U.S 1~3호	JP 4~6호 U.S 3~5호	JP 5~8호 U.S 5~7호	JP 8~12호 U.S 7~9호	JP 11호~8mm U.S 9~11호	JP 8mm~13mm U.S 11~17호	JP 13호 이상 U.S 17호 이상

*게이지는 각 카테고리의 실에 가장 일반적으로 사용하는 게이지와 바늘 사이즈를 반영한 것입니다.
**레이스 무게의 실은 보통 좀 굵은 일반 바늘로 레이스무늬나 비침무늬를 뜹니다. 그렇기 때문에 게이지를 표준화하기 곤란합니다. 실제로 뜨는 패턴에 맞추세요.
***JP는 일본 규격 호수, U.S는 미국 규격 호수입니다.

섬유

섬유는 천연섬유와 합성섬유 2종류로 분류합니다. 천연섬유 중 동물 털animal fibers(울, 알파카, 캐시미어, 비쿠냐, 낙타, 앙고라, 실크 등)은 단백질이 주성분이고, 식물섬유plant fibers(면, 리넨, 모시, 사이잘마, 헴프, 주트 등)는 셀룰로스가 주성분입니다. 아크릴이나 나일론 등 합성섬유synthetic fibers는 광물이나 화석연료에서 만듭니다. 재생섬유biosynthetic fibers는 생물에서 원료를 얻지만 그것을 섬유로 만들려면 화학적인 처리가 필요합니다. 주로 대나무, 우유, 키토산 등으로 만듭니다. 기술이 진보함에 따라 언제나 새로운 섬유가 시장에 들어오고, 새로운 실의 개발로 이어지고 있습니다.

동물섬유

울Wool

천연섬유 중에서도 울은 아주 중요한 섬유입니다. 원료에 관계없이 모든 실을 울이라고 부르는 니터도 있을 정도입니다. 울은 양털이며 따스하고 탄력성과 내구성이 뛰어나며 염색하기 쉬운 섬유입니다. 단열성도 뛰어나서, 기온이 낮으면 따스하고 기온이 올라가면 서늘한 느낌을 줍니다. 섬유에는 천연 크림프crimp(오그라짐)가 있기 때문에 섬유끼리 덩어리지지 않고 안쪽에 공기층이 생겨서 단열 효과를 발휘합니다.

울은 최대 자기 무게의 3분의 1의 수분을 흡수할 수 있습니다. 수분을 천천히 흡수하고 방출하는 성질은 보온성의 바탕이 됩니다. 흡수성이 높으면 염색도 간단합니다. 울 섬유는 몇 번 구부려도 끊어지지 않고, 당기면 원래대로 돌아가는 복원성도 뛰어납니다. 그러므로 울은 착용감이 좋을 뿐더러 주름도 잘 생기지 않습니다. 울 섬유를 현미경으로 보면 스케일(표면이 비늘 모양으로 겹쳐진 세포)로 덮여 있습니다. 열, 습기, 마찰에 의해 스케일이 서로 얽혀서 결합하여 펠팅되거나 오그라짐이 생기기도 합니다.

양의 품종이 다르면 생산되는 실의 성질도 다릅니다. 램스 울은 새끼 양의 처음 깎은 털로 가장 따스하고 부드럽습니다. 셰틀랜드 울은 예전에는 셰틀랜드제도 원산인 양에서 얻은 섬유를 가리켰지만, 지금은 양모를 느슨하게 꼰 2합사의 총칭이기도 합니다. 메리노 울은 섬유가 가늘고 길기 때문에 아주 부드러운 양털입니다. 보타니 울은 호주의 보타니만에서 난 메리노종에게서 얻을 수 있는 고급 울이지만, 지금은 아주 섬세하고 부드러운 울의 총칭이 되었습니다. 아이슬란드 울(또는 로피)은 고유종인 아이슬란드 양의 털로 만든 중간 번수의 보풀 있는 실입니다.

모헤어Mohair

모헤어는 터키의 앙카라 지방에서 옛부터 기른 앙고라 산양에서 얻을 수 있는 아주 가볍고 따스한 섬유입니다. 현재는 남아프리카공화국이 최대 생산국이며 그 다음이 미국 텍사스주입니다. 키드 모헤어는 새끼 산양의 섬유로 더 가늘고 부드럽습니다. 모헤어는 단열성, 염색성이 뛰어나고, 손질하기 쉬운 정도는 울과 비슷하지만 탄력성은 조금 떨어집니다. 그래서 보강을 위해 울이나 나일론과 혼방하기도 합니다.

캐시미어Cashmere

'사치스러움'의 대명사이기도 한 캐시미어는 중국과 티베트의 산악지대에 사는 캐시미어 산양의 배에서 1년에 한 번 빗겨서 얻는 섬유입니다. 실은 몹시 부드럽고 탄력성이 있으며 염색성도 높습니다. 그러나 비싸고 울보다 약하므로 대부분은 울을 비롯한 다른 섬유와 혼방합니다.

알파카Alpaca

알파카와 그 친척인 비쿠냐 섬유로 만든 의류는 일찍이 잉카 황족을 위한 옷이었습니다. 섬유는 길고 매끄러우며 광택이 있습니다. 섬유의 속이 비어 있어서 따스하고 가볍게 만들어지며 아름다운 드레이프가 생깁니다. 흰색, 베이지, 회색, 갈색, 검정 등 아름다운 자연색이 폭 넓게 존재합니다. 알파카 실은 복원성이 낮기 때문에 완성품은 입고 나면 블로킹하여 모양을 잡아줘야 합니다. 그래서 울과 혼방하여 복원성을 보강하기도 합니다.

라마Llama

알파카와 마찬가지로 라마의 섬유도 속이 비어서 따스하고 부드러우며 가벼운 실이 만들어집니다. 라마의 섬유는 알파카만큼 가늘지는 않지만, 특성은 같습니다.

비쿠냐Vicuña

알파카와 친척뻘인 비쿠냐는 알파카와 특성이 같고 섬유도 마찬가지로 고급스러운 느낌을 줍니다. 단, 비쿠냐는 멸종 위기에 놓여 있어 3년에 한 번밖에 털을 깎을 수 없기 때문에 실도 구하기 어렵고 비쌉니다.

낙타Camel hair

낙타의 섬유는 쌍봉낙타의 빠진 털을 채취한 것입니다. 강하고 따스하기 때문에 코트 등에 사용합니다. 섬유는 염색하기 어려워서 자연색 그대로 사용합니다.

바이슨Bison

아메리카들소의 털인 바이슨은 캐시미어에 필적하는 가벼움과 부드러움을 지니고, 울보다 따스하며 튼튼합니다. 뜨개실로 만드는 긴 섬유는 안쪽 털인데 속이 비어 있지 않고 스케일도 없기 때문에 줄어들지 않습니다. 그러므로 바이슨 섬유는 세탁기에서 온수로 세탁할 수 있지만 그러면 편물이 부풀어서 번들거립니다. 이것을 피하려면 찬물로 손빨래하여 평평한 곳에 놓고 말립니다.

퀴비엇Qiviut

퀴비엇은 사향소의 안쪽 털입니다. 섬유는 캐시미어보다 가늘고 울보다 8배나 따뜻하다고 합니다. 오래 쓸수록 더 부드러워지며 줄어들지도 않습니다.

앙고라Angora

앙고라토끼에서는 아주 부드럽고 폭신폭신해서 따스한 섬유를 얻을 수 있습니다. 섬유가 짧아서 단독으로 실을 뽑기는 어려우므로 다른 섬유와 혼방하여 사용합니다. 섬유가 짧다는 것은 털이 잘 빠지는 것과도 연결됩니다. 그러나 최고 품질의 앙고라 털은 깎지 않고 빗어서 얻기 때문에 깎는 것에 비해 수확량이 적습니다. 한 마리에서 얻을 수 있는 섬유 양이 제한되어 있어서 가격도 비쌉니다.

포섬Possum

오스트레일리아 원산인 유대류 브러시테일 포섬('주머니 여우'라고도 한다)의 부드럽고 가는 섬유입니다. 현재 산지인 뉴질랜드에 포섬이 들어온 것은 1800년대입니다. 모피 무역을 위해서였습니다. 뉴질랜드의 자연계에는 포섬의 포식자가 없기 때문에 나라 전체의 생태계를 어지럽히는 커다란 위협이 되었습니다. 섬유는 짧고 가늘어서 다른 섬유(일반적으로 울, 캐시미어, 알파카)와 혼방할 필요가 있습니다. 섬유의 속이 비어 있어서 보온성이 뛰어나고, 실은 가는 번수로 뜨면 부풀어서 부드러운 광택을 냅니다.

견Silk

동물 털은 아니지만 단백질을 주성분으로 하는 동물섬유의 일종입니다. 섬유는 누에고치에서 뽑아낸 필라멘트이며 길이는 최장 1500미터입니다. 누에고치가 완성되면(나방이 부화하면 필라멘트가 끊어지므로), 누에를 없애고 고치를 풀어내는 작업을 시작합니다. 실은 누에고치 필라멘트 여러 가닥을 함께 뽑아내어 만듭니다. 야잠(야생 누에)과 가잠(양식 누에)이 있고, 가잠은 뽕나무 잎을 먹이로 주며 엄격하게 관리된 환경에서 최고급 견을 생산합니다. 야잠의 섬유는 거칩니다.

견은 단열성이 뛰어납니다. 섬유에는 촉촉한 광택감과 힘이 있고 감촉이 부드럽습니다. 무척 강하고 극세사로도 뽑을 수 있습니다.

염색성이 뛰어나지만, 색이 바래기 쉽고 잘 늘어나는 성질도 있습니다. 견은 양잠에 시간과 노력이 많이 소비되기에 비싼 섬유입니다. 다른 섬유와 혼방하여 비용을 낮추고 실에 광택과 강도를 보강하는 경우도 많습니다.

식물성 섬유

면Cotton

면은 가장 오래 전부터 알려진 섬유의 하나이며 가장 폭넓게 얻을 수 있습니다. 전 세계의 열대 지역에서 재배되어 다양한 등급의 면이 생산됩니다. 그중에서도 최고급이고 가장 매끄러운 것이 이집트면Egyption과 시아일랜드면Sea Island입니다. 그리고 이 2종류를 합쳐서 둘로 나눈 듯한 위치에 있는 것이 피마면Pima cotton입니다. 면은 어느 것이나 비알레르기성이고 수분을 빠르게 흡수하며 속건성이 뛰어나고 냉각 효과가 있습니다. 젖었을 때가 더 강하기 때문에 세탁 및 취급이 간단합니다. 반면에 신축성이 없어서 잘 늘어나지 않는 성질도 있습니다. 그렇기 때문에 뜨개할 때의 장력을 유지하기 어려운 경향이 있습니다.

머서라이즈드 코튼mercerized cottons(이 가공을 발명한 존 머서에서 따온 이름이며 실켓 가공이라고도 한다)은 섬유를 당겨서 가성소다 처리를 하여 매끄러움과 광택을 내고, 강하고 잘 줄어들지 않게 한 것입니다. 머서는 스코틀랜드 사람이어서 이 가공을 한 실에 프랑스어로는 'fil d'escosse(프랑스어로 '스코틀랜드 실'이라는 뜻)'라는 표시가 붙습니다. 매트 코튼matte cotton이라 불리는, 머서라이즈드 가공을 하지 않은 끈 같은 실이나 강한 심지실 주위에 꼬은 실을 느슨하게 감은 실도 있습니다. 이것들은 머서라이즈드 가공한 실보다 부드럽지만 의류에는 적합하지 않습니다. 면은 다른 천염섬유나 합성섬유와 혼방하여 신축성과 부드러움을 더하기도 합니다.

마Linen

마는 식물의 줄기에서 얻습니다. 기원전 8000년 것으로 보이는 삼베 조각이 발견됐고, 원시시대 동굴에서 발견된 천은 36,000년 전에 사용되었을 가능성이 있습니다. 마를 실로 만들려면 손이 많이 갑니다. 식물의 겉껍질을 물에 담가서 섬유를 쪼개어 안쪽 섬유를 추출합니다. 그것을 방적하면 광택 있는 튼튼한 실이 됩니다. 면과 마찬가지로 마는 몸의 습기를 빠르게 흡수해주므로 온난한 기후에서는 쾌적하게 착용할 수 있습니다. 탄력성이 없어서 주름이 잘 생기지만, 이러한 결점은 편물에서는 잘 눈에 띄지 않습니다.

마 100% 실은 촉감이 딱딱하지만, 완성한 옷은 입으면서 세탁을 거듭하는 사이에 부드러워집니다. 마는 많은 경우에 견이나 실크 등의 섬유와 혼방하여 부드러운 실로 만듭니다. 마 섬유는 무거우므로, 일반적으로 가는 번수 실로 뽑습니다.

모시Ramie

모시는 마와 비슷한 섬유이며 아시아, 특히 중국과 일본에서 오랫동안 사용했습니다. 면이나 리넨과 성질이 같지만, 조금 더 단단하고 탄력성은 거의 없습니다. 뜨개실로는 다른 섬유와 합해서 쓰는 것이 일반적입니다.

사이잘마, 헴프(대마), 주트(황마), 라피아Sisal, hemp, jute, raffia

헴프와 주트라는 식물의 줄기에서는 식물과 같은 이름의 섬유가 만들어집니다. 사이잘마의 섬유는 용설란 잎에서 얻습니다. 이 세 종류 섬유는 거칠고 무겁기 때문에 옛날부터 끈이나 자루를 만들 때 사용했습니다. 라피아는 농구 그물이나 모자 만들기에 사용하는 밀짚의 일종입니다.

이런 섬유로 만든 실은 거칠고 단단한 것이 많아서 옷보다 주얼리, 가방, 장식품 등에 적합합니다. 손에는 닿으면 느낌이 거칠기 때문에 뜰 때는 면 장갑을 끼면 뜨기 쉽지만 뻣뻣해서 고르게 뜨기가 힘듭니다.

재생섬유

재생섬유 실은 식물이나 동물을 원료로 하지만, 셀룰로스나 단백질을 분해하여 방적이 가능한 섬유로 만들기 위해 합성 처리가 필요합니다. 셀룰로스나 단백질은 열, 화학물질, 또는 양쪽 모두에 의해 액체 상태가 되고 그 액체를 가는 노즐에서 압출하면 섬유 모양이 됩니다. 그것을 방적하면 실이 됩니다.

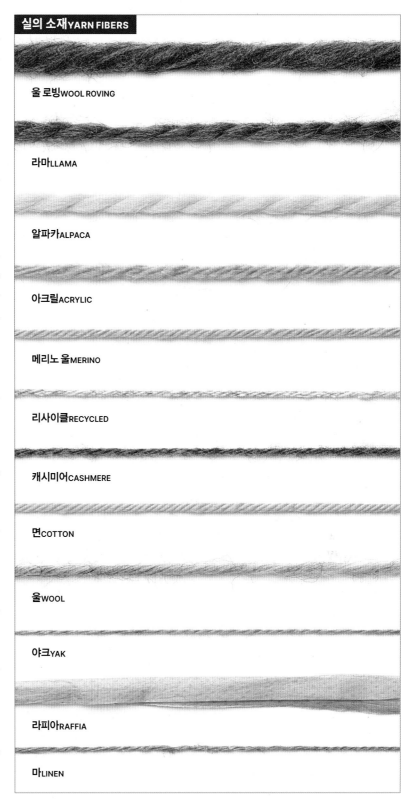

실의 소재 YARN FIBERS

울 로빙WOOL ROVING

라마LLAMA

알파카ALPACA

아크릴ACRYLIC

메리노 울MERINO

리사이클RECYCLED

캐시미어CASHMERE

면COTTON

울WOOL

야크YAK

라피아RAFFIA

마LINEN

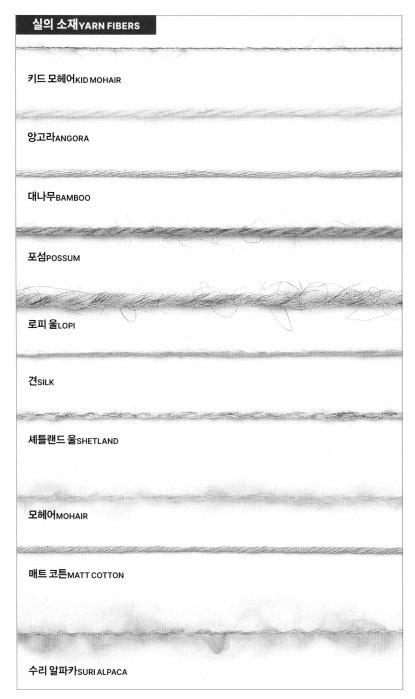

키드 모헤어 KID MOHAIR

앙고라 ANGORA

대나무 BAMBOO

포섬 POSSUM

로피 울 LOPI

견 SILK

셰틀랜드 울 SHETLAND

모헤어 MOHAIR

매트 코튼 MATT COTTON

수리 알파카 SURI ALPACA

레이온 Rayon

레이온은 재생섬유 중에서는 지명도가 가장 높고 가장 오래되었습니다. 1885년에 견의 대체품으로 개발되었으나 1910년경까지는 보급되지 않았습니다.

섬유는 목재 펄프에서 얻은 식물 셀룰로스로 만듭니다. 비스코스viscos와 큐프라cuprammonium 2종류가 있지만 둘 다 레이온이라고 총칭합니다. 2종류 섬유의 특성은 기본적으로 같지만, 원료와 제조 방법이 다릅니다. 레이온은 면보다 광택이 있고 선명한 색으로 염색할 수 있습니다. 섬유에 탄력성이 없기 때문에 레이온 100% 실로 한 고무뜨기는 형태가 유지되지 않고 더 무거운 옷일 때는 모양이 무너집니다. 레이온으로 만든 리본 얀은 다양하고 선명한 색으로 만들어지고, 레이온과 면 혼방사도 대중적입니다. 석유계 합성섬유와는 달리 레이온은 고온으로 다려도 녹지 않지만 면처럼 눕습니다.

텐셀 Tencel

텐셀(라이오셀)은 레이온의 개량판으로 레이온과 마찬가지로 목재 펄프로 만들지만 환경에 더 부담을 주지 않는 방법을 사용합니다. 목재는 지속 가능한 형태로 수확하고, 처리제는 회수하여 재이용합니다. 흡수성이 면의 10배이며 젖어도 강도가 떨어지지 않습니다.

대나무 Bamboo

대나무는 성장 속도가 빠르기 때문에 섬유용 대나무를 수확하여도 멸종될 염려가 없고 쉽게 재생되는 자원입니다.

대나무 섬유 실은 부드럽고(견보다 부드러운 것도 있습니다) 아름다운 드레이프가 생깁니다. 자극이 적고 천연 항균성이 있으며 자외선을 차단하는 성질도 있습니다. 면이나 마와 마찬가지로 서늘해서 착용감이 좋고 통기성이 뛰어납니다. 젖으면 약해지며, 작품을 뜨면 실이 갈라지기 쉬운 성질이 있습니다.

옥수수 Corn

옥수수 전분을 발효시켜서 만드는 유산에서 필라멘트 모양으로 만들 수 있는 화합물이 나옵니다. 옥수수 실은 면 같은

흡습발산성과 통기성을 두루 갖췄으며 더 가볍고 탄력성이 있습니다. 천연 방취 효과도 있어서 손질이 간단합니다.

우유 Milk

카제인casein 섬유로도 알려진, 우유에서 만들어지는 섬유는 1930년대부터 사용했습니다. 전쟁 중에 최전선에서 수요가 높아진 울의 대체품으로 개발되었지만 합성섬유가 개발·발전되며 인기가 떨어졌습니다. 우유를 탈수·탈지한 뒤 단백질(카제인)을 추출해서 액화하여 방적합니다. 우유로 만든 실은 부드럽고 견 같은 광택과 감촉이 있으며 튼튼합니다. 일부 제조업체에서는 이 섬유의 보습성이 피부에 좋다고 주장하고 있습니다.

해초 Seaweed

시셀SeeCell은 해초와 목재 펄프로 만든 셀룰로스 섬유의 브랜드명입니다. 텐셀과 마찬가지로 환경을 고려한 프로세스로 생산됩니다. 제조업체는 섬유에서 방출되는 미네랄이나 비타민이 피부를 건강하게 만든다고 합니다. 튼튼하고 (면보다 뛰어난) 흡수성이 있으며 광택도 살짝 있습니다.

대두 Soy

대두 섬유는 대두를 가공할 때 부산물로 만들어집니다. 견 같은 광택이 있고 염색하기 쉬운 섬유입니다. 또 가볍고 울이나 코튼보다 튼튼하며 통기성이 뛰어나고 흡수성·방습성도 있습니다.

유기섬유 등

환경을 배려하는 차원에서 오가닉 얀(유기소재로 만든 실)을 생산하게 되었습니다. 유기재배 식물의 섬유로 만든 실은 합성제초제, 농약, 비료를 사용하지 않고 생산합니다. 유기계 동물섬유사는 오가닉 기준에 따라서 사육된 동물에서 얻습니다. 제품에 유기섬유라고 표시하려면 인정 프로세스를 통과해야 합니다. 유기섬유는 동물계, 식물계에 관계없이 기존 방법으로 생산된 실과 특성이 같습니다. 종종 염색하지 않은 채 제품으로 나와서 섬유의 자연스러운 아름다움을

보여줍니다. 무염색 이외에는 천연염료나 합성염료로 염색합니다. 유기섬유에 대해 유의할 점은 실로 만들 때까지의 전 공정이 꼭 오가닉인 것은 아니라는 것입니다. 사용하는 섬유는 환경 문제를 고려한 환경에서 재배·사육했어도 가공 과정은 그렇지 않을 수도 있습니다.

합성섬유

합성섬유Synthetic fibers는 화학적으로 합성된 고분자화합물을 필라멘트로 만든 것이며 필라멘트의 지름과 모양은 화합물을 압출할 때 사용하는 노즐의 형태로 결정됩니다. 어느 합성섬유라도 필라멘트로 제조하지만, 뜨개실에는 스테이플 길이로 커팅한 것을 사용하여 천연섬유의 질감에 가까운 실을 만듭니다.

제2차 세계대전 중에 경제 활동이 정지되고 물자가 부족해지자 석유나 석탄에서 유래한 섬유 생산이 급증하고 개량도 비약적으로 이루어졌습니다. 그 선두에 선 것은 1938년에 듀퐁사가 판매하기 시작한 나일론nylon입니다. 그 후 아크릴acrylic이나 폴리에스테르polyester로 대표되는 많은 합성섬유가 개발되었습니다. 대다수 합성섬유는 오론Orlon, 데이크론Dacron, 코델Kodel 등 브랜드명으로 판매되고, 그 상표를 소유하는 기업이 공급합니다.

합성섬유 실에 대한 의견은 니터 사이에서도 여러 가지입니다. 손질이 간단하고(대부분 세탁기·건조기를 사용할 수 있습니다) 늘어나거나 줄어들지 않으며 오래 가고 대부분의 색으로 염색할 수 있으며 가격이 쌉니다. 그러나 한편으로는 통기성이 부족하고(이 점은 개량이 진행되고 있습니다) 정전기가 발생하기 쉬우며 보풀이 잘 일고 번들거리며 뜨기 어려운 느낌이 들기도 합니다. 이런 점을 근거로 하여, 다 떴을 때는 물론이고 뜨는 도중에도 외관, 감촉, 부드러움 및 성능을 더욱 천연소재에 가깝게 만드는 연구가 진행되고 있습니다. 많은 제조업체에서는 합성섬유와 천연섬유를 조합하여 양쪽의 장점을 겸비한 뜨개실을 개발하고 있습니다.

아크릴Acrylic

아크릴계 합성섬유는 폴리아미드(다음 항 참조)에서는 쉽게 얻을 수 없는 부드럽고 부푼 섬유로 만들어졌습니다. 양모와 성질이 비슷하지만 단열성은 떨어집니다. 아크릴 100% 실은 다양한 굵기와 색으로 나옵니다. 나일론과 마찬가지로 대다수는 천염섬유와 혼방하여 사용합니다. 아크릴란Acrilan, 오론Orlon, 듀라스펀Duraspun은 아크릴의 브랜드명입니다. 오론사는 캐시미어에 필적할 만큼 부드럽습니다.

코튼과 아크릴 혼방은 부드럽고 세탁이 가능하기 때문에 아기 옷이나 담요에 적합합니다. 나일론처럼 열에 약하므로, 다리거나 스팀을 댈 때에는 주의해야 합니다. 블로킹할 때는 아크릴의 성질을 해치거나 과도한 열을 가하지 않도록 세심한 주의를 기울입니다. 그러지 않으면 완전히 신축성을 잃어서 늘어지고 번들거림이 생깁니다.

나일론(폴리아미드)Nylon(Polyamide)

나일론은 원래 듀퐁사의 폴리아미드 섬유의 브랜드명이었지만 지금은 일반 명칭이 되었습니다. 섬유 중에서도 가장 강하고(나일론 실을 찢기는 어렵습니다) 가벼우며 내구성, 신축성이 있습니다. 일반적으로 다른 섬유와 혼방하여 강도를 더해줍니다. 합성섬유는 특정 기능을 위한 의도로 만들어지기 때문에 폴리아미드를 한 가지 개념으로 말하기는 곤란합니다. 권축 가공하여 질감을 낸 것도 있으며 신축 가공된 것도 있습니다. 다만 어느 것이나 열에 약하기 때문에 블로킹할 때는 세심한 주의가 필요합니다. 과도한 열을 가하면 힘이 없어지고 다리미 온도가 너무 높으면 녹기도 합니다. 서플렉스Supplex, 울트라터치UltraTouch, 다이나믹스DyeNAMIX는 나일론의 상품명입니다. 울로 된 양말 실의 내구성을 높일 목적으로 나일론을 혼방하는 경우도 많습니다.

폴리에스테르Polyester

폴리에스테르는 일반적으로 다른 섬유와 조합해서 사용합니다. 젖어도 주름이 잘 지지 않고 모양이 흐트러지지 않습니다. 폴리에스테르는 다른 섬유와 합하면 실이나 편물에 강도와 안정성을 줍니다. 데이크론Dacron, 파이버필Fiberfill, 쿨맥스Coolmax, 마이크로룩스Microlux는 모두 폴리에스테르의 등록 상표입니다.

폴리프로필렌Polypropylene

폴리프로필렌은 석유 베이스로 낮은 생산 비용이 특징인 섬유입니다. 다른 합성섬유보다 정전기가 잘 일어나지 않는 성질이 있습니다. 가볍고 단열성이 뛰어나서 울 같은 실과 간단히 혼방할 수 있습니다.

메탈릭Metallics

메탈 얀과 혼동하는 경향이 있으나, 메탈릭 얀에는 2종류가 있습니다. 하나는 아주 얇은 금속박을 플라스틱 막으로 덮고 가는 띠 모양으로 절단한 것, 다른 하나인 마일라Mylar는 폴리에스테르의 일종으로 기화시킨 금속으로 처리하고 양면에 필름을 접착한 것입니다. 다양한 착색제를 박이나 접착한 필름에 더할 수 있습니다. 변색되지는 않지만 그다지 튼튼하지도 않습니다. 이 약점을 보강하기 위해 많은 경우에 다른 섬유와 혼방합니다. 다른 합성섬유처럼 메탈릭도 열에 약하므로 다리미를 직접 대는 것은 피합니다. 메탈릭은 의장사에 쓰일 때가 가장 많은 실입니다.

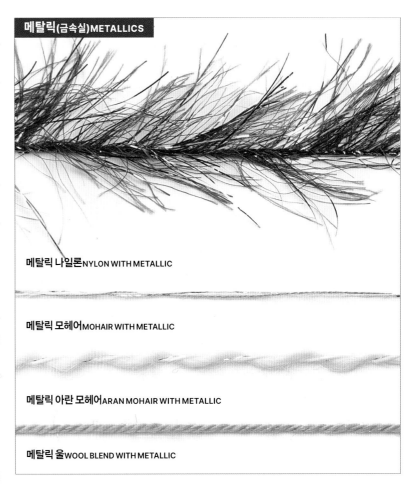

메탈릭(금속실)METALLICS

메탈릭 나일론NYLON WITH METALLIC

메탈릭 모헤어MOHAIR WITH METALLIC

메탈릭 아란 모헤어ARAN MOHAIR WITH METALLIC

메탈릭 울WOOL BLEND WITH METALLIC

실의 라벨에 표시하는 국제 표준 세탁표시기호

기호	의미
	손세탁
	찬물로 손세탁
	온수로 기계세탁
	건조기 사용 가능
	자연 건조(눕혀서)
	표백제 사용 가능
	표백제 사용 불가
	저온(~110℃)으로 다림질
	다림질 금지
	시판 용제를 사용한 드라이클리닝 가능
	드리닝클리닝 불가
	퍼클로로에틸렌이나 석유계 용제를 사용하여 드라이클리닝 가능

그 외의 섬유

금속Metal

일반적으로 스테인리스 소재를 울이나 견에 포함시켜서 만듭니다.
착용감이 좋지 않기 때문에 주로 주얼리나 액세서리, 실내 장식품에 사용합니다. 꼬이기 쉬워서 취급이 어렵고, 잘못 취급하면 흠집이 날 우려가 있습니다.

종이Paper

뜨개용 페이퍼 얀은 일본 전통 종이를 가는 리본 모양으로 잘라서 꼰 것입니다. 메탈사와 마찬가지로 장식이나 악세사리에 사용하는 것이 일반적입니다. 신문지를 재활용하여 직접 페이퍼 얀을 만들 수도 있습니다.

재생사Recycled yarn

섬유 제품은 무엇이든 실로 바꿀 수 있습니다. 데님이나 사리의 원단, 캐시미어 스웨터나 티셔츠 소재에서 재생사를 생산하여 판매하는 제조업체도 있습니다. 재생할 원단을 가는 띠 모양으로 재단하고 그것을 이어서 실을 만듭니다. 같은 실타래를 다시 만들 수가 없어서 재생한 소재의 특성을 살린 작품을 만들 수 있습니다.

신축성 있는 실

신축성 있는 실은 레이온, 폴리에스테르, 면사를 신축성 있는 심지 실에 감아서 만듭니다. 색깔 수도 풍부해서 다른 섬유와 함께 방적할 때도 있고, 단독으로 작품을 뜨는 실을 겹실로 하여 뜰 때도 있습니다. 둘 다 신축성이 더욱 좋은 편물이 됩니다. 신축성 있는 실은 주로 수영복, 옷의 소맷부리, 양말목 입구처럼 신축성이 꼭 필요한 부분에 사용합니다.

대체사

뜨개 도안에서 지정한 실이나 사용하려는 실을 구하지 못하여 대체사가 필요할 때가 있습니다. 그러나 무게나 실 길이가 같다고 해서 반드시 그 실을 대체사로 사용할 수 있는 것은 아닙니다. 떠보면 도안에서 요구하는 게이지로는 떠지지 않을 수도 있습니다. 그러면 사이즈가 맞지 않습니다. 게이지가 맞다고 해도 실의 질감이나 조성 때문에 완성된 작품이 원래 디자인보다 더 뻣뻣하거나 흐늘거리기도 합니다. 예를 들어 울 뜨개실로 뜨는 것을 가정한 케이블무늬 스웨터를 코튼이나 리넨으로 뜨면 모양도 착용감도 상당히 달라집니다.

대체사로 적당한지 아닌지를 확인하는 유일한 방법은 **스와치**swatch를 떠보는 것입니다. 스와치를 떠서 도안에 있는 **게이지**gauge와 콧수·단수를 비교합니다. 일치하지 않는다면 바늘 호수를 굵거나 가는 것으로 조정합니다. 그래도 게이지가 맞지 않을 때는 다른 실을 검토하는 것이 좋습니다.

적정 게이지가 나오면 편물의 드레이프감이나 감촉을 확인합니다(효과를 완전히 확인하려면 큰 스와치가 필요할 수도 있습니다). 뜨려고 하는 작품에 맞나요? 예상했던 것보다 편물이 처지거나 너무 빡빡하지 않은가요?

만족할 수 있는 모양이 나왔다면 다음은 실 양의 **견적**입니다. 필요한 전체 길이를 계산하면 가장 정확한 견적을 낼 수 있습니다. 전체 실 길이는 도안의 사용 실 1타래의 실 길이를 필요한 볼 수로 곱하면 알 수 있습니다. 예를 들어 1볼 125m인 실이 5볼 필요하다면 125m×5볼=625m입니다. 이것을 대체사 1볼분의 길이로 나누면 필요한 볼 수를 알 수 있습니다.

실 무게의 단위 환산표 (온스와 그램)

온스	그램
¾oz	20g
.88oz	25g
1oz	28g
1½oz	40g
1¾oz	50g
2oz	60g
3½oz	100g
5oz	141g

도구

바늘과 마커, 볼 와인더Ball Winder와 실패Bobbin에 이르기까지 뜨개를 수월하게 해주는 다양한 도구가 있습니다. 실과 마찬가지로 뜨개 도구 역시 최근 몇 년간 선택지가 기하급수적으로 증가했습니다. 그중에는 꼭 필요한 것도 있고 아닌 것도 있지만 어떤 도구든 여러분의 뜨개를 즐겁게 만들어줄 것입니다.

뜨개바늘

뜨개바늘은 뜨개에 빠질 수 없는 도구입니다. 이전에는 선택 범위가 제한되어 있었지만 지금은 종류, 스타일, 크기 등이 다양합니다. 가장 적합한 뜨개바늘에 관한 견해도 바늘과 마찬가지로 다양합니다.

그러므로 뜨개에 필수적인 뜨개바늘을 고를 때는 적어도 '최고의 바늘은 내가 가장 쓰기 편한 바늘이다'라는 사실을 기억해둡니다. 자신이 기분 좋고 깔끔하게 뜰 수 있는 바늘을 선택하면 뜨개바늘과 뜨개 양쪽을 즐길 수 있습니다.

뜨개바늘의 종류

뜨개바늘은 크게 2종류로 나눕니다. **막대바늘**straight needles과 **줄바늘**circular needles입니다. 막대바늘은 편물을 평면 뜨기하여 각 부분을 나중에 연결하는 경우에 사용합니다. 줄바늘은 연속하여 원통으로 뜰 수 있어서, 통 모양 편물을 만들어서 모자나 심리스 스웨터를 뜹니다. 막대바늘에는 한쪽 끝이 뾰족한 바늘과single-pointed 양쪽 모두 뾰족한 바늘double-pointed이 있습니다. **한쪽 막대바늘(막힘 바늘)**은 한쪽 끝이 뾰족하고 반대쪽에는 뜨개코가 빠지지 않도록 머리가 달려 있습니다. 머리는 단순한 것에서부터 기능적인 알루미늄이나 나무 캡이 붙은 것, 장식적인 비즈나 수지제 피규어, 꽃이나 고양이, 더 나아가서는 초밥 등의 장난스러운 장식까지 있습니다. **양쪽 막대바늘**double pointed needles(dpns)은 양쪽이 뾰족하여 일반적으로 원통으로 뜨는 소품이나 양말의 발뒤꿈치, 아이코드를 뜰 때 사용합니다. 꽈배기바늘 대신으로도 쓸 수 있습니다. 한쪽 막대바늘은 2개 세트, 양쪽 막대바늘은 4개 또는 5개 세트로 판매합니다. 양말 바늘sock needles은 양말을 가장 뜨기 쉬운 길이의 양쪽 막대바늘입니다.

줄바늘은 매끄러운 나일론이나 플라스틱 줄 양끝에 바늘 팁이 붙은 바늘입니다. 줄바늘은 편물의 무게를 바늘로 지탱하는 대신에 무릎 위에 맡기기 때문에 특히 무게 있는 옷을 뜰 때 손이나 손목, 어깨의 부담을 줄여줍니다. 또 이동 중이나 좁은 장소에서 뜰 때, 바늘을 떨어뜨리거나 바늘 팁이 남에게 닿는 트러블을 없애주므로 무척 편리합니다. 줄바늘은 프로젝트 백에 콤팩트하게 수납할 수도 있습니다. 원래는 원통으로 뜨기 위한 바늘이지만, 막대바늘처럼 단의 끝에서 편물을 돌려서 바늘을 바꿔 쥐면 평면뜨기에도 사용할 수 있습니다.

줄바늘을 고를 때는 바늘과 줄의 접속부에 세심한 주의를 기울입니다. 접속부에 거친 부분이 있으면 뜨개코가 걸리거나 뜨는 속도가 떨어지고 실이 찢어지기도 합니다. 줄에는 편물을 단단히 지탱할 수 있는 강도와 동시에 유연성도 필요합니다. 줄 부분이 딱딱하면 뒤틀려서 문제가 생길 수 있습니다(구입 후, 줄에 감겼던 자국이 나 있을 때는 따뜻한 물에 담그면 펴집니다). 뒤틀림을 방지하기 위해 접속부가 회전하는 바늘도 있습니다.

교체식 뜨개바늘interchangable needles은 줄 1개에 다양한 굵기의 바늘을 교체할 수 있어서 다양하게 사용할 수 있고 바늘 호수와 줄 길이를 무한하게 조합할 수 있습니다.

줄 1개의 양 끝에 같은 호수인 바늘 팁을 끼우면 줄바늘로, 줄 2개에 각각 바늘 팁과 바늘마개를 끼우면 막대바늘로 쓸 수 있습니다(단 원래 막대바늘만큼 안정적이지는 않습니다).

최근 들어 교체식 뜨개바늘의 제조 기술이 현저히 발전했습니다. 뜨개바늘 사양이 제조업체마다 어느 정도 다른 것처럼 교체식 뜨개바늘의 줄 종류, 접속 방법, 바늘 소재도 업체에 따라서 다릅니다. 일반적으로는 콤팩트한 정리용 케이스에 들어 있고 다양한 부속품도 제공되므로 각자 필요성에 맞춰서 커스터마이즈할 수 있습니다. 뜨개를 모두 교체식 뜨개바늘로 뜨지 않더라도 필요한 호수 바늘이 눈에 띄지 않을 때나 다른 작품에 사용 중일 때 편리합니다. 줄바늘과 마찬가지로 바람직한 것은 바늘 팁과 줄의 접속부가 매끄러워서 실에 걸리지 않고 안정되게 뜰 수 있으며 탈착하기 쉬운 것입니다.

꽈배기바늘cable needles은 가는 양쪽 바늘이며 U자형으로 된 것, 새가 날개를 펴고 날고 있는 모양으로 구부러진 것, 일자로 되어 있고 몇 군데가 움푹 파인 것, 한가운데가 움푹 들어가 있는 것 등이 있습니다. 움푹 들어간 것이나 파인 것은 케이블뜨기 작업 중에 뜨개코가 미끄러져서 빠지지 않게 하기 위한 것입니다. 사용하는 실의 성질이나 케이블무늬의 복잡함에 따라서 어떤 스타일의 꽈배기바늘을 사용할지 결정합니다.

옛부터 내려오는 바늘의 축 부분은 원통이지만, 2006년 무렵부터 **변형 뜨개바늘**shaped needles도 등장했습니다. 예를 들면 바늘 팁은 둥글고 축 부분은 네모난 바늘이 있습니다. 축에 면이 있기 때문에 손이나 손가락 끝을 두기가 좋다는 니터도 있습니다. 삼각형 바늘도 있습니다. 이것도 원통형보다 바늘을 쥐기 쉽고, 바늘 팁은 사각형 바늘보다 길고 가늘며 뾰족합니다. 축 부분이 납작하고 바늘 팁도 얇고 가벼운 바늘도 있습니다.

새로운 모양의 바늘로도 전통적인 원통형 바늘과 똑같이 뜰 수 있습니다. 다만 콧수 게이지나 단수 게이지가 달라질 가능성이 있으므로, 이런 바늘을 사용하여 작품을 뜨려면 시작하기 전에 반드시 스와치를 떠봅니다. 또한 바늘 호수가 종래의 바늘과 반드시 일치하지는 않으므로, 게이지에 맞출 때는 호수를 조정할 가능성도 고려해둡니다.

바늘 사이즈

뜨개바늘 사이즈는 **지름**에 기초하여 호수나 밀리미터(㎜)로 분류합니다. 미국제 바늘에는 'U.S. 사이즈'라고 표시되어 있습니다(표시가 없는 바늘도 있습니다). U.S. 사이즈의 규격은 0~50호이며, 숫자가 커질수록 지름이 커집니다.

17호 이상은 '점보 바늘'이라고 하며, 반대로 아주 가는 스틸 레이스 바늘은 0000호까지 있습니다. 초극태 바늘은 염화비닐 파이프 소재이며 지름이 50㎜입니다.

미국에서 판매하는 바늘에는 일반적으로 ㎜도 표시되어 있지만, 엄밀하게는 대응되는 호수가 없는 것도 있습니다. 대바늘 사이즈 대조표는 뜨개잡지나 책, 웹사이트, 휴대전화 앱 등에서도 볼 수 있습니다(P.21에도 실려 있습니다).

다른 사람에게 뜨개바늘을 물려받았을 때는 다른 규격도 알아두면 도움이 됩니다. 구 영국식이면 대응표에 'U.K.'라고 적혀 있습니다. 이것은 숫자와 바늘 굵기가 반비례, 즉 숫자가 커질수록 바늘이 가늘어집니다.

바늘 호수를 모를 때는 니들 게이지(P.24 참조)를 사용하여 호수나 ㎜를 확인합니다.

대다수 니터는 바늘을 한 세트 가지고 있어도, 자주 사용하는 것은 6호(4㎜/ 일본의 6호에 해당), 7호(4.5㎜/ 일본의 8호에 해당), 8호(5㎜/ 일본의 10호에 해당)일 것입니다. 패턴이나 뜨개실 라벨에 적혀 있는 바늘 사이즈는 추천 사이즈라는 것을 명심해야 합니다.

바늘 사이즈는 제조업체나 소재에 따라 약간 차이가 있으므로, 작품을 뜨기 시작하기 전에는 반드시 게이지 스와치를 떠서 사용할 바늘의 사이즈를 결정합니다. 스웨터 몸판과 소매를 다른 업체의 바늘로 뜨면 게이지가 어긋날 가능성이 있습니다. 또한 바늘 종류가 손땀에 영향을 주기도 합니다. 줄바늘은 막대바늘보다 편물이 느슨해지고, 나무바늘보다 메탈 바늘은 빡빡해지기도 합니다.

바늘 길이

사용하는 바늘 길이는 뜨는 사람의 취향에 따라 결정됩니다. 바늘 길이는 미국에서는 인치, 미국 이외에서는 ㎝로 표시합니다. 막대바늘 길이는 바늘 팁에서 끝까지, 줄바늘 길이는 줄의 길이로 정

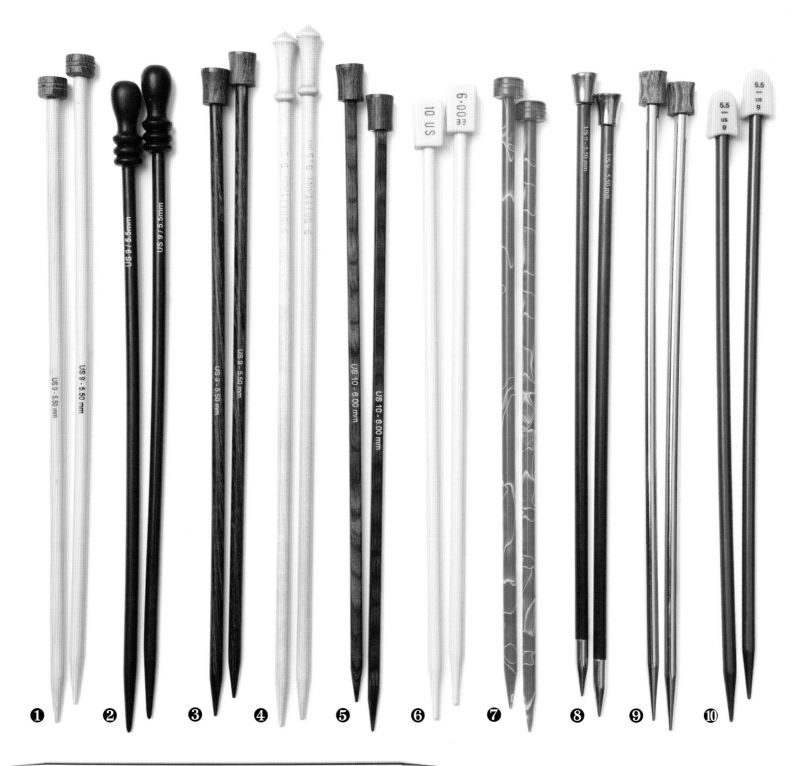

❶ ❷ ❸ ❹ ❺ ❻ ❼ ❽ ❾ ❿

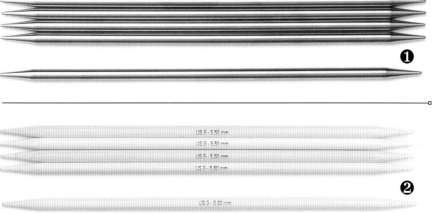

❶

❷

막대바늘STRAIGHT NEEDLES

1 대나무Bamboo	**6** 연질 플라스틱Flexible Plastic
2 로즈우드Rosewood	**7** 아크릴Acrylic
3 경재 합판Plied Hardwood	**8** 카본Carbon
4 자작나무Birch	**9** 니켈 도금Nickel Plated
5 집성목 사각형Square Laminated Wood	**10** 알루미늄Aluminum

양쪽 막대바늘DPNS

1 금속Metal

2 나무Wood

합니다. 한쪽 막대바늘의 길이는 25cm에서 36cm가 주류입니다. 양쪽 막대바늘은 10~25cm, 줄바늘은 40, 60, 80, 90cm가 일반적이지만 23cm나 100cm 이상인 바늘도 있습니다.

짧은 바늘은 모자나 기타 소품에 사용하고, 긴 바늘은 성인용 스웨터나 콧수가 많은 담요에 사용합니다. 손이 큰 니터는 짧은 바늘을 쥐기 힘들 수도 있습니다. 바늘 팁 쪽으로 뜨는 사람은 바늘 팁이 길면 뜨기 힘들게 느껴집니다.

일반적으로 너비 56cm 전후의 편물은 긴 막대바늘(40cm)로 뜨고, 몸통둘레가 102cm인 스웨터라면 60, 80, 90cm 줄바늘로 뜹니다. 콧수가 많아서 줄바늘 1개에 다 들어가지 않으면 줄바늘 2개로 막대바늘처럼 평면뜨기해도 좋습니다. 이럴 때는 각 바늘의 한쪽 끝에 바늘마개를 끼웁니다. 짧은 줄바늘은 모자의 크라운이나 양말, 장갑의 곡선을 뜨기에 적합하지만, 너무 짧아서 사용하기 어려울 때도 있으니 그때는 양쪽 막대바늘로 바꿉니다. 줄이 긴 줄바늘로 콧수가 적은 편물을 펼쳐서 늘이며 원형으로 뜨면 절대안 됩니다. 생각지 못한 트러블의 원인이 됩니다.

바늘 팁

사실은 이 부분이 뜨개바늘을 고를 때의 최대 포인트입니다. 끝이 가늘고 날카로우며 매끄러운 것은 빡빡하게 뜨는 데는 이상적입니다. 바늘 팁이 뭉툭한 것은 대충 뜨는 뜨개코에 적합합니다. 그러나 전자는 실을 가를 가능성이 있고, 후자는 뜨개코가 빡빡하면 뜨기 어려워집니다. 레이스나 양말 등을 가는 실로 뜨려면 바늘 팁이 뾰족한 것이, 코튼이나 감연사(꼬임이 느슨한 실)나 갈라지기 쉬운 실로 뜰 때는 바늘 팁이 뭉툭한 것이 적합합니다.

바늘 팁이 뾰족하든 뭉툭하든 바늘 팁의 상태에도 주의를 기울입니다. 흠집이나 표면의 벗겨짐 등 바늘이 제대로 갖춰져 있지 않으면 뜨는 속도가 느려지고 뜨개코가 고르지 않게 되며 실이 걸리는 원인이 됩니다. 사용 후에는 바늘 팁을 덮는 케이스에 수납하여 바늘 팁을 보호하고,

프로젝트 백에 바늘을 넣기 전에는 스토퍼(포인트 프로텍터)를 끼워둡니다.

뜨개바늘의 소재

가장 오래된 뜨개바늘은 나무나 뼈를 깎아 만든 것으로 사이즈는 별로 정확하지 않았습니다. 지금은 뼈로 만든 뜨개바늘은 없지만(혹시 눈에 띈다면 콜렉터즈 아이템입니다) 소재는 다양합니다. 대다수는 나무바늘이지만, 소재마다 장단점이 있고, 적합한 것은 취향이나 뜨는 법, 사용하는 실에 따라 달라집니다.

메탈

알루미늄, 스테인리스, 니켈(도금)로 만든 것이 일반적입니다. 성형하거나 또는 눌러서 만들고, 굵은 바늘은 안쪽을 비워서 가볍게 만듭니다. 표면이 매끄러워서 뜨는 속도가 빨라지는 반면, 실이 미끄러지기 쉽고 뜨개코가 잘 빠지는 결점이 있습니다. 다른 소재와 달리 바늘을 만지면 차갑습니다. 축에 유연성이 거의 없으므로, 손에 관절염이 있는 사람에게는 조금 성가십니다. 탄소섬유(P.23 참조) 이외에는 섬세한 레이스뜨기를 버텨낼 수 있는 유일한 소재입니다.

알루미늄 바늘은 메탈 중에서는 가격이 가장 쌉니다. 가볍고 색, 길이, 사이즈도 종류가 많습니다. 결점은 표면에 흠집이 나기 쉽고 잘 구부러지는 것입니다. 녹은 슬지 않지만, 패이기 쉽고 시간이 지나면 부식될 때가 있어서, 질 좋은 알루미늄 바늘에는 부식방지를 위해 양극산화처리를 합니다.

스테인리스, 니켈 도금 뜨개바늘은 표면이 알루미늄 바늘보다 매끄러워서 더욱 빠르게 뜰 수 있습니다. 흠집이 잘 나지 않고 알루미늄보다 패이거나 부식되지 않기 때문에 매우 튼튼하지만 그만큼 비쌉니다. 메탈 뜨개바늘을 완전한 상태로 해두려면 사용한 뒤에 깨끗한 마른 천으로 닦고 습한 장소에는 두지 않도록 합니다.

플라스틱

플라스틱은 색의 선택지가 아주 풍부한 데다가 가볍습니다. 특히 점보바늘 중에

서는 가장 가볍습니다. 플라스틱 뜨개바늘은 플라스틱이나 수지를 녹여서 틀에 붓고 굳혀서 만듭니다. 가는 바늘 중에는 보강을 위해 스틸 와이어를 심으로 삼은 것도 있습니다.

표면은 금속만큼 매끄럽지는 않지만, 목재나 대나무보다는 매끄러워서 뜨개코가 바늘 팁에서 빠지기 쉽습니다. 또 체온으로 바늘이 따뜻해지면 부드러워지기 때문에 관절염 등 손에 문제가 있는 사람에게 추천합니다. 그러나 장시간 고온이나 저온에 노출되면 색이 바래기 쉽습니다. 플라스틱에는 다양한 등급이 있어서 이에 따라 유연성도 달라집니다. 질 좋은 플라스틱은 부드럽고 싼 것은 단단하고 부러지기 쉽습니다. 축이나 바늘 팁에 거스러미가 없는 매끈한 바늘을 구입하도록 합니다.

대나무Bamboo

대나무 뜨개바늘은 튼튼하고 유연하고 가볍습니다. 나무와 마찬가지로 따스한 느낌이 있고 친숙해지기 쉬우며 일반적으로 다른 나무보다 저렴합니다. 대나무 뜨개바늘은 재생 가능한 소재인 대나무 줄기로 만듭니다. 대나무를 벌채, 수확하여 건조를 거쳐서 적절한 길이로 재단하여 뜨개바늘 모양으로 만듭니다. 거기에 수작업이나 기계로 표면을 갈고 그중에는 래커 도장으로 광택을 내는 것이나 가볍게 왁스를 발라서 윤을 내고 매끄러움을 높인 것도 있습니다. 공장에서 대량 생산한 제품도, 장인에 의한 소규모 생산품도 있고 품질은 크게 다릅니다. 환경을 생각하여 대나무 바늘을 고른다면, 원재료의 조달처와 제조 방법도 확인합니다. 그 내용에 따라 가격과 품질이 좌우됩니다.

대나무는 금속이나 플라스틱만큼 매끄럽지 않기 때문에 뜨개 초보자나 잘 미끄러지는 실로 뜰 때 적합합니다. 단점은 실과 마찰 저항이 생겨서 뜨는 속도가 느려지는 것입니다. 특히 품질이 좋지 않은 대나무 바늘은 한동안 사용하면 바늘 팁이 부러지거나 갈라지기도 합니다. 또 손의 온도로 구부러지거나 비틀어질 가능성도 있습니다.

대바늘 사이즈 표

지름(mm)	U.S. 사이즈	JP 사이즈
2mm	0	
2.1mm		0
2.25mm	1	
2.4mm		1
2.7mm		2
2.75mm	2	
3mm		3
3.25mm	3	
3.3mm		4
3.5mm	4	
3.6mm		5
3.75mm	5	
3.9mm		6
4mm	6	
4.2mm		7
4.5mm	7	8
4.8mm		9
5mm	8	
5.1mm		10
5.4mm		11
5.5mm	9	
5.7mm		12
6mm	10	13
6.3mm		14
6.5mm	10½	
6.6mm		15
7mm		7mm
8mm	11	8mm
9mm	13	9mm
10mm	15	10mm
11mm		11mm
12mm		12mm
12.75mm	17	
15mm	19	15mm
19mm	35	
25mm	50	

*U.S. 사이즈는 미국 규격 호수, JP 사이즈는 일본 규격 호수입니다.

21

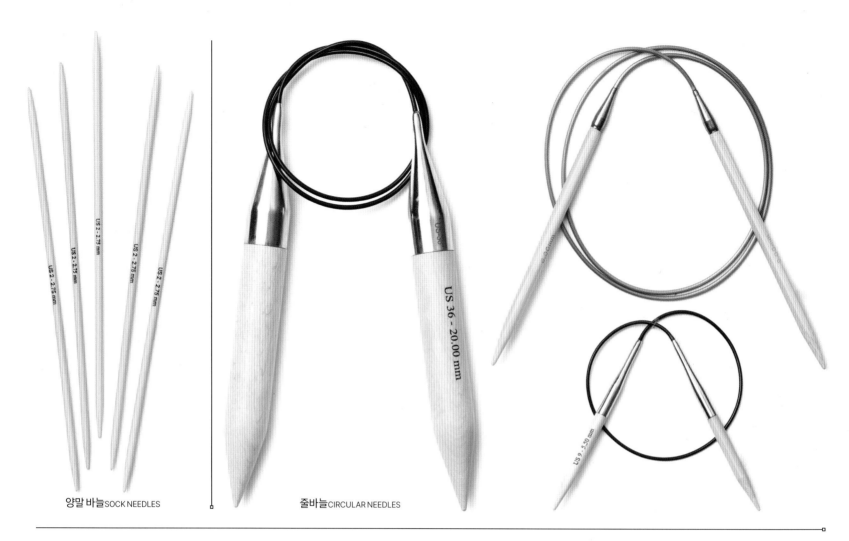

양말 바늘SOCK NEEDLES

줄바늘CIRCULAR NEEDLES

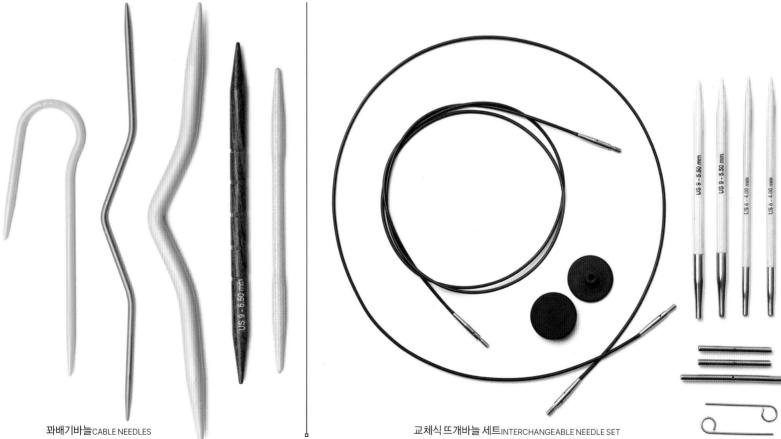

꽈배기바늘CABLE NEEDLES

교체식 뜨개바늘 세트INTERCHANGEABLE NEEDLE SET

나무Wood

공장에서 생산한 간단한 것에서부터 세밀하게 조각을 넣은 수제품까지 그야말로 다양합니다. 나무 뜨개바늘 제조에는 뜨개바늘에 특화된 전용 기계를 사용합니다. 그러므로 뜨개바늘 중에서도 가장 비쌉니다. 나무 조각을 선반에 올려 돌려서 막대 모양으로 만들어서 서서히 세밀하게 가공합니다. 그 후에는 연마하고 윤을 내서 수작업으로 마무리합니다. 래커 도장을 한 것도 있지만, 윤을 내거나 왁스만 바른 것이 일반적입니다.

단단하고 꽉 찬 나무 뜨개바늘은 가장 내구성이 있고 성능도 뛰어납니다. 가장 단단한 흑단ebony은 최상위, 다음이 자단rosewood입니다. 둘 다 외관이 우아하고 감촉도 좋습니다. 적당한 가격의 자작나무birch도 인기이며 단단한 나무보다 조금 더 유연성이 있습니다. 그 외에 단풍나무maple, 호두나무walnut, 벚나무cherry, 야자나무coconut palm wood도 있습니다. 생태계에 미치는 영향 등 희귀한 목재로 만든 도구를 사용하는 것이 마음에 걸릴 때는 원료가 어디에서 어떻게 수확되는지 알아보는 것도 좋습니다.

나무 바늘은 가볍고 온기도 느껴집니다. 대나무와 마찬가지로 메탈보다 표면의 매끄러움이 다소 모자라지만 그만큼 천천히 신중하게 뜰 수 있습니다. 이 점은 초보자나 복잡한 무늬뜨기나 잘 미끄러지는 실을 뜰 때 유리합니다.

카제인Casein

카제인 뜨개바늘은 플라스틱 바늘과 거의 똑같이 제조되지만, 우유에 포함된 단백질로 만든 것이라서 완전히 생분해됩니다. 유연성이 있고 가벼우며 감촉이 따스합니다(관절염으로 고생하는 사람에게 좋습니다). 여러 가지 방법으로 색을 입힐 수 있어서 네온컬러에서부터 거북 등딱지를 닮은 것까지 다채로운 색이 보입니다. 표면은 나무나 대나무보다는 매끄러워도 금속만큼 매끄럽지는 않습니다.

카제인 뜨개바늘은 천연소재로 만들지만 보이는 느낌도 만진 감촉도 인공적이라서 멀리할 때도 있습니다. 다른 소재보다 조금 더 주의도 해야 합니다. 예를 들면 열로 간단히 손상되고 물러질 때가 있습니다. 달궈진 차 안이나 라디에이터 열원이나 해가 잘 드는 창 근처 등에는 방치하지 않도록 합니다. 윤기를 유지하려면 처음 사용하기 전에 30초 동안 물에 담가서 케이스에 보관합니다.

탄소섬유 복합재Carbon-fiber composite

전투기나 F1 레이스카에 사용하는 복합재로 만든 뜨개바늘은 탄소섬유로 강화된 폴리머 복합재료로 만들었습니다. 이 재료는 아주 강하고 가볍기 때문에 U.S.00001호(1.25㎜)의 극세 바늘도 만들 수 있습니다. 탄소섬유는 금속보다 표면이 따뜻하고 가벼우며, 뜨개코가 바늘에서 미끄러져 빠지지도 않습니다. 바늘 팁은 뾰족한 것이 많지만 니켈이나 도금을 한 뭉툭한 바늘을 만드는 제조업체도 있습니다.

유리Glass

유리 뜨개바늘은 섬세한 외관에도 불구하고 뜨는 기능은 잘 수행합니다. 램프워크나 블로잉 기술로 만듭니다. 전자는 유리 막대를 가열하여 가스 버너로 모양을 만들고, 후자는 속이 빈 튜브를 가열하여 공기를 불어넣어 모양을 만듭니다. 내열 유리를 사용하여 내구성을 높이고 잘 파손되지 않는 뜨개바늘을 만드는 기술자도 있습니다.

유리 뜨개바늘은 표면이 매끄러워서 빠르게 뜰 수 있을 뿐더러 놀랄 만큼 강인합니다. 손으로 쥐고 있는 사이에 따스해지지만 유연성은 전혀 없습니다. 당연한 말이지만 취급할 때는 주의해야 합니다. 부러지기 쉬워서 가방 안에서 충격을 받거나 반동에는 버티지 못합니다. 그러므로 유리 뜨개바늘을 가지고 다닐 때는 하드셀 케이스에 넣어서 보호하도록 합니다.

유리 바늘을 관상용으로 구입하는 니터도 있지만, 실제로 사용할 목적으로 구입할 때는 가볍고 균형이 잘 잡히는지 확인합니다.

뜨개용구

뜨개를 할 때 도움이 되는 도구는 많습니다. 사용 여부는 취향에 달렸지만, 스티치 게이지와 니들 게이지는 필수품입니다.

스티치 게이지

금속이나 플라스틱제 판으로 한쪽 가장자리에 자처럼 눈금이 새겨져 있고, 네모난 '창'이 뚫려 있어서 콧수와 단수를 세기 쉽게 되어 있습니다. 사용할 때는 평평한 장소에 스와치나 제작 중인 편물을 놓고 그 위에 스티치 게이지를 놓습니다. 이때 '창'의 아래 가장자리를 뜨개코의 단에 맞춥니다. '창' 안에 들어 있는 콧수와 단수를 세서, '창' 옆에 새겨진 치수(㎝)를 토대로 10㎝의 콧수와 단수를 계산합니다.

니들 게이지

호수를 모르는 뜨개바늘의 사이즈와 호수를 확인하기 위한 편리한 도구입니다. 금속이나 플라스틱의 평평한 시트에 뜨개바늘 호수에 맞는 구멍이 뚫려 있는 타입과 키 홀더 같은 체인 모양의 커넥터에 각 호수에 맞는 금속이나 플라스틱 고리를 끼운 타입 2종류가 있습니다. 바늘 사이즈를 확인하려면 구멍이나 링에 바늘을 끼우기만 하면 됩니다. 바늘 팁과 축 둘 다 순조롭게 통과되고 앞뒤로 움직일 수 있는 가장 작은 구멍이 바늘의 호수입니다.
디바이스 화면 위에 표시되는 뜨개바늘 사진에 가지고 있는 바늘을 겹쳐 보고 호수를 확인할 수 있는 앱도 많습니다. 니들 게이지와 콧수/단수 게이지를 하나로 합쳐서 만든 업체도 있습니다.

코바늘

코바늘에도 다양한 사이즈와 재질의 바늘이 있습니다. 대바늘 뜨개만 하는 사람이라도 빠뜨린 코를 주울 때나 장식적인 에징을 뜰 때에는 코바늘이 중요하게 쓰입니다. 가장 가는 코바늘은 스틸 레이스 바늘로 미국에서는 이 사이즈를 숫자 14부터 5로 표시하고 숫자가 큰 것이 가장 가는 호수로 되어 있습니다. 레이스 바늘 이외의 코바늘 사이즈는 숫자와 알파

코바늘 크기

지름(㎜)	U.S. 사이즈	JP 사이즈
2mm		2/0
2.25mm	B-1	
2.30mm		3/0
2.5mm		4/0
2.75mm	C-2	
3mm		5/0
3.25mm	D-3	
3.5mm	E-4	6/0
3.75mm	F-5	
4mm	G-6	7/0
4.5mm	7	7.5/0
5mm	H-8	8/0
5.5mm	I-9	
6mm	J-10	10/0
6.5mm	K-10½	
7mm		7mm
8mm	L-11	8mm
9mm	M/N-13	
10mm	N/P-15	10mm
12mm		12mm
15mm	P/Q	
16mm	Q	
19mm	S	

※ U.S. 사이즈는 미국 규격 호수, JP 사이즈는 일본 규격 호수입니다.
※ 문자나 숫자는 다를 경우가 있기 때문에 밀리미터 표시로 확인합니다.

※ 금속제 레이스바늘:
금속제 레이스 바늘은 극세사나 레이스사를 뜹니다. 일반 코바늘과는 사이즈 표시가 반대라서, 숫자가 커지면 바늘은 가늘어집니다. 일반적인 금속제 코바늘 중 가장 작은 것은 14호(미국 규격으로는 0.9㎜, 일본 규격으로는 0.5㎜)입니다.

벳을 조합하여 표기하며 가장 가는 것은 B/1이고, 이 바늘은 숫자가 커지면 사이즈도 커집니다. 유럽에서는 바늘 사이즈를 밀리미터로 표시합니다.

스티치 마커

다양한 스타일의 제품이 있어서, 코늘림이나 코줄임, 무늬의 반복, 그리고 원통으로 뜰 때 단의 경계에 표시하기 위해 사용합니다. 모양은 고리, 고리에 틈이 나 있는 것 등이 있고, 기능성을 중시한 플라스틱제 제품부터 주얼리 못지 않게 아름다운 은이나 비즈를 넣은 마커까지 있습니다.
고리 타입은 뜨개바늘에 끼워서 사용합니다. 고리에 틈이 나 있는 타입은 더욱 범용성이 있어서, 이미 뜬 뜨개코에 걸어서 달 수도 있습니다. 장식성이 높은 제품은 마무리가 거친 부분, 와이어의 접속부, 비즈가 섬세한 실에 걸릴 수도 있으니 주의합니다. 마커가 없을 때는 뜨개실과 다른 색 실로 고리를 만들면 마커 대용으로 쓸 수 있습니다.

코막음 핀

스웨터 어깨선처럼 뜨개코를 나중에 코막음 할 때나 뜨개코를 일단 쉽게 둘 때 사용합니다. 모양은 안전핀을 크게 만든 타입과 줄바늘 한쪽에 캡이 달려서 바늘 팁을 막도록 되어 있는 타입이 있습니다. 사이즈도 다양하지만 가장 작은 사이즈가 사용하기 편합니다. 줄바늘 타입의 긴 것은 콧수가 많을 때 적합합니다. 코막음 핀이 없으면 여분의 뜨개바늘이나 다른 실을 뜨개코에 끼워 둬도 좋습니다.

단수 카운터

이 조그만 도구는 뜬 단수를 기록할 때 편리합니다. 모양이나 사용법은 다양하지만, 1단을 뜰 때마다 레버를 누르거나 다이얼을 돌리는 타입이 일반적입니다. 뜨개바늘에 끼우는 타입도 있습니다. 고를 때는 자주 사용하는 호수의 바늘에 끼울 수 있는지 확인합니다.
소형 크리비지 보드(구멍이 뚫린 판) 위에서 비즈를 이동하여 모양 만들기나 무늬 뜨기를 한 번에 관리할 수 있는 제품이나 단추를 눌러서 숫자를 진행시키는 제품, 카운터 여러 개를 동시에 조작할 수 있는 제품도 있습니다. 디지털이 편한 사람은 카운터 기능을 하는 앱도 많이 있으니 사용해봅시다.

바늘마개(포인트 프로텍터)

고무로 만든 캡. 바늘 팁에 씌워서 움푹 들어가거나 흠집이 나지 않도록 보관합니다. 뜨개코가 빠지지 않도록 막을 때도 편리합니다. 크기는 다양하고 모양도 기본적인 것부터 세련된 것이나 독특한 것까지 다양합니다.

돗바늘, 손바느질용 바늘

끝이 뭉툭한 돗바늘은 편물 꿰매기, 실 처리, 수선, 편물에 수놓기 등에 꼭 필요합니다. 금속, 플라스틱, 나무 돗바늘이 있고 사이즈도 다양합니다. 바늘 끝이 볼 모양인 것도 있어서, 극태사에 사용하면 실이 갈라지지 않아서 편리합니다. 실을 꿸 수 있는 바늘귀 사이즈의 바늘을 사용합니다.

핀, 클립

스텐인리스 시침핀, T핀, 안전핀은 니터의 필수품입니다. 시침핀straight pins은 편물을 이을 때 고정하기 위해 사용합니다. 니트용은 재봉용보다 길고 끝이 뭉툭하며, 알록달록한 플라스틱 머리가 붙어 있어서 편물에 파묻히지 않도록 되어 있습니다. 대나무 시침핀bamboo marking pins도 등장했습니다. 이것은 더 두께가 있는 편물을 꿰맬 때도 사용할 수 있고, 핀이 실을 가르거나 찢지 않습니다.
T핀T-pins은 모양에서 그런 이름이 붙었으며, 무거운 편물을 고정하는 데 적당합니다. 마무리할 때 사용하는 시침 클립finishing clips도 용도는 같습니다. 블로킹 핀은 탄력성 있는 긴 T핀이며 블로킹 보드나 다림판에 편물을 고정하고 스팀을 쏘이거나 건조시킬 수 있도록 만들어졌습니다.
안전핀coil-less safety pins도 편리한 도구입니다. 뜨개코 몇 개를 쉽게 둘 때나 빠뜨린 코에 끼워 두고 나중에 수정할 때 사용합니다. 편물의 겉면이나 안면을 표시하거나 스티치 마커로도 사용할 수 있습니다.
포크 핀forked pins이나 블로킹 빗blocking combs도 편물을 고르게 정리하면서 고정하여 블로킹할 때 편리한 도구입니다.

코바늘
CROCHET HOOKS

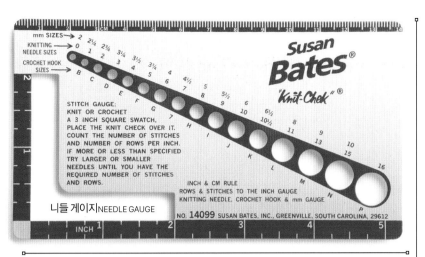

니들 게이지NEEDLE GAUGE

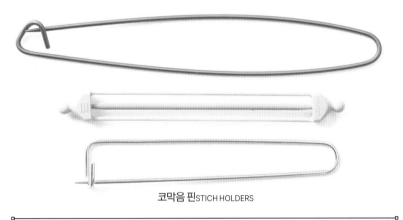

코막음 핀STICH HOLDERS

단수 카운터ROW COUNTER

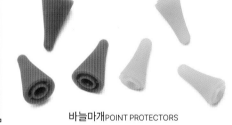

바늘마개POINT PROTECTORS

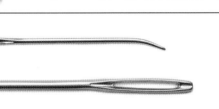

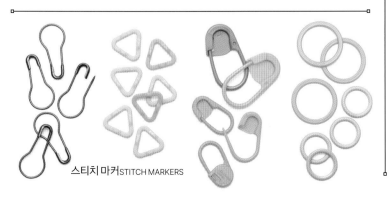

자수바늘/ 돗바늘TAPESTRY NEEDLES/ YARN NEEDLED

스티치 마커STITCH MARKERS

손바느질용 바늘/ 돗바늘
SEWING NEEDLES

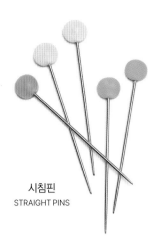

시침핀
STRAIGHT PINS

대나무 시침핀BAMBOO MARKING PINS

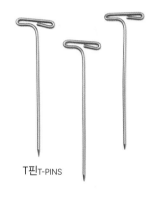

T핀T-PINS

시침 클립FINISHING CLIPS

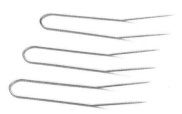

포크 핀FORKED BLOCKING PINS

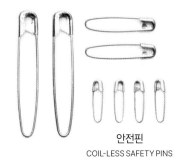

안전핀
COIL-LESS SAFETY PINS

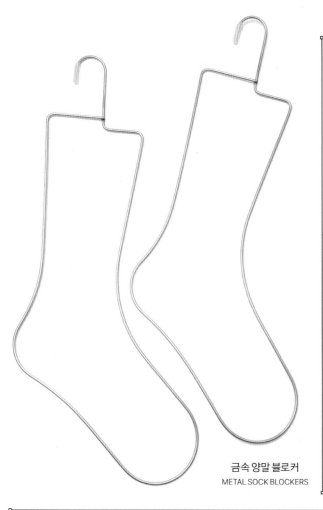

금속 양말 블로커
METAL SOCK BLOCKERS

블로킹 빗
BLOCKING COMBS

줄자MEASURING TAPES

블로킹 보드BLOCKING BOARDS

블로킹 천BLOCKING CLOTH

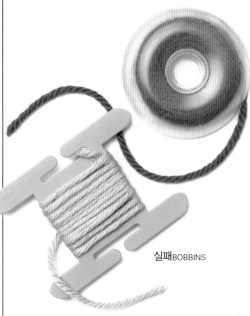

실패BOBBINS

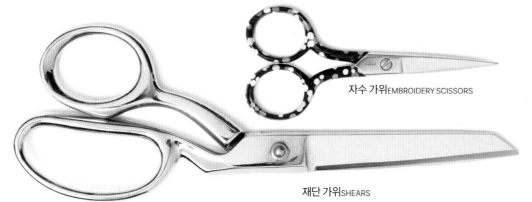

자수 가위EMBROIDERY SCISSORS

재단 가위SHEARS

폼폼 메이커POM-POM MAKERS

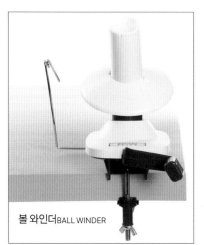

볼 와인더BALL WINDER

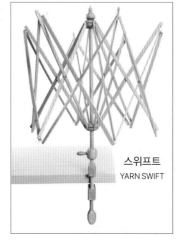

스위프트
YARN SWIFT

니팅 스풀KNITTING SPOOL

블로킹 보드

블로킹 보드는 물에 담갔던 편물을 핀으로 고정해서 말리거나 스팀다리미로 스팀을 뿜어서 블로킹할 때 받침대로 쓰는 평평하고 쿠션감이 있는 보드입니다.

일반적으로는 인치나 센티미터 눈금이 새겨져 있어서 자 대신으로도 쓸 수 있기 때문에 치수에 맞춰서 편물 모양을 잡을 수 있습니다. 수납하기 쉽도록 접이식으로 된 제품에서부터 퍼즐 조각을 맞추듯이 끼워서 원하는 크기로 만들 수 있는 튼튼한 발포스티롤 보드까지 다양한 사이즈와 소재의 제품이 있습니다.

발포스티롤 타입에는 무늬가 모눈 대신이 되는 깅엄체크 블로킹 천이 세트로 들어 있습니다.

양말 블로커에는 납작한 나무 제품이나 스테인리스 와이어 등 다양한 스타일이 있습니다. 사이즈를 조절할 수 있는 타입은 다양한 사이즈의 양말을 뜨는 니터에게 편리한 아이템입니다.

계측용 도구

줄자는 니터의 필수품입니다. 품질 좋은 줄자는 유연한 동시에 거의 늘어나지 않습니다. 추천하는 제품은 유리섬유입니다. 이 제품은 극단적으로 온도가 변화해도 플라스틱처럼 늘어나거나 줄어들지 않습니다. 인치와 센티미터가 양쪽에 표시되어 있는 것을 고르고, 수치가 어긋나는 조짐이 보이면 새 것으로 바꿉니다.

자는 게이지를 재거나 뜨개 도안의 어느 부분을 뜨고 있는지 따라가는 데도 편리합니다. 니트용 자에는 도안을 끼우고 움직여서 뜨고 있는 단을 따라가도록 틈이 나 있는 것도 있습니다. 금속제 보드와 자석이 붙은 자가 세트로 되어 있는 제품은 자로 누르거나 자를 미끄러뜨려서 뜨는 부분을 따라갈 수 있습니다.

실패Bobbin

인타르시아(세로로 실을 걸치는 배색뜨기)나 배색무늬를 뜰 때 여러 가닥의 실끼리 얽히는 것을 막기 위한 편리한 도구입니다. 모양은 납작한 것과 실타래 모양이 있고 소재는 플라스틱에서부터 온기 있는 나무까지 있습니다. 크기는 가벼운 극

세사에서부터 극태사까지 사용할 수 있도록 나와 있습니다. 단순히 실을 실패에 감고(납작한 타입은 감은 실이 미끄러져서 빠지지 않는 모양으로 되어 있습니다) 거기에서 필요한 색의 실을 끌어내며 사용합니다.

니팅 스풀Knitting spool

니팅 노티, 니팅 낸시라고도 부릅니다. 원통의 위쪽에 못을 막은 것처럼 생긴 도구이며 아이코드를 간단히 만들 수 있습니다. 플라스틱제나 목제가 많고, 인형이나 버섯 등 키치한 디자인의 제품도 있습니다.

다닝 에그Darning egg(사진 없음)

대부분은 목제이며 막대기 끝에 달걀을 단 것 같은 모양의 도구입니다. 양말의 마무리나 수선을 할 때나 편물을 일정한 힘으로 늘리거나 단단히 고정하기 위해 사용합니다. 벼룩시장이나 골동품점에서 고풍스러운 취향의 제품을 발견할지도 모른답니다.

폼폼 메이커

두꺼운 종이로 직접 만들 수도 있지만 더 간단히 만들기 위한 다양한 소도구를 시중에서 팔고 있습니다. 간단한 플라스틱 디스크의 중심을 도려낸 모양의 제품과 실을 감기 위한 다이얼이 붙어서 자유롭게 크기를 조정할 수 있는 것 등이 있습니다.

가위

품질 좋은 쪽가위와 **자수 가위**embroidery scissors를 둘 다 갖춰 두면 편리합니다. 뜨개용으로는 소형이고 끝이 뾰족한 가위가 가장 적합합니다. 작품 등을 상하지 않게 하기 위해 케이스나 날끝 보호용 커버가 딸린 것을 고릅니다. 잘 드는 **재단 가위**shears는 원통으로 뜬 편물의 코를 잘라서 평면으로 만드는 스틱steek 기법을 사용할 때 편리합니다. 재단 가위나 쪽가위는 날이 무뎌지지 않게 하기 위해 뜨개실이 아닌 것에는 사용하지 않도록 합니다. 종이 등은 절대 자르지 않도록 합니다.

모눈용지(그래프용지)

뜨개 도안을 옮겨 그릴 때나 스웨터 디자인을 그릴 때 편리합니다. 뜨개용 모눈용지는 모눈이 뜨개코에 맞춘 직사각형으로 되어 있는 것이 특징입니다. 10㎝가 20코 28단인 게이지에 맞춘 용지라면 가로 10㎝가 20칸, 세로 10㎝가 28단으로 구분되어 있습니다. 이렇게 하여 일반 모눈용지를 사용하여 디자인할 때 생기는 비뚤어짐이 생기지 않습니다. 커스터마이즈한 모눈용지를 인쇄할 수 있는 웹사이트도 많이 있으며, 종이와 연필을 사용하여 디자인하는 대신에 디지털로 디자인할 수 있는 소프트웨어나 웹도 제공합니다. 이 책의 끝부분에도 복사하여 사용할 수 있는 니터용 모눈용지를 실었습니다.

스위프트와 볼 와인더

타래 형태의 실을 볼 모양으로 감기 위한 도구입니다. **스위프트**swift는 우산 같은 구조로 생긴 도구이며, 스위프트를 펼쳐서 실 타래를 걸고 실을 당기면 회전하며 실이 풀리므로 그 실을 볼 와인더로 감습니다. 스위프트는 플라스틱제 외에 목제나 금속제가 있습니다. **볼 와인더**ball winder는 큰 실패 같은 모양이며 실패를 회전시켜서 실을 감기 위한 손잡이가 달려 있습니다. 일반적으로 탁자 등에 고정시켜서 사용합니다. 스위프트와 볼 와인더는 개별로 사용할 수도 있지만 함께 사용하는 것이 가장 효율적입니다.

니트 브러시(사진 없음)

모가 단단한 강모 브러시는 뜨는 과정에서 엉켜서 단단해질 가능성이 있는 브러시드 울 또는 모헤어와 같은 기모 소재에 기모를 일으키는 데 도움이 됩니다. 단단한 정도가 다른 모 2종류를 앞뒤로 배치한 타입도 있습니다.

울 워시(사진 없음)

손뜨개 니트를 세탁하는 전용 비누나 세제는 시중에서 다양한 제품이 판매되고 있습니다. 그중에는 해충의 접근을 막기 위해 유칼립투스와 라벤더 오일을 첨가한 제품도 있고, 손세탁 작업을 간단히

하기 위해 헹구지 않아도 되도록 배합한 제품도 있습니다.

정리용품

프로젝트 백

뜨고 있는 작품을 가지고 다니는 프로젝트 백에는 간단한 천 토트백이나 스포티한 백팩, 예쁜 가죽 숄더백까지 다양한 타입의 가방이 있습니다. 뜨개 관련 용품을 전부 수납할 수 있을 정도로 여유 있는 가방이 있는가 하면, 뜨는 도중에 편물을 쉽게 두는 사이에 먼지 등을 막기 위한 조그만 파우치 타입도 있습니다. 가방을 구입하기 전에 자신의 필요성을 먼저 생각해봅시다. 업무용 가방이나 핸드백으로도 사용할 수 있는 가방이 좋은가요? 큰 작품을 뜰 때 도안집 같은 책을 가지고 다닐 예정인가요? 아니면 단순히 지금 뜨고 있는 모자를 가지고 다닐 콤팩트한 제품을 찾고 있나요? 가방 중에는 안주머니 등으로 구분하여 소품을 정리할 수 있는 타입이나 뜨개실을 통과시킬 수 있는 구멍이 뚫려 있는 타입도 있습니다.

바늘 케이스/ 오거나이저

모양이나 크기, 소재는 다양하며, 코바늘이나 대바늘 등을 세련되게 정리하며 수납할 수 있습니다. 지퍼가 달린 가늘고 긴 파우치 같은 것도 있고, 줄바늘이나 소품 전용 주머니가 달린 것도 있습니다. 하드케이스, 소프트케이스, 롤 타입, 통 모양, 캔, 가방 타입 등 크고 작은 다양한 사이즈와 디자인이 있습니다. 게다가 실용성만 중시한 제품에서부터 호화로운 제품까지 분위기도 다양합니다. 뜨개바늘을 안전하게 보관하려면, 지퍼 등으로 단단히 잠글 수 있고 뚜껑이 달린 제품을 고르면 바늘 팁을 지킬 수 있습니다.

수납용 상자와 바구니

집에서 실을 정리하는 방법은 무한히 많습니다. 천으로 안감을 댄 바구니, 캔버스 천 상자나 플라스틱 상자, 귀여운 울 유닛 등 어느 것이나 뜨개실을 수납하기에는 효과적입니다. 뜨개실 수납에 특화된 디자인의 제품도 있습니다. 어느 것을 고르든 안쪽이나 가장자리가 매끄러워서 섬유가 걸리지 않는지 꼭 확인합니다. 뜨개실을 장기간 보관하려면 먼지나 직사일광을 차단할 수 있는 밀폐식 용기를 고르는 동시에 실이 경화되고 변색되지 않도록 애시드 프리 제품을 고릅니다. 벌레를 막기 위해 삼나무 칩이나 말린 라벤더를 넣은 주머니를 수납용기 속에 넣어두는 것도 효과적입니다.

얀 볼 Yarn bowl

뜨개를 할 때 목재, 도기, 점토 등으로 만든 우아한 홀더를 사용하는 것은 실타래를 흐트러뜨리지 않고 뜰 수 있는 매력적인 방법입니다. 실타래를 볼 속에 넣고 뜨개를 진행하면 볼 옆면에 있는 틈에서 실이 나옵니다. 한때는 장인밖에 만들지 않았지만, 최근에는 대량 생산되기 때문에 품질에 편차가 있습니다. 구입할 때는 실을 내보내는 부분의 표면이 매끄럽게 깎여서 실이 걸리지 않는지 확인합니다.

얀 브라 Yarn bras

채소를 넣어서 파는 망 비슷하게 생겼고 다양한 사이즈와 색깔이 있습니다. 가운데에서 실을 끌어내는 타입의 볼에 이것을 위에서 씌우면 실을 사용하는 중에도 뒤엉키거나 흐트러지는 것을 막아 줍니다.

노트

니터라면 누구나 만드는 도중에 코멘트나 단수를 적어 놓고, 스와치, 뜨개실 라벨을 보관·기록하기 위해 노트를 사용할 겁니다. 사무용 바인더로도 충분하지만, 손뜨개 이력을 상세하게 남기기 위해 디자인된 일기나 노트도 있습니다. 이런 제품에는 관련 정보를 적고 사진을 붙이기 위한 여백, 뜨개실 라벨이나 스와치를 보관하기 위한 포켓 등이 있는 것도 있습니다. 같은 목적으로 사용하는 앱이나 소프트웨어도 있어서, 손뜨개 활동을 디지털 자료로 기록해둘 수도 있습니다.

Basic Techniques

기본 테크닉

2

뜨개 구조

대바늘뜨기knitting는 실 1가닥으로 고리를 만들고 뜨개바늘 2개나 그 이상을 사용하여 고리와 고리를 서로 얽어서 편물을 만드는 기법입니다. 각 고리가 **뜨개코**stitch입니다. 한쪽 뜨개바늘에 걸려 있는 고리에서 다른 한쪽 뜨개바늘로 실을 끌어내어 새 뜨개코를 만듭니다.

이처럼 바늘에서 바늘로 가로 방향으로 떠가며 만드는 고리의 열이 **단**row이 되고, 각 단은 그 앞단의 뜨개코와 이어져 있습니다. 뜨개코끼리 이어져 있기 때문에, 어느 코가 끊어지면 풀려 버립니다. 이렇게 만들어지는 편물은 부드럽고 탄력성과 통기성이 있는 구조라서 쾌적하게 착용할 수 있습니다.

편물은 독립된 2가닥의 실인 씨실과 날실이 수직으로 교차되어 만들어지는 직물과 비교했을 때 몇 가지 장점이 있습니다. 직물은 편물에 비해 신축성이 떨어지는 튼튼한 천을 만듭니다. 이런 천과 비교하면, 편물에는 신축성이 있는 데다가 양말이나 장갑 등을 원통으로 뜰 수도 있기 때문에 착용감을 해치는 요인인 시접을 없앨 수도 있습니다.

편물의 첫 단은 **기초코 단**cast-on row이라 부르고, 이것을 기초로 하여 이후의 편물을 떠갑니다. 다 떴으면 마무리 과정에서 고리, 즉 뜨개코가 풀리지 않도록 마무리합니다. 이 마지막 단을 **코막음 단**bind-off 또는 cast-off이라고 부릅니다.

기본 뜨개코는 **겉뜨기**knit stitch입니다. 1단마다 편물을 앞뒤로 뒤집어서 좌우로 평평하게 뜨는 '평면뜨기'로 단마다 겉뜨기를 하면 **가터뜨기**garter stitch가 되고, 편물의 겉면과 안면이 같아집니다. 가터뜨기는 가로 방향보다 세로 방향으로 신축성이 있는 두터운 편물이 만들어집니다.

두 번째 기본 뜨개코는 **안뜨기**purl stitch입니다. 안뜨기는 겉뜨기의 뒷면입니다. 평면뜨기로 겉뜨기 단과 안뜨기 단을 교대로 뜬 편물을 **메리야스뜨기**stockinette stitch/ stocking stitch/ jersey라고 부릅니다. 메리야스뜨기의 뜨개코는 V자 모양이며, **겉뜨기 면**이 편물의 **겉면**, 반대쪽인 **안뜨기 면**이 **안면**이 됩니다. 안면의 뜨개코는 둥그스름한 코들이 가로로 연결된 구조로 되어 있습니다. 줄바늘을 사용하는 '원통뜨기'로 겉뜨기를 계속하면 원통 모양의 메리야스뜨기 편물이 생깁니다. 메리야스뜨기는 세로 방향보다 가로 방향으로 늘어납니다.

겉뜨기와 안뜨기, 이 두 종류의 뜨개코는 무한으로 조합할 수 있어서 모든 대바늘뜨기의 기초가 됩니다.

겉뜨기 코들의 연결

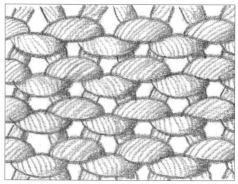

안뜨기 코들의 연결

Technique

겉뜨기 코의 모양

메리야스뜨기의 겉뜨기 1코 모양은 정사각형이 아니라 옆으로 긴 직사각형입니다. 대부분은 10㎝에 해당하는 콧수가 10㎝에 해당하는 단수보다 적게 나옵니다(예: 가로세로 10㎝의 콧수는 20코, 단수는 24단). 많은 경우 뜨개 도안은 왼쪽 그림 같은 모눈용지에 그려져 있습니다. 오른쪽 그림은 모눈의 가로세로 비율이 편물의 **게이지**gauge(가로세로 10㎝의 콧수와 단수. 예에서는 20코, 24단)와 같은 니터용 그래프용지(뜨개용 모눈용지)에 그려져 있습니다. 일반 모눈용지에 그린 도안은 실제보다 세로로 늘어나 있지만, 니터용 그래프용지에서는 완성된 모양을 충실하게 표현할 수 있습니다.

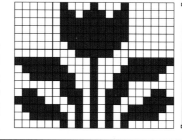
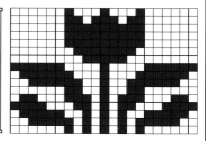

실과 뜨개바늘 잡는 법

실과 뜨개바늘 잡는 법은 다양합니다. 그렇기 때문에 뜨개를 배울 때 가장 어려운 부분이기도 하며, 자신에게 맞는 방법을 찾는 것이 중요합니다.

실과 바늘 잡는 법은 두 가지 뜨개법 중 어느 방법으로 뜨는지에 따라 어느 정도 정해져 있습니다. **미국식**English method으로 뜰 때는 실을 오른손에, **프랑스식** Continetal method으로 뜰 때는 실을 왼손에 잡습니다. 왼손잡이라서 미국식도

프랑스식도 좀처럼 익숙해지지 않을 때에는, 나중에 다른 장에서 소개하는 다른 방법을 참고하세요.

개인적인 기호도 뜨는 법에 영향을 줍니다. 예를 들어, 바늘 끝 부근에서 뜨는 것을 좋아할수도 있고, 반대로 바늘 끝에서 떨어진 위치에서 뜨는 것을 편하게 느낄 수도 있습니다. 실을 컨트롤할 때 손가락을 하나만 쓰는 사람이 있는가 하면 여러 손가락을 사용해 실을 조정하는 사

람도 있습니다. 떠나갈 때 실의 흐름이 안정적이고 실의 장력(실이 팽팽한 정도)이 일정하면 어떤 방법으로 잡아도 괜찮습니다. 자신이 가장 잡기 쉬운 방법이 좋습니다. 기분 좋게 바늘을 쥘 수 있게 되면 뜨는 속도도 빨라집니다.

실과 바늘 잡는 법 중 전통적인 두 가지 방법을 아래에서 소개합니다.

미국식ENGLISH

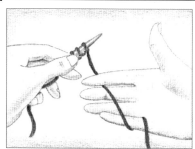 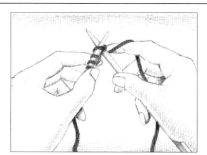 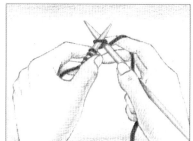

1 뜨개코가 걸린 바늘을 그림처럼 왼손에 잡고, 실을 오른손 새끼손가락에 건 후 집게손가락에 건다.

2a 뜨는 바늘을 그림처럼 오른손 엄지손가락과 가운뎃손가락으로 잡고, 실의 장력을 오른손 집게손가락으로 조절한다.

2b 다른 방법으로는 연필을 잡듯이 뜨는 바늘을 오른손 엄지손가락과 집게손가락 사이로 쥐는 방법도 있다.

프랑스식CONTINENTAL

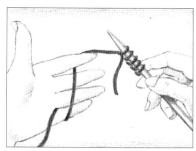 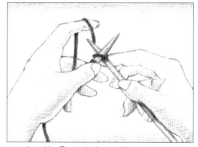

1 뜨개코가 걸린 바늘을 오른손으로 잡고, 왼손 새끼손가락에 실을 감은 후 집게손가락에 건다. 바늘을 왼손으로 바꿔 쥔다.

2 뜨는 바늘을 그림처럼 오른손에 쥐고, 실의 장력은 왼손 집게손가락으로 조정한다.

코잡기 Casting On

뜨개를 시작하기 전에는 뜨기 위한 기초가 되는 코를 만들어야 합니다. 이것을 코잡기cast on라고 합니다. 기초코는 바늘 1개로 만드는 방법, 바늘 2개로 만드는 방법 등 다양하지만, 여기에서는 기본적이고 많이 쓰이는 방법을 소개합니다. 개중에는 장식적인 것이나 특정 기능이 있는 것도 있습니다. 모두 시도해보고 싶어지는 방법이지만, 대다수 니터들은 한두 가지의 코잡기 방법을 사용해 기초코를 만듭니다.

기초코 단은 그 뒤에 뜨는 모든 단에 영

향을 주기 때문에 되도록 깔끔하게 만들도록 합니다. 초보자는 기본적인 기초코잡기 방법으로 뜨개를 시작하기 전에 기초코 장력이 고르게 되도록 연습합니다. 기초코가 빡빡하면 첫 단을 뜨기 어려워집니다. 그것을 막으려면 바늘 2개를 한꺼번에 쥐고 기초코를 잡은 뒤에 바늘 1개를 빼서 뜨개를 시작하거나 조금 굵은 바늘로 기초코를 잡는 방법이 있습니다. 반대로 기초코가 느슨하면 가장자리가 넓어져 버립니다. 기초코를 빡빡하게 하려면 기초코를 잡을 때만 조금 가

는 바늘을 사용하고, 다 잡았으면 뜨개를 시작할 때 원래 호수로 바꿔 줍니다. 기초코를 잡아서 뜨개코가 바늘에 걸렸으면 어느 면을 겉면으로 할지 정합니다. 대다수의 기초코는 한쪽 면이 고리 모양(안뜨기)이고 반대쪽 면은 평평하고 매끄럽습니다. 가장 마음에 드는 방법을 찾아둡시다. 실 끝이 편물의 오른쪽에 있는지 왼쪽에 있는지를 기준으로 하여 편물 겉면을 기억해두면 좋습니다.

매듭 SLIP KNOT

대부분의 기초코에서 첫 코는 매듭을 만들어서 시작합니다. 기초코 잡는 방법에 따라서는 매듭을 만들기 전에 실꼬리를 일정량 남기고 (남기는 실 끝을 실꼬리long tail라고 부릅니다) 만들 때도 있습니다. 남기는 실꼬리의 길이는 뜰 예정인 편물 너비의 약 3배가 기준입니다. 그 외의 방법일 때는 20~25cm 정도 확보해두면 됩니다.

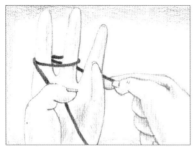

1 실꼬리 쪽을 엄지손가락으로 손바닥에 누르고 집게손가락과 가운뎃손가락에 실을 2회 감는다.

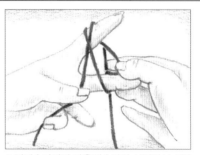

2 집게손가락과 가운뎃손가락 사이에서 실타래에 이어진 쪽의 실을 끌어내서 새로 고리를 만든다.

3 새로 만든 고리를 바늘에 걸고 실 2가닥을 잡아당겨서 고리를 조이면 매듭이 완성된다. 여기에서부터 원하는 방법으로 기초코를 잡는다.

Technique

왼손잡이용 코잡기 LEFT-HANDED CAST ON

※ 필요한 콧수가 될 때까지 2~3을 반복합니다.

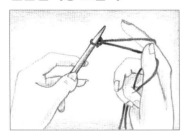

1 실꼬리를 길게 남기고 매듭을 만들어서 왼바늘에 건다. 실꼬리 쪽의 실을 오른손 엄지손가락, 실타래 쪽의 실을 오른손 집게손가락에 그림처럼 걸고 실은 손바닥에 쥔다.

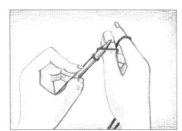

2 엄지손가락에 걸린 실에 바늘 끝을 아래에서 위를 향해 넣는다.

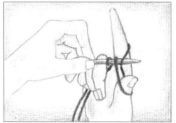

3 다음으로 집게손가락에 건 실에 바늘을 아래를 향해 넣고 그대로 앞쪽의 엄지손가락 고리에서 끌어낸다. 엄지손가락을 고리에서 빼고, 바늘에 걸린 고리를 조인다.

겉면/안면 **171, 173**

일반 코잡기 DOUBLE CAST ON OR LONG-TAIL CAST ON

 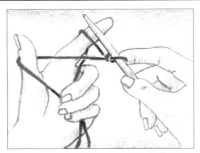 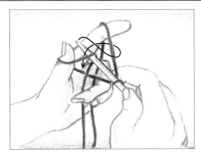 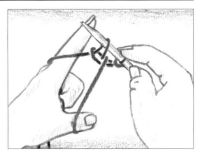

이 기초코 잡는 방법은 단단하면서도 신축성이 있어서 초보자에게 추천합니다.

1 실꼬리를 길게 남기고 오른바늘에 매듭을 만든다. 그림처럼 실꼬리 쪽을 왼손 엄지손가락에, 실타래 쪽의 실을 왼손 집게손가락에 감고, 실은 손바닥에 꽉 잡는다.

2 엄지손가락에 걸린 실에 그림처럼 바늘 끝을 아래에서 위를 향해 넣고, 다시 바늘 끝을 화살표처럼 움직여서 실타래 쪽의 실을 걸고 앞쪽의 엄지손가락 고리에서 끌어낸다.

3 엄지손가락을 고리에서 빼고, 원래대로 실을 다시 걸면서 바늘에 걸린 고리를 조인다. 필요한 콧수가 생길 때까지 반복한다.

엄지손가락을 이용한 일반 코잡기 DOUBLE CAST ON : THE THUMB METHOD

  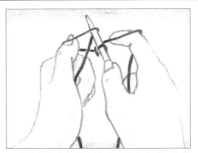 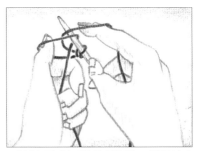

엄지손가락을 사용하는 방법은 위에 설명한 일반 코잡기와 같은 모양의 기초코가 생깁니다.

1 실꼬리를 길게 남긴 상태에서 오른바늘에 매듭을 만든다. 그림처럼 실꼬리 쪽을 왼손 엄지손가락에, 실타래 쪽의 실을 오른손 집게손가락에 감고, 실은 각 손바닥에 꽉 잡는다.

2 엄지손가락에 걸린 실에 그림처럼 바늘 끝을 앞쪽의 아래에서 위를 향해 넣는다.

3 오른손 집게손가락의 실을 겉뜨기하듯이 바늘에 감고 엄지손가락 고리에서 끌어낸다. 엄지손가락을 고리에서 빼고, 원래대로 실을 다시 걸면서 바늘에 걸린 고리를 조인다. 필요한 콧수가 생길 때까지 반복한다.

감아코잡기 SINGLE OR BACKWARDS-LOOP CAST ON

 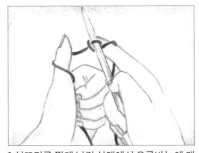 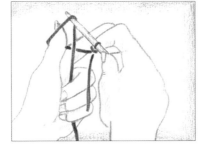 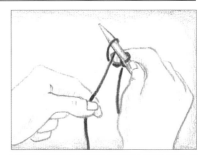

가장 간단한 방법이지만, 기초코가 깔끔하게 생기는 방법이라고 하기는 어렵습니다. 단의 도중에서 코를 만들 때나 어린이에게 가르치기에는 좋은 방법입니다.

1 실꼬리를 짧게 남긴 상태에서 오른바늘에 매듭을 만든다. 그림처럼 실타래 쪽 실을 왼손 엄지손가락에 감고, 실은 손바닥에 꽉 잡는다.

2 엄지손가락에 걸린 실에 그림처럼 바늘 끝을 아래에서 위를 향해 넣는다.

3 엄지손가락을 고리에서 빼고 실타래 쪽의 실을 당겨서 고리를 조인 후 다시 엄지손가락에 실을 감는다. 필요한 콧수가 생길 때까지 반복한다.

겉뜨기하듯이 **170**
장력 **159~162**

니트온 코잡기(떠서 만드는 기초코)KNIT-ON CAST ON

이 기법은 뜨개바늘을 2개 사용합니다. 실꼬리는 짧게 남깁니다.

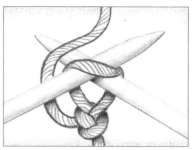

1 우선 왼바늘에 매듭(1번째 코가 된다)을 만든다. *오른바늘을 겉뜨기하듯이 넣고, 겉뜨기하듯이 오른바늘에 실타래 쪽 실을 건다.

2 1번째 코에서 실을 끌어내면 오른바늘에 새 코가 생기는데 왼바늘의 걸린 코도 빼지 않고 둔다.

3 새로 생긴 코를 그림처럼 왼바늘에 옮긴다. 필요한 콧수만큼 생길 때까지 *부터의 순서를 반복한다.

케이블 코잡기CABLE CAST ON

이 기법은 튼튼하면서 신축성 있는 기초코가 생기기 때문에 고무뜨기에 적합합니다. 뜨개바늘은 2개 사용하고 실꼬리는 짧게 남깁니다.

1 위의 니트온 코잡기 방법으로 2코를 잡는다. *오른바늘을 왼바늘의 2코 사이에 넣는다.

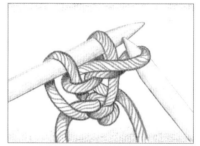

2 겉뜨기하듯이 오른바늘에 실타래 쪽 실을 걸고, 2코 사이에서 실을 끌어내어 새 코를 만든다.

3 그림처럼 새 코를 왼바늘로 옮긴다. 언제나 마지막에 만든 2코 사이에 오른바늘을 넣고 *부터의 순서를 반복한다.

겉뜨기, 안뜨기 교차 케이블 코잡기ALTERNATE CABLE CAST ON

겉뜨기와 안뜨기를 교대로 만드는, 1코 고무뜨기에 적합한 튼튼한 기초코입니다. 뜨개바늘은 2개 사용하고 실꼬리는 짧게 남깁니다. 1단의 겉뜨기는 꼬아뜨기로 뜹니다.

1 니트온 코잡기 방법으로 2코를 잡는다. *실은 앞쪽으로 옮기고, 오른바늘을 뒤쪽에서 왼바늘의 2코 사이에 넣는다.

2 안뜨기하듯이 왼바늘에 실을 걸고, 2코 사이에서 실을 끌어내어 새 코(안뜨기)를 만든다.

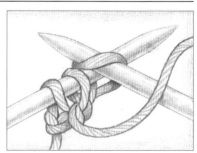

3 그림처럼 새 코를 왼바늘로 옮긴다. 다음 코는 실을 뒤쪽으로 옮겨서 케이블 코잡기 방법으로 만든다(겉뜨기). 언제나 마지막에 만든 2코 사이에 오른바늘을 넣고 *부터의 순서를 반복한다.

겉뜨기하듯이 **59, 169, 170**

매듭 **32**

고리의 앞/뒤쪽 **50**

안뜨기하듯이 **59, 169, 171**

고무뜨기 **46~47, 214~215**

튜블러 코잡기(A 버전)TUBULAR CAST ON: VERSION A

1코 고무뜨기에 적합한 기초코입니다. 굵은 실로 뜰 때는 밑단이 너풀거릴 수 있으므로 추천하지 않습니다.

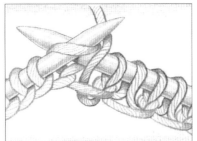

1 별실을 이용해 감아코잡기로 필요한 콧수의 반수(홀수일 때는 1코 많게) 만큼 코를 잡고 실을 자른다. 작품 실을 뒤쪽에 두고 겉뜨기로 1코 뜨고, *실을 앞쪽으로 옮겨서 바늘비우기를 하고 겉뜨기로 1코 뜬다**. 단의 마지막까지 *~**를 반복하고 편물을 돌린다.

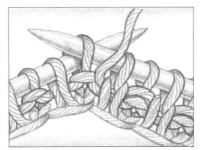

2 *겉뜨기로 1코 뜨고 실을 앞쪽으로 옮긴 뒤 다음 코는 안뜨기하듯이 오른바늘을 넣어서 옮긴다**. *~**를 반복하고 마지막에는 겉뜨기로 1코 뜬다. 다음 단은 *실을 앞쪽에 두고 오른바늘에 1코 옮긴 후 실을 뒤쪽으로 옮기고 겉뜨기로 1코 뜬다**. *~**를 반복하고 마지막에는 남는 1코도 오른바늘로 옮긴다.

3 2의 2단을 한 번 더 반복한 뒤, 다음 단부터는 1코 고무뜨기를 한다(겉뜨기 1코, 안뜨기 1코를 반복). 마지막에 별실을 푼다.

튜블러 코잡기(B 버전)TUBULAR CAST ON: VERSION B

위의 튜블러 코잡기(A 버전)와 비슷한 기초코입니다.

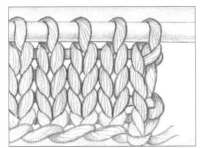

1 별실을 이용해 감아코잡기로 필요한 콧수의 반만큼 코를 잡는다. 작품 실로 안뜨기를 1단, 겉뜨기를 1단 뜬다. 이 2단을 다시 한번 반복한다(메리야스뜨기로 4단 뜬다).

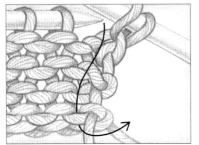

2 *첫 코를 안뜨기로 뜬 다음, 실을 뒤쪽으로 옮기고 그림처럼 왼바늘 끝으로 별실 고리 사이에 생긴 고리를 주워서 고리 뒤쪽에 오른바늘을 넣고 겉뜨기한다**. *~**를 반복한다.

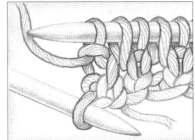

3 마지막 코를 안뜨기하고, 그림처럼 끝의 반코를 주워 올려서 고리 뒤쪽에 오른바늘을 넣고 겉뜨기한다. 다음 단부터는 1코 고무뜨기를 한다. 마지막에 별실을 푼다.

인비저블 코잡기INVISIBLE CAST ON

이 기초코는 가장자리가 둥그스름하며, 신축성과 내구성이 요구되는 경우에 적당합니다. 뜨개바늘은 실에 맞는 호수의 바늘을 1쌍, 그보다 2호 가는 뜨개바늘을 1쌍 준비합니다.

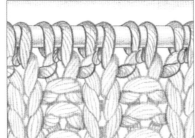

1 굵은 바늘과 별실을 사용하여 원하는 방법으로 필요한 콧수의 반만큼 코를 잡는다. 1코 고무뜨기를 3단 이상 하고 실을 자른다. 가는 바늘과 작업할 실로 1코에 <겉뜨기 1, 안뜨기 1>을 떠서 콧수를 배로 늘린다.

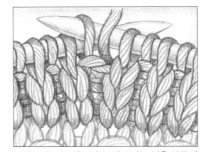

2 겉뜨기 코는 겉뜨기로, 안뜨기는 실을 앞쪽에 두고 오른바늘에 옮기며 1단 뜬다. 이것을 4단 더 반복한 뒤에 필요에 따라 바늘을 바꾸고 1코 고무뜨기를 필요한 길이가 될 때까지 뜬다. 마지막에 별실을 푼다.

겉뜨기 **42**

안뜨기하듯이 **171**

고리의 앞/뒤쪽 **50**

바탕 실/바탕색 **158, 166**

고무뜨기 **46~47, 214~215**

배색 실/배색 **158, 165**

실을 앞/뒤쪽에 두고 **47, 167**

안뜨기 **44**

풀어내는 코잡기 OPEN OR PROVISIONAL CAST ON

이 기법은 나중에 코를 주워서 반대쪽으로 뜰 경우에 사용합니다. 별실을 편물 너비의 4배 길이로 잘라서 준비합니다.

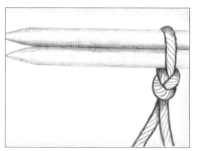

1 작품 실로 매듭을 만들어서, 사용할 바늘 2개 (또는 사용할 바늘보다 3호 굵은 바늘 1개)에 건다.

2 별실을 매듭 옆에 두고, 작업할 실을 별실 밑에서 바늘에 앞쪽에서 뒤쪽으로 건다. 다시 작업할 실을 별실의 앞쪽으로 꺼낸다(그림의 상태가 된다). 이걸로 1코가 생긴 것이 된다.

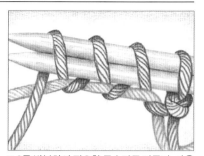

3 2를 반복하여 필요한 콧수만큼 만든다. 다음 단을 뜨기 시작하기 전에 바늘을 1개 뺀다. 별실은 편물을 다 뜨고 뜨개 시작 쪽에서 코를 주울 때 뺀다.

피코 코잡기 PICOT CAST ON

이 기법은 소맷부리, 장갑 입구, 아기 옷 등 기초코에 장식성을 주고 싶을 때 알맞습니다. 실꼬리는 짧게 남깁니다.

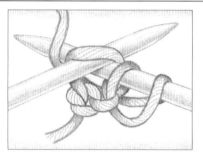

1 니트온 코잡기로 2코 만든다. *실을 앞쪽으로 해서 바늘비우기하고, 오른바늘을 1번째 코에 안뜨기하듯이 넣어서 옮긴다. 그림처럼 다음 코를 겉뜨기한다. 바늘비우기 코와 옮긴 코가 교차하지 않도록 주의한다.

2 옮긴 코를 왼바늘 끝으로 주워서 겉뜨기로 뜬 코에 덮어씌우고 바늘에서 뺀다. 편물을 돌린다.** 피코 고리가 필요한 콧수만큼 될 때까지 *~**를 반복한다. 마지막은 바늘비우기를 하지 않고 한 번 더 반복한다. 바늘에는 1코 남는다.

3 오른쪽에서 왼쪽 방향으로 피코 고리에서 코를 줍는다. 다음 단부터는 보통으로 뜬다.

건지/채널 아일랜드 코잡기 GUERNSEY OR CHANNEL ISLANDS CAST ON

이 기법은 전통적으로 건지 스웨터에 사용한 장식적인 기초코입니다. 실꼬리는 짧게 남깁니다.

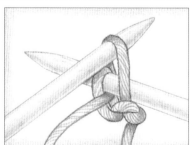

1 매듭을 만들고 감아코잡기로 1코 만든다. 2번째 바늘을 사용하여 매듭을 들어올려 방금 만든 코 위에 덮어씌우고 바늘에서 뺀다.

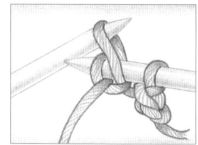

2 감아코잡기로 2코 만들고 그림처럼 1번째 코를 2번째 코에 덮어씌운다. 필요한 콧수가 될 때까지 이 순서를 반복한다.

사슬코를 이용한 코잡기 CROCHETED CHAIND CAST ON

이 기법은 코바늘을 사용하여 대바늘에 기초코를 잡습니다. 케이블 코잡기와 비슷한 느낌의 기초코입니다. 실꼬리는 짧게 남깁니다.

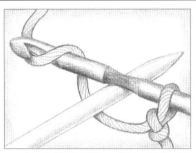

1 코바늘에 매듭을 만들고, 대바늘과 실은 왼손에 잡고 실을 대바늘 뒤쪽으로 돌린다. 그림처럼 코바늘에 실을 걸어 매듭에서 빼내면 대바늘에 1코가 생긴다.

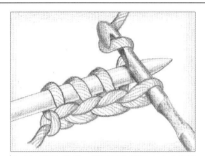

2 다시 실을 대바늘 뒤쪽으로 돌리고, 1과 같은 방법으로 코바늘에 실을 걸어 코바늘에 걸려 있는 고리에서 빼내면 2번째 코가 생긴다. 이 과정을 반복하여 필요한 콧수보다 1코 적은 콧수까지 만든다.

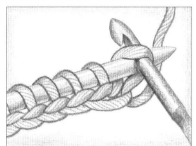

3 실을 대바늘 뒤쪽으로 돌리고, 코바늘에 걸려 있는 고리를 그림처럼 대바늘로 옮긴다.

사슬코를 이용한 끌어올리는 고무단 코잡기(1코 고무뜨기용) CHAIN CAST ON FOR KNIT ONE, PURL ONE RIB

이 기법은 1코 고무뜨기에 사용하며 기초코를 만든 별실은 나중에 풉니다.

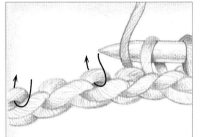

1 별실과 코바늘을 이용해 원하는 콧수만큼 사슬을 만든다. 작업할 실과 대바늘을 사용하여 처음 사슬 2코의 사슬코 산에서 코를 줍고 그 이후는 그림처럼 2코마다 1코씩 마지막까지 줍는다.

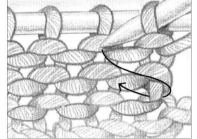

2 안뜨기로 1단, 겉뜨기로 1단 뜬다. 3단은 안뜨기 면을 보며 실을 앞쪽에 두고, 오른바늘을 안뜨기하듯이 왼바늘의 1번째 코에 넣고 계속하여 그림처럼 1단 1번째 코에 넣는다. 이 2코를 한꺼번에 안뜨기한다.

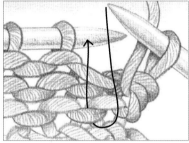

3 *실을 뒤쪽으로 옮기고, 오른바늘을 작품 실로 뜬 2번째 코에 넣어서 겉뜨기한다. 실을 앞쪽으로 옮기고 왼바늘의 다음 코를 안뜨기한다**. *~**를 반복하고 마지막 코는 작품 실의 1단 마지막 코와 함께 겉뜨기한다. 4단 이후는 고무뜨기한다.

사슬코를 이용한 풀어내는 코잡기 PROVISIONAL CAST ON

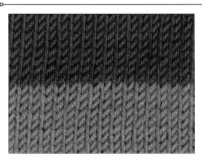

나중에 기초코에서 코를 주워서 반대쪽으로 뜰 때 사용하는 가장 일반적인 기법입니다.

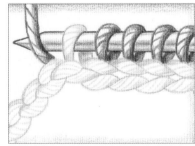

1 코바늘로 별실 사슬코(별도 사슬)를 필요한 콧수보다 몇 코 많이 뜬다. 작업할 실과 대바늘을 사용하여 별도 사슬의 사슬코 산에서 필요한 콧수를 줍는다. 다음 단부터는 통상대로 뜬다.

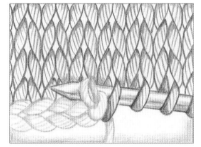

2 마지막에 별도 사슬을 풀고, 남은 코를 줍는다. 풀 때는 마지막 사슬코에서 실꼬리를 끌어내어 신중하게 별실 끝을 당겨서 사슬코를 풀고, 남은 코를 대바늘로 줍는다.

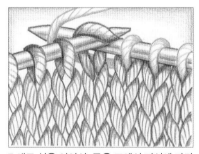

3 새로 실을 이어서, 주운 코에서 지시에 따라 다음 과정을 뜬다.

사슬코를 이용한 튜블러 코잡기TUBULAR-CHAIN CAST ON

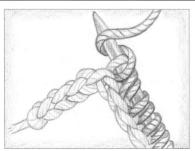

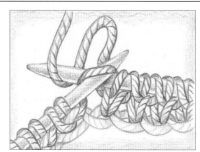

P.35 튜블러 코잡기(A)와 비슷하지만, 코바늘 사슬코를 사용해 코를 잡는다.

1 코바늘과 별실로 사슬코를 필요한 콧수의 반 +1코 만든다. 몸판을 뜰 바늘 호수보다 가는 바늘과 작품 실을 사용하여, *사슬코의 뒷산에 바늘을 넣어서 1코 겉뜨기하고 바늘비우기를 한다.** 마지막 사슬 1코 전까지 *~**를 반복하고 마지막에 겉뜨기를 1코 한다. 이러면 필요한 콧수가 바늘에 걸린 상태가 된다.

2 1단 : 바늘비우기는 그림처럼 겉뜨기하고

3 안뜨기는 그림처럼 실을 앞쪽에 두고 오른바늘로 옮긴다. 1단을 3회 더 반복한다. 몸판을 뜰 바늘로 바꿔 쥐고, 1코 고무뜨기를 필요한 길이가 될 때까지 뜬다. 별도 사슬을 푼다.

독일식 트위스티드 코잡기GERMAN-TWISTED CAST ON

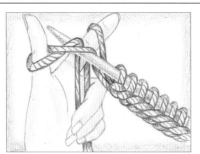

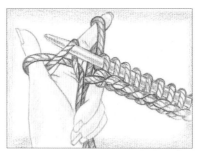

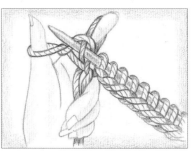

이 기법에서는 장식적인 가장자리가 생깁니다.

1 바늘에 매듭을 걸고, 일반 코잡기(P.33)와 같은 방법으로 왼손에 실을 건다. *오른바늘을 그림처럼 엄지손가락에 건 실 2가닥 아래를 통과시킨다.

2 엄지손가락에 걸린 고리의 뒤쪽 실 위로 바늘을 걸어서 앞쪽 실의 아래를 통과시켜 앞으로 꺼낸다(그림은 앞쪽으로 나온 모습).

3 집게손가락에 걸린 실을 바늘 끝으로 걸어서 엄지손가락 쪽 고리가 교차된 부분(바늘에 가장 가까운 부분)에 통과시킨다. 고리를 엄지손가락에서 빼고 실을 조인다**. 필요한 콧수가 생길 때까지 *~**를 반복한다.

TIP

코잡기 실력 늘리기

· 기초코는 튼튼하면서 **너무 빡빡해지지 않도록** 합니다. 너무 빡빡하면 실이 끊어져서 풀립니다.

· 기초코가 빡빡해질 때는 **지정된 호수보다 굵은 바늘을 사용**하든지 **바늘 2개를 겹쳐서 코를 잡는 것**이 좋습니다. 코를 잡은 뒤에는 잊지 말고 지정된 호수의 바늘로 바꿉니다.

· **기초코는 너무 느슨**하면 가장자리가 넓어지고 볼품이 없습니다.

· **가장자리를 단단하게** 하려면 실 2가닥으로 기초코를 잡는 방법도 있습니다.

· 면이나 실크처럼 신축성이 낮은 실을 사용할 때는 지정된 호수보다 가는 바늘을 사용하고

기초코 콧수를 줄이는 등의 방법을 써서 기초코를 단단하게 잡습니다(이때는 고무뜨기나 가장자리뜨기의 마지막 단을 뜬 뒤에 필요한 콧수로 돌아갑니다).

· 기초코 콧수가 많을 때는 **긴 바늘을 사용**하면 좋습니다.

· 기초코를 잡으면서 10코마다 **스티치 마커**를 달아두면 콧수를 세기 쉽습니다.

· 기초코 끝에 실꼬리를 30~40㎝ 남겨두면 나중에 꿰매기에 사용할 수 있습니다. 뜰 때 방해되지 않도록 실 끝은 한데 묶어둡니다.

매듭 **32**

바늘비우기 **101, 168**

스티치 마커 **24~25**

코바늘 사슬뜨기 **258**

아이코드 코잡기 I-CORD CAST ON

이 기법은 가장자리가 원통처럼 마무리됩니다.

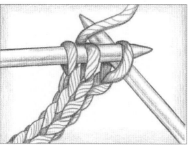

1 3코 아이코드를 필요한 기초코 콧수와 같은 단수까지 뜬다.

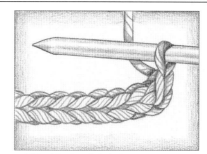

2 실을 편물 뒤쪽에서 당기고 3코 중 2코를 덮어씌워 코막음하여 1코 남긴다.

3 바늘 끝을 아이코드 마지막 단의 코에 넣고 바늘에 실을 걸어서 끌어낸다. 필요한 콧수가 될 때까지 아이코드 1단에서 1코씩 줍는다. 아이코드의 3코 중 처음 코를 주운 위치를 바꾸지 않고 코를 줍는 것이 깔끔하게 만드는 비결이다.

원형뜨기용 아이코드로 풀어내는 코잡기 I-CORD PROVISIONAL CAST ON FOR CIRCULAR KNITTING

이 기법은 원형뜨기로 중심에서부터 바깥으로 넓어지게 뜰 때 적합합니다. 별실을 사용하여 아이코드를 떠서 기초로 삼고, 아이코드는 나중에 풉니다.

별실로 필요한 콧수의 아이코드를 몇 단 뜬다. 작업할 실로 바꿔서 1단 뜨고, 뜨개코를 양쪽 막대바늘 3개나 4개에 고르게 나눠서 옮긴다.

몇 단 뜬 뒤에 별실을 푼다. 풀기 전에 실꼬리를 돗바늘에 꿰고 1단의 코에 통과시켜 둔다.

별실의 마지막 단 코에 가위를 넣어서 자르고 돗바늘 끝으로 풀어서 별실 아이코드를 뺀다. 작업할 실 부분의 1단에 통과시켜 둔 실꼬리를 당겨서 뜨개 시작의 틈을 조인다.

터키식 코잡기 TURKISH CAST ON

이 기법은 줄바늘을 2개 사용하여 주머니 모양으로 코를 만듭니다. 양말이나 파우치 등 주머니 모양의 아이템을 줄바늘 2개로 뜰 때 적합합니다. 색이 다른 바늘을 2개 사용하면 단의 경계코를 알아보기 쉬워서 편리합니다.

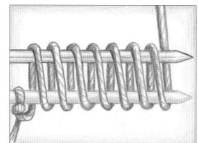

1 임시 매듭을 아래 바늘(분홍색)에 끼운다. 1단(1바퀴)에서 필요한 기초코 콧수의 반수만큼 실을 2개의 바늘에 감는다.

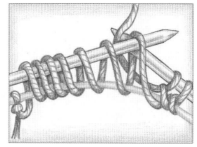

2 *아래 바늘(분홍색)을 당겨 코를 줄바늘 줄로 옮긴다. 위 바늘(은색)의 코를 같은 줄바늘의 반대쪽 바늘로 뜬다. 다 떴으면 편물을 위아래 반전시킨다.

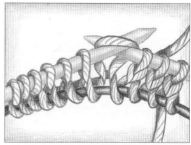

3 분홍색 바늘의 줄에 있던 코를 바늘로 옮긴다. 이번에는 은색 바늘을 끌어내어 코를 줄로 옮긴다. 매듭을 푼 뒤에 분홍색 바늘의 뜨개코를 같은 줄바늘의 반대쪽 바늘로 뜬다**. *~**를 반복한다.

2색 브레이디드 코잡기 TWO-COLOR BRAIDED CAST ON

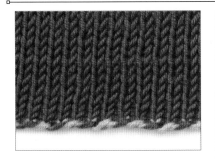

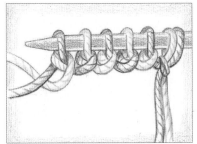

1 색이 다른 실 2가닥(A: 빨간색, B: 파란색)으로 매듭을 만들어서 바늘에 건다. A는 왼손 엄지손가락에, B는 집게손가락에 걸고, *일반 코잡기 방법을 사용해 B로 1코 만든다.

2 B를 A의 아래로 앞으로 보내고, B를 엄지손가락, A를 집게손가락에 바꿔서 건다. 일반코잡기 방법으로 이번에는 A로 1코 만든다.

3 B를 A의 아래로 앞으로 보내고, 다시 A를 엄지손가락, B를 집게손가락에 바꿔서 건다**. 필요한 콧수가 생길 때까지 *~**를 반복한다. 처음에 만든 매듭은 콧수에 넣지 않고 나중에 푼다.

3색 브레이디드 코잡기 THREE-COLOR BRAIDED CAST ON

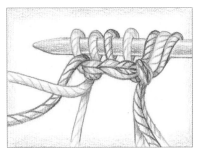

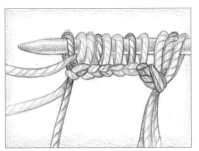

1 색이 다른 실 3가닥(A: 빨간색, B: 파란색, C: 녹색)으로 매듭을 만들어서 바늘에 건다. *A는 왼손 엄지손가락에, B는 집게손가락에 걸고, 일반코잡기 방법으로 B로 1코 만든다.

2 A를 집게손가락, C를 엄지손가락에 걸고 A로 2번째 코를 만든다. C를 집게손가락, B를 엄지손가락에 걸고 C로 3번째 코를 만든다**. *~**를 반복한다. 그림은 B에서 4번째 코를 만든 모습.

3 필요한 콧수가 생길 때까지 *~**를 반복한다. 처음에 만든 매듭은 콧수에 넣지 않고 나중에 푼다.

2색 이탈리안 코잡기 TWO-COLOR ITALIAN CAST ON

실 2가닥(A:파란색, B:빨간색)으로 매듭을 만들어서 시작합니다. B는 엄지손가락에 A는 집게손가락에 겁니다.

1 바늘을 A 위로 해서 두 실 사이로 가져온다. 두 실은 바늘의 위쪽에 있다(실을 약간 팽팽하게 잡는다). B는 A의 아래, 왼쪽으로 이동된다.

2 B가 바늘의 앞에서 뒤 방향으로 바늘 위에 걸쳐지도록 A 아래로 B를 걸어온다. A는 B 앞에 위치한다.

3 바늘을 B 아래로, 다시 두 실 사이 A의 위쪽으로 움직인다. B 아래로 A를 끌어온다. 2코가 만들어진다. 필요한 콧수 -1코만큼 만들고 마지막 1코는 감아코로 만든다. 매듭은 한 단을 뜬 후에 푼다.

사슬코로 2코 고무뜨기 튜블러 코잡기TUBULAR CHAIN CAST ON FOR K2, P2 RIB

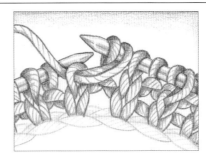

1 별실로 필요 콧수의 반+1코만큼 사슬코(별도 사슬)를 만든다. 첫 단을 작업했을 때 최종 콧 수는 4의 배수여야 한다. **1단(겉면):** 〈겉뜨기 1, 바늘비우기 1〉을 2코 남을 때까지 반복하다가 2코 남았을 때 겉뜨기 1코, 안뜨기 1코를 뜬다. **다음 단(안면):** 겉뜨기 1, 안뜨기 1, 안뜨기 코는

안뜨기로, 바늘비우기 코는 겉뜨기로 뜬다. **2단(겉면):** 다음과 같이 코의 위치를 바꾼다. * 겉뜨기 1, 실을 뒤쪽에 둔 상태에서 다음 코(안 뜨기)는 왼바늘에 걸린 채 뜨지 않고 건너뛰고, 그 다음 코에 겉뜨기한다.

2 건너뛴 안뜨기를 오른바늘로 옮기고, 아까 뜬 겉뜨기는 왼바늘에서 뺀다. 실을 앞쪽으로 가져 온다.

3 옮겨둔 안뜨기를 다시 왼바늘로 되돌려 놓고 안뜨기 2코, 1번의 *에서부터 반복하여 단의 끝 까지 뜬다. 3단 더 2코 고무뜨기를 한 뒤에 바늘 을 지정된 호수로 바꾸고 원하는 길이가 될 때 까지 겉뜨기 2코, 안뜨기 2코 고무뜨기를 한다. 별도 사슬을 푼다.

2코 고무뜨기를 위한 코잡기CAST ON FOR K2, P2 RIB

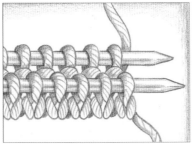

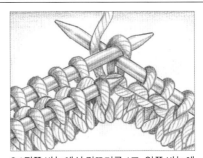

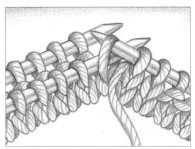

1 p.37의 풀어내는 코잡기를 사용해 필요한 콧 수의 절반(2코 고무뜨기를 위해 4의 배수)만큼 사 슬코(별도 사슬)를 만든다. 메리야스뜨기를 3단 뜬다. 별실을 찬찬히 풀면서, 남은 코를 다른 바 늘로 1코씩 줍는다. 다 주웠으면 코를 주운 쪽 바늘을 뒤쪽에 놓고 바늘 2개가 평행이 되도록 잡는다.

2 *뒤쪽 바늘에서 겉뜨기를 1코, 앞쪽 바늘에 서 겉뜨기를 1코 뜬다.

3 앞쪽 바늘에서 안뜨기를 1코, 뒤쪽 바늘에서 안뜨기를 1코 뜬다. *부터 반복한다.

매듭 없이 코잡기NO-KNOT SLIP KNOT

매듭을 만들지 않고 코를 만들기 시작하 는 방법입니다. 먼저 오른쪽 그림처럼 왼 손에 실을 잡습니다. 실꼬리 쪽은 엄지손 가락에, 실타래 쪽의 실은 집게손가락에 감습니다. 뜨개바늘은 오른손에 쥐고 엄 지손가락과 집게손가락 사이에 걸친 실에 올리고 1회 돌립니다. 그 다음은 일반코잡 기long tail cast on 순서로 계속합니다.

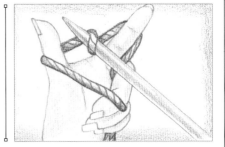

바늘비우기 **101, 168**   실을 뒤쪽에 두고 **47, 167**

기본 겉뜨기

맨 처음 배울 뜨개코는 **겉뜨기**knit stitch 입니다. 겉뜨기는 2가지 기본 방법으로 뜰 수 있습니다(또는 왼손잡이들을 위한 대안 방법으로도 뜰 수 있습니다).

영어권에서 일반적으로 이용하는 **미국식** English 또는 American method과 유럽과 관련 있는 **프랑스식** Continental 또는 German method이 있으며 각각 장점이 있습니다. 뜨개를 누군가에게 배웠을 때는 그 사람이 사용하는 기법을 그대로 이어받는 경우가 많습니다. 뜨개를 공부하고 있을 때는 양쪽 모두 시도해보고 자신에게 맞는 기법을 사용하는 게 좋습니다. 일반적으로 처음 익힌 기법이 가장 사용하기 쉬운 기법이 됩니다(단, 양쪽 모두 익혀두면 배색 무늬를 양손을 사용하여 뜰 수 있어서 편리합니다).

미국식은 바늘에 거는 실의 장력을 오른손으로 조절하고, 오른바늘은 뜨는 사람의 무릎 위나 옆구리 아래로 지탱할 때도 있습니다(지역에 따라서는 긴 **양쪽 막대바늘**의 한쪽 바늘 끝을 허리에 감은 **니팅 벨트**의 쿠션 부분에 찔러서 뜨기도 합니다).

프랑스식은 왼손에 실을 건 상태에서 오른바늘을 사용하여 왼바늘의 코에서 실을 끌어내면서 뜨개코를 만듭니다. 프랑스식은 일반적으로 뜨는 속도가 빠르다고 하지만, 다 뜬 편물은 미국식으로 뜬 것보다 느슨하게 마무리되는 경향이 있습니다.

초보자일 때는 어느 기법이든 뜨기 어렵다고 느낄 것입니다. 왼손잡이일 때도 미국식이든 프랑스식이든 어느 한쪽 방법을 익혀두면 좋습니다. 둘 다 어렵게 느껴지면 왼손잡이용 기법을 사용할 수도 있습니다. 다만 그 경우에는 뜨개 진행 방향이 오른손잡이가 할 때하고는 좌우가 바뀝니다. 보통 도안의 순서는 오른손잡이가 뜨는 것을 전제로 쓰여 있으므로, 왼손잡이가 뜨려면 순서를 좌우 바꿔서 읽어야 하므로 주의합니다.

겉뜨기를 하려면 먼저 기초코를 잡는 준비가 필요합니다. 오른쪽 그림은 기초코를 잡은 바늘에 1코씩 겉뜨기를 하여 1단을 다 뜰 때까지의 과정입니다(첫 단은 장력이 아직 고정되지 않기 때문에 언제나 뜨기 어렵습니다).

겉뜨기를 할 때는 언제나 실을 뒤쪽에 두고 뜹니다. 1단을 다 뜨면, 뜨개코가 걸린 바늘을 반대쪽 손으로 바꿔 줍니다. 2단도 똑같이 겉뜨기로 뜨면 가터뜨기가, 안뜨기로 뜨면 메리야스뜨기가 됩니다.

미국식ENGLISH

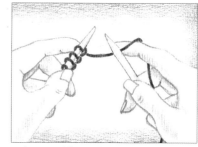

1 기초코를 잡은 바늘을 왼손에 쥐고, 왼바늘의 1번째 코는 바늘 끝에서 약 2.5cm 위치에 맞춘다. 오른손에는 앞으로 뜰 바늘을 쥐고, 손가락에는 실을 감는다.

프랑스식CONTINENTAL

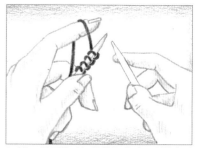

1 기초코를 잡은 바늘을 왼손에 쥐고, 실을 손가락에 건다. 오른손에는 앞으로 뜰 바늘을 쥔다.

왼손잡이일 때FOR LEFT-HANDERS

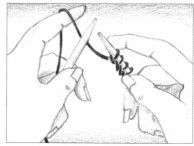

1 기초코를 잡은 바늘을 오른손에 쥐고 왼손에 앞으로 뜰 바늘을 쥔다.

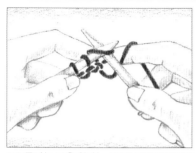  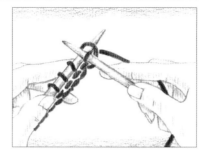 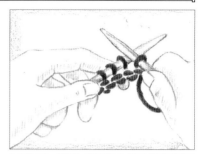

2 오른바늘 끝을 왼바늘 1번째 코에 앞쪽에서 뒤쪽을 향해서 오른바늘이 왼바늘 아래 오도록 넣는다.

3 실을 아래에서 위로 일러스트를 참고하여 오른바늘에 건다.

4 오른바늘로 실을 걸어서 기초코에서 끌어낸다.

5 기초코는 왼바늘에서 빼고, 새로 생긴 뜨개코를 오른바늘에 남긴다. 왼바늘의 기초코를 모두 뜰 때까지 이 순서를 반복하면 겉뜨기로 1단 뜬 것이 된다.

 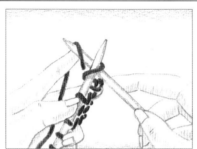 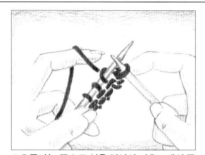 

2 오른바늘 끝을 왼바늘 1번째 코에 앞쪽에서 뒤쪽을 향해서 오른바늘이 왼바늘 아래 오도록 넣는다.

3 그림처럼 실을 오른바늘 끝에 건다.

4 오른바늘 끝으로 실을 걸어서 기초코에서 끌어낸다. 필요하면 새 뜨개코를 오른손 집게손가락으로 눌러 둔다.

5 기초코는 왼바늘에서 빼고, 새로 생긴 뜨개코를 오른바늘에 남긴다. 왼바늘의 기초코를 모두 뜰 때까지 이 순서를 반복하면 겉뜨기로 1단 뜬 것이 된다.

  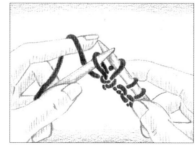 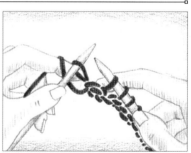

2 왼바늘 끝을 오른바늘 1번째 코에 앞쪽에서 뒤쪽을 향해 왼바늘이 오른바늘 아래 오도록 넣는다.

3 실을 아래에서 위로 일러스트를 참고하여 왼바늘에 건다.

4 왼바늘 끝으로 실을 걸어서 기초코에서 끌어낸다.

5 기초코는 오른바늘에서 빼고, 새로 생긴 뜨개코를 왼바늘에 남긴다. 오른바늘의 기초코를 모두 뜰 때까지 이 순서를 반복하면 겉뜨기로 1단 뜬 것이 된다.

실을 앞/뒤쪽에 두고 **47, 167**

기본 안뜨기

다음으로 배울 필수적인 뜨개코는 **안뜨기**purl stitch입니다. 안뜨기는 겉뜨기의 뒷면이며, 평면뜨기로 단마다 안뜨기를 하면 단마다 겉뜨기를 한 것과 똑같은 편물이 됩니다. 이 편물이 **가터뜨기**garter stitch입니다. 안뜨기와 겉뜨기를 1단씩 교대로 뜨면 우리에게 친숙한 **메리야스뜨기**stockinette stitch가 됩니다. 메리야스뜨기를 할 때는 겉뜨기가 편물의 겉면, 안뜨기가 안면이 됩니다(안뜨기 쪽을 겉면으로 간주하면 **안메리야스뜨기**reverse stockinette stitch라고 부릅니다). 같은 단에서 겉뜨기와 안뜨기를 조합하여 뜨면 입체적이면서도 질감이 있는 편물이 됩니다.

안뜨기할 때도 바늘과 실 잡는 법은 겉뜨기할 때와 같지만, 실은 편물의 앞쪽에 두고 바늘은 뒤쪽에서 앞쪽으로 넣습니다.

미국식ENGLISH

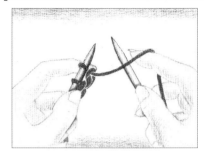

1 겉뜨기와 마찬가지로 앞으로 뜰 바늘을 오른손에 쥐고, 기초코를 잡은 바늘을 왼손에 쥔다. 오른손으로 실을 편물 앞쪽에서 쥐고 움직인다.

프랑스식CONTINENTAL

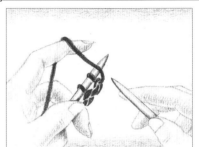

1 겉뜨기와 마찬가지로 앞으로 뜰 바늘을 오른손에 쥐고 기초코를 잡은 바늘을 왼손에 쥔다. 왼손으로 실을 편물 앞쪽에서 쥐고 움직인다.

왼손잡이일 때FOR LEFT-HANDERS

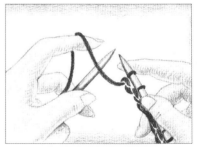

1 겉뜨기와 마찬가지로 기초코를 잡은 바늘을 오른손에 쥐고 앞으로 뜰 바늘을 왼손에 쥔다. 왼손으로 실을 편물 앞쪽에서 쥐고 움직인다.

2 기본 테크닉

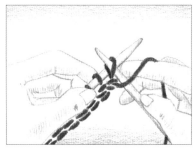  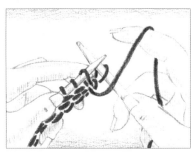 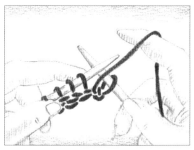

2 오른바늘을 왼바늘 1번째 코의 뒤쪽에서 앞쪽으로 오른바늘이 왼바늘 위에 오도록 넣는다.

3 오른손 집게손가락으로 오른바늘 끝에 실을 반시계방향으로 건다.

4 오른바늘에 실을 건 상태로 기초코 뒤쪽에서 끌어내어 오른바늘에 고리를 만든다.

5 기초코를 왼바늘에서 빼면 새로 안뜨기가 생긴다. 왼바늘의 기초코를 모두 뜰 때까지 이 순서를 반복하면 안뜨기로 1단 뜬 것이 된다.

  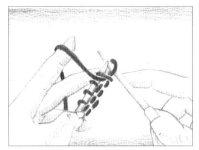 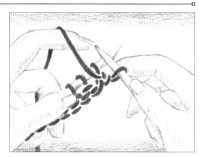

2 오른바늘 끝을 왼바늘 1번째 코의 뒤쪽에서 앞쪽으로 오른바늘이 왼바늘 위에 오도록 넣는다. 실은 앞쪽에 둔다.

3 그림처럼 실을 오른바늘 끝에 걸고, 왼손 집게손가락으로 실을 아래로 눌러 둔다.

4 오른바늘에 실을 건 상태로 기초코의 뒤쪽에서 끌어내어 오른바늘에 고리를 만든다.

5 기초코는 왼바늘에서 빼고, 왼손 집게손가락을 사용하여 새로 생긴 안뜨기를 살짝 조인다. 왼바늘의 기초코를 모두 뜰 때까지 이 순서를 반복하면 안뜨기로 1단 뜬 것이 된다.

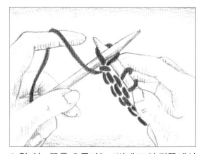 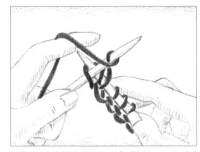 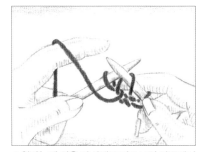 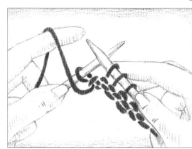

2 왼바늘 끝을 오른바늘 1번째 코의 뒤쪽에서 앞쪽을 향해 넣는다.

3 왼손 집게손가락으로 실을 왼바늘 끝에 시계방향으로 건다.

4 왼바늘에 실을 건 상태로 기초코의 뒤쪽에서 끌어내어 왼바늘에 고리를 만든다.

5 기초코를 오른바늘에서 빼면 새로 안뜨기가 생긴다. 오른바늘의 기초코를 모두 뜰 때까지 이 순서를 반복하면 안뜨기로 1단 뜬 것이 된다.

기본 편물 조직

평면뜨기로 단마다 겉뜨기 또는 안뜨기를 뜨면 **가터뜨기**garter stitch가 됩니다. 겉뜨기와 안뜨기 단을 교대로 뜨면 **메리야스뜨기**stockinette stitch, 메리야스뜨기 편물을 돌려서 안뜨기 면을 겉으로 사용하면 **안메리야스뜨기**reverse stockinette stitch가 됩니다. 여기에서는 이 세 가지 편물 외에 겉뜨기와 안뜨기를 조합한 무늬를 소개합니다.

대부분의 스웨터 등 니트웨어, 그리고 손모아장갑, 손가락장갑, 모자 등의 소품에서는 편물에 신축성을 주고 모양을 유지하기 위해 **고무뜨기**ribbing를 이용합니다. 고무뜨기에서 겉뜨기는 겉뜨기 위에, 안뜨기는 안뜨기 위에 세로로 뜨개코가 겹쳐집니다. 이렇게 뜨려면 겉뜨기와 안뜨기를 구분할 수 있어야 합니다.

기본적인 고무뜨기를 익혔으면, 뜨개코의 **고리 뒤쪽**back loop에 바늘을 넣어서 뜨개코를 꼬아주는 **꼬아뜨기로 하는 고무뜨기**twisted ribbing를 시도해봅시다. 꼬아뜨기로 하는 고무뜨기 중에는 겉뜨기만 꼬아뜨는 방법과 겉뜨기, 안뜨기 모두 꼬아뜨는 방법이 있습니다.

멍석뜨기seed stitch는 겉뜨기와 안뜨기를 교대로 떠서 질감을 만드는 편물입니다. 고무뜨기와 달리 다음 단에서는 앞단의 겉뜨기는 안뜨기로, 안뜨기는 겉뜨기로 뜹니다.

고무뜨기, 멍석뜨기, 가터뜨기는 어느 것이나 편물이 말리지 않으므로 밑단이나 가장자리뜨기에 적합합니다.

가터뜨기GARTER STITCH

콧수에 상관없이 단마다 겉뜨기를 한다.

메리야스뜨기STOCKINETTE STITCH

콧수에 상관없이
1단(겉면): 겉뜨기
2단(안면): 안뜨기
1, 2단을 반복한다.

안메리야스뜨기REVERSE STOCKINETTE STITCH

콧수에 상관없이
1단(겉면): 안뜨기
2단(안면): 겉뜨기
1, 2단을 반복한다.

가터뜨기의 이랑뜨기GARTER RIDGE STITCH

콧수에 상관없이
1단과 3단(겉면): 겉뜨기
2단(안면): 안뜨기
4단: 겉뜨기
1~4단을 반복한다.

1코 고무뜨기KNIT ONE, PURL ONE RIBBING

홀수 코로 뜬다.
1단(겉면): 겉뜨기 1, *안뜨기 1, 겉뜨기 1, 끝까지 *부터 반복한다.
2단(안면): 안뜨기 1, *겉뜨기 1, 안뜨기 1, 끝까지 *부터 반복한다.
1, 2단을 반복한다.

2코 고무뜨기KNIT TWO, PURL TWO RIBBING

4의 배수+2코로 뜬다.
1단(겉면): 겉뜨기 2, *안뜨기 2, 겉뜨기 2, 끝까지 *부터 반복한다.
2단(안면): 안뜨기 2, *겉뜨기 2, 안뜨기 2, 끝까지 *부터 반복한다.
이 2단을 반복한다.

멍석뜨기SEED STITCH

짝수 코로 뜬다.
1단(겉면): *겉뜨기 1, 안뜨기 1, 끝까지 *부터 반복한다.
2단(안면): *안뜨기 1, 겉뜨기 1, 끝까지 *부터 반복한다.
1, 2단을 반복한다.

2단 멍석뜨기(1코 2단)DOUBLE SEED STITCH

짝수 코로 뜬다.
1단(겉면): *겉뜨기 1, 안뜨기 1, 끝까지 *부터 반복한다.
2단(안면): 1단을 반복한다.
3단: *안뜨기 1, 겉뜨기 1, 끝까지 *부터 반복한다.
4단: 3단을 반복한다.
1~4단을 반복한다.

겉/안면 **171, 173**
모자 **296~303**

고리의 앞/뒤쪽 **50**
손가락장갑과 손모아장갑 **304~312**

마감단 **255~259**
스웨터 **203~278**

2 기초 편물

꼬아뜨기 1코 고무뜨기

2단에 한 번씩 겉뜨기 코만 꼬아뜨기

홀수 코로 뜬다.

1단(겉면): 겉뜨기 꼬아뜨기 1, *안뜨기 1, 겉뜨기 꼬아뜨기 1, 끝까지 *부터 반복한다.

2단(안면): 안뜨기 1, *겉뜨기 1, 안뜨기 1, 끝까지 *부터 반복한다.

1, 2단을 반복한다.

꼬아뜨기 1코 고무뜨기

매단 겉뜨기 코만 꼬아뜨기

홀수 코로 뜬다.

1단(겉면): 겉뜨기 꼬아뜨기 1, *안뜨기 1, 겉뜨기 꼬아뜨기 1, 끝까지 *부터 반복한다.

2단(안면): 안뜨기 꼬아뜨기 1, *겉뜨기 1, 안뜨기 꼬아뜨기 1;, *~;를 반복한다.

이 2단을 반복한다.

겉뜨기 5코와 안뜨기 2코 고무뜨기

7의 배수+5코로 뜬다.

1단(겉면): 겉뜨기 5, *안뜨기 2, 겉뜨기 5, 끝까지 *부터 반복한다.

2단(안면): 안뜨기 5, *겉뜨기 2, 안뜨기 5, 끝까지 *부터 반복한다.

1, 2단을 반복한다.

겉뜨기 2코와 안뜨기 5코 고무뜨기

7의 배수+2코로 뜬다.

1단(겉면): 겉뜨기 2, *안뜨기 5, 겉뜨기 2, 끝까지 *부터 반복한다.

2단(안면): 안뜨기 2, *겉뜨기 5, 안뜨기 2, 끝까지 *부터 반복한다.

1, 2단을 반복한다.

TECHNIQUE

실을 뒤쪽에 두고/ 실을 앞쪽에 두고 WITH YARN IN BACK/ WITH YARN IN FRONT

겉뜨기를 할때는 실을 언제나 **편물 뒤쪽에 두고** with yarn in back, 안뜨기를 할때는 **편물 앞쪽에 둡니다** with yarn in front. 고무뜨기의 겉뜨기에서 안뜨기로 바꿀 때는 실이 옳은 위치에 있는지 확인하세요. 실을 뒤쪽에서 앞쪽으로, 또 그 반대로 옮길 때는 실을 바늘 위에 거는 것이 아니라 바늘과 바늘 사이를 통과시켜서 옮깁니다.

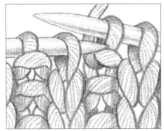

실을 뒤쪽에 둔 상태

실을 앞쪽에 둔 상태

실 잇기

새 실타래로 실을 바꿀 때는 되도록 **단의 처음이나 끝**에서 살짝 묶은 후 잘라서 바꾸고, 작품이 완성된 뒤에 매듭을 풀어서 실 끝을 시접에서 처리합니다. 그러나 원통으로 뜰 때나 배색무늬처럼 단의 한가운데에서 실을 이어야 할 경우가 있습니다. **단의 중간**에서 실을 연결하는 것은 신중하게 합니다. 교차뜨기의 가장자리나 질감 있는 편물 부분 등 되도록 눈에 띄지 않는 장소에서 연결합니다.
실을 바꾸고 나면 반드시 **실꼬리 처리**를

합니다. 매듭은 풀고, 실꼬리는 꼭 편물 안면에서 각각 반대 방향으로 정리해줍니다. 굵은 실일 때는 꼬임을 풀고 나눠서 정리합니다.
단의 중간에 정리된 실꼬리가 지나가는 것을 해결하기 위한 방법이 몇 가지 있습니다. 실타래가 거의 다 되어가서 앞으로 한 단을 뜰 수 있을지 없을지 애매할 때는 편물을 평평한 곳에 놓고, 남은 실을 편물 너비를 따라서 놓고 끝에서 접어서 돌아와 봅니다. 실 양이 편물 너비의 4배

이상 남아 있으면 복잡한 무늬뜨기가 아닌 한, 한 단은 충분히 뜰 수 있습니다 (방울이나 교차무늬는 실이 넉넉히 필요합니다).
또 다른 방법은 남은 실을 반으로 접어서, 접은 위치에서부터 15㎝ 떨어진 지점에 매듭을 만드는 것입니다. 다음 단을 다 떴을 때 그 매듭까지 가지 않았으면 남아 있는 실로 한 단 더 뜰 수 있습니다.

뜨면서 실 잇기

편물 가장자리에서 실을 바꿀 때는 실 끝을 15㎝ 남기고, 다 쓴 실 끝에 새 실 끝을 살짝 묶는다. 나중에 매듭을 풀고 실 끝을 정리한다.

1 단의 중간에서 실을 바꿀 때는 오른바늘을 다음 뜨개코에 겉뜨기하듯이 넣고 바늘 끝에는 새 실을 걸어서 그 실로 뜨기 시작한다.

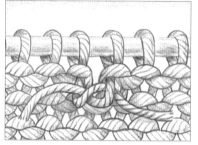

2 그대로 단의 마지막까지 떴으면, 풀어지지 않도록 두 실꼬리를 느슨하게 묶어둔다. 나중에 매듭을 풀고 실 끝을 정리한다.

실 이어 붙이기

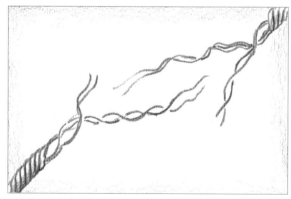

1 단의 도중에서 같은 색 실을 이을 때는 양쪽 실꼬리의 꼬임을 풀고, 그림처럼 각각 꼬임의 반을 약 10㎝ 잘라낸다.

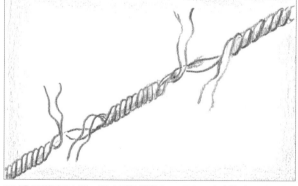

2 남은 꼬임끼리 실의 꼬임과 같은 방향으로 다시 꼬아서 합치고 계속해서 뜬다. 잘라낸 쪽의 실꼬리가 남을 때는 나중에 처리한다.

펠티드 조인 FELTED JOIN (방축가공되지 않은 울에 사용)

1 서로 이을 실 끝을 5㎝ 정도 남기고(그림에서는 알아 보기 쉽게 색을 다르게 했다), 각각 꼬임을 반 정도 양으로 잘라낸다.

2 각 끝끼리 겹치듯이 손바닥에 올려 놓고 적신다.

3 그대로 양손을 비벼서 마찰과 습기로 엉키게 한다.

러시안 조인 RUSSIAN JOIN

다 쓴 실 끝을 돗바늘에 꿰고, 바늘을 실에 2.5㎝ 정도 통과시켜서 실 끝을 들어가게 하여 고리를 만든다.

돗바늘로 새 실의 실 끝을 그 고리에 통과시킨 후에 새 실의 실 끝도 실에 들어가게 한다.

양 끝을 단단히 당겨서 조인 뒤에 실 끝을 가지런히 자른다. 그림에서는 알아보기 쉽도록 실 끝의 색을 다르게 했다.

매직 매듭 MAGIC KNOT

다 쓴 실 끝을 새 실의 끝(알아보기 쉽도록 파란색으로 표시했다)에 묶는다.

그림처럼 새 실의 실 끝도 다 쓴 실 끝에 묶는다.

양쪽 매듭이 합쳐지도록 양 방향에서 실 끝 이외의 실 2가닥을 단단히 잡아당긴다. 실 끝을 자른다.

코늘림

코늘림은 뜨개코를 추가해 편물을 넓혀 모양을 만들 때 사용합니다. 눈에 띄지 않고 무늬에 영향을 주지 않는 방법도 있고, 반대로 눈에 띄게 하여 장식성을 가미하는 방법도 있습니다(장식적인 코늘림은 일반적으로 편물 가장자리에서 2, 3코 안쪽에서 합니다). 대부분은 편물의 **겉면**에서 코늘림을 합니다. 여기에는 다음과 같은 두 가지 이유가 있습니다. 우선 완성된 모양 및 코늘림의 배치가 잘 보인다는

점, 그리고 코늘림을 규칙적으로 할 경우(예: 4단마다)에는 뜨면서 단수를 따라가기 쉽다는 점입니다.

패턴의 본문 속에서는 코늘림 방법이 지정되어 있지 않는 경우가 종종 있으므로 스스로 적당한 방법을 골라서 합니다. 오른쪽 방향이나 왼쪽 방향으로 기울어지는 코늘림은 편물의 흐름에 따라서 넣을 수 있습니다. 그 자리에 적당한 코늘림을 선택할 수 있으려면 코늘림의 종류와 각

특징을 알아두어야 합니다. 이 챕터에서는 각 코늘림의 기호도 함께 실어두었습니다.

늘릴 코가 1코나 2코일 때는 그냥 코늘림을 해도 상관없지만, 편물 가장자리에서 그 이상의 콧수를 한꺼번에 늘릴 때에는 코잡기로 늘리는 것이 좋습니다.

KFB(knit into front and back)

이 코늘림은 조금 눈에 띕니다. 겉뜨기나 안뜨기 어느 쪽 편물에서 해도 겉뜨기 쪽에서 코늘림의 밑부분에 실이 수평으로 걸쳐집니다.

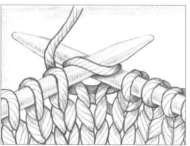

1 겉뜨기 면에서 늘릴 때는 코늘림을 할 코에 바늘을 겉뜨기하듯이 넣고, 실을 걸어서 겉뜨기하듯이 끌어낸다. 이때 뜨개코는 빼지 않고 왼바늘에 남겨 둔다.

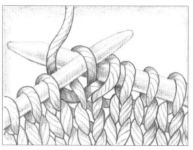

2 오른바늘 끝을 같은 코의 고리 뒤쪽에 넣고, 실을 걸어서 겉뜨기하듯이 끌어낸 후 여기에서 뜨개코를 왼바늘에서 뺀다. 오른바늘에는 2코가 생긴다.

고리(뜨개코)의 앞/뒤쪽에 바늘을 넣어서 뜨기 WORKING IN FRONT AND BACK LOOPS

일반적인 겉뜨기나 안뜨기는 '고리 앞쪽에 바늘을 넣어서' 뜹니다. 이 방법으로 뜰 때, 겉뜨기는 왼쪽에서 오른쪽으로, 안뜨기는 오른쪽에서 왼쪽으로 고리에 오른바늘을 넣어서 뜹니다. 반면에 '고리 뒤쪽에 바늘을 넣어서' 뜨면, 겉뜨기도 안뜨기도 꼬아뜨기가 됩니다. 이 방법으로 뜰 때, 겉뜨기는 왼바늘 아래에서 오른쪽에서 왼쪽으로, 안뜨기는 뜨개코 뒤쪽에서 돌아 들어가듯이 왼쪽에서 오른쪽으로 고리에 오른바늘을 넣어서 뜹니다.

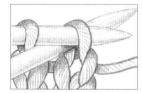

고리 앞쪽에 바늘 끝을 넣어서 겉뜨기

고리 앞쪽에 바늘 끝을 넣어서 안뜨기

고리 뒤쪽에 바늘 끝을 넣어서 겉뜨기(겉뜨기 꼬아뜨기)

고리 뒤쪽에 바늘 끝을 넣어서 안뜨기(안뜨기 꼬아뜨기)

겉뜨기하듯이 **170**

겉/안면 **171, 173**

뜨개코 기호 **69, 72, 104~107, 173~176**

이 코늘림 방법은 어디에도 사용할 수 있지만, 앞단 뜨개코를 들어올려 늘리기 때문에 코늘림 간격이 3단 이하일 때는 편물이 울 수 있습니다.

겉뜨기 단(겉면)에서 앞단 뜨개코를 들어올려서 코늘림(오른코 늘리기)을 한 편물.

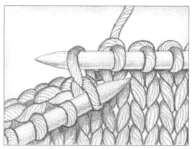

1 겉뜨기를 하면서 이 방법으로 코늘림을 할 때는 먼저 편물의 안면이 보이도록 왼바늘을 앞쪽으로 넘기고, 그림처럼 오른바늘 끝을 앞단 뜨개코에 넣어서 들어올린다.

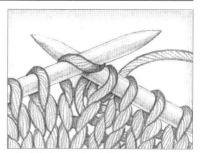

2 들어올린 코로 겉뜨기하고 왼바늘에 걸려 있는 다음 코도 뜨면 1코 늘어난다.

안뜨기 단(안면)에서 앞단 뜨개코를 들어올려서 오른코 늘려 안뜨기를 한 편물. 겉면에서 본 모습.

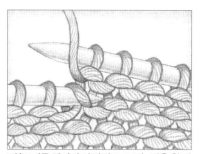

1 안뜨기를 하면서 이 방법으로 코늘림을 할 때는 먼저 오른바늘에 걸린 마지막 코의 1단 아래 코에 왼바늘을 넣어서 들어올린다.

2 들어올린 코에 오른바늘을 넣어서 안뜨기하면 1코 늘어난다.

TECHNIQUE

2코 이상 코늘림을 할 때

한 단에서 2코 이상 코를 늘릴 때는 한 단 안에서 되도록 코늘림을 균등하게 합니다. 그러려면 우선 필요한 코늘림 콧수에서 '1'을 뺀 수로 전체 콧수를 나눕니다.
예를 들어 바늘에 59코가 걸려 있고 여기서 9코를 균등하게 늘릴 때는 아래처럼 됩니다:
9-1=8 (늘릴 콧수-1 ※ 답을 Ⓐ라고 한다)
59÷8=7 나머지 3 (전체 콧수÷Ⓐ)

이 계산을 기초로 하여, 코늘림과 코늘림 사이에는 7코, 나머지인 3코는 좌우 가장자리에 분산하여 배치합니다. M1처럼 코와 코 사이에서 코늘림을 할 때는 '1코 뜨기, [1코 늘리기, 7코 뜨기]×8회, 1코 늘리기, 2코 뜨기'의 순서로 뜹니다.
뜨개코에서 코늘림을 할 때는 예를 들어 KFB라면 7코 중의 1코를 코늘림에 사용하기 때

문에 코늘림과 코늘림 사이의 콧수는 6코가 되고, '1코 뜨기, [다음 코에서 KFB, 6코 뜨기]×8회, 다음 코에서 KFB, 1코 뜨기'의 순서로 뜹니다.

오른쪽 방향으로 꼬아 늘리기(M1R) MAKE ONE OR MAKE ONE RIGHT M ♀

오른쪽 방향으로 꼬아 늘리기(M1R)는 2코 사이에서 늘어나서 거의 눈에 띄지 않습니다. 겉뜨기 면에서는 오른쪽 방향으로 기울어집니다.

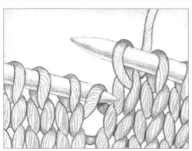

1 마지막에 뜬 코와 왼바늘의 다음 코 사이에 걸쳐진 실에 왼바늘 끝을 뒤쪽에서 앞쪽을 향해 통과시킨다.

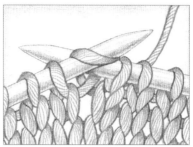

2 꼬아뜨기가 되도록 왼바늘에 걸린 고리의 앞쪽에 오른바늘 끝을 넣어 겉뜨기한다.

3 안뜨기 단일 때도 왼바늘 끝을 뒤쪽에서 앞쪽을 향해 통과시키고, 왼바늘에 걸린 고리의 앞쪽에 오른바늘 끝을 넣어 안뜨기한다.

왼쪽 방향으로 꼬아 늘리기(M1L) MAKE ONE OR MAKE ONE LEFT M ♀

왼쪽 방향으로 꼬아 늘리기(M1L)는 위의 오른쪽 방향으로 꼬아 늘리기(M1R)와 마찬가지로 2코 사이에서 늘어나고, 겉뜨기 면에서는 왼쪽 방향으로 기울어집니다.

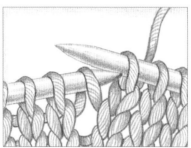

1 마지막에 뜬 코와 왼바늘의 다음 코 사이에 걸쳐진 실에 왼바늘 끝을 앞쪽에서 뒤쪽을 향해 통과시킨다.

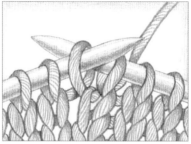

2 꼬아뜨기가 되도록 왼바늘에 걸린 고리의 뒤쪽에 오른바늘 끝을 넣어 겉뜨기한다.

3 안뜨기 단일 때도 왼바늘 끝을 앞쪽에서 뒤쪽을 향해 통과시키고, 왼바늘에 걸린 고리의 뒤쪽에 오른바늘 끝을 넣어 안뜨기한다.

바늘비우기로 늘리기 OPEN INCREASE O

꼬아뜨지 않고 늘리기 때문에 뒤가 비치는 부분이 생겨서 장식성 있는 코늘림이 됩니다.

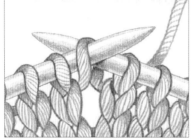

1 겉뜨기 단에서는 마지막에 뜬 코와 왼바늘의 다음 코 사이에 걸쳐진 실에 왼바늘 끝을 뒤쪽에서 앞쪽을 향해 통과시키고, 왼바늘에 걸린 고리의 뒤쪽에 오른바늘 끝을 넣어 겉뜨기한다.

2 안뜨기 단에서는 마지막에 뜬 코와 왼바늘의 다음 코 사이에 걸쳐진 실에 왼바늘 끝을 앞쪽에서 뒤쪽을 향해 통과시키고, 왼바늘에 걸린 고리의 앞쪽에 오른바늘 끝을 넣어 안뜨기한다.

겉뜨기 **42**

안뜨기 **44**

고리의 앞/뒤쪽 **50**

2 기본 테크닉

메디안median은 '중앙의'란 의미입니다. 늘릴 코를 뜨고 같은 코의 앞단에 1코 더 떠서 코를 늘립니다. 장식적인 방법이며, 편물의 겉면과 안면 어디에서도 사용할 수 있습니다.

이 사진은 겉면에서 겉뜨기 코늘림한 모습을 보여줍니다.

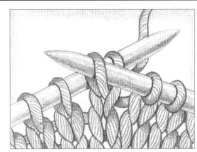

1 겉뜨기 면에서 코늘림을 하려면 코늘림할 코를 뜨고 아직 왼바늘에서 빼지 않는다.

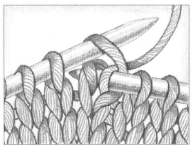

2 뜬 코를 왼바늘에 건 채로 같은 코의 앞단 코에 그림처럼 오른바늘을 넣어 겉뜨기한 후 왼바늘에서 뺀다.

안뜨기로 코늘림을 한 부분을 겉면에서 본 모습. 겉뜨기 코늘림을 했을 때와 같은 모습입니다.

1 안뜨기 면에서 안뜨기 코늘림을 하려면 코늘림할 코를 뜨고 아직 왼바늘에서 빼지 않는다.

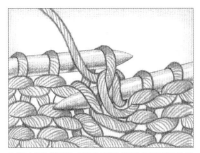

2 뜬 코를 왼바늘에 건 채로 같은 코의 앞단 코에 그림처럼 오른바늘을 넣어 안뜨기한 후 왼바늘에서 뺀다.

TIP

무늬 안에서 코늘림 하기

코늘림이나 줄임으로 편물의 형태를 만들 때 메리야스뜨기처럼 단순한 무늬 안에서 코늘림을 하는 것은 비교적 간단합니다. 그러나 뜨개코 여러 개로 구성된 복잡한 무늬에서 코늘림을 하는 건 어렵기 때문에 코늘림을 할 때는 1무늬분의 콧수가 갖춰질 때까지 메리야스뜨기 등으로 떠서 무늬뜨기 준비를 하는 것이 일반적입니다.

그럴 때 코늘림 위치를 파악하는 방법으로는 첫 코늘림의 안쪽(코늘림이 편물 오른쪽 가장자리 쪽이라면 코늘림 다음, 왼쪽 가장자리 쪽이라면 코늘림 전)에 스티치 마커를 넣어두면 좋습니다. 단마다 스티치 마커의 위치는 움직이지 않고, 1무늬분의 콧수까지 늘렸으면 편물 가장자리 쪽으로 옮깁니다. 전체 콧수가 필요한 콧수가 될 때까지 이를 반복합니다.

겉뜨기 **42**

스티치 마커 **24~25**

메리야스뜨기 **30~46**

안뜨기 **44**

오른쪽 가장자리 코늘림 ↗

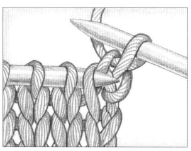

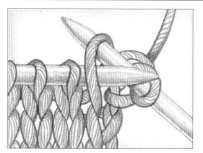

이 코늘림은 겉뜨기 단의 처음, 안뜨기 단의 마지막에서 합니다.

1 겉뜨기 면에서 첫 코를 겉뜨기하고, 왼바늘 끝을 2단 아래 코의 왼쪽에 넣는다.

2 왼바늘에 걸린 코의 고리 뒤쪽에 오른바늘 끝을 넣어서 겉뜨기한다.

3 안뜨기 단에서 할 때는 1코가 남을 때까지 뜨고, 왼바늘 끝을 마지막에 뜬 코의 1단 아래 코에 그림처럼 통과시키고 왼바늘에 걸린 고리를 안뜨기한다.

왼쪽 가장자리 코늘림 ↖

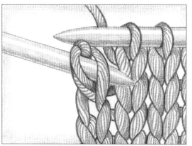

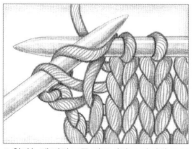

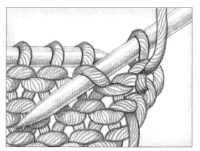

이 코늘림은 겉뜨기 단의 마지막, 안뜨기 단의 처음에서 합니다.

1 겉뜨기 면의 단을 1코가 남을 때까지 뜨고, 왼바늘에 남은 코의 1단 아래 코의 오른쪽에 왼바늘 끝을 넣는다.

2 왼바늘에 걸린 코를 겉뜨기하고 마지막 코도 겉뜨기한다.

3 안뜨기 단에서 할 때는 단의 첫 코를 안뜨기하고, 다음 코의 1단 아래 코에 그림처럼 오른바늘 끝을 넣고 왼바늘에 걸어서 안뜨기한다.

TECHNIQUE

차트를 사용하여 무늬뜨기에 코늘림 표시하기

무늬를 뜨면서 코늘림을 틀리지 않고 하려면 무늬와 콧수 변화를 모눈용지에 그려 차트를 만드는 것이 도움이 됩니다. 이렇게 하면 코늘림과 무늬 전개를 한눈으로 확인할 수 있습니다. 무늬를 차트에 그리려면 3장과 9장에서 설명하는 뜨개코 기호를 사용합니다. 오른쪽에 표시된 예는 교차무늬에서 코늘림을 하는 경우의 차트입니다.

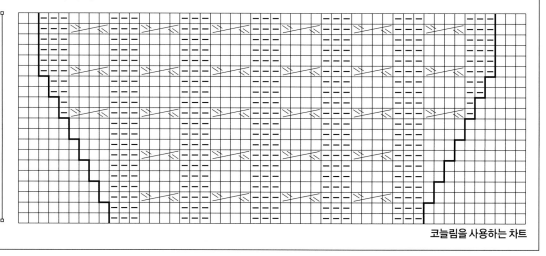

코늘림을 사용하는 차트

겉뜨기 **42**

뜨개코 기호 **69, 72, 104, 107, 173~176**

고리의 앞/뒤쪽 **50**

안뜨기 **44**

교차무늬 **67~78**

코줄임

코줄임은 콧수를 줄여서(일반적으로는 한 번에 1코나 2코) 편물의 너비를 좁히는 방법입니다. 코늘림과 마찬가지로 그 목적에 맞는 다양한 방법이 있습니다. 예를 들어 코줄임에는 **좌우로 기울어지는 방법**과 **세로 방향**으로 코를 세우는 방법이 있습니다.

진동둘레에서 코를 줄일 때, 오른쪽 끝에서는 왼쪽으로, 왼쪽 끝에서는 오른쪽으로 기울어지는 코줄임을 이용하여 경

사를 두드러지게 할 때가 있습니다. 편물 가장자리에서 1코나 2코 안쪽에서 코줄임을 할 때는 장식성이 생깁니다. 이렇게 눈에 잘 띄게 형태를 만드는 것을 **풀패션드 셰이핑**full-fashioned shaping(몸에 맞춰서 모양 만들기)이라고 부릅니다. 코줄임을 가장자리에서 떼어놓음으로써 편물을 꿰매기 쉽게 하는 이점도 있습니다.

한편, 코줄임을 반드시 눈에 띄게 할 필요는 없습니다. 단순한 코줄임(2코 모아뜨

기)을 편물 가장자리에서 하면 편물을 꿰맸을 때는 숨겨져서 보이지 않습니다.

대부분의 코줄임은 편물의 겉면에서 하지만, 단마다 코줄임을 할 때는 안면에서 코줄임을 하기도 합니다. 이 때문에 편물 안면에서 하는 방법도 소개합니다.

왼쪽으로 기울어지는 기본 코줄임 ⧅
꼬아서 오른코 겹치기K2TOG TBL OR P2TOG TBL

고리의 뒤쪽에 바늘을 넣어 2코를 같이 겉뜨기 (또는 안뜨기)하면 겉뜨기 면에서는 코줄임이 왼쪽으로 기울어집니다. k2tog tbl(2코를 한꺼번에 겉뜨기로 꼬아뜨기), p2tog tbl(2코를 한꺼번에 안뜨기로 꼬아뜨기)이라고 약칭합니다.

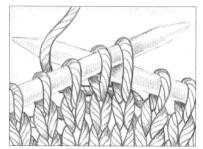

1 겉뜨기 면에서는 왼바늘의 뒤쪽에 넣듯이 오른바늘을 2코의 고리 뒤쪽에 넣고, 2코를 한꺼번에 겉뜨기한다.

2 안뜨기 면에서는 왼바늘 2번째 코의 뒤쪽에서 2번째 코와 1번째 코에 계속하여 오른바늘 끝을 넣는다. 이렇게 하면 2코가 꼬아지므로, 그대로 2코를 한꺼번에 안뜨기한다.

오른쪽으로 기울어지는 기본 코줄임 ⧄
왼코 겹치기K2TOG OR P2TOG

2코를 한꺼번에 겉뜨기(또는 안뜨기)하는 방법은 가장 간단한 코줄임 기법입니다. 이 코줄임은 겉뜨기 면에서는 오른쪽으로 기울어집니다. k2tog(2코를 한꺼번에 겉뜨기), p2tog(2코를 한꺼번에 안뜨기)라고 약칭합니다.

1 겉뜨기 면에서는 왼바늘의 2코에 겉뜨기하듯이 오른바늘을 넣고 그대로 2코를 한꺼번에 겉뜨기한다.

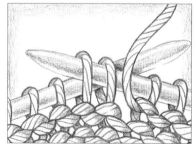

2 안뜨기 면에서는 왼바늘의 2코에 안뜨기하듯이 오른바늘을 넣고 그대로 2코를 한꺼번에 안뜨기한다.

고리의 앞/뒤쪽 **50**
꿰매기 **188~191**

겉뜨기하듯이 **170**
안뜨기하듯이 **171**

겉/안면 **171, 173**

왼쪽으로 기울어지는 1코 코줄임 1(오른코 겹치기) SKP ⟨image⟩

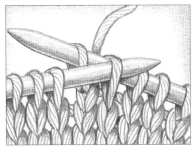

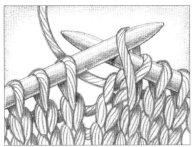

이 코줄임은 겉뜨기 면에서는 코줄임이 왼쪽으로 기울어집니다. 약칭은 SKP로, sl1(slip 1 stitch=걸러뜨기 1), k1(knit 1 stitch=겉뜨기 1), psso(pass slip stich over knit stitch=걸러뜨기 한 코를 겉뜨기에 덮어씌운다)라고 씁니다.

1 1번째 코에 겉뜨기하듯이 오른바늘을 넣어 그대로 오른바늘로 옮기고, 다음 코를 겉뜨기한 뒤에 그림처럼 왼바늘을 옮긴 코에 넣는다.

2 오른바늘로 옮긴 코를 뜬 코에 덮어씌우고 오른바늘에서 뺀다.

왼쪽으로 기울어지는 1코 코줄임 2(오른코 겹치기) SSK ⟨image⟩

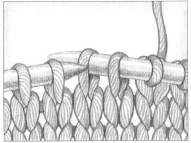

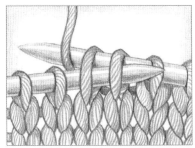

이 코줄임은 겉뜨기 면에서는 코줄임이 왼쪽으로 기울어집니다. 2코를 한꺼번에 뜨는 오른코 겹치기입니다. 약칭은 SSK로, S(slip 1=걸러뜨기 1), S(slip 1=걸러뜨기 1), K(knit 2 together=2코를 한꺼번에 겉뜨기)라고 씁니다.

1 다음에 뜰 2코에 1코씩 겉뜨기하듯이 오른바늘을 넣어서 뜨개코 방향을 바꾸고 그대로 오른바늘로 옮긴다.

2 그림처럼 왼바늘이 앞에 오도록 오른바늘에 걸린 2코에 왼바늘을 넣고 그대로 2코를 한꺼번에 겉뜨기한다.

왼쪽으로 기울어지는 1코 코줄임 3(안뜨기 오른코 겹치기) SSP

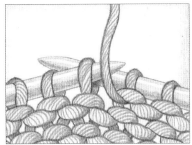

이 코줄임은 안뜨기 면에서 하면 겉뜨기 면에서 코줄임이 왼쪽으로 기울어집니다.

1 다음에 뜰 2코에 1코씩 겉뜨기하듯이 오른바늘을 넣어서 그대로 오른바늘로 옮기고, 코의 바늘에 걸린 방향이 바뀐 상태에서 2코를 왼바늘로 다시 되돌려 놓는다(그림은 1번째 코를 왼바늘에 되돌려 놓는 모습).

2 꼬아서 안뜨기를 하듯이 고리의 뒤쪽에서 2코에 오른바늘을 넣고 2코를 한꺼번에 안뜨기한다.

겉뜨기/안뜨기하듯이 바늘을 넣어 코를 옮긴다 **59**

겉뜨기하듯이 **170**

고리의 앞/뒤쪽 **50**

오른쪽으로 기울어지는 1코 코줄임 1(왼코 겹치기)

이 코줄임은 겉뜨기 면에서 코줄임이 오른쪽으로 기울어집니다.

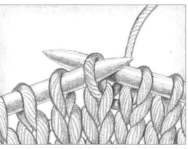

1 1번째 코를 겉뜨기하고 2번째 코에 겉뜨기하듯이 오른바늘을 넣어서 옮긴다. 옮긴 2번째 코를 꼬아진 상태에서 왼바늘로 되돌려 놓고, 1번째 코는 그대로 왼바늘로 되돌려 놓는다(그림은 1번째 코를 되돌리는 모습).

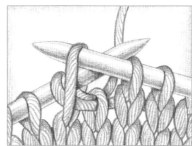

2 그림처럼 2번째 코를 1번째 코에 덮어씌우고 왼바늘에서 뺀다. 남은 1번째 코에는 안뜨기하듯이 오른바늘을 넣어서 옮긴다.

오른쪽으로 기울어지는 1코 코줄임 2(안뜨기 왼코 겹치기)

이 코줄임은 안뜨기 면에서 하면 겉뜨기 면에서 코줄임이 오른쪽으로 기울어집니다.

1 1번째 코에 안뜨기하듯이 오른바늘을 넣어서 옮기고 2번째 코는 그림처럼 안뜨기한다.

2 왼바늘을 사용하여, 옮긴 1번째 코를 안뜨기한 2번째 코에 덮어씌우고 오른바늘에서 뺀다.

왼쪽으로 기울어지는 2코 코줄임: 오른코 3코 모아뜨기

이 기법으로는 2코가 줄어들고, 겉뜨기 면에서는 3코 중 오른쪽 끝 코가 가장 앞으로 오기 때문에 코줄임을 한 코가 왼쪽으로 기울어집니다.

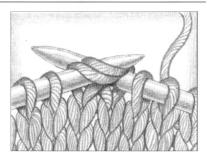

1 1번째 코에 겉뜨기하듯이 오른바늘을 넣어서 옮기고, 2번째 코와 3번째 코를 그림처럼 한꺼번에 겉뜨기하여 1코 줄인다.

2 오른바늘 끝에서 2번째 코(처음에 옮긴 1번째 코)를 겉뜨기한 코에 덮어씌워서 다시 1코 줄인다.

왼쪽으로 기울어지는 2코 코줄임(안뜨기 오른코 3코 모아뜨기)

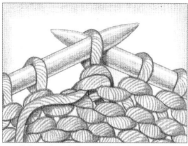

이 기법을 안뜨기 면에서 하면 2코가 줄어들고, 코줄임을 한 코는 겉면에서 왼쪽으로 기울어집니다.

1 1번째 코와 2번째 코를 한꺼번에 안뜨기하고, 뜬 코를 그림처럼 왼바늘에 되돌려 놓는다.

2 되돌려 놓은 코에 왼쪽 옆 코(3번째 코)를 덮어씌우고 왼바늘에서 뺀다. 남은 코를 오른바늘로 되돌려 놓는다.

오른쪽으로 기울어지는 2코 코줄임(왼코 3코 모아뜨기)

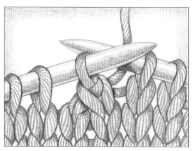

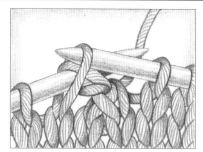

이 기법으로는 2코가 줄어들고, 코줄임을 한 코는 오른쪽으로 기울어집니다.

1 1번째 코에 겉뜨기하듯이 오른바늘을 넣어서 옮기고, 다음 코를 겉뜨기한다. 옮긴 코를 겉뜨기한 코에 덮어씌운다(SKP=오른코 겹쳐기). 남은 코를 왼바늘에 되돌려 놓는다. 그림은 왼바늘에 되돌려 놓은 모습.

2 왼바늘 끝에서 2번째 코를 코줄임한 코에 덮어씌우고 바늘에서 뺀다. 남은 코를 오른바늘에 되돌려 놓는다.

오른쪽으로 기울어지는 2코 코줄임(안뜨기 왼코 3코 모아뜨기)

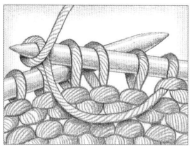

이 기법을 안뜨기 면에서 하면 2코가 줄어들고, 코줄임을 한 코는 겉면에서 오른쪽으로 기울어집니다.

1 1번째 코에 안뜨기하듯이 오른바늘을 넣어서 옮기고, 그림처럼 다음 2코를 한꺼번에 안뜨기한다.

2 옮긴 1번째 코를 코줄임한 코에 덮어씌우고 오른바늘에서 뺀다.

가운데 코가 서는 2코 코줄임(중심 3코 모아뜨기) 人

이 기법으로는 2코가 줄어들고, 한가운데 수직으로 코가 만들어집니다.

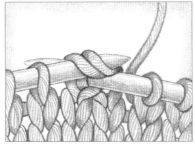

1 1번째 코와 2번째 코에 한꺼번에 겉뜨기하듯이 오른바늘을 넣어서 옮긴다.

2 3번째 코를 겉뜨기한다. 왼바늘 끝으로 그림처럼 오른바늘에 옮긴 2코를 합쳐서 겉뜨기한 코에 덮어씌운다.

가운데 코가 서는 2코 코줄임(안뜨기 중심 3코 모아뜨기) 人

1 다음 2코에 1코씩 겉뜨기하듯이 오른바늘을 넣어서 옮긴다. 2코는 방향이 바뀌어서 꼬아진 상태가 된다.

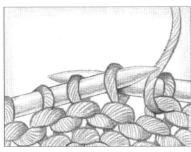

2 2코를 그대로 꼬아진 상태에서 왼바늘로 되돌려 놓는다.

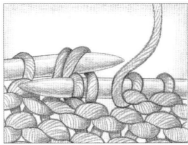

3 오른바늘을 2코의 뒤쪽에서 2번째 코, 1번째 코 순서로 넣어 오른바늘로 옮긴다.

4 다음 코를 안뜨기하고, 오른바늘에 옮긴 2코를 그림처럼 안뜨기한 코에 덮어씌우고 바늘에서 뺀다.

TECHNIQUE

안뜨기/겉뜨기하듯이 코 옮기기

'뜨개코를 거른다(옮긴다)'는 것은 **코를 뜨지 않고 한쪽 바늘에서 다른 쪽 바늘로 옮기는 것**을 가리키며, 코줄임할 때나 배색뜨기, 무늬뜨기에서 사용할 때가 있습니다.
안뜨기하듯이purlwise 오른바늘 끝을 넣으면 코의 방향은 바뀌지 않고, **겉뜨기하듯이** knitwese 오른바늘 끝을 넣으면 코가 꼬아집니다. 이것은 뜨고 있는 코가 겉뜨기일 때도, 안뜨기일 때도 공통입니다. 뜨개코를 거를 때, 보통은 특별히 지시가 없는 한 안뜨기하듯이 오른바늘을 넣지만, 코줄임을 할 때는 겉뜨기는 '겉뜨기하듯이', 안뜨기는 '안뜨기하듯이' 바늘을 넣습니다.

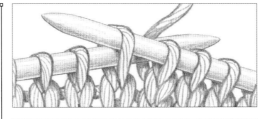

안뜨기하듯이 오른바늘을 뜨개코에 넣는다

겉뜨기하듯이 오른바늘을 뜨개코에 넣는다

오른쪽으로 기울어지는 여러 코 코줄임

이 기법은 왼코 5코 모아뜨기K5TOG를 대신하는 방법으로 4코 이상을 줄일 때 사용할 수 있습니다.

1 1번째 코를 겉뜨기하고 왼바늘로 되돌려 놓는다.

2 다음 4코(또는 줄일 콧수)를 1코씩 먼저 뜬 코에 덮어씌운다. 그림은 마지막 코를 덮어씌우는 모습.

3 코를 다 줄였으면, 남은 코를 오른바늘에 되돌려 놓는다.

왼쪽으로 기울어지는 여러 코 코줄임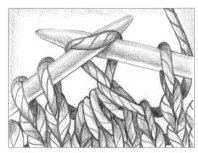

이 기법은 오른코 5코 모아뜨기K5TOG TBL 대신으로 사용할 때가 많고, 4코 이상을 줄일 때 사용할 수 있습니다.

1 왼바늘의 코에 오른바늘을 넣어서 5코를 오른바늘로 옮긴다.

2 오른바늘의 끝에서 2번째 코를 1번째 코에 덮어씌운다. 이 작업을 4번 반복한다. 그림은 3번째로 덮어씌우고 있는 모습.

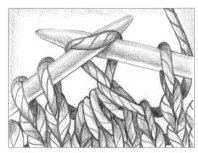

3 남은 코를 왼바늘로 되돌려 놓고 겉뜨기한다.

가운데 코 기준 여러 코 코줄임

1 왼바늘에서 3코를 오른바늘로 옮기고, *오른바늘 끝에서 2번째 코를 왼쪽 끝 코에 덮어씌운다.

2 오른바늘 끝에 남은 코를 왼바늘로 되돌려 놓고, 왼바늘 끝에서 2번째 코를 되돌린 코에 덮어씌워서 오른바늘로 옮긴다**.

3 1의 *에서 2의 **까지를 반복하고, 남은 코를 겉뜨기한다.

코막음 Binding off

코막음binding off을 하여, 다 뜬 코가 풀리지 않도록 연결합니다. 코막음한 가장자리는 다른 편물을 이을 수도 있고 코막음한 상태 그대로 사용할 수도 있습니다. 코막음은 너무 느슨하거나 빡빡하지 않고 내구성이 있으면서도 **신축성 있게** 해야 하지만, 일반적으로 코막음은 빡빡해지기 쉬운 경향이 있습니다.

이를 막으려면 코막음할 때 조금 굵은 바늘을 사용하는 게 좋습니다. 특별한 지시가 없는 한은 **무늬뜨기**의 뜨개코대로

떠서 코막음합니다.

코막음은 편물의 마무리뿐만 아니라 진동둘레, 목둘레, 어깨의 코줄임 등에도 사용합니다. 단춧구멍의 1단이나 입체적인 무늬뜨기의 일부로도 사용할 수 있습니다.

기본적인 코막음은 다양한 용도로 사용하지만 **1코 고무뜨기 코막음**처럼 고무뜨기를 고무뜨기 상태로 마무리하는 등 특별한 기능이 있는 기법도 있습니다. 또 장식성 있는 가장자리뜨기로 이용하는

것도 있습니다. 뜨개바늘을 2개 이상 사용하는 코막음 방법도 있고, 뜨개바늘 1개와 코바늘이나 돗바늘을 함께 사용하는 코막음 방법도 있습니다.

1단의 코를 모두 코막음할 때는 마지막 코에 실을 통과시키고 **조여서 마무리**합니다.

겉뜨기 덮어씌워 코막음

이 방법은 가장 일반적이고 기억하기 쉬운 코막음 방법입니다. 뜨개 끝이 튼튼하고 깔끔하게 정리됩니다.

1 2코를 겉뜨기하고, *왼바늘을 1번째 코에 그림처럼 넣는다.

2 1번째 코를 2번째 코에 덮어씌우고 오른바늘에서 뺀다.**

3 그림처럼 오른바늘에는 1코 남는다. 다음 코를 겉뜨기하고 *~**를 반복한다. 같은 방법으로 필요한 콧수만큼 코막음한다.

안뜨기 덮어씌워 코막음

이 기법은 안뜨기 편물에 사용하며, 뜨개 끝이 튼튼하게 정리됩니다.

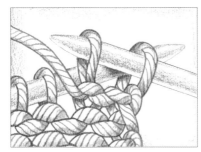

1 2코를 안뜨기하고, 그림처럼 *왼바늘을 오른바늘 뒤쪽에서 1번째 코의 고리 뒤쪽에 넣는다.

2 1번째 코를 2번째 코에 덮어씌우고 오른바늘에서 뺀다.**

3 그림처럼 오른바늘에는 1코 남는다. 다음 코를 안뜨기하고 *~**를 반복한다. 같은 방법으로 필요한 콧수만큼 코막음한다.

고리의 앞/뒤쪽 **50**

목선 만들기 **221~222**

고무뜨기 **46~47, 214~215**

어깨 경사 만들기 **220**

끝선 **242~243**

진동 만들기 **218~219**

단춧구멍 **251~254**

서스펜디드 코막음 SUSPENDED BIND OFF

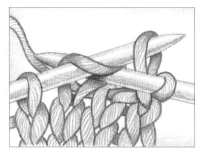

이 기법은 겉뜨기 덮어씌워 코막음과 비슷하지만, 여유분을 조금 확보하며 코막음을 할 수 있기 때문에 코막음이 빡빡해지기 쉬운 사람에게 추천합니다.

1 2코를 겉뜨기하고, *처음에 뜬 코를 2번째 코의 위에 덮어씌우는데 덮어씌운 뒤에도 왼바늘에서 빼지 않는다.

2 그 상태 그대로 오른바늘 끝을 앞쪽에서 왼바늘의 다음 코에 넣어 겉뜨기한다.

3 두 코 모두 왼바늘에서 빼면** 오른바늘에는 2코 남고 1코를 코막음한 것이 된다. *~**를 반복한다.

코줄임 코막음

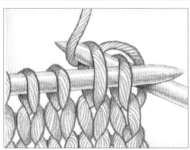

오른코 겹치기를 반복하여 코막음합니다. 이 방법은 장식성이 있어서, 주머니나 끝단 장식처럼 눈에 띄게 하고 싶을 때 적당합니다.

1 *그림처럼 겉뜨기 2코의 고리 뒤쪽에 오른바늘을 넣어서 2코를 함께 겉뜨기로 뜬다. 오른바늘에는 1코 남는다.

2 오른바늘의 1코의 꼬아진 상태를 바로잡으며 왼바늘에 되돌려 놓는다**. *~**를 반복하여 필요한 콧수만큼 코막음한다.

2코에 1코 덮어씌워 코막음 ONE-OVER-TWO BIND OFF

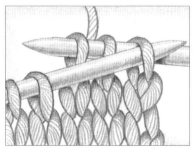
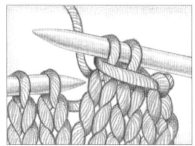
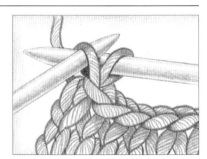

이 기법은 가장자리의 코를 가까이 모아주는 효과가 있습니다. 전체 교차무늬나 비침무늬 무늬뜨기처럼 넓어지기 쉬운 편물에 사용합니다.

1 3코를 뜨고, *왼바늘을 오른바늘의 첫 코에 넣는다.

2 이 코를 왼쪽의 2코에 덮어씌우고 오른바늘에서도 뺀다**.

3 다음 1코를 뜨고 *~**를 반복한다. 모든 코를 코막음할 때, 마지막 2코는 기본적인 겉뜨기 덮어씌워 코막음으로 막는다.

빼뜨기 코막음

이 기법은 가장자리에 신축성을 주기 때문에 면이나 실크 등 탄력성이 부족한 실에 적당합니다.

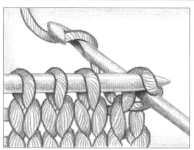

1 뜨개바늘과 비슷한 정도의 두께인 코바늘을 사용한다. 실은 왼손에 쥐고, 코바늘 끝을 왼바늘의 1번째 코에 겉뜨기하듯이 넣는다. 실을 걸어서 끌어내고 원래 코는 왼바늘에서 뺀다.

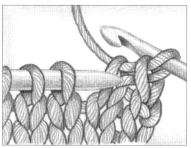

2 *다음 코에도 마찬가지로 코바늘을 넣어서 실을 걸고, 코바늘에 걸린 고리 2개에 통과시키듯이 끌어낸다**. 코바늘에는 고리가 1개 남는다. *~**를 반복하여 필요한 콧수만큼 코막음한다.

짧은뜨기 코막음

장식성 있는 코막음이기 때문에 편물 가장자리를 그대로 사용할 때 이용한다.

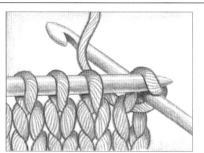

1 실은 왼손에 쥐고, 코바늘 끝을 왼바늘의 1번째 코에 겉뜨기하듯이 넣어 겉뜨기하듯이 실을 걸어서 끌어내고 1번째 코를 왼바늘에서 뺀다.

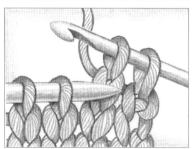

2 *다음 코에도 마찬가지로 코바늘을 넣어서 실을 걸어서 끌어낸다. 코바늘에는 고리가 2개 남는다.

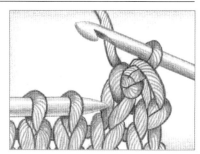

3 다시 코바늘에 실을 걸어서, 코바늘에 걸린 고리 2개에 통과시키듯이 끌어낸다**. *~**를 반복하여 필요한 콧수만큼 코막음한다.

TIP

코막음 실력 향상시키기

· 고무뜨기 같은 무늬뜨기일 때는 특별히 지시가 없는 한 무늬대로 떠서 코막음합니다. 1코 고무뜨기라면 겉뜨기는 겉뜨기, 안뜨기는 안뜨기로 뜨면서 덮어씌워 코막음합니다.

· 교차무늬를 코막음할 때는 되도록 교차한 다음 단에서 코막음하면 편물이 넓어지는 것을 막을 수 있습니다.

· 뜨개 끝을 지나치게 빡빡하게 코막음하면, 입다가 끊어질 수 있습니다. 코막음을 빡빡하게 하는 경향이 있다면 코막음 단만 바늘 호수를 2~3호 굵은 걸로 합니다. 신축성이 있는 것을 확인하며 코막음하면 다시 할 필요도 없어집니다.

· 목둘레의 코막음은 머리가 통과할 정도의 여유분을 확보해두는 것이 중요합니다.

· 코막음이 끝나면 실꼬리를 넉넉히 남겨서 잇기나 꿰매기에 사용합니다.

피코 코막음

이 기법은 블랭킷이나 아기용품에 적당합니다. 편물 가장자리를 잇거나 꿰매지 않고 장식성을 가미해서 그대로 사용합니다.

1 겉뜨기 덮어씌워 코막음으로 처음 2코(또는 피코 2개 사이에 들어가는 콧수)를 막고, *편물을 돌려서 케이블 코잡기 방법으로 2코 만든다.

2 편물을 돌려서, 오른바늘 끝에서 2번째 코를 왼쪽 끝 코에, 다시 오른쪽 코를 왼쪽 끝 코에 순서대로 덮어씌우고 오른바늘에 1코 남긴다(이걸로 피코가 생긴다).

3 겉뜨기 덮어씌워 코막음으로 2코(또는 피코의 간격분)를 막는다**. *~**를 반복하여 필요한 콧수만큼 코막음한다.

경사진 코막음

이 기법은 어깨 처짐이나 목둘레 코줄임에 가장 적합합니다. 일반적으로 덮어씌워 코막음을 계속하면 가장자리가 계단 모양이 되지만, 그것을 방지하여 매끄럽게 마무리됩니다.

1 *덮어씌워 코막음 단의 1단 앞 단에서 마지막 1코를 남겨서 그 코는 뜨지 않고 편물을 돌린다.

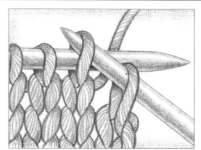

2 실을 뒤쪽에 둔 상태에서 그림처럼 오른바늘을 왼바늘 코에 안뜨기하듯이 넣어서 코를 옮긴다

3 앞단의 뜨지 않은 코를 옮긴 코에 덮어씌운다. ** 이걸로 첫 코를 코막음한 것이 된다. 이어서 그 단에서 덮어씌울 콧수만큼 덮어씌우고, 단의 마지막까지 뜬다. *~ **를 반복한다.

바늘비우기 코막음

이 기법은 신축성을 유지하면서 코막음하기 때문에 목둘레나 비침무늬에도 사용할 수 있습니다.

1 겉뜨기로 2코 뜨고, 1번째 코를 2번째 코에 덮어씌우고 뜨개바늘에서 뺀다. *오른바늘에 실을 건다.

2 바늘비우기 코에 오른바늘의 코를 덮어씌운다.

3 다음 코를 뜨고 오른바늘의 오른쪽 끝 코를 덮어씌워서 막는다**. 모든 코를 다 코막음할 때까지 *~**를 반복한다.

1코 고무뜨기 코막음

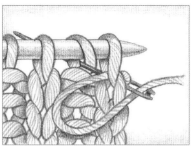

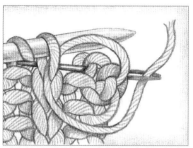

이 기법은 1코 고무뜨기에 어울리는 코막음법이며 목둘레 등에 가장 적합합니다. 오른바늘 대신 돗바늘을 사용합니다.

1 편물 너비의 약 3배 길이만큼 실꼬리를 남기고 실을 자른다. 돗바늘에 실을 꿰어 첫 코(겉뜨기)에 안뜨기하듯이 돗바늘을 통과시킨다. 이어서 겉뜨기 뒤쪽에서 다음 안뜨기에 겉뜨기하듯이 돗바늘을 통과시킨다.

2 *돗바늘 끝을 첫 겉뜨기에 겉뜨기하듯이 넣고 뜨개바늘에서 뺀다. 그림처럼 돗바늘을 다음 겉뜨기에 안뜨기하듯이 넣어서 실을 당긴다.

3 돗바늘 끝을 첫 안뜨기에 안뜨기하듯이 넣고 뜨개바늘에서 뺀다. 돗바늘을 다음 겉뜨기의 뒤에서 통과시키고 그 다음 안뜨기에 겉뜨기하듯이 넣어서 실을 당긴다**. 모든 코를 막을 때까지 *~**를 반복한다.

2코 고무뜨기 코막음

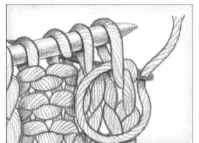

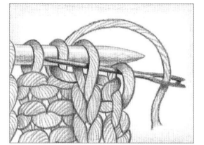

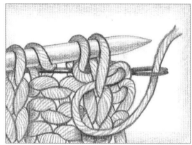

이 기법은 2코 고무뜨기를 코막음할 때 사용합니다. 오른바늘 대신 돗바늘을 사용합니다.

1 편물 너비의 약 3배 길이만큼 실꼬리를 남기고 실을 자른다. 돗바늘에 실을 꿰어 첫 코에 안뜨기하듯이 돗바늘을 통과시킨다. 이어서 겉뜨기 2코의 뒤쪽에서 3번째 안뜨기에 겉뜨기하듯이 돗바늘을 통과시킨다.

2 *돗바늘 끝을 첫 겉뜨기에 겉뜨기하듯이 넣고 뜨개바늘에서 뺀다. 그림처럼 돗바늘을 2번째 겉뜨기에 안뜨기하듯이 통과시키고 실을 당긴다.

3 돗바늘을 2번째 겉뜨기의 뒤로 돌려서 그림처럼 3번째 안뜨기에는 안뜨기하듯이, 4번째 안뜨기에는 겉뜨기하듯이 돗바늘을 통과시키고 실을 당긴다.

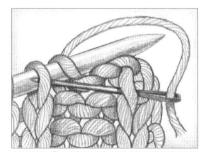

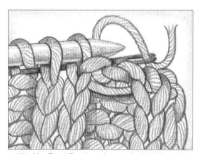

4 돗바늘을 2번째 겉뜨기에 겉뜨기하듯이 통과시키고 뜨개바늘에서 뺀다. 5번째 코(다음 1번째 겉뜨기)에 안뜨기하듯이 돗바늘을 넣고 3번째 안뜨기도 뜨개바늘에서 뺀 뒤에 실을 당긴다.

5 그림처럼 돗바늘을 4번째 안뜨기에 안뜨기하듯이 통과시키고 실을 당긴 뒤에 안뜨기를 뜨개바늘에서 뺀다.

6 돗바늘을 다음 겉뜨기 2코의 뒤에서 그림처럼 그 다음 안뜨기에 겉뜨기하듯이 통과시키고 실을 당긴다**. 모든 코를 막을 때까지 *~**를 반복한다.

2단 코막음

2단 코막음은 코막음한 단에 작은 구멍들이 생기는 코막음입니다. 블랭킷 가장자리에 술을 달 때 사용하거나 1코 고무뜨기 코막음으로도 사용할 수 있습니다.

1 *<겉뜨기 1, 안뜨기 1>을 뜨고 그림처럼 겉뜨기를 안뜨기에 덮어씌운다**. 단의 마지막까지 *~**를 반복하며 안뜨기만 오른바늘에 남긴다.

2 실을 자르고 편물을 돌린다. 처음 2코를 안뜨기하듯이 오른바늘로 옮긴다.

3 1번째 코를 2번째 코(오른바늘의 왼쪽 끝 코)에 덮어씌운다. 이렇게 다음 코를 오른바늘에 옮겨서 전의 코를 덮어씌우는 과정을 반복하고, 마지막에 남은 코는 꿰매서 코막음한다.

편물 2장을 한꺼번에 코막음하기THREE-NEEDLE BIND OFF

이 코막음 기법은 어깨선 잇기처럼 같은 콧수의 편물 가장자리끼리 이으면서 코막음할 때 사용합니다.

1 편물 2장을 겉끼리 맞대고, 바늘 2개가 평행이 되도록 왼손에 쥐고 3번째 바늘을 오른손에 쥔다. 겹친 편물 2장의 1번째 코에 겉뜨기하듯이 바늘을 넣고 실을 건다.

2 이 2코를 한꺼번에 겉뜨기한다. *그림처럼 다음 2코도 같은 방법으로 2코를 한꺼번에 뜬다.

3 3번째 바늘의 1번째 코를 2번째 코에 덮어씌운다**. 모든 코를 다 코막음할 때까지 *~**를 반복한다.

TECHNIQUE

마지막 코 단정하게 정리하기

모든 코의 코막음이 끝나면, 오른바늘에 **마지막 코가 1코** 남습니다. 이 코도 막아서 뜨개코가 풀리지 않도록 해야 하는데, **마지막 코에 실꼬리를 통과시켜서 코막음하면** 이 코가 느슨해지기 쉽습니다. 그렇게 되지 않도록 마지막 코를 느슨하지 않게 코막음하려면 먼저 왼바늘에 1코 남을 때까지 코막음합니다. 왼바늘의 마지막 코를 오른바늘에 옮깁니다. 오른바늘에 2코 걸린 상태에서, 옮긴 코의 앞단 코 왼쪽에 왼바늘 끝을 넣고 옮긴 코를 왼바늘로 되돌려 놓습니다. 앞단의 코와 되돌려 놓은 코를 한꺼번에 겉뜨기한 다음 오른바늘의 오른쪽 코를 덮어씌우고, 남은 코에 실 끝을 통과시켜서 막습니다.

겉뜨기하듯이 **170**

안뜨기하듯이 바늘을 넣어 코를 옮긴다 **59**

고무뜨기 **46~47, 214~215**

3

교차뜨기
Cables

3 교차뜨기

67

교차뜨기(Cable)의 소개

교차뜨기는 **뜨개코를 교차시켜서** 순서를 바꿔 떠서 만드는 입체적인 뜨개무늬를 가리킵니다. 일반적으로 교차무늬는 안메리야스뜨기나 멍석뜨기처럼 겉뜨기 코와는 대조적인 무늬를 바탕으로 하여 뜹니다. 가장 작은 교차뜨기는 **'트위스티드 스티치'**twisted stitches라고 하며 2코를 교차시켜서 뜨지만, 4코, 6코, 10코 교차뜨기가 일반적입니다.

교차뜨기는 **'크로스'**cross라고도 하며 **꽈배기바늘**cable needle을 사용하여 뜹니다. 이 바늘은 보통 뜨개바늘보다 짧고 양 끝이 뾰족하거나 낚시바늘 같은 모양입니다. 굵기는 뜨개바늘과 같거나 조금 가는 것을 사용합니다. 교차하는 코를 끼워서 편물의 앞이나 뒤쪽에 둡니다

(P.19 '도구' 참조).

교차하는 코를 꽈배기바늘에 옮기고, 필요한 콧수를 뜬 다음에 꽈배기바늘에 옮긴 코를 뜹니다. 꽈배기바늘의 코를 편물 **앞쪽**에 두고 뜨면 **'왼쪽으로 기울어진 교차뜨기'**(=오른코 위 교차뜨기), 꽈배기바늘을 **뒤쪽**에 두고 뜨면 **'오른쪽으로 기울어진 교차뜨기'**(=왼코 위 교차뜨기)가

됩니다. 꽈배기바늘에 옮긴 코는 다시 왼바늘로 되돌려 놓고 뜰 수도 있고 꽈배기바늘에서 직접 뜰 수도 있습니다. 꽈배기바늘을 사용하지 않고 교차뜨기를 뜨는 것도 가능합니다(P.78 참조).

전통적인 교차뜨기 TRADITIONAL CABLE KNITTING

전통 니트 중에는 교차무늬가 포함된 것이 몇 가지 있습니다. 그중에는 질감이 특징적인 영국이나 네덜란드의 건지, 정교한 교차뜨기를 구사한 아란무늬의 피셔맨 스웨터나 바이에른 지방의 교차뜨기 등이 있습니다.

건지 GUERNSEYS
어부의 건지 스웨터는 북대서양이나 북해, 영국해협 연안의 항구마을에서 널리 떴고, 주로 짙은 남색이나 회색의 매끈한 소모사로 쫀쫀하게 떴습니다. 스코틀랜드의 항구나 네덜란드에서 뜬 건지 스웨터는 특히 교차무늬와 섬세한 바탕무늬 등 질감이 풍성한 편물이 많습니다.
가장 오래된 건지 스웨터는 19세기 중반의 작품으로 확인되었습니다. 이 스웨터

는 밑단에서부터 위쪽 방향으로 원통으로 떠나가다가 진동둘레에서 몸판을 앞뒤로 나눠서 각각 뜬 뒤에 어깨를 잇고(직사각형 편물을 어깨 부분에 덧붙일 때도 있다), 어깨에서 손목을 향해 소매를 뜨는 방식으로 만들어졌습니다. 진동 부분에 거싯을 만들어 입기 편하도록 한 것이 특징입니다. 어부의 아내들은 스웨터 이외에 속옷이나 양말도 떴습니다.
19세기 중반에 여성들은 남편들이 고기잡이를 나가 있는 동안의 수입원으로 상업용 스웨터도 만들었습니다.

아란 ARAN KNITTING
아란무늬는 아일랜드의 골웨이만에 떠 있는 이니시모어, 이니시만, 이니시어 세 섬으로 이뤄진 아란 제도에서 생겨난 뜨

개법입니다.
아란 스웨터에 사용된 교차무늬에는 특별한 의미의 구전이 몇 가지 있습니다. 그중 현실성 있는 설에 따르면 그 무늬는 건지 스웨터에서 파생되었다고 합니다. 그 외에 바이에른 지방에서 미국으로 건너간 이민자들이 아일랜드 이민자에게 기술을 전했고, 사람들이 그 기술을 아일랜드로 가지고 돌아갔다는 설도 있습니다. 미색의 실, 다양한 교차무늬, 질감이 있는 편물, 방울이 포함된 우리에게 익숙한 전형적인 아란 스웨터는 20세기에 시작되었으며, 가장 오래된 아란 스웨터는 1930년대 작품으로 확인됐습니다. 이러한 스웨터는 밑단에서부터 평면뜨기로 뜨고, 어깨는 새들 숄더이며 소매는 어깨에서 손목을 향해서 뜨는 형태입니

다. 아란 스웨터는 제2차 세계대전 후 영국에서 인기를 얻었고 현재도 그 인기는 여전합니다.

바이에른 BAVARIAN
오스트리아나 독일 알프스 지방에서 꼬아뜨기 등을 풍성하게 집어 넣은 편물은 바바리안이나 티롤리안이라는 이름으로 알려졌고, 18세기부터 19세기의 양말에 많이 이용되었습니다. 스웨터는 20세기에 들어와서 뜨기 시작했습니다. 교차무늬 기법은 아란무늬와 비슷한 것을 보아, 바이에른 지방의 스웨터가 아란의 피셔맨 스웨터의 전신이었다는 사실을 짐작할 수 있습니다.

교차무늬에 사용하는 바늘과 실 선택법 CHOOSING YARNS AND NEEDLES FOR CABLE KNITTING

꼬임이 강한 실은 교차무늬의 질감을 최대한으로 끌어내줍니다. 모헤어나 모헤어 혼방처럼 부드럽고 광택 있는 실일 때는 큼직한 교차무늬를 느슨하게 뜨면 무늬가 돋보입니다. 실의 굵기에 관계없이 레이스lace부터 청키chunky까지 모두 교차무늬를 뜰 수 있지만, 교차무늬를 넣

은 옷이나 소품류, 인테리어용품은 '핑거링fingering'부터 '아란aran' 두께를 사용하는 것이 일반적입니다. 단색, 멜란지, 세미솔리드 실을 사용하면 교차무늬의 아름다움이 두드러집니다.
그러데이션 실은 특히 가는 교차무늬를 뜨면 무늬가 실에 묻혀 버리므로 미리 시

험뜨기를 해보는 것을 추천합니다. 그리고 어두운 색으로 교차무늬를 뜨면 무늬가 드러나지 않으므로 주의해야 합니다. 교차무늬는 막대바늘이나 줄바늘 어느 것으로도 뜰 수 있습니다. 재질은 너무 매끌매끌하지 않은 나무나 대나무를 선호하는 사람도 있고 매끄러운 금속을 선

호하는 사람도 있습니다. 바이에른 지방의 편물처럼 복잡한 꼬아뜨기를 동반하는 교차무늬일 때는 끝이 뾰족한 레이스뜨기용 바늘을 사용하면 다루기 더 쉽습니다.

교차무늬의 종류

교차무늬는 **밧줄ropes, 땋은 머리braids, 파도waves** 모양의 무늬들로 조합할 수 있습니다. 무늬를 세로 열로 구성하거나 전체 무늬로 이용할 수도 있습니다.

일반적으로는 안메리야스뜨기를 배경으로 한 교차무늬가 많지만, 세로로 배열된 밧줄 모양, 땋은 머리 모양의 교차뜨기는 멍석뜨기, 가터뜨기, 고무뜨기, 바독판무늬 등을 배경으로 뜨기도 합니다. 작은 교차무늬와 안뜨기 코의 교대로 이루어진 무늬는 고무뜨기처럼 사용되기도 합니다. 겉뜨기 교차무늬는 메리야스뜨기를 배경으로 하면 별로 두드러지지 않지만, 일부러 눈에 잘 띄지 않게 하고 싶을 때는 유용합니다.

교차무늬는 너비, 교차와 다음 교차까지의 단수, 교차 방향(오른쪽 또는 왼쪽)에 따라 달라집니다. 전통적인 교차무늬는 편물 겉면에서 같은 콧수를 교차시키지만 다른 콧수로 교차무늬를 구성할 수도 있습니다. 교차무늬나 꼬아뜨기를 사용하여 편물 전체에 비스듬한 무늬를 만드는 것도 가능합니다. 교차무늬는 뜨개코를 교차시키기 때문에 같은 콧수를 메리야스뜨기 등으로 떴을 때와 비교하면 뜨개코끼리 끌어당겨서 편물 너비가 줄어듭니다.

교차무늬는 어떤 옷에도 넣을 수 있고, 가로 방향으로 배치하거나 패널처럼 부분적으로 배치할 수도 있습니다. 또한 옷 이외에 담요나 쿠션 등에도 사용합니다.

교차무늬 기호의 이해

무늬를 글로 적는 대신에 뜨개 도안에서 뜨개코 기호를 사용하여 그리면 손뜨개가 세계 공통의 언어(아직 외국어라고 느끼는 사람도 있겠지만)가 됩니다. 만일 외국어라고 느껴진다면 자신이 이해할 수 있는 '언어'로 번역해야 합니다. 교차무늬의 기호는 간결해서 시각적으로 무늬를 읽어낼 수 있습니다. 읽는 법을 기억해두면 해설을 보지 않아도 알 수 있습니다.

단지 뜨개코 기호는 표준화되어 있지 않으므로 주의해야 합니다. 이 책에서 사용하는 교차무늬 기호는 보그 니팅 매거진에서 오랫동안 사용하면서 정리한 것입니다. 교차무늬의 이름도 서로 다른 경우가 있습니다. 예를 들어 오른코 위 2코 교차뜨기는 '4-st Left Cable(or Cross)' 또는 '4-st Front Cable(or Cross)'이라고도 부릅니다. 교차무늬 기호를 읽기 위해서는 교차무늬의 구성 요소를 이해해둡시다. 어떤 때라도 **'오른쪽으로 기울어진 교차뜨기(왼코 위 교차뜨기)'** 에서는 꽈배기바늘에 옮긴 코를 편물 **'뒤쪽'** 에, **'왼쪽으로 기울어진 교차뜨기(오른코 위 교차뜨기)'** 에서는 꽈배기바늘에 옮긴 코를 편물 **'앞쪽'** 에 두고 교차시킵니다.

그것을 근거로 교차뜨기 기호를 보면, 오른코 위 교차뜨기인지 왼코 위 교차뜨기인지 한눈에 알 수 있습니다. 기호는 사선의 위아래가 교차 방향을 나타내고 '/'는 겉뜨기, '〈'는 안뜨기로 뜨는 것을 나타냅니다. 교차무늬 기호가 확실하지 않을 때는 기호에 첨부되어 있는 범례나 기호 해설을 참조합니다.

TECHNIQUE

교차무늬 기호 적는 법

▢▢▢
1칸=1코, 1단

사선은 교차 방향을 표시한다. 이 경우는 왼쪽으로 기울어진다(오른코 위=오른쪽의 코가 위)→꽈배기 바늘에 옮긴 뜨개코를 앞쪽에 둔다.

왼쪽 아래의 선 2줄은 꽈배기바늘에 옮기는 콧수와 그 뜨는 법을 나타낸다. 이 경우는 꽈배기바늘에 2코를 옮겨서 편물 앞쪽에 둔다.

오른쪽 위의 선 2줄은 꽈배기바늘에 코를 옮긴 뒤에 뜨는 콧수와 그 뜨는 법을 나타낸다. 이 경우는 왼바늘에서 겉뜨기로 2코 뜬다.

그 다음은 꽈배기바늘에 옮긴 코를 뜬다. 이 경우에는 꽈배기바늘에서 겉뜨기로 2코 뜬다. 오른코 위 2코 교차뜨기4-St Left Cable 완성.

위의 기호는 중심의 사선이 오른쪽으로 기울어졌으므로 꽈배기바늘에 옮긴 코는 뒤쪽에 둔다. 왼쪽 위의 선 2줄이 꽈배기바늘에 옮기는 콧수를 나타낸다. 이 경우는 2코를 옮겨서 뒤쪽에 두고, 다음에는 왼바늘의 2코를 겉뜨기한다(오른쪽 아래의 선 2줄). 마지막으로 꽈배기바늘의 2코를 겉뜨기한다. 왼코 위 2코 교차뜨기4-St Right Cable 완성.

4코 교차뜨기

오른코 위 2코 교차뜨기4-st Left Cable는 꽈배기바늘을 앞에 둔다.

왼코 위 2코 교차뜨기4-st Right Cable는 꽈배기바늘을 뒤에 둔다.

교차무늬 도안 읽기(평면뜨기일 때)

무늬 뜨는 법은 글로 설명할 때와 뜨개 도안(차트)으로 나타낼 때가 있습니다. 도안밖에 없는데 도안을 보고 떠본 적이 없다고 지레 겁먹어서 마음에 드는 디자인을 뜨지 않고 포기하는 경우도 생깁니다. 하지만 도안 읽는 법은 실제로 해보면 그다지 어렵지 않습니다. 여기서는 간단한 교차무늬를 세분해서 도안 읽는 법을 해설합니다.

도안의 1칸은 가로 방향이 1코, 세로 방향이 1단을 표시합니다. 뜨개코 기호는 뜨개코를 편물 겉면에서 본 상태를 나타냅니다. 오른쪽 예처럼 하얀 칸이 '겉뜨기'(겉면에서는 겉뜨기, 안면에서는 안뜨기)를 나타낼 때도 있습니다. 반드시 범례 Stitch Key에서 각 기호가 나타내는 뜨개법을 확인합니다.

도안을 읽으면서 평면으로 뜰 때는 안면을 보고 뜨는 단의 뜨는 법에 주의해야 합니다. 예를 들어 표시 기호가 '—'인 경우, 겉면에서 본 안뜨기이므로 안면을 보고 뜰 때는 겉뜨기가 됩니다. 이 기호는 (겉면에서 본) 안뜨기의 볼록한 모양을 본 그대로 표시한 듯합니다. 안뜨기 기호와 교차무늬의 구성을 보면 이 교차무늬는 안뜨기를 배경으로 하여 뜬다는 것을 알 수 있습니다.

1단(겉면)은 도안을 오른쪽에서 왼쪽으로 다음처럼 읽습니다.

안뜨기 3, 겉뜨기 2, *겉뜨기 2, 안뜨기 3, 겉뜨기 2, 안뜨기 6, 겉뜨기 2, 안뜨기 3, 겉뜨기 2**. 단의 마지막에 5코가 남을 때까지 *~**를 반복하고, 마지막에는 겉뜨기 2, 안뜨기 3.

다음 단은 안면인 단이므로 도안을 왼쪽에서 오른쪽으로 읽으며 뜨개코 기호는 표시 기호와 반대로 뜹니다. 예를 들어 첫 3코는 안뜨기이므로 이 3코는 겉뜨기로 뜹니다. 같은 방법으로 하여 2단은 다음처럼 뜹니다.

겉뜨기 3, 안뜨기 2, *안뜨기 2, 겉뜨기 3, 안뜨기 2, 겉뜨기 6, 안뜨기 2, 겉뜨기 3, 안뜨기 2**. 단의 마지막에 5코가 남을 때까지 *~**를 반복하고, 마지막에는 안뜨기 2, 겉뜨기 3.

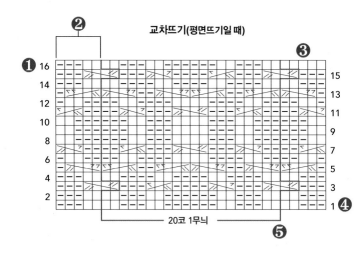

교차뜨기(평면뜨기일 때)

20코 1무늬

STITCH KEY [범례]

☐	k on RS, p on WS [겉면에서는 겉뜨기, 안면에서는 안뜨기]
⊟	p on RS, k on WS [겉면에서는 안뜨기, 안면에서는 겉뜨기]
	3-st RPC [왼코 위 2코와 1코 교차뜨기(아래쪽 안뜨기)]
	3-st LPC [오른코 위 2코와 1코 교차뜨기(아래쪽 안뜨기)]
	4-st LC [오른코 위 2코 교차뜨기]
	4-st RPC [왼코 위 2코 교차뜨기(아래쪽 안뜨기)]
	4-st LPC [오른코 위 2코 교차뜨기(아래쪽 안뜨기)]

❶ 왼쪽 끝의 짝수는 안면을 보고 뜨는 단을 나타내며 왼쪽에서 오른쪽으로 읽는다. 마지막 단은 16단이고 이 단을 다 뜨면 다시 1단부터 뜨기 시작한다.

❷ 도안의 마지막 5코는 홀수 단의 마지막, 짝수 단의 처음에 1회만 뜬다. 3단과 15단에서는 무늬를 반복하는 위치가 어긋나기 때문에 마지막에 7코를 뜨고 끝난다.

❸ 도안의 첫 5코는 홀수 단의 처음, 짝수 단의 마지막에 1회만 뜬다. 3단과 15단에서는 무늬를 반복하는 위치가 어긋나기 때문에 3코를 떴으면 반복하는 부분으로 옮긴다.

❹ 오른쪽의 홀수는 겉면을 보고 뜨는 단을 나타내며 오른쪽에서 왼쪽으로 읽는다. 1단은 무늬의 첫 단이고, 16단을 다 뜨면 다시 1단부터 뜨기 시작한다.

❺ 붉은 선으로 둘러싸인 부분은 무늬의 반복하는 부분을 나타낸다. 이 도안에서는 20코 1무늬. 3단과 15단에서는 오른코 위 2코 교차뜨기[4-st Left Cable]에 대응하기 때문에 반복하는 부분은 2코 오른쪽으로 어긋난다.

❻ 범례Stitch Key는 기호의 뜻을 나타낸다. 영문 패턴에서는 일반적으로 기호의 의미도 약어로 표기하므로 교차무늬의 상세한 내용은 패턴 본편의 용어 일람Stitch Glossary에서 확인한다.

교차무늬 도안 읽기(원통뜨기일 때)

원통으로 뜨기 위한 뜨개 도안은 왕복뜨기 도안과 거의 같습니다. 다른 점이라면 원통뜨기일 때는 단마다 겉면을 보고 뜨기 때문에 도안은 단마다 오른쪽에서 왼쪽으로 읽는다는 것입니다. 그러므로 단수 숫자가 모두 도안 오른쪽에 적혀 있습니다. 기호를 본 대로 뜨면 되기에 평면뜨기 도안보다 읽기 쉬운 것이 특징입니다.

범례Stitch Key도 겉면에서 본 순서만 적고, '하얀 칸'은 '겉뜨기', '─'는 '안뜨기'로만 적습니다.

대부분 원통뜨기에서의 무늬는 무늬의 반복이며, 반복 무늬 이외의 어중간한 뜨개코는 없습니다. 다만 이 예처럼 교차무늬가 일부에서 좌우로 어긋날 때가 있어서, 어긋난 단에서는 경계를 넘어서 교차무늬를 뜨게 됩니다. 구체적으로 3단은 반복 시작이 3번째 코가 되고(첫 2코는 겉뜨기한다), 단의 마지막 교차무늬는 3단의 마지막 2코와 4단의 처음 2코로 뜹니다. 15단에서 오른쪽 끝에 튀어나온 교차무늬는 단의 첫 교차무늬를 14단의 마지막 2코와 15단의 첫 2코로 뜹니다. 이것이 반복의 시작이 됩니다(15단의 마지막 2코는 겉뜨기합니다).

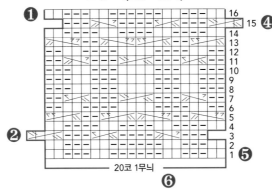

교차뜨기(원통뜨기일 때)

20코 1무늬

❸ STITCH KEY [범례]

☐ Knit [겉뜨기]

─ Purl [안뜨기]

⬛ 3-st RPC [왼코 위 2코와 1코 교차뜨기(아래쪽 안뜨기)]

⬛ 3-st LPC [오른코 위 2코와 1코 교차뜨기(아래쪽 안뜨기)]

⬛ 4-st RC [왼코 위 2코 교차뜨기]

⬛ 4-st RPC [왼코 위 2코 교차뜨기(아래쪽 안뜨기)]

⬛ 4-st LPC [오른코 위 2코 교차뜨기(아래쪽 안뜨기)]

❶ 15단의 마지막 2코는 15단의 처음으로 옮겼다.

❷ 3단의 왼코 위 2코 교차뜨기4-st Right Cable는 도안의 왼쪽 끝에 튀어나와 있다. 3단의 마지막 교차무늬는 이 단의 마지막 2코와 다음 단(여기에서는 4단)의 첫 2코로 뜬다.

❸ 범례Stitch Key는 기호의 뜻을 나타낸다. 영문 패턴에서는 일반적으로 기호의 의미도 약어로 표기하므로 교차무늬의 상세한 내용은 패턴 본편의 용어 일람Stitch Glossary에서 확인한다.

❹ 도안의 오른쪽 끝에 튀어나와 있는 왼코 위 2코 교차뜨기4-st Right Cable는 15단의 처음에 14단의 마지막 2코와 15단의 첫 2코로 뜬다.

❺ 원통뜨기로 뜨기 때문에 단수 숫자는 모두 도안 오른쪽에 적혀 있다. 단마다 오른쪽에서 왼쪽으로 읽는다.

❻ 붉은 선으로 둘러싸인 부분은 무늬의 반복하는 부분을 나타낸다. 이 도안에서는 20코 1무늬.

위 도안 및 P.70 도안의 교차무늬 편물

기본적인 교차무늬와 뜨개코 기호

왼코 위 꼬아 1코 교차뜨기
2-st RT=2-st right twist

겉면에서 뜰 때: 2코 함께 겉뜨기하는데 코는 왼바늘에서 빼지 않는다. 1번째 코를 한 번 더 겉뜨기하고 2코 모두 왼바늘에서 뺀다.

안면에서 뜰 때: 실을 앞쪽에 두고 첫 코를 건너뛰고 2번째 코를 안뜨기한 뒤에 1번째 코도 안뜨기하고 2코 모두 왼바늘에서 뺀다.

오른코 위 꼬아 1코 교차뜨기
2-st LT=2-st left twist

2번째 코 뒤쪽에서 오른바늘을 넣어 꼬아뜨기한 뒤에 2코 함께 꼬아뜨기한다.

왼코 위 1코 교차뜨기(아래쪽 안뜨기)
2-st RPT=2-st right purl twist

1번째 코를 꽈배기바늘에 옮겨서 뒤쪽에 두고, 2번째 코를 겉뜨기하고 1번째 코를 안뜨기한다.

오른코 위 1코 교차뜨기(아래쪽 안뜨기)
2-st LPT=2-st left purl twist

1번째 코를 꽈배기바늘에 옮겨서 앞쪽에 두고, 2번째 코를 안뜨기하고 1번째 코를 겉뜨기한다.

왼코 위 1코와 2코 교차뜨기
3-st RT=3-st right twist

2코를 꽈배기바늘에 옮겨서 뒤쪽에 두고, 3번째 코, 꽈배기바늘의 2코 순으로 겉뜨기한다.

오른코 위 1코와 2코 교차뜨기
3-st LT=3-st left twist

1코를 꽈배기바늘에 옮겨서 앞쪽에 두고, 왼바늘의 2코, 꽈배기바늘의 1코 순으로 겉뜨기한다.

왼코 위 2코와 1코 교차뜨기
3-st RC=3-st right cable

1코를 꽈배기바늘에 옮겨서 뒤쪽에 두고, 왼바늘의 2코, 꽈배기바늘의 1코 순으로 겉뜨기한다.

오른코 위 2코와 1코 교차뜨기
3-st LC=3-st left cable

2코를 꽈배기바늘에 옮겨서 앞쪽에 두고, 왼바늘의 1코, 꽈배기바늘의 2코 순으로 겉뜨기한다.

왼코 위 2코와 1코 교차뜨기(아래쪽 안뜨기)
3-st RPC=3-st right purl cable

1코를 꽈배기바늘에 옮겨서 뒤쪽에 두고, 왼바늘의 2코를 겉뜨기하고 꽈배기바늘의 1코를 안뜨기한다.

오른코 위 2코와 1코 교차뜨기(아래쪽 안뜨기)
3-st LPC=3-st left purl cable

2코를 꽈배기바늘에 옮겨서 앞쪽에 두고, 3번째 코를 안뜨기하고 꽈배기바늘의 2코를 겉뜨기한다.

왼코 위 2코 교차뜨기
4-st RC=4-st right cable

2코를 꽈배기바늘에 옮겨서 뒤쪽에 두고, 왼바늘의 2코, 꽈배기바늘의 2코 순으로 겉뜨기한다.

오른코 위 2코 교차뜨기
4-st LC=4-st left cable

2코를 꽈배기바늘에 옮겨서 앞쪽에 두고, 왼바늘의 2코, 꽈배기바늘의 2코 순으로 겉뜨기한다.

왼코 위 1코와 3코 교차뜨기(아래쪽 안뜨기)
4-st RPC=4-st right purl cable

3코를 꽈배기바늘에 옮겨서 뒤쪽에 두고, 왼바늘의 1코를 겉뜨기하고 꽈배기바늘의 3코를 안뜨기한다.

오른코 위 1코와 3코 교차뜨기(아래쪽 안뜨기)
4-st LPC=4-st left purl cable

1코를 꽈배기바늘에 옮겨서 앞쪽에 두고, 왼바늘의 3코를 안뜨기하고 꽈배기바늘의 1코를 겉뜨기한다.

왼코 위 2코 교차뜨기(아래쪽 안뜨기)
4-st RPC=4-st right purl cable

2코를 꽈배기바늘에 옮겨서 뒤쪽에 두고, 왼바늘의 2코를 겉뜨기하고 꽈배기바늘의 2코를 안뜨기한다.

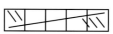

오른코 위 2코 교차뜨기(아래쪽 안뜨기)
4-st LPC=4-st left purl cable

2코를 꽈배기바늘에 옮겨서 앞쪽에 두고, 왼바늘의 2코를 안뜨기하고 꽈배기바늘의 2코를 겉뜨기한다.

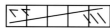

왼코 위 3코와 2코 교차뜨기
5-st RC=-5st right cable

2코를 꽈배기바늘에 옮겨서 뒤쪽에 두고, 왼바늘의 3코, 꽈배기바늘의 2코 순으로 겉뜨기한다.

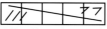

왼코 위 3코와 2코 교차뜨기(아래쪽 안뜨기)
5-st RPC=5-st right purl cable

2코를 꽈배기바늘에 옮겨서 뒤쪽에 두고, 왼바늘의 3코를 겉뜨기하고 꽈배기바늘의 2코를 안뜨기한다.

오른코 위 3코와 2코 교차뜨기(아래쪽 안뜨기)
5-st LPC=5-st left purl cable

3코를 꽈배기바늘에 옮겨서 앞쪽에 두고, 왼바늘의 2코를 안뜨기하고 꽈배기바늘의 3코를 겉뜨기한다.

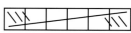

왼코 위 3코 교차뜨기
6-st RC=6-st right cable

3코를 꽈배기바늘에 옮겨서 뒤쪽에 두고, 왼바늘의 3코, 꽈배기바늘의 3코 순으로 겉뜨기한다.

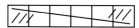

오른코 위 3코 교차뜨기
6-st LC=6-st left cable

3코를 꽈배기바늘에 옮겨서 앞쪽에 두고, 왼바늘의 3코, 꽈배기바늘의 3코 순으로 겉뜨기한다.

왼코 위 6코 교차뜨기
12-st RC=12-st right cable

6코를 꽈배기바늘에 옮겨서 뒤쪽에 두고, 왼바늘의 6코, 꽈배기바늘의 6코 순으로 겉뜨기한다.

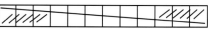

오른코 위 6코 교차뜨기
12-st LC=12-st left cable

6코를 꽈배기바늘에 옮겨서 앞쪽에 두고, 왼바늘의 6코, 꽈배기바늘의 6코 순으로 겉뜨기한다.

타이 스티치(3회 감아 변형 매듭뜨기)
tie st=tie stitch

5코를 꽈배기바늘에 옮겨서 뒤쪽에 두고 이 5코에 실을 3회 감는다. 코를 다시 왼바늘에 되돌려 놓고 '겉뜨기 1, 안뜨기 3, 겉뜨기 1'을 뜬다.

왼코 위 교차뜨기 = 오른쪽으로 기운 교차뜨기

왼코 위 3코 교차뜨기 6-st RC

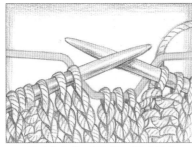

1 3코를 꽈배기바늘에 옮겨서 뒤쪽에 둔다.

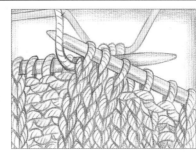

2 꽈배기바늘을 뒤쪽에 둔 채, 왼바늘의 다음 3코를 겉뜨기한다.

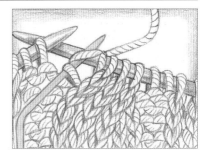

3 꽈배기바늘의 3코를 겉뜨기한다.

오른코 위 교차뜨기 = 왼쪽으로 기운 교차뜨기

오른코 위 3코 교차뜨기 6-st LC

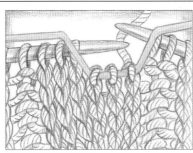

1 3코를 꽈배기바늘에 옮겨서 앞쪽에 둔다.

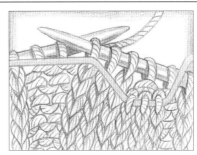

2 꽈배기바늘을 앞쪽에 둔 채, 왼바늘의 다음 3코를 겉뜨기한다.

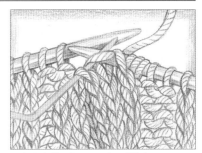

3 꽈배기바늘의 3코를 겉뜨기한다.

좌우 콧수가 다른 교차뜨기

오른코 위 3코와 2코 교차뜨기 5-st LC

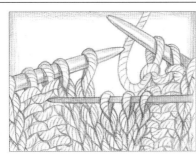

1 3코를 꽈배기바늘에 옮겨서 앞쪽에 둔다.

2 꽈배기바늘을 앞쪽에 둔 채, 왼바늘의 다음 2코를 겉뜨기한다.

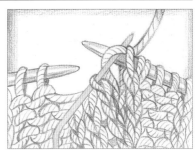

3 꽈배기바늘의 3코를 겉뜨기한다.

세 갈래 교차뜨기

이 무늬는 8코로 뜨며 4단이 1무늬입니다. 1단의 (겉면에서) <왼코 위 2코 교차뜨기4-st RC를 2회>와 3단의 <겉뜨기 2, 오른코 위 2코 교차뜨기4-st LC, 겉뜨기 2>를 교대로 반복합니다.

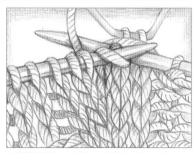

1 겉면인 단(1단)에서 교차무늬 앞까지 뜨고, 2코를 꽈배기바늘에 옮겨서 뒤쪽에 둔다. 그림처럼 왼바늘의 다음 2코를 겉뜨기한다.

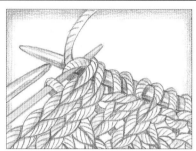

2 꽈배기바늘의 2코도 겉뜨기하여 첫 왼코 위 2코 교차뜨기4-st RC를 완성한다. 이 교차뜨기를 1번 더 한다.

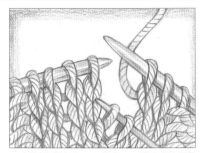

3 다음 겉면인 단(3단)에서는 교차무늬의 처음 2코를 겉뜨기한다. 3번째, 4번째 코를 꽈배기바늘에 옮겨서 그림처럼 앞쪽에 두고, 왼바늘의 2코, 꽈배기바늘의 2코, 그다음 2코 순으로 겉뜨기한다.

아래쪽이 안뜨기인 왼코 위 교차뜨기(=오른쪽으로 기우는 교차뜨기)

왼코 위 2코 교차뜨기(아래쪽 안뜨기)4-st RPC

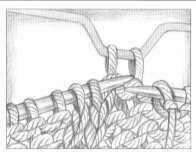

1 2코를 꽈배기바늘에 옮겨서 뒤쪽에 둔다.

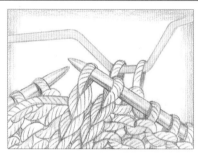

2 왼바늘의 다음 2코를 겉뜨기한다.

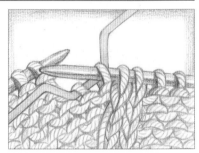

3 꽈배기바늘의 2코를 안뜨기한다.

아래쪽이 안뜨기인 오른코 위 교차뜨기(=왼쪽으로 기우는 교차뜨기)

오른코 위 2코 교차뜨기(아래쪽 안뜨기)4-st LPC

1 2코를 꽈배기바늘에 옮겨서 앞쪽에 둔다.

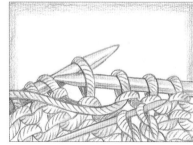

2 왼바늘의 다음 2코를 안뜨기한다.

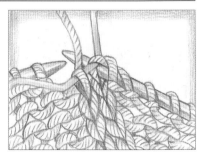

3 꽈배기바늘의 2코를 겉뜨기한다.

8코 이상으로 하는 고무뜨기 교차무늬

변형 오른코 위 4코 교차뜨기 8-st LRC

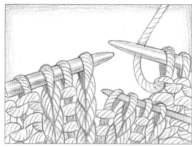

1 4코를 꽈배기바늘에 옮겨서 앞쪽에 둔다.

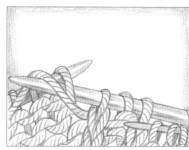

2 왼바늘의 코를 <겉뜨기 1, 안뜨기 1>을 2회 반복하여 뜬다.

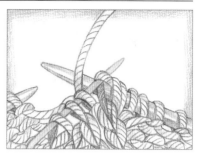

3 꽈배기바늘의 코를 <겉뜨기 1, 안뜨기 1>을 2회 반복하여 뜬다.

꽈배기바늘 2개로 뜨는 교차무늬

6코 변형 꽈배기 6-st RLC

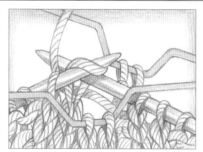

1 2코를 꽈배기바늘에 옮겨서 뒤쪽에 둔다. 다음 2코를 2번째 꽈배기바늘에 옮겨서 앞쪽에 두고, 왼바늘의 2코를 겉뜨기한다.

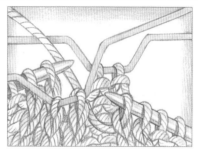

2 앞에 둔 꽈배기바늘의 2코를 겉뜨기한다.

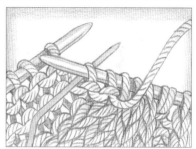

3 뒤에 둔 꽈배기바늘의 2코를 안뜨기한다.

꼬아뜨는 교차무늬

1코 교차무늬(아래쪽 안뜨기)

1 실을 앞쪽에 두고, 그림처럼 오른바늘을 편물 뒤쪽에서 왼바늘 코의 고리 뒤쪽에 넣어 안뜨기 한다(꼬아 안뜨기).

2 실을 뒤쪽에 두고, 그림처럼 왼바늘의 2번째 코를 겉뜨기한다. 바늘 사이에서 실을 앞쪽으로 옮기고, 1번째 코를 안뜨기하고 양쪽 코를 왼바늘에서 뺀다(왼코 위 교차뜨기(아래쪽 안뜨기)).

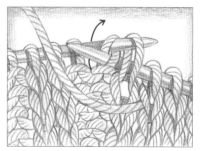

3 실을 앞쪽에 두고, 그림처럼 왼바늘의 2번째 코에 오른바늘을 뒤에서 앞으로 넣어서 바늘 끝을 화살표처럼 이동하고 실을 뒤쪽으로 옮겨서 안뜨기한다. 1번째 코를 겉뜨기하고, 양쪽 코를 왼바늘에서 뺀다(오른코 위 교차뜨기(아래쪽이 꼬아 안뜨기)).

코줄임하면서 뜨는 교차무늬

오른코 위 3코 교차뜨기를 2코 교차뜨기로 줄일 때6-st LC→4-st LC

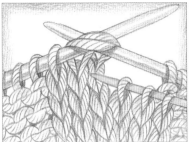

1 3코를 꽈배기바늘에 옮겨서 앞쪽에 두고, 다음 2코를 한꺼번에 겉뜨기하고(왼코 겹치기) 1코를 겉뜨기한다.

2 꽈배기바늘의 1번째 코를 오른바늘에 옮기고 다음 코를 겉뜨기한다. 옮긴 코를 겉뜨기한 코에 덮어씌운다(오른코 겹치기).

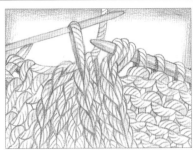

3 꽈배기바늘에 남은 1코를 겉뜨기한다.

코늘림하면서 뜨는 교차무늬

오른코 위 3코 교차뜨기를 4코 교차뜨기로 늘릴 때6-st LC→8-st LC

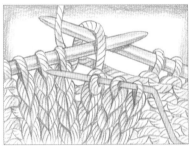

1 3코를 꽈배기바늘에 옮겨서 앞쪽에 두고, 왼바늘의 첫 코와 꽈배기 바늘의 마지막 코 사이에 걸친 실을 왼바늘로 주워서 꼬아서 겉뜨기를 한다.

2 왼바늘의 3코를 겉뜨기한다.

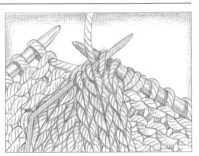

3 꽈배기바늘의 1번째 코를 겉뜨기하고, 다음 코와의 사이에 걸친 실을 꽈배기바늘로 주워서 꼬아서 겉뜨기를 한다. 계속하여 꽈배기바늘의 나머지 2코를 겉뜨기한다.

TECHNIQUE

교차무늬가 넓어지는 것을 막으려면

교차무늬는 교차 부분에서 뜨개코가 끌어당겨지기 때문에 교차가 없는 부분의 가로 너비가 넓어지는 경향이 있습니다. 그래서 마지막 교차뜨기 후나 첫 교차뜨기 이전 편물이 울거나 주름처럼 접히기도 합니다. 이럴 때는 교차무늬 안쪽이나 무늬에 들어가기 전에 콧수를 바꾸면 그런 현상이 덜 생깁니다.

기초코 다음에 바로 교차무늬가 시작될 때는 1무늬당 기초코 콧수를 1~2코 줄입니다. 2, 3단 뜬 뒤(단, 교차뜨기의 전)에는 코늘림을 하여 줄인 콧수만큼 보충합니다. 교차뜨기 콧수가 적을 때에는 1코, 많을 때는 2코. 코를 늘릴 때는 무늬 한가운데의 교차뜨기에 가까운 곳에서 늘립니다.

뜨개 끝(편물의 위쪽)의 코막음 단계에서 넓어지는 것을 막으려면 코막음하기 몇 단 전, 교차무늬 위쪽에서 2코 모아뜨기를 하여 1무늬당 1~2코를 줄입니다. 또는 덮어씌워 코막음을 하면서 1무늬당 2코 모아뜨기를 1~2회 합니다. 스와치를 뜨는 시점에서 편물 위아래 가장자리가 평평하게 마무리되는 코줄임 콧수를 확인해두면 좋습니다.

넓어진 뜨개 시작

넓어지는 것을 막은 뜨개 시작

넓어진 뜨개 끝

넓어지는 것을 막은 뜨개 끝

---

3 교차뜨기

꼬아 늘리기 **52**

왼코 겹치기 **55**

오른코 겹치기 **56**

2색으로 뜨는 왼코 위 교차뜨기(오른쪽으로 기우는 교차뜨기)

2색으로 뜨는 왼코 위 3코 교차뜨기Two-color
6-st cable

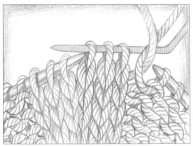

1 바탕 실 3코를 꽈배기바늘에 옮겨서 뒤쪽에 둔다. 다음 코를 뜨기 전에 뜨개실 2가닥을 그림처럼 교차시킨다(이렇게 하면 2색의 경계에 구멍이 생기지 않는다).

2 배색 실로 왼바늘의 3코(배색 코)를 겉뜨기 한다.

3 다시 뜨개실 2가닥을 교차시킨 뒤에 꽈배기바늘의 3코(바탕색 코)를 바탕 실로 겉뜨기한다.

2색으로 뜨는 오른코 위 교차뜨기(왼쪽으로 기우는 교차뜨기)

2색으로 뜨는 오른코 위 4코 교차뜨기Two-color
8-st cable

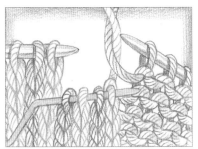

1 처음 4코를 꽈배기바늘에 옮겨서 앞쪽에 둔다. 다음 코를 뜨기 전에 뜨개실 2가닥을 그림처럼 교차시킨다(이렇게 하면 2색의 경계에 구멍이 생기지 않는다).

2 배색 실, 바탕 실 순으로 교대로 겉뜨기를 4코 한다.

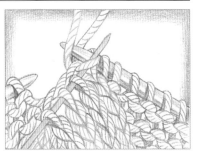

3 꽈배기바늘의 코도 배색 실, 바탕 실 순으로 교대로 겉뜨기를 4코 한다. 배색 실로 뜨는 마지막 코(여기에서는 3번째 코)를 뜨고 다음 코를 뜨기 전에는 다시 뜨개실 2가닥을 교차시켜준다.

TECHNIQUE

교차무늬를 가로 방향으로 사용하려면

교차무늬는 **가로 방향**으로 배치하여 디자인에 재미를 줄 수도 있습니다. 예를 들어 모자챙, 소맷부리, 장갑 입구에 무늬를 넣거나 스웨터나 숄의 가장자리뜨기로 이용하는 식입니다. 이때 교차무늬 편물은 **따로 뜹니다.**

옷의 앞뒤판처럼 시접이 있는 곳에 사용할 때는 일반적인 방법으로 기초코를 만들어 뜨기 시작하여 뜨고 시작과 끝부분을 꿰매줍니다. 교차무늬 편물을 완성하면 좌우 어느 한쪽의 끝에서 **코를 주워서** 세로 방향으로 뜹니다. 몸판 도중에 교차무늬를 배치할 때는 교차무늬 편물의 양 끝에

서 코를 주워서 위아래로 뜹니다. 교차무늬 편물은 양 끝에 가터뜨기를 몇 코 더해두면, 끝이 말리지 않고 코를 줍기도 쉬워집니다. 또한 아래쪽 끝을 밑단으로 할 때도 마무리가 깔끔합니다.

모자나 장갑처럼 원통뜨기를 하는 작품에 사용할 때는 별도 사슬로 만드는 기초코처럼 나중에 풀 수 있는 양방향 코잡기로 뜨기 시작하는 방법을 추천합니다. 무늬뜨기 편물을 뜨고, 뜨개 끝은 따로 코막음하지 않고 기초코를 푼 뜨개 시작과 맞대고 이으면 이은 자리가 눈에 띄지 않습니다. 맞대고 이은 뒤에는 좌우 어느 한쪽의 끝에

서 코를 주워서 세로 방향으로 원통뜨기를 합니다.

교차무늬 편물은 스와치를 떠서 블로킹을 한 뒤에 코줍기 콧수를 정합니다. 뜨는 방향이 다른 뜨개 방향은 잘 늘어나는 방향도 다르므로 주의해야 합니다. 때에 따라서는 교차무늬 편물을 뜰 때만 바늘 호수를 바꾸면 전체적으로 잘 맞기도 합니다.

따로 뜬 교차무늬를 가로로 사용한 편물

꽈배기바늘을 사용하지 않고 교차무늬 뜨기

왼코 위 2코 교차뜨기 ⬜◇◇◇⬜

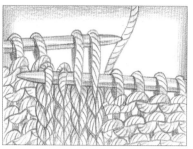

왼코 위 2코 교차뜨기4-st RC를 꽈배기바늘을 사용하지 않고 뜨는 방법입니다.

1 교차무늬 앞까지 뜬 뒤에 실을 뒤쪽에 두고, 교차할 4코를 오른바늘에 옮긴다. 4코 중에 왼쪽 2코의 뒤에서 왼바늘을 오른쪽 2코에 통과시킨다.

2 조심스럽게 오른바늘을 4코에서 빼고, 왼쪽 2코를 편물 앞쪽에서 오른바늘로 주워서 왼바늘로 옮긴다.

3 코 순서를 바꾼 상태에서 4코를 겉뜨기한다.

오른코 위 2코 교차뜨기 ⬜◇◇◇⬜

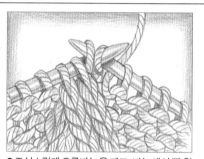
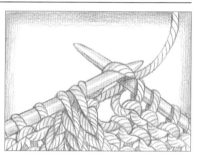

오른코 위 2코 교차뜨기4-st LC를 꽈배기바늘을 사용하지 않고 뜨는 방법입니다.

1 교차무늬 앞까지 뜬 뒤에 실을 뒤쪽에 두고, 교차할 4코를 오른바늘에 옮긴다. 4코 중에 왼쪽 2코의 앞에서 왼바늘을 오른쪽 2코에 통과시킨다.

2 조심스럽게 오른바늘을 빼고, 바늘에서 뺀 왼쪽 2코를 편물 뒤쪽에서 오른바늘로 주워서 왼바늘로 옮긴다.

3 코 순서를 바꾼 상태에서 4코를 겉뜨기한다.

TECHNIQUE

교차무늬 게이지 재기 MEASURING GAUGE OVER CABLES

메리야스뜨기, 멍석뜨기, 가터뜨기 등과 비교하면, 같은 콧수의 교차뜨기(또는 교차무늬를 포함한 편물)에서는 **교차 부분에서 뜨개코가 밀집**되는 교차무늬 쪽이 같은 면적을 뜨더라도 더 많은 콧수가 필요합니다. 그러므로 교차뜨기와 안메리야스뜨기나 멍석뜨기가 섞여 있는 작품을 뜰 때는 각 편물의 게이지를 내야 합니다. 각각의 스와치는 따로 뜨기도 하지만 큰 스와치에 함께 뜰 수도 있습니다. 교차무늬는 사용하는 무늬 수가 많을수록 편물의 가로 너비가 좁아집니다. 옷에 이용할 때는 우선 무늬가 들어가는 충분한 크기의 스와치를 뜹니다(최저 10㎝×10㎝). 실제 작품에서 균형 있게 배치하기 위해 필요한 무늬를 넣고, 무늬 반복 부분은 2무늬 이상 반복해서 뜰 때 게이지를 더욱 정확하게 낼 수 있습니다.

다 뜬 스와치의 치수를 재기 전에는 꼭 블로킹을 합니다. 블로킹 방법은 스팀을 쐬는 방법과 세탁이 있으며 완성한 작품을 세탁해서 입을 것이라면 세탁 블로킹이 보다 정확한 방법이 됩니다. 스와치는 조심스럽게 시침핀을 꽂습니다. 이때 너무 잡아당기지 않도록 주의합니다. 교차무늬는 바탕무늬에서 도

드라지도록 스팀을 쐬기 전이나 말리는 중에 손으로 매만질 수도 있습니다. 완전히 말리고 나면 작품의 완성 치수와 맞춰 보고, 예정 치수가 나왔는지 확인합니다. 단수 게이지도 맞춰서 확인하세요.

편물 3장은 같은 콧수, 단수이며 교차무늬에 따라 크기가 달라집니다.

Color Knitting

배색하여 무늬뜨기

가로로 실을 걸치는 배색뜨기 Stranded Knitting

가로로 실을 걸치는 배색뜨기는 1단을 2색 이상으로 뜹니다. 사용하지 않는 실은 편물 안면에 **걸치는 실floats**이 됩니다. 메리야스뜨기로 **원통뜨기**하면 무늬를 확인하며 뜰 수 있습니다. 최종적으로는 통 모양의 편물이 되므로 상황에 따라서는 **스틱steek 기법**을 사용하여 잘라서 벌립니다(P.120~121).

가로로 실을 걸치는 배색뜨기의 게이지

가로로 실을 걸치는 배색뜨기를 하면 실이 이중이 되기 때문에 따뜻한 편물이 만들어지지만, 코 뒤로 실이 걸쳐 있기 때문에 신축성이 떨어집니다. 또 걸친 실때문에 단이 빽빽해져서 게이지에도 영향을 줍니다. 가로로 실을 걸치는 배색무늬 작품을 뜰 때는 스와치를 떠서 블로킹한 후에 콧수·단수 게이지를 확인합니다.

2색 배색뜨기

2색 실로 뜰 때 실을 잡는 방법은 몇 가지가 있습니다. 어느 방법으로 뜨든 실의 장력을 일정하게 유지하고, 걸치는 실이 너무 빡빡하거나 너무 느슨하지 않도록 합니다. 걸치는 실을 너무 잡아당기면 편물이 울고, 너무 느슨하게 하면 걸치는 실이 늘어져서 옷을 입을 때 걸리거나 뜨개코가 흐트러지기도 합니다.

편물이 울지 않도록 하려면 실을 바꿀 때 떠진 뜨개코 간격을 벌려서 걸치는 실이 조금 길어지도록 합니다. 그렇게 하면 실이 여유 있게 걸쳐져서 편물 조직의 신축성을 확보할 수 있습니다. 편물 안면에 걸치는 실을 짧게 하려면 4~5코마다 걸치는 실을 감싸서 뜹니다. 펠팅되기 쉬운 실일 때는 표면이 매끄러운 실보다 감싸서 뜨는 빈도를 적게 해도 됩니다. 색의 대비가 심한 배색을 사용할 때는 겉면에서 색이 비쳐 보이지 않도록 신경 씁니다.

블로킹

블로킹은 배색무늬 마무리에는 필수적입니다. 전통적인 페어아일 스웨터는 물에 담갔다가 **울리보드wooly board**라는 틀에 끼워서 편물을 늘립니다. 이 방법은 단색 의류에도 이용할 수 있습니다.

전통적인 배색뜨기

페어아일 뜨기는 배색뜨기 중 한 가지 스타일입니다. 배색무늬는 다른 지역에서도 전통으로 남아 있습니다.

페어아일 배색뜨기(FAIR ISLE KNITTING)

이 스타일의 배색무늬는 오크니Orkney와 셰틀랜드Shetland 사이에 있는 페어섬Fair Isle이 발상지입니다. 페어아일 디자인은 색을 어긋나게 하여 무늬를 만들기 때문에 복잡해 보이지만, 한 단에서 최대 2색만 사용합니다. 스웨터는 원통뜨기하고, 카디건의 앞판, 목둘레, 진동둘레에는 **스틱** 기법을 사용해 나중에 잘라서 벌립니다. 오리지널 페어아일 무늬는 섬에서 난 양털의 자연스러운 갈색이나 크림색을 사용했지만, 차차 꼭두서니madder, 쪽indigo, 지의류lichen 등의 염료로 밝은 느낌을 추가했고 1850년대에는 상업용 염료를 사용하기 시작했습니다. 당초 페어아일 뜨기는 모자, 양말, 스카프에 사용했고 스웨터에 사용된 것은 1914년입니다. 1922년에 영국 왕세자 Prince of Wales가 세인트 앤드루스 골프 코스에서 브이넥 페어아일 스웨터를 입은 것이 유행의 도화선이 됐습니다. 그 이후 유행에서 제외된 적이 없고, 최근의 디자이너들도 새로운 표현 방법을 구사하여 전통적인 디자인을 즐기고 있습니다.

노르웨이의 배색뜨기(NORWEGIAN KNITTING)

노르웨이의 배색무늬 스웨터는 일반적으로 대조적인 2색으로 뜨며 정형화된 별, 꽃, 기하학무늬를 많이 사용합니다. 원래 손모아장갑에 사용했으며 차차 스웨터에도 이용하게 되었습니다. **루스코프타luskofte, lice** 무늬는 전형적인 노르웨이의 무늬입니다. 이 스타일은 1840년 경 세테스달 고원에서 시작되었으며 1930년 동계올림픽의 공식 스키복에 채용됐을 때부터 각광을 받기 시작했습니다. 밑단 부분에는 흰색, 이어서 검정색이 띠 모양으로 들어가고 별과 꽃이 줄지어 있습니다. 가운데 부분은 'ol ice' 무늬로 뒤덮이고, 어깨에는 아리따운 기하학무늬가 띠 모양으로 자리잡고 있습니다. 소맷부리와 목둘레는 수를 놓은 펠트로 마무리했고, 목선 여밈의 주석 합금 잠금장식도 특징 중 하나입니다. **파나 카디건Fana cardigan**도 노르웨이의 전통적인 무늬뜨기 스웨터입니다. 여성용 카디건은 밑단 부분에 격자무늬가 띠 모양으로 들어가고, 대조적인 색을 사용한 줄무늬에 물방울 배색무늬가 이어집니다. 어깨, 위팔, 소맷부리에는 노르딕 별 무늬, 그리고 소매는 몸판과 같은 무늬로 통일감을 줍니다. 가장자리에는 가선을 두르고 트임 부분에는 주석 합금 잠금장식을 달았습니다.

스웨덴의 배색뜨기(SWEDISH KNITTING)

스웨덴 뜨개는 노르웨이 뜨개와 비슷합니다. 1800년대에 배색뜨기 재킷이 등장했고, 대표적이나 검정이나 흰색 바탕에 붉은색과 녹색으로 무늬를 떠넣은 **델스보Delsbø** 재킷이 있습니다. 무늬는 지역 특유의 것으로 지역 사람이 주로 입었습니다. 할란드의 **울라레드 저지Ullared jersey**도 특징적인 스웨터 스타일입니다. 이것은 붉은색과 검정색 2색으로 치밀하게 뜹니다. 장식성 있는 가장자리의 솔기가 전체 대각선 무늬가 들어간 몸판을 돋보이게 합니다. 몸판 가운데에는 작은 직사각형에 소유자의 이니셜과 날짜를 걸들였습니다.

스웨덴 뜨개에서 가장 잘 알려진 것이 1939년에 설립된 협동조합의 제품 **보후스 스웨터Bohus sweater**입니다. 엠마 야콥슨이 설립한 '보후스 스틱닝Stickning'은 대공황으로 일자리를 잃은 석공이나 농부의 아내들에게 일을 제공했습니다. 울과 앙고라 혼방사를 사용하여 세밀한 게이지로 뜨는 디자인은 전통적인 스웨덴 무늬에서 발상을 얻은 것입니다. 이 스웨터는 1단에 최소 3~4색을 사용하며 평면뜨기하고, 요크 부분에 안뜨기와 걸러뜨기를 겉쪽으로 나오게 한 질감과 색 사용이 특징적입니다. 이 회사는 1969년에 문을 닫았습니다.

페로제도의 배색뜨기(FAROESE KNITTING)

덴마크의 페로제도가 발상지인 이 배색뜨기의 기원은 18세기로 거슬러 올라갑니다. 구성은 아이슬란드나 스칸디나비아의 디자인과 비슷합니다. 오프화이트 바탕에 배색을 가는 띠 모양으로 교대로 배치하고 세밀한 기하학무늬를 떠넣은 스웨터를 자주 볼 수 있습니다.

아이슬란드의 배색뜨기 (ICELANDIC KNITTING)

아이슬란드에서 처음 뜨개가 등장한 것은 1500년대였습니다. 뜨개는 학교에서 배웠고, 관광객에게 판매하기 위한 둥근 요크 스웨터 **로파페이사lopapeysa**를 많이 떴습니다. 아이슬란드의 양은 몇백 년이나 다른 품종과 격리되었기에 독특한 양모를 얻을 수 있습니다. 둥근 요크 스웨터에 사용하는 **로피(로빙)lopi** 실은 1930년대에 인기를 모았고 1980년대에는 염색한 것도 등장했습니다. 풀오버는 2색 이상의 실을 사용하여 원통뜨기합니다.

코위찬 배색뜨기(COWICHAN KNITTING)

유럽 이민자들이 북미에 정착하기 이전, 코스트 살리시Coast Salish 여성들은 지금은 멸종된 코스트 살리시 울독의 털을 사용하고 1800년 중반 이후에는 흰바카산양의 털로 의류나 블랭킷을 직조했습니다. 1860년대에 밴쿠버섬에 정착한 유럽 이민자들은 뜨개와 양을 전했습니다. 코스트 살리시의 여성들은 원래의 직조 기술을 구사하여 독특한 의류를 만들어 냈습니다. 미처리 양모를 사용하여 수작

4 배색하여 무늬뜨기

1 디자이너 드보라 뉴튼의 콜렉션 중에서 전통적인 추로 모자.
2 이 무늬가 배합된 빈티지 노르웨이 스웨터.
3 페어아일 브이넥 스웨터를 입은 프린스 오브 웨일스(에드워드 8세)의 초
　상화. 존 세인트 해리얼(1869-1944) 작.
4 빈티지 파나 카디건.
5 스웨덴의 울라레드 스웨터.
6 고전적인 페로제도의 스웨터.
7 전통적인 디자인의 아이슬란드 로파페이사 스웨터.
8 스웨덴의 보후스 스웨터의 디테일.

업으로 자르고 실을 자아서 자연의 색깔을 남긴 두꺼운 단사를 만들었습니다. 이 두터운 실에는 천연 라놀린이 포함되어 있어 방수성이 뛰어납니다. 이 실로 뜬 코위찬 스웨터에는 반드시 숄 칼라가 달려 있습니다. 카디건은 평면으로 뜨고 풀오버는 원통뜨기하며 스틱은 사용하지 않습니다. 스웨터의 특징은 코스트 살리시의 동물 모티브나 기하학무늬입니다. 어떤 모티브에도 의미가 있고, 코

위찬 스웨터는 똑같은 것이 하나도 없습니다. 코위찬 기법은 대대로 계승됩니다. 2012년에는 캐나다 유적기념건조물위원회가 코스트 살리시의 니터와 코위찬 스웨터를 문화적 상징으로 지정했습니다.

안데스의 배색뜨기
안데스의 뜨개, 특히 특징적인 귀마개가 달린 모자 **추로**chullos는 고운 색을 여러 색 사용해서 뜹니다. 추로는 몇천 년 동

안 안데스의 산악지대에서 선주민이 착용했습니다. 이 전통적인 모자는 주로 안데스의 남성들이나 소년이 극세사로 떠서 착용하며, 배색, 무늬, 편물은 소속된 지역을 표시하는 것이었습니다. 추로는 **푼타스**puntas라는 스캘럽 무늬나 땋은 머리 모양으로 장식했습니다.
안데스의 니터는 1단에 4색이나 그 이상의 색을 사용할 때가 있습니다. 가는 배색무늬에서는 걸치는 실을 얽고, 큰 무늬

가 되면 인타르시아(세로로 실을 걸치는 배색뜨기)로 원통뜨기합니다. 니터는 실을 목에 감아서 장력을 유지합니다.

발트 삼국의 배색뜨기
발트 삼국인 라트비아, 에스토니아, 리투아니아는 컬러풀한 배색뜨기 손모아장갑 등의 전통의 보물창고입니다. 아주 가는 게이지로 뜬 손모아장갑은 섬세한 땋은 머리 모양으로 장식되어 있습니다.

가로로 실을 걸치는 배색뜨기: 한 손으로 할 때

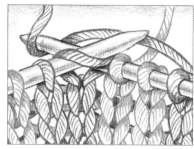 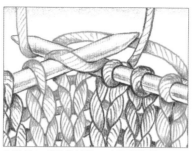  

1 겉뜨기일 때: 뜬 실(분홍색)을 놔두고 다음에 뜰 실(보라색)이 뜬 실 위에 오도록 가져와서 다음 색깔로 바꿀 때까지 겉뜨기한다.

2 뜬 실(보라색)을 놔두고 다음에 뜰 실(분홍색)이 뜬 실 아래에 오도록 가져와서 다음 색깔로 바꿀 때까지 겉뜨기한다. 1과 2를 반복한다.

1 안뜨기일 때: 뜬 실(분홍색)을 놔두고 다음에 뜰 실(보라색)이 뜬 실 위에 오도록 가져와서 다음 색깔로 바꿀 때까지 안뜨기한다.

2 뜬 실(보라색)을 놔두고 다음에 뜰 실(분홍색)이 뜬 실 아래에 오도록 가져와서 다음 색깔로 바꿀 때까지 안뜨기한다. 1과 2를 반복한다.

가로로 실을 걸치는 배색뜨기: 양손으로 할 때

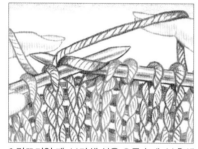 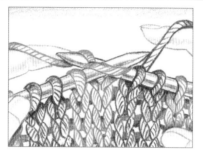  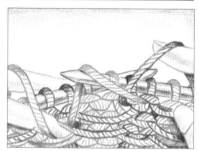

1 겉뜨기일 때: 보라색 실을 오른손에, 분홍색 실을 왼손에 잡고, 보라색 실이 분홍색 실 위에 오도록 오른손으로 오른바늘에 실을 걸고 다음 색깔로 바꿀 때까지 겉뜨기한다.

2 다음은 왼손의 실(분홍색)이 오른손 실 아래를 지나도록 왼손으로 오른바늘에 실을 걸고 다음 색깔로 바꿀 때까지 겉뜨기한다. 1과 2를 반복한다.

1 안뜨기일 때: 보라색 실을 오른손에, 분홍색 실을 왼손에 잡고, 보라색 실이 분홍색 실 위에 오도록 오른손으로 오른바늘에 실을 걸고 다음 색깔로 바꿀 때까지 안뜨기한다.

2 다음은 왼손의 실이 오른손 실 아래를 지나도록 왼손으로 오른바늘에 실을 걸고 다음 색깔로 바꿀 때까지 안뜨기한다. 1과 2를 반복한다.

Technique

바른 장력과 틀린 장력

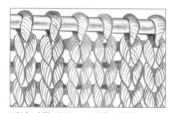 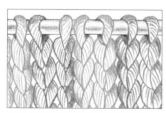 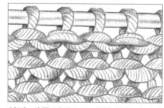 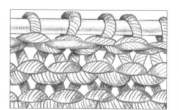

겉면: 바른 장력으로 실을 걸쳤을 때.

겉면: 틀린 장력으로 실을 걸쳤을 때.

안면: 바른 장력으로 걸친 실을 감싸서 떴을 때.

안면: 틀린 장력으로 걸친 실을 감싸서 떴을 때.

가로로 실을 걸치는 배색뜨기: 오른손으로 실을 2가닥 모두 잡을 때

1 겉뜨기일 때: 바탕 실(메인색·보라색)을 집게손가락, 배색 실(분홍색)을 가운뎃손가락에 걸고, 바탕색을 뜰 때는 바탕 실이 배색 실의 위에 오도록 하여 겉뜨기한다.

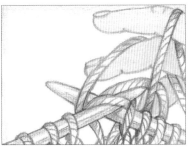

2 배색(분홍색)을 뜰 때는 배색 실이 바탕(보라색) 실의 아래에 오도록 하여 겉뜨기한다.

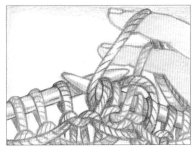

1 안뜨기일 때: 바탕 실(보라색)을 집게손가락, 배색 실(분홍색)을 가운뎃손가락에 걸고, 바탕색을 뜰 때는 바탕 실이 배색 실의 위에 오도록 하여 안뜨기한다.

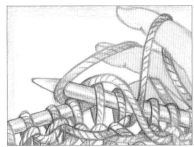

2 배색(분홍색)을 뜰 때는 배색 실이 바탕(보라색) 실의 아래에 오도록 하여 안뜨기한다.

가로로 실을 걸치는 배색뜨기: 왼손으로 실을 2가닥 모두 잡을 때

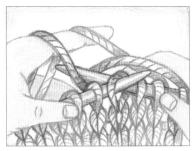

1 겉뜨기일 때: 바탕 실(보라색)이 배색 실(분홍색)의 왼쪽에 오도록 실을 2가닥 모두 집게손가락에 걸고, 바탕색을 뜰 때는 바탕 실이 배색 실의 위에 오도록 하여 겉뜨기한다.

2 배색(분홍색)을 뜰 때는 배색 실이 바탕 실(보라색)의 아래에 오도록 하여 겉뜨기한다.

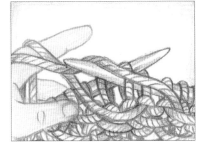

1 안뜨기일 때: 바탕 실(보라색)이 배색 실(분홍색)의 왼쪽에 오도록 실을 2가닥 모두 집게손가락에 걸고, 바탕색을 뜰 때는 바탕 실이 배색 실의 위에 오도록 하여 안뜨기한다.

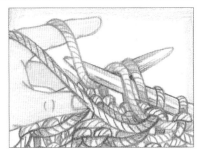

2 배색(분홍색)을 뜰 때는 배색 실이 바탕 실(보라색)의 아래에 오도록 하여 안뜨기한다.

TIP

실의 뒤엉킴을 방지하는 비결

배색뜨기에 사용하는 실은 뜨는 사이에 뒤엉켜 버릴 때가 있습니다. 여러 색을 사용할 때는 한 색씩 **실패**bobbin에 감는 방법이 있지만, 간단하게 시도할 수 있는 다음과 같은 방법도 있습니다.

· 각 색깔의 **타래**에서 1가닥을 큰 단추의 구멍이나 뻣뻣한 판지에 뚫은 구멍에 통과시킨다.

· 각 색깔의 **타래**를 개별 상자나 빈 병 등의 용기에 넣는다. 실끼리 엉키기 시작하면 **용기**를 움직여서 푼다.

· **수납상자** 안에 작은 상자나 두꺼운 종이로 **칸막이**를 만들고, 만들어진 구역에 맞춰서 상자 뚜껑에 구멍을 뚫어둔다. 각 실타래를 구역마다 넣고, 실꼬리를 뚜껑의 구멍에서 끌어낸다. 뚜껑을 닫고, 편물을 돌릴 때마다 엉킴을 푸는 방향으로 수납상자를 회전시킨다.

· 실이 **소량**(약 1m 정도)일 때는 미리 잘라서 그대로 사용하면 잘 엉키지 않는다.

겉뜨기 방향 **170**

안뜨기 방향 **171**

겉뜨기하듯이 **59, 169**

안뜨기하듯이 **59, 169**

실패 **26~27, 86**

걸칠 실을 감싸며 뜨기

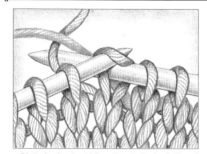 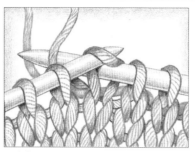  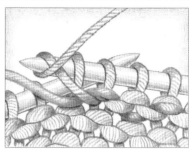

1 한쪽 손에 뜨는 실을, 다른 쪽 손에 걸치는 실을 쥔다. 걸치는 실을 겉뜨기 코에 넣은 오른바늘 위에 둔다. 그 실 아래에서 뜨는 실로 겉뜨기한다.

2 다음 코를 뜰 때는 걸치는 실을 아래로 내리고 그 위에서 뜨는 실로 겉뜨기한다. 다음에 실을 바꿀 때까지 1과 2를 반복한다. 이 과정에 의해 뜨는 실과 걸치는 실이 편물 안면에서 서로 얽힌다.

1 걸치는 실을 안뜨기 코에 넣은 오른바늘 위에 걸고, 건 실 아래를 통과시키듯이 하여 뜨는 실로 안뜨기한다.

2 다음 코를 뜰 때는 걸치는 실을 아래로 내리고 그 실 위에서 뜨는 실로 안뜨기한다. 다음에 실을 바꿀 때까지 1과 2를 반복한다. 이 과정에 의해 뜨는 실과 걸치는 실이 편물 안면에서 서로 얽힌다.

길게 걸친 실의 중간을 잡아주며 뜨기

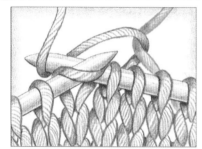 

메리야스뜨기의 겉면: 뜨는 실과 걸치는 실을 편물 뒤쪽에서 1번 교차시키고 같은 색으로 겉뜨기를 계속한다.

메리야스뜨기의 안면: 그림처럼 편물 앞쪽에서 각 실을 얽고, 같은 색으로 안뜨기를 계속한다.

Technique

색 발현의 강약 COLOR DOMINANCE

2가지 색으로 실을 가로로 걸치며 뜰 때, 한쪽 색 뜨개코가 다른 한쪽보다 두드러집니다. 이 효과를 **색 발현의 강약**이라고 부릅니다. 배색이 강하게 발현될 때는 바탕색보다 눈에 띄고, 바탕색이 강하게 발현될 때는 배색이 약하게 보입니다. 어느 쪽 색을 강하게 발현시킬 때는 일관성을 유지하는 것이 중요하며 도중에 바뀌지 않도록 합니다. 강하게 발현되는 색을 도중에서 바꿔 버리면 부분적으로 무늬의 분위기가 달라집니다.

색의 강약은 실을 바꿀 때 실을 어떻게 움직일지, 즉 다음에 뜰 실을 지금 뜬 실의 위에서 가져올지, 아래에서 가져올지로 결정됩니다. 다음에 뜰 실을 위에서 가져온 경우에는 걸치는 실이 짧아지기 때문에 뜨개코가 약간 작아지고, 뜨개코가 뒤로 물러나서 편물과 어울립니다. 이에 반해 다음에 뜨는 실을 아래에서 가져온 경우에는 걸치는 실이 길어집니다. 그 때문에 뜨개코가 약간 느슨해져서 커집니다. 이와 같은 차이에서 색의 강약이 생겨납니다.

어느 쪽을 강하게 발현시킬지는 시험 뜨기를 해보고 결정합니다.

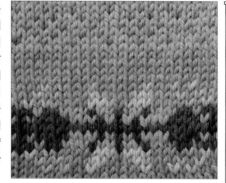 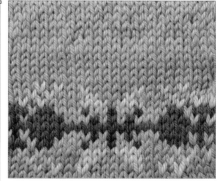

바탕색(보라색)을 언제나 **아래**에서 가져와서 뜬 편물. 보라색 뜨개코가 약간 커지기 때문에 배색 실로 뜬 무늬와 잘 어울려 보인다.

바탕색(보라색)을 언제나 **위**에서 가져와서 뜬 편물. 보라색 뜨개코가 빡빡해서 약간 작아지기 때문에 배색 실로 뜬 무늬가 두드러져 보인다.

뜨는 실 **172**

배색 **158, 165**

바탕색 **158, 166**

세로로 실을 걸치는 배색뜨기(인타르시아)Intaria

세로로 실을 걸치는 배색뜨기(인타르시아 Intarsia)란 **각각** 실타래 또는 실패를 사용하여, 어느 일정 면적의 색을 바꿔서 뜨는(여러 색을 교대로 뜨는 것이 아니라, 색마다 구획을 지어서 뜬다) 기법입니다. 뜨지 않는 실은 가로로 걸치지 않고 쉬게 두고, 색을 바꿀 때는 편물 안면에서 원래 실과 바꿀 실을 **교차시켜서** 편물에 구멍이 나지 않도록 합니다.

원통뜨기로 뜰 때는 어느 단에서 한쪽 색을 다 떴을 때의 실 위치와 다음 단에서 그 색을 뜨기 시작할 때의 실 위치가 맞지 않아지므로 일반적인 인타르시아 방법은 이용할 수 없습니다. '원통으로 뜨는 인타르시아'로 뜰 때는 각 색을 평면뜨기로 2단씩 떠서 실 위치의 문제를 해결합니다.

세로 라인을 따라서 색을 바꿀 때는 편물에 구멍이 나지 않도록 단마다 색을 바꾸는 위치에서 실을 교차시켜 줍니다. **사선**이 되도록 색을 바꿀 때는 2단마다 교차시킵니다. 오른쪽으로 경사지는 라인일 때는 겉뜨기 단에서, 왼쪽으로 경사지는 단일 때는 안뜨기 단에서 교차시켜 줍니다.

세로로 실 색을 바꿀 때

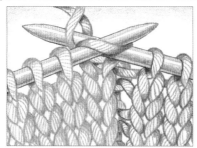

1 겉뜨기(편물 겉면)일 때: 뜬 실(보라색)을 놔두고, 그 아래에서 뜰 실(분홍색)을 들어올려서 다음 색깔로 바꿀 때까지 겉뜨기한다.

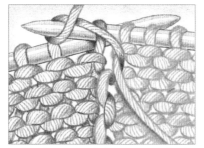

2 안뜨기(편물 안면)일 때: 뜬 실(분홍색)을 놔두고, 그 아래에서 뜰 실(보라색)을 들어올려서 다음 색깔로 바꿀 때까지 안뜨기한다. 1과 2를 반복한다.

사선으로 색을 바꿀 때

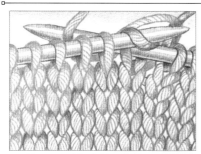

1 오른쪽으로 기울어지는 사선의 겉뜨기(편물 겉면)일 때: 뜰 실(분홍색)을 뜬 실(보라색) 위에 오도록 잡고 첫 겉뜨기를 하고, 뜰 실로 다음 색깔로 바꿀 때까지 겉뜨기한다.

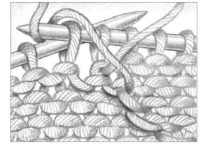

2 오른쪽으로 기울어지는 사선의 안뜨기(편물 안면)일 때: 뜰 실(보라색)을 뜬 실(분홍색) 아래에서 들어올려서 다음 색깔로 바꿀 때까지 안뜨기한다.

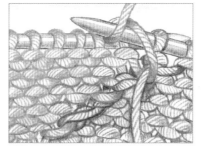

1 왼쪽으로 기울어지는 사선의 안뜨기(편물 안면)일 때: 뜰 실(분홍색)을 뜬 실 위에 오도록 잡고 첫 안뜨기를 하고, 다음 색깔로 바꿀 때까지 안뜨기한다.

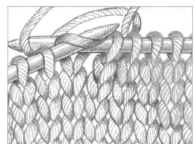

2 왼쪽으로 기울어지는 사선의 겉뜨기(편물 겉면)일 때: 뜰 실(보라색)을 뜨던 실 아래에서 들어올려서 다음 색깔로 바꿀 때까지 겉뜨기한다.

가로로 실을 걸치는 배색뜨기 **82~84**   실패 **26~27, 86**

원통뜨기 **113~122**

실패Bobbins

2색 이상으로 뜰 때는 실을 가로로 걸치는 방법이든 세로로 걸치는 방법(인타르시아)이든 **실패**를 사용하면 실이 잘 엉키지 않습니다.

기성품 플라스틱 실패는 사이즈별로 판매되고 있지만, 두꺼운 종이로 만들 수도 있습니다. 또는 아래처럼 실을 감는 법을 이용해도 좋습니다. 실패를 사용할 때

는 뜨는 무늬, 실 굵기, 자신의 취향에 따라서 사용할 실패를 고릅니다. 굵은 실을 사용할 때는 그 부피에 맞는 큰 실패를 사용합니다.

한 번에 1색이나 2색을 쓸 때는 실패를 사용하지만, 그보다 많은 색으로 구획된 좁은 면을 뜰 때는 실을 실패에 감는 것보다 1~2m 정도로 짧게 잘라서 뜨면 다

루기 쉽습니다.

사용하기 편한 실패는 어느 정도의 실양을 감을 수 있고 가벼우며 필요한 만큼 실을 보내기 쉬운 것입니다. 실패에서 실이 접하는 부분에 걸리지 않는지도 확인해둡니다.

손으로 감은 실패 또는 나비 모양 묶음

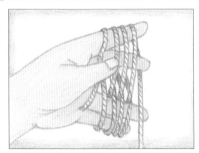

1 손바닥과 엄지손가락으로 실꼬리를 누른다. 집게손가락과 가운뎃손가락에 실을 감고, 가운뎃손가락 아래에서 실을 앞으로 꺼내서 넷째손가락과 새끼손가락에 감는다. 계속하여 필요한 양을 '8'자를 그리듯이 계속 감는다.

2 실꼬리를 20cm 정도 남겨서 자르고, 손가락에 감은 실을 뺀다. 남긴 실꼬리를 한가운데에 감고 마지막에는 감은 실에 묶는다.

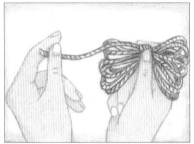

3 묶지 않은 쪽의 실꼬리에서부터 필요에 따라 실을 꺼내서 사용한다.

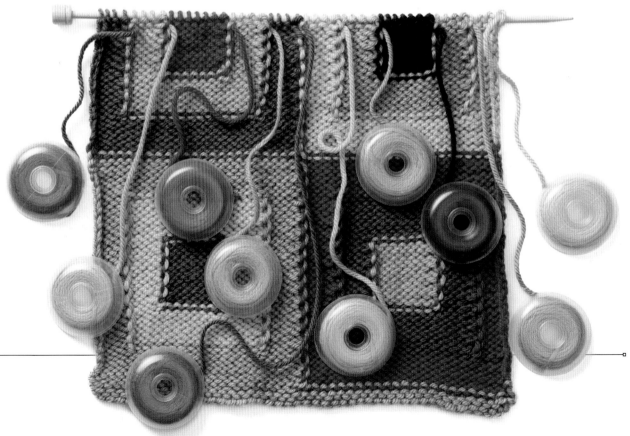

새로운 색상의 실 연결하기(A)

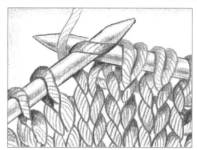

1 지금까지 뜬 실을 먼저 바늘에 걸고 계속하여 새 실을 걸어서 2가닥으로 첫 번째 코를 뜬다.

2 지금까지 뜬 실은 놔두고, 2번째 코, 3번째 코는 새 실과 새 실의 실꼬리를 합쳐 2가닥으로 뜬다(실꼬리를 함께 떠서 느슨해지지 않게 한다).

3 새 실의 실꼬리를 놓고 새 실 1가닥으로 계속 뜬다. 이 단에서 실 2가닥으로 뜬 코는 다음 단에서는 1코로 보고 보통으로 뜬다.

새로운 색상의 실 연결하기(B)

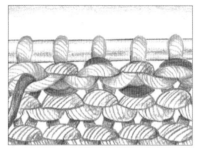

1 지금까지 뜬 실은 10㎝쯤 남겨서 자르고, 처음 2코는 새 실로 안뜨기를 2코 한다. *다음 코에 안뜨기하듯이 바늘을 넣고 실 2가닥의 실꼬리를 바늘 위에 놓고 이 2가닥 밑에서 다음 코를 안뜨기한다.

2 실꼬리 2가닥을 아래로 내리고, 다음 코는 그 2가닥 위에서 안뜨기한다**.

3 실꼬리가 같이 뜰 수 없는 길이가 될 때까지 *~**를 반복한다.

새로운 색상의 실 연결하기(C)

1 새 실로 바꿀 위치까지 3코 남을 때까지 뜬다. 실을 접어서 다음 3코를 2가닥으로 뜰 수 있는 만큼의 실 양을 확보하고, 3코를 2가닥으로 뜬다.

2 실을 접어서 생긴 고리(접음선 부분)에 새 실을 끼우고, 실꼬리에서 10㎝ 정도의 위치에서 둘로 접는다. 새 실 2가닥으로 다음 3코를 뜬다. 새 실의 실꼬리는 그대로 놔두고 새 실 1가닥으로 그대로 계속 뜬다.

3 다음 단에서는 처음에 사용했던 실이 있는 자리까지 떴으면 새 실과 교차시키고 앞단에서 2가닥으로 뜬 코는 1코로 보고 보통으로 뜬다.

겉뜨기하듯이 **170**
안뜨기하듯이 **171**

배색 차트 Charts

배색무늬는 보통 서술형보다 뜨개용 **모눈용지**에 도표로 그려져 있습니다. 문장으로 읽는 것보다 배색뜨기 부분을 시각적으로 확인하는 편이 이해하기 쉽기 때문입니다. 배색무늬 순서가 문장으로 되어 있을 때는 먼저 모눈용지에 옮겨 써서 무늬를 시각적으로 확인합니다. **니터용 모눈용지**(모눈 한 칸의 가로세로 비율을 뜨개코에 맞춘 모눈용지)에 옮겨 그리면 편물의 모습이 충실히 재현됩니다. 모눈이 정사각형인 일반 모눈용지에 옮겨 그리면, 실제 뜨개코는 옆으로 한 줄 긴 직사각형이라서 무늬가 세로로 약간 길어집니다. 차트의 1칸이 **1코**, 모눈이 옆으로 한 줄 나란히 있으면 **1단**이 됩니다. 특별히 지시가 없는 한, 편물의 겉면에서는 차트를 오른쪽에서 왼쪽으로, 안면에서는 왼쪽에서 오른쪽으로 읽으며 뜹니다. 단, 원통뜨기를 할 때는 어느 단이라도 오른쪽에서 왼쪽으로 읽습니다. 어떤 경우에도 차트는 아래에서 위로 뜹니다. 배색 차트는 특별한 설명이 없는 한 메리야스뜨기

를 전제로 합니다.

배색뜨기에 사용하는 각 색은 기호나 색, 또는 양쪽을 사용하여 배색 차트에 표시합니다. 범례(컬러 키)는 배색 차트의 기호나 색상의 실제 색상을 표시합니다. 바탕색에는 기호 없이 흰 칸을 이용하는 경우도 많습니다. 지정된 색과 다른 색으로 바꾸고 싶을 때는 뜨기 시작 전에 알아보기 쉽도록 배색 차트를 고치는 것을 추천합니다.

배색 차트에는 1무늬가 테두리 선으로 표시되어 있습니다. 이 부분은 뜨는 법을 글로 설명할 때의 '*~**를 반복한다'라는 표현에 해당합니다(뜨는 법에서 반복하는 1단위를 표시합니다). 테두리 선이 없을 때는 배색 차트 전체가 1무늬이므로, 1단에서부터 배색 차트의 마지막 단까지 뜨고 다시 1단부터 반복합니다.

배색무늬는 보통은 배색 차트대로 색을 바꾸며 뜨지만, 배색 부분 면적이 작으면 면적이 넓은 부분을 바탕색으로 뜬 뒤에 배색 부분을 메리야스 자수duplicate

stitch로 보충하는 방법도 있습니다. 예를 들면 아래 있는 다이아몬드무늬에서는 1코짜리 크로스무늬를 노란색으로 떴지만, 이 부분은 바탕색으로 떠두고 마지막에 메리야스자수를 할 수도 있습니다. 차트를 읽으면서 뜰 때는 뜨고 있는 자리를 놓치지 않도록 자나 포스트잇을 옮기면서 뜨는 것을 추천합니다. 1단을 다 뜰 때마다 배색 차트에 표시하는 것도 좋습니다. 기호가 자잘해서 보기 어려울 때는 차트를 확대복사하면 쉽게 읽을 수 있습니다.

차트의 무늬는 반드시 스와치로 시험뜨기하여 게이지를 확인해두는 동시에 무늬에 익숙해지도록 합니다. 한 무늬의 크기가 클 때는 메인 부분만 골라내서 뜹니다.

배색과 기호 도안

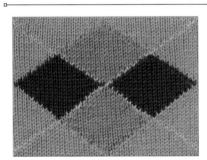

아가일무늬 편물은 겉뜨기 면에서 본 상태이며, 배색 차트는 색상이나 색상마다 설정된 기호로 표시됩니다.

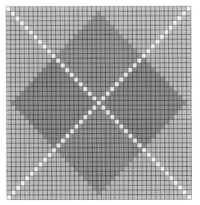

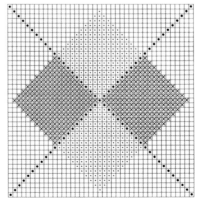

1무늬의 콧수가 많을 때

1무늬의 콧수가 많고 무늬 시작과 끝이 적혀 있지 않을 때는 무늬의 시작을 스스로 정해야 합니다. 반복 무늬의 시작 위치에서부터 뜨기 시작하면, 단의 마지막에서 무늬가 어중간하게 끝날 때가 있고 무늬와 스웨터의 **중심**이 어긋 날 가능성도 있기 때문입니다. 무늬의 뜨개 시 작과 뜨개 끝을 정하려면, 먼저 스웨터의 중심 을 찾고 중심에서 가장자리까지의 콧수를 셉니다. 반복 무늬의 중심을 스웨터의 중심에 위 치시킵니다. 반복 무늬의 중심에서 반복 무늬의 끝선까지의 콧수를 세고, 그 수를 스웨터의 중

심에서 가장자리까지의 콧수에서 뺍니다. 남은 콧수가 몇 무늬에 해당하는지 계산하고 나머 지 콧수도 계산합니다. 뜨개 시작은 반복 무늬 의 왼쪽 가장자리에서 나머지 콧수만큼 돌아 간 위치, 뜨개 끝은 반복 무늬의 오른쪽 가장 자리에서 나머지 콧수만큼 진행한 위치가 됩 니다.

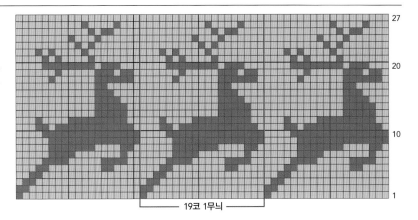

└─ 19코 1무늬 ─┘

1무늬의 콧수가 적을 때

1무늬의 콧수가 적고 무늬의 시작과 끝이 적혀 있지 않을 때는 무늬를 어디에서부터 시작할지 는 그리 중요하지 않습니다. 이때는 보통 배색 차트의 가장자리에서부터 뜨기 시작해도 상관 없습니다. 그러나 단의 마지막이 무늬의 어느 부분이 되는지는 확인해둡니다.

편물 콧수가 1무늬의 배수이거나 차가 1, 2코 정도라면 뜨기 시작하는 장소는 신경 쓰지 않 아도 괜찮습니다. 콧수의 차가 그 이상일 때는 위의 큰 무늬일 때와 마찬가지로 무늬의 중심을 맞추는 편이 좋습니다.

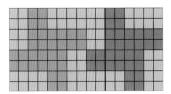

사이즈별 선이 들어간 배색 차트일 때

배색 차트에는 1무늬의 테두리선 이외에 **사이 즈별로 무늬의 시작점과 마침점**을 표시하는 선 이 그려져 있을 때가 있습니다. 이 경우에 무늬 는 중심에 맞춰져 있기 때문에 이 선을 읽는 법 만 알아두면 틀리지 않고 할 수 있습니다. 배색 차트의 뜨개 시작은 뜨려는 사이즈가 적혀 있는 위치가 됩니다. 1무늬의 테두리선까지 뜨고, 계 속하여 무늬를 반복하며 뜰 수 있는 곳까지 뜹니

다. 그 다음은 테두리선의 왼쪽 코를 뜨고, 뜨고 있는 사이즈의 마침점 부분에서 단을 다 뜹니 다. 몸판과 소매를 같은 배색 차트를 사용하여 뜰 때는 사이즈만이 아니라 몸판과 소매의 구별 을 확인하여 뜨도록 합니다.

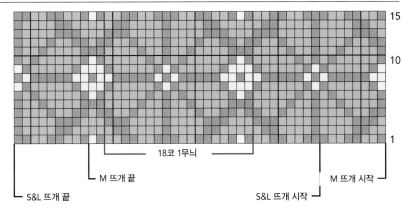

└─ 18코 1무늬 ─┘

└─ M 뜨개 끝   M 뜨개 시작 ─┘

└─ S&L 뜨개 끝   S&L 뜨개 시작 ─┘

여러 개의 배색 차트를 사용하여 뜨기

예를 들어 각각 1무늬의 콧수·단수가 다른 무늬 여러 개를 사용하는 스웨터에서는 각 무늬의 배색 차트가 **개별로 그려져 있을** 때가 있습니다. 오른쪽 예처럼 한꺼번에 배색 차트 여러 개를 보면서 뜰 때는 어느 무늬의 어느 부분을 뜨고 있는지 확인하며 뜹니다.

이 예에서는 세 가지 무늬의 배색 차트를 보면서 무늬를 맞는 순서로 떠야 합니다. 예컨대 겉면은 아래 배색 차트의 배열 순서대로 오른쪽 끝의 작은 무늬의 배색 차트 1번째 코부터 뜨기 시작하여, 중간 무늬 배색 차트, 큰 무늬 배색 차트 순으로 뜹니다. 안면은 큰 무늬 배색 차트의 마지막 코에서부터 뜨기 시작하여 다음에는 중간 무늬 배색 차트, 그리고 마지막으로 작은 무늬 배색 차트 순으로 뜹니다. 배색 차트를 읽기 쉽게 하기 위해 각 무늬 복사본을 몇 장 준비하여 스웨터에 배치하듯이 테이프로 붙여서 큰 배색 차트 한 장으로 만들어두면 단마다 무늬를 따라가기 쉬워집니다.

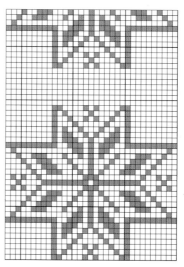
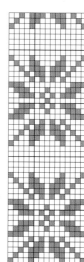

가로줄무늬 배색

가로줄무늬는 뜨면서 실을 걸칠 필요가 없기 때문에 배색무늬 중에서도 가장 간단합니다. 줄무늬를 1무늬 뜰 때마다 실을 잘라도 상관없지만, 그만큼 마무리 단계에서 실 처리가 많아집니다. 실 처리의 번거로움을 줄이려면 뜨지 않는 실을 편물 가장자리를 따라서 걸치는 방법이 있습니다.

가로줄무늬를 평면뜨기하려면 1무늬의 단수를 **짝수**로 해두면 실을 바꾸기 쉬워집니다. 홀수 단 가로줄무늬는 다음에 그 색으로 뜨기 시작할 위치가 편물의 반대쪽 가장자리가 되기 때문에 실을 한 번 자르고 반대쪽 가장자리에 다시 이어야 합니다. 이를 피할 수 있는 방법 중 하나는 가로줄무늬 1무늬를 짝수 단으로 변경하는 것입니다.

줄바늘이나 양쪽 막대바늘을 사용하여 평면뜨기하는 방법도 있습니다. 이때는 가로줄무늬를 1무늬 다 뜨고 색을 바꿀 때, 그 색이 단의 반대쪽에 있으면 편물을 돌리지 않고 다 뜬 단의 뜨개 시작으로 돌아가서 거기에 있는 다음 색 실로 뜨기 시작합니다.

옷을 원통뜨기하려면 언제나 편물 겉면을 보고 뜨고, 단의 시작점이 언제나 같으므로 가로줄무늬의 단수를 신경쓰지 않아도 됩니다.

겉면에서 색을 바꿀 때, 앞단의 겉뜨기 위에 새 색으로 안뜨기를 하면 안뜨기 뜨개코에 앞단 색의 선이 들어갑니다. 이 선은 새 실로 1단 겉뜨기한 뒤에 안뜨기를 하면 나오지 않게 됩니다.

편물 가장자리를 따라서 실을 걸치기

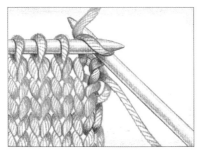

1 너비가 좁은 짝수단 가로줄무늬에서 색을 바꿀 때, 뜨던 색 실을 두고 그 아래에서 새 색 실을 들어올려서 다음 줄무늬를 뜬다. 이때 실을 너무 잡아당기지 않도록 주의한다.

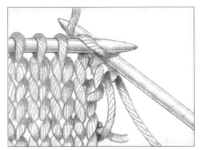

2 너비가 넓은 가로줄무늬(4단 이상이 기준)를 뜰 때는 뜨던 색 실을 편물 가장자리에 걸치면서 몇 단에 한 번씩 뜨고 있는 실과 얽으면서 다음에 뜰 단까지 끌어올린다.

Technique

다양한 가로줄무늬

2코 고무뜨기의 2색 4단씩 뜬 줄무늬

1번째 색으로 메리야스뜨기 4단, 2번째 색으로 가터뜨기 2단을 뜬 줄무늬

메리야스뜨기를 2색 4단씩 뜬 줄무늬(겉면에서 본 모습)

가터뜨기를 2색 4단씩 뜬 줄무늬(겉면에서 본 모습)

세로줄무늬 배색

세로줄무늬를 뜰 때는 편물의 뒤쪽에서 뜨지 않는 색 **실을 걸치든지**(가로로 실을 걸치는 배색뜨기), 줄무늬 색마다 실타래나 **실패**에 감은 실을 준비하여 세로로 실을 걸치는 배색뜨기를 해야 합니다. 줄무늬 1개의 너비가 2.5㎝ 이하일 때는 편물 뒤쪽에서 실을 걸쳐서 뜹니다. 줄무늬 너비가 2.5㎝보다 넓을 때는 색마다 실패를 준비하여, 단마다 색을 바꿀 때마다 **실끼리 교차시킵니다.**

세로줄무늬 1개가 겉뜨기 1코일 때는 편물은 모두 바탕색으로 뜨고 완성 후에 줄무늬를 **메리야스자수**Duplicate stitch 하는 편이 깔끔하게 마무리됩니다.

줄무늬를 뜰 때, 기초코는 1색으로 잡고 다음 단부터 무늬를 뜨기 시작합니다. 아래처럼 줄무늬 색에 맞춰서 기초코를 잡을 수도 있습니다.

2색을 사용하는 고무뜨기일 때는 겉뜨기와 안뜨기에서 색을 바꾸면서 세로줄무늬를 만듭니다. 재미있는 효과가 생기지만, 단색 고무뜨기에 비해서 신축성이 떨어지기 때문에 그것을 보완하기 위해서 너비를 조금 넓게 뜰 필요가 있습니다. 1코 고무뜨기나 2코 고무뜨기로 뜨면 효과적인데, 편물에 구멍이 나지 않도록 색을 바꿀 때는 안면에서 실을 교차시키는 것을 잊지 않도록 합니다.

세로줄무늬의 기초코

1 일반 코잡기로 실타래 쪽 실을 엄지손가락에 걸고 기초코를 잡는다. 1번째 색으로 필요한 콧수만큼 잡았으면 2번째 색의 매듭을 바늘에 걸고 2번째 코를 만들기 전에 그림처럼 1번째 색과 2번째 색의 실을 교차시킨다.

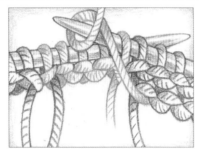

2 메리야스뜨기의 세로로 실을 걸치는 방법으로 뜰 때는 첫 단을 안뜨기하면서 색을 바꿀 때는 그림처럼 실끼리 교차시킨다. 틈이 생기지 않도록 실을 조금 당긴다.

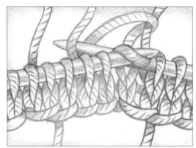

3 다음 단(겉면)에서는 색을 바꿀 때 편물 뒤쪽에서 다음에 뜰 실을 뜬 실 위에 올라가도록 교차시키면서 뜬다.

2색을 사용한 고무뜨기

1 겉면: 안뜨기를 하기 전에 뜬 실을 두고 그 실 아래에서 다음에 뜰 실을 좌우 바늘 사이에서 편물 앞쪽으로 옮기고 다음 2코를 안뜨기한다.

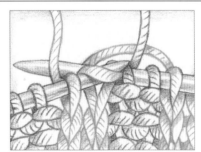

2 겉뜨기를 하기 전에 뜬 실을 뒤쪽으로 옮기고 그 실 아래에서 다음에 뜰 실을 가져와 다음 2코를 겉뜨기한다.

1 안면: 겉뜨기를 하기 전에 뜬 실을 두고 그 실 위에서 다음에 뜰 실을 가져와서 편물 뒤쪽으로 옮기고 다음 2코를 겉뜨기한다.

2 안뜨기를 하기 전에는 뜬 실을 앞쪽으로 옮기고 그 실 위에서 다음에 뜰 실을 가져와 다음 2코를 안뜨기한다.

4 배색하여 무늬뜨기

걸러뜨기 배색Slip Stitches

배색뜨기를 하는 간단한 방법으로 걸러 뜨기를 사용하는 방법도 있습니다. 걸러 뜨기무늬는 1단을 1색으로 뜨고, **안뜨기 하듯이 오른바늘을 왼바늘의 코에 넣어** 배색 차트나 지시에 따라 실을 앞쪽이나 뒤쪽에 둔 상태에서 뜨개코를 뜨지 않고 **오른바늘로 옮깁니다**(실을 뒤쪽에 두고 뜨 개코를 옮기면 '걸러뜨기', 실을 앞쪽에 두고 걸러뜨기를 하는 뜨개법을 '걸쳐뜨기'라고 부 릅니다). 단의 마지막에는 뜬 실을 다음에

뜰 실의 앞에 두고 그 아래에서 다음 실 을 끌어올립니다. 이렇게 하면 쉬는 실을 정리하면서 편물 가장자리를 따라서 뜰 수가 있습니다.

걸러뜨기무늬는 직물을 방불케하는 독 특한 질감이 있는 편물로 떠지고 대다수 는 기하학적인 무늬가 떠집니다. 또 걸러 뜨기무늬에서는 세로 방향으로 뜨개코 가 당겨지기 때문에 일반 메리야스뜨기 보다 튼튼하고 치밀한 편물로 완성됩니다.

그러데이션 실 등과 상성이 좋고, 그러데 이션과 단색을 조합하여 이용해도 효과 적입니다. 마찬가지로 굵기나 조성이 다 른 실을 조합해도 재미있는 효과를 기대 할 수 있습니다.

걸러뜨기무늬는 스웨터를 비롯한 옷, 모 자, 장갑, 카울 같은 소품에도 적합합니 다. 또 가장자리뜨기에도 편리합니다. 행 주, 수건, 쿠션 커버, 블랭킷 등의 인테리 어 아이템에도 응용할 수 있습니다.

걸러뜨기무늬는 원통뜨기로도 뜰 수 있 습니다. 이때는 단마다 겉면을 보고 오른 쪽에서 왼쪽을 향해서 뜨고 시접코는 생 략합니다.

걸러뜨기

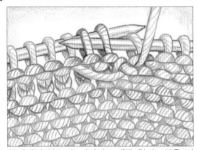

안면에서 안뜨기로 '걸러뜨기'를 한다: 실을 편 물의 앞쪽에 두고, 안뜨기하듯이 오른바늘을 왼바늘의 1코나 2코에 넣어서 뜨지 않고 오른 바늘로 옮긴다.

편물 겉면에서 '걸러뜨기'를 한다: 실을 편물의 뒤쪽에 두고, 안뜨기하듯이 오른바늘을 왼바 늘의 1코나 2코에 넣어서 뜨지 않고 오른바늘 로 옮긴다.

뜨개코를 왼쪽으로 기울어지도록 위로 길게 늘 일 때: 뜨개코를 몇 단에 걸쳐 '걸러뜨기'한 뒤 에 왼바늘에서 코를 빼고 꽈배기바늘 등에 쉬 게 둔다. 계속하여 지정된 콧수를 뜨고, 걸러뜨 기한 코를 왼바늘에 되돌려 놓고 뜬다.

걸러뜨기무늬의 배색 차트

범례
⩔ 걸쳐뜨기slip 1 wyif

2코 1무늬

겉면에서 걸쳐뜨기(실을 앞쪽에 둔 상태 에서 걸러뜨기를 한다)를 사용한 편물의 배색 차트

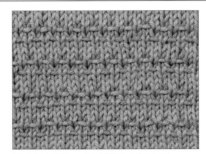

겉면에서 걸쳐뜨기를 사용한 편물의 예

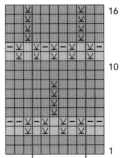

6코 1무늬

범례
─ 안뜨기p on RS, k on WS
⩔ 걸러뜨기slip 1 wyib

몇 단에 걸치는 걸러뜨기(실을 뒤쪽에 둔 상태에서 걸러뜨기를 한다)를 사용한 편물의 배색 차트

겉면에서 걸러뜨기를 사용한 편물의 예

가장자리뜨기 **255~257**   모자 **296~303**   손모아장갑 **304~311**   스웨터 **203~278**
실을 앞/뒤쪽에 두고 **47**   안뜨기하듯이 **171**   원통뜨기 **113~122**

모자이크 배색 Mosaic Knitting

걸러뜨기를 사용하여, 실패를 사용하거나 실을 걸치거나 바꾸지 않고 배색무늬를 뜰 수 있는 기법입니다. 색을 **2단마다 한 번씩 편물 가장자리에서 바꿔줍니다.** 모자이크무늬는 메리야스뜨기, 안메리야스뜨기, 가터뜨기, 어느 기법으로도 뜰 수 있습니다. 아래 편물은 메리야스뜨기와 가터뜨기로 한 것입니다.

모자이크무늬는 보통 **2색**으로 뜨고, 색마다 모두 1가닥으로 2단씩 뜹니다. 배색

차트의 1번째 코는 그 단에서 뜨는 색을 표시하고, 그 단은 뜨는 색의 코만 뜨고 다른 색 코는 뜨지 않고 걸러뜨기합니다. 단의 처음과 끝 코는 반드시 뜹니다.

보통은 겉면의 단만 차트에 표시되어 있습니다. 안면을 작업할 때는 차트를 보지 않아도 됩니다. 각 색은 걸러뜨거나 앞 단의 무늬에 맞춰 떠나갑니다.

걸러뜨기를 할 때는 언제나 **실이 편물 안면에 오도록** 합니다. 즉, 겉면에서는 뒤

쪽에, 안면에서는 앞쪽에 두도록 합니다. 모자이크무늬의 뜨개 시작은 기초코의 다음 단에서는 걸러뜨기를 하기 어려우므로 먼저 무늬의 1단에서 거르는 색의 실로 1~2단 뜬 뒤에 무늬로 들어갑니다. 단의 끝에서 색을 바꿀 때는 사용했던 실을 두고 그 뒤쪽에서 다음에 사용할 실을 가지고 옵니다.

모자이크뜨기 무늬는 원통으로도 뜰 수 있습니다. 그 경우에는 단마다 배색 차트

를 오른쪽에서 왼쪽으로 읽습니다. 같은 색의 2번째 단(짝수 단)은 홀수 단과 마찬가지로 뜹니다. 예컨대 메리야스뜨기로 뜰 때는 2번째 단은 안뜨기가 아니라 겉뜨기로 뜹니다.

메리야스뜨기로 모자이크 배색을 뜰 때

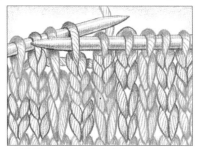

1 분홍색으로 뜨는 단의 겉면(그림은 아래 배색 차트의 13단): 분홍색으로 겉뜨기, 보라색 코는 걸러뜨기(실을 뒤쪽에 두고, 오른바늘을 안뜨기하듯이 왼바늘의 코에 넣어서 옮긴다).

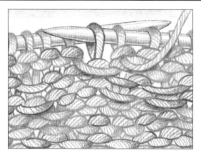

2 분홍색으로 뜨는 단의 안면(그림은 아래 배색 차트의 14단): 분홍색 코는 모두 안뜨기, 보라색 코는 모두 실을 앞쪽에 두고, 오른바늘을 안뜨기하듯이 왼바늘의 코에 넣어서 옮긴다.

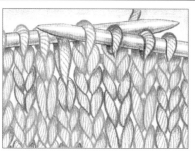

1 보라색으로 뜨는 단의 겉면(그림은 아래 배색 차트의 15단): 보라색 코는 모두 겉뜨기, 분홍색 코는 모두 실을 뒤쪽에 두고, 오른바늘을 안뜨기하듯이 왼바늘의 코에 넣어서 옮긴다.

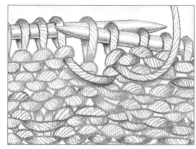

2 보라색으로 뜨는 단의 안면(그림은 아래 배색 차트의 16단): 보라색 코는 모두 안뜨기, 분홍색 코는 모두 실을 앞쪽에 두고, 오른바늘을 안뜨기하듯이 왼바늘의 코에 넣어서 옮긴다.

모자이크 배색 차트

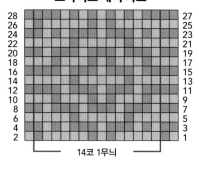

14코 1무늬

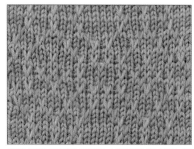

왼쪽 배색 차트를 메리야스뜨기로 뜬 편물: 각 단에서 뜨는 코를 겉면에서는 겉뜨기, 안면에서는 안뜨기로 뜬다.

왼쪽 배색 차트를 가터뜨기로 뜬 편물: 각 단에서 뜨는 코를 항상 겉뜨기로 뜬다.

왼쪽 아래 배색 차트의 색을 반전시켜서 메리야스뜨기로 뜬 편물.

왼쪽 아래 배색 차트에서 분홍색으로 뜨는 단은 가터뜨기, 보라색으로 뜨는 단은 메리야스뜨기로 뜬 편물. 가터뜨기 부분이 도드라져서 입체감이 생긴다.

왼쪽 아래 배색 차트에서 보라색으로 뜨는 단을 보라색과 파랑색 줄무늬로 하여 메리야스뜨기로 뜬 편물. 뜨개코는 같지만, 편물의 느낌은 완전히 달라진다.

Technique

모자이크무늬를 디자인하려면

모자이크무늬의 규칙만 지키면 나만의 모자이크무늬를 간단히 만들 수 있습니다.

먼저 모자이크무늬의 기본 구조는 **단순한 줄무늬**입니다. 짙은 색과 옅은 색을 교대로 2단씩 뜨고, 그 단의 다른 색으로 뜨는 코는 걸러뜨기합니다.

직접 배색 차트를 그리려면 먼저 모눈용지를 준비합니다. 모눈용지의 1단은 2단분이 되므로 배색 차트 오른쪽 가장자리에는 홀수, 왼쪽 가장자리에는 짝수 번호를 매겨둡니다.

배색 차트의 처음과 마지막 칸(각 단의 처음과 마지막 코)에는 짙은 색과 옅은 색을 교대로 넣습니다. 그 단에서 뜨지 않는 코가 걸러뜨기가 됩니다. 즉, 단의 시작이 짙은 색일 때는 그 단에서 옅은 색이 걸러뜨기가 되고, 단이 옅은 색으로 시작하면 짙은 색이 걸러뜨기입니다.

모자이크무늬를 뜨기 시작하려면 무늬의 1단에서 걸러뜨기가 되는 색으로 먼저 2단을 뜹니다. 메리야스뜨기 모자이크무늬를 만들 때는 1단은 겉뜨기, 2단은 안뜨기가 됩니다. 가터뜨기일 때는 2단 모두 겉뜨기입니다. 이것이 준비단set-up rows입니다.

바탕색이 되는 색(A색: 뜨는 색)과 걸러뜨기가 되는 색(B색: 뜨지 않는 색)을 정하고 처음 2단이 완성됐으면 다음 2단의 디자인, 그리고 그 이후 단의 디자인을 생각합니다. 다음 순서는 가터뜨기 모자이크무늬를 뜨는 경우의 뜨는 법입니다.

준비단 : B색으로 두 단 뜬다.

1·2단 : A색으로 A색 코는 겉뜨기, B색 코는 걸러뜨기한다. 처음과 마지막 코는 반드시 A색으로 뜬다. A색 코는 반드시 겉뜨기, B색 코는 반드시 걸러뜨기한다.

3·4단 : B색으로 B색 코는 겉뜨기, A색 코는 걸러뜨기한다. 처음과 마지막 코는 반드시 B색으로 뜬다. 아래 배색 차트의 처음 5코처럼 B색으로 겉뜨기한 코는 B색이 되고 걸러뜨기한 코는 6번째 코처럼 A색이 된다. 1, 2단의 B색 코는 반드시 뜬다.

5·6단 : A색으로 A색 코는 겉뜨기, B색 코는 걸러뜨기한다. 앞단에서 걸러뜨기한 A색 코는 반드시 뜬다. 또 일반적으로 모자이크무늬에서는 3코 이상 연속해서 걸러뜨기하지는 않는다.

무늬를 배색 차트로 그렸으면 스와치를 시험뜨기하여 모자이크무늬의 규칙을 따르는지, 그리고 기대대로 완성되었는지 확인한다.

모자이크무늬의 규칙

· 모자이크무늬는 2단 줄무늬로 이뤄진다.

· 겉면(홀수 단)을 어떻게 하는지에 따라 안면(짝수 단)을 어떻게 할지 정해진다. 즉, 겉면에서 뜬 코는 안면에서도 뜬다. 겉면에서 걸러뜨기한 코는 안면에서는 걸쳐뜨기가 된다.

· 단의 처음과 끝은 그 단을 뜨는 색으로 반드시 뜬다. 이것은 배색 차트에 표시된 단의 처음과 끝 코의 색으로 그 단을 뜬다는 것이기도 하다.

· B색 위(A색으로 뜨는 다음 단)의 코는 A색으로 뜨든지 걸러뜨기하여 B색인 채로 둘 수도 있다.

· A색 단의 A색 코는 반드시 뜬다. 앞의 2단에서 걸러뜨기했던 코는 걸러뜨기하지 않는다.

· A색 단의 B색 코는 반드시 걸러뜨기한다. A색 단에 B색을 사용하고 싶을 때는 그 코를 걸러뜨기하여 앞단의 B색을 가져온다.

· 앞단과 색을 바꿀 수 있는 것은 바꾸고 싶은 색을 뜨고 있을 때뿐이다.

범례
■ A색   □ B색

되돌아뜨기를 사용한 배색뜨기 Short Row Color Knitting

양말 뒤꿈치 부분이나 옷의 가슴 다트 등 편물을 입체적으로 뜨기 위한 되돌아뜨기나 어깨 처짐이나 목둘레 모양을 정돈하는 되돌아뜨기 이외에 되돌아뜨기를 사용하여 일반적인 평면뜨기나 원통뜨기로는 뜨지 못하는 무늬를 뜰 수 있습니다. 되돌아뜨기를 2색이나 3색을 사용하고 순서대로 색을 바꾸면, **사선 줄무늬**나 **쐐기형**, **파도형** 무늬가 생깁니다. 되돌아뜨기를 몇 번 반복하면 바탕색과 대조적인 색의 **타원형**을 뜰 수도 있습니다.

다. 되돌아뜨기로 하는 배색뜨기는 메리야스뜨기, 안메리야스뜨기, 가터뜨기로 뜨는 것이 일반적입니다. 이 배색뜨기는 그러데이션 실, 세미솔리드 실, 또는 여러 색을 조합한 배색에 가장 적합합니다. 색을 바꾸는 기준은 콧수가 아니라 단수가 됩니다. 추가한 색은 2단이 한 세트가 됩니다. 즉, 되돌아오는 지점까지 겉뜨기나 안뜨기를 했으면 다음 단으로 옮겨서 앞단의 시작까지 되돌아갑니다. 단을 끝까지 다 뜨지 않기 때문에, 보통은 직사

각형으로 떠지는 편물을 쐐기형으로 뜰 수 있습니다. 각각의 되돌아뜨기는 편물의 수직 수평 방향에 영향을 줍니다. 쐐기형의 각도는 편물 전체 폭에 대해 되돌아오는 콧수에 따라 정해집니다. 되돌아뜨기 부분의 길이에 변화를 주어서 배색 사용에 더욱 재미를 더해줄 수 있습니다.

쐐기형 WEDGES

이 편물에서는 바탕색(보라색) 가터뜨기로 겉면의 마지막에 매번 2코씩 남기고 떠서 되돌아뜨기한다. 가터뜨기에서는 단차 없애기를 하지 않는다.

이 편물에서는 보라색으로 되돌아뜨기를 한다. **아래 쐐기형:** 겉뜨기 단에서 매번 4코씩 남기고 떠서 되돌아뜨기. **중간 사선 줄무늬:** 모든 코를 2단 뜬다. **위 쐐기형:** 안뜨기 단에서 매번 4코씩 뜨는 되돌아뜨기.

아래 쐐기형: 2단마다 색을 바꾸면서 겉면에서 4코씩 남기고 떠서 되돌아뜨기. **위 쐐기형:** 계속 색을 바꾸면서 안면의 안뜨기 단에서 4코씩 뜨는 되돌아뜨기.

파도형과 타원형 WAVES AND OVALS

이 편물의 보라색 부분은 처음 아래 반은 단마다(편물 좌우에서) 뜨면서 되돌아뜨기하고, 위의 반은 순서를 반대로 하여 남기고 뜨는 되돌아뜨기로 바꾼다.

이 가터뜨기 편물에서는 2색 모두 위를 향한 곡선에서는 몇 코씩 남기고 뜨는 되돌아뜨기, 아래를 향한 곡선에서는 몇 코씩 지나서 뜨는 되돌아뜨기를 한다.

메리야스뜨기의 작은 도트(분홍색)와 가터뜨기 배경(보라색)으로 구성된 편물. 도트는 세밀한 단위로 남기고 뜨는 되돌아뜨기를 반복하여 만든다.

격자 배색Plaid Knitting

격자(타탄)무늬는 세로 방향과 가로 방향에 다른 색이 교차합니다. 격자무늬는 줄무늬의 변형이라고도 할 수 있습니다. 격자무늬를 뜨는 방법 중 몇 가지는 **가로 방향 줄무늬를 뜨고 그 후에 세로줄무늬를 추가하는 것입니다.**

격자무늬는 메리야스뜨기 줄무늬와 메리야스 자수를 조합하여 만들 수도 있습니다. 그 경우, 배경이 되는 줄무늬를 뜬 뒤에 다른 색 세로선을 **메리야스 자수** duplicate stitch로 추가합니다. 세로선을

수놓을 때 뜨개코를 건너뛰어 바탕색과 배경색을 섞을 수도 있습니다.

그 외에 배경인 줄무늬 안에 안뜨기 줄을 세로로 뜨고 이 선을 따라 **코바늘로 사슬뜨기를 하여** 새로운 색의 세로선을 추가하는 방법도 있습니다.

그리고 돗바늘을 사용하여 가터뜨기에 **실을 짜넣는 방법**이 있습니다. 이때는 가터뜨기로 가로 방향 줄무늬를 뜨고 세로선을 가터뜨기의 이랑에 짜넣습니다. **걸러뜨기**slip stitch를 사용하여 격자무늬를

만들 수도 있습니다.

격자무늬를 뜰 때 실은 굵기를 고르게 하여 쓰지만, 표면이 매끄러운 실에 모헤어나 기모 소재를 조합하면 재미있는 편물이 생깁니다. 또한 믹스 컬러 실로 격자무늬를 뜨면, 전통적인 타탄무늬처럼 완성됩니다.

메리야스 자수DUPLICATE STITCH

줄무늬 위에 메리야스 자수를 한 격자무늬. 메리야스 자수는 1단씩 걸러서 수를 놓습니다.

메리야스뜨기로 2단 가로 줄무늬를 뜬다.

돗바늘과 3번째 색 실을 사용하여 1단씩 걸러서 메리야스 자수를 한다. 메리야스 자수는 그림처럼 뜨개코 한가운데에서 바늘을 빼서 윗단 뜨개코의 다리 2가닥 뒤에 바늘을 넣는다. 다시 처음 위치에 바늘을 넣으면 1코가 완성된다.

코바늘을 사용하는 방법CROCHET METHOD

줄무늬 편물 위에서 코바늘로 빼뜨기를 하여 사슬코를 떠서 세로선을 만듭니다.

가로 방향 줄무늬에 안뜨기 줄을 세로로 떠서 홈을 만든다(이 부분에 코바늘로 세로선을 떠준다).

코바늘과 3번째 색 실을 사용하여 안뜨기 줄을 따라 1코씩 빼뜨기한다. 첫 안뜨기에서 실 고리를 끌어내고 1코 위의 안뜨기에 바늘 끝을 넣어서 편물 뒤에 있는 실을 빼낸다. 이 순서를 줄을 따라서 반복한다.

짜넣는 방법 WEAVING METHOD

가터뜨기 줄무늬에 배색 실을 짜 넣어 만드는 격자무늬

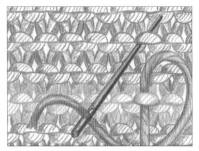

1 먼저 가터뜨기로 줄무늬를 뜬다. 3번째 색 실을 돗바늘에 꿰어 편물의 아래 끝에서 위를 향해서 1단씩 걸러가며 뜨개코에 통과시킨다.

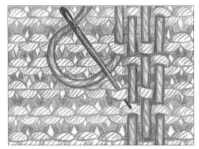

2 이번에는 위에서 아래를 향해 1에서 실을 통과시킨 코의 옆 줄에 1에서 건너뛴 단의 코에 돗바늘을 넣어 1단씩 걸러가며 3번째 색 실을 통과시킨다.

걸러뜨기를 사용하는 방법 SLIP-STITCH METHOD

이 스와치는 배색 차트처럼 1단마다 색을 바꾸고 같은 면을 2단씩 뜬 것으로, 양쪽 막대바늘이나 줄바늘을 사용하여 떠야 한다. '1번째 색실로 1단 뜨고, 편물을 돌리지 않고 뜨개코를 바늘의 반대쪽으로 이동시켜서 2번째 색 실로 1단 뜨고 편물을 돌린다'를 반복한다.

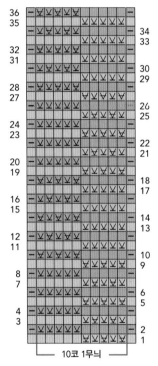

10코 1무늬

범례

⊟	**안뜨기** p in RS, k on WS
⊻	**걸쳐뜨기** slip 1 wyif
⊻	**걸러뜨기** slip 1 wylib

레이스뜨기
Lace

레이스뜨기

레이스뜨기는 다양한 뜨개 종류 중에서도 매혹적이어서 동경하는 사람이 많은 기법의 하나입니다. 바늘비우기와 코줄임을 조합하여 온갖 종류의 비침무늬, 그물뜨기, 기하학무늬, 꽃무늬, 잎사귀무늬를 다양한 크기로 뜰 수 있습니다.

전통적인 레이스뜨기

레이스뜨기의 발상지는 스페인이라고 하며, 기법은 유럽 전체와 그 너머로 퍼져나감과 동시에 발전하며 지역 특유의 스타일과 기법이 생겨났습니다. 레이스뜨기라고 하면 셰틀랜드제도, 오렌부르크, 러시아가 특히 유명하지만, 에스토니아와 아이슬란드에서도 비슷할 정도로 아름다운 레이스무늬가 생겨나고, 무늬를 구성하는 모티브에서 서로 영향을 받은 것이 엿보입니다. 레이스뜨기는 빅토리아 시대까지는 시골이나 경제적으로 가난한 지역에서 농부나 어부의 아내들이 생업으로 했습니다. 19세기 후반이 되자 빅토리아 왕조의 중류 계급 여성들 사이에서 레이스뜨기가 크게 유행하여, 그 여성들의 집은 정교한 무늬를 넣은 의류나 실내 장식품으로 꾸며졌습니다.

레이스뜨기의 종류

레이스뜨기는 다종다양하며 각 레이스무늬의 배경을 이루는 편물(가터뜨기나 메리야스뜨기)과 무늬 안의 바늘비우기나 코줄임 수로 식별했습니다. 가터뜨기를 바탕으로 하는 레이스뜨기는 양면의 느낌이 거의 같은 데 비해 메리야스뜨기를 바탕으로 한 것은 겉뜨기 면을 겉쪽, 안뜨기 면을 안쪽으로 하여 겉과 안이 명확하게 구별됩니다.

단마다 레이스뜨기를 할 때는 1단씩 걸러서 하는 것보다 구멍이 많아서 투명감이 강한 느낌으로 마무리됩니다.

편물 겉면에서도 안면에서도 바늘비우기와 코줄임을 해서 뜬 것을 '양면 레이스 true knitted lace', 겉면에서만 레이스 디자인을 만들고 안면은 단순하게 뜨기만 한 것을 '**단면 레이스**'라고 구별하는 경우도 있습니다.

레이스무늬

레이스무늬를 뜨려면 다양한 무늬를 이용할 수 있습니다.

비침 구멍eyelets은 바늘비우기와 코줄임을 단독 또는 반복하여 조합하여 만듭니다. 그물뜨기Faggoting는 레이스무늬 중에서도 가장 오래되고, 바늘비우기와 코줄임을 규칙적으로 반복하여 그물 모양의 편물을 만드는 기법입니다. 바늘비우기와 코줄임은 세로 방향에도 가로 방향에도 배치할 수 있습니다. 바늘비우기와 코줄임 간격을 바꿔서 창조적인 다양한 레이스무늬가 생겨났습니다.

코줄임은 좌우대칭 느낌이 되도록 조합하여 잎사귀무늬나 다이아몬드무늬를 만들고, 레이스 편물에 일정 방향의 흐름을 만들거나(예를 들어 삼각 숄의 가장자리 뜨기 등) 스웨터 등의 의류에서 각 부위의 모양을 만드는 것도 가능합니다.

레이스뜨기의 게이지

똑같은 레이스뜨기라도 숄이나 아기 블랭킷 같은 아이템은 게이지를 그리 중시하지 않습니다. 그러나 스웨터, 양말, 모자 등 몸에 착용하는 아이템은 다른 편물과 마찬가지로 게이지를 냅니다. 레이스무늬 편물은 늘어나기 때문에 블로킹한 상태에서 원하는 치수를 냅니다.

레이스뜨기 옷 종류에서는 일반적으로 기준이 되는 메리야스뜨기 스와치를 뜨도록 지시되어 있습니다. 무늬뜨기 스와치가 메리야스뜨기 스와치와 일치할 때는 그대로 뜨개를 진행해도 되지만 추가로 레이스무늬를 2, 3무늬 떠서 게이지를 확인하기를 추천합니다. 이 스와치를 블로킹하면 작품의 완성 치수를 짐작할 수 있습니다.

레이스뜨기의 실 선택과 바늘

레이스뜨기라고 하면 섬세한 실로 뜬 비침무늬 숄을 연상하는 경향이 있지만, 레이스무늬는 어떤 굵기의 실로도 뜰 수 있으며 어떤 소재 실로도 뜰 수 있습니다. 아크릴 등 합성섬유로 레이스무늬를 떴다면 꼼꼼하게 블로킹해야 합니다. 블로킹 방법으로는 스팀 블로킹이 가장 효과적이지만, 온도가 너무 높으면 섬유가 녹을 가능성이 있습니다. 기모가 있는 실보다 표면이 매끄러운 실이 무늬가 더 선명하게 나타나지만, 모헤어나 모헤어 혼방처럼 기모가 있는 소재로도 아름다운 숄이나 스웨터를 뜰 수 있습니다. 작품에서 지정한 실이 아닌 대체사를 사용할 때는 반드시 시험뜨기를 하여 실 굵기가 적절한지, 비슷한 드레이프 느낌이 나는지 확인합니다. 그러데이션 실을 단색 실로 바꿀 때는 색이 바뀌는 부분에서 레이스무늬가 손상되지 않도록 주의합니다. 그러데이션 실에는 비교적 단순한 레이스무늬가 적합합니다.

대다수 니터는 레이스무늬 작품을 뜰 때, 뜨개코를 다루기 쉽도록 끝이 뾰족한 **레이스용 바늘**을 고르는 경향이 있습니다. 그러나 꼬임이 단단한 실을 사용할 때는 바늘 끝이 뾰족하면 실을 상하게 할 가능성이 있으니 주의해야 합니다. 또 면적이 큰 레이스무늬 작품을 뜰 때는 평면뜨기라도 줄바늘을 사용하는 편이 뜨기 쉽습니다. 줄바늘은 둘레 치수가 긴 작품에는 필수입니다. 둘레 치수가 짧은 작품에는 양쪽 막대바늘(4개나 5개 세트)을 사용합니다.

무늬 수가 많을 때는 무늬와 무늬 사이에 **스티치 마커**를 넣어서 구별해두면 좋습니다.

바늘비우기 Yarn Overs 　◎

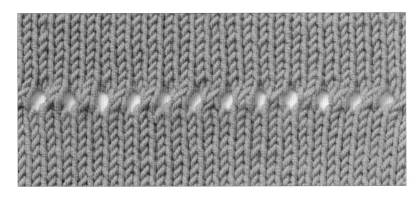

바늘비우기하는 단에
서는 콧수가 늘어나는
만큼 코줄임을 하여 상
쇄해준다.

겉뜨기와 겉뜨기 사이

겉뜨기를 하고 두 바늘 사이로 실을 뒤쪽에서 앞쪽으로 옮긴다. 그림과 같이 오른바늘 위쪽으로 실을 뒤로 보내 다음 코를 뜬다.

겉뜨기와 안뜨기의 사이

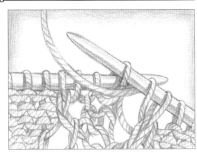

겉뜨기를 하고 두 바늘 사이로 실을 뒤쪽에서 앞쪽으로 옮긴다. 그림처럼 오른바늘에 실을 건 뒤에 다음 코를 안뜨기한다.

안뜨기 단의 처음

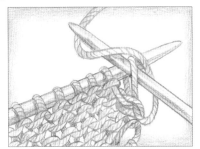

안뜨기 단의 처음에서 바늘비우기를 할 때는 실을 뒤쪽에 두고 오른바늘을 1번째 코에 안뜨기하듯이 넣어 안뜨기한다.

안뜨기와 오른코 겹쳐 2코 모아뜨기의 사이

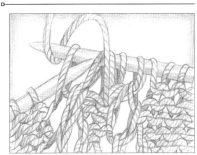

안뜨기를 한 뒤, 실을 앞에 두고 다음 코는 겉뜨기하듯이 바늘을 넣어서 오른바늘로 옮긴다. 오른바늘 위에서 실을 뒤쪽으로 옮기고 그림처럼 다음 코를 겉뜨기한다. 오른바늘에 옮긴 코를 겉뜨기한 코에 덮어씌워서 코줄임을 완성한다.

안뜨기와 안뜨기의 사이

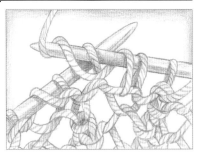

안뜨기를 하고 실을 앞쪽에 둔 뒤, 오른바늘의 위로 실을 뒤쪽으로 옮긴다. 다시 실을 앞쪽으로 옮기고 그림처럼 다음 코를 안뜨기한다.

겉뜨기 단의 처음

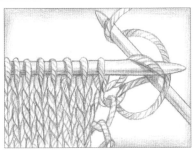

실을 앞쪽에 두고 오른바늘을 1번째 코에 겉뜨기하듯이 넣는다. 오른바늘 위로 실을 뒤쪽으로 옮기고 겉뜨기한다. 필요에 따라서 바늘비우기를 엄지손가락으로 눌러 둔다.

2코 이상 계속해서 할 때

1 평소에 하는 바늘비우기처럼 오른바늘에 1코 걸고, 계속하여 지정된 수만큼 실을 오른바늘에 감는다.

2 다음 단에서는 2코 이상 바늘비우기를 한 부분에서는 감은 실이 풀리지 않도록 겉뜨기와 안뜨기를 교대로 한다.

겉뜨기하듯이 **170**　　　　실을 앞/뒤쪽에 두고 **47**　　　　안뜨기하듯이 **171**

코줄임 **55~60, 102~103**

코줄임

바늘비우기를 하기 전에 왼코 겹치기(K2TOG)

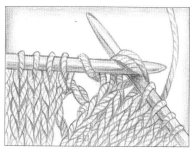

1 실을 뒤쪽에 두고 다음 2코에 겉뜨기하듯이 바늘을 넣는다.

2 바늘 끝에 실을 걸고 2코에서 동시에 끌어낸다. 계속하여 바늘비우기를 한다.

바늘비우기를 한 뒤에 오른코 겹치기(ssk)

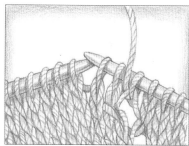
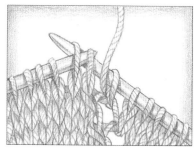

1 실을 앞쪽에 두고 다음 2코에 겉뜨기하듯이 바늘을 넣으면서 1코씩 오른바늘로 옮긴다.

2 오른바늘에 옮긴 2코의 앞쪽으로 왼바늘을 넣고 오른바늘 위로 실을 앞쪽에서 뒤쪽으로 옮긴 후 2코를 한꺼번에 뜬다.

바늘비우기를 한 뒤에 오른코 겹치기(skp)

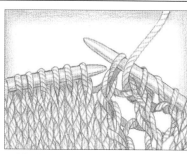
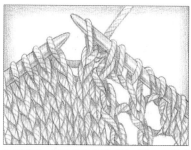
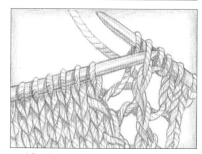

1 실을 앞쪽에 두고 다음 코에 겉뜨기하듯이 오른바늘을 넣어서 옮긴다.

2 오른바늘 위로 실을 앞쪽에서 뒤쪽으로 옮기고 왼바늘의 코를 겉뜨기한다.

3 실은 뒤쪽에 둔 채, 왼바늘 끝을 오른바늘에 옮긴 코에 넣어서 겉뜨기한 코에 덮어씌운다.

왼코 3코 모아뜨기 K3TOG ⋏

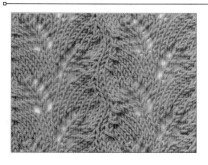

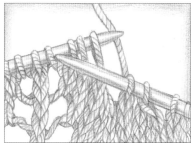

1 실을 뒤쪽에 두고 왼바늘의 다음 3코에 오른바늘을 겉뜨기하듯이 넣는다.

2 바늘 끝에 겉뜨기하듯이 실을 걸고 3코를 한꺼번에 뜬다.

바늘비우기를 한 뒤에 오른코 3코 모아뜨기 SK2P ⋏

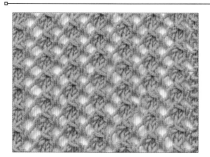

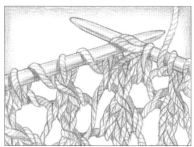

1 실을 앞쪽에 두고 다음 코에 겉뜨기하듯이 오른바늘을 넣어서 옮긴다. 오른바늘 끝을 그림처럼 왼바늘의 다음 2코에 겉뜨기하듯이 넣고, 오른바늘 위로 실을 앞에서 뒤로 옮긴 뒤에 2코를 한꺼번에 뜬다.

2 실을 뒤쪽에 둔 채, 2코 모아뜨기를 한 코에 오른바늘로 옮긴 코를 덮어씌운다.

중심 3코 모아뜨기 S2KP ⋏

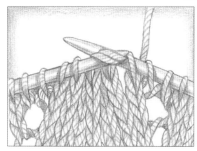

1 실을 뒤쪽에 두고 왼바늘의 다음 2코에 겉뜨기하듯이 오른바늘을 넣어서 옮긴다.

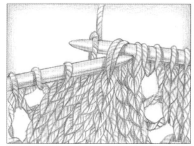

2 왼바늘의 다음 코를 겉뜨기하고, 왼바늘 끝을 오른바늘로 옮긴 2코에 왼쪽에서부터 넣어서 겉뜨기한 1코 위에 덮어씌운다.

겉뜨기하듯이 59, 169   실을 앞/뒤쪽에 두고 47

레이스무늬 차트 읽기

레이스무늬 또는 그 이외의 편물일 때도 뜨개 차트는 무늬뜨기를 **시각적으로 표현한 것**입니다. 특히 레이스무늬는 1단 안에서 바늘비우기와 다양한 코줄임 기법을 조합하여 뜨기 때문에 문장으로 적힌 세세한 지시에 따르는 것은 여러 가지로 힘듭니다. 하지만 뜨개 차트에 익숙해지면, 무늬의 뜨고 있는 부분을 따라가기 쉬워집니다. 실제로 레이스무늬를 이용한 숄 등 중세사나 극세사를 사용하는 아이템에서는 무늬뜨기를 뜨개 차트만으로 지시한 작품이 많이 있습니다.

레이스무늬 차트에서 가장 많이 이용되는 것은 겉뜨기, 안뜨기, 바늘비우기, 코줄임 기호입니다. 이런 기호를 뜨개 차트에서 사용할 때는 한 코를 만들기 위한 행동이 한 칸으로 표시됩니다. 차트에 표시된 한 코를 뜨기 위해서 몇 가지 순서를 동반하는 것도 있습니다. 예를 들어 중심 3코 모아뜨기를 할 때는 3코를 움직여야 합니다.

레이스무늬 기호는 표준화되어 있지 않습니다. 레이스무늬 차트에는 각 무늬를 표시하는 기호의 범례와 각 기호의 설명이 첨부되어 있습니다. 아래 레이스무늬의 위쪽 차트에는 겉면인 홀수 단의 뜨개코만 표시되어 있습니다. 이런 경우에 안면은 안뜨기로 뜨도록 별도 지시가 있습니다.

이 이외에 레이스무늬 차트에서 읽을 수 있는 정보로는 **무늬의 반복**이 있습니다. 1무늬는 일반적으로 굵은 선으로 둘러싸여 있습니다. 숄 등 레이스무늬를 광범위하게 이용할 때는 무늬와 무늬 사이에 스티치 마커를 넣어두면 편리합니다. 이렇게 하면 스티치 마커로 구분된 범위를 차트에서 따라가기만 하면 됩니다.

레이스무늬 중에는 **'코가 없는 부분'의 기호**를 사용한 차트도 많습니다. 이러한 기호는 비어 있는 공간을 의미하고, 뜨는 도중에서 이 기호를 만났을 때는 단순하게 뛰어넘어서 다음 기호를 뜹니다. 때로는 '코가 없는 부분'을 이용하여 그 단에서는 콧수가 줄어드는 것을 나타낼 때도 있습니다.

레이스무늬 원형 숄이나 심리스 풀오버, 레이스무늬 양말을 뜰 때처럼 원통으로 뜰 때는 언제나 도안을 오른쪽에서 왼쪽으로 읽습니다. 원통뜨기를 전제로 한 배색 차트일 때는 도안 오른쪽 가장자리에 단수를 표시하는 숫자가 있고 단의 처음이 표시되어 있습니다.

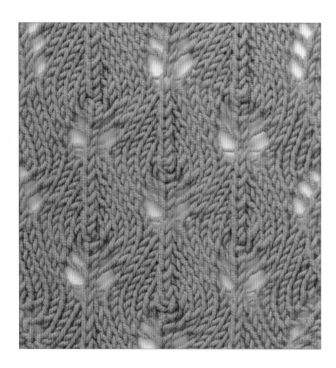

범례

□ 겉면에서는 겉뜨기, 안면에서는 안뜨기 (k on RS, p on WS)

⊙ 바늘비우기 yo

⟋ 왼코 겹치기 k2tog

⟍ 오른코 겹치기 ssk

人 중심 3코 모아뜨기 S2KP

겉면(홀수 단)만 적혀 있는 차트

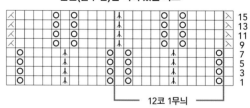

└─ 12코 1무늬 ─┘

모든 단이 적혀 있는 차트

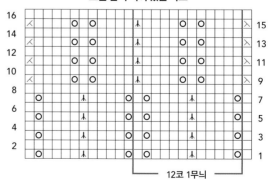

└─ 12코 1무늬 ─┘

바늘비우기 **101, 168**

'코가 없는 부분'의 기호 **174**

숄 **279~294**

코줄임 **55~60, 102~103**

스티치 마커 **24~25**

코와 단의 반복 구간(1무늬) 표시

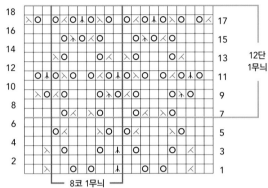

12단
1무늬

8코 1무늬

범례

▢ 겉면에서는 겉뜨기, 안면에서는 안뜨기 k on RS, p on WS

Ⓞ 바늘비우기 yo

╱ 왼코 겹치기 k2tog

╲ 오른코 겹치기 ssk

人 중심 3코 모아뜨기 S2KP

↗ 오른코 3코 모아뜨기 S2KP

바늘비우기 **101, 168**

코줄임 **55~60, 102~103**

TIP

뜨개 차트 잘 사용하기

레이스뜨기 차트를 사용하여 뜰 때, 뜨기 쉬워지는 간단한 방법을 소개합니다.

• 차트의 기호가 너무 작을 때는 확대 복사합니다. 디지털판 차트를 사용할 경우에는 명령어로 글자 크기를 확대하도록 지정하거나 작업 중인 부분을 확대하여 표시합니다.

• 자석 보드를 구입하여 도안을 끼워서 사용하는 방법도 추천합니다. 이런 보드에는 가늘고 긴 자석이 붙어 있어서, 한 단을 뜰 때마다 동시에 자석을 움직이며 뜨고 있는 단을 표시합니다.

• 형광펜으로 작업 중인 단을 표시합니다. 색을 나눠서 사용하거나, 형광 테이프나 포스트잇으로도 대신할 수 있습니다.

작업을 중단할 때는 어느 단까지 떴는지 기록해두면 편리하지만, 한 단을 다 뜨고 나서 중단하는 것이 가장 이상적입니다.

레이스무늬에서 코의 늘림이나 줄임으로 형태 만들기

레이스무늬는 바늘비우기와 코줄임을 조합하여 구성합니다. 진동둘레의 코줄임이나 소매를 소맷단에서부터 뜰 때의 코늘림처럼 형태 만들기를 동반하는 옷을 뜰 때, 코늘림이나 코줄임이 레이스무늬에 미치는 영향을 고려해야 합니다.

예를 들어 형태를 만들기 위한 코줄임이 **레이스무늬의 코줄임을 대체했을** 때, 레이스무늬의 코줄임에 대응했던 **바늘비우기를 없앨** 필요가 있습니다. 형태를 만들기 위한 코줄임과 상관없이 레이스무늬의 코줄임과 바늘비우기를 각각 뜰 수 있다면 그렇게 하지만 만약에 무늬뜨기를 위한 코줄임 위치에서 형태를 만들기 위한 코줄임을 해야 할 때는 형태를 만들기 위한 코줄임만 합니다.

1무늬의 콧수가 적은 레이스무늬에서 형태 만들기를 할 때, 코줄임이 들어갈 위치의 레이스무늬를 메리야스뜨기로 바꾸면 효과적입니다. 예를 들어 무늬가 8코 반복일 때, 단의 시작과 끝의 8코를 메리야스뜨기로 바꾸고 이 메리야스뜨기의 범위 내에서 코줄임을 합니다.

코줄임이나 코늘림은 **가장자리의 1, 2코 안쪽**에서 하여 꿰맬 자리를 확보하면 '꿰매기'도 순조롭게 할 수 있습니다.

코늘림도 같은 식으로 생각할 수 있습니다. 코늘림 콧수가 레이스무늬의 코줄임과 바늘비우기 수와 맞지 않을 때는 메리야스뜨기의 뜨개코를 추가합니다.

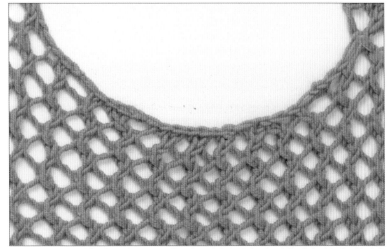

레이스뜨기로 모양을 만들 때, 콧수를 바르게 유지하기 위해 코늘림을 없앨 경우가 있습니다. 도안에서 분홍색으로 표시된 코는 무늬의 뜨개코 대신 겉뜨기하는 부분을 가리킵니다. 도안의 왼쪽의 분홍색 코는 실제로는 지정된 콧수만큼 덮어씌워 코막음을 끝냈을 때 오른바늘에 있는 코로, 도안에서는 그것을 겉뜨기로 보고 있습니다.

레이스무늬 코줄임

범례

- □ 겉면에서는 겉뜨기, 안면에서는 안뜨기 k on RS, p on WS
- ■ 무늬 대신 겉뜨기한다
- − 겉면에서는 안뜨기, 안면에서는 겉뜨기 p on RS, k on WS
- ⊼ 왼코 겹치기 k2tog
- ⊠ 오른코 겹치기 SKP
- ⊙ 바늘비우기 yo
- ⌒ 덮어씌워 코막음

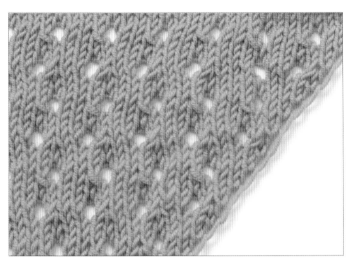

레이스무늬를 뜨며 늘림을 하고 있습니다. 도안의 좌우 가장자리의 바늘비우기는 사선 형태를 만들기 위한 코늘림으로, 1무늬만큼 콧수가 늘어난 단에서 레이스무늬를 1무늬 늘립니다.

레이스무늬 뜨기의 코늘림

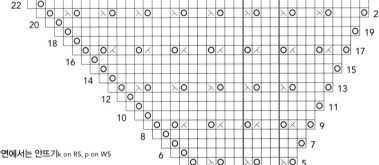

범례

☐ 겉면에서는 겉뜨기, 안면에서는 안뜨기 k on RS, p on WS

☑ 왼코 겹치기 k2tog

☒ 오른코 겹치기 ssk

◯ 바늘비우기 yo

4코
1무늬

Technique

레이스뜨기의 기초코와 코막음

레이스뜨기에 이용하는 기초코는 일반 코잡기 long-tail cast on, 케이블 코잡기 cable cast on, 감아코잡기 backwards-loop cast on 등 일반적인 기법입니다. 그러나 레이스뜨기에 사용할 때는 **기초코를 느슨하게 잡는 것이 중요**합니다. 기초코의 코와 코 간격을 적어도 3mm 정도 두어서 편물 너비가 지나치게 빡빡하지 않도록 합니다. 몸판을 뜨는 바늘보다 **1~2호 굵은 바늘**로 기초코를 잡아도 좋습니다. 그 외에 나중에 풀 수 있는 기초코를 사용하여 기초코를 푼 뒤에 코를 주워서 가장자

리를 뜨거나 다른 레이스 편물과 잇는 경우도 있습니다. 또 톱다운 숄은 가터 스티치 탭(너비 2, 3코인 가터뜨기로 띠 모양으로 뜬 것)의 세 방향에서 코를 주워서 뜨기 시작하는 방법도 있습니다.

레이스뜨기의 코막음도 **유연성을 확보**하여 편물이 울지 않도록 합니다. 겉면에서만 뜨는 레이스뜨기일 때는 안면에서 코막음하는 게 쉬울 수도 있습니다. 바늘비우기를 직접 막지 않고 끝나기 때문입니다.

바늘비우기 코막음 yarn over bind off이나 서스

펜디드 코막음 suspended bind off 등 일반적인 코막음 기법은 레이스뜨기에도 사용할 수 있습니다.

숄 중에는 코바늘 사슬뜨기를 장식성 있는 코막음이나 가장자리뜨기(P.108 참조)로 이용하는 것도 있습니다. 코막음도 코잡기와 마찬가지로 바늘 호수를 **1~2호 굵게** 하면 느슨하게 코막음할 수 있습니다.

레이스무늬 보더와 에징 Border and Edging

레이스 편물을 마무리하는 가장 간단한 방법에는 P.60~61의 신축성 있는 코막음이나 코바늘을 사용한 장식적인 사슬뜨기가 있습니다. 그러나 숄이나 스카프 테두리에는 보더와 에징으로 재미를 더해주는 편이 완성했을 때의 기쁨도 큽니다. 레이스의 보더와 에징의 용도는 숄이나 스카프, 또는 레이스용 극세사를 사용한 아이템에 한하지 않습니다. 굵은 실로 뜬 옷이나 소품에 이용할 수도 있습니다. 예를 들어 합태사나 병태사를 사용한 메리야스뜨기의 단순한 스웨터의 밑단이나 소맷부리, 칼라, 앞여밈단도 레이스 보더로 장식할 수 있습니다. 블랭킷에 레이스뜨기 모티브를 달기도 하고 작은 보더와 에징은 양말 입구나 장갑 입구에 달 수도 있습니다.

보더는 작품 몸판과 같은 방향으로 뜨는 가로 방향의 패턴이고 에징은 띠 모양의 편물을 따로 떠서 붙여줍니다. 오래된 레이스무늬 작품의 대다수는 에징을 이용했습니다. 빅토리아 시대에 침대 커버, 테이블보, 도일리를 장식할 때도 에징을 떴습니다.

에징은 **한쪽 가장자리를 직선으로 뜰 때**가 많고, 이 부분을 작품의 몸판에 잇습니다. 다른 한쪽 가장자리는 스캘럽, 파도 모양, 요철, 고리 등 다양한 장식적인 모양으로 되어 있습니다. 너비는 고정되어 있지만, 길이는 뜨는 단수에 따라 정할 수 있습니다. 에징은 몸판을 다 뜬 뒤에 달 수도 있지만, 몸판 뜨개코를 코막음하지 않고 코 상태로 남겨두었다가 에징을 이어서 뜨는 편이 이음매가 눈에 띄지 않고 깔끔하게 마무리됩니다.

보더를 몸판 기초코 쪽에 달 때는 별도 사슬 기초코 등 나중에 풀 수 있는 방법을 선택하는 것을 추천합니다. 이때는 보더를 뜰 때 별실을 풀고, 기초코 쪽의 뜨개코를 바늘에 끼워서 보더를 뜨기 시작합니다. 에징을 몸판 가장자리에 이용할 때는 뜨개코는 그 상태 그대로 놔둘 때도 있고 편물 가장자리를 따라서 코를 주워 에징을 달 때도 있습니다. 레이스뜨기 숄의 가장자리처럼 코를 줍는 범위가 길 때는 긴 줄바늘을 사용하면 다루기 쉽습니다.

무늬집에는 다양한 보더와 에징 패턴이 실려 있으므로, 마음에 드는 것을 숄이나 스카프, 스웨터, 모자, 장갑 등 다양한 작품에 맞게 변형하여 사용하는 것도 추천합니다.

크로셰 에지 코막음 CROCHET-EDGE BIND-OFF

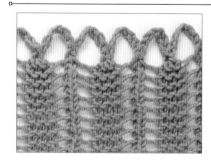  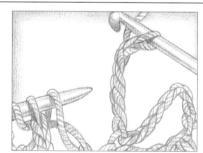 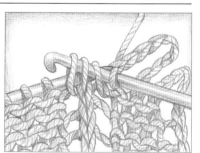

1 왼바늘의 처음 3코에 코바늘 끝을 통과시켜서 짧은뜨기를 한다.

2 사슬을 8코 뜬다.

3 1~2를 반복하여 끝까지 코막음한다.

별도 사슬 기초코에서 코를 주워서 보더 뜨기

보더를 다 뜬 뒤의 이음매입니다.

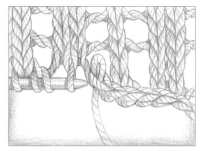

1 별도사슬을 뜨개 끝 쪽에서 조심해서 풀고. 남은 코를 뜨개바늘에 옮긴다. 뜨개바늘은 양쪽 막대바늘이나 줄바늘을 사용한다.

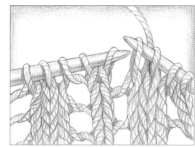

2 편물 위아래를 거꾸로 바꿔 잡고. 실을 이어서 보더를 뜬다. 1단은 뜨개코가 돌아갔는지 확인하며 뜬다. 그림처럼 다음 코가 돌아가 있을 때는 고리의 뒤쪽에 바늘 끝을 넣고 떠서 돌아간 것을 푼다.

뜨면서 에징을 수직으로 이어서 뜨기

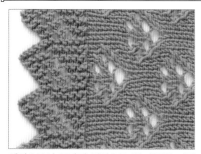

레이스무늬 몸판에 직선으로 뜬 에징의 가장자리를 잇고 반대쪽 가장자리는 뾰족뾰족하게 떴습니다.

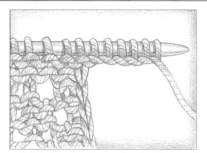

1 마지막 단 끝에 지정된 수만큼 에징용 코를 잡고 편물을 돌린다. 그림은 감아코로 6코 만들고 편물을 돌린 모습.

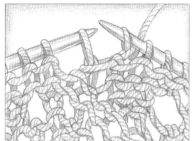

2 에징의 홀수 단(몸판 쪽에서 다 뜬 단)에서는 마지막 코를 몸판 쪽의 오른쪽 끝 코와 2코 모아뜨기하여 에징과 솔 몸판을 잇는다. 다 이었으면, 몸판의 남은 코는 왼바늘에 걸린 상태인 채로 편물을 돌린다.

3 편물을 돌린 후 몸판과 에징의 길이를 맞추기 위해, 이은 코는 뜨지 않고 거르고 에징의 다음 단을 뜬다.

TIP

콧수와 레이스무늬의 보더

일반적으로 보더는 작품 몸판과 같은 콧수로 뜨지만, 콧수 조정이 필요할 경우가 있습니다. 보더의 무늬 콧수와 몸판의 콧수가 잘 맞지 않을 때는 보더나 몸판의 콧수를 줄이거나 늘려서 **조정**합니다.

몸판이 메리야스뜨기 등 기본적인 편물일 때는 1단에서 균등하게 코줄임이나 코늘림을 합니다. 메리야스뜨기라면 이와 같은 코줄임나 코늘림은 레이스무늬 편물보다 눈에 잘 띄지 않게 됩니다.

몸판의 실 굵기와 다른 실을 보더에 사용할 때는, 콧수를 줄이거나 늘여야 할 수도 있습니다. 이때는 사용하는 실 2종류로 각각 스와치를 떠서 늘리거나 줄일 콧수를 파악하여 보더 너비와 몸판 너비를 맞춥니다.

고리 뒤쪽 **50**
코줄임 **55~60, 102~103**

메리야스뜨기 **30, 46**

코늘림 **50~54**

레이스뜨기 블로킹 Blocking Lace

숄, 스카프, 도일리 등 레이스뜨기 작품은 다 떴을 때는 쭈글쭈글하고 형태가 잡히지 않아서 원하는 모습으로 완성하기 위해서는 잘 매만져주는 단계가 필요합니다. 그럴 때 위력을 발휘하는 것이 블로킹입니다. 블로킹은 '미운 오리새끼' 같은 편물을 '백조'로 변신시켜 줍니다. 블로킹으로 **바늘비우기로 만든 비침 부분을 펴고 코줄임 부분을 자리잡게 하는 것**뿐만 아니라 모서리를 뾰족하게 하거나 완만한 파도 모양을 만들어내는 등 모양을 정돈할 수 있습니다. 이러려면 우선 다 뜬 작품을 물에 담갔다 빼서 모양을 정리하면서 핀을 꽂아 말립니다.

블로킹을 할 때 준비해두면 좋은 도구로는 줄자, 블로킹 매트, T핀이나 블로킹 와이어가 있습니다. 블로킹 매트는 전용 매트도 있지만 작은 조각을 연결해 만드는 쿠션 매트라도 상관없습니다. 면적이 넓은 작품은 침대나 러그에 색이 빠지지 않는 수건을 깔면 매트 없이도 블로킹할 수 있습니다. T핀은 녹슬지 않는 핀이나 시침핀으로도 대용할 수 있습니다. 블로킹

와이어는 털실이나 굵은 재봉실을 대신 사용해도 됩니다. 작품에 핀을 꽂는 사이에 말라 버렸을 때를 위해 분무기도 준비해두면 편리합니다. 물에 담글 때는 울 워시(헹구지 않아도 되는 울 전용세제)를 사용하는 것도 좋습니다. 블로킹하는 자세한 순서는 다음과 같습니다.

• **마무리 실 처리를 끝낸다.** 뜨개 시작과 뜨개 끝의 실꼬리는 10㎝ 정도 남겨둔다.
• **미지근한 물에 작품을 약 20분 담근다.** 완전히 수분을 흡수하고 공기를 포함하지 않은 것을 손으로 눌러서 확인한다. 여기에 울 워시를 넣는다. 필수는 아니지만, 더러움을 제거하는 동시에 유칼립투스나 라벤더 같은 방충 효과가 있는 향이 첨가된 상품이 많기 때문이다. 세탁기에 물을 받아서 작품을 담가도 되지만, 대야를 이용하면 담그기 쉽다.
• 작품을 완전히 적셨으면, 조심스럽게 들어올려 우선 살살 눌러서 물기를 제거한다. 이어서 펼친 수건 위에 작품을 평평하게 편 뒤에 돌돌 말고 그 위에서 눌

러서 물기를 뺀다. 더욱 확실하게 물기를 제거하기 위해 발로 밟는 사람도 있다. 단, 어떤 방법을 사용하든지 절대로 비틀어 짜지 않도록 주의한다. 비틀어서 짜면 특히 극세사일 때는 수분을 흡수한 섬유가 상할 가능성이 있다.

• 수건에서 작품을 꺼내서 **블로킹 매트(또는 침대처럼 평면인 곳)에 놓는다.** 블로킹 와이어를 사용할 때는 편물의 가장자리에 끼운다. 편물을 늘려서 넓히고, 블로킹 와이어를 사용할 때는 와이어를, 사용하지 않을 때는 편물 가장자리를 핀으로 고정한다. 또 모양을 만들 때는 그 부분에도 모양을 정돈한 다음 핀을 꽂는다. 핀을 꽂으면서 **줄자**로 균형을 확인한다. 예를 들어 삼각형 숄일 때는 중심을 기점으로 하여 좌우가 같은 길이인지 확인한다.

• **작품을 완전히 건조시킨다.**

• 다 말랐으면 **핀을 빼고** 블로킹 와이어를 조심스럽게 빼낸다. 뜨개 시작과 뜨개 끝의 실꼬리를 처리하고 그 외에도 실을 이은 곳 등 실꼬리가 나와 있는 곳이 있

으면 처리한다. 이제 완성된 아름다운 레이스를 마음껏 즐긴다.

블로킹 와이어가 없으면 핀을 꽂기만 하고 마칠 수도 있고, 겉면이 매끄러운 실을 작품 가장자리의 직선 부분에 끼우고 블로킹용 실을 당겨서 가장자리를 정리하며 핀으로 고정하는 방법도 있습니다. 레이스무늬 스웨터를 블로킹할 때는 P.184~187에 적힌 순서처럼 합니다. 편물 가장자리에 직선 부분이 있을 때는 블로킹 와이어를 사용하는 편이 직선 부분이 깔끔하게 마무리됩니다. 블로킹할 때는 스웨터의 **각 부위 치수가 제도와 맞는지 확인**하고, 레이스무늬를 너무 늘리지 않도록 주의합니다.

레이스무늬를 이용한 작품은 빨 때마다 블로킹이 필요합니다. 블로킹한 편물은 핀을 빼면 조금 줄어들어서 원래대로 돌아가는 습성이 있습니다. 그러므로 무늬가 예쁜 상태를 유지하기 위해 정기적으로 블로킹을 다시 하는 것도 좋습니다.

TIP

레이스무늬의 게이지 내는 법

레이스무늬 편물은 **블로킹하면 넓어지기** 때문에 비침이 없는 편물에 비해 게이지를 내기 힘듭니다. 그렇기 때문에 레이스무늬를 스웨터나 모자 등 몸에 착용하는 것에 사용할 때는 편물의 완성 치수를 정확히 재둘 필요가 있습니다. 작품 치수를 사전에 확인하려면 사전에 사용할 레이스무늬 스와치를 떠서 블로킹하여 계측하는 것이 필수입니다.

정확한 게이지를 내려면 사용하려는 무늬를 가로세로로 2~3무늬씩 떠서 가로세로로 10㎝보다 큰 편물을 뜹니다. 아울러 메리야스뜨기 스와치도 뜨면 더욱 정확히 사이즈를 파악할 수 있습니다.

1무늬 도중에서 콧수가 바뀌는 무늬일 때는 너비가 좁은 부분, 넓은 부분, 양쪽 치수를 재서 그 평균치를 게이지로 합니다. 또는 레이스무늬가 작품 사이즈에 어떻게 영향을 주는지 생각할 때도 있습니다. 예를 들어 레이스무늬 부분이 드레이프 되는 디자인이라면 좁은 부분의 치

수를 게이지로 하는 편이 드레이프가 듬뿍 예쁘게 잡힙니다. 반대로 레이스무늬 부분을 늘어지지 않게 마무리하고 싶을 때는 넓은 부분의 치수를 게이지로 합니다.

스와치의 기초코와 코막음은 **느슨하게** 해서 레이스 부분이 충분히 늘어나는 것을 방해하지 않도록 합니다. 그리고 물에 담갔다가 블로킹하는데, 스와치 사이즈는 **블로킹 전후로 2번** 재둡니다. 블로킹 전의 치수는 작품을 뜨는 도중의 게이지 확인에 사용할 수 있습니다. 패턴에서 지정된 게이지가 나오지 않을 때는 바늘 호수를 바꿔서 스와치를 다시 떠 봅니다. 블로킹을 해서 모든 스와치를 재면 정밀도가 올라갑니다.

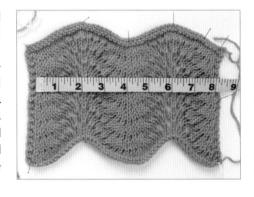

블로킹 전

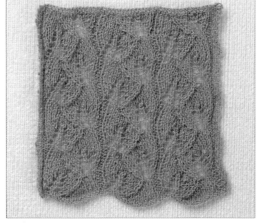

블로킹 후

편물 가장자리에 블로킹 와이어를 통과시킨다

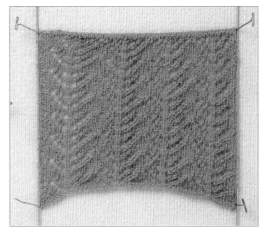

블로킹 와이어를 핀으로 고정한다

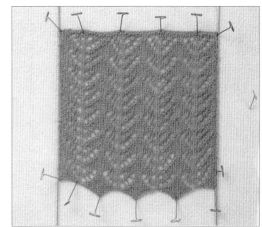

편물 가장자리 전체에 핀을 꽂는다

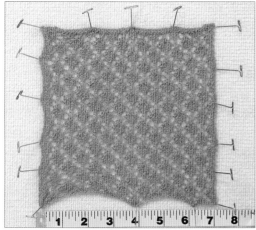

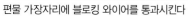

핀을 꽂으며 줄자로 치수를 잰다

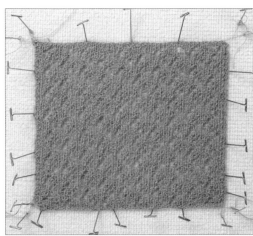

와이어 대신 실을 사용한 편물

111

잘못 떴을 때의 수정 방법

레이스를 잘못 뜨면 다른 무늬뜨기보다 좌절감이 쌓이기 쉽습니다. 몇 단 전에 오류가 있는 것을 발견했을 때는 바늘비우기를 빠뜨리지 않도록 1코씩 풀 수밖에 없습니다(눈에 띄지 않도록 콧수를 바꿔버리는 방법도 있지만 난이도가 높습니다). 코줄임을 몇 차례나 한 단을 풀 때는 줄임코를 제대로 풀지 않으면 콧수가 바뀌어서, 원래 수정할 부분 이외의 문제가 일어날 수도 있습니다.

여기에서 조금 조언하자면, 속담 'measure twice, cut once(두 번 재고 나서 한 번 자른다=아는 길도 물어 가라)'를 뜨개에 적용하여, 애초에 실수하지 않도록 신중하게 뜨는 것이 좋습니다. 그렇기는 해도 비교적 수월하게 레이스뜨기를 수정하는 방법이 있습니다. 그것은 **라이프 라인**(풀림 방지를 위해 뜨개코에 끼워 두는 별실)을 사용하는 것입니다. 라이프 라인은 레이스뜨

기에 한하지 않고 모든 뜨개에 사용할 수 있지만, 그중에서도 레이스뜨기, 특히 숄이나 스카프 같은 작품에 이용하는 복잡한 레이스무늬를 뜰 때 유용하게 사용할 수 있습니다. 몇 단 전의 실수를 발견했을 때는 수정 부분의 뜨개코를 바늘에서 빼고 라이프 라인 위치까지 풉니다. 라이프 라인은 어떤 뜨개코이든 뜨개코를 '단단히 잡아주고 있기' 때문에 뜨개코를 뜨개바늘에 되돌려 놓고 그 단에서부터 다시 뜨기 시작할 수 있습니다.

레이스뜨기 편물에 라이프 라인을 넣는 간격은 니터에 따라서 다릅니다. 대다수 니터는 무늬의 시작 등 어느 일정 간격으로 넣습니다. 그 이외에서는 난이도가 높은 단, 되도록 다시 뜨고 싶지 않다고 생각하는 단에 넣어두면 도움이 된다는 사람도 있습니다. 톱다운 숄이나 중심에서 밖으로 뜨는 원형 숄은 뜨기를 진행할수

록 1단이 길어지기 때문에 라이프 라인을 꼼꼼하게 넣어두면 몇 시간 동안의 작업이 허사가 되지 않도록 해줍니다.

라이프 라인으로 쓸 실을 고를 때, 기준이 되는 것은 사용하고 있는 작품 실입니다. 그것보다 **가늘고 겉면이 매끄러워서 빼내기 쉬운 것**이 라이프 라인에 적합합니다. 면 자수실, 가는 견사 또는 치실도 후보로 들 수 있습니다. 색은 몸판의 실과 **대조적인 색**으로 하여 알아보기 쉽도록 합니다.

라이프 라인을 넣는 순서는 P.181에서 소개했습니다. 스티치 마커를 사용하며 뜨고 있을 때는 스티치 마커에 라이프 라인을 통과시키지 않도록 주의합니다. 교체식 뜨개바늘 중에는 바늘의 부착 부분에 라이프 라인을 끼우기 위한 구멍이 있는 제품이 있는데, 뜨면서 간단히 라이프 라인을 넣을 수 있도록 고안되어 있습니

다. 또한 실 색과 다른 색의 바늘로 뜨면 뜨개코가 쉽게 보여서 잘못 뜨는 경우가 적어집니다.

혹시 틀렸어도 '바늘비우기를 잊었다', '코줄임에서 위로 오는 코를 반대로 떴다', '코줄임을 깜빡했다' 같은 일반적인 실수이고 직후에 발견하면, 편물을 풀지 않고 다음 겉면의 단에서 수정할 수 있습니다.

그렇지만 실수는 피하고 싶은 법이지요. 우선 **스티치 마커**를 사용하여 1무늬마다 **콧수를 꼼꼼하게 확인**하는 습관을 들입니다. 그렇게 하면 단순한 실수가 몇 단이나 풀어야 하는 큰 문제로 발전하는 불상사를 막을 수 있습니다.

편물 수정 방법

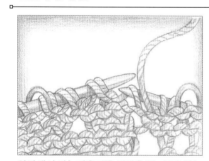

앞단에서 바늘비우기를 잊었을 때: 원래 바늘비우기가 있어야 할 장소에서 걸쳐진 실 아래에 오른바늘 끝을 편물 뒤쪽에서 앞쪽을 향해서 넣어 왼바늘에 끼운다(걸친 실을 끌어올려서 바늘비우기를 한다).

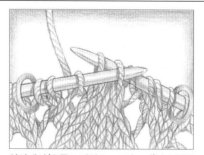

앞단에서 '오른코 겹쳐 3코 모아뜨기'의 오른쪽 코를 덮어씌우는 것을 잊었을 때: 덮어씌우는 것을 잊은 코의 앞까지 뜨고, 편물을 돌려서 '왼코 겹치기'를 한 코 위에 오른쪽 코를 덮어씌운다. 편물을 돌려서 원래대로 돌아가서 계속 뜬다.

2단 앞의 코줄임 방향이 틀렸을 때: 1 틀린 부분에 왔으면, 틀린 부분과 주변의 몇 코를 다른 바늘에 옮기고 푼다(그림은 2코 모아뜨기를 한 코와 다음 2코를 다른 바늘에 옮기고, 2단 앞의 코줄임을 푼 모습).

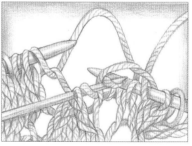

2 다른 바늘과 오른바늘로 틀린 2코 모아뜨기를 다시 뜬다(그림은 오른코 겹치기를 하고 있는 모습). 풀었던 1단을 원래대로 뜨고, 오른바늘에 옮긴 3코를 왼바늘로 되돌려 놓은 후에 지금 뜨고 있는 단을 계속 뜬다.

겉뜨기 **42**

스티치 마커 **24~25**

라이프 라인 **181**

안뜨기 **44**

바늘비우기 **101, 168**

코줄임 **55~60, 102~103**

숄 **279~294**

6
Circular Knitting

원통뜨기

원통뜨기

막대바늘로 왕복하며 떠서 편물이 직사각형이 되는 평면뜨기와는 달리, 원통뜨기는 **이음매가 없는(심리스) 통 모양으로 뜰** 수 있고, 코늘림, 코줄임, 되돌아뜨기를 이용하여 모양을 만들 수도 있습니다. 이 방법으로 스웨터 몸판이나 소매, 양말, 손모아장갑을 통 모양으로 뜨거나 몸에 착용하는 것 이외의 니트 장난감이나 가방류를 뜰 수도 있습니다. 원형으로 뜨려면 양쪽 막대바늘double-pointed needles(dpns)이나 줄바늘circular needles이 필요합니다. **기초코를 잡아서 원형으로 만든 뒤에** 나선형으로 진행하며 통 모양으로 뜹니다.

원통뜨기의 역사는 오래 되어서, 편물 겉면만 보며 뜰 수 있는 형태이기 때문에 평면뜨기보다 오래 되었을 것이라는 설도 있습니다. 서양에는 원통뜨기의 역사가 14세기까지 거슬러올라가는 것을 입증하는 자료도 있습니다. 그 무렵 그려진 회화에 성모 마리아가 양쪽 막대바늘을 사용하여 원통뜨기를 하는 모습이 있습니다.

스칸디나비아, 건지, 페어 아일 등 전통적인 스웨터의 대다수는 긴 바늘로 원통뜨기를 했습니다. 옛날에는 원형으로 뜨는 도구가 양쪽 막대바늘뿐이었기 때문에 큰 작품을 통 모양으로 뜰 때는 많으면 뜨개바늘을 16개 이용하기도 했다고

합니다. 긴 바늘은 다루기 어렵기에, 당시의 니터는 긴 양쪽 막대바늘을 지탱하는 벨트를 이용했습니다. 셰틀랜드 지방의 니터 중에는 지금도 긴 바늘을 지탱하는 벨트를 사용하여 뜨는 사람도 있습니다. 그러나 지금은 많은 사람이 양말처럼 가는 통 모양 작품을 뜰 때는 짧은 양쪽 막대바늘을 사용하게 되었습니다.

짧은 바늘 2개를 나일론이나 플라스틱의 부드러운 줄로 이은 현대의 **줄바늘**이 등장한 것은 20세기 이후이며, 줄 부분의 재질이 개량되어 유연성이 높아짐과 동시에 바늘 팁의 재검토도 이뤄져서 최근 수십 년 사이에 인기가 늘어났습니다. 시판 양쪽 막대바늘과 줄바늘 모두 소재는 나무, 금속, 그 이외의 재료 등 광범위합니다(P.21~23).

줄바늘에는 바늘에 줄이 고정되어 있는 것과 교체식인 것이 있습니다. **교체식 줄바늘**interchangeable circular needles은 일반적으로는 U.S. 4~10½ 또는 지름 3.5~6.5㎜ 정도의 바늘 팁이 갖춰져 있고, 조임쇠 등으로 줄에 바늘을 갈아끼울 수 있도록 되어 있습니다.

줄바늘을 막대바늘과 비교하면 몇 가지 이점이 있습니다. 예를 들면 원형으로 뜨기에 편물의 한쪽 면(보통은 겉면)만 보면서 뜰 수 있다는 점입니다. 이 때문에 메리야스뜨기일 때는 겉뜨기만으로 뜰 수

있고 안뜨기를 할 필요가 없습니다. 무늬뜨기나 배색무늬도 언제나 겉면을 볼 수 있어서 잘못 뜰 일이 적어집니다. 이것은 배색무늬나 꼬아뜨기를 사용한 세세한 교차무늬를 뜰 때는 특히 안성맞춤입니다. 또한 줄바늘로 뜰 때, 바늘 끝에 있는 것은 편물 일부의 코뿐이고 나머지 대부분의 코는 줄에 걸려 있습니다. 그래서 막대바늘로 뜰 때보다 편물 무게가 분산되어서 손이나 손목에 걸리는 부담이 줄어듭니다. 이 때문에 많은 니터는 너비가 넓은 작품을 뜰 때는 평면뜨기라도 줄바늘을 사용합니다. 통 모양으로 뜨는 게 아니라 단의 마지막까지 뜬 다음에 그대로 좌우 바늘을 바꿔 쥐고 막대바늘로 뜨는 것과 마찬가지로 왕복으로 뜨는 방법입니다. 게다가 줄바늘은 좁은 곳에서 뜰 수 있는 점도 편리합니다. 일반적으로 원통뜨기는 **양쪽 막대바늘**로 뜨든 줄바늘로 뜨든 편물을 **이을 필요가 없다**는 점에서도 많은 니터들이 애용하고 있습니다.

원통뜨기에는 다음과 같은 네 가지 방법이 있습니다. **줄바늘**을 사용하여 뜨는 기존 방법, 양쪽 막대바늘로 뜨는 방법, 줄바늘을 2개 사용하여 뜨는 방법, 줄바늘로 매직 루프 방식으로 뜨는 방법. 줄바늘을 사용하여 뜨는 기존 방법에서는 편물을 원형으로 해서 스웨터 몸판 같은 굵은 통 모양을 뜹니다. 그에 비해 **양**

쪽 막대바늘은 주로 양말, 모자, 손모아장갑처럼 비교적 가는 통 모양을 뜰 때 사용합니다. 그 외의 두 가지 방법도 주로 가는 통 모양을 뜰 때 이용하는 방법이며, **줄바늘을 2개 사용**하는지 줄바늘 1개의 긴 줄에서 '**매직 루프**'를 만들면서 뜨는지의 차이입니다.

어느 방법을 이용해도 통 모양 편물을 뜰 수 있고 기초코도 평면뜨기 때와 다르지 않습니다. 어떤 작품들은 뜨는 중에 뜨개 방법을 바꾸며 뜰 때도 있습니다. 예를 들어 스웨터를 뜨는데 몸판 부분의 원통뜨기에는 줄이 긴 줄바늘(60~90㎝)을 사용하고, 소매처럼 점차 콧수가 줄어드는 부분에서는 양쪽 막대바늘, 줄바늘 2개, 또는 매직 루프식 중 어느 것으로 뜨는 식입니다.

줄이 긴 줄바늘은 숄을 뜰 때 편리해서 원형 숄에는 필수입니다. 블랭킷처럼 굵은 실을 사용한 대자는 막대바늘을 사용하면 길이 40㎝ 바늘에도 뜨개코가 다 들어가지 않아서 뜨기 어려우므로 줄이 긴 줄바늘을 이용하는 것이 편리합니다.

줄바늘Circular Needles

기존 방법으로 줄바늘을 사용할 때, **양 끝을 이어서 통 모양으로 뜰** 수도 있고, 막대바늘과 마찬가지로 **왕복으로 떠서** 직사각형 편물을 뜰 수도 있습니다. 특히 콧수가 많은 작품을 평면뜨기할 때 줄바늘을 사용하면, 편물 무게가 분산되어 편해집니다.

줄 길이는 짧은 것은 15㎝, 긴 것은 100㎝나 그 이상인 것도 있고, 교체식 줄바늘에는 커넥터가 있어서 줄을 이어 더 길게 만드는 것도 가능합니다. 블랭킷 같은 큰 작품을 뜰 때 아주 요긴합니다.

통 모양으로 뜰 때, 줄바늘 길이는 **편물의 원둘레보다 짧은 것**을 사용합니다. 줄이 너무 길면, 뜨면서 뜨개코가 늘어지기 때문입니다. 그 점만 주의하면, 줄에는 그 길이의 2배 정도까지의 콧수를 끼울 수 있어서 줄 1개로 다양한 원둘레의 편물을 뜰 수 있습니다(줄 길이의 2배가 몇 코에 해당하는지는 게이지의 콧수에서 계산할 수 있습니다). 밑단 고무뜨기를 한 다음에 콧수를 늘릴 때처럼 도중에서 콧수가 늘어날 때도 바늘(줄)을 바꿀 필요는 없습니다.

어떤 타입의 줄바늘을 사용할지는 니터의 취향에 따라 다릅니다. 예컨대 레이스 뜨기용 줄바늘은 끝이 뾰족해서 비침무늬의 코줄임이나 바늘비우기를 뜨기 쉽도록 되어 있습니다. 또 굵은 실을 사용할 때는 바늘 끝이 뭉툭한 것이 뜨기 쉽습니다.

그러나 줄바늘 선택에서 가장 중시해야 할 포인트는 줄과 바늘의 연결 부분입니다. **연결 부분에 실이 걸리거나 끼지 않고** 뜨개코가 원활하게 바늘 끝에서 줄로 이동하도록 매끈하게 만들어져야 합니다. 교체식 줄바늘일 때는 뜨는 도중에 줄이 바늘에서 빠지거나 조임쇠가 느슨해지지 않는 것이 중요합니다. 뜨는 도중에 바늘이 빠져서 뜨개코가 빠져 버렸을 때만큼 실망스러운 순간이 없으니까요.

코잡기와 뜨개 시작

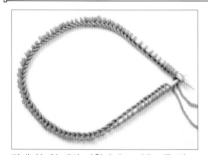

막대바늘일 때와 마찬가지로 기초코를 잡고, 코가 꼬인 것을 바로잡으면서 뜨개코를 균일하게 분산시킨다. 마지막에 뜬 코가 단의 마지막 코가 된다. 여기에 스티치 마커를 끼워서 단의 경계를 알 수 있게 해둔다.

그림처럼 기초코가 돌아가 있을 때는 몇 단 뜬 다음에 코가 꼬인 것을 알아차릴 때가 많다. 뜨고 나서는 꼬인 상태를 없앨 수 없으므로, 일단 편물을 풀어서 기초코가 꼬인 것을 수정한다. 첫 코를 뜨기 전에 기초코가 꼬였는지 확인하고 바로잡는 것이 중요하다.

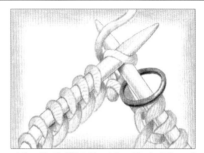

기초코를 정리했으면, 기초코의 마지막 코가 걸린 바늘을 오른손에, 첫 코가 걸린 바늘을 왼손에 쥐고, 느슨해서 틈이 생기지 않도록 실을 당기면서 첫 기초코를 뜬다.

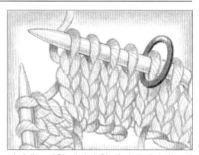

마커에 도달할 때까지 한 바퀴 돌아가며 뜨면 1단을 뜬 것이 된다. 마커를 오른바늘로 옮기고 계속해서 다음 단을 뜬다.

양쪽 막대바늘 Double-Pointed Needles

양쪽 막대바늘double-pointed needles(dpn)은 4개나 5개가 1세트고, 길이는 장갑 손가락 등을 뜨는 10㎝ 정도부터 20㎝나 그 이상인 바늘도 있습니다. 양말을 뜰 때는 일반적으로 12~15㎝ 길이를 쓰며, 모자에는 20㎝ 길이가 편리합니다. 줄바늘과 달리 양쪽 막대바늘은 원둘레 길이가 짧은 작품에 적합합니다.

양쪽 막대바늘로 뜰 때는 뜨개코를 바늘 3개나 4개에 **균등하게 나눠서** 끼우고, 남은 바늘 1개를 사용하여 뜹니다. 뜨개 코를 원형으로 이으면, 바늘의 배치가 코를 바늘 3개에 나눴을 때는 삼각형, 4개에 나눴을 때는 사각형이 됩니다. 바늘을 바꿀 때는 일정한 장력을 유지하여 **코 사이가 벌어지지 않도록 합니다**(아래 참조). 뜨지 않는 부분에서 뜨개코가 바늘에서 빠지는 것 같으면 긴 양쪽 막대바늘

이나 줄바늘로 바꿉니다.
단의 처음을 알 수 있도록 **스티치 마커** (콧수 링)를 넣어둡니다. 마커는 새 단을 뜨기 시작할 때마다 왼바늘에서 오른바늘로 옮깁니다.
마지막 단에서는 뜨개코가 걸려 있지 않은 바늘로 1번째 바늘의 코가 1코 남을 때까지 코막음을 합니다. 1코 남은 상태가 되면, 남은 바늘은 옆에 두고 1코 걸

린 바늘로 다음 바늘의 코를 1코 남는 데 까지 코막음합니다. 이 과정을 반복하여 마지막 코까지 막습니다.

TIP

코 사이가 벌어지는 것을 막으려면

양쪽 막대바늘을 사용하여 뜰 때 주의해야 하는 것이 코 사이가 벌어지는 것입니다. 이는 **뜨개코가 늘어난 상태가 몇 단에 걸쳐 세로로 이어지는 것**으로 양쪽 막대바늘의 바늘과 바늘의 경계에서 일어나기 쉬운 현상입니다. 줄바늘에서도 일어날 가능성이 있지만, 양쪽 막대바늘일 때는 3~4곳에서 생길 수 있는데 비해 줄바늘이라면 1~2곳에서 생깁니다. 이 현상은 바늘과 바늘의 경계에서 편물의 장력이 다른 부분에 비해 느슨해질 때 발생합니다. 또 반대로 어느 부분을 너무 빡빡하게 뜨기 때문에 편물이 바늘과 바늘의 경계에서 흐트러지기도 합니다.

이를 막으려면 바늘을 바꾸고 나서 처음 1, 2코를

빡빡하게 뜹니다. 실을 부드럽게 당기고 나머지는 그대로 계속 뜹니다. 또 양쪽 막대바늘을 4개가 아니라 5개 사용하면, 바늘의 경계에서 각도가 넓어져서 장력을 분산시키기 때문에 코 사이가 벌어지는 것을 막을 수 있습니다.
각 바늘의 마지막 1코를 다음 바늘에 옮기며 떠서, 각 바늘의 양쪽 끝 고를 어긋나게 하여 단미디 같은 위치가 늘어나지 않도록 하는 방법도 있습니다. 하지만 결국은 원통뜨기를 반복하여 경험을 쌓아서, 코 사이가 벌어지지 않도록 뜨는 법을 마스터하는 것이 제일 좋습니다.

코잡기와 뜨개 시작

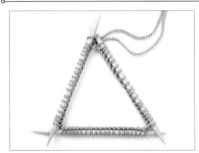

바늘 3개로 기초코를 잡는 방법입니다.

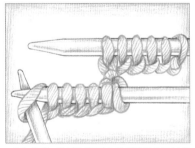

1 1번째 바늘에 필요한 콧수의 3분의 1보다 1코 많이 잡는다. 마지막 코를 다음 바늘로 옮긴다. 이 순서를 반복하여 바늘 3개에 필요한 콧수를 잡는다(3번째 바늘에는 1코 많이 잡지 않는다).

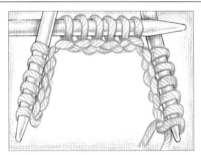

2 그림처럼 기초코의 모든 아래 가장자리가 바늘을 원형으로 이었을 때 생기는 삼각형의 안쪽을 향하도록 정리한다(기초코의 마지막 코 쪽을 오른쪽으로 한다).

3 남은 바늘로 뜨개실을 단단히 당기면서 1번째 코를 뜬다. 단의 처음을 알아볼 수 있도록 표시를 하고, 계속해서 원통뜨기한다. 단마다 단의 시작 부분에서는 스티치 마커를 왼바늘에서 오른바늘로 옮기며 뜬다.

줄바늘 2개로 뜨기

양쪽 막대바늘로 짧은 원둘레를 뜨는 대신에 줄바늘을 2개 사용하여 뜨는 방법이 있습니다. 이 방법에서는 전체 콧수의 반을 줄바늘 1개에 끼운 뒤에 코가 걸려 있는 줄바늘의 바늘로 뜹니다.

이 경우에는 줄 길이가 40~60㎝이고 호수가 같은 줄바늘을 2개 사용합니다. 구분하기 쉬운 2개를 사용하면, 뜨개코를 잘못 보고 떠서 순서가 바뀌는 실패를 하지 않습니다. 길이, 색, 소재가 다른 바늘

을 사용하거나 유성 매직이나 매니큐어로 표시를 하는 아이디어도 있습니다.

줄바늘을 2개 사용하는 방법은 원둘레가 짧은 편물에 사용할 때가 많지만, 원둘레가 긴 편물에도 사용할 수 있습니다.

줄바늘을 2개 사용하는 방법을 양쪽 막대바늘로 뜨는 방법과 비교하면, 장점으로는 우선 뜨는 도중인 작품을 들고 다니기 쉽다는 점이 있습니다. 바늘이 편물에서 빠지거나 부러지지 않습니다. 양말이

나 장갑일 때는 뜨면서 신어볼 수 있습니다. 게다가 양말은 줄바늘을 2개 사용하여 양쪽을 동시에 뜰 수도 있습니다.

반대로 단점이라면 같은 호수의 줄바늘을 2개 구입해야 해서 비용이 든다는 점이 있습니다. 그러나 이 점은 이미 많은 줄바늘을 사모은 니터도 많기에 거의 문제가 되지 않을 듯합니다.

줄바늘 2개를 사용할 때

이 방법에서는 처음에 줄바늘 2개에 기초코를 잡습니다.

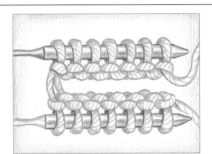

1 한쪽 줄바늘에 필요한 콧수만큼 코를 잡고 다른 한쪽으로 반을 옮긴다. 기초코의 양 끝이 각 바늘 끝에 오도록 뜨개코를 이동한다. 위 그림에서는 줄 2개의 색을 다르게 하여 구별했다.

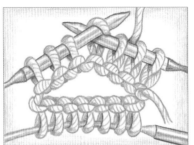

2 갈색 줄 바늘의 코를 줄 부분으로 옮기고, 보라색 줄 바늘에 걸린 코를 그 줄의 양끝에 있는 바늘을 사용하여 뜬다. 다 떴으면 편물을 돌려서 갈색 줄 바늘이 앞쪽으로 오도록 바꿔 쥔다.

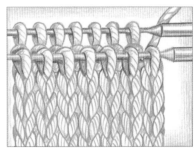

3 보라색 줄 바늘의 코를 줄 부분으로 옮기고, 갈색 줄 바늘의 코는 오른쪽 바늘 끝으로 이동시켜서 계속 뜬다. 2에서 여기까지의 순서를 반복하여 원통으로 뜬다.

Technique

원통뜨기를 위한 잇는 법

기초코를 잡아서 원통으로 이을 때는 기초코가 **돌아가지 않았는지**를 반드시 확인합니다. 코가 돌아간 상태로 뜨면 나중에는 수정할 수 없습니다. 뜨개코가 돌아가지 않도록 하려면 기초코의 끝을 자기 쪽으로 향하게 둡니다. 또는 평면으로 1, 2단 뜬 뒤에 원형으로 만들고, 벌어진 부분을 꿰매는 방법도 있습니다. 원통으로 이은 첫 단을 뜰 때는 뜰 실과 기초

코의 실꼬리 두 가닥으로 처음 몇 코를 뜨면 연결 부분이 단정해집니다.

필요한 기초코 콧수보다 1코 많이 잡고, 원통으로 이을 때 그 코와 1번째 코를 2코 모아뜨기하여 단정하게 연결하는 방법도 있습니다. 그리고 첫 코와 마지막 코의 위치를 바꾸어 뜨는 **크로스오버 조인**crossover joining method 이라는 방법도 있습니다. 이 방법에서는 먼

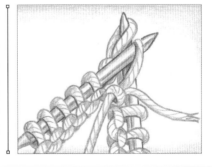

저 기초코의 첫 코를 왼바늘에서 오른바늘로 옮긴 다음에 왼바늘 끝을 기초코의 마지막 코에 넣어서 오른쪽 그림처럼 첫 코에 덮어씌우고 왼바늘로 옮긴 후에 그대로 1단을 뜹니다. 이상의 방법은 모두 줄바늘과 양쪽 막대바늘 어느 것으로도 뜰 수 있습니다.

매직 루프로 뜨기 Magic Lood

최근에는 많은 니터가 원통뜨기 방법으로 양쪽 막대바늘을 사용하기보다 줄바늘을 사용하는 '매직 루프'를 선호하게 되었습니다. 매직 루프는 줄바늘 2개로 뜨는 방법과 마찬가지로 짧은 양쪽 막대바늘을 잃어버리거나 부러뜨릴 염려도 없고 뜨개코가 바늘에서 빠지지도 않습니다. 그래서 뜨는 도중인 작품을 가지고 다니기 편해집니다. 또 코와 코 사이가 벌어지지도 않습니다. 다만 좌우 바늘의 줄 부분에서는 코 사이가 벌어질 수 있습니다(P.116의 방법으로 피할 수 있습니다).

매직 루프에는 일반적으로 줄 부분 길이가 80cm 이상인 줄바늘을 이용하지만, 니터 중에는 더 긴 줄바늘을 사용하는 사람도 있고 반대로 60cm 길이로 뜨는 사람도 있습니다. 줄 길이의 기준은 **뜨는 작품의 둘레 길이의 3~4배**입니다. 그리고 줄은 가늘고 부드러운 것이 이상적입니다.

이 방법은 양말이나 손모아장갑처럼 가는 통 모양을 뜰 때 가장 적합합니다. 양말을 양쪽 동시에 뜨거나 좌우 소매를 동시에 뜰 때도 사용할 수 있습니다.

결점으로는 뜨면서 고리를 당기는 작업이 귀찮게 여겨질 수 있습니다. 그리고 고리 부근에서는 편물을 늘이지 않도록 주의해야 합니다.

가지고 있는 줄바늘의 줄이 짧을 때는 줄이 긴 바늘을 새로 사야할 수도 있습니다. 또 줄바늘의 줄이 쉽게 닳기 때문에 망가졌을 때는 다른 것을 사야 합니다.

매직 루프 뜨는 법

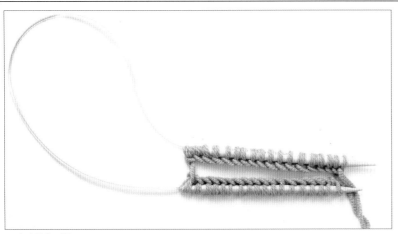

꼬이지 않은 기초코

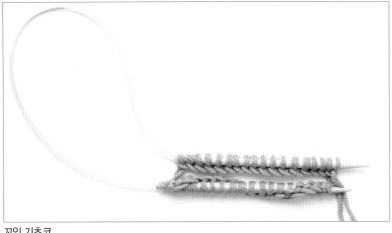

꼬인 기초코

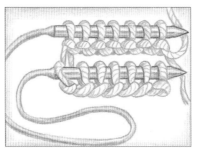

1 줄바늘로 필요한 콧수를 만들어서 모든 코를 일단 줄 부분으로 옮긴다. 기초코의 중앙에서 줄을 고리 모양으로 끌어내고 기초코를 반씩 좌우 바늘 끝으로 이동시킨다. 뜨개실은 바늘 뒤쪽에 둔다.

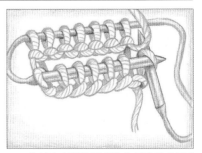

2 뜨개 시작과 끝을 연결한다. 뒤쪽의 오른바늘을 끌어당겨 뒤쪽 코는 케이블에 걸고 앞쪽의 코는 왼바늘에 걸려 있는 상태에서 오른바늘로 앞쪽에 있는 왼바늘 코를 뜨기 시작한다. 뒤쪽에 있는 뜨개실을 앞쪽으로 끌어당겨서 뜬다.

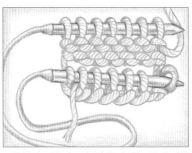

3 앞쪽의 코를 떴으면, 빈 쪽의 바늘 끝에 뒤쪽 코를 옮기고 편물을 돌린다. 그림은 편물을 돌린 모습이며, 1단의 반까지 뜬 것이다.

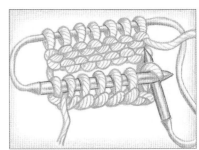

4 뒤쪽의 바늘 끝을 끌어내서 앞쪽 코를 줄로 옮기고, 남은 반(앞쪽 바늘의 코)을 뜬다.

단차를 만들지 않는 뜨개법

원통뜨기는 단을 구분하지 않고 하나로 이어서 뜨는 것처럼 생각하지만, 실제로는 1단씩 나선 모양으로 뜹니다. 그렇기 때문에 1단의 끝에서 다음 단으로 옮기면 단의 경계에 단차 또는 '어긋남'jog이 생깁니다. 이 단차는 줄무늬나 배색무늬에서는 특히 눈에 잘 띄어서 신경이 쓰입니다. 단, 소매를 원통뜨기할 때 단의 경계를 소매 옆선으로 삼는 것처럼 단의 경계를 눈에 띄지 않는 위치로 가져와서 상황에 맞춰 단차가 눈에 띄지 않도록 할 수 있습니다. 배색무늬를 원통뜨기할 때는 스틱을 단의 경계에 맞춰 두면, 스틱 부분을 잘라서 마무리하면 단차가 없어집니다.

전통적인 손모아장갑처럼 양면에 세로줄무늬가 들어가 있을 때라면 언제나 같은 색으로 뜨는 부분에 단의 경계를 가지고 오면 단차가 눈에 띄지 않게 됩니다.

그 외에 **단의 끝에서 조정해** 어긋남이 눈에 띄지 않도록 할 수도 있습니다. 여기에는 몇 가지 방법이 있지만, 가장 일반적인 방법은 단의 시작 코를 뜰 때 바늘에 걸려 있는 코의 1단 아래 코에 바늘을 넣어서 뜨는 것입니다. 그 외에 새로운 단의 1번째 코를 걸러뜨는 방법도 있습니다.

단차를 만들지 않기 위한 두 가지 방법

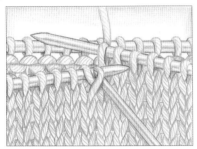

1 1단 아래의 코를 한꺼번에 뜨는 방법 1. 색을 바꾸고 1단 뜬다. 다음 단의 1번째 코를 뜨기 전에 뜨개바늘(그림은 양쪽 막대바늘 중에서 다음에 사용할 바늘을 썼지만, 줄바늘일 때는 오른쪽 바늘로 한다) 끝을 1번째 코의 1단 아래 코의 오른쪽 아래에 넣고 그대로 들어올려서 왼바늘에 끼우고 1번째 코의 왼쪽에 둔다.

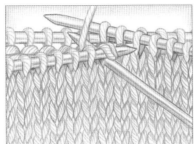

2 다음 단의 1번째 코와 왼바늘에 끼운 1단 아래의 코를 한꺼번에 뜬다.

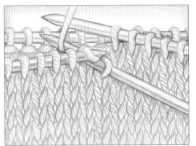

3 1번째 코를 걸러뜨는 방법 색을 바꾸고 1단 뜬다. 다음 단의 1번째 코에 안뜨기하듯이 오른바늘을 넣어 그대로 뜨지 않고 옮기고 2번째 코를 겉뜨기한다.

줄무늬 스와치를 메리야스뜨기로 원통뜨기한 편물. 단의 처음에서 색을 바꾼 부분에 단차가 보인다.

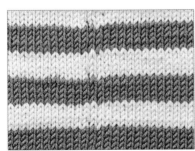

줄무늬 스와치를 단차가 생기지 않는 방법을 이용해서 메리야스뜨기로 뜬 편물.

스틱 사용하기 Steeking

스틱steek은 여분의 코(엑스트라 스티치)를 만들어놓고, 원통뜨기를 한 다음 나중에 여분의 코의 중앙을 세로로 잘라서 벌리는 기법입니다. 스틱은 배색무늬에서 진동둘레, 목둘레, 앞트임 등에 이용할 때가 많고, 페어아일이나 스칸디나비아의 전통적인 뜨개에 사용됩니다. 현대의 니트웨어에서도 원통뜨기하는 작품이라면 배색무늬에 한하지 않고 사용할 수 있습니다. 여분의 코를 세로로 자르고 자른 가장자리 근처에서 코를 주워서 소매, 목둘레, 앞여밈단 등을 추가로 뜹니다.

가장 단순한 스틱은 **보강 처리를 하지 않는 것**, 즉 여분의 코를 자르고 그냥 두는 타입입니다. 이 경우에는 펠팅하여 서로 엉기는 특성이 있는 실을 사용합니다. 페어아일에 이용하는 셰틀랜드 울이 그 예입니다.

이 같은 털실을 사용해도 스틱 부분을 가지런히 자르고 아래 그림처럼 감침질로 마무리할 수도 있습니다. 그 외에 여분의 코를 자르기 전에 좌우 편물에 **코바늘**로 짧은뜨기를 1단 떠두는 방법이나 스틱을 안쪽에 **꿰매두는** 방법도 있습니다. 직선박기나 지그재그박기로 보강한 뒤에 재봉틀로 박은 사이를 자르는 방법도 있습니다. 특히 슈퍼워시 울이나 울 이외의 소재로 뜰 때는 이런 보강 처리를 해서 뜨개코가 풀리지 않도록 합니다.

전통적인 방법으로는 안쪽에서 스틱 가장자리를 리본이나 안단으로 덮기도 합니다. 배색무늬에 스틱을 사용할 때는 진동둘레나 앞트임의 뜨개 시작에 기초코를 8~10코 많이 잡습니다. 이 부분의 첫 코와 마지막 코는 나중에 마감단을 뜰 때 줍습니다.

보강하지 않는 스틱

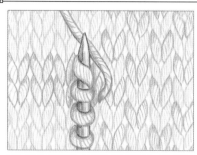

1 8~10코 많이 뜬 스틱용 여분의 코(그림에서는 오른쪽 반)의 가장자리를 따라서 1단에서 1코씩 줍는다. 스틱의 반대쪽에서도 같은 방법으로 코를 줍는다.

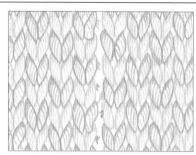

2 엑스트라 스티치의 한가운데를 조심스럽게 자른다.

3 가장자리 등을 떴으면 마지막에 여분의 코를 자른 가장자리는 편물 안쪽으로 접어 넣고, 겉면에서 비치지 않도록 감침질이나 크로스 스티치로 몸판에 꿰매준다.

재봉틀을 이용한 스틱의 보강

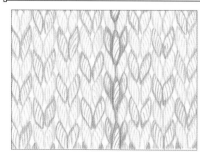

1 편물과 대조적인 색깔 실로 여분의 코의 한가운데에 러닝 스티치를 해서 표시한다(이것은 돗바늘로 한다).

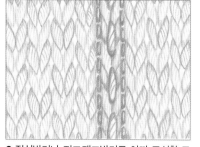

2 직선박기나 지그재그박기로 아까 표시한 코의 좌우를 박는다. 1의 실을 뽑아 내고, 한가운데 코의 중심을 잘라서 벌린다. 여분의 코를 자른 가장자리는 '보강하지 않는 스틱'의 순서 3과 같은 방법으로 몸판 안쪽에 꿰맨다.

6 원통뜨기

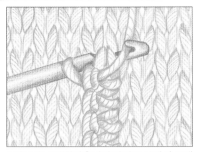

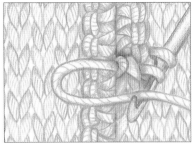

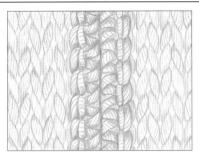

1 여분의 코의 한가운데의 아래쪽 끝에서 뜨개실 고리를 끌어낸다. 가운데 코의 왼쪽 반 코와 옆 코의 반 코에 왼쪽에서 코바늘을 넣어 뜨개실을 걸고 끌어낸다. 바늘 끝에 실을 걸어 바늘에 걸린 고리 2개 안으로 빼내서 짧은뜨기를 한다. 같은 방법으로 짧은뜨기를 계속 해준다.

2 반대쪽은 위에서 아래를 향해, 한가운데 코의 오른쪽 반 코와 옆 코의 반 코에 오른쪽에서 코바늘을 넣어서 같은 방법으로 짧은뜨기한다.

3 짧은뜨기 2단으로 미리 자를 가장자리를 감친 상태가 되었다. 이 상태에서 중심을 자르고 (짧은뜨기를 자르지 않도록 주의) 마감단 등의 작업으로 옮겨 간다(스틱은 풀리지 않으므로 몸판에 꿰매지 않아도 된다).

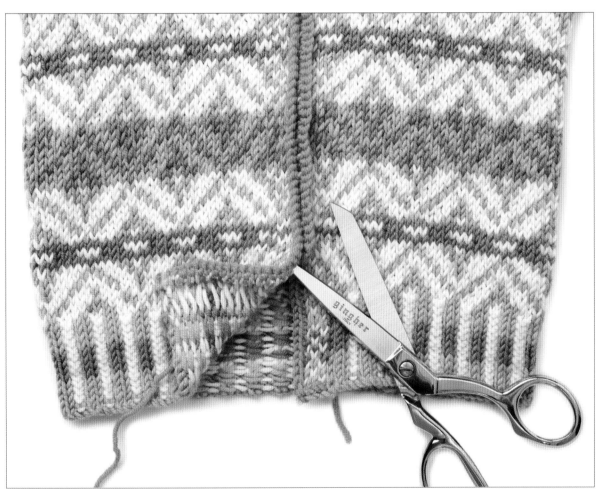

코바늘뜨기로 보강한 스틱을 잘라서 벌리는 모습.

뫼비우스뜨기

대바늘뜨기는 뜨는 법에 따라 여러 가지 기하학적인 모양을 만들 수 있지만, 그중에서도 흥미로운 것이 '뫼비우스의 띠'입니다.

'뫼비우스의 띠'라는 이름은 1858년에 이것을 발견한 수학자이자 천문학자인 아우구스트 페르디난트 뫼비우스의 이름에서 유래한 것이며, 독일 수학자 요한 베네딕트 리스팅도 몇 개월 일찍 같은 발견을 했습니다. 뫼비우스의 띠는 **겉면과 안면이 존재하지 않는 무한구조**로, 뜨개에서는 이것을 응용하여 칼라나 스누드를 바늘 2개나 줄바늘로 뜰 수 있습니다. 겉면도 안면도 없어서 리버시블로 사용할 수 있기에 어느 면이든 '보여주고 싶은' 편물을 고릅니다. 뫼비우스 모양으로 뜬 것을 착용하면 꼬임 부근에는 양면이 보입니다.

뫼비우스로 뜨는 방법에는 몇 가지 있습니다. 우선 간단한 방법으로는 평면뜨기 직사각형을 원하는 길이까지 뜨고, 직사각형을 180도 꼬아서 짧은 변의 뜨개 끝과 뜨개 시작을 잇는 것이 있습니다. 또는 긴 통 모양 편물을 원하는 길이까지 떠서 통을 꼰 뒤에 뜨개 시작과 뜨개 끝을 잇는 방법도 있습니다. 이 경우에는 통 모양으로 뜨기 때문에 편물은 모두 '겉면'이 됩니다.

뫼비우스를 뜨는 또 한 가지 방법은 일반적으로 원통으로 뜨기 시작할 때 주의하는 '기초코의 꼬임'을 일부러 남기고 원통으로 뜨는 것입니다. 원형으로 이을 때 기초코를 꼬아주면 뫼비우스의 고리로 뜰 수 있습니다.

그 외에 줄바늘로 기초코의 위아래에 떠가며 자연스럽게 뫼비우스의 띠가 생기는 뜨개법도 있습니다.

평평하게 뜨는 뫼비우스뜨기

1 원하는 길이와 너비의 띠 모양 편물을 뜬다. 화살표로 표시된 것처럼 편물을 뜨는 방향은 어느 쪽이든 상관없다.

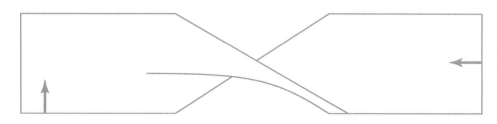

2 그림처럼 편물을 꼬아서 짧은 변끼리 잇는다. 짧은 변이 뜨개 시작·뜨개 끝이라면 기초코를 풀어내는 코잡기로 해두고, 뜨개 끝을 코막음 하지 않고 뜨개 시작과 잇는다.

원통으로 뜨는 뫼비우스뜨기

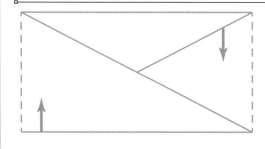

줄바늘에 기초코를 잡고, 원통으로 잇기 전에 기초코를 1번 꼬아준다. 뜨개 시작에 스티치 마커를 넣고 평소처럼 뜬다. 몇 단 뜨고 나면 '꼬임'이 확실하게 보인다.

잇기 **192~193**
프로비저널 코잡기 **36, 37**

Directional Knitting

디렉셔널 니팅

엔터락(자작나무뜨기)Entrelac

엔터락entrelac(자작나무뜨기, 바구니뜨기)이라는 호칭은 프랑스어로 '얽히게 하다'는 뜻의 단어 'entrelacer'가 어원입니다. 이는 **삼각형이나 사각형으로 바구니 짜임의 무늬를 구성하는 기법**입니다. 각 모양을 수직으로 이어서, 사각형이라면 다이아몬드 모양으로 보이는 것이 특징입니다.

엔터락은 일반적으로 메리야스뜨기로 하지만, 사각형이나 삼각형을 가터뜨기나 멍석뜨기, 또는 교차무늬나 비침무늬를 넣어서 뜰 수도 있습니다. 거기에 비즈나 자수로 장식할 때도 있습니다. 또 색을 바꾸거나, 그러데이션사나 셀프 스트라이핑 얀(자연스럽게 줄무늬가 생기는 실)으로 떠도 재미있습니다. 엔터락 편물은 펠팅시켜도 모양이 좋고 대다수는 가방 등의 소품에 사용합니다.

뜨는 법은 보기보다 간단합니다. 기초코를 잡고 겉뜨기, 안뜨기, 코줍기, 코줄임, 코늘림, 덮어씌워 코막음을 할 뿐입니다. 다 뜬 편물은 단독으로 사용해도 좋고 다른 편물과 조합해도 좋으며 니트웨어뿐 아니라 소품에도 사용할 수 있습니다. 예를 들어 엔터락으로 뜬 부분을 스웨터에 넣을 때는 고무뜨기 등 무늬뜨기로 바더를 떠주면 좋습니다. 또한 남은 실을 활용하기에도 최적입니다.

엔터락으로 직사각형 편물을 뜨려면, 먼저 **밑변 삼각형**을 뜹니다. 다음은 **오른쪽 끝에 삼각형 하나**를 뜨고 나서 첫 줄의 **사각형**을 뜹니다. 사각형 하나의 폭은 주운 콧수로 정해지고 길이는 뜨는 단수로 정해집니다. 마지막에는 편물 위쪽 끝에도 삼각형 열을 뜹니다. **삼각형**은 가장자리를 똑바로 하기 위해 편물의 좌우 끝에도 뜹니다. 엔터락 편물은 원통뜨기로도 뜰 수 있습니다(P.128 참조).

예에서 뜨는 삼각형과 사각형 콧수는 8의 배수지만, 작품의 크기는 간단히 바꿀 수 있습니다. 기초코 수는 사각형 **폭의 배수**입니다. 예를 들어 폭이 10코인 사각형을 12개(12블록) 나란히 뜬다면, 기초코 수는 120코가 됩니다. 사각형 단수는 1단씩 걸러서 옆 블록과 뜨면서 잇기 때문에 언제나 콧수의 2배가 됩니다. 참고로 니터 중 다수는 메리야스뜨기 엔터락을 위의 설명처럼 겉면과 안면을 교대로 돌려서 뜨는 것이 아니라 겉면만 보고 뜨는 것을 선호합니다. 그럴 때는 안면에서 안뜨기를 하는 대신에 왼쪽에서 오른쪽으로 겉뜨기하는 거꾸로뜨기 knitting backwards 기법을 사용합니다 (P.127 참조).

밑변 삼각형 뜨기

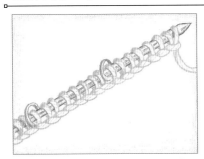 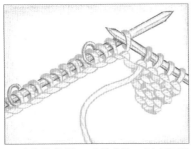  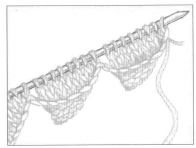

1 원하는 방법으로 필요한 수만큼 삼각형을 만들기 위한 기초코를 잡는다. 그림은 마커를 넣으면서 필요한 콧수만큼 잡은 모습. 밑변 삼각형 하나의 콧수마다 스티치 마커를 넣는다. 여기서는 삼각형 하나당 8코를 잡았다.

2 1번째 삼각형을 뜨기 위해 안뜨기 2, 편물을 돌려서 겉뜨기 2, 편물을 돌려서 안뜨기 3을 하고 같은 방법으로 안뜨기 단마다 뜨는 콧수를 1코씩 늘려서 삼각형 하나의 콧수가 될 때까지 계속한다. 편물을 돌리지 않고 다음 삼각형을 뜬다.

3 남은 기초코도 처음과 같은 방식대로 삼각형을 뜬다.

4 밑변 삼각형은 바늘에 걸린 상태에서는 평평한 편물이 되지 않는다.

오른쪽 끝 삼각형

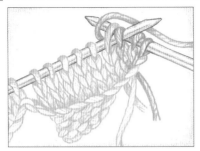

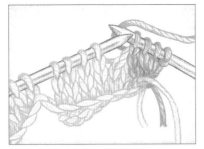

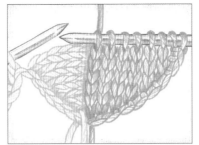

1 겉면에서 겉뜨기 2, 편물을 돌린다. 안뜨기 2, 편물을 돌린다. 겉면에서 첫 번째 코를 kfb로 1코 늘린다. 다음 코를 겉뜨기 방향으로 오른바늘에 옮기고 밑변 삼각형의 첫 코를 겉뜨기 방향으로 옮긴 다음 왼바늘을 옮긴 두 코의 앞쪽에서 찔러 한 번에 뜬다(ssk). 편물을 돌려 안면에서 안뜨기하고 다시 편물을 돌린다.

2 '첫 번째 코에 kfb로 코늘림, 앞단에서 뜬 콧수-1코까지 겉뜨기, 마지막 코와 밑변 삼각형의 오른쪽 끝 코를 오른코 겹치기(ssk)한다. 편물을 돌려 끝까지 안뜨기한다.

3 2의 방법을 반복하여 뜨고, 밑변 삼각형의 마지막 코를 오른코 겹치기했으면, 오른쪽 끝 삼각형 완성. 편물을 돌리지 않고 다음 사각형으로 이동한다.

겉면에서 뜨는 사각형

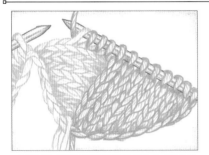

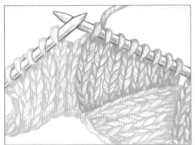

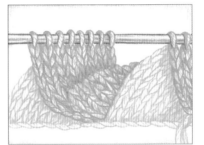

1 밑변 삼각형의 왼쪽 끝에서 8코(삼각형 콧수분) 줍는다. 그림은 줍고 있는 모습. 필요한 콧수만큼 주웠으면, 편물을 돌린 후에 주운 코를 모두 안뜨기한다.

2 편물을 돌리고, 앞단에서 뜬 코를 1코 남을 때까지 겉뜨기, 마지막 코와 밑변 삼각형의 1번째 코를 오른코 겹치기(ssk)한다(이것으로 편물이 밑변 삼각형과 이어진다). 편물을 돌리고, 앞단에서 뜬 코를 모두 안뜨기한다.

3 2를 밑변 삼각형의 마지막 코까지 반복하면 사각형 완성. 편물을 돌리지 않고 다음 사각형을 같은 방법으로 뜬다.

겉면에서 뜨는 사각형을 모두 다 뜨고, 왼쪽 끝 삼각형을 뜰 준비가 된 상태

| 겉뜨기 **42** | 겉뜨기 꼬아뜨기 **50** | 겉뜨기하듯이 **170** | 안뜨기 **44** |
| 오른코 겹치기 **56** | kfb **50** | | |

왼쪽 끝 삼각형

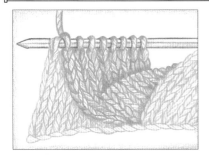

1 밑변 마지막 삼각형의 왼쪽 끝에서 8코(삼각형 콧수분)를 줍고 편물을 돌린다. 그림은 1번째 코를 줍고 있는 모습.

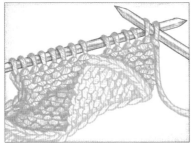

2 안면의 처음에 안뜨기 왼코 겹치기로 코줄임을 한 후에 그대로 삼각형의 마지막까지 안뜨기한다.

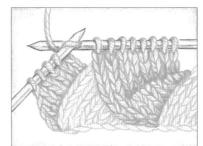

3 편물을 돌리고 끝까지 겉뜨기한다.

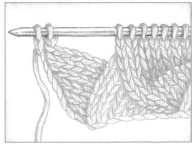

4 겉면에서 콧수가 2코가 될 때까지 2, 3을 반복한다. 편물을 돌리고, 다음 줄을 뜨는 실로 바꾼 뒤에 남은 2코를 안뜨기 왼코 겹치기한다.

안면에서 뜨는 사각형

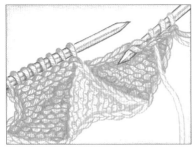

1 안면에서 끝 삼각형의 왼쪽 끝에서 안뜨기로 7코(오른바늘 콧수가 1무늬 콧수인 8코가 되도록) 줍는다. 편물을 돌리고 겉뜨기한다.

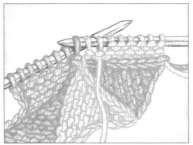

2 편물을 돌리고, 앞단에서 뜬 코가 1코 남을 때까지 안뜨기한다. 남은 1코와 옆 사각형의 1번째 코를 안뜨기 왼코 겹치기한다. 편물을 돌리고 8코를 겉뜨기한다.

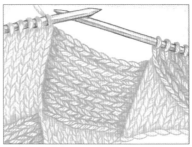

3 2를 반복하여 옆 사각형의 코를 모두 다 뜰 때까지 뜬다. 마지막에는 편물을 돌리지 않고 그대로 앞줄의 사각형 위쪽 가장자리에서 코를 주워서 1, 2와 같은 방법으로 뜬다. 그림은 다음 사각형을 뜨기 시작하기 전 상태를 겉면에서 본 모습.

왼쪽 끝 삼각형이 2코
남은 모습

안뜨기 **44**

안뜨기 왼코 겹치기 **55**

코줍기 **171, 196~198**

뜨개 끝 삼각형

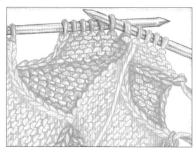
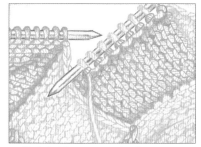
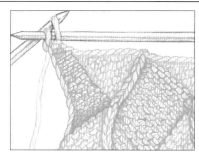

1. 안면에서 끝 삼각형의 왼쪽 끝에서 안뜨기로 7코 줍고 편물을 돌린다. 겉뜨기 8코, 편물을 돌린다. 왼코 겹치기, 마지막 코까지 안뜨기, 마지막 코와 옆 직사각형의 끝 코를 왼코 겹쳐 안뜨기.

2. 첫 삼각형을 다 떴으면 편물을 돌리지 않고 다음 사각형의 왼쪽 끝에서 안뜨기로 7코 줍는다. 오른바늘에는 8코가 걸린 상태.

3. 사각형 열을 따라서, 마지막 삼각형이 완성되고 오른바늘에 2코가 남을 때까지 같은 방법으로 반복한다. 1번째 코를 2번째 코에 덮어씌워 코막음한다.

Technique

거꾸로 뜨기

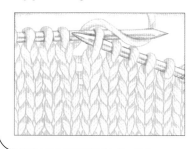

1 실을 편물 뒤쪽에 두고, 오른바늘의 다음 코에 왼바늘 끝을 왼쪽에서 오른쪽으로 넣고 그림처럼 바늘 끝에 실을 덮어씌우듯이 감는다.

2 왼바늘 끝으로 뜨개코에서 실을 끌어내고, 오른바늘에 걸려 있던 코는 뺀다. 그림은 왼바늘로 실을 끌어내는 모습.

마지막 삼각형 열을 다 뜨면 스와치 완성

원형으로 뜨는 엔터락

엔터락은 모자의 톱이나 원형 쿠션 같은 원형 편물도 뜰 수 있습니다. 예를 들어 아래 사진의 **메달리온**medallion(원형 편물)은 **줄바늘**을 사용하여 **풀어내는 코잡기**로 사각형 1블록의 코를 주워서 뜨기 시작합니다. 첫 사각형을 떴으면 그 사각형 끝에서 코를 주워서 2번째 사각형을 뜹니다. 이 과정을 반복하며 사각형을 5개 뜹니다. 첫 사각형의 기초코를 풀고, 남은 코를 5번째 사각형의 끝과 이으면

1열이 끝나고, 계속해서 2열의 사각형을 뜹니다. 그 후 원하는 길이가 될 때까지 사각형 열을 뜨고, 마지막에는 삼각형을 1열 떠서 가장자리를 정리하여 마무리합니다.

엔터락을 **통 모양**으로 뜨면 양말이나 모자, 그 외의 원형 니트웨어 등에도 응용할 수 있습니다. 이때는 시접 없는 통 모양으로 뜨지만, 평면뜨기와 마찬가지로 1열마다 왕복으로 뜰 수 있습니다. 엔터

락을 통 모양으로 원통뜨기할 때는 좌우에 끝이 없으므로 끝 삼각형을 뜰 필요가 없습니다.

편물을 통 모양으로 만들려면 밑변 삼각형을 뜬 뒤에 실을 자르고, 편물을 안끼리 맞닿은 상태에서 원형으로 만들고 뜨개 시작과 뜨개 끝의 실꼬리끼리 묶어서 원형으로 만듭니다. 그리고 사각형을 뜰 때와 마찬가지로 첫 사각형의 끝에서 코를 주워서 '겉면에서 뜨는 사각형'의 1번

째를 뜨고, 계속해서 다음 사각형을 뜹니다. 1열분의 사각형을 다 떴으면 엔터락을 평면뜨기할 때와 마찬가지로 편물을 안면으로 돌려서 '안면에서 뜨는 사각형'을 뜹니다.

계속해서 1열마다 '겉면에서 뜨는 사각형'과 '안면에서 뜨는 사각형'을 뜨면서 원하는 길이가 될 때까지 뜹니다. 마지막에는 편물을 안면으로 뒤집어서, 마무리 삼각형을 1열 떠서 완성합니다.

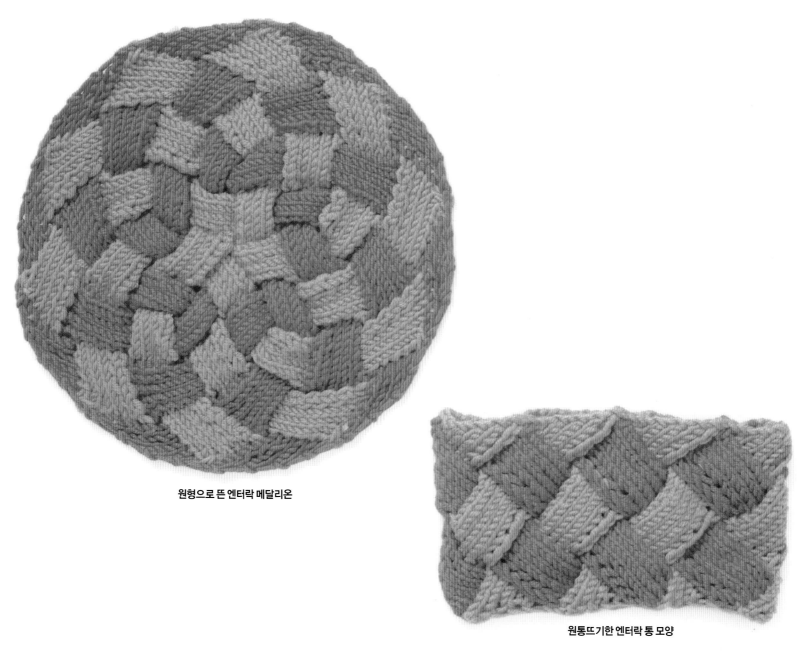

원형으로 뜬 엔터락 메달리온

원통뜨기한 엔터락 통 모양

7 디테일별 니팅

모듈뜨기(모티브뜨기)

모듈뜨기는 패치워크 니팅patchwork knitting이나 **도미노 니팅**domino knitting으로도 알려져 있으며 여러 가지 작은 도형 편물을 조합하여 큰 편물로 만드는 것입니다. 기본이 되는 모티브는 액자 같은 모서리를 만들면서 뜨는 **연귀 사각형** mitered squares뿐만 아니라 삼각형, 마름모꼴, 초승달 모양 등이 있습니다. 이러

한 모티브는 코늘림이나 코줄임을 반복하여 모양을 만들고, 모티브 끝에서 **코를 주워서** 서로 이은 후에 다시 코늘림을 하여 다음 모티브를 넓혀가며 뜹니다. 또는 모티브를 개별로 뜨고 각각 돗바늘이나 코바늘로 이을 수도 있습니다.

모듈뜨기는 스웨터 이외에도 모자, 숄, 카울 등의 소품, 블랭킷이나 니트 가방

등에도 이용됩니다. 일반적으로 사용하는 실은 중세에서 극태까지, 색은 단색, 그러데이션, 셀프 스트라이핑 등 어떤 실로도 뜰 수 있습니다.

또 모티브 1장에 몇 가지 색을 조합하여 뜰 수도 있습니다. 모티브에는 가터뜨기를 이용할 때가 많아서, 실은 꼬임이 강하고 가터뜨기의 골이 확실하게 보이는

종류가 좋습니다. 모티브뜨기 작품 중에 아기용 블랭킷은 가지고 있는 실을 써버리기에 특히 편합니다.

연귀 사각형MITERED SQUARES

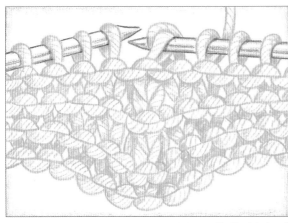

1 왼바늘의 다음 2코에 겉뜨기하듯이 한 번에 오른바늘을 넣어서 그대로 옮긴다.

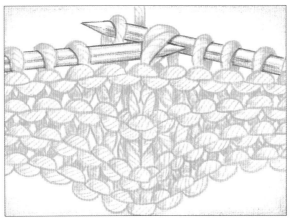

2 다음 코를 겉뜨기하고, 오른바늘에 옮긴 2코를 겉뜨기한 코에 한 번에 덮어씌운다(중심 3코 모아뜨기).

Technique

기본적인 연귀 사각형

기초코는 홀수로 잡는다.

1단(안면): 1코가 남을 때까지 꼬아뜨기로 뜨고 마지막 1코는 안뜨기한다.

2단(겉면): 첫 코는 걸러뜨기, 한가운데의 3코까지는 겉뜨기 꼬아뜨기, 중심 3코 모아뜨기 (S2KP), 1코가 남을 때까지 겉뜨기 꼬아뜨기하고 마지막 1코는 안뜨기한다. 1단과 2단의 순서를 반복하고, 겉면에서 콧수가 3코가 될 때까지 계속하고 겉면에서 끝낸다.

마지막 단(안면): 첫 코는 걸러뜨기, 안뜨기 왼코 겹치기하고, 걸러뜨기한 코를 덮어씌운다. 남은 1코에서 실을 빼내서 코를 막거나 남은 1코를 사용하여 다음 사각형을 뜬다.

연귀 사각형 잇는 법

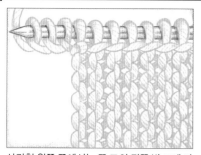 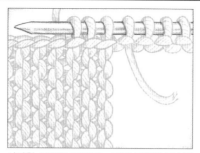 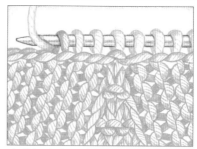

사각형 왼쪽 끝에서는 끝 코의 뒤쪽 반 코에 바늘을 넣어서 필요한 콧수만큼 줍고, 부족한 만큼 감아코잡기로 기초코를 잡는다. 다음 단에서는 가운데 3코로 코줄임하여 모서리를 만든다.

사각형 오른쪽 끝에서는 먼저 필요한 콧수만큼 잡은 뒤에 사각형 오른쪽 끝을 따라서 끝 코의 뒤쪽 반 코에 바늘을 넣어서 남은 코를 줍는다. 다음 단에서는 가운데 3코로 코줄임하여 모서리를 만든다.

사각형 2장 사이에 사각형을 뜰(아래의 4장 잇기에서 연한 색 사각형) 때는 좌우 사각형의 각각 끝 코의 뒤쪽 반 코에 바늘을 넣어서 코를 줍고 다음 단에서는 한가운데에서 3코 모아뜨기를 하여 모서리를 만든다.

뜨면서 사각 모티브를 이은 편물

사각형 2장 잇기

사각형 4장 잇기

무늬를 사용한 연귀 사각형

고무뜨기 연귀 사각형

멍석뜨기 연귀 사각형

그물뜨기 연귀 사각형

안메리야스뜨기 연귀 사각형

삼각형

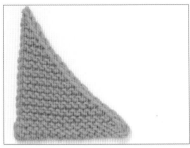 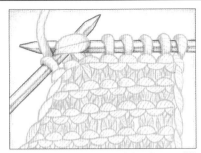 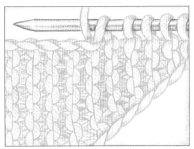 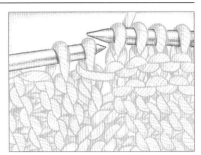

기초코를 홀수로 잡는다. **다음 단(안면):** 1코가 남을 때까지 겉뜨기, 안뜨기 1. **1단(겉면):** 걸러뜨기, 3코 남을 때까지 겉뜨기, 왼코 겹치기, 안뜨기 1. **2단:** 걸러뜨기 1, 1코가 남을 때까지 겉뜨기, 안뜨기 1. 1~2단을 3코 남을 때까지 반복한다. 다음 단은 걸러뜨기 1, 2코 모아 안뜨기. 다음 단은 걸러뜨기 1, 안뜨기 1. 다음 단은 왼코 겹치기.

겉면 단은 다음처럼 뜬다. 걸러뜨기, 3코 남을 때까지 겉뜨기, 왼코 겹치기, 안뜨기 1. 이 단을 마지막까지 반복한다.

다른 삼각형을 뜨면서 이을 때는 안면을 본 상태에서 끝 코의 앞쪽 반 코에서 코를 줍는다.

삼각형을 2장 이을 때는 안면 단의 마지막 코를 왼바늘로 옮기고, 다른 삼각형 1장의 코와 왼코 겹치기한다.

연귀 사각형의 마름모꼴에 삼각형을 이어서 다이아몬드 모양 뜨기

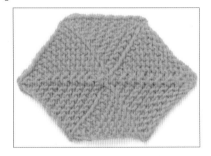 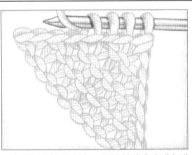 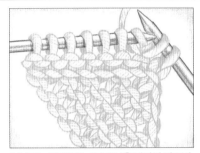 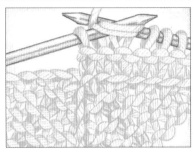

1 겉면을 본 상태에서 뜨개 끝 위치에서 계속해서 마름모꼴의 왼쪽 끝의 뒤쪽 반 코에 바늘을 넣어서 코를 줍는다.

2 첫 코는 걸러뜨기, 1코가 남을 때까지 겉뜨기, 안뜨기 1. 편물을 돌리고 걸러뜨기, 오른코 겹치기, 1코가 남을 때까지 겉뜨기, 안뜨기 1. 이렇게 2단을 1코 남을 때까지 반복한다.

3 겉면을 본 상태에서 마름모꼴의 오른쪽 끝에서부터 새 실을 이어서 코를 줍는다. 겉면 단의 마지막에 왼코 겹치기를 해서 삼각형을 뜬다. 마지막은 P.130의 방법으로 삼각형 2장 사이에 사각형을 뜬다.

조개 모티브

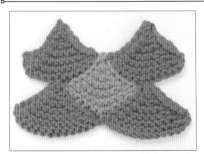 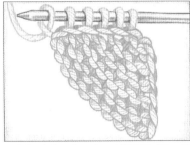 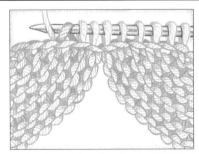

기초코를 홀수로 잡는다. 다음 단(안면)에서는 1코가 남을 때까지 겉뜨기, 안뜨기 1. **다음 단:** 걸러뜨기, 3코가 남을 때까지 겉뜨기, 왼코 겹치기, 안뜨기 1. 이 방법으로 3코가 남을 때까지 반복하여 뜬다. **다음 단:** 걸러뜨기, 안뜨기 왼코 겹치기, 걸러뜨기를 덮어씌운다. 첫 열에 필요한 장수만큼 모티브를 뜬다.

1 먼저 1번째 조개 모티브의 왼쪽 끝에서 코를 줍고, 마지막에 감아코잡기로 기초코를 1코 잡는다.

2 계속해서 2번째 조개 모티브의 오른쪽 끝에서도 코를 주워서 조개 모티브 뜨는 법과 같은 방법으로 뜬다.

고리 앞쪽에 바늘을 넣어서 뜬다 **50**

왼코 겹치기 **55**

오른코 겹치기 **56**

코줍기 **171, 196~198**

안뜨기 왼코 겹치기 **55**

바이어스뜨기 Bias Knitting

바이어스뜨기는 뜨개코 방향이 **기울어지는** 기법입니다. 바이어스는 세로 방향 뜨개코 열과 기초코 또는 가로 방향 뜨개코 열 사이에 각도를 주어서 생깁니다. 바이어스뜨기를 하면 편물에 드레이프 감이 생기고 시각적인 매력이 더해집니다. 그러데이션 실을 사용할 때 생기는 풀링(색의 쏠림)을 억제하는 효과도 있고, 셀프 스트라이핑 얀으로 뜨면 한층 매력적인 편물이 됩니다. 바이어스뜨기는 숄

이나 스카프에 사용할 때가 많지만, 일반적인 스웨터를 뜰 때의 형태 만들기에 이용할 수도 있습니다.
편물에 바이어스뜨기를 넣는 가장 간단한 방법은 편물 한쪽 가장자리에서 **코늘림**을 하고 반대쪽 가장자리에서 **코줄임**을 하는 것입니다. 코늘림과 코줄임은 같은 단의 양 끝에서 해도 되고 첫 단에서 코늘림을 하고 다음 단에서 코줄임을 해도 상관없습니다. 코늘림과 코줄임의 빈

도와 그 간격으로 경사가 정해집니다. 단마다 또는 2단마다 하는 식으로 빈번하게 증감코를 했을 때는 경사의 각도가 예각이 되고 간격을 띄우면 둔각이 됩니다. 좌우 경사를 거울처럼 좌우대칭으로 이용하면 산 모양의 **셰브론무늬**가 됩니다. 셰브론무늬는 베이비 블랭킷에 인기지만, 스웨터나 스카프 등 어떤 아이템에도 사용할 수 있습니다.
또 바탕무늬나 비침무늬, 교차무늬를 사

용하여, 무늬가 일정한 각도에서 기울어지는 편물로 만들 수도 있습니다. 기울어지는 무늬는 원통뜨기를 하면 **나선 모양**으로 완성됩니다.
기울어진 편물은 배색을 사용한 되돌아뜨기(P.96) 방법을 이용하여 뜰 수도 있습니다. 여기에서는 1색으로 오른쪽이나 왼쪽을 기울어지게 만드는 기법을 소개합니다.

오른쪽 방향이나 왼쪽 방향의 경사

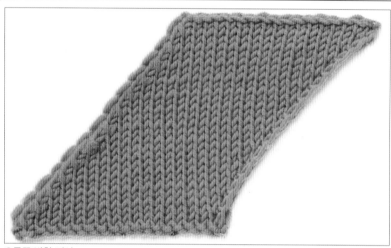

오른쪽 방향 경사

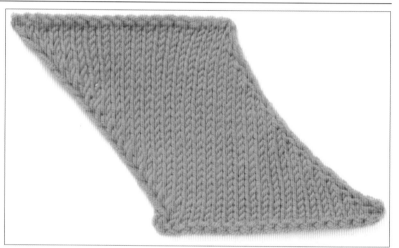

왼쪽 방향 경사

증감코 간격이 다른 평행사변형

가터뜨기로 2단마다 증감코를 했을 때

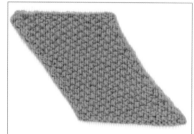

멍석뜨기로 2단마다 증감코를 했을 때

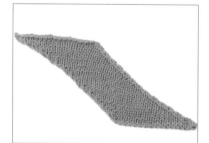

메리야스뜨기로 단마다 증감코를 했을 때

메리야스뜨기로 4단마다 증감코를 했을 때

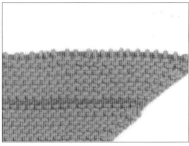

1 1번째 코에서 3코를 뜨고, 편물이 필요한 폭이 될 때까지 양 끝에서 균등하게 코늘림을 한다.

2 한쪽 끝은 코늘림을 계속하고 다른 한쪽에서 는 코늘림 대신 코줄임을 하여 끝끼리 평행한 상태를 유지하며 뜬다.

3 편물 양 끝에서 균등하게 코줄임을 하여 1코 가 될 때까지 떴으면, 남은 코에서 실을 빼내서 직사각형 완성.

위의 방법으로 뜬 가터뜨기 직사각형

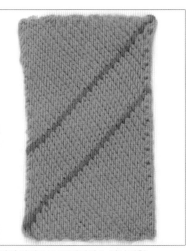

위의 방법으로 뜬 메리야스 직사각형

Technique

바이어스뜨기 직사각형과 평행사변형

바이어스뜨기 편물이 직사각형이 되는지 평행사변형이 되는지는 중간의 평행사변형으로 구 분된 위아래 삼각형의 모양에 달렸습니다. 예를 들어 가터뜨기로 모서리가 직각이 되도록 좌 우 균등하게 증감코를 하여 삼각형을 뜨면 직사각형으로 마무리됩니다. 그러나 메리야스뜨 기나 메리야스뜨기 바탕인 무늬뜨기를 똑같이 뜨면, 메리야스뜨기 편물은 가터뜨기보다 세 로로 길어지기 때문에 삼각형도 세로로 길어지고 전체는 평행사변형으로 마무리됩니다.

가터뜨기 **30, 46**   메리야스뜨기 **30, 46**

코줄임 **55~60, 102~103**   코늘림 **50~54**

클로즈드(비침 없는) 셰브론무늬

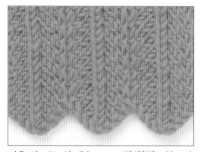

기초코는 8코의 배수+1코. **1단(안면):** 안뜨기.
2단: 겉뜨기 1, *왼쪽 방향으로 꼬아 늘리기, 겉뜨기 2, 중심 3코 모아뜨기, 겉뜨기 2, 오른쪽 방향으로 꼬아 늘리기, 겉뜨기 1**. *~**를 반복한다. 1~2단을 반복하여 무늬를 뜬다.

편물의 '골짜기' 부분의 코줄임(중심 3코 모아뜨기): 다음 2코를 한 번에 겉뜨기하듯이 오른바늘로 옮기고 그다음 코를 겉뜨기한다. 오른바늘에 옮긴 2코를 겉뜨기한 코에 덮어씌운다.

편물의 '산' 부분의 코늘림: 중심이 되는 겉뜨기의 양쪽에서 걸친 실을 끌어올려서 좌우대칭으로 꼬아뜨기 코늘림을 한다.

아일릿(비침이 들어간) 셰브론 무늬

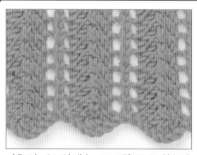

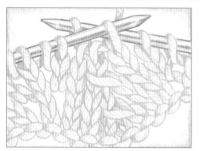

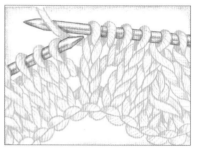

기초코는 8코의 배수+1코. **1단(안면):** 안뜨기.
2단: 겉뜨기 1, *바늘비우기, 겉뜨기 2, 오른코 겹쳐 3코 모아뜨기, 겉뜨기 2, 바늘비우기, 겉뜨기 1**. *~**를 반복한다. 1~2단을 반복하여 무늬를 뜬다.

편물의 '골짜기' 부분의 코줄임(오른코 3코 모아뜨기): 다음 코를 겉뜨기하듯이 오른바늘로 옮기고 그다음 2코를 한 번에 겉뜨기한다. 오른바늘에 옮긴 코를 겉뜨기한 코에 덮어씌운다.

편물의 '산' 부분의 코늘림: 중심이 되는 겉뜨기의 양쪽에서 바늘비우기를 한다.

중심에서부터 넓혀가며 뜨기

사각형, 원형, 육각형, 팔각형 등 다각형 편물은 **중심에서부터 바깥쪽으로** 넓혀가며 떠서 단독으로도, 또는 여러 장을 조합해서 큰 작품으로 만들 수도 있습니다. 일반적으로는 **양쪽 막대바늘**에 기초코를 잡고, 코늘림을 하며 원하는 크기가 될 때까지 넓혀가며 뜹니다. 원둘레가 작은 원통뜨기를 할 때처럼 양쪽 막대바늘이 아니라 줄바늘 2개 또는 매직 루프 방식으로도 뜰 수 있습니다.

이 원형 편물을 **메달리온**medallions이라고 부르며, 평평한 편물을 뜰 수 있도록 디자인되어 있습니다. 코늘림이 너무 많으면 가장자리가 프릴 모양으로 넓어져서 편물이 차분하지 않습니다. 반대로 코늘림이 적으면 편물이 울게 됩니다. 코늘림의 위치·횟수를 적절히 하면 중심에서부터 똑바로 바퀴살 모양으로 펼쳐집니다. 또 코늘림을 코줄임과 조합하여 나선 모양으로 뜰 수도 있습니다.

메달리온 니팅(모티브뜨기)은 18~19세기에 인기를 떨쳤습니다. 도일리나 의자 등판 덮개, 식탁보 등 인테리어 장식으로 호평을 받았고 극세 면사로 떴습니다. 중심에서부터 뜨는 모티브는 지금도 블랭킷이나 무릎담요, 쿠션, 가방, 행주 등 몸에 걸치는 아이템 이외에도 널리 활용되고 있습니다. 니트 장난감의 한 부분으로도 사용됩니다.

원형이나 사각형 숄은 중심에서부터 넓혀가며 뜨는 모티브에서 시작할 때가 많고, 스웨터나 모자의 크라운 부분에도 중심에서부터 뜨는 모티브를 도입하기도 합니다. 사용하는 실은 현대에서는 극세 사나 레이스 같은 가는 실부터 병태나 극태 같은 굵은 실까지 광범위합니다. 굵은 실은 블랭킷이나 모자에 적당합니다. 모티브에는 비침무늬, 메리야스뜨기, 가터뜨기, 질감이 풍부한 무늬뜨기를 이용하거나 배색을 사용해서 뜰 수도 있습니다. 페어아일 베레모의 크라운 부분의 배색뜨기는 스웨터를 뜨는 요령과 같지만, 코늘림 종류에 따라서 마지막으로 완성되는 모양과 느낌이 결정됩니다. 코늘림을 할 때, 꼬아 늘리기M1나 kfb를 이용하면 비침 없는 편물이 되고, 바늘비우기를 이용하면 비치는 느낌이 생깁니다.

침대 커버 등은 다양한 모양의 모티브를 잇거나 띠 모양으로 만들어둔 것을 이어서 만듭니다.

도형 여러 개를 조합할 때도 있고, 중심에서부터 넓혀가며 뜨는 것이 많지만 꼭 그렇게 뜰 필요는 없습니다. 평면으로 뜬 것을 이어서 중심을 정할 때도 있습니다.

별 모양이나 꽃 모양 모티브 등 가장자리에 요철이 있는 모양은 먼저 중심에서부터 뜨기 시작하고, 별의 끝부분이나 꽃의 꽃잎 부분은 가장자리에서 코를 주워서 추가로 뜹니다. 이런 모양 모티브도 장식으로 이용하기도 하고 별 모양의 베이비 블랭킷 등처럼 단독으로도 사용할 수 있습니다.

중심에서부터 넓혀가며 뜨는 모티브는 가장자리리브나 코바늘로 가장자리를 떠주면 더욱 장식적인 느낌이 됩니다. 중심에서부터 뜨는 기초코를 잡는 방법은 P.138의 예를 봅니다.

코바늘로 만드는 원형 기초코 ADJUSTABLE RING CAST ON

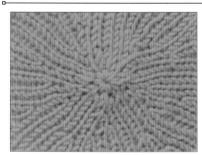

크기 조절 원형 기초코는 코바늘로 만드는 방법입니다. '에밀리 오커식 코잡기Emily Ocker's cast on'라고도 부릅니다.

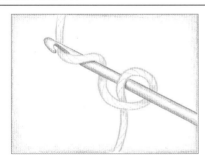

1 뜨개실로 고리를 만들고 *코바늘을 통과시켜서, 바늘 끝에 실을 걸고 고리에서 끌어낸다.

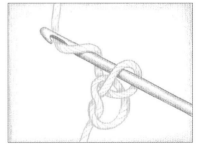

2 바늘 끝에 실을 걸고, 바늘에 걸린 고리에서 끌어내면** 1코가 생긴다. 필요한 콧수가 될 때까지 *~**를 반복한다(2회째에 바늘 끝을 끌어낼 때는 바늘 끝 쪽의 고리 1개 안에서 끌어낸다).

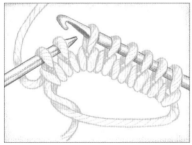

3 만든 기초코를 양쪽 막대바늘 3개에 나누고 작품을 뜨기 시작한다(기초코의 1번째 코에서부터 뜬다). 1단을 뜬 뒤에 실꼬리를 당겨서 고리 중심을 조인다.

대바늘로 만드는 원형 기초코ADJUSTABLE RING CAST ON

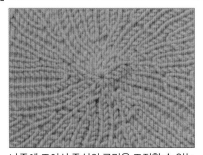

나중에 조여서 중심의 구멍을 조정할 수 있는 고리adjustable ring를 양쪽 막대바늘로 만드는 방법입니다.

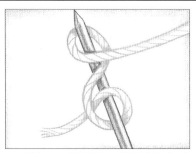

1 뜨개실로 고리를 만들고 *양쪽 막대바늘 끝을 고리에 통과시켜, 그림처럼 바늘 끝에 실을 감고 그 실을 고리에서 끌어낸다.

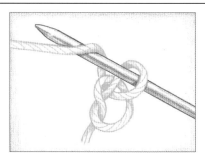

2 한 번 더 바늘 끝에 실을 걸고 고리에서 끌어낸다**. 이것으로 1코가 생긴다. 필요한 콧수가 될 때까지 *~**를 반복한다.

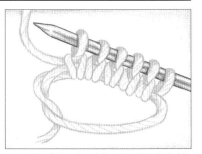

3 6코를 만든 모습. 기초코를 양쪽 막대바늘 3개에 나누고 1단을 뜬다(기초코 1번째 코에서부터 뜬다). 1단을 뜬 뒤에 실꼬리를 당겨서 고리 중심을 조인다.

보이지 않는 원형 기초코INVISIBLE CIRCULAR CAST ON

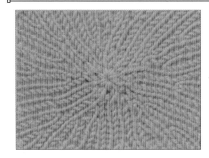

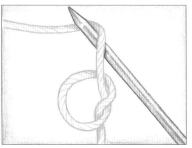

1 고리에 매듭을 만들고, 실꼬리는 아래쪽, 실타래로 이어지는 뜨개실은 위쪽으로 오게 한다. 작품을 뜨는 바늘보다 가는 양쪽 막대바늘의 *바늘 끝에 그림처럼 뜨개실을 건다. 이것이 1번째 코가 된다.

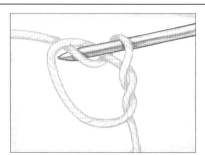

2 바늘 끝을 고리에 넣고 실을 걸어서 그림처럼 끌어낸다. 이것이 2번째 코가 된다**.

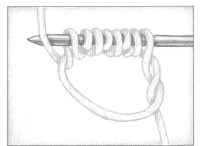

3 필요한 콧수가 될 때까지 *~**를 반복한다. 필요한 콧수만큼 잡았으면 기초코를 양쪽 막대바늘 3개에 나눈다. 실꼬리를 당겨서 고리 중심을 조이고 1단을 뜨기 시작한다(기초코 1번째 코에서부터 뜬다).

아이코드를 이용한 풀어내는 기초코PROVISIONAL I-CORD CAST ON

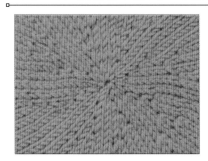

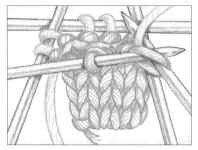

1 별실을 사용하여 필요한 기초코 수의 아이코드를 몇 단 뜬다(아이코드는 P.331 참조). 작품 실로 바꿔서(실꼬리를 길게 남긴다), 아이코드에 1단을 뜬다.

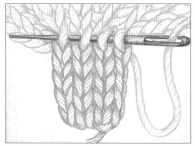

2 작품을 완성했으면, 돗바늘에 작품 실의 시작 실꼬리를 끼워 1단의 뜨개코에 통과시킨다.

3 별실로 뜬 아이코드의 마지막 단 실을 자르고 아이코드를 푼다. 실꼬리를 당겨서 고리 중심을 조이고 실꼬리를 정리한다.

중심에서부터 뜨는 사각형

사각형을 중심에서부터 넓혀가며 뜨는 방법에는 두 가지가 있습니다. 대각선을 따라서 코늘림을 배치하는 방법(편물은 **삼각형** 4개가 합쳐진 것처럼 보인다)과 각 변의 중심을 따라서 코늘림을 배치하는 방법(편물은 **사각형** 4개가 합쳐진 것처럼 보인다)입니다.

어떤 도형을 뜰 때도 기초코 수는 원칙적으로 도형의 변 개수의 2배로 합니다. 사각형이면 기초코 8코로 시작합니다. 사각형으로 뜨기 위해서는 코늘림이 있는 단과 없는 단을(메리야스뜨기, 가터뜨기 또는 어떤 무늬로 뜨든지) 교대로 뜹니다.

코늘림은 언제나 좌우대칭으로 1쌍씩 늘어나므로, 코늘림이 있는 단에서는 매번 8코씩 늘어납니다. 양쪽 막대바늘로

뜰 때는 바늘의 처음과 마지막에 코늘림을 배치하면 알아보기 쉽습니다. 코늘림은 바늘비우기로 비치는 느낌을 낼 수도 있고 꼬아 늘리기로 코가 꽉 찬 느낌으로 만들 수도 있습니다.

또 코늘림을 중심에서부터 바깥을 향해서 소용돌이 모양으로 배치할 수도 있습니다. 중심에서부터 넓혀가며 뜨는 사각

형은 사각형 숄의 기본이 되고 블랭킷 등에도 이용할 수 있습니다.

모서리에 코늘림을 배치한 사각형

1변당 기초코를 2코 잡고 양쪽 막대바늘 4개에 2코씩 나눈다. 겉뜨기 1단, 코마다 늘림하여 16코를 만든다.

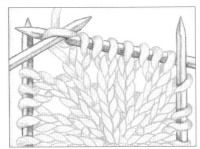

1단: 〈겉뜨기 1, 바늘비우기, 바늘에 1코 남을 때까지 겉뜨기, 바늘비우기, 겉뜨기 1〉을 4회 반복한다.
2단: 겉뜨기. 1~2단을 반복하여 원하는 크기만큼 뜨고 코막음한다.

한가운데에 코늘림을 배치한 사각형

1변당 기초코를 2코 잡고 양쪽 막대바늘 4개에 2코씩 나눈다. 겉뜨기 1단, 코마다 늘림하여 16코를 만든다. **1단**: 〈겉뜨기 1, 바늘비우기, 바늘에 1코 남을 때까지 겉뜨기, 바늘비우기, 겉뜨기 1〉을 4회 반복한다.

2단: 겉뜨기. 각 변 또는 바늘의 중심에 마커를 건다.
3단: 〈바늘 중앙의 2코 앞뒤에서 바늘비우기, 그 외에는 겉뜨기〉를 4회 반복한다.
4단: 겉뜨기. 3~4단을 반복하여 원하는 크기만큼 뜨고 코막음한다.

오른쪽 방향 소용돌이 모양으로 뜨기

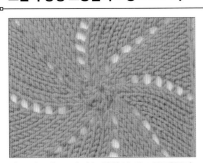

겉뜨기 1단, 코마다 늘림하여 16코를 만든다.
1단: 〈겉뜨기 1, 바늘비우기, 바늘에 1코 남을 때까지 겉뜨기, 바늘비우기, 겉뜨기 1〉을 4회 반복한다. **2단**: 겉뜨기. **다음 단**: 첫 코 뒤에서 바늘비우기, 2단 전 바늘비우기한 코의 앞에서 바늘비우기로 코를 늘린다. **다음 단**: 겉뜨기.

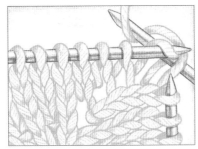

2단 전 바늘비우기한 코의 앞에서 바늘비우기한다. 코늘림 단을 2단에 한 번 반복하면서 원하는 크기까지 뜬다.

왼쪽 방향 소용돌이 모양으로 뜨기

겉뜨기 1단, 코마다 늘림하여 16코를 만든다.
다음 단: 〈바늘 끝까지 겉뜨기, 바늘비우기〉를 4회 반복한다. **다음 단**: 〈앞단의 바늘비우기까지 겉뜨기, 바늘비우기〉를 4회 반복한다.

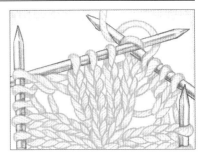

단마다 앞단의 바늘비우기 다음에서 바늘비우기를 한다.

중심에서부터 뜨는 원형

중심에서부터 원형을 넓혀가며 뜨려면 코늘림을 **나선 모양** 또는 **바퀴살 모양**으로 배치합니다. 또 **되돌아뜨기로** 만드는 마름모꼴을 조합하여 원형으로 뜨는 방법도 있습니다. 원주율을 이용하여 콧수를 계산하고 원형을 넓히며 뜨면 숄이나 블랭킷, P.288에서 소개하는 원형 구조를 뜰 수 있습니다.

다른 원형을 중심에서부터 뜰 때와 마찬가지로 나선 모양이나 바퀴살 모양으로 넓혀가며 뜨는 원형도 기초코 콧수는 적어서 일반적으로 8코부터 뜨기 시작하고, 단의 처음과 끝을 이어서 원형으로 뜹니다. 코늘림은 중심에서 균등하게 분산시킵니다. 비치는 레이스무늬일 때는 바늘비우기로 코늘림을 하고, 코가 꽉 찬 편물일 때는 구멍이 생기지 않는 코늘림을 이용합니다. 코늘림 단을 1단 뜬 뒤에는 코늘림을 하지 않고 메리야스뜨기나 사용하고 있는 무늬뜨기로 1단 뜹니다. 되돌아뜨기로 원형을 뜨려면 원의 반지름에 해당하는 콧수를 잡고, 되돌아뜨기를 하면서 쐐기 모양을 나선 모양으로 뜹니다.

방사형으로 코늘림을 배치한 원형 RADIATING INCREASES

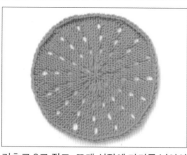 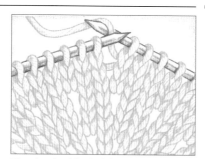

기초코 8코 잡고, 뜨개 시작에 마커를 넣어서 1단 겉뜨기한다.
다음 단: 모든 코를 늘린다. 16코. 1단 겉뜨기한다. **다음 단:** 〈겉뜨기 1, 바늘비우기〉 반복. 32코. 3단 겉뜨기한다. **다음 단:** 〈겉뜨기 2, 바늘비우기〉 반복. 3단 겉뜨기한다. **다음 단:** 〈겉뜨기 3, 바늘비우기〉 반복.

겉뜨기 3단. **다음 단:** 〈겉뜨기 4, 바늘비우기〉 반복. 이 방식으로 원하는 크기가 될 때까지 뜨고 코막음한다. 그림은 코늘림 패턴.

원주율을 이용한 원형 PI CIRCLE

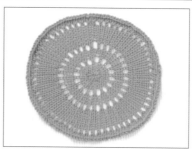 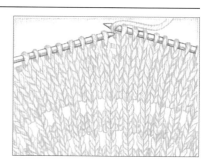

기초코 8코 잡고, 뜨개 시작에 마커를 넣어서 1단 겉뜨기한다. **다음 단:** 모든 코를 늘린다. 16코. 2단 겉뜨기한다. **다음 단:** 〈겉뜨기 1, 바늘비우기〉 반복. 32코. 4단 겉뜨기한다. **다음 단:** 〈겉뜨기 1, 바늘비우기〉 반복. 8단 겉뜨기 한다. **다음 단:** 〈겉뜨기 1, 바늘비우기〉 반복. 16단 겉뜨기한다.

다음 단: 〈겉뜨기 1, 바늘비우기〉 반복. 같은 방법으로 겉뜨기만 하는 단수를 2배로 늘리며 원하는 크기가 될 때까지 뜬다. 코늘림을 한 다음 단에서 코막음하면 가장자리가 프릴처럼 되므로 2단 평평하게 뜨고 나서 코막음하면 모양이 잘 고정된다.

코늘림 위치를 어긋나게 해서 넓혀가며 뜨는 원형 CIRCLE WITH STAGGERED INCREASES

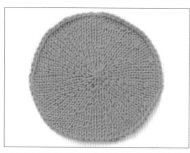 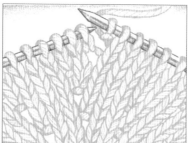

기초코 8코 잡고, 뜨개 시작에 마커를 넣어서 1단 겉뜨기한다. 늘림 단 다음에는 겉뜨기 단을 뜬다.
2단: 모든 코에 kfb(16코).
4단: 〈겉뜨기 1, kfb〉를 반복한다.
6단: 〈겉뜨기 2, kfb〉를 반복한다.
8단: 〈겉뜨기 3, kfb〉를 반복한다.
10단: 겉뜨기 2, kfb, 〈겉뜨기 4, kfb〉를 반복한다.

12단: 겉뜨기 1, kfb, 〈겉뜨기 5, kfb〉를 반복한다.
14단: 겉뜨기 5, kfb, 〈겉뜨기 6, kfb〉를 반복한다.
16단: 겉뜨기 2, kfb, 〈겉뜨기 7, kfb〉를 반복한다.
18단: 겉뜨기 1, kfb, 〈겉뜨기 8, kfb〉를 반복한다.
20단: 겉뜨기 6, kfb, 〈겉뜨기 9, kfb〉를 반복한다.
코늘림 단에서는 10~14단과 같은 방법으로 처음 겉뜨기 수를 바꿔서 코늘림 위치를 어긋나게 하고, 반복 부분의 겉뜨기를 1코씩 늘리면서 원하는 크기가 될 때까지 뜬다.

되돌아뜨기 원형 SHORT-ROW CIRCLE

 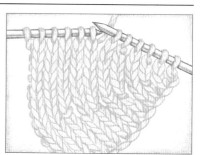

기초코를 12코 잡는다. *1단 겉뜨기 한다.
다음 단: 2코가 남을 때까지 안뜨기. 편물을 돌려서 끝까지 겉뜨기.
다음 단: 4코가 남을 때까지 안뜨기. 편물을 돌려서 끝까지 겉뜨기.
이 요령대로 8코가 남을 때까지 안뜨기하고, 편물을 돌려서 끝까지 겉뜨기 한다. 원하는 단만큼 뜬다**.

원형이 될 때까지 *~**를 반복한다. 평평하게 뜨는 단수에 따라 중심 부분의 구멍 크기가 결정된다.

중심에서부터 뜨는 다각형

오각형, 육각형, 칠각형, 팔각형 등 기하학적인 도형도 중심에서부터 넓혀가며 뜰 수 있습니다. 이런 도형은 사각형과 마찬가지로 중심에서부터 바큇살 모양으로 도형의 정점까지 넓히며 뜹니다. 또 중심에서부터 소용돌이 모양으로 넓혀가며 뜨는 방법도 있습니다. 코늘림은 바늘비우기로 하거나 꼬아 늘리기처럼 비침을

만들지 않는 방법을 이용합니다.
사각형과 마찬가지로 원칙으로 기초코는 '변의 수×2'로 하기 때문에 오각형의 기초코는 10코, 육각형의 기초코는 12코가 됩니다.
일반적으로 기초코 후에는 어떤 편물(대부분은 메리야스뜨기나 가터뜨기)에서도 코늘림 단을 1단씩 걸러가며 뜹니다. 도

형에 따라서는 코늘림 단의 사이에 코늘림이 없는 단을 1단 더 떠서, 편물을 평평하게 자리 잡도록 할 수도 있습니다. 또 어떤 도형은 양쪽 막대바늘을 4개나 5개보다 더 많이 사용하는 편이 뜨기 쉬울 수도 있습니다. 예를 들어 오각형을 뜰 때는 각 변의 콧수를 바늘 1개씩에 옮겨 총 바늘 5개에 나누고 6번째 바늘로 뜨

는 식입니다.
팔각형은 블로킹을 하여 원형에 가깝게 만들 수도 있습니다.
이들 도형은 사각형이나 팔각형만큼 일반적으로 이용되지는 않지만, 블랭킷이나 모자의 톱 부분, 스웨터의 일부분에 넣을 수 있습니다.

중심에서부터 넓혀 가며 뜨는 다각형

오각형pentagon
코늘림을 5군데에
균등하게 배치한다

육각형hexagon
코늘림을 6군데에
균등하게 배치한다

팔각형octagon
코늘림을 8군데에
균등하게 배치한다

가터뜨기 **30, 46**	꼬아 늘리기 **52**	메리야스뜨기 **30, 46**	모자 **296~303**
바늘비우기 **101, 168**	양쪽 막대바늘 **19~20, 116**	코늘림 **50~54**	kfb **50**

중심에서부터 뜨는 별 모양

꽃 모양이나 별 모양은 오각형, 육각형, 팔각형 등 **중심에서부터 뜨는 다각형**을 응용해서도 뜰 수 있습니다. 뜰 때는 우선 중심 부분을 원하는 크기까지 뜨고, 뜨개코 상태 그대로 다른 바늘이나 코막음 핀에 끼워둡니다. 별의 모서리 부분이나 꽃잎 1장 등 튀어나온 부분 1개분의 콧수를 양쪽 막대바늘 1개에 잡고, 별이라면 끄트머리가 뾰족하게 뜨고 꽃잎이라면 둥그스름한 모양으로 뜹니다.

중심 부분은 코늘림을 나선형으로 배치하고 떠도 되고 방사형으로 배치해서 떠도 됩니다. 주위에 꽃잎 부분을 뜨면 꽃 모양이 됩니다. 다른 도형에서 원형으로 모양을 바꾸면서 뜰 수 있는 것처럼 별 모양을 다른 도형과 조합하여 사용하는 방법도 있습니다.

별 모양 뜨는 법 CONSTRUCTING A STAR

완성된 별 모양

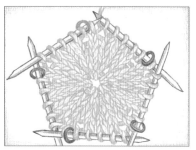

1 기초코를 잡아서 코늘림 위치에 마커를 넣고, 양쪽 막대바늘 5개에 6코씩 걸리도록 넓혀 가며 뜬다. 단의 시작을 표시하는 마커는 알아보기 쉽도록 다른 색상의 마커를 사용한다.

2 1번째 바늘에 걸린 6코를 평면뜨기하고, 양쪽 끝에서 1단씩 걸러가며 코줄임을 한다. '모서리'가 하나 완성되면 실을 자르고, 2번째 '모서리'의 첫 번째 코줄임을 위해 다시 실을 연결한다.

3 모서리 마지막은 다음과 같이 뜬다. 뜨개코가 4코인 상태에서 오른코 겹치기skp와 왼코 겹치기k2tog를 하여 2코가 남으면 1번째 코를 2번째 코에 덮어씌우고 실을 자른다. 남은 1코에서 실 꼬리를 끌어낸다.

8

고급 테크닉
Advanced Techniques

브리오슈뜨기 Brioche Knitting

브리오슈뜨기 편물은 고무뜨기가 선명히 드러나는 세련된 리버시블 편물입니다. **브리오슈 고무뜨기는 1코를 뜨고, 1코를 걸러뜨기**하여 생기는 **2겹 구조**입니다. 뜰 때는 실을 걸러뜨기의 앞쪽이나 뒤쪽으로 옮기는 대신에 걸러뜨기를 하며 바늘비우기를 하여 **실을 겹칩니다.** 브리오슈뜨기에서는 코늘림, 코줄임, 꽈배기, 교차나 배색 사용도 가능합니다. 줄무늬, 2색 또는 2종류의 실을 사용하거나 편물 겉면의 겉뜨기 부분을 따라 느슨하게 메리야스 자수를 하는 등의 방법으로 배색을 사용할 수도 있습니다. 브리오슈뜨기의 2겹 구조는 루즈핏 니트웨어에 최적이며, 보온성이 뛰어나서 카울, 스카프, 모자에도 자주 이용합니다.

브리오슈뜨기에는 사용 실의 라벨에 적혀 있는 권장 바늘보다 가는 바늘을 사용합니다. 같은 작품을 메리야스뜨기로 뜰 때보다 실이 1.5~2배 가까이 필요합니다. 방축가공하지 않은 모사는 서로 얽혀서 편물이 늘어나는 것을 막아주므로 브리오슈뜨기에 적합합니다. 가장자리 코를 더해주면 늘어남 방지 효과가 있고 편물 가장자리가 잘 고정됩니다.

브리오슈뜨기는 게이지를 재기 어렵기 때문에 게이지를 잴 때 편물을 큼직하게 뜨는 것이 좋습니다. 스와치는 평평한 면에 놓고 자를 수평으로 해서 잽니다.

브리오슈뜨기의 2단을 떠야 1단이 완성됩니다. 첫 번째는 전체 콧수의 반을 뜨고, 두 번째에 남은 반(첫 번째에 걸러뜨기 한 코)을 뜹니다. 무늬는 8~10단 정도 떠야 보입니다. 같은 사이즈를 뜨려면 메리야스뜨기보다 콧수는 적게, 단수는 많게 해야 합니다.

브리오슈뜨기는 원통뜨기로도 뜰 수 있습니다. 이때도 2단을 떠야 1단이 완성된다는 점을 명심합니다.

브리오슈뜨기 작품은 약하게 스팀을 쐬어 블로킹하여 뜨개코를 자리 잡게 하거나 블로킹을 전혀 하지 않기도 합니다. 레이스 풍의 브리오슈 패턴은 물에 담갔다가 마른 수건에 돌돌 말아서 물기를 제거한 뒤에 평평하게 펴서 말립니다.

신축성이 풍부한 편물이므로 기초코와 코막음은 **느슨하게** 합니다. 기초코는 편물을 뜨는 바늘보다 굵은 바늘을 사용하거나 바늘을 2개 사용하여 잡는 것이 좋습니다.

브리오슈뜨기 이외에도 앞단의 코에 바늘 끝을 넣어 떠서 같은 무늬를 뜨는 방법을 가끔 볼 수 있습니다. 예를 들어 피셔맨 립은 뜨는 법은 다르지만 결과적으로는 브리오슈뜨기와 같은 편물이 됩니다. 네덜란드에서는 브리오슈뜨기도 피셔맨 립도 파텐트스틱patentsteek이라고 부릅니다. 셰이커 니팅Shaker knitting이라고 부를 때도 있습니다. 다른 언어에서는 파텐트patent가 이름의 일부에 붙거나, 영국식 고무뜨기English rib라고 하기도 합니다.

이 장의 2색 브리오슈뜨기의 용어는 디자이너 **낸시 머천트**가 고안한 것입니다.

브리오슈뜨기 BRIOCHE STITCH

(짝수 코로 뜰 때)
준비 단: *바늘비우기, 걸러뜨기, 겉뜨기 1**. *-**를 반복한다. 편물을 돌린다.
1단: *바늘비우기, 걸러뜨기, 앞단의 걸러뜨기와 바늘비우기를 한 번에 겉뜨기**. *-**를 반복한다. 편물을 돌린다.
이후는 1단 뜨는 법을 반복한다.

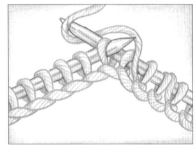

1 준비 단에서는 1코를 걸러뜨기하면서 바늘비우기를 겹치고, 다음 코는 겉뜨기한다.

2 1단(무늬뜨기의 1단: 앞단에서 겉뜨기한 코는 걸러뜨기하면서 바늘비우기를 겹치고, 다음 코는 앞단의 걸러뜨기와 바늘비우기를 한 번에 겉뜨기로 뜬다.

3 1단 뜨는 법을 반복하면, 자연스럽게 무늬가 생긴다.

2색 브리오슈뜨기

2색 브리오슈뜨기는 줄바늘이나 양쪽 막대바늘로 뜹니다. 평면뜨기를 할 때, A색(연한 색)으로 1단 떴으면 편물을 반대쪽 바늘 끝까지 옮겨서 되돌려 놓고 B색(진한 색)도 같은 방향으로 뜹니다. B색을 다 떴으면 편물을 돌리고, 다음 단을 A색으로 1단, B색으로도 다시 1단을 뜨고 뜨개 방향을 돌리는 순서로 뜹니다.

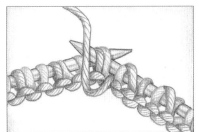

준비 단 1: A색으로 홀수 코를 잡는다. 겉뜨기 1, p.142의 준비 단을 뜬다. 뜨개코를 반대쪽으로 밀어 B색으로 다음 단을 뜬다. 걸러뜨기 1, B색으로 *앞단의 코와 바늘비우기를 함께 안뜨기(위 그림), 걸러뜨기 1, 바늘비우기(오른쪽 위 그림)**, *~**를 1코가 남을 때까지 반복하고, 걸러뜨기 1. 편물을 돌린다.

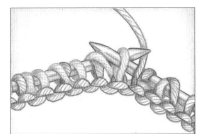

준비 단 2: A색으로 뜬다. 안뜨기 1, *걸러뜨기 1, 바늘비우기, 앞단의 바늘비우기와 걸러뜨기를 한 번에 안뜨기**. *~**를 2코가 남을 때까지 반복하고 걸러뜨기 1, 바늘비우기, 안뜨기 1. 뜨개코를 반대쪽으로 밀어 B색으로 뜬다. 걸러뜨기 1, *앞단의 코와 바늘비우기를 함께 겉뜨기, 걸러뜨기 1, 바늘비우기**, *~**를 1코가 남을 때까지 반복하고 걸러뜨기 1. 편물을 돌린다.

단마다 뜨는 실과 같은 색의 코와 앞단의 바늘비우기를 1코로 간주하고 겉뜨기나 안뜨기하는 것이 포인트. 좌우 끝의 1코는 A색만 뜨고 B색은 뜨지 않는다.

겉뜨기 코늘림(A색이 겉뜨기=겉면): 낸시 머천트의 용어로는 brkyobrk. 겉면의 A색으로 뜨는 단에서 겉뜨기와 앞단의 바늘비우기에 '겉뜨기, 바늘비우기, 겉뜨기'를 하고 왼바늘에서 코를 뺀다. 2코 늘어난다.

안 뜨 기 코늘림 (A색이 겉뜨기 = 겉면, brpyobrp): 겉면의 B색으로 뜨는 단에서 안뜨기와 앞단의 바늘비우기에 '안뜨기, 바늘비우기, 안뜨기'를 하고 왼바늘에서 코를 뺀다. 2코 늘어난다.

왼쪽으로 기울어지는 겉뜨기 코줄임(A색이 겉뜨기=겉면, brLsl dec): 겉면의 A색으로 뜨는 단에서 겉뜨기와 앞단의 바늘비우기에 겉뜨기하듯이 오른바늘을 넣어서 옮긴다. 다음 안뜨기와 그다음 겉뜨기, 바늘비우기를 한 번에 겉뜨기하고, 오른바늘로 옮긴 겉뜨기, 바늘비우기를 덮어씌운다. 2코 줄어든다.

오른쪽으로 기울어지는 겉뜨기 코줄임(A색이 겉뜨기=겉면, brRsl dec): 겉면의 A색으로 뜨는 단에서 겉뜨기와 앞단의 바늘비우기에 겉뜨기하듯이 오른바늘을 넣어서 옮긴다. 다음 안뜨기를 겉뜨기하고, 오른바늘로 옮긴 겉뜨기와 바늘비우기로 덮어씌운다. 오른바늘에 남은 코를 왼바늘로 되돌려 놓고 그 코에 다음 겉뜨기와 바늘비우기를 덮어씌운다. 2코 줄어든다.

왼쪽으로 기울어지는 안뜨기 코줄임(A색이 겉뜨기=겉면, brpLsl dec): 겉면의 B색으로 뜨는 단에서 실을 앞쪽에 두고, 안뜨기와 앞단의 바늘비우기를 오른바늘에 옮긴다. 다음 겉뜨기를 다른 바늘에 옮겨서 앞쪽에 두고, 다음 안뜨기와 바늘비우기를 오른바늘에 옮긴다. 다른 바늘의 코를 왼바늘에 끼워서 안뜨기하고, 오른바늘로 옮긴 코를 순서대로 덮어씌운다. 2코 줄어든다.

오른쪽으로 기울어지는 안뜨기 코줄임(A색이 겉뜨기=겉면, brpRsl dec): 겉면의 B색으로 뜨는 단에서 안뜨기와 앞단의 바늘비우기, 그다음 겉뜨기를 안뜨기로 한 번에 뜬다. 다음 안뜨기와 바늘비우기에 겉뜨기하듯이 오른바늘을 넣어서 옮기고, 그대로 왼바늘에 되돌려 놓는다. 코줄임한 코도 왼바늘에 되돌려 놓고, 방향을 바꾼 코를 그 위에 덮어씌운다. 2코 줄어든다.

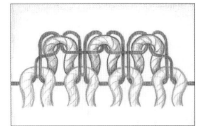

이탈리안 코막음 Sewn Italian bind off: 브리오슈뜨기와 잘 맞아서 브리오슈뜨기의 기초초에 자주 사용하는 2색 이탈리안 코잡기에 가까운 느낌으로 마무리된다. 돗바늘에 실을 꿰고, 그림의 빨간 선을 따라서 다음처럼 돗바늘을 넣는다 (전체가 홀수 코일 때).

① 1번째 코에 뒤쪽에서, 2번째 코에는 앞쪽에서 돗바늘을 넣고, 뜨개코는 대바늘에서 빼지

않고 실을 당긴다.
② 1번째 코에 앞쪽에서, 3번째 코에 뒤쪽에서 돗바늘을 넣고, 1번째 코를 대바늘에서 빼고 실을 당긴다.
③ 2번째 코에 뒤쪽에서, 4번째 코에 앞쪽에서 돗바늘을 넣고, 2번째 코를 대바늘에서 빼고 실을 당긴다.
④ 한 번도 실이 통과하지 않은 코가 1코 남을 때까지 ②③을 반복한다.
⑤ 마지막 3코의 1번째 코에 앞쪽에서, 3번째 코에 뒤쪽에서 돗바늘을 넣고, 1번째 코는 대바늘에서 빼고 실을 당긴다. 2번째 코에 뒤쪽에서, 3번째 코에 앞쪽에서 돗바늘을 넣고, 2코 모두 대바늘에서 빼고 실을 당긴다.

더블 니팅Double Knitting

더블 니팅 편물의 양면

더블 니팅은 바늘 1쌍과 실타래 2개를 사용하여 리버시블 편물을 뜨는 기법입니다. 대바늘로 평면뜨기할 수도, 줄바늘이나 양쪽 막대바늘로 원통뜨기할 수도 있습니다. 보온성을 중시한 블랭킷이나 모자, 카울 등의 소품에 적합합니다. 편물 **두께가 2배가 되므로**, 양면 모두 메리야스뜨기로 뜨면 한 겹 메리야스뜨기 편물처럼 가장자리가 말리지 않습니다. 이

기법으로 작품을 뜨려면 편물이 이중이 되기 때문에 실 양도 2배 필요합니다.

더블 니팅은 다른 2색으로 뜰 때가 많고 겉면과 안면의 구별이 없기 때문에 그때그때 뜨면서 **보고 있는 면을 겉면**, 그 **반대쪽을 안면**으로 표현합니다. 평면뜨기인지 원통뜨기인지에 상관없이 단마다 뜨개실을 바꾸면서 뜹니다.

더블 니팅 뜨개 도안에는 편물의 한쪽 면

만 적혀 있습니다. 도안의 1칸은 양면의 2코분, 즉 1코는 겉면의 코, 다른 1코는 안면의 코를 표시합니다.

뜨개 시작은 아래 기초코 만드는 방법 중 하나를 사용합니다. 기초코는 1겹인 경우의 2배 콧수가 됩니다. 원통으로 뜰 때는 일반적인 원통뜨기 방법을 이용합니다.

2색 기초코

1 2색을 1가닥씩 잡고, 2겹으로 한쪽 면의 콧수만큼 기초코를 잡는다. *양쪽 실을 편물 뒤쪽에 두고, A색으로 겉뜨기(겉면의 뜨개코)를 1코 뜬다(이후 기초코는 뜨는 색에 맞춰서 위치를 조정해준다). A색=분홍, B색=빨강.

2 실을 2가닥 모두 바늘 사이에서 편물 앞쪽으로 옮기고, B색으로 안뜨기(안면의 뜨개코)를 1코 뜬다. 다시 바늘 사이에서 뒤쪽으로 실을 2가닥 모두 옮긴다**. *~**를 반복하여 모든 코를 뜬다.

1색 기초코

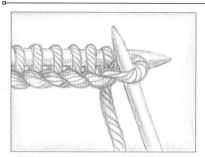

1 원하는 방법으로 한쪽 면에 필요한 콧수만큼 잡는다. 양쪽 실을 편물 뒤쪽에 둔 상태에서 *A색으로 겉뜨기를 1코 뜨는데, 왼바늘에서 코를 빼지 않고 걸린 채 둔다(겉면의 뜨개코). A색=분홍, B색=빨강.

2 실을 2가닥 모두 좌우 바늘 사이에서 편물 앞쪽으로 옮기고, 왼바늘의 같은 코에 B색으로 안뜨기를 1코 뜬다(안면의 뜨개코). 다시 바늘 사이에서 뒤쪽으로 실을 2가닥 모두 옮긴다**. *~**를 반복하여 모든 코를 뜬다.

메리야스뜨기(양면 모두 메리야스뜨기)

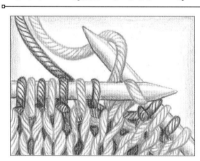

겉면에 겉뜨기 실을 2가닥 모두 편물 뒤쪽에 두고, 오른바늘을 A색 코에 넣어서 A색으로 겉뜨기한다.

안면에 안뜨기 실을 2가닥 모두 편물 앞쪽에 두고, 오른바늘을 B색 코에 넣어서 B색으로 안뜨기한다.

안메리야스뜨기(양면 모두 안메리야스뜨기)

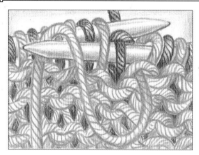

겉면에 안뜨기 A색은 편물 앞쪽, B색은 편물 뒤쪽에 두고, 오른바늘을 A색 코에 넣어서 A색으로 안뜨기한다.

안면에 겉뜨기 A색은 편물 앞쪽, B색은 편물 뒤쪽에 두고, 오른바늘을 B색 코에 넣어서 B색으로 겉뜨기한다.

코줄임

1 양쪽 실을 편물 뒤에 둔 상태에서 다음 겉면 코에 안뜨기하듯이 바늘 끝을 넣어서 오른바늘로 옮기고, 그다음 안면 코를 꽈배기바늘에 잡고, 그다음 겉면 코도 오른바늘로 옮긴다.

2 꽈배기바늘에 있는 코를 왼바늘로 되돌려 놓고, 오른바늘에 옮긴 2코를 1코씩 왼바늘로 되돌려 놓는다. 왼바늘로 되돌릴 때는 코 방향이 바뀌지 않도록 주의한다.

3 양쪽 실을 뒤쪽에 둔 상태에서 겉면 코를 줄인다(그림은 왼코 겹치기[k2tog]).

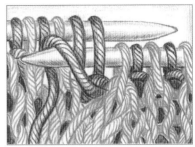

4 양쪽 실을 좌우 바늘 사이에서 앞쪽으로 옮기고, 안면의 코를 줄인다(그림은 안뜨기 왼코 겹치기[p2tog]).

코늘림

1 겉면(앞쪽 면)에서 꼬아 늘리기를 할 때: 겉면 마지막에 뜬 코와 다음 코 사이의 걸치는 실 아래에 왼바늘 끝을 앞쪽에서 넣어서 들어올린다. 들어올린 고리의 뒤쪽에 오른바늘을 넣고 지정된 색 실로 겉뜨기나 안뜨기를 한다.

2 안면(뒤쪽 면)에서 꼬아 늘리기를 할 때: 마지막에 뜬 안면의 코와 다음 코 사이의 걸치는 실 아래에 왼바늘 끝을 앞쪽에서 넣어서 들어올린다. 들어올린 고리의 뒤쪽에 오른바늘을 넣고 지정된 색 실로 겉뜨기나 안뜨기를 한다.

코막음

실을 2가닥 사용할 때: 실을 2겹으로 하여, 겉면 1번째 코와 안면 1번째 코를 함께 겉뜨기하고, *겉면의 다음 코와 안면의 다음 코도 마찬가지로 2코를 함께 떠서, 처음에 뜬 코를 다음에 뜬 코에 덮어씌운다**. 모든 코를 다 막을 때까지 *~**를 반복한다.

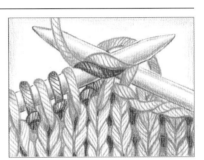

실 1가닥으로 코막음할 때: 겉면 색의 실을 사용하여, 겉면 1번째 코와 안면 1번째 코를 함께 겉뜨기하고, *겉면의 다음 코와 안면의 다음 코도 마찬가지로 2코를 함께 떠서, 처음에 뜬 코를 다음에 뜬 코에 덮어씌운다**. 모든 코를 다 막을 때까지 *~**를 반복한다.

더블 니팅 교차무늬

양쪽 면에서 오른코 위 3코 교차뜨기6-st LC를 합니다.

1 교차뜨기의 앞쪽 안뜨기 부분(겉면은 안뜨기, 안면은 겉뜨기)을 더블 니팅으로 떴으면, 다음 6코를 꽈배기바늘에 옮겨서 편물 앞쪽에 둔다.

2 다음 6코를 더블 니팅으로 뜬다(겉면은 겉뜨기, 마주보는 면은 안뜨기).

3 꽈배기바늘의 6코를 더블 니팅으로 뜬다(겉면은 겉뜨기, 안면은 안뜨기).

더블 니팅 레이스무늬

1겹으로 레이스무늬를 뜰 때와 마찬가지로 더블 니팅일 때도 비침 부분은 바늘비우기와 코줄임을 조합하여 구성합니다. 사진의 예는 편물을 양면이 보이도록 접었습니다.

1 더블 니팅 바늘비우기 안면(빨강. B색)의 코를 안뜨기한 뒤, 겉면(분홍. A색) 실로 바늘비우기와 겉뜨기를 1코 뜬다(B색도 오른바늘에 걸어 둔다).

2 양쪽 실을 편물 앞쪽으로 옮기고, B색으로 다음 안뜨기를 한다. 이것으로 바늘비우기를 한 부분에는 A색과 B색의 실 2가닥이 걸린다.

3 다음 단에서 양쪽 실 모두 뒤쪽에 두고 바늘비우기를 B색으로 모두 겉뜨기하고, 양쪽 실을 다 앞으로 가져와 A색으로 바늘비우기에 안뜨기한다(위 그림).

1 SK2P 겉면이 되는 3코를 꽈배기 바늘에 걸어 앞쪽에 두고 안면이 되는 3코를 꽈배기 바늘에 걸어 뒤쪽에 둔다.

2 겉면의 첫 코를 오른바늘에 옮기고 왼코 겹치기를 한 후 옮겨둔 첫 코로 덮어씌운다.

3 안면의 첫 코를 오른바늘에 옮기고 나머지 2코를 함께 안뜨기한 다음 옮겨둔 첫 코로 덮어씌운다.

끝 코 SELVAGE

단을 시작할 때마다 그림처럼 2색 실을 교차시킨다.

턱뜨기Tucks

턱뜨기(또는 **웰트 스티치**)는 지금 뜨고 있는 단의 코를 몇 단 앞단의 코와 함께 떠서 편물에 주름이 생긴 듯한 상태를 말합니다. 턱뜨기의 주름은 모자나 스웨터 등의 장식으로 이용할 수 있습니다. 주름 부분은 이중으로 되어 있어서 보온성이 있습니다.

턱뜨기를 하려면 먼저 주름을 배치할 위치와 그 크기, 즉 주름의 폭과 길이를 정합니다. 그리고 뜨개코가 걸려 있는 바늘

을 자기 쪽으로 당겨서 편물의 겉과 안이 모두 보이도록 해둡니다.

다음으로 지금 뜨고 있는 단의 몇 단 아래, 일반적으로는 **4단 이상 앞단**의 안뜨기를 편물 안면을 보면서 다른 바늘로 주워서 끌어올립니다. 지금 뜨는 단의 뜨개코가 걸린 바늘을 앞쪽, 다른 바늘을 뒤쪽으로 오게 하여 2개를 쥐고, 각 바늘의 **1코씩을 함께 뜹니다.** 이것을 주름 폭이 원하는 길이가 될 때까지 반복합니다. 끌

어올리는 코를 따라서 그 단의 안면에 별실로 표시가 되도록 끼워두면 코를 줍기 편합니다.

턱뜨기는 단의 끝에서 다른 끝까지 쭉 뜰 수도 있고 단의 일부만을 뜰 수도 있습니다. 배치하는 방법도 같은 간격으로 해도 되고 무작위로 배치하여 무늬로 만들 수도 있습니다. 턱 부분의 가운데만 길게 하고 좌우 끝을 가늘게 하거나, 줍는 단을 어긋나게 하여 턱에 경사를 만드는 식

으로 변형하는 것도 가능합니다.

턱 부분을 반드시 메리야스뜨기로 할 필요는 없습니다. 턱 부분에 가터뜨기나 안메리야스뜨기 등 다른 무늬를 이용하는 디자인도 좋습니다. 인타르시아(세로로 실을 걸치는 배색뜨기)를 이용하여 턱 부분을 배경 편물과는 대조적인 색으로 떠도 재미있습니다.

한 단 전체를 턱뜨기로 한 편물입니다.

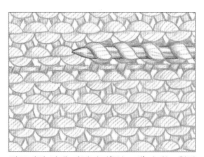

턱뜨기의 아래 가장자리(줍는 단)까지는 원하는 편물을 뜨고, 줍는 단을 떴으면 그 단을 알 수 있도록 표시용 실을 넣어 둔다. 다시 턱 분량의 8단(또는 턱 분량을 접었을 때 원하는 길이가 될 때까지)을 뜨고 안면에서 뜨기를 끝낸다. 편물 안면에서 그림처럼 조금 가는 다른 바늘로 아까 표시한 단의 코를 줍는다.

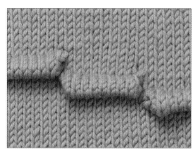

한 단의 일부를 턱뜨기로 한 편물입니다.

편물 겉면을 앞으로 오게 하여 원래 바늘을 앞쪽에, 다른 바늘을 뒤쪽에 둔다. 그림처럼 앞쪽 바늘의 코와 다른 바늘의 코를 1코씩 함께 뜬다.

링뜨기

링뜨기는 길게 남긴 실로 편물에 링을 만들며 뜨는 기법입니다. 링은 전체에 무늬처럼 넣을 수도 있고 가장자리에만 배치할 수도 있습니다. 만든 링을 잘라서 술 장식으로, 또는 그것을 묶어서 나비매듭으로 하는 등 변형하여 즐길 수도 있습니다.

링뜨기는 보통 겉면 단에서 떠서 겉면에 링이 생기도록 뜨지만, 실제로는 편물의 어느 면에서도 만들 수 있습니다.

두꺼운 편물일 때는 코마다 링을 만들기도 하지만 일반적으로는 1코씩 걸러가며 만듭니다. 1코씩 걸러서 만들면, 다음 겉면 단에서는 링을 세로로 가지런히 하든지 지난 번과 교대로 배치해서 느낌의 차이를 만들 수 있습니다. 링뜨기 실은 한 겹으로 해도 이중(엄지손가락에 2회 감는다)으로 해도 상관없습니다. 단마다 색을 바꾸거나 그러데이션사나 셀프 스트라이핑 얀을 사용해서 배색을 즐길 수도 있습니다.

또한 동물 모피를 표현하는 수단으로 링뜨기를 이용하기도 해서 종종 니트 장난감에서 사용합니다. 이 때문에 링뜨기를 퍼 스티치fur stitch라고 부르기도 합니다. 니트웨어에서는 몸판 부분이나 장식으로 쓰는데, 일반 메리야스뜨기나 다른 무늬뜨기에 비해 실 양이 많이 필요합니다.

링뜨기

콧수는 상관없습니다. 사진의 편물은 겉면의 단에서는 코마다 링을 만들고, 안면의 단은 안뜨기를 한 것.

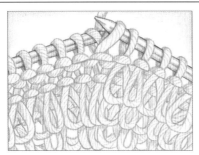

1 겉면을 본 상태에서 겉뜨기를 1코 뜨고, 코는 왼바늘에서 빼지 않고 그대로 둔다.

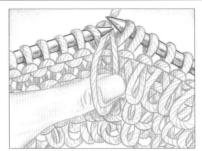

2 좌우 바늘 사이에서 일단 실을 앞쪽으로 옮겨서 왼쪽 엄지손가락에 감고 다시 뒤쪽으로 되돌려 놓는다. 여기에서 감은 실이 링이 된다.

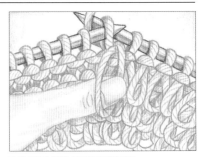

3 한 번 더 같은 코에 겉뜨기한다.

링뜨기 안면에서 뜨는 방법

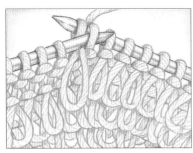

4 1번째 코를 2번째 코에 덮어씌운다. 이걸로 링이 고정된다.

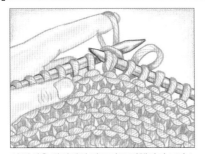

이 방식은 안면에서 링뜨기를 진행하며 프랑스식을 사용하는 사람들에게 편리합니다.
1 안면을 보며 왼쪽 집게손가락에 실을 건 상태에서 다음 코에 겉뜨기하듯이 오른바늘을 넣고, 손가락에 건 실의 밑동 2가닥에 바늘 끝을 걸어서 끌어낸다. 왼바늘에서 코를 뺀다.

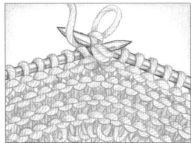

2 끌어낸 고리 2가닥에 그림처럼 왼바늘을 넣고(오른바늘의 앞쪽에 넣는다) 오른바늘에 실을 걸어서 겉뜨기한다.

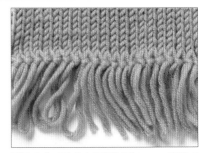

편물 아래 가장자리에 링을 1단 뜨고 그 끝을 가지런히 자르면 술 장식이 된다.

일롱게이티드 스티치 & 드롭 스티치 Elongated and Drop Stitches

일롱게이티드 스티치를 만들려면 두 가지 방법이 있습니다. '바늘비우기'를 사용하는 방법과 바늘 끝에 실을 2회 이상 **감는** 방법입니다. 후자는 뜨개 도안에 실을 감는 횟수가 지시되어 있습니다. 바늘비우기를 하거나 바늘에 감은 실은 다음 단에서 풀어서 평상시보다 긴 코를 만듭니다. 이것이 일롱게이티드 스티치입니다. 아래의 물거품무늬처럼 바늘에 실을 감

는 횟수를 바꾸면 타원형 무늬도 생깁니다. 가터뜨기나 메리야스뜨기 같은 안정된 뜨개코를 사이에 두고 드롭 스티치(풀어내기)를 가로로 배치할 수도 있습니다.

일롱게이티드 스티치는 편물에 독특한 재미와 질감을 줍니다. 그러데이션사나 손염색사와 잘 어울려서, 숄이나 스카프에 자주 사용됩니다. 스웨터 등 옷에 넣

기도 합니다. 실 굵기는 상관없습니다. 일롱게이티드 스티치의 무늬 부분과 일반적인 편물 부분에서 색을 바꿔서 뜨는 것도 추천합니다.

드롭 스티치는 뜨개코를 풀어낸다고 해서 주저하지 않아도 됩니다. 드롭 스티치를 할 때 특별한 지시는 거의 없지만, 의도적으로 뜨는 법을 설명할 때는 먼저 드롭 스티치를 풀어냈을 때 올이 나가는 것

을 막는 '토대 코'로 시작합니다. 또 올이 나가는 길이를 정해둘 필요가 있습니다. 올이 나간 뜨개코 폭은 보통으로 뜬 상태의 뜨개코의 약 **3배**를 기준으로 합니다. 드롭 스티치는 니트웨어의 몸판 폭을 넓히는 목적으로 넣을 수도 있습니다.

일롱게이티드 스티치

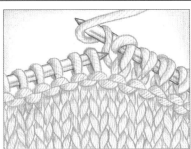

1 겉면을 본 상태에서 다음 코에 겉뜨기하듯이 바늘을 넣고 바늘 끝에 실을 2회 감는다.

2 바늘 끝에 실을 감은 채로 바늘 끝을 끌어내고, 뜬 코를 왼바늘에서 뺀다.

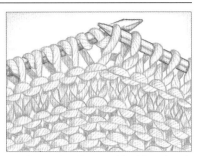

3 다음 단에서는 여분으로 감은 실을 풀며 뜬다.

물거품무늬

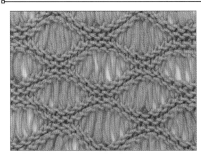

(10의 배수+6코) **1, 2단:** 겉뜨기. **3단(겉면):** 겉뜨기 6, *바늘에 실 2번 감기, 겉뜨기 1, 바늘에 실 3번 감기, 겉뜨기 1, 바늘에 실 4번 감기, 겉뜨기 1, 바늘에 실 3번 감기, 겉뜨기 1, 바늘에 실 2번 감기, 겉뜨기 6. **4단:** 감아둔 실을 풀어내며 겉뜨기. **5, 6단:** 겉뜨기. **7단:** 겉뜨기 1, 3단을 *부터 반복, 마지막에는 겉뜨기 1번만. **8단:** 겉뜨기. 4~8단 반복.

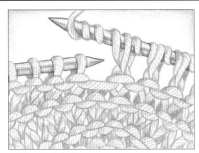

실을 3번 감았다.

안면에서 겉뜨기하면서 감은 실을 푼다.

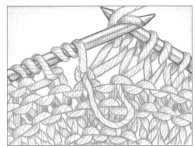

실을 여러 번 감은 것 사이에서는 보통처럼 뜬다.

일롱게이티드 크로스 가터 스티치

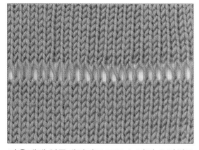

가운데에 일롱게이티드 크로스 가터 스티치로 1단 뜬 편물입니다.

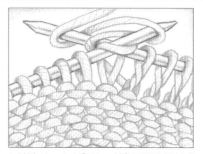

1 안면(안뜨기 면)을 보고 실을 뒤쪽에 둔 상태에서 오른바늘을 겉뜨기하듯이 다음 뜨개코에 넣고, 뜨개실을 왼바늘과 오른바늘에 그림처럼 감는다.

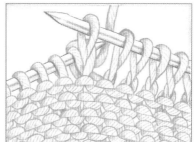

2 오른바늘 끝에 가장 가까운 실만 바늘 끝에 걸어서 뜨개코에서 끌어내고, 여분으로 감은 실을 풀어서 코 높이를 정리한다(뜨개실을 당겨서 오른쪽 옆 코와 높이를 고르게 맞춘다).

가운데에 일롱게이티드 크로스 가터 스티치로 2단 뜬 편물입니다.

인디언 크로스 스티치

(콧수는 8코의 배수, 12단 무늬) **1~4단:** 겉뜨기. **5단(겉면):** 겉뜨기 1, 1코가 남을 때까지 바늘에 실을 4번 감으면서 겉뜨기, 겉뜨기 1. **6단:** 오른쪽 참조. **7~10단:** 겉뜨기. **11단:** 5단과 같다. **12단:** 처음 4코는 6단의 요령으로 2코와 2코 교차. 4코가 남을 때까지 6단과 같은 방법으로 뜨고, 마지막도 6단의 요령으로 2코와 2코 교차.

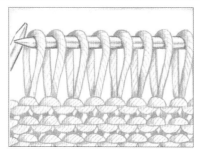

(6단) 1 실을 뒤쪽에 두고, 여분으로 감은 실을 풀며 8코를 오른바늘로 옮긴다.

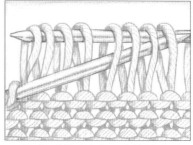

2 오른바늘에 옮긴 전반 4코에 왼바늘을 앞쪽에서 넣는다.

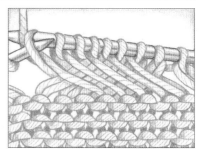

3 전반 4코를 후반 4코 위에 덮어씌워서 순서를 바꾸고, 그 상대 그대로 8코를 왼쪽 바늘에 되돌려 놓은 뒤에 모두 겉뜨기한다. 그림은 마지막 겉뜨기를 하고 있는 모습.

일롱게이티드 스티치

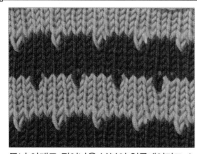

무늬 아래로 튀어나온 부분이 일롱게이티드 스티치로 뜬 부분입니다. 몇 단 아래의 코에서 새 코를 끌어내서 뜨고 있습니다.

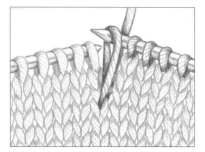

배색 실로 뜨는 첫 단에서 실을 뒤쪽에 두고, 몇 단 아래의 지정된 코에 오른바늘을 앞쪽에서 넣고 뒤쪽에서 바늘 끝에 실을 걸어서 끌어낸다(위 그림). 끌어낸 고리와 지금 뜨고 있는 단의 다음 코를 함께 뜬다.

콘도 니팅 CONDO KNITTING

긴 뜨개코를 만드는 다른 방법입니다. 실을 여분으로 감는 대신에 가는 바늘과 그보다 3~5호 굵은 바늘을 사용하여 교대로 뜹니다. 굵은 바늘로 뜬 코는 가는 바늘로 뜬 코보다 느슨해지므로, 편물은 느슨한 코와 빡빡한 코의 단이 교대로 나옵니다. 이 방법은 실 굵기에 상관없고, 그러데이션이나 손염색사, 팬시 얀 등에도 사용할 수 있습니다. 스카프나 비치는 느낌이 있는 스웨터 등에 적합한 방법입니다.

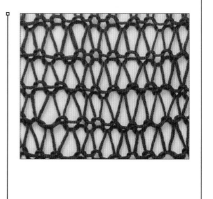

가터뜨기 **30, 46**

실을 뒤쪽에 두고 **47**

겉뜨기하듯 **59, 169, 171**

기본적인 풀어내기 무늬 BASIC LADDER

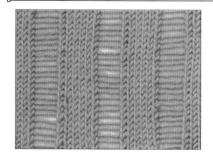  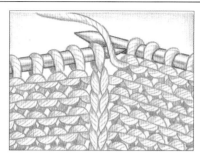 

1 코를 풀어내서 올이 나가게 할 부분의 양쪽은 고정시키기 위해 꼬아뜨기한다. 풀어낼 코를 안뜨기로 떠두면 알아보기 쉽다. 그림은 풀어낼 코의 오른쪽 옆 코를 꼬아뜨기로 뜨는 모습.

2 코를 풀어내기 전의 단에서는 풀어낼 코 대신 이 되는 바늘비우기를 해둔다. 이 다음 단에서 뜨개 끝의 코막음을 할 때, 이 부분에서는 바늘비우기만 주워서 바늘비우기의 고리를 돌려 1코분으로 막는다.

3 코를 풀어내는 단의 안뜨기 부분까지 떴으면 풀어낼 코를 바늘에서 뺀다. 마지막으로 풀어낼 뜨개코를 위에서 아래로 푼다. 필요에 따라 바늘이나 손가락을 사용해서 풀어준다.

고무뜨기 사이의 풀어내기 무늬

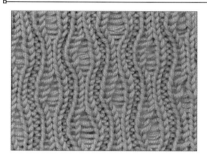 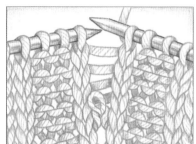

풀어내기 무늬를 고무뜨기에 넣을 때는 코를 풀어내서 올이 나가는 것을 막는 부분에 바늘비우기를 하고 나서 뜬다(풀어내기 무늬는 고무뜨기분과는 별도로 코늘림을 해서 더한다). 필요한 단수만큼 떴으면 코를 풀어내고 바늘비우기 위치까지 풀어서 올이 나가게 한다.

교차무늬 사이의 풀어내기 무늬

 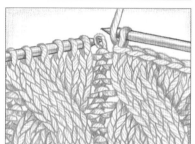

교차무늬 사이에 풀어내기 무늬를 이용한다. 풀어내기 무늬는 옆으로 퍼지기 때문에 교차무늬의 양쪽에서 1코씩 코를 빠뜨리기만 해도 극적인 효과가 생긴다. 기초코까지 코를 빠뜨리면 기초코 다음 단에서 바늘비우기를 했을 때보다 넓어진다. 그림처럼 편물을 코막음하며 코를 빠뜨린다.

장식적인 풀어내기 무늬

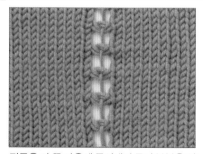 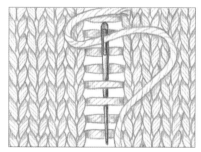 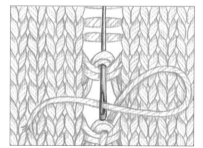

편물을 다 뜬 다음에 풀어내기 무늬 부분을 장식적으로 마무리합니다. 위의 무늬에서 1무늬의 단수는 4의 배수입니다.

1 코를 풀어내서 올을 나가게 했으면 뜨개실과 같은 실을 돗바늘에 꿰어서 *처음에는 아래에서 4가닥째와 3가닥째의 걸치는 실의 아래, 계속해서 2가닥째와 1가닥째의 걸치는 실의 위로 바늘을 통과시킨다.

2 돗바늘의 바늘귀 쪽을 앞쪽으로 당겨서 바늘 방향을 위아래 반대로 돌리고, 걸치는 실을 2가닥씩 교차한 상태에서 실을 위쪽으로 끌어낸다**. 걸치는 실 4가닥씩 편물 위를 향해서 *~**를 반복한다.

펠팅(축융)Felting

다 뜬 편물을 온수와 냉수의 온도차, 세제, 압력, 교반, 마찰을 더해서 축융(또는 펠팅)할 수 있습니다. 이렇게 가공하면 섬유가 **수축**하여 빽빽해지고 더 두꺼워집니다. 엄밀하게 말하면 **펠팅**과 축융은 다릅니다. 펠팅은 방적 전의 양모 등 동물 털섬유, 즉 배트나 로빙에서 직물 상태의 원단이 생기는 데 비해, **축융**은 편물이나 직물에서 섬유가 얽힌 원단으로 만드는 가공을 가리킵니다. 일반적으로 둘 모두 총칭해서 '펠팅(펠트화)'이라고 부릅니다.

펠트 원단의 기원은 밝혀지지 않았지만, 남시베리아와 중앙아시아 알타이산맥의 매장지에서 펠트 매장품이 발견되어서, 펠트는 서기 200~500년경부터 존재했다는 것이 고고학적으로 증명되었습니다. 현재도 몽골 유목민들이 펠팅을 슬리퍼나 부츠, 그 외의 의류, 텐트(유르트, 게르)에 사용하고 있습니다.

펠팅에는 **방축가공 등의 처리를 하지 않은** 울이나 모헤어, 알파카, 캐시미어, 앙고라 등의 동물 털섬유가 적합합니다. 방축가공(슈퍼워시 가공)한 울은 펠팅하지 않지만, 혼방섬유라도 천연섬유 함유율 50% 이상이면 펠팅이 가능합니다. 화학섬유는 펠트화하지 않습니다. 양모가 펠팅하는 것은 가는 비늘 모양의 외피(스케일)로 덮여 있어서 그것이 온수에 닿으면 열려서 확장되고, 거기에 마찰을 가하면 섬유가 빽빽하게 서로 얽혀서 떨어지지 않기 때문입니다. 세제는 스케일이 부푸는 것을 돕고 섬유를 매끄럽게 합니다. 섬유가 얽힌 상태에서 냉수에 닿으면 이번에는 직물 모양으로 굳어집니다.

작품을 펠팅하기 전에는 사용할 털실의 펠팅 정도를 확인하는 것이 중요합니다. 그러려면 스와치를 2장 떠서 한쪽을 펠팅합니다. 이때 물에 닿은 시간과 교반한 시간, 그리고 수온을 기록해둡니다. 나머지 1장은 비교용으로 그대로 보관해두고 펠팅 전후의 편물 게이지를 비교합니다.

펠팅한 스와치는 작품의 마무리 치수 결정이나 염색 견뢰도를 확인할 때 사용할 수 있습니다. 염색 견뢰도는 2색 이상의 실로 뜰 때의 중요한 포인트가 됩니다. 같은 제조사의 같은 브랜드 뜨개실이라도 하얀 실은 표백 가공했기 때문에 염색한 다른 색깔 실과 펠팅 정도가 다를 수 있습니다.

완성한 펠트 원단은 니트 핸드백, 모자, 슬리퍼, 그리고 코사지 등의 장식품에 사용하는 것을 추천합니다. 스웨터를 통째로 펠팅하는 것도 가능합니다.

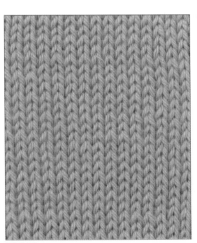

펠팅 전

펠팅 후

Technique

세탁기를 사용한 펠팅

펠팅은 세탁기나 손빨래로 합니다. 두 경우 모두 편물은 느슨하게 뜹니다.

통돌이 세탁기로 펠팅하는 방법:
· **물 높이는 낮게, 물 온도는 되도록 고온으로** 설정한다. **세제**를 조금 넣고, 교반할 때의 **마찰을 높이기 위해** 세탁기에 청바지나 수건을 함께 넣습니다.
· 펠팅할 편물을 **세탁망**에 넣어서 세탁기에 넣습니다. 펠팅 진행 상황을 자주 확인하여, 뜨개코가 보이지 않게 되고 편물이 원하는 크기까지 줄어들었으면 꺼냅니다.

· 펠팅한 편물을 찬물에 담가서 축융의 진행을 멈춥니다. 편물을 세탁망에서 꺼내어 목욕 수건에 부드럽게 싸서 여분의 물기를 제거합니다.
· 젖어 있는 사이에 **블로킹하여** 모양을 정리합니다. 모양에 맞춰 핀을 꽂거나, 만일 입체라면 비닐봉지 등을 안에 채워서 완전히 말립니다.

Understanding Instructions

도안 이해하기

니트웨어 도안의 이해

뜨개 도안은 스타일에 따라 다르지만, 기본적으로 같은 순서를 따르고 공통된 약어와 용어를 사용하여 설명합니다. 뜨개 도안을 보고 떠본 적이 없으면 **약어**나 **전문 용어**가 어렵게 생각될지 모르지만 일단 익숙해지면 논리적이고 이해하기 쉽다고 느껴질 것입니다. 이번 장에서는 **사이즈 선택**, **난이도**, **완성 치수**의 의미, **소재** 선택, **게이지 스와치**에 관해 설명합니다. 자신이 직접 니트웨어를 디자인하려는 사람에게도 이 장이 도움이 될 것입니다.

언제나 뜨개를 시작하기 전에 먼저 뜨개 도안을 처음부터 끝까지 **읽어봅니다**. 그러면서 주의해야 할 점, 무늬뜨기, 작품

을 완성하는 데 필요한 재료 등을 확인합니다. 일단 개요를 파악하면, 그 디자인이 기술적으로, 또 자신의 스타일에 맞는지 안 맞는지를 알고 작품의 **난이도 표시**를 참고하여 자신이 뜰 수 있는지 판단할 수 있습니다. 만일 초보자라면 패턴도, 증감코로 하는 모양 만들기도 간단한 스타일을 고릅니다. 난이도가 높은 작품은 경험을 쌓은 뒤에 도전해봅시다.

사이즈

뜨개 도안에는 일반적으로 여러 사이즈가 나와 있습니다. 가장 작은 사이즈부터 큰 사이즈 순으로 괄호 안의 숫자로 표기되어 있습니다. 자기 사이즈를 정했

으면 뜨개 도안에서는 언제나 같은 위치의 숫자를 봅니다. 예를 들어 3번째 사이즈로 뜰 때는 실 양, 기초코 콧수 등은 모두 3번째 숫자를 봅니다. 숫자가 하나일 때는 모든 사이즈 공통입니다. 작업 중에 쉽게 알아보기 위해 자기 사이즈 숫자를 형광펜 등으로 표시해두면 좋습니다. 사이즈는 표준 체형 치수에 기초하여 의류 사이즈로 표시되어 있습니다. 이것은 통상적으로 스웨터의 완성 치수가 아니라 실제 인체 계측 치수를 나타냅니다.

완성 치수

완성 치수란 옷의 각 부분을 모두 떠서 다 이은 뒤의 치수입니다. 이 치수와 도

식화를 참고하여 사이즈를 정합니다. 사이즈가 나와 있는 범위는 스웨터 디자인에 따라 다릅니다. 단순한 형태의 스웨터나 조정하기 쉬운 무늬뜨기 스웨터는 사이즈가 다양하고, 형태가 복잡한 옷이나 분할하기 어려운 대형 무늬를 이용한 옷은 사이즈가 다양하지 않은 것이 일반적입니다.

여성 사이즈 ①

사이즈	엑스스몰(XS)	스몰(S)	미디엄(M)	라지(L)
가슴둘레Bust	28~30" 71~76 cm	32~34" 81~86 cm	36~38" 91.5~96.5 cm	40~42" 101.5~106.5 cm
뒷목 중심에서부터 손목까지Center Back	26~26½" 66~68.5 cm	27~27½" 68.5~70 cm	28~28½" 71~72.5 cm	29~29½" 73.5~75 cm
등 길이Back Waist Length	16½" 42 cm	17" 43 cm	17¼" 43.5 cm	17½" 44.5 cm
어깨너비Cross Back	14~14½" 35.5~37 cm	14½~15" 37~38 cm	15½~16" 39.5~40.5 cm	16½~17" 42~43 cm
팔 길이Arm Length to Underarm	16½" 42 cm	17" 43 cm	17" 43 cm	17½" 44.5 cm
팔 둘레Upper Arm	9¾" 25 cm	10¼" 26 cm	11" 28 cm	12" 30.5 cm
진동 길이Armhole Depth	6~6½" 15.5~16.5 cm	6½~7" 16.5~17.5 cm	7~7½" 17.5~19 cm	7½~8" 19~20.5 cm
허리둘레Waist	23~24" 58.5~61 cm	25~26½" 63.5~67.5 cm	28~30" 71~76 cm	32~34" 81.5~86.5cm
엉덩이둘레Hips	33~34" 83.5~86 cm	35~36" 89~91.5 cm	38~40" 96.5~101.5 cm	42~44" 106.5~111.5 cm

게이지 스와치 **159~162**

스웨터 모양 만들기 **216~217**

도식화 **157~158, 171**

스킬 레벨 표시 **160**

여성 사이즈 ②

사이즈	1x	2x	3x	4x	5x
가슴둘레Bust	44~46" 111.5~117 cm	48~50" 122~127 cm	52~54" 132~137 cm	56~58" 142~147 cm	60~62" 152~158 cm
뒷목 중심에서부터 손목까지Center Back	29~29½" 73.5~75 cm	30~30½" 76.5~77.5 cm	30½~31" 77.5~79 cm	31½~32" 80~81.5 cm	31½~32" 80~81.5 cm
등 길이Back Waist Length	17¾" 45 cm	18" 45.5 cm	18" 45.5 cm	18½" 47 cm	18½" 47 cm
어깨너비Cross Back	17½" 44.5 cm	18" 45.5 cm	18" 45.5 cm	18½" 47cm	18½" 47 cm
팔 길이Arm Length to Underarm	17½" 44.5 cm	18" 45.5 cm	18" 45.5 cm	18½" 47 cm	18½" 47 cm
팔 둘레Upper Arm	13½" 34.5 cm	15½" 39.5 cm	17" 43 cm	18½" 47 cm	19½" 49.5 cm
진동 길이Armhole Depth	8~8½" 20.5~21.5 cm	8½~9" 21.5~23 cm	9~9½" 23~24 cm	9½~10" 24~25.5 cm	10~10½" 25.5~26.5 cm
허리둘레Waist	36~38" 91.5~96.5 cm	40~42" 101.5~106.5 cm	44~45" 111.5~114 cm	46~47" 116.5~119 cm	49~50" 124~127 cm
엉덩이둘레Hips	46~48" 116.5~122 cm	52~53" 132~134.5 cm	54~55" 137~139.5 cm	56~57" 142~144.5 cm	61~62" 155~157 cm

남성 사이즈

사이즈	스몰(S)	미디엄(M)	라지(L)	엑스라지(XL)	2엑스라지(2XL)
가슴둘레Chest	34~36" 86~91.5 cm	38~40" 96.5~101.5cm	42~44" 106.5~111.5 cm	46~48" 117~122 cm	50~52" 127~132 cm
뒷목 중심에서부터 손목까지Center Back	32~32½" 81~82.5 cm	33~33½" 83.5~85 cm	34~34½" 86.5~87.5 cm	35~35½" 89~90 cm	36~36½" 91.5~92.5 cm
등 길이Back Hip Length	23~24" 58.5~61 cm	25~26" 63.5~66 cm	26~27" 66~68.5 cm	28" 71 cm	29" 73.5 cm
어깨너비Cross Back	15½~16" 39.5~40.5 cm	16½~17" 42~43 cm	17½~18" 44.5~45.5 cm	18~18½" 45.5~47cm	19~20" 48~51 cm
팔 길이Arm Length to Underarm	18" 45.5 cm	18½" 47 cm	19½" 49.5 cm	20" 50.5 cm	20½" 52 cm
팔 둘레Upper Arm	12" 30.5 cm	13" 33 cm	15" 38 cm	15½" 39.5 cm	16½" 42 cm
진동 길이Armhole Depth	8½~9" 21.5~23 cm	9~9½" 23~24 cm	9½~10" 24~25.5 cm	10~10½" 25.5~26 cm	11" 28 cm
허리둘레Waist	28~30" 71~76 cm	32~34" 81.5~86.5 cm	36~38" 91.5~96.5 cm	42~44" 106.5~112 cm	46~48" 117~122 cm
엉덩이둘레Hips	35~37" 89~94 cm	39~41" 99~104 cm	43~45" 109~114 cm	47~49" 119~124.5 cm	51~53" 129~134 cm

사이즈 **166**

소매산 모양 만들기 **182~183**

사이즈	12	14	16
가슴둘레Bust	30" 76 cm	31½" 80 cm	32½" 82.5 cm
뒷목 중심에서부터 손목까지Center Back	26" 66 cm	27" 68.5 cm	28" 71 cm
등 길이Back Waist Length	15" 38 cm	15½" 39.5 cm	16" 40.5 cm
어깨너비Cross Back	12" 30.5 cm	12¼" 31 cm	13" 33 cm
팔 길이Arm Length to Underarm	15" 38 cm	16" 40.5 cm	16½" 42 cm
팔 둘레Upper Arm	9" 23 cm	9¼" 23.5 cm	9½" 24 cm
진동 길이Armhole Depth	6½" 16.5 cm	7" 17.5 cm	7½" 19 cm
허리둘레Waist	25" 63.5 cm	26½" 67.5 cm	27½" 69.5 cm
엉덩이둘레Hips	31½" 80 cm	33" 83.5 cm	35½" 90 cm

TIP

착용감과 여유를 나타내는 표현
FIT AND EASE

스웨터의 영문 패턴에는 디자인의 특징으로 착용감을 나타내는 표현이 실려 있습니다. 주요 표현은 아래와 같습니다.

VERY CLOSE FITTING, NEGATIVE EASE
핏은 꽉 끼고 사이즈는 가슴둘레보다 약 5~10㎝ 작아서 몸의 선을 드러내는 디자인.

CLOSE FITTING, ZERO EASE
몸을 딱 덮는 듯한 느낌이고 치수는 실제 가슴둘레와 같다.

CLASSIC FIT, SOME POSITIVE EASE
적당한 핏이고 치수는 실제 가슴둘레보다 약 5~10㎝ 넉넉하다.

LOOSE FITTING, MORE POSITIVE EASE
루즈핏이고 약간 오버사이즈 느낌이다. 치수는 실제 가슴둘레보다 약 10~15㎝ 넉넉하다.

OVERSIZED, EXTREME POSITIVE EASE
완전히 루즈핏에 오버사이즈. 치수는 실제 가슴둘레보다 15㎝ 이상 넉넉하다.

사이즈	2	4	6	8	10
가슴둘레Bust	21" 53 cm	23" 58.5 cm	25" 63.5 cm	26½" 67 cm	28" 71 cm
뒷목 중심에서부터 손목까지Center Back	18" 45.5 cm	19½" 49.5 cm	20½" 52 cm	22" 56 cm	24" 61 cm
등 길이Back Waist Length	8½" 21.5 cm	9½" 24 cm	10½" 26.5 cm	12½" 31.5 cm	14" 35.5 cm
어깨너비Cross Back	9¼" 23.5 cm	9¾" 25 cm	10¼" 26 cm	10¾" 27 cm	11¼" 28.5 cm
팔 길이Arm Length to Underarm	8½" 21.5 cm	10½" 26.5 cm	11½" 29 cm	12½" 31.5 cm	13½" 34.5 cm
팔 둘레Upper Arm	7" 18 cm	7½" 19 cm	8" 20.5 cm	8½" 21.5 cm	8¾" 22 cm
진동 길이Armhole Depth	4¼" 10.5 cm	4¾" 12 cm	5" 12.5 cm	5½" 14 cm	6" 15.5 cm
허리둘레Waist	21" 53.5 cm	21½" 54.5 cm	22½" 57 cm	23½" 59.5 cm	24½" 62 cm
엉덩이둘레Hips	22" 56 cm	23½" 59.5 cm	25" 63.5 cm	28" 71 cm	29½" 75 cm

도식화 Schematics

도식화는 니트웨어의 완성된 모습을 비율에 맞게 그린 그림으로 일반적으로 뜨개 도안에 첨부되어 있을 때가 많습니다. 도식화 양식은 제공하는 곳에 따라 다양하지만, 예를 들어 스웨터일 때는 앞판, 뒤판, 소매처럼 필요한 부위마다 그림이 첨부됩니다. 그리고 도식화에는 단계 치수가 둥근 괄호나 사각 괄호를 이용하여 사이즈별로 표시되어 있습니다.

도식화는 뜨려는 옷의 핏을 확인하고 사이즈를 정할 때 도움이 되며, 치수를 수정할 때도 편리합니다. 이처럼 도식화는 중요한 정보원입니다. **사이즈**에 관한 정보뿐 아니라 옷의 **구조**에 대해서도 알려줍니다. 예를 들어 뜨개법이 평면뜨기인지 원통뜨기인지 알 수 있습니다. 몸판은

평면뜨기로 하고 소매는 몸판에서 코를 주워서 원통뜨기하는 등 뜨개법이 섞여 있을 때도 눈으로 판단할 수 있습니다. 평면뜨기 도식화는 보통 앞판과 뒤판을 따로 표시하지만, 앞뒤판 모양이 비슷할 때는 그림 하나로 공통으로 나타낼 때도 있습니다. 카디건일 때는 일반적으로 뒤판과 좌우 앞판 중 어느 한쪽만 표시되지만, 앞뒤판 모두 몸 너비의 반만 표시하기도 합니다.

도식화는 맨 처음에 **치수**를 꼼꼼히 확인해둡니다. 예를 들어 아래의 뒤판 그림처럼 왼쪽에는 전체 길이, 오른쪽에는 부분에 해당하는 밑단 고무뜨기, 옆선, 진동 길이, 어깨 처짐 치수 등이 점으로 구별되어 적혀 있을 때가 많으므로 제대로

확인해두는 것이 중요합니다. 뜨개를 진행하는 도중에도 제대로 뜨고 있는지 가끔 현 상태의 편물과 도식화의 몸판 너비 치수를 비교해봅니다. 풀오버에서 이 수치는 완성된 가슴둘레의 **반**에 해당합니다. 카디건의 완성 치수는 뒤판의 몸 너비와 좌우 앞판, 그리고 한쪽 앞여밈단 너비의 합계로 계산합니다.

소매 도식화에서는 소매 종류, 즉 래글런 소매인지 드롭숄더인지 세트인 슬리브인지 등을 판단할 수 있습니다. 아래 그림은 세트인 슬리브입니다. 숫자로는 소매 길이, 소맷부리의 고무뜨기 길이, 고무뜨기 위에서부터 겨드랑이까지의 길이, 소매산 높이 등을 알 수 있습니다. 가로 방향의 선은 소맷부리 둘레 치수와 소매 너

비를 나타냅니다.

이런 도식화가 없을 때는 뜨개 도안에 적힌 게이지를 기초로 계산하여 직접 도식화를 만들 수도 있습니다. 이 방법에 대해서는 12장에서 소개합니다.

오른쪽 가운데 도식화는 카디건의 뒤판을 나타냅니다. 옆의 숫자는 점으로 구분된 각 부분의 치수입니다. 맨 오른쪽 위의 그림은 카디건의 오른쪽 앞판입니다. 앞중심 쪽에는 점에서 다른 점까지의 치수를 나타내는 숫자가 자세히 적혀 있습니다.

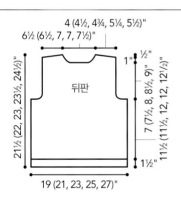

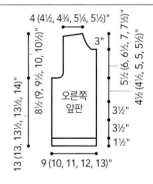

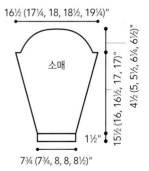

재료

뜨개 도안에는 사용하는 재료와 도구 목록이 반드시 적혀 있습니다. 보조적인 뜨개 용구에 관한 자세한 정보는 제공되지 않을 때도 있지만, 우선 패턴을 읽고 무엇이 필요한지 확인합니다.

지정된 실에 관해서는 원작과 같은 실을 사용하거나 다른 실을 사용하는 경우에 관계없이 완성되도록 지정된 실에 관한 지식을 자세히 알아두면 도움이 됩니다. 뜨개 도안 안에는 필요한 **실 양**도 적혀 있습니다. 지정된 실 양보다 조금 넉넉히 구입하고, 같은 **로트**인지도 확인해두면 좋습니다. 로트란 염색 가마를 표시하는 숫자로 뜨개실 라벨에 색 번호와 함께 적혀 있습니다. 같은 색 번호라도 로트가 다르면 색이 미묘하게 다를 가능성이 있으므로 되도

록 로트도 똑같이 맞추는 게 좋습니다. **실 무게**는 온스ounces나 그램grams으로 나타내고 양쪽을 병기할 때도 있습니다. 원작과 다른 실을 사용할 때는 야드yards나 미터meters를 단위로 하는 **실 길이** 정보가 꼭 필요합니다. 같은 무게인 실이라도 실 길이가 반드시 같지는 않기 때문입니다. 다른 실을 사용할 때, 지정된 실과 같은 실 길이가 필요하므로 실의 무게와 길이, 양쪽을 다 파악해두는 것이 중요합니다. 그리고 일반적으로 뜨개 도안에는 실 제조사의 **브랜드명**과 제품명도 적혀 있습니다. 판매대리점 이름이 적혀 있을 때도 있지만 이 내용은 뜨개실 라벨에는 없습니다.

실의 **색이름**과 색 번호도 적혀 있습니다. 이것은 제품 고유의 색이름이 아니라 일반적인 색

이름으로 적혀 있기도 합니다. 여러 색을 사용할 때는 색이름을 괄호 쓰기 기호와 관련지어서 식별하기 쉽게 합니다. 2색이라면 **바탕색**MC=main color과 **배색**CC=contrasting color, 3색 이상이면 A, B, C…로 표시합니다. 범례 등에서 나타낼 때도 마찬가지입니다. 실 종류, 조성, 무게 등의 정보도 적혀 있어서, 대체사를 고를 때 중요한 정보가 됩니다.

뜨개 도안에서 제공하는 정보 중에서 실 다음으로 중요한 정보는 **바늘 호수**입니다. 바늘 호수는 규격 호수, 또는 미터법을 기준으로 한 지름 치수로 표시하거나 양쪽이 병기되어 있기도 합니다(1장의 바늘 호수 대조표 참조). 줄바늘을 사용하는 작품에서 특정 길이의 바늘이 필요할 때는 그 길이도 병기합니다. 지정 호수의

바늘로 게이지가 나오지 않을 때는 호수를 바꿔서 게이지가 맞도록 조정합니다.

이외에도 줄바늘, 꽈배기바늘, 스티치 마커, 실패 등 **기타 필요한 도구류**에 관한 정도도 적혀 있습니다. 단추, 테이프, 리본, 고무줄류 등 필요한 **부재료**와 각 사이즈와 수량도 명기되어 있습니다.

간단한 풀오버 도식화

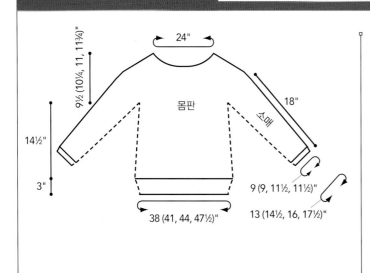

도식화에서는 각 부분을 마지막에 잇는 일반적인 스웨터(P.157) 이외에도 다양한 잇기 방법을 표현할 수 있습니다. 왼쪽 그림은 **원통뜨기**하는 스웨터 그림입니다. 점선은 원형 상태를 나타내며 따로 잇지 않는다는 것을 알 수 있습니다. 이 스웨터는 목둘레에서 밑단을 향해서 몸판을 원통뜨기하고, 소매는 코를 주워서 어깨에서 소맷부리를 향해 원통뜨기합니다. 목둘레, 소맷부리, 밑단의 타원형 화살표는 원통 둘레 치수를 나타냅니다. **하나로 이어서 뜨는** 가로뜨기 스웨터(오른쪽 그림)일 때도 도식화로 뜨는 법을 알 수 있습니다. 오른쪽 그림의 스웨터는 왼쪽 소매에서부터 뜨기 시작합니다.

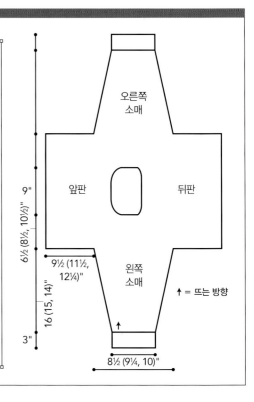

게이지

게이지gauge 또는 tension란 **가로세로 1인치(=2.54cm)(혹은 가로세로 10cm)에 해당하는 콧수와 단수**입니다. 뜨개코 크기는 실, 바늘 호수, 손땀에 따라 달라집니다. 많은 니터는 손가락 사이에 실을 감아 **장력**을 조절하지만, 그 방법은 사람에 따라 제각각입니다. 거기에 실 종류나 바늘(심지어 니터의 기분)에 따라서도 좌우될 때가 있습니다. 같은 게이지를 내는 데에도 사람에 따라 적합한 바늘 호수가 다를 때가 있습니다(상황에 따라서는 2~3호 차가 생기기도 합니다).

대체사 사용도 게이지에 영향을 미치는 요소 중 하나입니다. 실을 바꾸면 게이지는 물론이고 촉감까지 달라질 가능성이 있습니다. 게다가 같은 실에서도 색에 따라서, 예를 들면 같은 실의 검은색과 흰색에서는 게이지가 달라질 때가 있습니다.

사용하는 바늘 종류도 게이지에 영향을 줍니다. 메탈 바늘일 때와 나무나 플라스틱 바늘에서는 게이지가 약간 다를 가능성이 있으므로 스와치를 뜰 때는 작품에 사용하는 바늘을 사용합니다.

작품을 뜰 때는 처음부터 마지막까지 같은 종류의 실, 색, 바늘을 사용해야 합니다. 게이지가 맞지 않으면 완성된 작품의 사이즈나 촉감이 달라지므로 작품을 뜨기 시작하기 전에 반드시 **게이지를 확인**합니다.

바늘 호수와 게이지의 관계

오른쪽 스와치 3장은 같은 실을 사용해 메리야스뜨기로 같은 콧수와 단수를 뜬 것이지만, 왼쪽에서 오른쪽으로 가면서 바늘 호수를 가는 바늘에서 굵은 바늘로 바꿨습니다. 바늘이 가늘수록 스와치는 작고 바늘이 굵을수록 스와치도 커집니다.

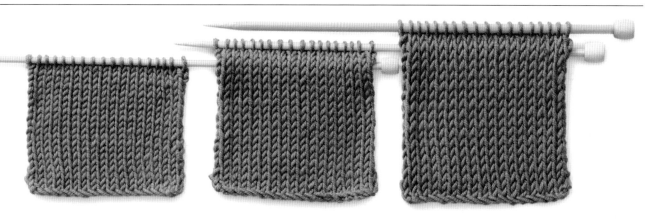

무늬뜨기와 게이지의 관계

오른쪽의 무늬뜨기 3종류의 스와치는 사용하는 바늘 호수도, 콧수와 단수도 똑같지만, 완성된 치수는 각각 다릅니다.

메리야스뜨기 **30, 46**　　바늘 호수 **21**
원통뜨기 게이지 스와치 **162**

게이지 스와치란 작품을 뜨기 시작하기 전에 뜨는 조그만 편물입니다. 이것을 사용하여 지시대로 **게이지가 나오는지** 확인합니다.

일반적으로 게이지로 적혀 있는 것은 가로세로 **4인치**(10㎝)에 해당하는 콧수와 단수입니다. 스와치를 뜰 때는 적어도 이 크기를 떠야 게이지를 재기 쉬워지고 정확히 잴 수 있습니다. 적혀 있는 게이지의 단위가 이보다 작을 때는 4인치(10㎝)가 되는 콧수와 단수를 계산해서 구합니다. 예를 들어 1인치의 게이지가 적혀 있을 때는 단수와 콧수를 4배로 합니다.

게이지 스와치를 뜨려면 지정된 실과 바늘을 사용하여 4인치(10㎝) 이상 뜰 수 있을 만큼 기초코를 잡습니다. 거기에 양 끝에 2코씩 가터뜨기를 추가로 해두면, 콧수를 세기 쉬워집니다. 4~6코 많이 떠두고, 게이지를 잴 때 편물의 가로세로 4인치에 핀을 꽂아서 핀을 기준으로 콧수를 세서 확인해도 됩니다.

일반적인 **메리야스뜨기** 이외에 무늬뜨기 게이지가 지정되어 있을 때는 그 무늬의 스와치도 뜹니다. 무늬뜨기는 1무늬의 사이즈에 따라 가로세로 4인치에 다 들어가지 않기도 합니다. 그럴 때는 1무늬분 이상을 떠서 한가운데의 4인치(10㎝)로 확인하든지, 스와치 가로세로 전체의 콧수와 단수의 치수를 재서 그 치수를 콧수나 단수로 나눕니다. 그렇게 하면 1인치(1㎝)에 해당하는 콧수를 구할 수 있습니다. 10㎝일 때는 다시 10배로 합니다.

아란무늬 스웨터처럼 작품 속에 무늬를 여러 종류 사용할 때도 게이지는 1종류밖에 적혀 있지 않을 때도 있습니다. 이럴 때는 모든 무늬를 포함한 큼직한 스와치를 1장 뜹니다.

비침무늬이거나 면, 실크처럼 완성 후에 늘어나는 것이 신경 쓰이는 소재로 뜰 때는 가로세로의 늘어남을 고려하여 스와치를 적어도 가로세로 15~20㎝로 뜨고 반드시 **블로킹한 뒤에** 게이지를 잽니다.

게이지에 뜨는 법이 적혀 있지 않을 때는 메리야스뜨기라고 생각하면 됩니다.

스와치의 마지막 단은 코막음을 하는 대신 코막음 핀에 뜨개코를 옮기든지 단순하게 **실 끝을 넉넉하게 잘라서** 뜨개코에 끼워두기만 해도 괜찮습니다. 코막음을 하면 편물 위쪽 가장자리에서 뜨개코가 당겨져서 스와치 크기에 영향을 줄 때가 있습니다. 단, 비침무늬처럼 편물이 잘 늘어날 때는 마지막 단에서 코막음을 합니다.

게이지가 지정된 게이지와 일치하면 작품을 뜨기 시작합니다. 그러나 딱 일치하지 않을 때는 바른 게이지가 나올 때까지 스와치를 계속 떠야 합니다. 뜬 스와치가 지정된 게이지보다 작을 때는 굵은 바늘로, 스와치가 클 때는 가는 바늘로 시험해봅니다. 각 스와치의 바늘 호수, 콧수, 게이지를 **기록해두면** 참고 자료로 도움이 됩니다.

모헤어나 부클사처럼 뜨개코를 찾기 힘들고 세기 어려운 실도 있습니다. 이런 타입의 실을 사용할 때는 지정 게이지대로 콧수와 단수를 떠서 스와치의 끝에서부터 다른 끝까지 재서, 치수가 지정된 스와치의 치수와 같아지는지 확인하면 좋습니다. 혹은 게이지에 필요한 콧수의 양 끝에 마커를 달아 게이지를 체크해도 됩니다.

작품의 난이도

■□□□

초보자용/ BASIC
기본적인 뜨개코로 구성되었으며 기본적인 코늘림이나 코줄임이 포함되어 있기도 한 작품.

■■□□

초급/ EASY
간단한 무늬뜨기나 배색, 증감코를 이용한 모양 만들기가 포함되어 있기도 한 작품.

■■■□

중급/ INTERMEDIATE
복잡한 무늬뜨기나 배색, 증감코를 이용한 모양 만들기가 포함되어 있기도 한 작품.

■■■■

상급/ COMPLEX
복잡한 무늬뜨기나 배색, 증감코를 이용한 모양 만들기가 포함되어 있고, 여러 가지 기법이나 무늬를 조합하여 이용하는 것도 있는 작품.

가터뜨기 **30, 46**	레이스뜨기 **99~112**	마커 **24~25**	메리야스뜨기 **30, 46**	부클사 **10, 12**
블로킹 **184~187**	아란 스웨터 **68**	코막음 **61~66**	코튼/실크 실 **14~15**	

게이지 확인 방법과 재는 법

가장 재기 쉬운 것은 평평하고 안정된 상태의 스와치입니다. 마무리로 블로킹하지 않도록 지시되어 있지 않은 한은 스와치를 바늘에서 뺀 뒤에는 **스팀을 씌든지 물에 적셔 블로킹합니다.** 수분을 머금은 스와치를 다림판 등의 평면에 놓고 시침핀을 꽂는데 이때 너무 당기지 않도록 주의합니다. 스와치가 완전히 마르면 줄자

나 스티치 게이지로 **게이지를 잽니다.** 고무뜨기 등 신축성이 있는 편물은 게이지를 정확하게 재기 위해 편물을 약간 당겨야 할 때도 있습니다(P.214 '고무뜨기' 참조).
스와치와 작품에서는 편물 크기가 다르기 때문에 손땀이 달라질 수도 있어 게이지가 변하기도 합니다. 그렇게 되지 않도록 뜨기 시작하

여 12~15cm 뜬 시점에서 게이지가 맞는지 **한 번 더 확인합니다.** 만일 게이지가 달라졌으면 바늘 호수를 바꿔서 다시 한번 뜨고 다시 재봅니다.

Tip

게이지 스와치의 용도

게이지 스와치는 작품을 성공적으로 만들기 위해 도움이 될 뿐만 아니라 유용하게 활용하는 방법도 다양합니다. 예를 들어 다음과 같은 방법이 있습니다.
· 단추 등 부속품을 구입할 때 작품 대신 가게에 가지고 간다.
· 가장자리뜨기(보더), 단춧구멍, 자수 등을 연습할 때 사용한다.
· 네모난 편물을 이어서 블랭킷을 만든다.
· 참고 자료로 노트에 정리해둔다.
· 패치나 주머니에 사용한다.
· 세탁 시의 색 빠짐(염색 견뢰도)을 시험해본다.

단수 게이지의 중요성

니터 중에는 단수 게이지를 콧수 게이지만큼 엄밀하게 맞출 필요가 없다고 생각하는 사람이 있지만, 그것은 잘못된 생각입니다. 소매 등 각 부위를 뜰 때 단수 게이지를 맞추지 않은 채 지시대로 코늘림을 하면 소매 길이가 달라집니다. 스웨터를 전부 그림으로 나타낸 도안을 보고 뜰

때는 지정된 **단수대로** 떠야 합니다. 단수 게이지가 맞지 않으면, 완성한 작품의 길이가 짧거나 길게 마무리됩니다.
스웨터 중에는 가로 방향으로 뜨는 것도 있습니다. 이럴 때는 단수가 몸 너비가 되기 때문에 단수 게이지를 맞춰 두지 않으면 원하는 핏이 나

오지 않습니다.

게이지 재는 법

게이지 스와치를 사용하여 잴 때는 아래 사진 2장처럼 끝 코 사이를 줄자measuring tape를 사용하여 잽니다. 또는 오른쪽 사진처럼 스티치 게이지stitch gauge를 스와치 한가운데에 놓고 '창'에서 보이는 단수와 콧수를 셉니다.

원통뜨기 게이지 스와치

원통뜨기하는 작품의 게이지 스와치를 정확히 뜨려면 평면뜨기할 때와는 다른 방법으로 떠야 합니다. 예를 들어 메리야스뜨기를 원통뜨기하면 뜨는 것은 겉뜨기뿐입니다. 안뜨기는 겉뜨기보다 빡빡하거나 느슨해질 때가 많으므로, 겉뜨기와 안뜨기를 교대로 뜨는 평면뜨기 메리야스뜨기와 겉뜨기만 뜨는 원통뜨기 메리야스뜨기에서는 가로세로 10cm에 해당하는 콧수와 단수가 달라집니다. 원통뜨기한 편물 상태를 평면뜨기로 재현하려면 **단마다 겉뜨기로 떠야** 합니다.

간단히 원통뜨기 게이지 스와치를 평평하게 뜨는 방법은 아래와 같습니다. 평면뜨기 스와치와 마찬가지로 양 끝에 끝 코를 추가하면 편물이 차분해지고 게이지를 재기 쉽습니다. 뜨개바늘은 10cm에 해당하는 콧수에 맞춘 **양쪽 막대바늘**이나 줄이 짧은 줄바늘을 추천합니다. 다만 같은 호수 바늘이라도 제조사에 따라서 약간 굵기가 다를 때가 있으므로 스와치와 작품용 바늘은 같은 제조사의 바늘을 사용합니다.

아래 방법으로 뜨면 안뜨기를 뜨지 않고

언제나 겉쪽을 보고 겉뜨기를 하여 평평한 스와치를 완성할 수 있습니다. 나머지는 평소처럼 **블로킹**하여 게이지를 확인합니다. 게이지가 맞지 않을 때는 바늘 호수를 조정하여 다시 도전합니다.

배색무늬 게이지 스와치일 때는 콧수와 단수 게이지를 확인할 뿐 아니라, 배색무늬에서 **색의 발현의 강약**을 확인할 수도 있습니다.

예를 들어 양손에 1색씩 잡고 배색무늬 스와치를 절반 뜨고, 나머지 반은 좌우의 실을 바꿔서 떠봅니다. 이 스와치를

블로킹한 뒤에 살펴보면 어느 쪽이 보기에 좋은지 판단할 수 있습니다.

원통뜨기 게이지 스와치

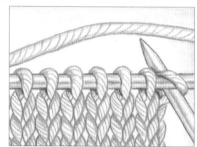

원통뜨기 게이지 스와치를 평평하게 뜨려면 양쪽 막대바늘을 2개 사용한다. 1단 뜰 때마다 편물을 돌리지 않고 뜨개코를 바늘 반대쪽으로 이동하여 다음 단을 바늘의 오른쪽에서부터 뜨기 시작한다. 실은 편물의 뒤쪽에서 느슨하게 걸쳐 둔다.

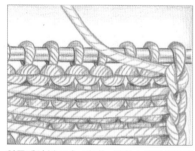

안쪽에서 본 모습. 걸치는 실은 스와치 안쪽에 느슨하게 걸친다. 게이지를 재기 전에는 안쪽 한가운데에서 걸쳐진 실을 잘라서 좌우로 벌린다.

스와치의 걸쳐진 실을 잘라서 벌리고 블로킹한 뒤의 상태

단 세는 법

정해진 콧수대로 코를 잡고 원하는 길이만큼 떠서 코막음을 할 때가 되거나 실이 모자라 뜨기를 멈춰야 할 때면 편물의 단을 세야 하는 순간이 생깁니다. 스웨터라면 소매, 허리선, 목둘레선 등에 'O단 뜬 뒤에 O코 코줄임(코늘림)'이라는 지시가 등장합니다. 모자의 크라운 부분이나 양말의 발가락 부분, 손모아장갑의 손끝을 뜰 때에도 단을 셀 필요가 생깁니다. 편물 종류에 따라서는 몇 단을 뜬 뒤에 안뜨기하거나, 다른 방법으로 뜨개코를 조작하거나 교차시키기도 합니다. 편물이 정확히 떠졌는지를 확인할 때는 단 세는 법을 알아두는 것이 중요합니다.

단 세는 법을 가터뜨기, 메리야스뜨기, 교차뜨기로 아래에 소개했습니다. 어느 방법에서도 **기초코 단은 세지 않지만, 바늘에 걸린 코의 단**은 이미 겉뜨기(또는 안뜨기)했기 때문에 1단으로 셉니다. 이런 규칙이나 아래 설명은 원통뜨기에서도 동일하게 적용됩니다.

니들 게이지에는 단을 셀 때 도움이 되는 '창'이 달려 있습니다(P.24~25 참조). 그 '창'을 편물 위에 놓고, 메리야스뜨기의 'V'자 뜨개코가 세로로 나란히 있는 상태를 세기 쉽게 하려는 아이디어입니다.

단을 세지 않고 단수를 따라가는 방법이 그 외에도 있습니다. 예를 들면 단수 카운터row counters를 사용하거나 특정 단수를 뜬 뒤에 단수 마커removable markers를 다는 방법이 있습니다. 소매처럼 완전히 똑같은 편물을 2장 뜰 때는 뜨는 단수를 똑같이 하기 위해 2장을 동시에 뜨는 것도 좋습니다.

가터뜨기의 단 세기

가터뜨기일 때는 2단을 뜰 때마다 '이랑'(노란색 부분)이 하나씩 생기므로 이것을 기준으로 단을 센다.

메리야스뜨기의 단 세기

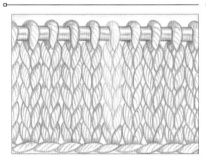

겉뜨기는 1코가 'V' 모양을 하고 있다. 단수를 셀 때는 기초코 단은 세지 않고, 바늘에 걸려 있는 코를 포함하여 'V'를 세로 방향으로 센다.

교차 사이의 단 세기(겉면)

1번째 바늘을 뜨개코를 교차시켜 생긴 틈에 통과시키고 2번째 바늘을 다음 교차의 틈에 통과시킨다. 위 바늘에 겹친 뜨개코는 세지 않고, 아래 바늘에 겹친 뜨개코까지 세면 단수를 알 수 있다.

교차 사이의 단 세기(안면)

편물을 안면으로 돌리고, 교차무늬와 무늬 바깥쪽 사이에 걸쳐져 있는 실 아래에 바늘을 통과시킨다. 교차 위의 단에서 다음 교차 단까지 통과시키고, 바늘에 걸린 실 가닥수를 세면 단수를 알 수 있다.

대바늘 뜨개의 약어 해설

A

ALT[alternate, alternately] : **교대로**

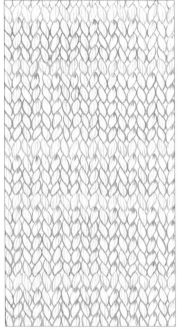

교대로 하는 코늘림이나 코줄임은 좌우 대칭인 경사를 만드는 모양 만들기에 이용합니다. 위 편물은 코늘림이나 코줄임을 하는 단을 노란색 하이라이트로 나타냈습니다. 노란색 단은 4단 또는 6단마다 있습니다. 첫 증감코는 4번째 단입니다. 그리고 증감 없이 5단 떴으면 그 다음 단에서 다시 증감코를 합니다(첫 증감코를 한 뒤의 6번째 단은 전체에서 10번째 단). 이 과정을 반복하면 10단마다 증감코 2세트를 하는 것이 됩니다.

APPROX[approximately] : **대략**

B

BC[back cross; back cable] : **왼코 위 교차뜨기**

※ 3장 교차뜨기 참조

BEG[begin, begins, beginning] : **첫, 처음**

BO[bind off] : **코막음**

C

C[cable, cross] : **케이블, 교차뜨기**

교차뜨기는 꽈배기바늘이나 양쪽 막대바늘 등의 다른 바늘을 이용하여 뜨개코를 편물의 앞쪽(오른코 위 교차뜨기가 된다)이나 뒤쪽(왼코 위 교차뜨기가 된다)에서 그 다음 뜨개코와 교차시켜 만듭니다. 교차뜨기는 편물 겉면에서 하는 것이 일반적입니다. 이때 사용하는 다른 바늘은 뜨개코가 늘어나는 것을 막기 위해 원 뜨개바늘보다 가는 바늘을 사용할 필요가 있습니다. 교차시킨 직후에 다음 코를 뜨기 전에는 실을 단단히 당겨서 틈이 생기지 않도록 주의합니다. 다음 그림은 오른코 위 교차뜨기와 왼코 위 교차뜨기의 예입니다.

Front (or left) cable : 오른코 위 교차뜨기

Back (or right) cable : 왼코 위 교차뜨기

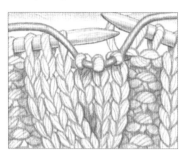

1 교차시킬 6코 중에서 처음 3코를 꽈배기바늘에 옮겨서 편물 앞쪽에 둔다. 꽈배기바늘이 돌아가지 않도록 주의한다.

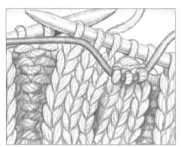

2 실을 단단히 당기며 다음 3코를 겉뜨기한다. 꽈배기바늘은 앞쪽 가운데에 둔 채, 뜨개코가 빠지지 않도록 주의한다.

3 꽈배기바늘의 3코를 겉뜨기한다. 뜨기 어려울 때는 3코를 왼바늘에 되돌려 놓고 나서 뜬다.

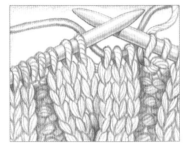

1 교차시킬 6코 중에서 처음 3코를 꽈배기바늘에 옮겨서 편물 뒤쪽에 둔다. 꽈배기바늘이 돌아가지 않도록 주의한다.

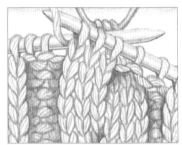

2 실을 단단히 당기며 다음 3코를 겉뜨기한다. 꽈배기바늘은 뒤쪽 가운데에 둔 채, 뜨개코가 빠지지 않도록 주의한다.

3 꽈배기바늘의 3코를 겉뜨기한다. 뜨기 어려울 때는 3코를 왼바늘에 되돌려 놓고 나서 뜬다.

도안 이해하기 9

CC[contrasting color] : **배색**

2가지 색 실을 사용할 때, 악센트로 사용하는 쪽의 색을 배색이라고 부른다.

CH[chain] : **사슬뜨기**

CM[centimeter(s)] : **센티미터**

CN[cable needle] : **꽈배기바늘**

CO[cast on] : **코잡기**

CONT[continue, continuing] : **계속해서 ~, ~를 계속하다**

D

DEC(S)[decrease(s), decreasing] : **코줄임, 줄이다**

DK[double knitting weight yarn] : **합태~ 병태사**

DP[DPN, double-pointed needles] : **양쪽 막대바늘**

F

FC[front cross] : **오른코 위 교차뜨기(cable 참조)**

FOLL[follow, follows, following] : **~처럼, 계속해서~**

G

G[gram] : **그램**

I

IN[inch, inches] : **인치**

1인치=2.54cm

INC(S)[increase(s), increasing] : **코늘림, 늘리다**

INC'D[increased] : **늘렸다**

INCL[including] : **~를 포함하다**

K

K[knit] : **겉뜨기**

K1-B[knit stitch in row below] : **앞단 코에 바늘을 넣어서 겉뜨기한다, 끌어올려 뜨기**
실을 편물 뒤쪽에 두고, 다음 코의 1단 아래 코의 가운데에 오른바늘을 앞쪽에서 넣어 겉뜨기한다. 위쪽 코는 뜨지 않고 왼바늘에서 뺀다.

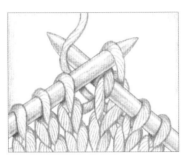

KFB[knit through the front and back of a stitch] : **겉뜨기하고 왼바늘에서 코를 빼지 않고 꼬아뜨기한다**

KFBF[knit into the front, back, and front of a stitch] : **겉뜨기하고 왼바늘에서 코를 빼지 않고 꼬아뜨기, 다시 겉뜨기한다**

K TBL[knit through back loop] : **꼬아뜨기. 고리 뒤쪽에 오른바늘을 넣어서 겉뜨기한다**

K2TOG[knit 2 together] : **왼코 겹치기. 2코를 한 번에 겉뜨기한다**

L

LC[left cross] : **오른코 위 교차뜨기(cable 참조)**

LH[left-hand] : **왼손**

LP(S)[loop(s)] : **고리. 뜨개코**

LT[left twist] : **오른코 위 교차뜨기**
오른코 교차뜨기는 첫 코를 다음 코 위에 교차시켜서 만듭니다. 꽈배기바늘을 사용하는 방법 이외에도 다음과 같은 3가지 방법으로 뜰 수 있습니다.

From the knit side: version A : 겉뜨기 쪽에서 뜨는 방법: 버전 A

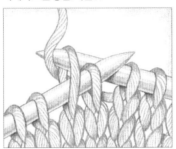

1 왼바늘의 1번째 코를 건너뛰고, 2번째 코에 뒤쪽에서 오른바늘을 넣어 겉뜨기하듯이 실을 걸어서 끌어낸다(꼬아뜨기가 된다).

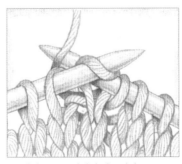

2 1번째 코를 그림처럼 겉뜨기하고 2코 모두 왼바늘에서 뺀다.

From the knit side: version B : 겉뜨기 쪽에서 뜨는 방법: 버전 B
버전 A의 1과 같은 방법으로 왼바늘의 2번째 코를 뜨고, 1번째 코도 뒤쪽에서 오른바늘을 넣고 2번째 코에도 한 번 더 오른바늘을 넣어서 2코 함께 꼬아뜨기한다(2코 모두 꼬아뜨기가 된다).

From the purl side: version C [안뜨기 쪽에서 뜨는 방법: 버전 C]

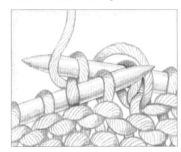

1 왼바늘의 2번째 코의 뒷고리에 그림과 같이 안뜨기한다.

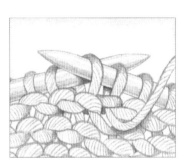

2 1번째 코를 안뜨기하고 2코 모두 왼바늘에서 뺀다.

M

M[meter(s)] : 미터

MB[make bobble] : 방울을 만든다
방울은 1코를 여러 코가 되도록 늘리고 몇 단을 뜬 후 뜨고 마지막에 코줄임을 하여 1코로 되돌려서 만드는 입체적인 스티치입니다. 아래 사진은 5코 방울입니다.

방울 만드는 법

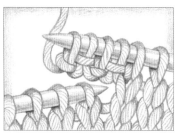

1 *왼바늘의 다음 코에 오른바늘을 넣어서 겉뜨기하고, 왼바늘에서 빼지 않고 고리 뒤쪽에 오른바늘을 넣어서 겉뜨기한다**. *~**를 한 번 더 반복한다. 다시 겉뜨기하고 왼바늘에서 코를 뺀다.

2 *편물을 돌리고 1의 5코를 안뜨기한다. 편물을 돌리고 5코를 겉뜨기한다**. *~** 를 한 번 더 반복한다.

3 오른바늘 끝 쪽의 2번째 코에 그림처럼 왼바늘을 넣어 1번째 코에 덮어씌운다. 같은 방법으로 3번째 코, 4번째 코, 5번째 코를 순서대로 1번째 코에 덮어씌운다. 이걸로 방울이 완성된다.

MC[main color] : 바탕색
2가지 색 이상의 실을 사용할 때, 바탕이 되는 쪽의 색을 바탕색이라고 부른다.

MM[millimeter(s)] : 밀리미터

M1[make one] : 꼬아 늘리기

M1 P-ST[make one purl stitch] : 안뜨기 꼬아 늘리기

M1L[make one left] : 왼쪽 방향으로 꼬아 늘리기

M1R[make one right] : 오른쪽 방향으로 꼬아 늘리기

O

OZ[ounce] : 온스

P

P[purl] : 안뜨기

PAT(S)[pattern(s)] : 패턴, 무늬뜨기

P1-B[purl stitch in the row below] : 앞단 코에 바늘을 넣어 안뜨기한다, 끌어올려 안뜨기

실을 앞쪽에 두고, 다음 코의 1단 아래 코의 가운데에 오른바늘을 뒤쪽에서 넣어서 안뜨기한다. 위쪽 코는 뜨지 않고 왼바늘에서 뺀다.

PFB[purl into the front and back of a stitch] : 1코 안뜨기하고, 왼바늘에서 코를 빼지 않고 계속해서 꼬아 안뜨기한다

PM[place maker] : 마커를 넣는다, 표시한다

PSSO[pass the slipped stitch over] : (오른바늘에 옮겨 둔) 코를 덮어씌운다

P TBL[purl through back loop] : 꼬아 안뜨기

P2TOG[purl 2 together] : 왼코 겹쳐 2코 모아 안뜨기. 2코를 한 번에 안뜨기한다

R

RC[right cross] : 왼코 위 교차뜨기

(cross 참조)

REM[remain(s), remaining] : 남기고, 남는다, 남는, 남았다

REP[repeat] : 반복하다, 반복

REV ST ST[reverse stockinette stitch] : 안메리야스뜨기

RH[right-hand] : 오른손

RND(S)[round(s)] : 단(원통뜨기의 단수)

RS[right side] : (편물의) 겉쪽, 겉면

RT[right twist] : 왼코 위 교차뜨기
왼코 교차뜨기는 다음 코를 첫 코 위에 교차시켜 만듭니다. 다음과 같은 방법으로 뜰 수 있습니다.

겉뜨기 쪽에서 뜨는 방법: 버전 A

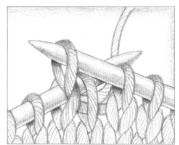

1 왼바늘의 2코를 한 번에 겉뜨기한다. 2코는 아직 왼바늘에서 빼지 않는다.

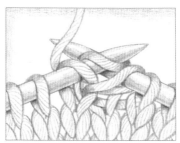

2 1번째 코에 그림처럼 앞쪽에서 오른바늘을 넣어 겉뜨기하고 왼바늘에서 2코를 뺀다.

겉뜨기 쪽에서 뜨는 방법: 버전 B

왼바늘의 1번째 코를 건너뛰고, 2번째 코에 앞쪽에서 오른바늘을 넣는다. 겉뜨기하듯이 실을 걸어서 끌어낸다. 1번째 코에도 겉뜨기하고 2코 함께 왼바늘에서 뺀다.

안뜨기 쪽에서 뜨는 방법: 버전 C

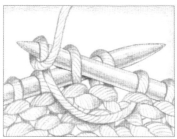

1 왼바늘의 1번째 코를 건너뛰고 2번째 코에 그림처럼 오른바늘을 넣어서 안뜨기한다.

2 1번째 코에도 그림처럼 오른바늘을 넣어서 안뜨기하고 2코 모두 왼바늘에서 뺀다.

S

SK[skip] : 코를 건너뛴다

SKP[slip 1, knit 1, pass the slipped stitch

over] : 1번째 코에 겉뜨기하듯이 오른바늘을 넣어서 옮기고, 겉뜨기 1, 옮긴 코를 뜬 코에 덮어씌운다

S2KP[slip 2 together, knit 1, pass the slipped stitch over] : 2코에 겉뜨기하듯이 오른바늘을 넣어서 옮기고, 겉뜨기 1, 오른바늘에 옮긴 2코를 뜬 코에 덮어씌운다

SK2P[slip 1, knit 2 together, pass the slipped stitch over] : 1번째 코에 겉뜨기하듯이 오른바늘을 넣어서 옮기고, 왼코 겹쳐기, 옮긴 코를 뜬 코에 덮어씌운다

SL[slip] : 코를 뜨지 않고 오른바늘로 옮긴다

SL ST[slip stitch] : 걸러뜨기

SM[slip maker] : 마커를 옮긴다

SSK[slip, slip, knit decrease] : 2코를 순서대로 겉뜨기하듯이 오른바늘을 넣어서 옮기고, 왼바늘로 되돌려 놓고 2코를 한 번에 겉뜨기한다

SSP[slip, slip, purl decrease] : SSK와 마찬가지로 2코를 오른바늘로 옮기고, 2번째 코의 뒤쪽에서 오른바늘을 넣어 2코를 한 번에 안뜨기한다

ST(S)[stitch(es)] : 뜨개코

ST ST[stockinette stitch] : 메리야스뜨기

T

TBL[through back loop] : 고리 뒤쪽에서 오른바늘을 넣는다

TOG[together] : 함께

W

WS[wrong side] : 안쪽, 안면

W&T[wrap and turn] : 랩앤턴(P.228 참조)

WYIB[with yarn in back] : 실을 편물 뒤쪽에 두고

WYIF[with yarn in front] : 실을 편물 앞쪽에 두고

코바늘 뜨개의 약어 해설 Crochet Abbreviations Explained

B

BL or BLO[back loop or back loop only] : 뒤쪽 반코, 뒤쪽 반 코만

BO[bobble] : 구슬뜨기

BP[back post] : 뒤걸어뜨기

BPDC[back post double crochet] : 뒤걸어 한길 긴뜨기

BPHDC[back post half double crochet] : 뒤걸어 긴뜨기

BPSC[back post single crochet] : 뒤걸어 짧은뜨기

BPTR[back post triple (or treble) crochet] : 뒤걸어 두길 긴뜨기

C

CH[chain] : 사슬뜨기. 사슬 1코. 또는 1코로 만들어진 공간을 만들 때 'ch-1 space' 등으로 사용하기도 한다

CH SP[chain space] : 사슬뜨기로 만든 공간

CL[cluster] : 구슬뜨기

CONT[continue, continuing] : 계속해서~, ~를 계속하다

D

DC[double crochet] : 한길 긴뜨기(UK : treble crochet-tr)

DC2TOG[double crochet 2 stitches together] : 한길 긴뜨기 2코 모아뜨기

DTR[double treble (or triple) crochet] 세길 긴뜨기(UK : triple treble crochet-trtr)

E

EDC[extented double crochet] : 늘인 한길 긴뜨기

EHDC[extented half double crochet] : 늘인 긴뜨기

ESC[extented single crochet] : 늘인 짧은뜨기

ETR[extented treble (or triple) crochet] : 늘인 두길 긴뜨기

F

FL or FLO[front loop or front loop only] : 앞쪽 반코, 앞쪽 반 코만

FP[front post] : 앞걸어뜨기

FPDC[front post double crochet] : 앞걸어 한길 긴뜨기

FPHDC[front post half double crochet] : 앞걸어 긴뜨기

FPDTR[front post double treble crochet] : 앞걸어 세길 긴뜨기

FPSC[front post single crochet] : 앞걸어 짧은뜨기

FPTR[front post triple (or treble) crochet] : 앞걸어 두길 긴뜨기

H

HDC[half double crochet] : 긴뜨기(UK : half treble crochet-htr)

HDC2TOG[half double crochet 2 stitches together] : 긴뜨기 2코 모아뜨기

I

INC(S)[increse(s), increasing] : 코늘림, 늘린다

L

LP[loop] : 고리

M

M[marker] : 마커, 표시

P

PC[popcorn stitch] : 팝콘뜨기

PREV[previous] : 앞의

PS or PUFF[puff stitch] : 퍼프 스티치

R

RND(S)[round(s)] : 단(원통뜨기의 단수)

S

SC[single crochet] : 짧은뜨기(UK : double crochet-dc)

SC2TOG[single crochet 2 stitches together] : 짧은 2코 모아뜨기

SH[shell] : 조개무늬뜨기

SK[skip] : 코를 뜨지 않고 건너뛴다

SL ST[slip stitch] : 빼뜨기(UK : ss)

SM or SL M[slip marker] : 마커를 옮긴다

ST[stitch] : 뜨개코

T

TCH or T-CH[turning chain] : 기둥코인 사슬코

TOG[together] : 함께

TR[treble (or triple) crochet] : 두길 긴뜨기 (UK : double treble crochet-dtr)

TR2TOG[treble (or triple) crochet 2 stitches] : 두길 긴뜨기 2코 모아뜨기

TRTR[triple treble crochet] : 세길 긴뜨기

Y

YO[yarn over] : 실을 건다

YOH[yarn over hook] : 실을 바늘에 건다

Y

YB[yarn to the back] : **실을 뒤쪽에 둔다**

YF[yarn to the front (or forward)] : **실을 앞쪽에 둔다**

YFON[yarn forward and over needle] : **바늘비우기**

YO[yarn over] : **바늘비우기**
바늘비우기는 오른바늘에 실을 감아서 만드는 장식적인 코늘림입니다. 어디에서 하는지에 따라 실을 거는 방법에는 다양한 변형이 있습니다.

YO TWICE[yarn over 2 times] : **바늘비우기를 2회 한다(오른바늘에 실을 2회 감는다)**

YON[yarn over needle] : **바늘비우기**

YRN[yarn round needle] : **바늘비우기**

바늘비우기의 종류

겉뜨기 2코의 사이

실을 바늘과 바늘 사이 편물의 뒤쪽에서 앞쪽으로 옮기고 다음 겉뜨기를 한다. 그림처럼 오른바늘에 실이 걸려서, 뜬 코의 오른쪽에 1코 생긴다.

겉뜨기와 안뜨기의 사이

바늘 2개 사이에서 실을 편물 앞쪽으로 꺼내서 오른바늘의 앞쪽에서 뒤쪽으로 옮긴다. 다시 실을 앞쪽으로 꺼내서(이것으로 실이 오른바늘에 감긴다) 그림처럼 다음 안뜨기를 한다.

안뜨기 2코의 사이

앞쪽에 있는 실을 오른바늘 위에서 뒤쪽으로 옮기고, 오른바늘 아래에서 앞쪽으로 다시 옮긴다(이것으로 실이 오른바늘에 감긴다). 그림처럼 다음 안뜨기를 한다.

겉뜨기 단의 시작

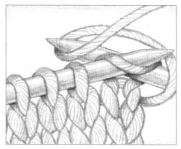

실을 앞쪽에 둔 상태에서 1번째 코를 겉뜨기한다. 실을 오른바늘 위에서 뒤쪽으로 옮겨서 뜨면 오른바늘에 실이 걸려서 1코 늘어난다.

안뜨기 단의 시작

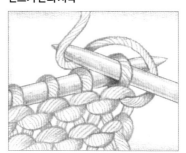

실을 오른바늘 뒤쪽에 둔 상태에서 1번째 코를 안뜨기한다. 실을 오른바늘 뒤쪽에서 앞쪽으로 옮겨서 뜨면 오른바늘에 실이 걸려서 1코 늘어난다.

여러 번 하는 바늘비우기

1 바늘비우기 1회와 마찬가지로 지정 횟수(2회 이상)만큼 오른바늘에 실을 감는다. 그대로 다음 코를 뜬다.

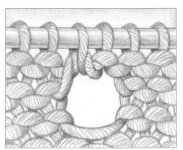

2 다음 단의 바늘비우기 부분은 겉뜨기와 안뜨기를 교대로 한다. 마지막 코는 편물이 메리야스뜨기면 안뜨기, 안메리야스뜨기면 겉뜨기로 한다.

안뜨기와 겉뜨기의 사이

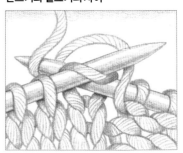

실을 앞쪽에 둔 상태에서 다음 코를 겉뜨기한다. 실을 오른바늘 앞쪽에서 뒤쪽으로 옮겨서 뜨면 오른바늘에 실이 감겨서 1코 늘어난다.

6 도안 이해하기

대바늘 뜨개 용어

A

ABOVE MARKERS : 마커 위
마커를 단 곳 이후의 단에서 뜬 부분.

ABOVE RIB : 고무뜨기 위
고무뜨기 마지막 단 뒤에서 뜬 부분.

AFTER...NUMBER OF ROWS HAVE BEEN WORKED : ...단 뜬 뒤
지정 단수를 뜬 뒤에 지시대로 계속해서 뜬다.

ALONG NECK : 목둘레를 따라서
일반적으로 모양 만들기를 하지 않는, 또는 직선 목둘레에서 코를 주울 때 사용하는 표현.

AROUND NECK : 목둘레를 따라서
일반적으로 모양 만들기를 한, 또는 곡선 목둘레에서 코를 주울 때 사용하는 표현.

AS ESTABLISHED : 떠진 편물대로
떠진 편물대로 무늬를 계속 뜬다.

AS FOLL : 다음 내용대로
계속되는(foll=follow) 지시대로 뜬다.

AS FOR BACK (FRONT) : 뒤(앞)판과 마찬가지로
뒤판(앞판)을 뜬 것과 같은 방법으로

AS IF TO KNIT : 겉뜨기하듯이
겉뜨기하듯이 오른바늘을 넣는다, 또는 오른바늘에 실을 건다.

AS IF TO PURL : 안뜨기하듯이
안뜨기하듯이 오른바늘을 넣는다, 또는 오른바늘에 실을 건다.

AT SAME TIME : ~와 동시에~
이 말 직후에 오는 지시를 직전의 지시와 병행하여 실행한다.

ATTACH : 잇는다
새 실을 연결한다.

B

BEG AND END AS INDICATED : 시작과 끝을 지시대로 한다
뜨개 차트를 보고 뜰 때 사용하는 문구. 뜰 사이즈의 시작 위치를 표시하는 화살표나 실선에 적힌 'beg'(beginning) 코부터 시작하여 도안의 지시대로 뜨고 'end'라고 적힌 화살표나 실선 위치에서 끝낸다.

BIND OFF ...STS AT BEG OF NEXT ...ROWS : 다음 ...단의 뜨개 시작에 ...코씩 덮어씌워 코막음한다
진동둘레나 어깨 처짐에 사용할 때가 많다. 대부분은 단의 시작에서 코를 덮어씌워 코막음하고, 지정된 콧수를 코막음한 뒤 단의 마지막까지 뜨고 편물을 돌려서 같은 콧수를 덮어씌워 코막음한다. 이것을 지정 단수만큼 실행한다.

BIND OFF CENTER ...STS : 한가운데의 ...코를 덮어씌워 코막음한다
한가운데의 ...코 양쪽에 마커를 넣어 둔다. 다음 단에서는 첫 마커까지 뜨고, 새 실로 한가운데의 ...코를 덮어씌워 코막음하고 그대로 단의 끝까지 뜬다.

BIND OFF FROM EACH NECK EDGE : 각 목선의 끝에서 코를 덮어씌워 코막음한다
목둘레의 한가운데를 덮어씌워 코막음한 뒤, 거기에서부터 양 끝을 동시에 모양 만들기할 때 사용하는 문구.

BIND OFF IN RIB (OR PAT) : 고무뜨기(또는 무늬뜨기)로 코를 덮어씌워 코막음한다
즉, 겉뜨기 코는 겉뜨기, 안뜨기 코는 안뜨기로 뜨면서 덮어씌워 코막음한다.

BIND OFF LOOSELY : 느슨하게 덮어씌워 코막음한다
덮어씌워 코막음할 때 실을 지나치게 잡아당기지 않는다. 1호 굵은 바늘을 사용하여 코막음하는 방법도 있다.

BIND OFF REM STS EACH SIDE : 양쪽에 남은 코를 덮어씌워 코막음한다
목선 만들기를 한 뒤에 남은 어깨 코에 대해 사용하는 표현. 모양 만들기를 끝냈으면 먼저 한쪽에 남은 코를 덮어씌워 코막음하고 다른 한쪽의 나머지 코도 코막음한다.

BLOCK PIECES : 편물을 블로킹한다
다 뜬 편물을 평평하게 놓고 뜨개코를 정리하여 모양을 매만지는 것.

BODY OF SWEATER IS WORKED IN ONE PIECE TO UNDERARM : 스웨터 몸판을 진동선까지 하나로 이어서 뜬다
줄바늘로 스웨터 앞뒤판을 시접 없이 이어서 원통으로 진동선까지 뜰 때 사용하는 표현.

BOTH SIDES AT ONCE : 양쪽을 동시에~
목둘레처럼 편물 1장을 좌우로 나눈 뒤에 사용하는 표현. 목둘레의 한가운데 코를 덮어씌워 코막음하여 편물을 좌우로 나누고, 새로 실을 이어서 양쪽을 동시에 뜨는 것. 한쪽 단을 지금까지 뜨던 실타래로, 다른 한쪽의 같은 단을 새 실로 뜬 뒤에 편물을 돌린다.

C

CAP SHAPING : 소매산 만들기
진동둘레보다 위쪽의, 모양 만들기한 소매 부분. 소매산. 이 부분이 몸판의 진동둘레에 이어진다.

CARRY YARN LOOSELY ACROSS BACK OF WORK : 실을 느슨하게 편물 뒤쪽에서 걸친다
배색무늬일 때 뜨지 않는 실을 다음에 사용할 지점까지 편물 뒤쪽에서 걸친다

CARRY YARN UP THE SIDE OF WORK : 실을 편물 가장자리를 따라서 걸친다
여러 색 실을 사용할 때는 사용하지 않는 실을 자르지 말고 편물 가장자리에서 들어 올려서 걸친다.

CAST ON ...STS AT BEG OF NEXT ...ROWS : 다음 ...단의 처음에 ...코 만든다
편물의 끝에서 2코 이상 코늘림을 할 때, 단을 뜨기 시작하기 전에 ...코를 단의 처음에 만들고 나서 그 단을 뜨고 편물을 돌려서 다음 단의 처음에도 같은 콧수를 만든다.

CAST ON ...STS OVER BOUND-OFF STS : 덮어씌워 코막음한 위에 ...코 만든다
일반적으로 단춧구멍을 만들 때 사용하는 표현. 앞단에서 덮어씌워 코막음한 위치의 앞까지 뜨고, ...코 만든 뒤에 계속해서 단의 마지막까지 뜬다.

CENTER BACK (FRONT) NECK : 뒤(앞) 목둘레의 중심
뒤 목둘레(또는 앞 목둘레)의 중심을 나타낸다.

CHANGE TO SMALLER (LARGER) NEEDLES : 가는(굵은) 바늘로 바꿔 뜬다
지금까지 사용하던 바늘보다 가는 바늘(또는 굵은 바늘)로 바꿔 계속해서 뜬다.

CONT IN PAT : 무늬를 계속 뜬다
직전의 무늬뜨기대로 무늬뜨기를 계속해서 뜬다.

CONT IN THIS WAY (MANNER) : 이 방식으로 계속해서 뜬다
직전의 지시대로 계속해서 뜬다.

D

DIRECTIONS ARE FOR SMALLEST (SMALLER) SIZE, WITH LARGER SIZES IN PARENTHESES : 지시는 가장 작은(작은 쪽) 사이즈이고 큰 사이즈는 괄호 안에 기재

뜨는 법에는 여러 사이즈가 병기되어 있을 때가 많다. 보통은 가장 작은(작은 쪽의) 사이즈 숫자가 괄호 앞, 큰 사이즈의 숫자가 괄호 안에 오름차순으로 기재되어 있다.

DISCONTINUE PAT : 무늬뜨기를 그만둔다

무늬뜨기를 그만두고 다음 지시에 따라 뜬다.

DO NOT PRESS : 프레스 금지

편물에 다림질을 하거나 스팀을 쐬면 안 된다(P.186 '블로킹' 참조).

DO NOT TURN WORK : 편물을 돌리지 않는다

지금 뜬 면과 같은 면을 보고 계속 뜬다.

E

EACH END (SIDE) : 양 끝(쪽)

지정된 뜨개법을 단의 처음과 마지막에서 실행한다.

EASING IN ANY FULLNESS : 홈줄임

잇기·꿰매기를 할 때 분량이 많은 쪽의 편물을 균등하게 오그리는 것.

END LAST REP : 마지막 반복은~

반복하는 무늬를 다 뜨고, 이제 1무늬를 뜰 정도의 콧수가 남지 않았을 때는 지시대로 무늬의 일부를 뜨고 끝낸다.

END WITH A RS (WS) ROW : 겉면(안면) 단을 뜨고 끝낸다

마지막 단이 겉면(안면) 단이 된다.

EVERY OTHER ROW : 1단씩 걸러서(2단마다)

모양 만들기를 할 때 1단씩 걸러서 코늘림이나 코줄임을 한다.

EVERY FOURTH, SIXTH...ROW : 4단마다(3단씩 걸러서), 6단마다(5단씩 걸러서)...

모양 만들기를 할 때 코늘림 또는 줄임 사이에 3단, 5단을 뜬다.

F

FASTEN OFF : 실을 끊는다

코를 덮어씌워 코막음한 뒤에 실 끝을 길게 남겨서 마지막 고리에서 실을 끌어내어 풀리지 않도록 한다.

FINISHED BUST : 완성된 가슴둘레 치수

완성한 옷의 가슴둘레.

FINISHED BUST (BUTTONED) : 완성된 가슴둘레 치수(단추를 잠갔을 때)

카디건이나 재킷에 사용하는 표현. 완성된 옷의 단추를 잠근 상태의 가슴둘레.

FROM BEG : 시작에서부터

편물의 기초코나 뜨개 시작에서부터 길이를 잴 때 사용하는 표현.

FULL-FASHIONED : 풀패션

코늘림이나 코줄임이 눈에 띄도록 의도적으로 끝에서부터 몇 코 안쪽에서 할 때 사용하는 표현.

G

GAUGE : 게이지

10cm(또는 1인치)의 콧수나 단수.

GRAFTING : (코와 코를) 잇는다

코 상태의 끝끼리 눈에 띄지 않게 잇는 것.

H

HOLD TO FRONT (BACK) OF WORK : 편물의 앞쪽(뒤쪽)에 둔다

교차무늬를 뜰 때 등에 꽈배기바늘에 옮긴 코를 편물의 앞쪽(또는 뒤쪽)에 둔 상태.

I

INC ...STS EVENLY ACROSS ROW : 단 전체에서 고르게 ...코 늘린다

1단을 통해서 같은 간격으로 코늘림을 한다('코늘림[increasing]' 참조).

INC STS INTO PAT : 무늬 안에서 코늘림을 한다

코늘림을 무늬 안에 넣어서 한다.

IN SAME WAY (MANNER) : 같은 방법(요령)으로

앞에서 말한 과정을 반복하는 것.

(unlabeled)

IT IS ESSENTIAL TO GET PROPER ROW GAUGE : 맞는 게이지가 나오게 하는 것이 필수

특정 단수를 뜨라는 지시가 있을 때(큰 모티브를 넣은 옷 등)는 맞는 치수로 뜨려면 지정된 게이지가 나오게 떠야 한다.

J

JOIN : 잇는다

원통뜨기에 사용할 때는 단의 처음과 끝을 잇는다. 별개의 부분을 하나로 이어서 뜰 때도 사용하는 표현.

JOIN A SECOND BALL (SKEIN) OF YARN : 별도의 실을 잇는다

(블랭킷이나 목선 만들기 등) 편물을 두 섹션으로 나눠서 각각 다른 실로 뜰 때 사용하는 문구.

JOIN, TAKING CARE NOT TO TWIST STS : 코가 꼬이지 않도록 주의하여 잇는다

원통뜨기에서 기초코를 잡아서 처음과 끝을 이을 때 바늘에 걸려 있는 코가 꼬이지 않도록 하여 연결한다.

K

K THE KNIT STS AND P THE PURL STS (AS THEY APPEAR) : 겉뜨기는 겉뜨기, 안뜨기는 안뜨기로 (앞단과 똑같이) 뜬다

겉뜨기와 안뜨기로 구성된 무늬(고무뜨기 등)를 어느 길이까지 계속해서 뜰 때의 표현. 뜨개코를 보이는 대로 앞단의 겉뜨기는 겉뜨기로, 안뜨기는 안뜨기로 뜬다.

K THE PURL STS AND P THE KNIT STS : 겉뜨기를 안뜨기, 안뜨기를 겉뜨기로 뜬다

겉뜨기와 안뜨기로 구성된 무늬(멍석뜨기 등)의 뜨개코를 다음 단에서는 바꿔서 뜰 때의 표현. 뜨개코를 보이는 것과 반대 방법으로, 즉 앞단의 겉뜨기는 안뜨기로, 안뜨기는 겉뜨기로 뜬다.

KEEP CAREFUL COUNT OF ROWS : 단수를 세둔다

섬세한 무늬나 모양 만들기 등 단수가 중요할 때 붙는 조언. 뜬 단수를 1단 뜰 때마다 적어두든지 카운터를 사용하면 좋다.

KEEPING TO PAT (OR MAINTAINING PAT) : 무늬를 계속하며

새로운 지시(모양 만들기 등)가 주어졌을 때, 그때까지 뜬 무늬도 계속 뜰 때 사용하는 표현.

KITCHENER STITCH : 메리야스 잇기

코 상태에서 남은 끝끼리 잇는 기법.

KNITWISE : 겉뜨기하듯이

겉뜨기하듯이 오른바늘을 코에 넣는다. 또는 오른바늘에 실을 건다. = as if to knit

L

LOWER EDGE : 아래쪽 끝

편물의 아래쪽 끝. 일반적으로는 기초코 쪽의 끝을 가리킨다.

M

MATCHING COLORS : 맞는 색으로

앞단과 같은 색으로 뜨는 것.

MULTIPLE OF ...STS : ...코의 배수

패턴을 이용할 때 사용하는 표현. 합계 콧수는 1무늬의 콧수로 나눠떨어지도록 설정한다.

MULTIPLE OF ...STS PLUS ... : ...코의 배수+...코

패턴을 이용할 때 사용하는 표현. 합계 콧수는 1무늬의 콧수로 나눠떨어지는 수에 플러스 코를 더한 수로 한다.

N

NEXT ROW RS (WS) : 다음 단은 겉면(안면)

다 뜬 단의 다음 단이 겉면(또는 안면)이 되는 것을 가리킨다.

O

ON ALL FOLL ROWS : 이후 모든 단에서
지금 뜬 단 이후의 모든 단에 미치는 지시.

P

PICK UP AND K : 코를 주워서 겉뜨기한다(코줍기)
다 뜬 편물의 끝 코나 단에서 뜨개바늘로 실을 끌어내어 가장자리나 새 편물을 뜨기 시작하는 것을 가리킨다.

PIECE MAESURES APPROX : 편물 치수는 약...
모양 만들기나 부분적인 무늬뜨기처럼 뜨는 단수가 지정되어 있을 때 사용한다. 게이지가 맞으면 그 부분의 길이 오차는 1/4인치(6mm) 범위에 들어온다.

PLACE MARKER(S) : 마커를 넣는다
스티치 마커를 바늘에 넣는다(단마다 왼 바늘에서 오른바늘로 옮기며 뜬다), 또는 뜨개코에 달아서 표지로 이용한다.

PLACE STITCHES ON A HOLDER : 코를 코막음 핀에 옮긴다
뜨개바늘에 걸려 있는 코를 코막음 핀이나 별실에 옮겨서 쉬게 둔다.

PREPARATION ROW : 준비 단
무늬뜨기의 토대를 만들지만 무늬에는 포함되지 않는 단.

PULL UP A LOOP : 고리를 끌어낸다
일반적으로 코바늘 뜨개에서 사용하는 문구이며, 대바늘 뜨개일 때는 편물에서 새 코를 줍는 것을 가리킨다.

PURLWISE : 안뜨기하듯이
안뜨기하듯이 오른바늘을 코에 넣는다, 또는 오른바늘에 실을 건다. = as if to purl

R

REP FROM * TO * REP BETWEEN *S : '*~*'의 사이나 '*'로 둘러싸인 부분을 반복한다
* 2개 사이에 적힌 지시를 반복한다.

REP FROM * ROUND : '*'에서부터 1바퀴 뜬다

원통뜨기에서 *에서부터 시작되는 지시를 반복하고 단의 마지막에서 끝낸다.

REP FROM *, END... : '*'에서부터 뜨기 시작하고 ...로 끝낸다]
*에서부터 시작되는 지시를 반복할 수 있는 만큼 반복하고, 나머지는 지시에 따라서 뜬다.

REP FROM * TO END : '*'에서부터 마지막까지 뜬다
*에서부터 시작되는 지시를 반복할 수 있는 만큼 반복하고, 반복의 단락으로 1단을 끝낸다.

REP FROM ...ROW : ...번째 단부터 반복한다
지정된 단에서부터 반복하여 뜬다.

REP INC (OR DEC) : 코늘림(또는 코줄임)을 반복한다
이미 순서가 지시된 코늘림(또는 코줄임)을 반복한다.

REP ...TIMES MORE : 앞으로 ...회 반복한다
지시를 지정 횟수만큼 다시 반복한다(1회째는 수에 포함하지 않는다).

REVERSE PAT PLACEMENT : 패턴을 좌우 대칭으로 뜬다
카디건, 손모아장갑, 손가락장갑처럼 좌우 대칭으로 뜨는 패턴에 사용하는 표현이다. 보통은 어느 한쪽의 지시가 주어지고 다른 한쪽은 좌우에서 하는 것을 반대로 하여 뜬다.

REVERSING SHAPING : 좌우 대칭으로 모양을 만든다
카디건 같은 옷에서 같은 모양 만들기를 좌우 대칭으로 할 때 사용하는 문구. 보통 어느 한쪽의 지시가 주어지고 그 지시에 따라서 반대쪽 끝에서도 모양 만들기를 한다.

RIGHT SIDE(혹은 RS) : 겉면
옷을 입었을 때 겉쪽이 되는 면.

ROUND : 바퀴(단)
원통뜨기의 1단

ROW : 단
뜨개코를 뜨면서 한쪽 바늘에서 다른 한쪽 바늘로 옮겨서 생기는 가로 방향의 뜨

개코 줄.

ROW 2 AND ALL WS (EVEN-NUMNERED) ROWS : 2번째 단과 안면의 (짝수) 단 모두
안면의 단이나 짝수 단을 모두 같은 방법으로 뜰 때 사용하는 문구.

RUNNING STRAND : 싱커 루프
2코 사이에 수평으로 걸쳐진 실.

S

SAME AS : ~와 마찬가지로
다른 섹션 또는 옷의 어느 부분에서 주어진 지시에 따른다.

SAME LENGTH AS : ~와 같은 길이
옷에서 둘 이상의 부분의 길이가 같을 때 사용하는 표현. 그중 하나의 치수가 이미 나타나 있을 때 사용한다.

SCHEMATIC : 도식화
필요한 부분과 부분마다의 치수를 표시한 그림.

SELVAGE ST : 끝 코
꿰매기 편하도록, 혹은 장식적인 마무리를 위해서 만든 편물 가장자리의 1코(또는 여러 코).

SET IN SLEEVES : 소매를 단다
소매를 진동둘레를 따라서 단다.

SEW SHOULDER SEAM, INCLUDING NECKBAND : 목둘레의 마감단을 포함하여 어깨를 잇는다
옷의 어깨선을 한쪽만 잇고 목둘레의 마감단을 평면뜨기로 뜰 때, 남은 어깨선 잇기와 마감단의 꿰매기를 이어서 하는 것을 지시하는 문구.

SEW TOP OF SLEEVES BETWEEN MARKERS : 마커에 맞춰서 소매 위쪽 가장자리를 몸판에 연결한다.
(드롭 숄더처럼) 소매산이나 진동둘레의 모양 만들기가 없을 때, 앞뒤판에 소매 달기 끝점을 표시한다. 마커로 진동둘레 길이를 표시한다. 그 표시에 소매의 좌우 끝을 맞추고 소매를 달 때의 지시. 소매 중심은 어깨 잇기 부분에 맞춘다.

SHORT ROW : 되돌아뜨기
곡선의 일부분이나 사선을 만드는 모양 만들기에 사용하는 기법. 단의 도중에서 되돌아가며 뜨고, 바늘에 끼워져 있는 콧수는 줄이지 않으면서 단수를 늘린다.

SHAPING : 모양 만들기
코늘림이나 코줄임, 되돌아뜨기를 이용하여 편물의 치수를 바꿔 필요한 형태로 만드는 것.

SIDE TO SIDE : 옆선 방향으로
세로 뜨개 방향이 아니라 편물을 옆선에서 다른 옆선을 향해 가로 방향으로 뜨는 것.

SLEEVE WIDTH AT UPPER ARM : 소매 너비
팔 둘레의 가장 굵은 부분에 맞춰서 뜬, 가장 소매 너비가 넓은 부분의 치수.

SLIGHTLY STRETCHED : 살짝 늘리는 느낌으로
고무뜨기나 교차무늬처럼 코가 서로 붙어서 너비가 빡빡한 경향이 있는 편물을 잴 때 사용하는 문구. 코와 코의 간격을 조금 넓히는 편이 게이지를 정확하게 잴 수 있다.

SLIP MARKER : 마커를 옮긴다
현재 단에서 다음 단으로 뜨면서도 마커 위치가 변하지 않도록 단마다 마커를 한쪽 바늘에서 다른 한쪽 바늘로 옮기며 뜨는 것.

SLIP MARKER AT BEG OF EVERY RND : (원통뜨기일 때) 단의 처음에서 마커를 옮긴다
원통뜨기하는 편물은 보통 뜨개 시작 위치에 마커를 넣는다. 그것을 단마다 뜨기 시작할 때 한쪽 바늘에서 다른 바늘로 옮긴다는 지시.

SLIP STS TO A HOLDER : 뜨개코를 코막음 핀에 옮긴다
뜨개코를 뜨개바늘에서 코막음 핀으로 옮긴다.

SWATCH : 스와치
작품을 뜨기 시작하기 전에 게이지를 재거나 무늬뜨기를 시험해 보기 위해 뜨는 편물 샘플.

SWEATER IS WORKED IN ONE PIECE : 스웨터를 하나로 이어서 뜬다

스웨터의 앞뒤판과 양 소매를 모두 편물 1장으로 이어서 뜬다.

SWEATER IS WORKED IN TWO PIECES : 스웨터를 앞뒤 2장으로 나눠서 뜬다

스웨터의 앞쪽(앞판과 앞쪽 소매)과 뒤쪽 (뒤판과 뒤쪽 소매)을 각각 1장씩 뜬다.

T

THROUGH BOTH (ALL) THICKNESSES : 양쪽(전부)을 겹친 상태에서

편물을 이을 때 사용하는 표현. 편물 여러 장을 겹쳐서 합친다.

THROUGH...ROW (ROUND) : ...번째 단 까지

지정된 단에 도달할 때까지 뜬다.

TO...ROW (ROUND) : ...번째 단의 앞까 지

지정된 단의 앞까지 뜬다.

TOTAL LENGTH : 총 길이

완성된 옷의 전체 길이. 어깨의 가장 높은 위치에서 아래 끝까지의 길이를 가리킨다.

TURNING : (편물을) 돌린다

편물을 좌우 반전시켜 겉면에서 안면, 또는 안면에서 겉면으로 바꿔 쥐고 편물의 끝이 나 도중에서 다음 단을 뜨기 시작한다.

TURNING RIDGE : 접음산

밑단 등을 접어서 마무리할 때 접은 위치의 표지로 내는 접음산(일반적으로 메리야스 뜨기에 안뜨기 단을 1단 넣어서 표지로 삼 을 때가 많다).

TWIST YARNS ON WS TO PREVENT HOLES : 구멍이 나지 않도록 안면에서 실 을 얽는다

배색뜨기의 같은 단에서 색을 바꿀 때 뜨던 실과 새 실을 얽어서 편물에 구멍이 나지 않 도록 하는 것.

U

USE A SEPARATE BOBBIN FOR EACH BLOCK OF COLOR : 색의 블록마 다 각각의 실패를 사용한다.

인타르시아(정해진 면적마다 색을 바꿔서

뜨는, 세로로 실을 걸치는 배색뜨기)를 할 때, 소량만 사용하는 배색 실은 조금씩 나 눠 두는 편이 효율적으로 작업할 수 있으므 로 색마다 실패에 감아서 사용한다.

W

WEAVE IN ENDS : 실을 처리한다

마무리 단계에서 실꼬리를 풀리지 않도록 돗바늘로 편물 속에 넣어서 처리한다.

WEAVE OR TWIST YARNS NOT IN USE : 걸치는 실을 넣고 뜬다, 또는 얽는다

배색뜨기에서 일정 콧수 이상의 실을 걸칠 때, 뜨개실을 안면에서 넣고 뜨든지 얽는 것 을 가리킨다.

WHEN ARMHOLE MEASURES... : 진 동둘레 길이가 ...가 되면

스웨터를 뜰 때, 칼라나 어깨 처짐이 시작되 는 포인트를 가리킨다. 진동둘레 모양 만들 기를 시작하는 위치에서부터 잰다.

WIDTH FROM SLEEVE EDGE (CUFF) TO SLEEVE EDGE (CUFF) : 소매 끝에서 반대편 소매 끝까지의 치수

스웨터의 몸판과 소매를 하나로 이어서 뜰 때 한쪽 소매 끝에서 어깨, 목둘레를 지나 다른 한쪽 소매 끝까지의 치수를 가리킨다.

WITH RIGHT (WRONG) SIDES TOGETHER (FACING) : 겉(안)면끼리 마주 보도록 하여

편물 2장의 겉면(안면)끼리 마주 보듯이 맞 댄다. 겉면끼리는 '겉끼리 맞대고', 안면끼 리는 '안끼리 맞대고'라고 표현한다.

WITH RS FACING : 겉면을 보면서

편물 겉면을 자신에게 향한 상태.

WITH WS FACING : 안면을 보면서

편물 안면을 자신에게 향한 상태.

WORK ACROSS STS ON HOLDER : 코 막음 핀의 뜨개코를 뜬다

코막음 핀에 옮긴 뜨개코를 직접 코막음 핀 에서 뜬다. 또는 일단 뜨개바늘에 옮기고 나 서 뜬다.

WORK BACK AND FORTH IN ROWS : 단을 왕복하여 뜬다

평면뜨기하는 것. 줄바늘로 뜰 때는 단의 처음과 마지막을 이어서 뜨는 대신에 단의

마지막에서 편물을 돌리고 뜬다.

WORK BUTTONHOLES OPPOSITE MARKERS : 마커 반대쪽에 단춧구멍을 만든다

단추 다는 쪽의 앞여밈단에 표시하고 반대 쪽 앞여밈단에 단춧구멍을 만든다.

WORK EVEN (STRAIGHT) : 증감 없이 (똑바로) 뜬다

지금까지 뜬 뜨개법으로 코늘림이나 코줄 임을 하지 않고 똑바로 뜬다.

WORKING IN PAT : 서술형 또는 차트형 에 상관없이 패턴대로 뜬다

서술형 또는 차트형에 상관없이 패턴의 지 시에 따라서 뜬다.

WORK IN ROUNDS : 원형으로 뜬다

편물 양 끝을 이어서 원형으로 뜨는, 잇기가 없는 상태.

WORKING NEEDLE : 뜨는 바늘

새 코를 뜨는 바늘.

WORKING YARN : 뜨는 실

새 코를 뜨는 실.

WORK REP OF CHART...TIMES : 도안 의 반복 부분을 ...회 뜬다

도안을 보고 뜰 때, 1무늬의 반복을 지정 횟 수만큼 뜬다.

WORK TO CORRESPOND : ~에 맞춰서

똑같은 2장의 편물을 뜰 때 1번째 편물의 지시 사항과 같은 방법으로 2번째 편물도 뜰 때 사용하는 문구.

WORK TO END : (단의) 마지막까지 뜬다

무늬뜨기를 단의 마지막까지 뜬다.

WORK TO ...STS BEFORE CENTER : 중심의 ...코 앞까지 뜬다

일반적으로 마커로 표시한 단 중심의 ...코 앞까지 뜬다.

WORK TO LAST ...STS : 마지막에 ...코 남는 곳까지 뜬다

지정콧수가 왼바늘에 남을 때까지 뜬다.

WORK UNTIL...STS FROM BIND OFF (OR ON RH NEEDLE) : 덮어씌워 코막음 한 뒤 ...코 부분까지 (혹은 오른바늘의 코가 ...코가 될 때까지) 뜬다

덮어씌워 코막음한 뒤, 오른바늘 콧수가 지 정콧수가 될 때까지 뜬다.

WRONG SIDE(혹은 WS) : 안면

보통은 옷을 입었을 때 안쪽이 되는 면을 가 리킨다.

뜨개 기호

뜨개 기호는 대바늘 뜨개의 조작을 기호화한 것입니다. 뜨는 법을 글이나 약어로 적는 대신에 기호를 사용합니다.

모든 기호는 편물을 겉면에서 봤을 때의 **뜨개코를 나타냅니다.** 예를 들어 겉뜨기를 나타내는 기호는 공백이고 안뜨기를 나타내는 기호는 가로획입니다. 이것을 겉면에서 뜰 때는 도안에 적힌 대로 공백 코는 겉뜨기, 가로획 코는 안뜨기로 뜹니다. 그러나 같은 표시로 된 단을 안면에서 뜰 때는 도안에 적힌 기호의 뜨개코를 안에서 뜨는 것이 되므로 공백 코는 안뜨기, 가로획 코는 겉뜨기로 뜹니다.

도안에서는 **모눈 1개가 1코**를 나타내고 **모눈의 가로 1열이 1단**을 나타냅니다. 단은 아래에서 위로 가면서 읽습니다. 일반적으로 홀수단이 도안의 오른쪽에 표시되어 있습니다. 특별히 예고가 없는 한, 차트는 편물의 겉면을 본 상태를 나타내고 오른쪽에서 왼쪽으로 읽습니다. 도안의 왼쪽에 있는 단수 표시는 안면을 보고 뜨는 단을 나타내며, 이 단은 왼쪽에서 오른쪽으로 읽습니다. 원통뜨기할 때는 모든 단을 오른쪽에서 왼쪽으로 읽습니다.

종종 무늬는 1무늬만 도안에 표시합니다. 단, 무늬가 복잡할 때는 복수의 반복도 표시하기 때문에 완성된 무늬의 전체 모습을 확인할 수 있습니다. 차트 전체를 둘러싸는 굵은 선이나 색깔 있는 선은 보통 **1무늬의 범위**를 가리킵니다. 이런 선은 서술형 도안의 별표(*)나 괄호([])를 이용하여 표시하는 반복 지시와 같은 의미로 사용합니다.

뜨개 기호의 종류 CHART SYMBOLS

SELVAGE OR EDGE STITCH: 편물의 가장자리 또는 끝코.

K ON RS, P ON WS: 겉면에서는 겉뜨기, 안면에서는 안뜨기.

P ON RS, K ON RS: 겉면에서는 안뜨기, 안면에서는 겉뜨기.

YO yarn over: 바늘비우기

YO TWICE yarn over twice: 바늘비우기를 2회 (오른바늘에 실을 2회 감는다).

K1TBL ON RS, P1TBL ON WS: 겉면에서는 꼬아뜨기, 안면에서는 꼬아 안뜨기(둘 다 고리 뒤쪽에 오른바늘을 넣어서 뜬다).

P1TBL ON RS, K1TBL ON WS: 겉면에서는 꼬아 안뜨기, 안면에서는 꼬아뜨기(둘 다 고리 뒤쪽에 오른바늘을 넣어서 뜬다).

SL 1 KNITWISE: 겉뜨기하듯이 오른바늘을 넣어서 걸러뜨기. 실은 겉면에서는 편물 뒤쪽, 안면에서는 앞쪽에 둔다.

SL 1 PURLWISE WYIF: 겉면에서는 실을 앞쪽에 두고 뜨개코를 오른바늘에 옮긴다. 안면에서는 실을 뒤쪽에 두고 뜨개코를 오른바늘에 옮긴다.

SL 1 WYIB: 겉면에서는 실을 뒤쪽에 두고 뜨개코를 오른바늘에 옮긴다. 안면에서는 실을 앞쪽에 두고 뜨개코를 오른바늘에 옮긴다.

K1-B knit stitch in row below: 앞단 코에 오른바늘을 넣고 겉면에서는 겉뜨기(끌어올려뜨기), 안면에서는 안뜨기한다.

P1-B purl stitch in row below: 앞단 코에 오른바늘을 넣고 겉면에서는 안뜨기(끌어올려 안뜨기), 안면에서는 겉뜨기한다.

M1 make one stitch: 다음과 같이 1코를 늘린다. 겉면에서는 왼바늘로 오른바늘과의 사이에 걸쳐진 실을 앞쪽에서 뒤쪽으로 주워서 그 코의 고리 뒤쪽에 오른바늘을 넣어서 겉뜨기한다. 안면에서는 왼바늘로 걸쳐진 실을 앞쪽에서 뒤쪽으로 주워서 그 코의 고리 뒤쪽에 오른바늘을 넣어서 안뜨기한다.

M1-P ST make one purl stitch: 다음과 같이 1코를 늘린다. 겉면에서는 왼바늘로 오른바늘과의 사이에 걸쳐진 실을 뒤쪽에서 앞으로 주워서 그 코의 고리 앞쪽에 오른바늘을 넣어서 안뜨기한다. 안면에서는 왼바늘로 걸쳐진 실을 뒤쪽에서 안쪽으로 주워서 그 코의 고리 앞쪽에 오른바늘을 넣어서 겉뜨기한다.

M1-OPEN make one open stitch: 걸쳐진 실을 끌어올려 떠서 1코 늘린다(구멍이 생긴다). 겉면에서는 왼바늘로 오른바늘과의 사이에 걸쳐진 실을 앞쪽에서 뒤쪽으로 주워서 그 코를 겉뜨기한다. 안면에서는 왼바늘로 걸쳐진 실을 뒤쪽에서 앞쪽으로 주워서 그 코를 안뜨기한다.

KFBknit front and back: 다음과 같이 오른쪽으로 1코를 늘린다. 겉면에서는 겉뜨기하고, 왼바늘에서 코를 빼지 않고 고리 뒤쪽에 오른바늘을 넣어서 겉뜨기한다. 안면에서는 고리 뒤쪽에 오른바늘을 넣어서 안뜨기하고, 왼바늘에서 코를 빼지 않고 안뜨기한다.

RL-INCright-leaning increase: 오른쪽으로 기울어진 코늘림. 오른바늘로 다음 코의 1단 아래 코의 오른쪽 반 코를 주워서 왼바늘에 걸고 겉뜨기한다.

LL-INCleft-leaning increase: 왼쪽으로 기울어진 코늘림. 왼바늘로 오른바늘의 코(직전에 뜬 코)의 2단 아래 코의 왼쪽 반 코를 주워서 겉뜨기한다.

INC 3 STSincrease 3 stitches in 2: 2코에 3코를 떠서 1코 늘리는 코늘림. 오른바늘을 겉뜨기하듯이 왼바늘의 다음 2코에 넣고, 왼바늘에서 코는 빼지 않고 같은 코에 겉뜨기, 안뜨기, 겉뜨기한다. 왼바늘에서 코를 뺀다.

K2TOG ON RS, P2TOG ON WS: 겉면에서는 2코 함께 겉뜨기하고(왼코 겹치기), 안면에서는 2코 함께 안뜨기한다(안뜨기 왼코 겹치기).

SKP ON RS, SPP ON WS: 겉면에서는 1번째 코를 걸러뜨기하고 2번째 코는 겉뜨기한 뒤에 1번째 코를 2번째 코에 덮어씌운다(오른코 겹치기). 안면에서는 1번째 코를 걸러뜨기하고 2번째 코는 안뜨기한 뒤에 1번째 코를 2번째 코에 덮어씌운다(안뜨기 오른코 겹치기).

SSK ON RS, SSP ON WS: 겉면에서는 왼바늘의 2코를 1코씩 겉뜨기하듯이 오른바늘을 넣어서 옮기고, 왼바늘 끝을 왼쪽에서 오른바늘의 2코 고리의 앞쪽에 넣어 2코 함께 겉뜨기한다. 안면에서는 왼바늘의 2코를 1코씩 겉뜨기하듯이 오른바늘을 넣어서 옮기고, 그대로 왼바늘로 되돌려 놓고 2코에 오른바늘을 뒤쪽에서 넣어 2코 함께 안뜨기한다.

P2TOG ON RS, K2TOG ON WS: 겉면에서는 2코 함께 안뜨기하고(안뜨기 왼코 겹치기), 안면에서는 2코 함께 겉뜨기한다(왼코 겹치기).

P2TOG TBL ON RS, K2TOG TBL ON WS: 겉면에서는 2코에 뒤쪽에서 오른바늘을 넣어 2코 함께 안뜨기한다. 안면에서는 2코의 고리 뒤쪽에 오른바늘을 넣어 2코 함께 겉뜨기한다.

K3TOG ON RS, P3TOG ON WS: 겉면에서는 3코 함께 겉뜨기한다(왼코 3코 모아뜨기). 안면에서는 3코 함께 안뜨기한다(왼코 3코 모아 안뜨기).

P3TOG ON RS, K3TOG ON WS: 겉면에서는 3코 함께 안뜨기한다(왼코 3코 모아 안뜨기). 안면에서는 3코 함께 겉뜨기한다(왼코 3코 모아뜨기).

SK2P: 겉면에서는 걸러뜨기 1코, 2번째 코와 3번째 코를 2코 함께 겉뜨기, 1번째 코를 2코 함께 뜬 코에 덮어씌운다(오른코 3코 모아뜨기). 안면에서는 처음 2코에 겉뜨기하듯이 오른바늘을 넣어서 옮기고 3번째 코도 같은 방법으로 옮긴다. 3코를 왼바늘에 되돌려 놓고 오른바늘을 뒤쪽에서 넣어 3코 함께 안뜨기한다.

S2KP: 중심 3코 모아뜨기. 겉면에서 처음 2코는 한 번에 겉뜨기하듯이 오른바늘을 넣어서 옮기고 3번째 코는 겉뜨기한다. 옮긴 2코를 3번

째 코에 덮어씌운다.

K4TOG ON RS, P4TOG ON WS: 겉면에서는 4코를 함께 겉뜨기하고(왼코 4코 모아뜨기), 안면에서는 4코를 함께 안뜨기한다(왼코 4코 모아 안뜨기).

MAKE BOBBLE(K1, p1, k1, p1, k1): 5코 뜨는 코늘림. 다음 코에 겉뜨기했으면 왼바늘에서 코를 빼지 않고 안뜨기, 겉뜨기, 안뜨기, 겉뜨기한다. 보통 방울을 뜰 때는 뜬 코를 지시에 맞춘 단 수만큼 뜨고, 마지막에는 왼쪽 끝 코에 다른 코를 덮어씌워서 1코로 돌려 놓는다.

CAST ON ONE STITCH: 1코 코잡기.

BIND OFF ONE STITCH: 1코 코막음.

NO STITCH: 코줄임에 의해 콧수가 줄었거나 나중에 코늘림하여 콧수가 늘어날 때 도안 전체의 폭을 바꾸지 않고 표시하면 도안 위에는 공백이 생긴다. 그 공백을 나타내는 기호. 이 기호가 있으면 도안을 읽기 편해진다. 도안을 읽을 때 이 기호는 무시하고 다음 코를 뜬다.

교차무늬 기호CABLE SYMBOLS

2-ST RT2-stitch right twist: 왼코 위 1코 교차뜨기. 겉면에서는 왼코 겹치기를 한 뒤에 왼바늘에서 코를 빼지 않고 1번째 코에도 한 번 더 겉뜨기를 한 뒤에 2코를 왼바늘에서 뺀다. 안면에서는 실을 편물 앞쪽에 두고 1번째 코를 건너뛰고 2번째 코를 안뜨기한 뒤 1번째 코도 안뜨기하고 2코를 왼바늘에서 뺀다.

2-ST LT2-stitch left twist: 오른코 위 1코 교차뜨기. 1번째 코를 건너뛰고 2번째 코의 뒤쪽 고리에 오른바늘을 넣어 꼬아뜨기한다. 계속해서 오른바늘을 2코의 뒤쪽 고리에 한 번에 넣어 꼬아 왼코 겹치기를 하고 2코를 왼바늘에서 뺀다.

2-ST RPT2-stitch right purl twist: 왼코 위 1코 교차뜨기(아래쪽이 안뜨기). 1번째 코를 꽈배기바늘에 옮겨서 편물 뒤쪽에 두고 2번째 코는 겉뜨기, 꽈배기바늘의 코를 안뜨기한다.

2-ST LPT2-stitch left purl twist: 오른코 위 1코 교차뜨기(아래쪽이 안뜨기). 1번째 코를 꽈배기바늘에 옮겨서 편물 앞쪽에 두고 2번째 코는 안뜨기, 꽈배기바늘의 코를 겉뜨기한다.

2-ST RBC2-stitch right back cable: 꼬아뜨기로 하는 왼코 위 교차뜨기. 1번째 코를 꽈배기바늘에 옮겨서 편물 뒤쪽에 두고 2번째 코는 꼬아뜨기, 꽈배기바늘의 코를 겉뜨기한다.

2-ST LBC2-stitch left back cable: 꼬아뜨기로 하는 오른코 위 교차뜨기. 1번째 코를 꽈배기바늘에 옮겨서 편물 앞쪽에 두고 2번째 코는 겉뜨기, 꽈배기바늘의 코를 꼬아뜨기한다.

3-ST RT3-stitch right twist: 왼코 위 1코와 2코 교차뜨기. 1번째 코와 2번째 코를 꽈배기바늘에 옮겨서 편물 뒤쪽에 두고 3번째 코를 겉뜨기, 꽈배기바늘의 코도 겉뜨기한다.

3-ST LT3-stitch left twist: 오른코 위 1코와 2코 교차뜨기. 1번째 코를 꽈배기바늘에 옮겨서 편물 앞쪽에 두고 2번째 코와 3번째 코를 겉뜨기, 꽈배기바늘의 코도 겉뜨기한다.

3-ST RC3-stitch right cable: 왼코 위 2코와 1코 교차뜨기. 1번째 코를 꽈배기바늘에 옮겨서 편물 뒤쪽에 두고 2번째 코와 3번째 코를 겉뜨기, 꽈배기바늘의 코도 겉뜨기한다.

3-ST LC3-stitch left cable: 오른코 위 2코와 1코 교차뜨기. 2코를 꽈배기바늘에 옮겨서 편물 앞쪽에 두고 3번째 코를 겉뜨기, 꽈배기바늘의 2코도 겉뜨기한다.

3-ST RPC3-stitch right purl cable: 왼코 위 2코와 1코 교차뜨기(아래쪽 안뜨기). 1번째 코를 꽈배기바늘에 옮겨서 편물 뒤쪽에 두고 2번째 코와 3번째 코를 겉뜨기, 꽈배기바늘의 코는 안뜨기한다.

3-ST LPC3-stitch left purl cable: 오른코 위 2코와 1코 교차뜨기(아래쪽이 안뜨기). 1번째 코와 2번째 코를 꽈배기바늘에 옮겨서 편물 앞쪽에 두고 3번째 코는 안뜨기, 꽈배기바늘의 2코는 겉뜨기한다.

3-ST RPC3-stitch right purl cable: 왼코 위 1코와 2코 교차뜨기(아래쪽이 안뜨기). 1번째 코와 2번째 코를 꽈배기바늘에 옮겨서 편물 뒤쪽에 두고 3번째 코는 겉뜨기, 꽈배기바늘의 코는 안뜨기한다.

3-ST LPC3-stitch left purl cable: 오른코 위 1코와 2코 교차뜨기(아래쪽이 안뜨기). 1번째 코를 꽈배기바늘에 옮겨서 편물 앞쪽에 두고 2번째 코와 3번째 코는 안뜨기, 꽈배기바늘의 코는 겉뜨기한다.

3-ST RPC3-stitch right purl cable: 왼코 위 1코와 2코 교차뜨기(아래쪽 1번째 코가 안뜨기). 1번째 코와 2번째 코를 꽈배기바늘에 옮겨서 편물의 뒤에 놓고 3번째 코를 겉뜨기한다. 꽈배기바늘의 코는 순서대로 안뜨기, 겉뜨기한다.

3-ST LPC3-stitch left purl cable: 오른코 위 1코와 2코 교차뜨기(아래쪽 2번째 코가 안뜨기). 1번째 코를 꽈배기바늘에 옮겨서 편물 앞쪽에 두고 2번째 코는 겉뜨기, 3번째 코는 안뜨기한다. 꽈배기바늘의 코는 겉뜨기한다.

4-ST RC4-stitch right cable: 왼코 위 2코 교차뜨기. 2코를 꽈배기바늘에 옮겨서 편물 뒤쪽에 두고 겉뜨기를 2코 한다. 꽈배기바늘의 2코도 겉뜨기한다.

4-ST LC4-stitch left cable: 오른코 위 2코 교차뜨기. 2코를 꽈배기바늘에 옮겨서 편물 앞쪽에 두고 겉뜨기를 2코 한다. 꽈배기바늘의 2코도 겉뜨기한다.

4-ST RPC4-stitch right purl cable: 왼코 위 1코와 3코 교차뜨기(아래쪽이 안뜨기). 3코를 꽈배기바늘에 옮겨서 편물 뒤쪽에 두고 겉뜨기를 1코 한다. 꽈배기바늘의 코는 안뜨기 3코.

4-ST LPC4-stitch left purl cable: 오른코 위 1코와 3코 교차뜨기(아래쪽이 안뜨기). 1번째 코를 꽈배기바늘에 옮겨서 편물 앞쪽에 두고 안뜨기를 3코 한다. 꽈배기바늘의 코는 겉뜨기.

4-ST RPC4-stitch right purl cable: 왼코 위 2코 교차뜨기(아래쪽 2번째 코가 안뜨기). 2코를 꽈배기바늘에 옮겨서 편물 뒤쪽에 두고 겉뜨기를 2코 한다. 꽈배기바늘의 코는 겉뜨기 1코, 안뜨기 1코.

4-ST LPC4-stitch left purl cable: 오른코 위 2코 교차뜨기(아래쪽 1번째 코가 안뜨기). 2코를 꽈배기바늘에 옮겨서 편물 앞쪽에 두고 안뜨기 1코, 겉뜨기 1코 한다. 꽈배기바늘의 코는 겉뜨기 2코.

4-ST WRAP: 실을 편물 뒤쪽에 두고 걸러뜨기 4코. 실을 앞쪽으로 옮겨서 4코를 왼바늘에 되돌려 놓고, 실을 다시 뒤쪽으로 옮기고 걸러뜨기한 4코를 다시 걸러뜨기(4코가 오른바늘로 옮겨지고 실이 4코의 밑동에 감긴다).

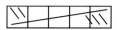

5-ST RC5-stitch right cable: 왼코 위 3코와 2코 교차뜨기. 2코를 꽈배기바늘에 옮겨서 편물 뒤쪽에 두고 겉뜨기를 3코 한다. 꽈배기바늘의 코는 겉뜨기 2코.

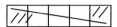

5-ST LC5-stitch left cable: 오른코 위 3코와 2코 교차뜨기. 3코를 꽈배기바늘에 옮겨서 편물 앞쪽에 두고 겉뜨기를 2코 한다. 꽈배기바늘의 코는 겉뜨기 3코.

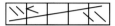

5-ST RPC5-stitch right purl cable: 왼코 위 2코와 3코 교차뜨기(아래쪽 1번째 코가 안뜨기). 3코를 꽈배기바늘에 옮겨서 편물 뒤쪽에 두고 겉뜨기를 2코 한다. 꽈배기바늘의 코는 안뜨기 1코, 겉뜨기 2코.

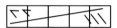

5-ST RPC5-stitch right purl cable: 왼코 위 2코와 3코 교차뜨기(아래쪽이 안뜨기). 2코를 꽈배기바늘에 옮겨서 편물 뒤쪽에 두고 겉뜨기를 3코 한다. 꽈배기바늘의 코는 안뜨기 2코.

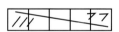

5-ST LPC5-stitch left purl cable: 오른코 위 3코와 2코 교차뜨기(아래쪽이 안뜨기). 3코를 꽈배기바늘에 옮겨서 편물 앞쪽에 두고 안뜨기를 2코 한다. 꽈배기바늘의 코는 겉뜨기 3코.

5-ST RPC5-stitch right purl cablev: 왼코 위 4코와 1코 교차뜨기(아래쪽이 안뜨기). 1코를 꽈배기바늘에 옮겨서 편물 뒤쪽에 두고 겉뜨기를 4코 한다. 꽈배기바늘의 코는 안뜨기.

5-ST LPC5-stitch left purl cable: 오른코 위 4코와 1코 교차뜨기(아래쪽이 안뜨기). 4코를 꽈배기바늘에 옮겨서 편물 앞쪽에 두고 안뜨기를 1코 한다. 꽈배기바늘의 코는 겉뜨기 4코.

TIE ST: 3회 감아 매듭뜨기. 5코를 꽈배기바늘에 옮겨서 편물 뒤쪽에 두고 이 5코의 밑동에 실을 3회 감는다. 5코를 왼바늘로 되돌려 놓고 겉뜨기 1코, 안뜨기 3코, 겉뜨기 1코.

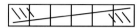

6-ST RC6-stitch right cable: 왼코 위 3코 교차뜨기. 3코를 꽈배기바늘에 옮겨서 편물 뒤쪽에 두고 겉뜨기를 3코 한다. 꽈배기바늘의 코도 겉뜨기 3코.

6-ST LC6-stitch left cable: 오른코 위 3코 교차뜨기. 3코를 꽈배기바늘에 옮겨서 편물 앞쪽에 두고 겉뜨기를 3코 한다. 꽈배기바늘의 코도 겉뜨기 3코.

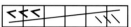

6-ST RPC6-stitch right purl cable: 왼코 위 3코 교차뜨기(아래쪽이 안뜨기). 3코를 꽈배기바늘에 옮겨서 편물 뒤쪽에 두고 겉뜨기를 3코 한다. 꽈배기바늘의 코는 안뜨기 3코.

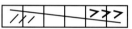

6-ST LPC6-stitch left purl cable: 오른코 위 3코 교차뜨기(아래쪽이 안뜨기). 3코를 꽈배기바늘에 옮겨서 편물 앞쪽에 두고 안뜨기를 3코 한다. 꽈배기바늘의 코는 겉뜨기 3코.

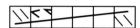

6-ST RPC 6-stitch right purl cable: 왼코 위 2코와 4코 교차뜨기(아래쪽 2코가 안뜨기). 4코를 꽈배기바늘에 옮겨서 편물 뒤쪽에 두고 겉뜨기를 2코 한다. 꽈배기바늘의 코는 안뜨기 2코, 겉뜨기 2코.

겉면/안면 **171, 173**

꽈배기바늘 **19, 22, 68**

교차무늬 뜨개 도안 **69~72**

실을 편물 뒤쪽에 두고 **167**

교차뜨기 **67~78**

실을 편물 앞쪽에 두고 **167**

175

특수 기호와 대체 기호

K ON RS, P ON WS: 겉면에서는 겉뜨기, 안면에서는 안뜨기.

RT: 오른코 교차뜨기. 1번째 코를 건너뛰고 2번째 코를 겉뜨기한 뒤에 계속해서 1번째 코도 겉뜨기하고 2코를 왼바늘에서 뺀다. 이 기호는 왼코 겹치기로 사용할 때도 있다.

LT: 왼코 교차뜨기. 1번째 코를 건너뛰고 2번째 코를 편물 뒤쪽에서 꼬아뜨기로 뜬 뒤에 계속해서 1번째 코도 겉뜨기하고 2코를 왼바늘에서 뺀다. 이 기호는 오른코 겹치기로 사용할 때도 있다.

K2TOG TBL: 오른코 겹치기 꼬아 뜨기. 2코를 함께 꼬아뜨기로 뜬다.

SSSKslip, slip, slip, knit: 오른코 3코 모아뜨기. 오른바늘을 겉뜨기하듯이 왼바늘의 코에 넣어서 1코씩 3코 옮기고 그대로 왼바늘에 되돌려 놓은 후 3코를 함께 겉뜨기한다. 이 기호는 같은 뜨개 차트 안에 다른 종류의 오른코 3코 모아뜨기가 있을 때 쉽게 구분하려고 사용할 때도 있다.

원통뜨기에서 시작 마커를 빼고 다음 코를 안뜨기 방향으로 오른바늘에 옮긴 다음 다시 마커를 끼운다.

되돌아뜨기의 단차 없애기를 하는 단에서 단차 없애기(되돌아뜨기한 부분의 바늘비우기나 감은 실을 줍거나 숨긴다)를 하는 위치를 나타낸다.

코막음에서 마지막에 남는 고리.

코를 빠뜨리는 곳을 나타낸다.

9단 이상이나 지정된 단수의 방울.

K2TOG ON RS: 겉면에서 하는 왼코 겹치기. 1코를 줄여도 다음 단에서 다시 1코를 늘리는 등 2코분을 표시해둬도 지장 없을 때 사용하는 표시 방법.

P2TOG ON RS: 겉면에서 하는 안뜨기 왼코 겹치기. 1코를 줄여도 다음 단에서 다시 1코를 늘리는 등 2코분을 표시해둬도 지장 없을 때 사용하는 표시 방법.

S2KP: 중심 3코 모아뜨기. 2코에 겉뜨기하듯이 한 번에 오른바늘을 넣어서 옮기고 3번째 코를 겉뜨기한다. 오른바늘로 옮긴 2코를 3번째 코에 덮어씌운다. 이 기호는 3코분을 표시해둬도 지장 없을 때 사용한다.

3-ST RT: *처음 2코는 건너뛰고, 3번째 코에 편물 앞쪽에서 안뜨기하듯이 오른바늘을 넣어 처음 2코에 덮어씌우고 왼바늘에서 뺀다**. 건너뛴 2코에 겉뜨기 1코, 바늘비우기, 겉뜨기 1코를 뜬다.

3-ST RT DEC: 3-ST RT의 *~**와 같은 방법으로 뜨고, 건너뛴 2코에 겉뜨기를 2코 한다. 1코 줄어든다.

1코 빠뜨리고 4코 만든다.

겉뜨기를 3코 하고, 첫 코에 왼바늘을 넣어 2번째 코와 3번째 코에 덮어씌우고 오른바늘에서 뺀다.

K1, YO, K1: 1코에 겉뜨기, 바늘비우기, 겉뜨기를 하여 3코로 만든다. 이 기호는 '바늘비우기, 걸러뜨기 1코' 표시로 사용할 때도 있다.

4-ST EYELET RC: 2코를 꽈배기바늘에 옮겨서 편물 뒤쪽에 두고, 바늘비우기, k2tog 한다. 꽈배기바늘의 코도 바늘비우기, k2tog 한다.

4-ST EYELET LC: 2코를 꽈배기바늘에 옮겨서 편물 앞쪽에 두고, 왼코 겹치기, 바늘비우기 꽈배기바늘의 코도 왼코 겹치기, 바늘비우기 한다.

4코에 5회 감아 매듭뜨기.

3-INTO 9 FLOWER INC: 왼코 3코 모아뜨기 하고 왼바늘에서 코를 빼지 않고 바늘비우기, *같은 코에 겉뜨기 1코, 왼바늘에서 코를 빼지 않고 바늘비우기**, *~**를 다시 2회 반복한 뒤에 다시 겉뜨기 1코를 하고 왼바늘에서 코를 뺀다. 3코가 9코가 된다.

지시된 방법으로 9코 줄인다.

SSK: 배색을 사용한 오른코 겹치기.

K2TOG: 바탕색을 사용한 왼코 겹치기.

ABAdd bead: 비즈를 넣는다.

2단 이상에 걸쳐서 하는 여러 코 코줄임:
겉면 단: 오른코 겹치기. 겉뜨기 1코, 왼코 겹치기. 안면 단: 왼코 3코 모아뜨기. 이걸로 5코가 1코가 된다.

바늘비우기를 2회 하고 안면에서 남는 바늘비우기를 빠뜨린다.

바늘비우기를 2회 한다.

안면에서 바늘비우기 2코에 겉뜨기 1코, 안뜨기 1코를 한다.

4-ST WRAP: 실을 편물 뒤쪽에 두고 걸러뜨기 4코, 실을 편물 앞쪽에 두고 걸러뜨기한 4코를 왼바늘에 되돌려 놓는다. 실을 편물 뒤쪽에 다시 두고 한 번 더 4코를 걸러뜨기한다.

잘못 뜬 부분 수정하기

Correcting Errors

잘못 뜬 부분 수정하기

잘못 뜬 부분을 수정하는 방법을 익혀두는 것은 겉뜨기나 안뜨기 같은 뜨개법을 익히는 것과 마찬가지로 중요합니다. 게다가 잘못 뜬 것은 대부분 간단히 수정할 수 있습니다. 초보자는 의도치 않게 **코를 꼬거나 늘리거나 빠뜨리기도 하고 미완성인 채로 둘 때도** 있습니다. 우선은 뜨면서 편물을 꼼꼼하게 확인하도록 합니다. 오류는 시간이 지나기 전에 수정하는 편이 수정하기에 쉽습니다.

잘못 뜬 부분의 수정 방법은 얼마나 빨리 발견했는지에 따라 다릅니다. 잘못된 부분에서 1~2단밖에 뜨지 않았다면 틀린 코만 풀 수 있습니다. 잘못 뜬 것을 알아차릴 때까지 여러 단을 떴으면 잘못 뜬 부분까지 편물 전체를 풀고 다시 떠야 합니다. 단, 잘못된 부분의 위쪽에 있는 코를 하나하나 풀어서 수정할 수 있는 경우도 있습니다.

코를 풀려면 먼저 틀린 부분이 있는 단에 실이나 마커로 표시한 뒤에 그 단의 코까지 풉니다. '라이프 라인'을 통과시켜두면 뜨개코가 라이프 라인 실에 걸린 상태가 됩니다. 복잡한 무늬는 푼 단수를 기억해둡니다.

다 풀었으면 뜨개코를 끼우기 편한 얇은 바늘에 다시 끼웁니다. 뜨개코를 바늘에 다시 끼울 때는 방향이 거꾸로 되지 않도록 주의합니다. 모든 뜨개코를 바늘에 다시 되돌려 놓았으면 원래 호수의 바늘로 뜹니다. 팬시 얀이나 모헤어사는 풀기 어려우므로 가위를 사용하여 실 자체를 자르지 않도록 주의하며 섬유가 엉킨 부분을 제거해주면서 풀어줍니다.

꼬인 코의 수정(겉뜨기·안뜨기)

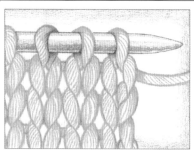 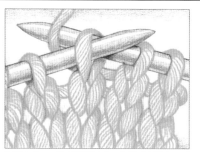 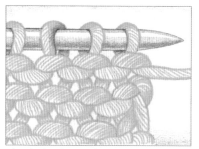 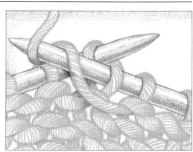

꼬인 코는 앞단에서 코를 뜰 때 실을 반대 방향으로 감았거나 빠뜨린 코를 바늘에 반대 방향으로 끼웠을 때 생긴다.

꼬인 코는 고리 뒤쪽에 바늘 끝을 넣어서 뜨면 바늘에 다시 걸지 않고 수정할 수 있다.

겉뜨기, 안뜨기 모두 바른 뜨개코는 고리 오른쪽이 바늘의 앞쪽에 걸려 있다. 코가 꼬였을 때는 고리 왼쪽이 바늘 앞쪽에 걸려 있다(그림의 왼쪽에서 2번째 코가 꼬인 상태).

꼬인 안뜨기를 수정하려면 그림처럼 고리 뒤쪽에 바늘 끝을 넣어서 안뜨기한다.

빠뜨린 겉뜨기 코 주워올리기

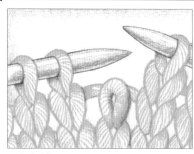 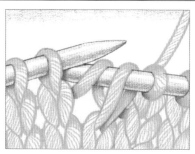 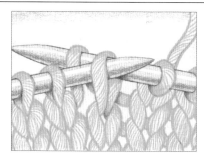 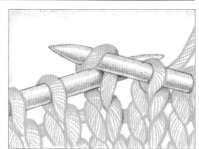

1 이 방법은 겉뜨기를 1단 빠뜨렸을 때 이용한다. 먼저 빠뜨린 겉뜨기 앞까지 뜨고, 빠뜨린 코의 걸쳐진 실이 뒤쪽에 있는 것을 확인한다.

2 오른바늘 끝을 빠뜨린 코와 걸쳐진 실 아래로 앞에서 뒤로 넣는다.

3 왼바늘 끝을 오른바늘에 있는 코의 뒤쪽에서 넣고, 이 코를 위로 끌어당겨서 오른바늘 끝의 걸쳐진 실에 덮어씌우고 오른바늘에서 뺀다. 이 것으로 빠뜨린 코를 뜬 상태가 된다.

4 새로 생긴 코에 왼바늘 끝을 앞쪽에서 뒤쪽으로 넣어서 코를 왼바늘로 옮기고 오른바늘에서 뺀다. 이것으로 빠뜨린 겉뜨기가 바른 상태가 된다.

라이프 라인 **181**

스티치 마커 **24~25**

빠뜨린 안뜨기 코 주워올리기

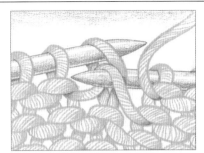

1 이 방법은 안뜨기를 1단 빠뜨렸을 때 이용한다. 먼저 빠뜨린 안뜨기 코 앞까지 뜨고, 걸쳐진 실이 빠뜨린 코의 앞쪽에 있는 것을 확인한다.

2 오른바늘 끝을 빠뜨린 코와 걸쳐진 실 아래로 뒤에서 앞으로 넣는다.

3 왼바늘 끝으로 빠뜨린 코를 위로 끌어당겨 걸쳐진 실에 덮어씌우고 오른바늘에서 뺀다. 이것으로 빠뜨린 코를 뜬 상태가 된다.

4 새로 생긴 코에 왼바늘 끝을 앞쪽에서 뒤쪽으로 넣어서 코를 왼바늘로 옮기고 오른바늘에서 뺀다. 이것으로 빠뜨린 안뜨기가 바른 상태가 된다.

올이 나간 코 주워올리기

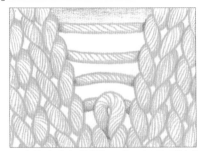

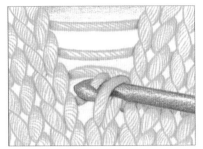

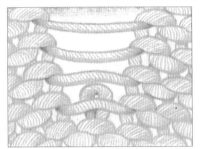

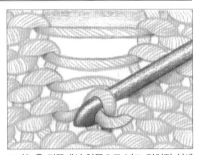

코가 올이 나간 상태란 뜨개코가 2단 이상에 걸쳐 빠진 상태를 가리키며, 코바늘을 사용하면 간단히 주울 수 있다. 겉뜨기일 때는 빠뜨린 코의 뒤쪽에 걸쳐진 실이 있는 것을 확인한다.

코바늘을 빠뜨린 코의 앞쪽에서 뒤쪽으로 넣고 첫 걸쳐진 실에 걸어서 끌어낸다. 걸쳐진 실이 모두 없어질 때까지 이 과정을 반복하고, 마지막에 끌어낸 코를 꼬이지 않도록 주의하여 왼바늘에 건다.

안뜨기가 몇 단 빠졌을 때는 빠진 코의 앞쪽에 걸쳐진 실이 있는 것을 확인한다.

코바늘을 뒤쪽에서 앞쪽으로 넣고 걸쳐진 실에 걸어서 끌어낸다. 걸쳐진 실이 모두 없어질 때까지 이 과정을 반복하고, 마지막에 끌어낸 코를 꼬이지 않도록 주의하여 왼바늘에 건다.

미완성 뜨개코 수정하기(겉뜨기·안뜨기)

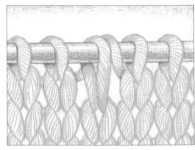

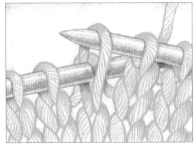

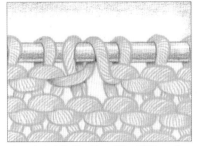

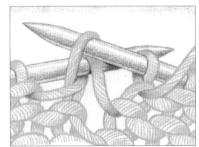

미완성 뜨개코란 앞단의 뜨개실이 바늘에 걸려서 뜨개코에서 끌어내지 못하는 상태를 가리킨다. 위 그림의 가운데는 겉뜨기의 미완성 뜨개코.

미완성 뜨개코의 앞까지 뜬다. 왼바늘의 미완성 뜨개코에 오른바늘을 뒤쪽에서 넣어서 그 코의 오른쪽에 있는 앞단 뜨개실에 덮어씌우고 바늘을 뺀다.

위 그림의 가운데는 안뜨기의 미완성 뜨개코. 오른쪽에 앞단의 뜨개실이 걸려 있다.

미완성 뜨개코의 앞까지 뜬다. 왼바늘의 미완성 뜨개코에 오른바늘을 넣어서 앞단 뜨개실에 덮어씌우고 바늘을 뺀다.

끝에서 1코 늘리는 실수 막기

   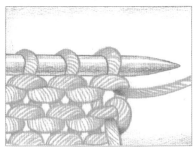

겉뜨기하는 단을 뜨기 시작할 때 실을 바늘 위에서 뒤쪽으로 옮기면 아래 코를 바늘 위로 끌어올리게 되어서 그림처럼 고리 1가닥이 2가닥이 된다.

이런 실수를 막으려면 첫 코를 뜨기 위해 실을 뒤쪽으로 옮길 때 반드시 바늘 아래에서 뒤쪽으로 옮긴다.

안뜨기하는 단을 뜨기 시작할 때 원래 앞쪽에 있어야 할 실이 뒤쪽에 있고 그걸 바늘 아래에서 앞쪽으로 옮기면 아래 코를 바늘 위로 끌어올리게 되어서 그림처럼 고리 1가닥이 2가닥이 된다.

이런 실수를 막으려면 첫 코를 뜰 때 반드시 실이 앞쪽에 있는 상태로 해둔다.

1코씩 풀기

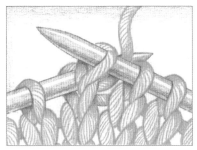 

겉뜨기일 때: 실을 뒤쪽에 두고, 오른바늘에 걸려 있는 코의 앞단 코에 왼바늘 끝을 앞쪽에서 뒤쪽을 향해 넣는다. 오른바늘에 걸려 있는 코는 바늘에서 빼고, 뜨개실을 당겨서 푼다.

안뜨기일 때: 실을 앞쪽에 두고, 오른바늘에 걸려 있는 코의 앞단 코에 왼바늘 끝을 앞쪽에서 뒤쪽을 향해 넣는다. 오른바늘에 걸려 있는 코는 바늘에서 빼고, 뜨개실을 당겨서 푼다.

단 전체를 풀기

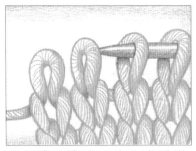  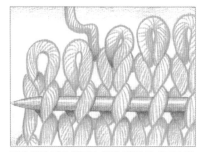 

1단 이상을 풀었을 때는 뜨개코를 바르게 바늘에 다시 끼우는 것이 가장 중요하다. 뜨개실을 왼쪽에 오게 하고, 편물의 오른쪽 끝에서부터 가는 바늘로 뜨개코의 고리 오른쪽이 앞쪽이 되도록 바늘 끝을 뒤에서 앞으로 넣어서 1코씩 바늘에 끼운다.

안뜨기를 바늘에 다시 끼울 때도 마찬가지로 뜨개실을 왼쪽에 오게 하고, 편물의 오른쪽 끝에서부터 가는 바늘로 뜨개코의 고리 오른쪽이 앞쪽이 되도록 바늘 끝을 뒤에서 앞으로 넣어서 1코씩 바늘에 끼운다.

풀기 전에 미리 풀기를 끝낼 단의 뜨개코를 주워두는 방법도 있다. 이때는 오른쪽 끝에서부터 순서대로 뜨개코의 오른쪽 반 코를 그림처럼 줍는다. 모든 코를 주운 뒤에 뜨개실을 당겨서 바늘보다 위에 있는 단을 푼다.

안뜨기 단일 때도 마찬가지로 오른바늘을 풀기를 끝낼 단의 뜨개코 오른쪽 반 코에 통과시킨 뒤에 뜨개실을 당겨서 바늘보다 위에 있는 단을 푼다.

고리 앞/뒤쪽 **50**

실을 편물 앞/뒤쪽에 두고 **47**

뜨개실 **172**

표시선(라이프 라인) 추가하기

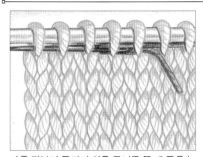

다음 단부터 틀리기 쉬운 무늬를 뜰 때 등은 눈에 띄는 색의 매끄러운 실(라이프 라인)을 직전에 뜬 단의 코에 돗바늘로 통과시켜두면 잘못 뜨더라도 나중에 풀어서 코를 줍는 작업이 간단해진다.

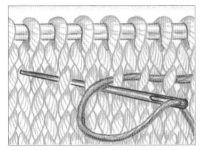

1 라이프 라인을 통과시키지 않은 편물에서 잘못 뜬 부분을 발견했을 때는 추가할 수도 있다. 우선 잘못 뜬 부분의 몇 단 전(아래)의 단에 돗바늘로 라이프 라인을 통과시킨다.

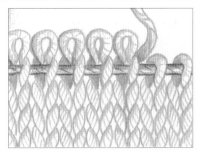

2 라이프 라인을 다 통과시켰으면 라이프 라인까지의 단을 푼다.

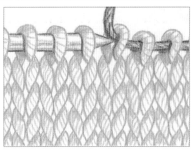

3 뜨개바늘을 뜨개코에 왼쪽에서 오른쪽으로 통과시키며 조심스럽게 라이프 라인을 빼낸다.

기본 교차무늬의 수정

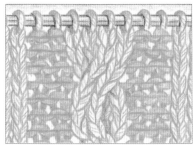

위 그림의 교차무늬는 2번째 교차의 방향이 반대로 됐기 때문에 교차 방향을 수정한다.

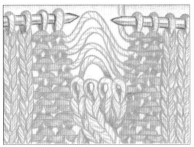

1 교차무늬 앞까지 떴으면 교차무늬분 뜨개코를 왼바늘에서 빼고 수정이 필요한 교차 단까지 푼다.

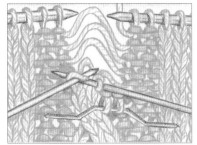

2 교차의 처음 2코를 꽈배기바늘에 끼워서 편물 앞쪽에 둔다. 가는 양쪽 막대바늘 2개를 준비하여 교차의 3번째 코와 4번째 코를 끼우고, 그림처럼 풀어준 가장 아랫단의 걸쳐진 실로 뜬다. 같은 걸쳐진 실로 꽈배기바늘의 2코도 뜬다.

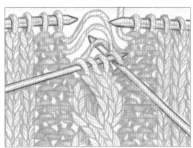

3 계속해서 가는 양쪽 막대바늘로 뜨개코를 풀어서 생긴 걸쳐진 실을 사용하여 아까 푼 교차무늬를 고쳐 뜬다. 언제나 교차의 좌우와 같은 단의 걸쳐진 실로 뜨고, 고쳐 뜬 무늬 부분과 주변 편물이 어긋나지 않도록 신경 쓰며 뜬다.

절개를 이용한 교차무늬의 수정

1 잘못 뜬 부분의 편물을 잘라서 교차무늬를 수정하는 방법도 있다. 위 그림은 교차의 다음 단을 자르고, 왼코 위 교차를 오른코 위 교차로 수정하는 예. 그림처럼 자를 위치의 위아래 단에 별실을 통과시킨다.

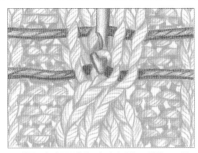

2 자를 단의 중심에 걸쳐져 있는 실을 코바늘로 끌어낸다.

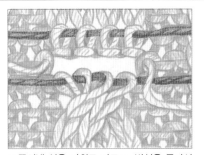

3 끌어낸 실을 가위로 자르고, 별실을 통과시킨 2단 사이의 뜨개코를 푼다. 다 풀었으면, 아래쪽 실을 빼서 교차 방향을 수정하고, 위쪽 실을 끼운 뜨개코와 메리야스 잇기를 한다.

4 수정이 끝난 모습. 이은 부분은 알아보기 쉽도록 색을 바꿔 표시했다.

가터뜨기의 풀린(빠뜨린) 코의 수정

1 주울 코를 정하고 다음에 뜰 것이 겉뜨기인지 안뜨기인지 확인한다.

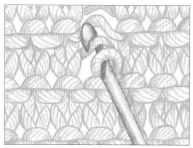

2 다음에 뜰 코가 겉뜨기면 코바늘을 뜨개코 앞쪽에서 넣고 그림처럼 걸쳐진 실을 바늘 끝에 걸어서 앞쪽으로 끌어낸다.

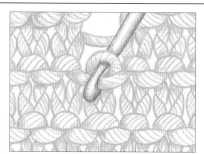

3 다음에 뜰 코가 안뜨기면 코바늘을 뜨개코 뒤쪽에서 넣고 그림처럼 걸쳐진 실을 바늘 끝에 걸어서 뒤쪽으로 끌어낸다.

4 2와 3을 교대로 반복하여, 풀린 단을 모두 수정한다. 마지막으로 코바늘에 걸린 코를 고리 오른쪽이 앞쪽이 되도록 왼바늘에 걸면 계속해서 뜰 준비가 완료된다.

구멍 수선

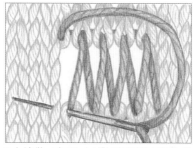

1 수선에는 되도록 수선할 아이템에 사용한 실과 비슷한 실을 사용한다. 위 그림에서는 알아보기 쉽도록 색을 바꿨다. 먼저 돗바늘에 실을 꿰고 구멍 위아래의 뜨개코를 1코씩 교대로 떠서 세로로 실을 걸친다. 걸치는 실의 길이는 구멍 높이와 같은 정도로 가지런히 맞춘다.

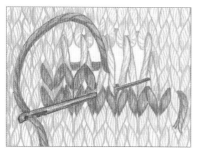

2 구멍 한쪽 끝의 뜨개코에서 반대쪽 끝의 뜨개코까지 1에서 걸친 실을 바탕으로 하여 메리야스 자수를 하는 요령으로 수놓아 메운다.

닳은 부분이나 터진 부분 짜깁기

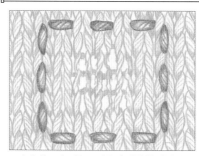

1 짜깁기는 되도록 그 편물에 사용한 실과 비슷한 실을 사용한다. 위 그림에서는 알아보기 쉽도록 색을 바꿨다. 먼저 돗바늘에 실을 꿰어서, 짜깁기할 부분의 주위를 홈질하여 바탕을 만든다.

2 위아래의 홈질한 실을 떠서 세로로 실을 걸친다.

3 좌우의 홈질과 세로로 걸친 실을 1가닥씩 걸러 가며 떠서 가로로 실을 짜 넣는다. 뜨는 실은 1단마다 서로 엇갈리도록 한다.

4 가로 실을 빈틈없이 짜 넣으면 완성. 이것으로 닳은 부분을 커버하여 보강했다.

Finishing

마무리 작업

블로킹

블로킹이란 완성한 편물을 **완성 치수에 맞춰 모양을 다듬기 위해** 물에 적시거나 다림질을 하거나 스팀을 쐬는 공정을 가리킵니다. 뜨는 공정과 마찬가지로 주의 깊고 꼼꼼하게 해야 하는 작업입니다.

블로킹에는 **물이나 스팀**이 꼭 필요합니다. 웨트wet 블로킹을 할 때는 각 부분을 물에 담그거나 분무기를 이용하여 수분을 머금게 합니다. 다리미나 스티머 등으로 스팀을 쐬는 방법도 있습니다. 기본적으로 블로킹은 **꿰매기 전에** 합니다. 특히 메리야스뜨기 등의 편물은 가장자리가 돌돌 말려서 평평하지 않은데, 블로킹하면 가장자리가 차분해지고 뜨개코도 고르게 됩니다.

꿰매기를 한 후, 이은 부분에 안쪽에서 스팀을 살짝 쐬어주면 더 깔끔하게 마무리됩니다.

유일하게 완성 후에 블로킹하는 것은 원통뜨기한 옷이나 입고 난 후의 스웨터를 세탁할 때입니다.

각 부분의 블로킹 방법은 **실의 조성과 무**니 종류에 따라 다릅니다. 실의 특성을 알고 있으면 블로킹 방법도 자연히 알 수 있습니다. 작업을 시작하기 전에 반드시 뜨개실 라벨에 기재된 취급상 주의점을 읽어둡니다. 합성섬유를 포함한 실이나 입체적인 무늬뜨기일 때는 다리미로 누르는 것은 피합니다. 금속이나 몇 종류의 섬유를 포함한 특수한 실을 사용했다면 블로킹은 하지 않습니다. 모헤어나 앙고라 같은 장모사는 털이 엉켜버리므로 다림질은 피합니다. 고무뜨기 베이스인 편물을 늘어나지 않도록 마무리하고 싶을 때는 블로킹도 살짝만 합니다. 실이 다림질이나 물에 어떻게 반응할지 조금이라도 의문이 있을 때는 실제로 블로킹하기 전에 게이지 스와치를 사용하여 시험해봅니다.

전체적인 모양이나 각 부분의 치수를 블로킹으로 어느 정도 **조정**할 수 있습니다. 조정 가능한 정도는 실의 종류나 뜨개코의 빡빡한 상태, 그리고 블로킹 방법에 따라 다릅니다. 울은 젖었을 때 가장 잘 늘어나고 모양을 정리하기 쉬운 섬유입니다. 면사는 울만큼 탄성이 없어서 모양이 무너지기 쉬우므로 주의가 필요합니다. 합성섬유 실로 짠 것은 모양을 조정하기가 어려워서, 대부분 다 떴을 때의 상태가 최종 모양이 됩니다. 조정 가능한 정도는 떴을 때의 손땀에 따라서도 달라서, 느슨하게 뜬 편물이 빡빡하게 뜬 편물보다 늘어나기 쉽습니다. 또 스팀만 쐰 편물보다 물에 담가서 적신 편물이 더 잘 늘어납니다. 그리고 치수를 작게 조정하는 것보다 크게 조정하는 편이 간단합니다. 그렇지만 지정된 게이지로 떠두면 1사이즈 이상 늘릴 필요는 없습니다.

교차무늬 블로킹을 할 때는 지나치게 잡아당겨서 늘리거나 너무 눌러서 질감을 손상하지 않도록 주의합니다. 배색무늬일 때는 블로킹하면 편물이 잘 길들어서 안정됩니다. 비침무늬는 블로킹하면 비침 부분의 뜨개코가 벌어져서 무늬를 알아보기 쉬워집니다.

블로킹에 필요한 도구

- 넓고 평평한 패드
- 핀(녹 방지 가공된 것)
- 줄자
- 분무기
- 스팀다리미(스티머로도 가능)
- 덧천
- 수건
- 블로킹 와이어(경우에 따라)

TIP

물 빠짐

진한 색이나 깊이 있는 색은 실에 따라서 색이 빠질 때가 있습니다. 물 빠짐이 염려되면 뜨기 시작 전에 테스트해보는 것이 현명합니다. 다른 색과 함께 사용할 때는 특히 주의가 필요합니다. 대비가 강한 색, 예를 들어 아주 진한 색과 연한 색을 합할 때는 물 빠짐을 신중히 확인한 뒤에 사용하기 시작합니다. 물 빠짐을 확인하는 방법은 먼저 편물을 완전히 적셔서 페이퍼 타올로 꽉 말아 그대로 건조시킵니다. 페이퍼 타올에 물이 들지 않으면 물 빠짐은 없는 것입니다. 물이 들었을 때는 그 실로 뜬 옷은 반드시 드라이클리닝합니다.

Technique

연결 부분 실꼬리

작품을 마무리하는 첫걸음은 실이 이어진 부분의 실꼬리를 처리하는 것입니다. 각 부분의 편물을 완성했으면 안면에서 돗바늘로 실꼬리를 뜨개코에 집어넣어서 처리합니다. 이때 편물의 뜨개코가 상하지 않도록, 그리고 처리한 실꼬리가 겉면에서 보이지 않도록 주의합니다. 꿰매기한 부분이나 편물 가장자리에 가까운 눈에 띄지 않는 장소에서 실 처리를 합니다. 매듭에 있는 실 2가닥은 약 6~8㎝ 정도를 좌우 다른 방향으로 처리합니다. 극태사일 때는 꼬임을 더 나눠서 따로따로 처리합니다. 조금 남은 실꼬리는 블로킹을 끝내고 말린 뒤에 편물에 바싹 붙여서 자릅니다.

블로킹용 도구

블로킹 패드는 편물을 1장 펼쳐 놓을 수 있는 크기여야 합니다. 겉면은 핀을 꽂을 수 있게 **쿠션성 있는** 것이 바람직합니다. 간단히 준비하려면 안에 솜이 들어 있는 소재의 보드를 흡수성 있는 천으로 덮기만 해도 괜찮습니다. 천은 깅엄체크처럼 정사각형 무늬가 고르게 들어가 있으면 편물을 놓았을 때 가이드 역할로도 도움이 됩니다. 안에 솜이 든 보드가 없을 때는 카페트나 침대를 방수 비닐로 덮어서 사용할 수도 있습니다. 다림판은 스와치, 모자, 스카프 같은 소품에는 이용할 수 있지만 스웨터에는 너무 작아서 적당하지 않습니다.

블로킹을 시작했으면 편물이 완전히 마를 때까지 고정해놓아야 하므로, 카페트나 침대를 사용할 때는 그 장소에서 해도 지장이 없는지 미리 확인해둡니다.

그리고 편물에 녹이 묻지 않도록, **녹 방지 가공된 핀**을 사용합니다. 블로킹에는 꽂고 빼기에 간단하고 편물에 묻히지 않을 정도의 길이가 있는 T핀이 가장 적당합니다. 다리미를 사용하지 않을 때는 유리나 플라스틱 머리가 달린 핀을 사용할 수도 있습니다. 핀은 긴 것이 다루기 쉬워서 추천합니다. 그 외에 카디건의 앞판 끝선이나 숄의 일부분처럼 편물 가장자리가 직선일 때는 블로킹 와이어를 사용할 수도 있습니다.

카디건 앞판을 블로킹할 때는 블로킹 보드 위에 좌우 앞판을 마주 보게 놓고 좌우 모양이 대칭이 되도록 고정한다.

준비

각 부분의 블로킹을 시작하기 전에 필요한 도구를 갖춰두는 동시에 완성 치수를 알 수 있는 제도나 패턴을 준비해둡니다. 몸 너비(가슴둘레의 반의 치수), 그리고 소매 너비를 파악해두는 것이 특히 중요합니다.

이런 치수가 주어지지 않을 때는 콧수나 단수를 게이지로 나눠서(10㎝ 게이지일 때는 나눈 뒤에 10을 곱한다) 간단히 산출할 수 있습니다. 예를 들어 가슴둘레 콧수가 100코, 10㎝ 게이지가 20코일 때, 몸 너비는 100코÷20코×10=50㎝가 됩니다.

블로킹 방법

블로킹할 때는 작업 중에도 상태를 확인할 수 있도록 **겉면을 위로 향하게** 두는 것을 추천합니다. **핀**은 어깨, 가슴, 옆선, 밑단 등 주요 포인트부터 꽂기 시작합니다. 바닥에 편물을 놓았으면 직선이 되게 정리하고 중심에서부터 바깥을 향해 평평하게 매만집니다. 이 단계에서 각 부분의 가장 폭이 넓은 부분의 중심에 표시해두는 것을 추천합니다. 그 표시를 기점으로 하여 치수를 재어 좌우 대칭으로 정리하고, 주요 포인트에 듬성듬성 핀을 꽂습니다.

다. 그다음은 듬성듬성 꽂은 핀 사이에 다시 핀을 촘촘하게 꽂기 시작하는데 그전에 가로세로 치수가 맞는지 다시 한번 확인해둡니다. 핀은 **살짝 기울어지게** 약 2~3㎝ 간격으로 꽂습니다. 편물이 말랐을 때 핀 자국이 남거나 모서리처럼 튀어나온 부분이 생기지 않도록 핀을 촘촘하게 꽂습니다.

고무뜨기 부분처럼 수축하는 부분에는 핀을 꽂지 않습니다. 카디건의 양 소매나 좌우 몸판처럼 2장이 한 쌍인 편물은 나란히 놓고 블로킹하여 치수를 똑같이 맞춥니다. 1장을 블로킹했으면 포장지나 부직포 등에 그 윤곽을 옮겨 그리고, 다른 편물 1장은 그 종이 위에서 윤곽에 맞춰 블로킹하면 치수를 맞추기가 간단합니다. 또는 편물 2장을 겹쳐서 블로킹해도 상관없습니다. 그 경우에는 반 정도 말랐을 때 떼어내서 따로따로 말립니다.

빽빽한 고무뜨기로 허리선을 조이고 그 위의 몸판을 부풀린 디자인의 편물을 블로킹할 때, 평평하게 되지는 않으므로 편물 밑에 부풀린 곳에 쿠션이나 소매용 다림판 등을 놓고 핀을 꽂습니다.

처음에는 주요 포인트에만 핀을 꽂는다.

그다음에는 주요 포인트에 꽂은 핀 사이를 메우듯이 촘촘하고 고르게 핀을 꽂는다.

고무뜨기 **46~47, 214~215**

웨트 블로킹

웨트 블로킹은 스팀이나 다리미를 사용하지 않는 방법입니다. 각 부분을 완전히 **물에 담그고** 나서 블로킹할 평면에 놓는 방법과 처음에 핀을 꽂아두고 **분무기**로 전체를 적시는 방법이 있습니다. 마른 상태에서 핀을 꽂은 뒤에 적시는 편이 다루기 쉬울 수도 있습니다. 이 방법은 건조 시간의 단축으로도 이어지기 때문에 두꺼운 니트웨어일 때 특히 효과적입니다.

2가지 방법 중 마음에 드는 방법을 선택합니다. 어떤 경우에도 꿰매기는 **반드시 완전히 건 조시킨 다음**에 합니다.

스팀 프레싱

다리미나 스티머로 스팀을 쐬는 방법입니다. 블로킹에서 중요한 것은 열과 수분이지 압력을 가하는 것이 아니므로 편물을 너무 누르지 않도록 주의합니다. 다리미를 사용할 때는 **절대 편물에 직접 대지 않습니다.** 편물 위에 다리미를 살짝 띄운 상태로 전체에 스팀을 쐬어줍니다.

다리미 열판과 편물 사이에 **덧천**을 끼우면, 편물을 열에서 지키는 동시에 깨끗하게 보존할 수 있습니다. 스팀다리미에 마른 덧천을 사용하는 방법 외에 스팀 기능이 없는 다리미에 물에 적신 덧천을 사용하는 방법도 있습니다. 다리미의 온도 설정에도 주의합니다. 면 소재는 울에 비해 열에 강하고, 합성섬유는 온도를 낮게 설정해야 합니다. 합성섬유 혼방사일 때는 블로킹 방법이나 스팀 대는 법에서 잘못하면 섬유에 치명적인 손상을 줄 수 있으므로 특히 주의합니다.

NEED TO KNOW

소재별로 권장하는 블로킹 방법

섬유는 그 조성에 따라 열에 대한 반응이 다릅니다. 그러므로 다리거나 스팀을 쐬기 전에 각 반응에 관해 알아두어야 합니다. 단, 합성섬유 혼방사는 여러 종류가 섞여 있으므로 섞인 재질에 공통으로 사용할 수 있는 방법으로 블로킹합니다. 조성이 확실하지 않을 때는 실제 스웨터의 각 부분을 블로킹하기 전에 게이지 스와치로 테스트하는 것을 추천합니다.

- **앙고라**: 분무하여 웨트 블로킹.
- **면**: 웨트 블로킹, 또는 중~고온으로 스팀 다림질.
- **마**: 웨트 블로킹, 또는 중~고온으로 스팀 다림질.
- **금속**: 블로킹하지 않음.
- **모헤어**: 분무하여 웨트 블로킹.
- **팬시 얀(질감에 특징이 있을 때)**: 블로킹하지 않음.
- **합성섬유**: 실의 라벨에 있는 취급 표시에 따른다. 일반적으로는 분무하여 웨트 블로킹하며 다림질은 하지 않는다.
- **양모(울), 동물섬유(알파카, 낙타, 캐시미어)**: 웨트 블로킹, 또는 중온으로 스팀 다림질.
- **양모 혼방 소재**: 분무하여 웨트 블로킹. 다림질할 때는 반드시 사전에 테스트한다.

게이지 스와치 **159~162**

꿰매기

꿰매기에는 여러 가지 기법이 있습니다. 좋아하는 기법을 이용해도 상관없지만, 각 기법에는 특징이 있고 특정 도구가 필요하기도 합니다.

꿰매기에는 기본적으로 작품에 사용한 **뜨개실**을 사용하지만, 장식사나 꼬임이 약한 로빙사 등 마찰에 약한 실로 떴을 때는 같은 색의 매끄럽고 튼튼한 실을 대신 사용합니다. 다른 실을 대신 사용할 때는 사용 실의 세탁 표시 내용이 뜨개실과 거의 같은지 확인합니다.

꿰매기를 하기 전에 각 부분을 블로킹하면 편물 가장자리가 차분해져서 작업이 쉬워집니다. 그리고 **이을 가장자리끼리 시침핀이나 시침질로 임시로 고정한 뒤**에 꿰매기를 합니다. 이때 한 번 입어보고 착용감을 확인해둡니다.

주머니 달기나 자수 등은 부분별로 떨어져 있는 상태일 때가 작업하기 쉬우므로 꿰매기 전에 마칩니다.

니터 중 다수는 다음 순서로 꿰매기를 합니다. **어깨 잇기**(옷의 종류나 칼라를 다는 방법에 따라 양쪽 어깨 또는 한쪽을 잇는다), 소매 달기, **몸판 옆선과 소매 옆선 꿰매기**.

꿰매기는 작업한 부분의 편물이 고르게 되어 있는지를 확인하며 합니다. 실을 단단히 당기지만 너무 당겨서 가장자리가 울지 않도록 주의합니다.

꿰매기에 사용하는 실은 편물에 반복하여 통과하는 사이에 마찰로 약해지기 때문에 너무 길게 꿰어서 사용하는 것은 금물입니다. 기준은 50㎝ 이내입니다.

꿰매기의 이음매를 깔끔하게 마무리하는 요령은 사용하는 돗바늘이나 코바늘을 언제나 편물 가장자리에서 같은 간격, 같은 상태의 위치에 넣는 것입니다. 필요에 따라 눈에 띄는 색깔 실을 뜨개코나 단에 끼워두면 알아보기 쉽습니다.

이을 편물의 길이가 약간 다를 때는 긴 편물 쪽에 바늘을 넣을 때 일정 간격으로 2단이나 2코를 주워서(많이 주워서) 조정하면 좋습니다. 단, 조정 가능한 것은 길이의 차가 1.5㎝ 이내일 때뿐입니다. 이 이상 차가 나면 편물을 다시 떠야 합니다.

소맷부리나 터틀넥처럼 가장자리를 바깥으로 접는 부분이 있고 거기에 시접이 있을 때는 접었을 때 이은 자리가 보이지 않도록 접는 부분의 **안면**에서 잇습니다.

TECHNIQUE

꿰매기를 시작하는 법

기초코의 실꼬리를 넉넉하게 남겼을 때는 실꼬리를 사용합니다. 밑단 아래쪽 가장자리를 높낮이 차 없이 깔끔하게 이으려면 다음과 같은 방법을 사용합니다.

① 실꼬리를 돗바늘에 꿴다.
② 양쪽 편물의 겉면을 본 상태에서 실꼬리가 이어져 있지 않은 쪽 편물의 끝 코에 돗바늘을 뒤쪽에서 앞쪽을 향해 넣는다.
③ 실이 '8' 자가 되도록 실이 나와 있는 코의 뒤쪽에서 바늘을 넣어서 실을 단단히 당긴다(오른쪽 그림).

메리야스뜨기의 꿰매기MATTRESS STITCH

떠서 꿰매기는 편물의 **겉면**에서 편물의 양 끝을 1단씩 꿰매서 잇습니다. 끝 코는 꿰매는 부분이 되어서 안으로 들어가고 꿰맨 실도 보이지 않게 되므로, 꿰매서 이은 편물이 균일해지고 이음매가 보이지 않습니다.

꿰매기로 이은 메리야스뜨기 편물.

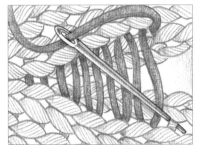

돗바늘 끝을 끝 코와 2번째 코 사이의 걸친 실 아래에 넣는다. 반대쪽 편물의 같은 장소에 바늘을 넣는다. 실을 당겨가며 반복한다.

안메리야스뜨기의 꿰매기MATTRESS STITCH

메리야스뜨기와 마찬가지로 편물의 **겉면**에서 편물의 양 끝을 **1단씩** 꿰매서 잇습니다. 그러나 끝 코와 2번째 코 사이의 걸친 실에 바늘을 넣는 대신, **뜨개코에 넣습니다**. 한쪽은 안뜨기의 고리 위, 반대쪽은 고리 아래에 각각 교대로 바늘을 넣습니다.

꿰매기로 이은 안메리야스뜨기 편물.

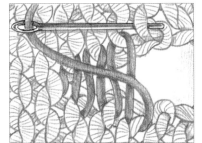

돗바늘 끝을 가장자리의 안쪽, 한쪽은 안뜨기의 고리 위, 반대쪽은 같은 단에 있는 안뜨기의 고리 아래에 넣어서 실을 당긴다. 반복해서 진행한다.

가터뜨기의 꿰매기MATTRESS STITCH

꿰매기로 가터뜨기 편물을 꿰매면 꿰맨 부분은 가려져서 보이지 않게 됩니다. 뜨는 것은 **안뜨기 단만**이고, 안메리야스뜨기의 꿰매기와 마찬가지로 한쪽은 고리 위, 반대쪽은 고리 아래에 각각 교대로 바늘을 넣습니다.

떠서 꿰매기로 이은 가터뜨기 편물.

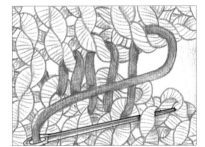

돗바늘 끝을 한쪽은 안뜨기의 고리 위, 반대쪽은 안뜨기의 고리 아래에 넣어서 실을 당긴다. 반복해서 진행한다.

코와 코 꿰매기(덮어씌워 코막음되어 있을 때)

어깨 시접처럼 덮어씌워 코막음한 편물의 가장 자리끼리 1코씩 꿰매는 기법입니다. 양쪽 편물이 같은 콧수여야 합니다. 덮어씌워 코막음한 것이 숨겨지도록 실을 단단히 당깁니다. 이은 부분은 뜨개코 1단분과 똑같이 보입니다.

코와 코를 꿰매 연결한 메리야스뜨기 편물.

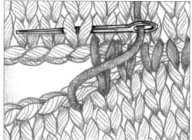

덮어씌워 코막음한 가장자리끼리 맞대고, 앞쪽 편물은 1번째 코의 왼쪽 반 코와 2번째 코의 오른쪽 반 코에 돗바늘을 넣고, 뒤쪽 편물은 1코분에 그림처럼 돗바늘을 넣고 실을 당긴다. 반복해서 진행한다.

단과 코 꿰매기(코가 덮어씌워 코막음되어 있을 때)

이 방법은 소매산 없는 소매의 소매 달기처럼 덮어씌워 코막음한 편물의 가장자리(코)를 다른 한쪽 편물의 단에 꿰매는 방법입니다. 일반적으로 같은 길이에 콧수보다 단수가 많이 들어가기 때문에 코는 1코씩 줍고 단은 가끔 2단을 줍는 식으로 조정합니다.

단과 코를 꿰매 연결한 메리야스뜨기 편물.

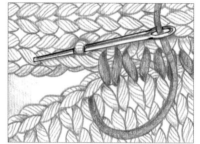

'코' 쪽은 1번째 코의 왼쪽 반 코와 2번째 코의 오른쪽 반 코에 돗바늘을 넣고, '단' 쪽은 끝의 1코 안쪽의 걸친 실을 1단 또는 2단을 떠서 실을 당긴다. 반복해서 진행한다.

TECHNIQUE

시침질

니터 중에는 '시침질'을 꿰매기에 이용하는 사람도 있습니다. 그러나 겉모습은 예쁘다고 하기 어려우므로 시침질을 꿰매기로 사용하는 것은 추천하지 않습니다. '시침질'은 꿰매기의 준비 공정으로 이용하면 좋습니다. 시침질할 때는 눈에 띄는 색깔 실로 각 부분을 전부 꿰매어 잇습니다. 되도록 편물 가장자리에서 꿰매서, 꿰매기한 상태에 가깝게 만듭니다. 사용하는 돗바늘과 뜨개실은 각 부분을 잇는, 강도 있는 것을 사용합니다. 재봉실은 옷을 입어 볼 때 쉽게 끊어져 버리므로 적합하지 않습니다. 다 꿰매서 이었으면 한번 입어 보고, 문제가 없으면 시침실을 풀고 최종적으로 꿰매기를 합니다.

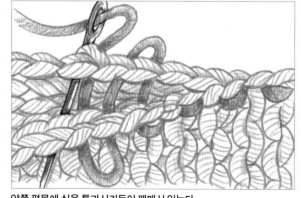

양쪽 편물에 실을 통과시키듯이 꿰매서 잇는다.

진동 만들기 **218~219**

코막음 **61~66**

박음질

편물 안면에서 2장을 꿰매기 때문에 튼튼하게 마무리되는 기법입니다. 가장자리에는 시접이 생깁니다. 반드시 편물 가장자리를 꿰맬 필요는 없으므로 시접을 넉넉히 잡을 수도 있지만 1㎝ 이상이 되지 않도록 합니다.

박음질로 꿰맨 메리야스뜨기 편물.

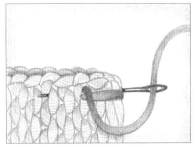

1 편물을 겉끼리 맞대고, 꿰매기 시작할 때는 돗바늘을 뒤쪽에서 앞쪽으로 이중으로 꿰맨다. 계속하여 그림처럼 실을 끌어낸 장소에서 0.5㎝ 왼쪽에서 바늘 끝을 뺀다.

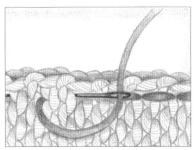

2 1회 동작에서 1땀 앞에 바늘을 뺀 장소에 바늘을 넣고 지금 실이 나와 있는 장소에서 0.5㎝ 앞에서 바늘 끝을 빼고 실을 끌어낸다. 땀을 똑바르고 고르게 유지하며 이 순서를 반복한다.

감침질

이 기법은 기본적으로는 편물 안면에서 하지만, 일부러 몸판과 색이 다른 굵은 실을 사용하여 겉면에서 하면 코드 모양의 장식적인 시접을 만들 수도 있습니다.

안면에서 감침질한 메리야스뜨기 편물.

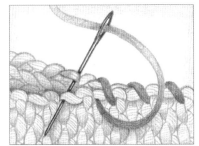

편물 가장자리를 가지런히 맞춰서 겉끼리 맞댄다. 편물 2장의 가장자리 실에 뒤쪽에서 앞쪽으로 돗바늘을 넣는다. 이것을 반복한다.

가장자리끼리 꿰매기

안메리야스뜨기 면에서 편물 끝의 볼록 나온 부분끼리 떠서 꿰매기 때문에 시접이 얇게 마무리됩니다. 리버시블 편물 등에 적합한 기법으로 편물 끝을 꿰맵니다. 강도는 부족하므로 가벼운 실일 때 사용하는 것을 추천합니다.

가장자리끼리 꿰맨 메리야스뜨기 편물의 겉면.

가장자리끼리 꿰맨 메리야스뜨기 편물의 안면.

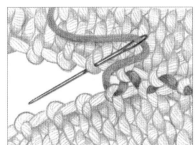

편물의 안메리야스뜨기 면을 보며 한쪽 가장자리의 볼록 나온 부분에 돗바늘을 넣고, 다른 한쪽의 볼록 나온 부분에도 마찬가지로 돗바늘을 넣는다. 이것을 반복한다.

겉/안면 **171, 173**
안메리야스뜨기 **46**

메리야스뜨기 **30, 46**

키치너 스티치로 잇기(메리야스 잇기)

키치너스티치Kitchener stitch로 잇기는 돗바늘을 사용하여 **코 상태인 가장자리끼리 잇는 것**을 가리킵니다. 이은 부분이 1단이 되어서 시접이 생기지 않습니다. 손모아장갑, 접어 넘기는 후드, 양말의 발가락 부분 등 이음매가 눈에 띄지 않게 하고 싶을 때 편리합니다.

돗바늘을 사용하여 **뜨개코의 흐름에 따라가듯이** 잇습니다. 그 때문에 메리야스뜨기, 안메리야스뜨기, 가터뜨기 등 비교적 단순한 편물을 매끄러운 실로 뜬 편물이 뜨개코가 잘 보여서 잇기 쉽습니다.

코를 이을 때는 뜨개코가 뜨개바늘에 걸린 상태에서 뜨개코를 바늘에서 빼며 잇습니다. 뜨개바늘 끝은 같은 방향을 향하도록 하고, 편물의 안면을 마주 놓은 상태에서 작업합니다.

키치너 스티치로 편물을 이어주면서 1단이 생깁니다. 메리야스뜨기나 안메리야스뜨기 등 같은 뜨개코로 구성된 편물은 문제없지만, 가터뜨기처럼 1단마다 다른 뜨개코로 뜨는 편물일 때는 한쪽 편물을 1단 적게 떠야 합니다. 가터뜨기 편물을 이을 때는 한쪽 편물을 한 단 적게 뜬 뒤 안뜨기 단끼리 잇습니다.

메리야스 잇기

메리야스뜨기 편물끼리 잇기.

1 돗바늘에 실을 꿰어 앞쪽 편물의 1번째 코에 안뜨기하듯이 돗바늘을 넣고 뒤쪽 편물의 1번째 코에 겉뜨기하듯이 돗바늘을 넣는다.

가터 잇기

가터뜨기 편물끼리 잇기

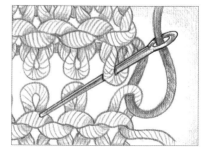

1 돗바늘에 실을 꿰어 앞쪽 편물의 1번째 코에 안뜨기하듯이 돗바늘을 넣고 뒤쪽 편물의 1번째 코에도 안뜨기하듯이 돗바늘을 넣는다.

1코 고무뜨기 잇기

1코 고무뜨기 편물끼리 잇기. 이 기법을 위해서는 4개의 양쪽 막대바늘이나 줄바늘이 필요하다.

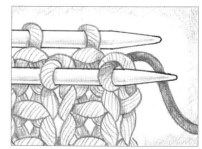

1 각 편물의 겉뜨기와 안뜨기를 따로따로 바늘에 끼워 둔다. 겉뜨기 바늘은 편물 앞쪽, 안뜨기 바늘은 편물 뒤쪽에 둔다.

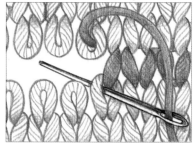

2 앞쪽 편물의 1번째 코에 겉뜨기하듯이 돗바늘을 넣는다.

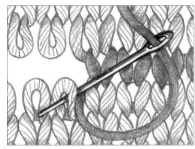

3 앞쪽 편물의 2번째 코에 안뜨기하듯이 돗바늘을 넣고 실을 당긴다. 이은 자리의 실이 1코 길이가 되도록 조정한다.

4 뒤쪽 편물의 1번째 코에 안뜨기하듯이 돗바늘을 넣는다.

5 뒤쪽 편물의 2번째 코에 겉뜨기하듯이 돗바늘을 넣고 실을 당긴다. 이은 자리의 실이 1코 길이가 되도록 조정한다. 2~5를 반복한다.

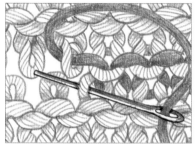

2 앞쪽 편물의 1번째 코에 겉뜨기하듯이 돗바늘을 넣는다.

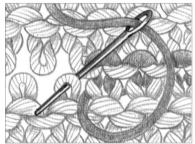

3 앞쪽 편물의 2번째 코에 안뜨기하듯이 돗바늘을 넣고 실을 당긴다. 이은 자리의 실이 1코 길이가 되도록 조정한다.

4 뒤쪽 편물의 1번째 코에 겉뜨기하듯이 돗바늘을 넣는다.

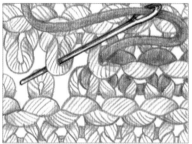

5 뒤쪽 편물의 2번째 코에 안뜨기하듯이 돗바늘을 넣고 실을 당긴다. 이은 자리의 실이 1코 길이가 되도록 조정한다. 2~5를 반복한다.

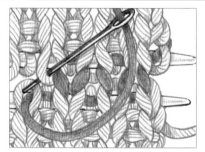

2 그림대로 먼저 겉면의 겉뜨기만 메리야스 잇기 한다. 사이에는 안뜨기가 있으므로 코와 코 사이의 걸친 실을 너무 당기지 않도록 주의한다.

3 편물을 돌리고, 안면의 겉뜨기(겉면에서 봤을 때의 안뜨기)만 메리야스 잇기 한다. 코와 코 사이의 걸친 실을 너무 당기지 않도록 주의한다.

겉뜨기하듯이 **170**
안뜨기하듯이 **171**

코와 단 잇기(코가 바늘에 걸려 있을 때)

코와 단 잇기로 이은 메리야스뜨기 편물.

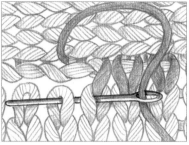

코 상태를 단에 이을 때, 콧수보다 단수가 많기 때문에 많은 단수분을 평균적으로 2단 떠서 조정한다.

코와 단 잇기로 이은 안메리야스뜨기 편물.

안메리야스뜨기의 코 상태의 편물과 단을 이을 때, 단 쪽은 그림처럼 가장자리 안쪽의 고리를 뜬다.

코와 코 잇기(한쪽은 덮어씌워 코막음한 상태이고 한쪽은 바늘에 걸려 있을 때)

메리야스 잇기를 한 편물.

메리야스뜨기 코와 덮어씌워 코막음한 것을 이을 때는 그림처럼 덮어씌운 코의 안쪽 코를 바늘로 뜨고, 대응하는 코를 뜬다.

안메리야스 잇기를 한 편물.

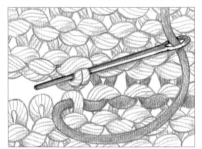

안메리야스뜨기 코와 덮어씌워 코막음한 것을 이을 때는 그림처럼 덮어씌운 코의 안쪽 코의 실을 2가닥 뜬다.

TECHNIQUE

1코 고무뜨기 꿰매는 법

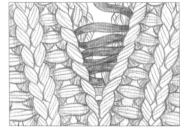

1코 고무뜨기 가장자리가 안뜨기끼리일 때는 1코 안쪽의 겉뜨기 중심의 가로 실을 떠서 꿰맨다.

1코 고무뜨기 가장자리가 겉뜨기끼리일 때는 1코 안쪽의 안뜨기를 뜬다. 한쪽은 안뜨기 아래의 고리, 다른 한쪽은 안뜨기 위의 고리를 떠서 꿰맨다.

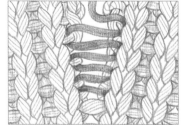

한쪽이 안뜨기, 한쪽이 겉뜨기인 편물을 꿰맬 때는 한쪽 겉뜨기는 건너뛰고 그림처럼 안뜨기끼리를 꿰맨다.

고무뜨기 **46~47, 214~215**	단수/콧수 게이지 **159~162**	메리야스뜨기 **30, 46**
안메리야스뜨기 **46**	코막음 **61~66**	

마무리 방법 11

빼뜨기로 꿰매기

이 기법으로는 가장자리부터의 거리에 관계없이 꿰맬 수 있습니다.

편물을 겉면끼리 마주본 상태로 코바늘을 통과시킨다. 바늘 끝에 실을 걸어서 끌어낸다. *코바늘을 통과시키고 실을 걸어서 두 편물과 바늘에 걸려 있는 고리에서 한 번에 빼낸다**. *~**를 직선으로 같은 간격으로 반복한다.

짧은뜨기로 꿰매기

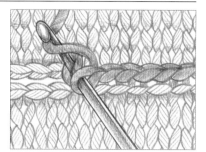

이 기법은 덮어씌워 코막음한 편물끼리 맞붙이고 합니다. 시접이 겉면에 생겨서 장식적이고 입체적으로 마무리됩니다.

두 편물의 덮어씌워 코막음한 코머리의 안쪽 반 코에 코바늘을 넣고 실을 걸어서 빼낸다. *다음 안쪽 반 코의 2가닥에 바늘을 넣고 실을 끌어낸 후, 다시 한번 실을 걸어서 바늘에 걸려 있는 고리 2가닥에서 한 번에 빼낸다**. *~**를 반복한다.

빼뜨기로 잇기(코가 바늘에 걸려 있을 때)

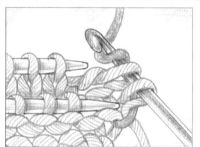

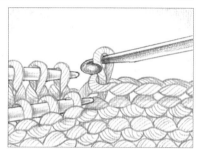

뜨개코가 바늘에 걸려 있는 상태에서 코바늘을 사용하여 잇는 기법입니다. 편물은 겉끼리 맞댄 상태에서 합니다.

1 바늘 2개의 1번째 코에 겉뜨기하듯이 코바늘을 넣어 대바늘에서 빼고, 그림처럼 코바늘에 실을 걸어서 바늘에 걸린 고리에서 한 번에 빼낸다.

2 양쪽 대바늘에 걸려 있는 다음 코를 코바늘에 끼운다. 코바늘에 고리가 3가닥 걸린 상태에서 그림처럼 코바늘에 실을 걸어서 바늘에 걸린 고리에서 한 번에 빼낸다.

3 코바늘에는 고리가 1개 남는다. 2를 반복한다.

코막음으로 잇기

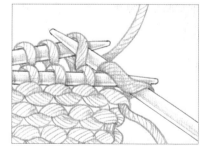

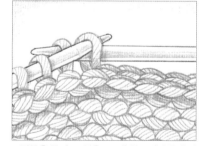

뜨개코가 바늘에 걸려 있는 상태에서 편물 안면에서 하는 기법입니다. 마지막 코를 코막음할 때 이외에는 뜨개실을 사용하지 않습니다. 이 기법으로 이으면 마무리가 단단하게 되고 늘어나지 않습니다.

1 *다른 바늘을 앞쪽 바늘의 1번째 코에 겉뜨기하듯이 넣고, 뒤쪽 바늘의 1번째 코에는 안뜨기하듯이 넣어서 2코를 바늘에서 뺀다. 첫 코를 다음 코에 덮어씌운다**. *~**를 반복한다.

2 편물을 돌리고, 처음 2코에 안뜨기하듯이 바늘을 넣어 오른바늘로 옮긴다. *1번째 코를 2번째 코에 덮어씌운다. 다음 코를 오른바늘로 옮긴다**. *~**를 반복하고, 마지막 코는 뜨개실로 코막음한다.

겉뜨기하듯이 **171** 겉/안면 **171, 173** 안뜨기하듯이 **171**

코막음 **61~66** 코바늘 **24~25**

코줍기

다 뜬 편물에 넥밴드와 같은 마감단을 추가로 뜰 때는 편물 가장자리를 따라서 코를 줍습니다. 여기에서 중요한 것은 가장자리 전체에서 **고르게** 줍고, 편물 가장자리와 마감단의 경계를 매끄럽게 마무리하는 것입니다.

코줍기를 깔끔하게 하려면 우선 편물 **겉면**에서 줍습니다. 뜨개코 자체를 들어올려 코를 주우면 뜨개코가 늘어나서 가장자리가 지저분해지므로, 별도의 실을 이용하여 주울 코에서 실을 끌어내서 뜨개바늘에 **새 뜨개코를 만드는 것도 중요**합니다.

편물 가장자리에 연결된 실로 코를 줍기 시작하든지 새 실을 연결하여 코를 줍든지 마지막 뜨개코가 풀리지 않도록 신경 쓰며 코를 줍기 시작합니다.

코를 주울 때는 대바늘, 줄바늘, 코바늘, 어느 것을 사용해도 됩니다. 어느 경우에든 몸판을 뜨는 호수보다 **1~2호 가는 바늘**을 사용합니다. 가는 바늘이 코를 줍기에 더 쉽고 뜨개코가 늘어나지도 않습니다. 코줍기를 한 뒤에는 마감단을 뜰 호수로 바꿔 쥐고 뜹니다.

주울 콧수가 표기되어 있지 않을 때는 코줍기를 하는 편물 가장자리 치수를 재고 마감단의 게이지를 사용하여 필요한 콧수를 산출합니다. 마감단의 게이지는 몸판 편물의 게이지 스와치를 일부분 주워서 시험 삼아 뜨거나 따로 마감단 스와치를 떠서 잽니다. 마감단의 무늬를 이미 몸판에서 사용하고 있다면 그 부분에서 게이지를 재도 좋습니다.

목둘레 등 **가장자리가 곡선으로 되어 있을 때**는 가장자리 안쪽에서 코를 주워서 구멍이 나지 않도록 주의합니다.

칼라나 앞여밈단 등 밴드를 다른 색으로 뜰 때는 몸판을 뜬 실로 코를 줍고 그 다음 첫 단에서 색을 바꿉니다.

스웨터 사이즈를 지정 사이즈에서 바꿨을 때는 줍는 콧수도 **조정**합니다.

카디건의 앞여밈단을 뜰 때 등 코줍기를 하는 거리가 길고 콧수가 많으면 대바늘에 모든 코가 들어가지 않을 경우가 있습니다. 그럴 때는 오른쪽 앞에서부터 **뒤 칼라 중심**까지, 뒤 칼라 중심에서부터 왼쪽 앞까지, 이런 식으로 반으로 나눠 코를 줍고 그대로 따로따로 마감단을 떠서 마지막에 뒤 칼라 중심에서 이을 수도 있습니다. 또는 코줍기 단계에서부터 긴 줄바늘을 사용하면 거리가 길어도 한 번에 뜰 수 있습니다.

막힘 바늘밖에 없는데 목둘레의 마감단을 뜨고 싶을 때도 있습니다. 그럴 때는 먼저 **한쪽 어깨만 잇습니다.** 그리고 마감단에 필요한 만큼 코를 주워서 마감단을 평면뜨기하고, 남은 쪽의 어깨를 이은 뒤에 마감단의 끝을 잇는 방법도 있습니다. 줄바늘이나 양쪽 바늘을 사용할 때는 양 어깨를 이은 뒤에 목둘레에서 필요한 콧수를 주워서 원통뜨기합니다.

TIP

코줍기용 표시하기

코줍기를 할 때는 마감단이 퍼지거나 너무 잡아당겨지지 않도록 편물 가장자리에서 고르게 코를 줍습니다.

오른쪽 사진처럼 핀이나 실표로 5cm 간격으로 표시하여 표시와 표시 사이에서 같은 콧수를 주우면, 코를 고르게 줍고 있는지 알아보기에 편리합니다. 필요한 코줍기 콧수를 미리 알고 있으면 그 숫자를 이렇게 구분한 구간 수로 나눠서 1구간에서 주울 콧수를 계산할 수 있습니다.

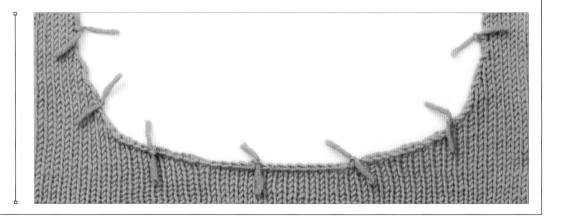

겉/안면 **171, 173**   게이지 **159~162**   넥밴드 **244~245**   마감단 **255~257**   막힘 바늘 **19~20**

바탕 실 **158**   양쪽 막대바늘 **19~20, 116**   줄바늘 **19, 22, 115**   코바늘 **24~25**

코에서 코줍기

덮어씌워 코막음한 코에서 코줍기를 한 모습.

1 뜨개바늘을 첫 번째 코막음한 코의 2가닥 아래로 넣고 겉뜨기하듯이 실을 걸어서 끌어낸다. 이걸로 1코를 주운 것이 된다.

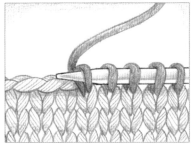

2 1을 반복하여 코막음한 코를 따라서 1코씩 계속 줍는다.

단에서 코줍기

편물 가장자리에서 코줍기를 한 모습.

1 뜨개바늘을 첫 단의 끝에서 1코 안쪽에 넣고 겉뜨기하듯이 실을 걸어서 끌어낸다. 이걸로 1코를 주운 것이 된다.

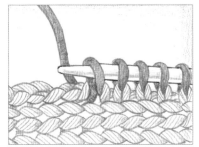

2 1을 반복하여 가장자리를 따라서 코를 계속 줍는다. 코와 단은 게이지가 달라서 1단에서 1코씩 주우면 코를 너무 많이 줍게 되므로 일정 간격으로 1단씩 건너뛰며 줍는다.

곡선과 사선에서 코줍기

곡선으로 된 편물 가장자리에서 코줍기를 한 모습.

곡선 가장자리의 안쪽에서 끝 코가 가려지도록 꼼꼼하게 줍는다.

사선으로 된 편물 가장자리에서 코줍기를 한 모습.

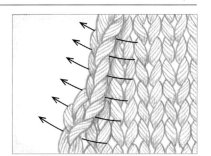

가장자리의 1코 안쪽에서 줍는다. 코줄임 부분에서는 2코 겹쳐진 아래쪽 코에 바늘을 넣어서 줍고, 코늘림 부분에서는 늘린 코에 바늘을 넣어서 줍는다. 주운 코가 직선으로 고르게 되도록 주의한다.

브이넥의 코줍기

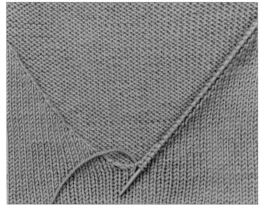

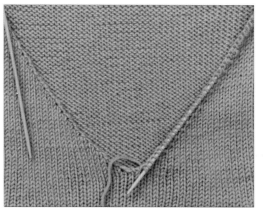

막대바늘을 사용할 때. 오른쪽 어깨는 잇지 않은 상태로 두고 오른쪽 뒤 목에서부터 코를 줍기 시작한다. 평면뜨기로 넥밴드를 뜬다.

줄바늘을 사용할 때. 양 어깨를 잇고, 오른쪽 어깨에서 뒤 목둘레를 향해서 코를 줍는다. 1바퀴 다 주웠으면 마커를 넣고 원통뜨기한다.

양쪽 막대바늘을 사용할 때. 양 어깨를 잇고, 오른쪽 어깨에서 뒤 목둘레를 향해서 코를 줍는다. 뒤 목둘레, 왼쪽 앞, 오른쪽 앞에 바늘을 1개씩 사용하고, 1바퀴 다 주웠으면 마커를 넣고 원통뜨기한다.

코바늘로 코줍기

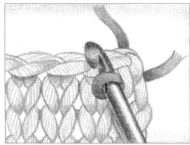

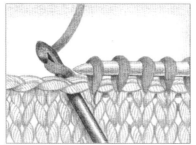

1 덮어씌워 코막음한 아랫단의 첫 코에 코바늘을 앞쪽에서 뒤쪽을 향해 넣고 실을 걸어서 끌어낸다.

2 끌어낸 고리를 꼬이지 않도록(고리 오른쪽이 앞쪽이 되도록) 하여 뜨개바늘에 끼운다. 계속하여 덮어씌운 코를 따라서 1코씩 주워 뜨개바늘에 끼운다.

TECHNIQUE

줍는 코의 수

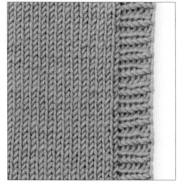

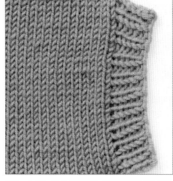

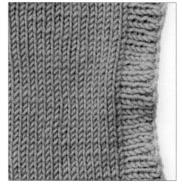

줍는 코의 수가 적당하면 마감단의 가장자리는 직선으로 마무리된다.

줍는 코의 수가 적으면, 마감단의 가장자리는 당겨진다.

줍는 코의 수가 많으면, 마감단의 가장자리가 넓어진다.

막힘바늘 **19~20**

브이넥 **222**

스티치 마커 **24~25**

줄바늘 **19, 22, 115**

칼라의 가장자리뜨기 **244~245**

코막음 **61~66**

코바늘 **24~25**

소매 달기

소매를 달 때는 먼저 소매를 몸판에 달고 나서 몸판 옆선과 소매 옆선을 이으면, 전체 꿰매기 작업이 편해집니다. 먼저 몸판과 소매를 각각 치수에 맞춰서 블로킹 해둡니다. 그다음에 어깨를 잇고 목둘레의 마감단을 마친 뒤에 소매 달기를 시작합니다.

어떤 소매든 먼저 진동둘레와 치수가 맞는지 확인합니다. 다소의 오차는 편물을 오그려서 조정할 수 있지만, 어긋난 것이 너무 눈에 띌 때는 블로킹을 다시 하거나 편물을 풀어서 소매산 부분을 다시 떠야 합니다.

소매 달기는 **겉쪽**에서 합니다. 소매를 세로로 반 접어서 소매산 **중심**에 표시합니다. 그곳을 **어깨 이음 부분**에 맞췄으면,

소매의 위 가장자리 전체를 앞뒤 진동둘레를 따라서 고르게 핀으로 고정합니다. 소매산 곡선은 진동둘레에 맞춰서 고정합니다. 단단하게 고정했으면 돗바늘로 꿰맵니다.

드롭 숄더나 각진 진동처럼 소매의 위 가장자리 라인이 직선이나 사선으로 되어 있는 경우에는 시접 선을 직선으로 유지하는 것이 중요합니다. 진동둘레 쪽의 소매 달기 끝 위치에 재봉실이나 다른 색실로 표시해두면 진동둘레와 소매 위치를 정확하게 맞출 수 있습니다. 소매 끝을 표시한 곳에 맞춰서 꿰매고, 끝났으면 표시한 실을 빼냅니다.

래글런 소매는 위 가장자리가 목둘레의 일부가 되기 때문에 꿰맨 라인은 앞뒤

몸판에 1줄씩 들어갑니다. 소매의 겨드랑이 거짓의 덮어씌워 코막음한 부분을 앞뒤 진동둘레의 겨드랑이 옆쪽의 덮어씌운 부분과 맞추듯이 소매산 아래쪽에서 꿰매기 시작하고 그다음은 소매산의 경사 진 부분을 진동둘레 경사에 맞춥니다. 소매산과 진동둘레 가장자리끼리는 딱 맞습니다. 정확히 딱 맞추기 위해 미리 같은 단수로 떠두는 것도 중요합니다. 세트인 슬리브를 핀으로 고정한 상태는 아래 사진과 같습니다.

소매산에 개더를 넣으면 소매 윗부분에 여유분이 생기지만, 편물이 한쪽으로 쏠리지 않도록 주의해서 꿰매줍니다.

TECHNIQUE

세트인 슬리브의 핀 꽂기

소매산이 진동둘레보다 조금 클 때는 소매산 중심을 어깨 이음 부분에 핀으로 고정하고, 계속하여 진동둘레의 곡선 시작 부분을 향해 핀을 꽂아서 진동둘레 주위에 여유분을 분산할 수 있습니다. 이런 조정을 한 뒤에 소매 달기 작업을 합니다.

겉/안면 **171, 173**   블로킹 **184~187**

소매와 소매산 만들기 **223~225**   코막음 **61~66**

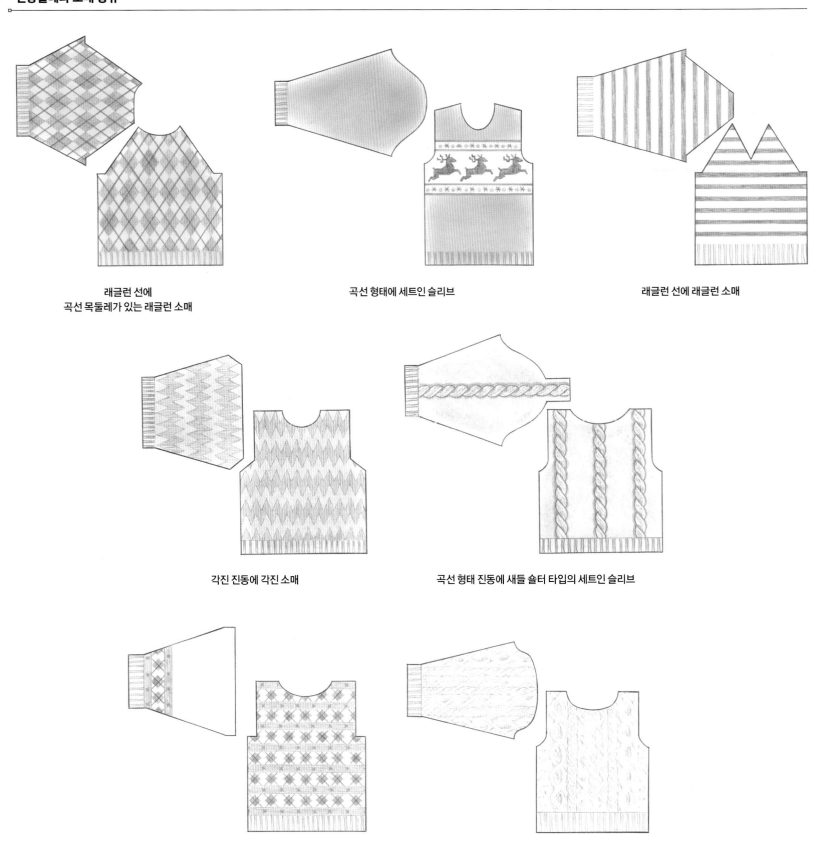

래글런 선에
곡선 목둘레가 있는 래글런 소매

곡선 형태에 세트인 슬리브

래글런 선에 래글런 소매

각진 진동에 각진 소매

곡선 형태 진동에 새들 숄터 타입의 세트인 슬리브

네모난 진동에 드롭 숄더 직선 소매

곡선 형태 진동에 소매산이 낮은 세트인 슬리브

따로 뜬 부분 달기와 단 접기

따로 뜬 부분 달기

칼라나 에징 등은 개별로 뜬 것을 나중에 몸판에 달 수 있습니다. 이런 경우, 시접 선이 곡선을 이루고 있을 때가 많아서 코를 고르게 하는 것이 중요합니다.

마무리된 가장자리에 마감단을 코 상태에서 꿰맬 때는 코를 눈에 띄는 색의 별실이나 줄바늘에 옮겨서 풀리지 않게 합니다. 코에 끼운 실이나 줄바늘은 꿰매면서 빼냅니다.

단 접기

접어서 넘기는 가장자리hem를 꿰맬 때는 솔기가 겉면에서 보이지 않도록 하는 것이 중요합니다. 가장자리를 안쪽으로 접어서 넘기고(접음산이 있을 때는 접음산을 따라서 접는다) 꼼꼼하게 핀으로 고정한 뒤, 똑바로 접어 넘겼는지를 확인합니다. 실을 너무 당기면 편물이 당겨져서 울기 때문에 주의합니다.

가장자리 처리에는 다양한 바느질 법이 있습니다. **감침질**whip stitch은 병태 정도까지의 가는 실에 적합하며 단단하게 달 수 있습니다. 굵은 실에는 **코와 코를 잇는 방법**stitch-by-stitch method을 이용합니다. 뜨개코인 채로 편물 안면에 이으면, 실이 굵어서 부피도 큰 기초코를 생략할 수 있습니다.

주머니를 공그르기

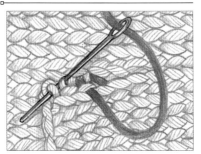

패치 포켓patch pocket처럼 따로 떠서 달 때는 몸판 뜨개코의 가운데 걸친 실과 주머니 가장자리의 1코 안쪽의 가로 실을 교대로 떠서 실을 당긴다.

접은 단에 감치기

밑단(그림의 겉뜨기 부분)을 안면으로 접어 넘기고, 안면 쪽에서 안면의 뜨개코와 밑단의 기초코 부분에 돗바늘을 넣어서 실을 당긴다. 안면의 뜨개코를 뜰 때는 겉에서 티가 나지 않도록 주의한다.

접은 단에 새발뜨기

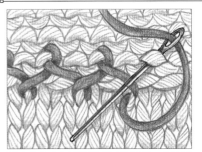

안면에서 접어 넘긴 밑단(그림의 겉뜨기 부분)의 왼쪽 위 끝에 실을 이어서 왼쪽에서 오른쪽으로 진행한다. 그림처럼 밑단의 뜨개코, 몸판 안면의 뜨개코를 교대로 돗바늘로 뜬다. 안면의 뜨개코를 뜰 때는 겉에서 티가 나지 않도록 주의한다.

코가 살아 있는 상태의 더블 넥밴드 달기(뜨개코를 몸판에 감친다)

넥밴드를 두 겹으로 할 때는 뜨개 끝을 코 상태인 채로 안쪽으로 접어 넘기고 몸판 목둘레에 달아줍니다.

마감단을 완성 치수의 2배 길이로 떴으면, 코막음은 하지 않고 안쪽으로 접어 넘겨서 넥밴드의 코와 목판의 목둘레를 공그르기로 연결한다.

코와 코 잇기로 접은 단 마무리하기

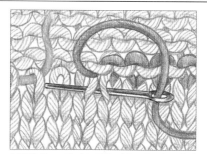

메리야스뜨기를 안쪽으로 접어 넘기고 코와 코를 잇는 방법으로 마무리한 편물을 겉에서 본 모습.

왼쪽 편물을 안에서 본 모습. 가장자리는 풀어 내는 코잡기로 코를 잡습니다.

1 풀어내는 코잡기로 잡은 기초코를 편물의 안 뜨기 면에 맞춰서 코와 코를 연결한다.

2 안뜨기 코를 기준으로 라인에 맞춰 연결한다.

뜨면서 잇는 오른쪽 여밈단

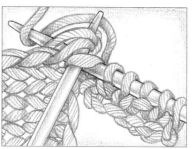

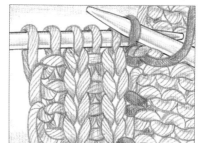

몸판 가장자리의 걸러뜨기를 따라서 1코 고무 뜨기 앞여밈단(밴드)을 뜹니다.

1 코를 잡고 *왼바늘에 1코(겉뜨기)가 남을 때까 지 앞여밈단의 1번째 단(겉면)을 1코 고무뜨기 로 뜬다. 왼바늘 끝을 몸판 쪽의 첫 걸러뜨기 아 래에서 넣고, 왼바늘에 남은 코와 함께 겉뜨기 한다.

2 편물을 돌리고, 안면의 첫 코는 실을 앞쪽에 두고 오른바늘을 안뜨기하듯이 코에 넣어서 걸 러뜨기한다. 나머지 코는 1코 고무뜨기로 뜬 뒤 에 편물을 돌린다**. *~**를 반복한다.

뜨면서 잇는 왼쪽 여밈단

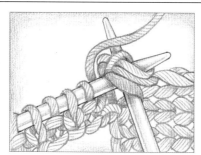

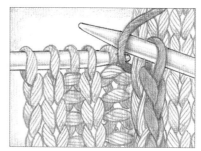

몸판 가장자리의 걸러뜨기를 따라서 1코 고무 뜨기 앞여밈단(밴드)을 뜹니다.

1 *왼바늘에 1코(안뜨기)가 남을 때까지 앞여밈 단의 1번째 단(안면)을 뜬다. 실을 앞쪽에 두고 마지막 코에 오른바늘을 안뜨기하듯이 넣어서 걸러뜨기한다. 편물을 돌리고, 왼바늘 끝을 몸 판 쪽의 첫 걸러뜨기에 넣고, 걸러뜨기한 코와 함께 겉뜨기한다.

2 코를 오른바늘에 남기고, 나머지 코는 1코 고 무뜨기로 뜬 뒤에 편물을 돌린다**. *~**를 반 복한다.

스웨터 디자인하기

Designing Sweaters

스웨터 디자인의 시작

사전에 따르면 '디자인'이라는 말에는 몇 가지 정의가 있습니다. 그중 하나는 '떠올리고 머릿속에서 계획을 다듬는 것'입니다. 다른 정의는 전혀 달라서 '어떤 생각에 따라 만들어내고 실행 또는 구축하는 것'이라고 되어 있습니다. 디자인이 가진 이 두 가지 포인트, 즉 이미지와 시각화 및 실행은 분리된 공정이 아니라 최종적으로는 이것이 잘 조화되지 않으면 제품을 완성할 수 없습니다.

이 장에서는 디자인의 두 공정에 관해 설명합니다. 직접 디자인할 예정이 없더라도 도움이 되는 항목이 많습니다. 디자인 공정의 다양한 단계에 대해 배우면, 패턴 속의 지시를 더욱 잘 이해할 수 있게 됩니다. 또 기존 스웨터 패턴을 토대로 하여 자신에게 잘 맞도록 손 보는 법에 대해서도 배울 수 있습니다.

어쩌면 여러분은 깨닫지 못하는 사이에 이미 간단한 디자인을 하고 있을 수도 있습니다. 기존 패턴의 목둘레나 소매를 수정하거나 색이나 무늬뜨기를 변형하는 작업은 패턴 없이 옷을 디자인하는 방향으로 가는 것입니다. 이 장은 이런 공정을 더 진행하는 데에도 도움이 됩니다.

디자인을 생각하기 전에 먼저 어떠한 방법으로든 만들고자 하는 의욕을 북돋워야 합니다. 니터가 디자인하는 이유는 다양합니다. 어느 부분만 자신에게 맞지 않는 패턴을 자기 생각대로 고치고 싶어서

일 수도 있습니다. 창조력이 풍부해서 자기 니트를 꼭 디자인해보고 싶다거나, 새 뜨개코, 실루엣, 혹은 니트 작품이나 니트웨어를 뜨는 방법이 떠올랐을지도 모릅니다.

디자인하는 과정에서는 곧잘 어떤 **시각적 표현**에 자극받습니다. 뜨개의 영감은 뜨개의 세계 안팎에서 옵니다. 인터넷에도 영감의 원천이 되는 니트 사진이 많이 올라옵니다. 디자이너 대다수는 마음에 드는 사진을 저장해둡니다. 라벨리(Ravelry)나 핀터레스트(Pinterest) 같은 사이트는 전 세계의 뜨개 영감과 디자인뿐만 아니라 혁신적인 무늬뜨기 및 새로운 뜨개 기술을 담고 있습니다. 영향력 있는 사람들이나 디자이너의 동향을 쫓아가 보고 새로운 출판물을 보는 것도 현재의 흐름을 파악하는 한 가지 방법입니다. 패션디자이너의 쇼나 웹사이트도 정보원이 됩니다. 색채이론가나 트렌드의 동향을 따라가는 것도 좋습니다. 자신이 만들어내는 옷의 콘셉트를 정리하는 작업은 파일링한 사진을 자기가 사용하기 쉽도록 분류하는 것에서부터 시작됩니다.

새로운 발상은 우리를 둘러싼 세계에서도 얻을 수 있습니다. 예를 들어 여행지에서 찍은 도시나 자연 속 사진, 좋아하는 그림, 미술관 소장품, 알록달록한 패브릭, 역사적인 텍스타일 등 도처에 영

감이 떠돌고 있습니다. 그런 것을 재료로 삼아 교차무늬나 배색무늬를 고안하거나 전통적인 페어아일의 새로운 배색을 생각하기도 합니다.

계획을 세우는 것은 디자인의 가장 중요한 과정입니다. 의상 디자인의 첫걸음은 생각을 **스케치**로 정리하는 것입니다. 다음 단계로 나아가기 위해서는 스케치를 몇 장이나 그려야 이해가 되는 경우도 있습니다. 인터넷에서 다운로드할 수 있는 인체 그림을 사용하여 그 위에 덧그리면 비율과 형태를 정리하는 데 도움이 됩니다. 온라인이나 실제 패션 스케치 강좌를 수강하면 옷의 형태를 그리는 법이나 니트의 질감을 주는 법을 배워서 자기 생각을 더 잘 표현할 수 있습니다. 이 과정의 부담을 줄여주는 앱도 있습니다. 스케치가 자기 생각과 가까울수록 남은 디자인 과정이 편해집니다.

종이에 사전 작업을 많이 진행할수록 디자인을 완성하기 쉬워집니다. 계획 세우기에 편리한 보그 니팅 디자인 워크시트(P.212~213)도 책에 실었으니 자유롭게 복사해서 사용하세요(단 개인적인 이용에 한합니다). 우선 스케치부터 시작하고 거기에서 다른 요소로 아이디어를 전개해 나갑니다. 이 단계에서 계획은 언제라도 변경할 수 있다는 사실을 잊지 마세요. 책상 위에서 좋아 보이는 것이 실제로 떴을 때 반드시 효과적이지는 않습니다. 필

요에 따라서 변경 사항을 추가합니다. 톱 디자이너들도 시행착오를 반복합니다. 오류를 두려워할 필요는 없습니다. 오류에서 새로운 기법을 배우고, 과제를 해결하는 새로운 방법을 익히는 것입니다. 이것이 디자인의 묘미일지도 모릅니다.

뜨개 자체가 그렇듯이 디자인에서 가장 중요한 요소의 하나는 **게이지**와 뜬 편물 치수의 관계입니다. 게이지 스와치를 뜨기 전에 우선 9장의 필요한 항목을 읽어봅니다. 각 부분의 형태 만들기나 디자인에 무늬뜨기나 배색무늬를 추가하기 전에 계획대로 결과를 얻으려면 언제나 게이지가 정확해야 합니다. 단순히 콧수를 재기 위한 스와치보다도 크게 떠서, 이를 토대로 하여 고른 실을 시험해보고 블로킹하거나 세탁하여 실의 반응을 실제로 확인합니다. 사용할 예정인 고무뜨기, 마감단, 단춧구멍, 장식 등도 시험합니다. 이 스와치는 단추를 사러 갈 때나 완성한 니트웨어에 맞춰 입을 옷을 고르러 갈 때도 가지고 갑니다. 스와치 한 장 한 장 그 자체가 교훈이 됩니다.

디자인 구상을 다듬기

디자인은 아이디어에서부터 시작됩니다. 아이디어를 실행 가능한 계획으로 바꾸려면 실, 색, 실루엣, 핏, 무늬 등의 요소를 생각해야 합니다. 어떤 이미지가 떠오르면 적어서 모아둡니다. 순서를 신경 쓸 필요는 없습니다. 이런 요소들은 서로 영향을 주고, 새로운 요소가 추가되면 관계가 변하기 때문입니다.

실이나 무늬를 정하기 전에 실루엣을 떠올릴 때가 있는가 하면 옷의 형태를 생각하기 전에 실을 결정할 때도 있습니다. 아무리 마음에 드는 실이라도 무늬뜨기를 해보면 생각했던 느낌이 나지 않아서 다른 실로 바꾸기도 합니다. 당초에 생각한 튜닉이 아니라 크롭 길이 스웨터가 내가 고른 실에 어울린다는 것을 알게 될 수도 있습니다. 디자인은 진화하는 과정이라는 것을 항상 기억하세요.

디자인할 때 고려해야 할 중요한 포인트를 아래에 열거했습니다.

실루엣

실루엣이란 옷의 외곽선과 전체적인 모양을 말합니다. 실루엣을 정할 때는 옷장 속을 살펴보고 마음에 드는 스웨터나 자신에게 어울린다고 생각하는 옷을 참고하면 좋습니다.

여러 가지 실루엣 자료들이 많은 사이트들이 있습니다. 니트 패턴의 도식화는 전문적으로 디자인 및 테스트된 것이고 발상을 얻는 데에도 도움이 됩니다. 실루엣을 결정할 때 고려해야 할 점은 우선 전체 길이입니다. 핏은 타이트한 것이 취향인지 루즈한 것이 취향인지, 옷 모양에 맞는 소매 길이는 어느 정도이고 자신은 어느 정도 되는 소매 길이를 좋아하는지, 카디건과 풀오버 중 어느 쪽을 좋아하는지 등도 생각해봅니다.

먼저 머릿속에 있는 디자인의 간단한 실루엣을 스케치하는 것부터 시작합니다. 스케치에는 상세 내역이나 치수 등은 적지 않습니다. 스케치 경험이 별로 없으면 인터넷에서 다운로드받을 수 있는 인물 크로키(인체 아웃라인을 선으로 그린 것)를 인쇄해서 그 위에서 본떠 그리며 적당한 비율을 익힐 수도 있습니다.

치수 재기와 핏

실루엣에 대한 생각이 대략 정리됐으면, 핏과 완성 치수의 기준을 생각합니다. 먼저 치수를 잽니다. 잰 치수와 날짜를 기록하는 것이 중요하고 새 옷을 만들 때마다 다시 치수를 잽니다. 치수와 니트웨어의 핏의 관계는 9장의 치수표와 '착용감과 여유를 나타내는 표현'(P.154~156)을 참고합니다.

책이나 잡지, 인터넷에 실려 있는 스웨터도 봅니다. 자신이 고른 실루엣에 가까운 옷을 찾아서 도식화에서 치수를 확인합니다. 이를 토대로 하여 자기 몸에 맞게 조정합니다. 기존 스웨터에서 사이즈의 실마리를 얻을 수도 있습니다. 이때는 스웨터를 평평한 장소에 놓고 치수를 잽니다. P.212~213 보그 니팅 디자인 워크시트에 잰 치수와 변경하고 싶은 내용을 적어둡니다.

옷의 종류

옷은 자기가 입을 것인가, 다른 사람을 위한 것인가. 어디에 입고 갈 것인가. 입을 계절은 언제인가. 주간용인가 야간용인가. 아웃도어용인가. 풀오버인가, 카디건인가, 조끼인가. 평상복인가, 정장인가. 이런 질문으로 뜨개로 만들고 싶은 타입의 옷을 좁혀 갑니다.

실과 무늬 종류

뜨려는 옷의 실루엣과 옷의 종류에 따라 무늬와 배색, 실을 고르는 것이 중요합니다. 우선 제일 처음에 실 굵기를 확인합니다. 예를 들어 매우 두꺼운 실은 일반적으로 몸에 붙는 드레시한 스웨터에는 적합하지 않습니다. 가는 실은 드레이프가 잘 표현되지만, 굵은 실은 단단해서 유연성이 부족합니다. 복잡한 무늬뜨기나 배색 사용은 가는 실이 더 뜨기 쉽고, 굵은 실은 단순한 무늬에 한정됩니다. 굵은 실로 교차무늬나 배색무늬를 뜨면 한층 무거워집니다.

실의 굵기만이 아니라 실의 섬유도 디자인에 영향을 줍니다. 니터 중에는 천연섬유만 사용하는 사람이 있는가 하면 화학섬유도 쓸 만하다고 느끼거나 화학섬유밖에 사용하지 않는 사람도 있습니다. 몸에 밀착하는 옷을 디자인할 때는 피부에 직접 대보고 촉감도 고려합니다.

리넨, 실크, 합성섬유, 일부의 면 등의 실은 탄성이 부족해서 고무뜨기나 복잡한 레이스무늬 등 신축성이 필요한 편물에는 적합하지 않을 때가 있습니다. 기모사, 팬시 얀, 장식사는 그 긴 털이나 독특한 질감 때문에 무늬뜨기가 눈에 잘 띄지 않으므로 단순한 무늬를 뜨는 것을 추천합니다. 이것은 실을 선택할 때의 일반 상식이지만, 디자이너 중에는 그 상식의 틀을 벗어난 시도로 무척 흥미로운 효과를 만들어내는 사람도 있습니다. 굵은 실로 뜨는 레이스무늬가 한 가지 예입니다.

마지막으로 실과 무늬 또는 배색 조합이 디자인의 완성에 미치는 영향에 대해 생각합니다. 전체 무늬일 때는 메리야스뜨기나 레이스무늬보다 무겁고 질감도 두드러집니다. 한편 레이스무늬는 그 형태를 유지하기 어렵고, 실크처럼 신축성이 낮은 실은 늘어나버리기 때문에 적합하지 않을 가능성이 있습니다. 매끈한 연사는 무늬뜨기나 배색 모티브를 뜨기에 적합합니다.

색

디자인을 할 때는 실의 색도 생각해야 합니다. 어두운 색 실은 뜨는 동안은 물론이고 완성하고 나서도 무늬뜨기가 잘 보이지 않습니다. 일부 어두운 색은 밝은 색과 조합하여 배색무늬를 뜨면 안면에 걸쳐진 실이 겉면에서 비쳐 보일 때가 있습니다.

실 2종류를 같이 사용할 때는 물빠짐(염색 견뢰도)을 확인하는 것을 추천합니다. 색은 그 사람만의 창조성을 보여줄 수 있는 좋은 요소입니다. 인터넷에서 니트웨어를 조사하여 마음에 드는 배색이나 페어아일이나 요크의 배색무늬 같은 전통 무늬로 볼 수 있는 독창적인 색 사용법을 메모해둡니다.

구조의 종류

최종적으로 어떤 구조의 옷으로 할지는 사용하는 실, 패턴, 옷의 종류에 따라 다릅니다. 간단한 스웨터라면 4부분(앞뒤판과 소매 2장)으로 만들 수 있습니다. 이때는 뒤판 아래 가장자리에서 뜨기 시작하여 어깨와 뒤 목둘레까지 뜹니다. 같은 스웨터를 줄바늘로 원통뜨기하면 옆선 꿰매기를 생략할 수 있습니다.

몸판과 소매를 하나로 이어서 뜨고 싶을 때는 한쪽 소매에서 반대쪽 소매까지 가로 방향으로 뜨거나, 칼라에서 밑단을 향해 톱다운 방식으로 뜰 수도 있습니다. 각 구조에 따라 주의점도 다릅니다. 디자

인을 막 시작했다면 간단한 방법부터 시작하고 조금씩 복잡한 구조의 옷을 시도해보는 것이 좋습니다.

마감단과 에징

옷을 뜨는 방향을 결정하기 전에 고무뜨기, 마감단(밴드), 밑단에 관해 설명하는 이번 장의 항목을 읽습니다. 시간을 들여서 디테일한 부분까지 구상해두면 최종적으로 임팩트 있는 디자인을 만들 수 있습니다.

소매와 진동

소매와 진동을 생각할 때는 디자인 외측면과의 관계도 함께 검토합니다. 복잡한 배색무늬나 무늬뜨기가 **끊어지지 않도록 하는 것**이 중요하다면, 진동에 곡선을 주지 않거나 진동 자체를 만들지 않고 직선으로 하는 등 디자인이 제한될 가능성이 있습니다.

몸에 딱 맞춰 재단한 것처럼 몸에 붙는 실루엣으로 만들고 싶다면, 세트인 슬리브로 하는 것을 추천합니다. 굵은 실을 사용할 때는 스퀘어나 경사가 있는 직선으로 하여 겨드랑이 쪽의 부피를 줄이면 좋습니다. 이때는 소매산에 해당하는 부분은 진동에 들어가기 때문에 진동 길이는 소매 너비와 맞춥니다. 진동 길이를 깊게 할 때는 너비가 아주 넓은 소매가 필요합니다. 이 모든 점이 전체 디자인에 영향을 줍니다.

넥밴드와 칼라

넥밴드나 칼라 디자인은 완성한 옷을 어떤 식으로 입고 싶은지에 따라 달라집니다. 목둘레 모양이나 깊이는 스웨터의 스타일, 구조, 실과 무늬에 맞는 것으로 합니다. 목둘레에 따라 무늬 일부가 깨지지 않도록 하기 위해서 목 파임 길이가 제한될 수도 있습니다. 레이스무늬를 사용할 때는 단순하고 좁은 마감단을 뜨거나 코바늘 피코뜨기로 마무리해도 좋습니다. 터틀넥이나 하이넥은 아웃도어용 스웨터에 적합합니다.

장식

여러분은 어떤 식으로 디자인을 마무리하고 싶은가요? 코드나 브레이드, 리본 등을 달거나 호화로운 자수를 할 것인가. 단추 크기나 스타일, 개수는 어떻게 할 것인가. 또는 앞주머니나 옆주머니는 몇 개를 달 것인가.

이런 요소는 각 부분을 다 뜨고 나서 추가로 뜨지만, 대부분은 디자인의 일부로 미리 생각해두어야 합니다. 예를 들면 단추를 1, 2개 준비해두고, 작품을 뜨기 시작 전 단계에서 게이지 스와치에 단추를 달아서 검토해둡니다. 비즈를 사용한 이브닝드레스를 계획하고 있다면 게이지 스와치에 비즈를 넣고 떠서 시험해볼 수도 있습니다.

실 양 예측하기

스웨터를 디자인할 때는 아이디어에 맞춰서 실을 구입하기도 하고 이미 가지고 있는 실로 디자인을 하기도 합니다. 어느 경우라도 도식화와 아래 계산 방법을 사용하여, 필요한 실 양을 예측할 수 있습니다.

구입 예정인 실에 관해 실 가게에 문의해봅시다. 늘 취급하고 있는 실이라면 옷에 필요한 실 양을 가르쳐줄 것입니다. 만일을 위해 실은 넉넉히 구입합니다. 아울러

사용하지 않은 실을 반품할 수 있는지 확인해둡니다. 인터넷에서는 실 양을 어림잡는 계산기나 앱도 여러 가지 제공되므로 그것을 활용하는 방법도 있습니다.

도중에 실이 부족해져서 어쩔 수 없이 디자인을 변경할 때도 있습니다. 그럴 때는 가지고 있는 실 양을 토대로 소매 길이나 전체 길이를 짧게 하거나 여유분을 적게 해야 할 수도 있습니다. 다른 색이나 다른 종류의 실을 사용하여 줄무늬나 배색

무늬로 요크 부분을 뜨거나 밴드를 다른 색으로 주워서 뜨는 방법도 있습니다.

실의 구입 금액, 이름, 색 번호, 로트 번호, 구입일과 구입한 가게 이름 등 실에 관한 모든 정보를 보그 니팅 디자인 워크시트에 기입합니다. 이런 정보는 실을 추가로 구입할 때 도움이 됩니다.

NEED TO KNOW

치수와 무게 재기

실양을 예측하는 방법에는 **한 번 뜬 스와치를 풀어서 그 실 길이를 측정**하거나 **스와치 무게를 계량**하는 2가지 방법이 있습니다. 이 방법들은 과학적으로 엄밀하지는 않지만 어느 정도 정확하게 실양을 예측할 수 있습니다.

두 방법 모두 10×10㎝(4×4인치) 스와치와 도식화의 치수를 사용하여 스웨터 겉넓이를 계산합니다. 계산은 다음과 같은 순서로 합니다. 먼저 뒤판의 가장 너비가 넓은 부분의 치수와 전체 길이를 곱해서 넓이를 구합니다.

마찬가지로 앞판과 소매 넓이도 계산합니다. 앞뒤판과 좌우 소매, 이 4가지 부분의 면적을 합해서 옷의 총 넓이를 구합니다. 옷의 총 넓이를 스와치 넓이(가로세로 10㎝라면 10×10=100㎠, 4인치라면 4×4=16제곱인치)로 나눕니다. 계산에서 얻은 수치를 실 길이나 무게 계산에 이용합니다.

실 길이

스와치를 풀어서 그 실 길이를 측정합니다. 작

품에 필요한 실 길이 합계는 계산한 수치에 스와치의 실 길이를 곱하면 산출할 수 있습니다.

무게

스와치 무게를 잽니다. 작품에 필요한 무게 합계는 계산한 수치에 스와치의 무게를 곱하면 산출할 수 있습니다. 스와치가 너무 가벼워서 정확한 무게를 얻을 수 없으면 스와치를 큼직하게 떠서 그 넓이를 사용해 계산을 해도 좋습니다.

신체 치수 재기

자기 옷을 디자인하든지 기존 패턴을 사용하든지 간에 미리 신체 치수를 정확히 재둘 필요가 있습니다. 아래는 가장 중요한 치수와 그 위치입니다(숫자는 오른쪽 페이지의 그림에 대응합니다). 다른 사람에게 측정해달라고 하는 편이 간단하면서도 정확하게 치수를 잴 수 있습니다. 잰 치수를 보그 니팅 디자인 워크시트에 적절하게 기입해둡니다.

1 가슴둘레BUST/CHEST

잰 치수 중에서도 가장 중요한 치수로 디자인의 사이즈 설정이나 뜰 사이즈를 판단하는 기준이 됩니다. **가슴의 가장 높은 위치**의 치수를 잽니다. 이때 등 쪽에서 줄자가 아래로 내려오지 않도록 주의합니다. 가슴둘레는 **여유분**을 계산할 때의 첫 번째 기준이 됩니다. 여유분은 타이트한 크로스핏에서부터 넉넉한 오버사이즈까지 옷의 핏을 결정하는 근거가 됩니다.

2 허리둘레와 엉덩이둘레WAIST AND HIPS

자연스러운 허리선을 찾으려면 허리둘레에서 끈을 느슨하게 묶어서 자연스럽게 놓이도록 합니다. 허리는 느슨하게 치수를 재는 편이 쾌적한 핏을 얻을 수 있기 때문입니다. 그 끈 위에 줄자를 감고 끈과 줄자를 당겨서 길이를 같게 하여 계측합니다. 엉덩이둘레는 엉덩이의 **가장 굵은 부분**에서 치수를 잽니다. 이 치수는 필수는 아니지만 체형의 전체적인 균형을 파악하는 데 도움이 되며, 옷의 디자인에 필요할 때도 있습니다. 허리둘레 치수를 재는 것은 허리선이 딱 붙는 옷에는 중요합니다. 엉덩이둘레 치수를 재는 것은 롱 스웨터나 스커트, 원피스에는 필수입니다.

3 어깨 너비CROSSBACK

어깨 너비에는 **어깨 너비와 목 너비**가 포함됩니다. 한쪽 어깨 끝에서 다른 한쪽 어깨 끝까지 등을 걸쳐서 치수를 잽니다. 이 치수는 세트인 슬리브처럼 어깨에 맞춰서 착용하는 옷일 때 중요해집니다.

4 팔둘레WIDTH AT UPPER ARM

팔에서 **가장 굵은** 부분인 위팔의 위쪽 둘레를 잽니다.

5 손목둘레WRIST

손목 치수를 잽니다. 스웨터 중에는 소맷부리 위에 여유분을 충분히 두는 것도 있고 더 딱 맞도록 소맷부리 위의 치수가 빡빡하게 되어 있는 것도 있습니다. 소맷부리에는 주먹을 쥔 손이 통과할 정도의 치수가 필요합니다.

6 등 길이BACK NECK TO WAIST

목 뒤쪽의 뒷목점에서 허리까지를 잰 치수입니다. 스웨터 밑단을 허리보다 아래로 할 때는 허리선부터 생각하고 있는 밑단 위치까지 측정하여 이 치수를 등 길이에 더합니다.

7 한쪽 어깨ONE SHOULDER

뒷목 중심에서 어깨 관절까지의 치수를 잽니다. 이 치수는 대개 어깨 너비와 조합하여 사용합니다.

8 화장 길이
CENTER BACK NECK TO WRIST

팔을 뻗은 상태에서 **뒷목점부터 손목뼈**, 또는 소매 끝으로 하고 싶은 위치까지를 잰 치수입니다. 이 치수는 소매 길이를 정할 때 이용합니다. 어깨까지의 소매 길이를 정하려면 뒤 칼라 중심에서 어깨까지의 치수를 재고, 뒷목점에서 소매 끝까지의 길이에서 그 치수를 뺍니다.

9 어깨~가슴~허리 길이
FRONT NECK TO WAIST

어깨부터 가슴의 가장 높은 부분을 통과하여 허리선까지의 치수를 잽니다. 이 치수는 가슴이 풍만한 사람에게 도움이 되지만, 보통은 더 간단한 등 길이 치수를 재면 충분합니다.

10 옆선 길이
WAIST TO UNDERARM

허리선부터 실제 겨드랑이보다 약 1인치(2.5㎝) 내려간 부분까지 잽니다. 이 치수는 스웨터 진동둘레의 곡선을 시작하는 장소를 정할 때 도움이 됩니다.

11 목둘레NECK WIDTH

목둘레의 가장 굵은 부분을 잽니다. 완성된 목둘레 치수는 머리둘레에 맞추면서 목둘레 치수보다 크게 합니다.

12 소매 솔기 길이
WRIST TO UNDERARM

팔꿈치를 조금 굽힌 상태에서 손목뼈에서부터 **팔 안쪽을 따라서** 겨드랑이에서 약 1인치(2.5㎝) 내려간 부분까지 잽니다. 이 치수는 세트인 슬리브의 소매 길이를 정할 때 사용합니다.

보그 니팅 디자인 워크시트 **210~213**

여유 **156**

사이즈 차트 **154~156**

진동 만들기 **218~219**

세트인 슬리브 **200, 223~224**

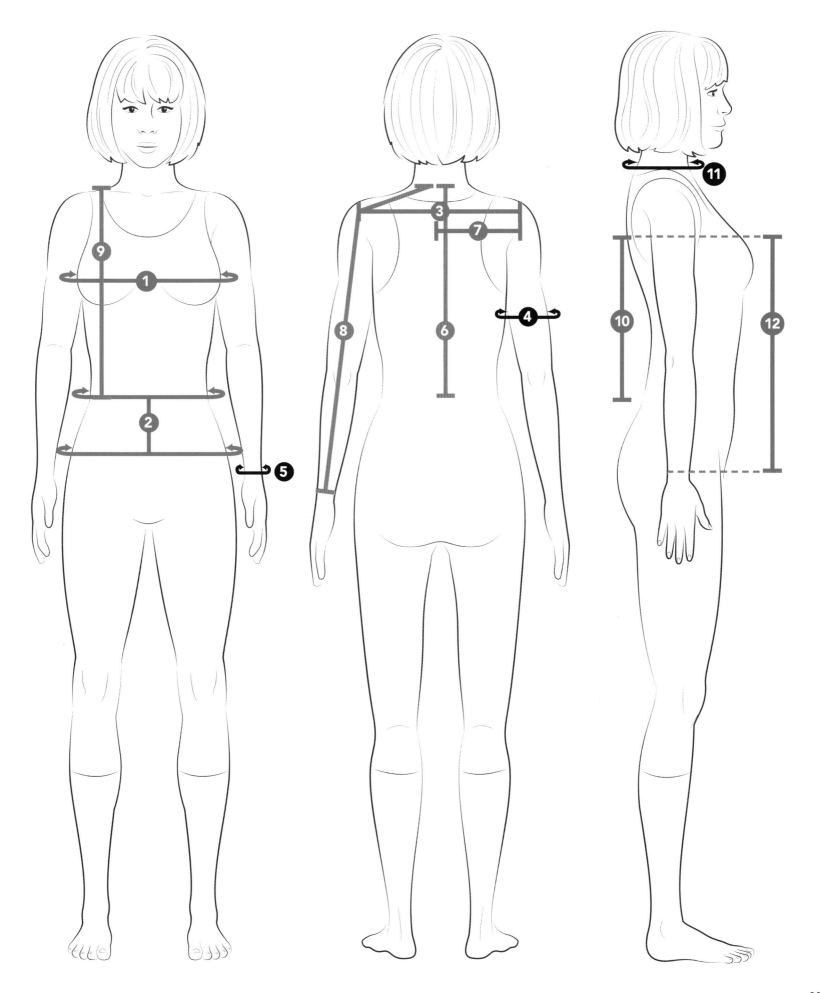

보그 니팅 디자인 워크시트 사용법

디자인 구상을 다듬었으면 다음은 기술적인 검토를 시작합니다. 워크시트를 사용하여 각 요소와 필요한 부분을 정리하고 실제 도안이나 패턴이 될 수 있는 단계별 계획을 세웁니다. 이 워크시트는 기록도 되기 때문에 나중에는 자료로 도움이 됩니다. 워크시트 기입 방법에 관해서는 오른쪽 샘플과 각 항목의 설명을 참고합니다.

〈보그 니팅〉 디자인 워크시트 사용하기

프로젝트
OXO 짜내기 풀오버

이름
2018년 6월 15일 시작

날짜
로완 더블 니팅

사용 실
258/67m

실 무게와 실 길이
울 100%

실 재질
18볼

실의 사용 개수
#55 파랑 – 로트 번호 #29

실의 색 번호와 로트
3.25mm, 3.75mm

사용 바늘
짜내기 바늘

부자재

신체 치수

너비	1 가슴둘레	3 어깨 너비	4 목 너비	5 어깨	6 진동둘레	7 손목둘레	8 허리둘레	9 엉덩이둘레/2	길이	10 등 길이	12 소매 길이					17 진동 베어레이
	81.5	36.5	14	11.5	28	15				37	25.5					48

스웨터 완성 치수

너비	1 가슴둘레	2 가슴둘레/2(뒤)	3 어깨 너비	4 목 너비	5 어깨	6 진동둘레	7 소매부리	8 허리둘레/2	9 엉덩이둘레/2	길이	10 총 길이	11 몸판 밑단의 고무뜨기	12 몸판 길이(고무뜨기 제외)	13 진동 길이	14 어깨 처짐	15 목 깊이	16 소매 길이	17 소매부리 고무뜨기	18 소매 길이(고무뜨기 제외)
	90	45	38	15	11.5	38	25.5				56	7.5	25.5	20.5	2.5	5	7.5	40.5	14

각 부분의 콧수와 단수 계산

	1 가슴둘레	2 가슴둘레/2(뒤)	3 어깨 너비	4 목 너비	5 어깨	6 진동둘레	7 소매부리	8 허리둘레/2	9 엉덩이둘레/2	길이	10 총 길이	11 몸판 밑단의 고무뜨기	12 몸판 길이	13 진동 길이	14 어깨 처짐	15 목 깊이	16 소매 길이	17 소매부리 고무뜨기	18 소매 길이
Equal	360코 40×4+50	180코 45×4+50	152코 38×4+52	60코 15×4+50	46코 11.5×4+46	152코 38×4+152	102코 25.5×4+102				56	7.5	92단 25.5×3.6+91.8	74단 20.5×3.6+91.8	9단 2.5×3.6+4	18단	7.5	146단 40.5×3.6+145.8	50단 14×3.6

프로젝트(작품)PROJECT

기본적인 정보를 기입하는 칸입니다. 중단한 작업을 재개할 때 등에 도움이 됩니다. 작품 **설명을 간결**하게 적어두고, **개시일과 완성일, 사용 실과 사용 바늘**, 그 외의 도구류에 관한 정보를 기입해 둡니다.

스케치SKETCH AREA

다운로드한 크로키, 또는 P.209의 인체도 위에 트레이싱 페이퍼를 올리고 자기 아이디어를 그립니다. 단순하게 그리거나 섬세하게 그리거나 상관없지만 자세한 치수를 넣지 않아도 **전체 비율**을 알 수 있도록 그립니다. 완성하면 이 부분에 붙입니다.

신체 치수와 완성 치수
BODY AND SWEATER MEASUREMENTS

잰 치수를 신체 치수body measurements 칸에 기입합니다. 기입 칸은 가로 너비widths와 길이lengths로 나뉩니다. 이 수치에 생각한 여유분을 더해서 **스웨터 완성 치수**를 정합니다. 작업을 진행하는 사이에 수정할 수 있도록 연필로 씁니다.

게이지와 게이지 스와치
GAUGE AND GAUGE SWATCH

10cm(4인치)에 해당하는 콧수와 단수를 기입합니다. 1cm(또는 2.5cm)분 콧수와 단수도 추가해두면 스웨터의 콧수·단수 계산에 도움이 됩니다. 게이지 스와치는 가로세로 10cm(4인치)입니다. 상황에 따라서는 게이지 스와치를 1장 이상 뜨기도 합니다. 스와치는 다른 종이에 붙여서 워크시트와 함께 보관해둡니다.

게이지 스와치 159~162
여유 156
신체 치수 208~209

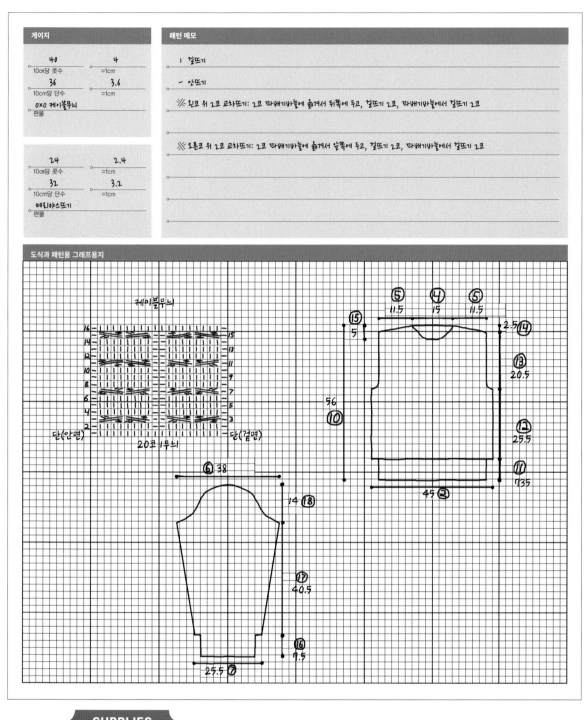

각 부분의 콧수와 단수 계산
CALCULATIONS

스웨터 치수는 가로 너비 치수에는 콧수 게이지, 길이에는 단수 게이지를 곱하여 디자인에 필요한 **콧수와 단수**를 계산합니다. 뜰 때 보기 쉽게 하기 위해서 콧수와 단수에 형광펜으로 표시해두면 좋습니다.

주의점 PATTERN NOTES

작업을 진행할 때 도움이 되는 **정보**는 여기에 기입해둡니다. 위의 예에서는 교차무늬 기호의 설명을 메모해놓았습니다. 문장 패턴을 사용할 때는 복사한 것을 여기 붙여도 좋습니다. 배색을 사용할 때의 색 지정이나 배치, 무늬뜨기에 관해, 특수한 기초코나 마무리 방법 등에 관해서도 기입할 수 있습니다.

도식화와 패턴 차트 SCHEMATIC AND PATTERN GRID

도식화를 그리는 공간입니다. 1칸을 2.5cm(1인치)로 하여 각 부분을 평면적으로 나타낸 축척도를 그립니다. 스웨터 치수를 기초로 모눈 위에 점을 그려서 잇습니다. 분수나 소수는 칸 도중까지 사용하고 치수를 적어둡니다. 주머니나 어깨 처짐 등의 세부도 기입합니다. 밑단의 고무뜨기 줄어듦도 그림으로 표시합니다. 배색도나 무늬 차트를 첨부하는 것도 가능합니다.

SUPPLIES

디자인 용품 체크리스트

□ 블로킹 도구 □ 뜨개바늘 □ 가위 □ 트레이싱 페이퍼
□ 전자계산기 □ 노트나 바인더 □ 모눈용지 □ 실
□ 게이지 도구 □ 연필, 지우개 □ 무늬집
□ 니터용 모눈용지 □ 자 □ 줄자

보그 니팅 디자인 워크시트

신체 치수

너비	1 가슴둘레	3 어깨 너비	4 목 너비	5 어깨	6 팔둘레	7 손목둘레	8 허리둘레	9 엉덩이둘레	길이	10 등 길이	12 옆선 길이	17 소매 옆선 길이

P.209의 신체 치수를 사용해서 그린 디자인 스케치를 붙이세요.

프로젝트

- 이름 _____
- 날짜 _____
- 사용 실 _____
- 실 무게와 실 길이 _____
- 실 재질 _____
- 실의 사용 개수 _____
- 실의 색 번호와 로트 _____
- 사용 바늘 _____
- 부자재 _____

스웨터 완성 치수

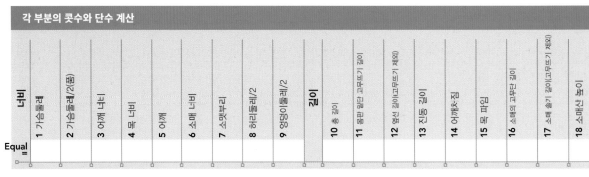

너비	1 가슴둘레	2 가슴둘레/2(폭)	3 어깨 너비	4 목 너비	5 어깨	6 소매 너비	7 소맷부리	8 허리둘레/2	9 엉덩이둘레/2	길이	10 총 길이	11 몸판 밑단의 고무뜨기 길이	12 옆선 길이 (고무뜨기 제외)	13 진동 길이	14 어깨처짐	15 목 파임	16 소매 고무단 길이	17 소매 솔기 길이 (고무뜨기 제외)	18 소매산 높이

각 부분의 콧수와 단수 계산

너비	1 가슴둘레	2 가슴둘레/2(폭)	3 어깨 너비	4 목 너비	5 어깨	6 소매 너비	7 소맷부리	8 허리둘레/2	9 엉덩이둘레/2	길이	10 총 길이	11 몸판 밑단 고무뜨기 길이	12 옆선 길이(고무뜨기 제외)	13 진동 길이	14 어깨처짐	15 목 파임	16 소매의 고무단 길이	17 소매 솔기 길이(고무뜨기 제외)	18 소매산 높이
Equal																			

스케치

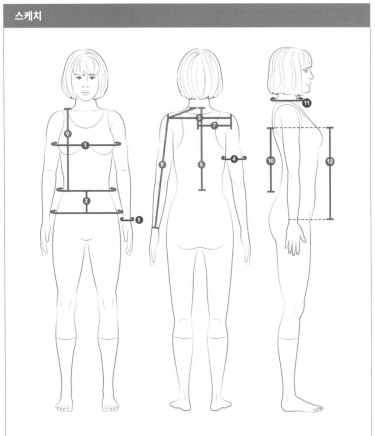

게이지 스와치

10×10cm(4×4인치)
스와치를 붙이세요.

P.209의 신체 치수를 사용해서 그린 디자인 스케치를 붙이세요.

12 스웨터 디자인하기

주의점

10㎝당 콧수 　　=1cm

10cm당 단수 　　=1cm

편물

10㎝당 콧수 　　=1cm

10cm당 단수 　　=1cm

편물

도식화와 뜨개 도안

주의점

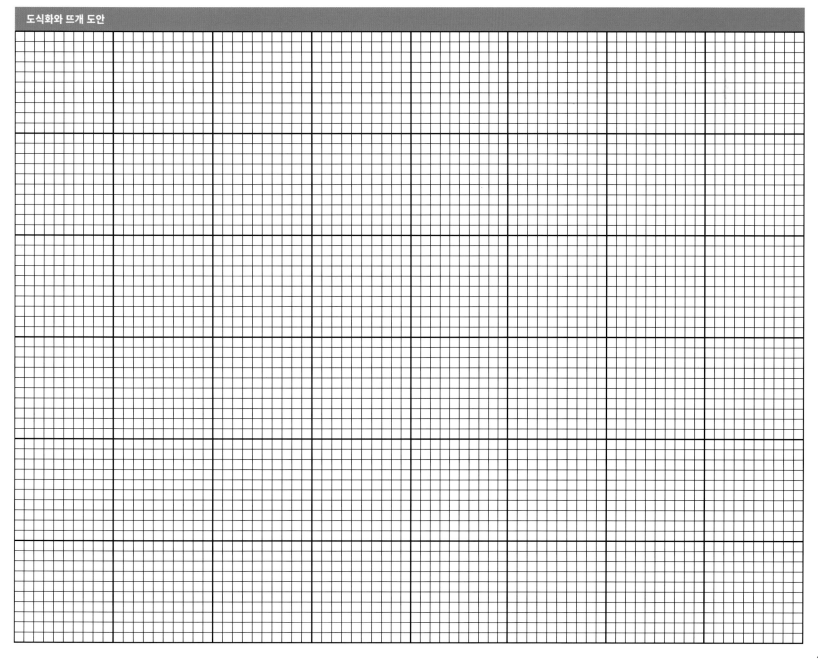

고무뜨기

고무뜨기(립)Ribbing는 **신축성**으로 손목이나 허리둘레 등의 포인트에서 편물을 몸에 딱 맞게 해줍니다. 디자인할 때는 수축 상태, 기초코 잡는 법, 스팀 쐬는 법, 사용하는 무늬뜨기 등 고무뜨기에 관련된 모든 요소를 신중하게 고려해야 합니다.

고무뜨기의 신축성을 강화하려면 몸판에 사용하는 바늘 호수보다 1~2호 가는 바늘로 뜹니다. 신축성이 낮은 실에는 더 가는 바늘을 사용하는 게 좋을 때도 있습니다.

고무뜨기의 기초코 콧수는 몸판 콧수와 반드시 일치하지는 않습니다. 고무뜨기 부분을 **몸판 너비보다 줄어들게** 하기 위해 몸판 콧수보다 고무뜨기 콧수를 적게 할 때가 많기 때문입니다. **느슨한 고무뜨기**(줄어들지 않고 몸판 너비와 같음)로 하고 싶을 때는 몸판과 같거나 비슷한 콧수로 고무뜨기를 합니다. 고무뜨기 위 부분에 사용하는 편물 게이지가 느슨할 때는 몸판보다도 고무뜨기 부분 콧수를 많게 하기도 합니다. 고무뜨기가 몸판 편물에 미치는 영향을 확인하려면 고무뜨기와 몸판 무늬뜨기를 이어서 큼직한 스와치를 떠보는 것이 좋습니다.

고무뜨기에는 겉뜨기와 안뜨기 이외에도 **다양한 무늬뜨기**를 사용할 수 있습니다. 예를 들면 모크 케이블mock cable(교차뜨기 풍의 무늬뜨기), 혹은 모크 케이블에 겉뜨기나 안뜨기를 조합한 편물 등이 있습니다. 2색이나 그 이상의 색을 사용한 세로 줄무늬(2색으로 뜬 고무뜨기corrugated ribbing)나 가로 줄무늬로 해서 뜰 수도 있습니다.

고무뜨기에는 기본적인 기초코 외에 건지 코잡기Guernsey cast on나 튜블러 코잡기tubular cast on 등 고무뜨기를 두드러지게 하는 코잡기로 기초코를 잡을 수도 있습니다. 기초코 끝의 느낌은 겉과 안이 다르기 때문에 어느 쪽을 편물 겉면으로 사용할지 생각해둡니다. 각 편물의 겉면을 같게 맞추면 편물을 꿰맸을 때 가장자리 모습이 가지런해서 깔끔하게 마무리됩니다.

고무뜨기 가장자리의 꿰매기를 눈에 띄지 않게 하려면 양 가장자리에 꿰매기용 코를 만들어두는 것이 중요합니다. 1코 고무뜨기knit one, purl one ribbing라면 겉면은 첫 코와 마지막 코가 겉뜨기가 되도록 뜨고, 가장자리의 겉뜨기 반 코씩을 합해서 1코가 되도록 꿰맵니다. 2코 고무뜨기knit two, purl two ribbing라면 첫 코와 마지막 코는 겉뜨기 2코 또는 안뜨기 2코 어느 쪽이라도 좋고(단, 꿰맬 편물 2장의 가장자리에서 뜨개코 배치를 똑같이 맞춘다), 양 가장자리의 1코 안쪽에서 꿰맵니다. 원통뜨기일 때는 고무뜨기의 반복이 끊어지지 않도록 배수로 뜹니다.

고무뜨기 게이지 재는 법

고무뜨기 편물을 늘이지 않고 평평하게 놓으면 위 사진처럼 됩니다. 게이지를 잴 때 안뜨기가 겉뜨기 사이에 숨어 있으니 잊지 말고 셉니다.

고무뜨기 게이지는 딱히 지시가 없는 한 사진처럼 **살짝 늘인** 상태로 잽니다.

늘인 고무뜨기로 완성하고 싶을 때는 더 강하게 늘입니다. 이 상태를 유지하려면 웨트 블로킹을 하거나 스팀을 쐬어줘야 합니다.

고무뜨기 길이 재기

대바늘 2개로 평평하게 뜰 때, 뜨개코를 바늘 위에서 적당하게 분산시킨 상태로 잽니다. 바늘에 비해 콧수가 많으면 한쪽 바늘에 뜨개코가 몰려서 실제보다 길게 측정되므로, 단 가운데 정도까지 뜬 상태에서 잽니다. 원통뜨기할 때는 줄 위에 뜨개코를 펼친 상태로 잽니다.

이 고무뜨기 길이는 약 1.5인치(약 3.8cm)지만, 바늘에 비해 콧수가 많아서 코가 붙어 있는 상태로 쟀습니다.

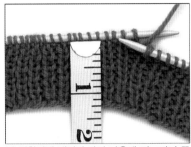

더 정확하게 재려면 단의 가운데 정도까지 뜬 후에 편물을 평평하게 놓고 뜨개코를 적당하게 펼칩니다. 이 상태에서 재면 고무뜨기 길이는 1.25인치(약 3.2cm)입니다.

고무뜨기 위에서 코늘림을 할 때

고무뜨기에서 계속하여 몸판의 무늬뜨기로 옮겨갈 때, 고무뜨기의 마지막 단에서 하는 코늘림은 신중하게 배치합니다. 뜨기 시작하기 전에 스와치를 떠서 코늘림 배치를 정해둡니다.

2코 고무뜨기는 고무뜨기 마지막 단에서 겉뜨기 2코의 양 끝에서 코늘림을 하여 '겉뜨기 4코, 안뜨기 2코' 무늬로 옮겨갈 수 있습니다.

'모크 케이블과 안뜨기 2코, 겉뜨기 1코'인 고무뜨기 모크 케이블 부분과 겉뜨기의 양 끝에 각각 코늘림을 하면 '왼코 위 2코 교차뜨기 four-stitch cable와 안뜨기 2코, 겉뜨기 3코' 상태로 바꿀 수 있습니다.

고무뜨기의 차이

위의 1코 고무뜨기와 오른쪽 위 2코 고무뜨기는 둘 다 같은 콧수입니다. 편물 너비를 비교해보세요.

위의 2코 고무뜨기가 가로 방향으로 더 줄어들었습니다. 이처럼 고무뜨기 종류에 따라 줄어드는 것이 달라집니다.

고무뜨기 길이도 가로 방향의 줄어드는 정도에 영향을 줍니다. 길이가 짧은 위 편물과 길이가 긴 오른쪽 위 편물은 둘 다 같은 콧수의 1코 고무뜨기입니다. 편물 너비를 비교해보세요.

길이가 긴 위 편물이 가로 방향으로 더 줄어들었습니다. 신축성이 없는 면사로 신축성이 풍부한 고무뜨기를 뜨고 싶을 때는 특히 주의하여 고무뜨기 길이를 길게 해두는 것이 좋습니다.

스와치 159~162
코늘림 50~54

몸판 만들기

편물 형태에 변화를 주기 위해 코늘림이나 코줄임, 코잡기, 코막음, 되돌아뜨기로 단의 일부만 뜨기 등의 방법을 사용합니다.

형태 만들기는 편물의 가장자리나 가장자리의 몇 코 안쪽, 또는 다트나 목둘레처럼 가장자리에서 떨어진 곳에서도 할 수 있습니다. 이런 형태 만들기는 보통 편물 겉면에서 합니다. 전혀 눈에 띄지 않도록 할 수도 있고 장식성을 갖추도록 할 수도 있습니다.

형태 만들기에 의해 생기는 경사의 각도나 곡선에 영향을 주는 요소는 다음 3가지입니다. 형태 만들기 전후의 편물 너비(콧수), 형태 만들기 부분의 길이(단수),

형태 만들기의 배치. 이 장에 등장하는 어느 형태 만들기를 보더라도 이 요소가 포함되어 있다는 것을 알 수 있습니다.

정확한 모양으로 만들려면 콧수 게이지와 단수 게이지를 사용하여 미리 꼼꼼하게 계산해둡니다. 특히 1단씩 걸러서 한꺼번에 조작할 때는 조작하는 콧수를 반올림해야 합니다. 형태 만들기의 계산이 끝났으면 모눈종이에 그려보고 계산 결과에 오류가 없는지 검증해봅니다.

P.212~213에 있는 워크시트에 콧수·단수를 정리하면 형태 만들기 계획을 세울 수 있습니다.

스웨터의 각 부분은 서로 관련 있다는 것을 잊지 마세요. 예를 들어 앞판과 뒤

판의 진동 길이는 거의 같습니다. 풀오버라면 앞뒤 어깨 너비는 같고, 또 소매 너비는 진동둘레 길이와 거의 같습니다.

형태 만들기를 위한 계산이 끝난 후에 코튼 더블 니트 등의 니트 원단을 사용하여 테스트 의상을 만들어서 핏을 확인하는 방법도 있습니다. 원단에 치수대로 그리고(시접을 추가) 각 부분을 재단하여 봉제한 후 입어봅니다. 착용감이 만족스럽지 않을 때는 형태 만들기 계산을 다시 하여 다시 한번 테스트 의상을 만들어봅니다.

특별히 적혀 있지 않은 한, 아래에서는 풀오버의 모양 표준 만들기에 관해 설명합니다. 게이지는 워스티드Worsted 정도

굵기의 실을 메리야스뜨기했을 때의 게이지인 가로세로 10cm=20코x28단(가로세로 1cm=2코x2.8단, 가로세로 1인치=5코x7단)입니다. 이 장에서 등장하는 치수의 단위는 모두 cm입니다.

코늘림이나 코줄임으로 하는 형태 만들기 조작은 모두 겉면인 단에서 합니다. 이런 규칙은 절대적인 것은 아니지만, 의식하고 있으면 다양한 종류의 옷의 형태 만들기 계획을 세울 때 도움이 됩니다. 우선은 형태 만들기를 경험해봅시다. 실패를 두려워하지 마세요. 시행착오를 거듭할 때마다 무엇이든 새롭게 배우는 것이 있습니다.

TECHNIQUE

모눈용지에 그리기

계산에 가장 편리한 것은 1칸=5mm인 모눈용지입니다. 1칸을 1코 또는 1단으로 삼습니다. 첫 줄은 첫 겉면인 단을 나타냅니다. 그것을 알 수 있도록 왼쪽 방향 화살표를 그려둡니다. 다음의 안면 단에는 오른쪽 방향 화살표를 그립니다. 화살표는 그 단을 뜨는 방향을 나타냅니다.

오른쪽 그림에서 모양 만들기의 코늘림은

겉면을 뜨는 단에서만 하기 때문에 5번째 단에서부터 시작합니다. 5번째 단의 양 끝에 1칸씩 더해서 좌우로 늘리는 것은 양 끝에서 1코씩 코늘림하는 것을 나타냅니다. 그림에서는 그 후에 9번째 단에서도 코늘림을 합니다. 그 결과 총 4코(양 끝에서 2코씩) 코늘림을 하고 11번째 단에서 덮어씌워 코막음을 하는 것이 됩니다.

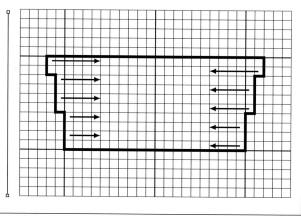

몸판 옆선 만들기

보통 고무뜨기 다음에 뜨는 첫 단에서 코늘림을 하고, 겨드랑이에서 원하는 너비가 되도록 옆선을 따라 다시 코늘림을 합니다. 오른쪽 그림은 가장 단순한 코늘림 방법입니다. 그 외에 다트를 추가하는 방법도 있지만, 다트에 관해서는 나중에 해설하겠습니다.

기본 데이터

콧수 게이지: 2코=1cm
단수 게이지: 2.8단=1cm
아래쪽 너비(고무뜨기 제외): 30cm
겨드랑이의 몸 너비: 40cm
옆선 길이(고무뜨기 제외): 25cm

뜨는 법

6단 평평하게 뜨고 다음 단의 양 끝에서 1코씩 코늘림을 한다. 이후 6단마다 코늘림을 9회 반복하고, 마지막에 9단을 코늘림 없이 뜬다.

계산 방법

너비(콧수):
30cm×2코=60코(아래 가장자리)
40cm×2코=80코
(겨드랑이의 몸판 너비)

길이(단수):
25cm×2.8코=70단(겨드랑이까지)

필요한 코늘림 콧수:
80코-60코=20코(한쪽 10코)

코늘림 배치:
3.5cm(10단)는 평평하게 뜬다
70단-10단=60단을 코늘림에 사용한다
60단÷코늘림 10코=6단→6단마다 코늘림을 한다

합계: 70단에서 20코 늘림

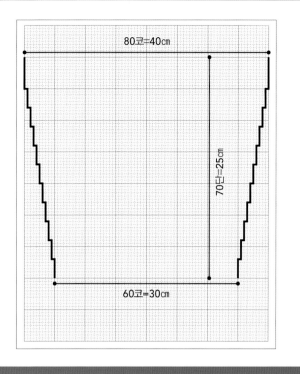

겨드랑이에서 밑단까지의 허리선 만들기

몸판 밑단에서 겨드랑이까지의 잘록한 부분을 만들려면 허리둘레까지는 코줄임, 겨드랑이까지는 코늘림을 해야 합니다. 그림의 점선은 허리선입니다.

기본 데이터

콧수 게이지: 2코=1cm
단수 게이지: 2.8단=1cm
아래쪽 너비(고무뜨기 위): 40cm
허리 너비: 30cm
몸판 너비: 40cm
아래쪽 끝~허리둘레의 길이(고무뜨기 제외): 15cm
허리둘레~겨드랑이의 길이: 15cm

뜨는 법

4단 평평하게 뜨고 다음 단의 양 끝에서 1코씩 코줄임을 한다. 이후 4단마다 코줄임을 9회 한다. 허리선 앞에서 1단 평평하게 뜬다. 다시 허리선 위를 4단 뜨고 다음 단의 양 끝에서 1코씩 코늘림을 한다. 이후 4단마다 코늘림을 9회 하고 마지막에 1단 뜬다.

계산 방법

너비(콧수):
40cm×2코=80코(아래 가장자리)
30cm×2코=60코(허리너비) 40cm×2코=80코(몸판 너비)

길이(단수):
15cm×2.8코=42단(허리둘레까지)
15cm×2.8코=42단(허리둘레부터)

허리둘레까지 필요한 코줄임 콧수:
80코-60코=20코(한쪽 10코)

코줄임 배치:
42단÷코줄임 10코=4.2단→4단마다 코줄임을 한다

합계: 40단에서 20코 줄임
겨드랑이까지 필요한 코늘림 콧수: 80코-60코=20코
(한쪽 10코)

코늘림 배치:
42단÷코늘림 10코=4.2단→4단마다 코늘림을 한다

합계: 40단에서 20코 늘림

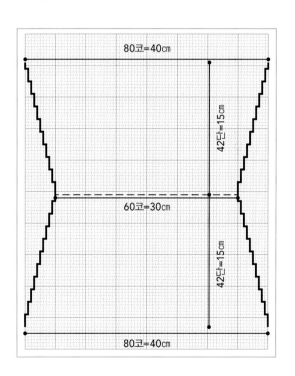

진동 만들기

진동은 사각형이나 사선형으로 만들 수 있으며, 세트인 소매나 래글런 소매에 맞는 형태로 만들 수 있습니다. 일반적으로 진동은 앞뒤판 모두 같은 방법으로 합니다. 진동 모양에서 가장 단순한 것은 사각으로 하거나 사선으로 각진 타입입니다. 사각, 즉 진동을 **직각으로 만들려면** 한 번에 특정 콧수를 덮어씌워 코막음하고, 진동의 나머지 부분은 직선으로 뜹니다. 이런 진동은 겨드랑이 부분 부피

를 줄여주므로 오버사이즈 스웨터에 가장 적합합니다. 사선으로 각진 진동은 2.5~5㎝ 정도 범위에 걸쳐서 고르게 코줄임을 합니다. 이 진동도 겨드랑이 부분의 부피를 줄여줍니다.

위의 2종류에 비해 세트인 슬리브나 래글런 소매의 **진동 형태**는 복잡합니다. 아래 예에서는 이 2종류 진동을 해설합니다.

세트인 슬리브의 진동 곡선 모양 만들기

세트인 슬리브는 몸에 붙는 스웨터에 이용합니다. 진동 곡선 만들기는 간단하지만, 여기에 대응하는 소매산을 만들기가 복잡합니다. 먼저 어깨너비의 콧수를 정하고, 겨드랑이의 몸판 너비 콧수에서 어깨 너비 콧수를 빼서 그 수의 반을 한쪽에서 줄입니다. 한쪽 고줄임 콧수의 반을 처음 2단에서 덮어씌우고, 이후는 남은 콧수를 2단마다 1코씩 줄입니다. 이 방법을 사용하면 완만한 곡선이 됩니다. 그 외에 처음에 2.5㎝ 정도를 덮어씌우고, 나머지 코를 1코씩 줄이는 방법도 있습니다.

기본 데이터

콧수 게이지: 2코=1㎝
단수 게이지: 2.8단=1㎝
몸판 너비: 40㎝
어깨 너비: 30㎝
진동 길이: 21.5㎝

뜨는 법

다음 2단의 처음에 5코씩 덮어씌운다. 다음 단의 양 끝에서 1코씩 줄이고 그 후에는 2단마다 양 끝에서 1코 코줄임을 4회 더 한 뒤에 49단을 뜬다.

계산 방법

너비(콧수) :

40㎝×2코=80코(겨드랑이)
30㎝×2코=60코(어깨 너비)

길이(단수) :

21.5㎝×2.8단=60.2→60단(진동 길이)

필요한 코줄임 콧수 :

80코-60코=20코(한쪽 10코)
10코÷2=5코(한쪽 5코)

합계 : 11단에서 20코 코줄임

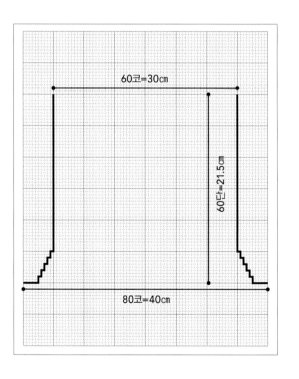

60코=30cm

60단=21.5cm

80코=40cm

래글런 진동 만들기

래글런은 몸판의 기울어진 진동과 소매산을 **같은 단수**로 만들어야 합니다. 경사의 각도를 일정하게 하려면 목선을 향해 고르게 코줄임을 해나갑니다. 래글런 소매의 코줄임은 편물 위쪽 끝까지 이어지기 때문에 미리 단수 게이지를 정확하게 해두는 것이 중요합니다.

또한 앞뒤판과 양쪽 소매의 위 가장자리를 합해서 스웨터의 목둘레가 만들어지기 때문에 진동과 소매를 동시에 생각합니다. 목둘레 치수를 정했으면 그 치수에서 소매의 위 가장자리 치수(일반적으로 5~10㎝)를 빼고, 그 나머지 치수의 반이 앞이나 뒤 목둘레 치수가 됩니다.

스웨터의 전체 길이를 정하려면 소매의 위 가장자리의 반도 전체 길이에 포함하는 것을 고려합니다. 예를 들어 소매의 위 가장자리가 5㎝일 때, 반으로 접은 상태인 2.5㎝가 완성한 시점에서 옷 전체 길이의 일부가 됩니다.

래글런은 몸에 붙는 다른 옷에 비하면 진동이 **깊기** 때문에, 소매 옆선 길이는 짧아집니다. 원하는 래글런의 형태를 만들기 위해서는 여러 번의 계산 시행착오를 거듭해야 합니다. 코줄임을 배치하는 방식에 따라 같은 진동 길이라도 경사가 다양해집니다.

래글런 진동 만들기

래글런의 진동은 첫 덮어씌워 코막음을 하지 않고 만들 수 있지만, 착용감을 좋게 하기 위해 옆선에서 몇 코(1㎝보다 조금 더) 덮어씌우고 나서 나머지 단에서 서서히 코줄임을 합니다.

'4단마다' 처럼 같은 간격으로 코줄임 하는 것이 이상적이지만, 계산 결과가 같은 간격으로 나오지 않을 때는 2단마다, 4단마다를 교대로 하는 등 2가지 코줄임을 조합하여 경사를 만들 수도 있습니다.

기본 데이터

콧수 게이지: 2코=1㎝
단수 게이지: 2.8단=1㎝
몸판 너비: 40㎝
뒤목 너비: 15㎝
래글런 길이: 25㎝

작업 내용

다음 2단의 뜨개 시작에서 3코씩 덮어씌운다. 2단을 평평하게 뜬다. 다음 단의 양 끝에서 1코씩 코줄임을 하고, 이후에는 <1코 코줄임을 2단마다 1회와 4단마다 1회>를 10회 한 후에 2단마다 1코 코줄임을 1회 한다. 3단 평평하게 뜨고 나머지 30코를 덮어씌운다. 또는 코막음 핀에 끼워 놓고 가장자리뜨기를 할 때 줍는다.

계산 방법

너비(콧수) :
40㎝×2코=80코(몸판 너비)
15㎝×2코=30코(뒤목 너비)

길이(단수) :
25㎝×2.8코=70단(래글런 길이)

필요한 코줄임 콧수 :
80코-30코=50코(한쪽 25코)
첫 덮어씌워 코막음=(한쪽) 3코×2단
70단-2단=68단에서 코줄임을 한다
25코-3코=한쪽 22코→68단에서 한쪽 22코 줄인다

코줄임 배치(68단분) :
2단 뜬다=2단 증감 없음
양 끝에서 1코씩 코줄임=1단에서 2코 줄인다
<2단마다 양 끝에서 1코씩 코줄임, 4단마다 양 끝에서 1코씩 코줄임>을 10회=20단에서 20코+40단에서 20코 줄인다(합계 60단에서 40코)
2번째 단의 양 끝에서 1코씩 코줄임=2단에서 2코 줄인다
3단 뜬다=3단 증감 없음

합계 : 70단에서 한쪽 25코, 합계 50코 줄인다

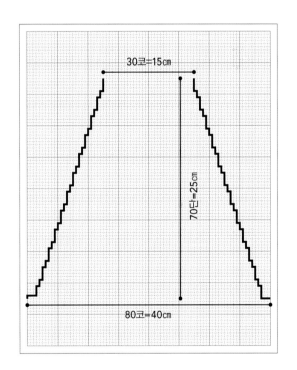

뒤 목선과 어깨 경사 만들기

어깨 경사 만들기

어깨의 완만한 경사에 맞추려면 어깨 끝을 목둘레 쪽보다 낮게 합니다. 어깨 처짐은 몇 단(2~3cm)에 걸쳐 몇 회로 나눠 되도록 고르게 덮어씌워 코막음을 하여 모양을 만듭니다. 어깨 경사는 단수가 많아지면 그만큼 경사 각도가 커집니다. 되돌아뜨기로 모양 만들기를 하면 단차이가 적은 완만한 경사가 됩니다.

기본 데이터

콧수 게이지: 2코=1cm
단수 게이지: 2.8단=1cm
뒤 목 너비: 15cm
어깨 너비: 35cm
어깨: 10cm
어깨 처짐: 2.5cm

뜨는 법

다음 4단의 뜨개 시작에서 7코씩 덮어씌우고, 그다음 2단의 뜨개 시작에서 6코씩 덮어씌운다. 안면에서 코막음을 하는 왼쪽 어깨가 1단 많게 된다. 나머지 코는 뒤 목선을 만들든지 코막음 핀에 옮겨서 넥밴드 뜨기에 사용한다.

계산 방법

너비(콧수):
15cm×2코=30코(뒤 목 너비)
10cm×2코=20코(어깨)
35cm×2코=70코(어깨 너비)

길이(단수):
2.5cm×2.8단=7단→짝수 단으로 하면 6단

필요한 코줄임 콧수:
70코-30코=40코(한쪽 20코)
6단÷2=3회(한쪽에서 코막음하는 횟수)
20코÷3단=6.66코→한쪽에서 덮어씌워 코막음을 3회에 나눠서 하여 20코 줄인다

코줄임 배치:
한쪽에서 1회에 6코나 7코씩 줄여야 한다→7코+7코+6코=20코
7코 덮어씌우기×2회=4단에서 14코 줄인다
6코 덮어씌우기×1회=2단에서 6코 줄인다

합계: 6단에서 한쪽 20코 고줄임

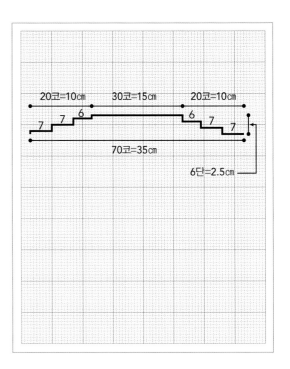

뒤 목선 만들기와 어깨 경사

뒤 목에 약간의 곡선이 있는 것은 바람직합니다. 뒤 목 곡선은 어깨 처짐과 동시에 합니다. 일반적으로 제한된 단수 안에서 곡선을 만들기 때문에 전체 콧수의 약 80%를 한가운데에서 덮어씌우고, 나머지 콧수를 뒤 목의 좌우 끝에 나눠서 나머지 단수를 사용하여 덮어씌웁니다.

기본 데이터

콧수 게이지: 2코=1cm
단수 게이지: 2.8단=1cm
뒤 목 너비: 15cm
어깨: 10cm
어깨 경사: 2.5cm
뒤 목 파임: 2.5cm

뜨는 법

위의 어깨 경사를 뜨면서 동시에 뒤 목 곡선을 만듭니다. 먼저 중앙의 24코를 덮어씌워 코막음하고, 나머지는 양 끝에서 2단마다 1코씩 3회 줄인다.

계산 방법

너비(콧수):
15cm×2코=30코(뒤 목 너비)
10cm×2코=20코(어깨)

길이(단수):
2.5cm×2.8코=7단→짝수 단으로 하면 6단

뒤 목 곡선 코줄임 콧수:
30코의 80%=24코(중앙의 덮어씌우기)
30코-24코=6코(한쪽 3코씩)

코줄임 배치:
24코×1회=2단에서 24코 줄인다
1코×2회=한쪽당 4단에서 2코 줄이고, 마지막에 남은 1코는 덮어씌운다(한쪽 3코씩 줄여서 합계 6코 줄인다)

합계: 6단에서 30코 코줄임

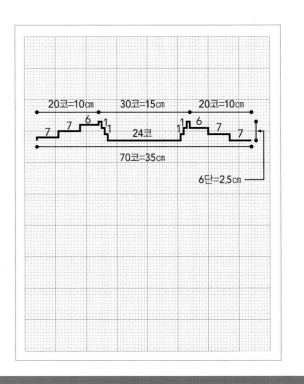

되돌아뜨기 **96, 227~231**

코막음 **61~55**

12 스웨터 디자인하기

앞 목선 만들기

앞 목선 만들기는 스웨터의 만듦새와 착용감을 크게 좌우하는, 디자인의 중요한 요소입니다. 일반적인 앞 목선에는 **크루넥, 하이넥, 앞트임(플라켓) 있는 라운드넥, 브이넥, 스퀘어넥, 보트넥, 유넥** 등이 있습니다. 여기에서는 크루넥, 앞트임 있는 라운드넥, 브이넥에 대해 알아봅니다. 스퀘어넥은 덮어씌워 코막음을 한 번에 하고 양 끝은 어깨까지 똑바로 뜨기 때문에 간단합니다. 유넥 모양은 크루넥과 비슷하지만 목둘레가 깊어집니다(평균

15~17.5cm).

앞 목 너비와 뒤 목 너비는 같은 치수로 하는 것이 일반적입니다. 목둘레에는 마감단을 뜨기 때문에 목 너비는 마감단을 빼고 정합니다.

목둘레는 머리가 통과하는 크기여야 합니다. 목둘레를 좁게 만들고 싶을 때는 머리가 통과하지 못하는 일이 없도록 목둘레 코는 덮어씌워 코막음하지 않고(일단 덮어씌우면 신축성이 낮아지기 때문에) **코막음 핀**에 옮겨서 쉽게 두고, 코 상태

에서 마감단 뜨기를 추천합니다. 또 목둘레에 딱 맞는 디자인으로 하고 싶으면, 앞뒤 어느 한쪽의 목둘레를 단추로 여닫을 수 있게 만드는 것이 필요합니다.

앞 목선은 한쪽을 다 뜨고 다른 쪽을 뜨는 방법과 양쪽 목선에 각각 실을 연결하여 좌우를 병행하여 뜨는 방법도 있습니다. 병행하여 뜨는 방법은 목선의 코줄임을 동시에 진행할 수 있어서 알아보기 쉬우므로, 여기에서는 이 방법으로 설명합니다.

크루넥 만들기

일반적인 여성용 크루넥의 앞 목 깊이는 5~7.5cm입니다. 아동용은 이보다 얕게, 남성용은 깊게 합니다. 목 파임은 어깨의 가장 높은 위치에서부터 잽니다. 어깨 경사를 뜨기 시작하는 시점에서 앞 목선 만들기가 끝나지 않았을 때는 동시에 뜹니다. 터틀넥이나 하이넥의 앞 목은 얕고 단수가 적기 때문에 처음에 한가운데에서 덮어씌우는 콧수도, 그 후에 덮어씌우는 콧수도 많아집니다. 둥그스름한 곡선으로 만들려면 한가운데에서 전체 콧수의 3분의 1을, 그리고 후속 몇 단에서 서서히 덮어씌우는 콧수를 적게 합니다.

기본 데이터
콧수 게이지: 2코=1cm
단수 게이지: 2.8단=1cm
목 너비: 15cm
어깨: 10
진동 길이: 21.5cm
앞 목 파임: 7.5cm
어깨 경사: 2.5cm

뜨는 법
끝에서부터 30코 뜨고 새 실을 이어서 한가운데의 10코를 덮어씌우거나 10코를 코막음 핀에 옮기고 단의 마지막까지 뜬다. 여기부터는 실 2가닥으로 좌우를 동시에 뜬다. 다음 단(안면)에서는 왼쪽 목 선, 그다음 단에서는 오른쪽 목 선의 3코를 덮어씌운다. 다음 2단에서는 좌우 2코씩 덮어씌우고 그 후에는 2단마다 1코 코줄임을 5회씩 한다. 어깨까지 똑바로 뜨면서 어깨 경사를 뜬다.

계산 방법
너비(콧수):
15cm×2코=30코(목 너비)
10cm×2코=20코(어깨)

길이(단수):
21.5cm×2.8단=60.2단→60단
2.5cm×2.8단=7단→짝수 단으로 하기 위해 6단으로 한다

합계: 66단
7.5cm×2.8단=21단(앞 목 파임)

앞 목선 코줄임과 가운데의 덮어씌우기 콧수:
30코÷3=10코(가운데의 덮어씌우기)
30코-10코=20코(한쪽 10코)

코줄임 배치:
10코×1회=1단에서 10코 줄인다
3코×1회=한쪽당 1단에서 3코, 합계 2단에서 6코 줄인다
2코×1회=한쪽당 1단에서 2코, 합계 2단에서 4코 줄인다
1코×5회=한쪽당 5단에서 5코, 합계 10단에서 10코 줄인다
어깨의 마지막 단까지 6단 뜬다

합계: 21단에서 30코 줄임

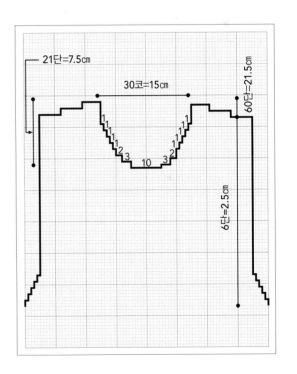

목둘레의 마감단 **244~245**

코막음 핀 **24~25**

새 실을 잇는다 **48**

플라켓 **250**

신체 치수 **208~209**

플라켓을 단 크루넥 만들기

플라켓 트임을 단 크루넥을 생각할 때는 먼저 목 파임에 플라켓 길이를 더한 치수를 계산합니다. 뜰 때는 플라켓의 시작에 도달하면 몸판 가운데에서 플라켓 너비분의 콧수를 덮어씌우고, 한쪽에는 새 실을 이어서 플라켓의 끝까지 좌우 몸판 모두 증감 없이 뜹니다. 계속하여 앞 목선 만들기를 시작합니다.

기본 데이터

콧수 게이지: 2코=1cm
단수 게이지: 2.8단=1cm
뒤 목 너비: 15cm
어깨: 10cm
플라켓 너비: 5cm
진동 길이: 21.5cm
어깨 경사: 2.5cm
앞 목 파임: 7.5cm
플라켓 길이: 7.5cm

뜨는 법

플라켓의 시작 위치까지 뜨고, 새 실을 연결하여 중심의 10코를 덮어씌워 코막음하고 좌우 몸판을 따로따로

7.5cm 증감 없이 뜬다. 플라켓 부분을 다 떴으면 일반 크루넥과 마찬가지로 앞 목선 만들기를 완성한다.

계산 방법

이하의 부분 이외에는 크루넥과 같다

너비(콧수) : 5cm×2코=10코

길이(단수) : 7.5cm×2.8단=21단

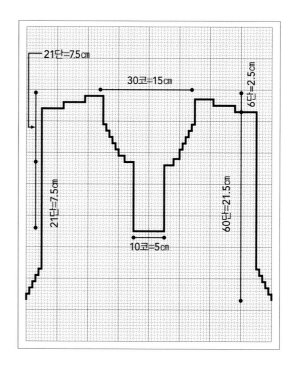

브이넥 만들기

몸판 콧수가 홀수 코일 때는 한가운데 코를 덮어씌워서 코막음하고 짝수 코일 때는 예처럼 중심에서 좌우로 나눠서 코줄임을 할 수 있습니다. 브이넥 만들기는 래글런 진동처럼 많은 단수에 걸쳐 서서히 코줄임을 합니다. 브이넥의 목 파임은 다양하게 변형 가능합니다. 얕은 브이넥은 클래식 스웨터에 어울리고, 깊은 브이넥은 소매의 무게에 의해 당겨져 목이 늘어날 가능성이 있으니 뒤 목 너비를 좁게 합니다.

기본 데이터

콧수 게이지: 2코=1cm
단수 게이지: 2.8단=1cm
뒤 목 너비: 15cm
어깨: 10cm
진동 길이: 21.5cm
어깨 경사: 2.5cm
목 파임: 12.5cm

뜨는 법

편물 중심에 표시를 해둔다. 표시한 곳의 2코 앞까지 뜨고 1코 코줄임(왼코 겹치기)하고, 새 실을 이어서 1코 코

줄임(오른코 겹치기)한 후에 단의 마지막까지 뜬다. 1단 증감 없이 뜨고, 이후는 겉면을 뜰 때마다 브이넥 좌우에서 1코 코줄임을 14회 한다. 그 후는 어깨까지 증감 없이 뜨면서 어깨 경사를 뜬다.

계산 방법

길이(단수) : 12.5cm×2.8단=35단(목 파임)

코줄임 콧수 :
브이넥 코줄임 30코(좌우 각 15코)

코줄임 배치 :
1코×15회=30단에서 30코 줄이고, 5단 뜬다

합계 : 35단에서 30코 코줄임

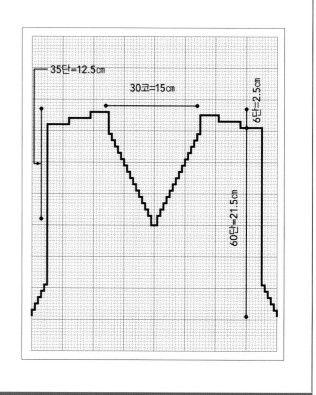

소매 만들기

소매를 디자인할 때는 치수를 계산하기 전에 주요 포인트 몇 가지를 파악해둬야 합니다. 포인트는 **손목둘레, 팔둘레, 소매 옆선 길이, 소매 옆선 만들기, 소매산**입니다. 소매산 만들기는 세트인 슬리브와 래글런 소매일 때만 하는데 이 뒤에서 자세하게 설명합니다.

손목 치수 재기

소맷부리의 고무뜨기는 일반적으로 콧수를 적게 하고, 가는 바늘을 사용하여 손목둘레에 딱 붙게 합니다. 고무뜨기 후의 코늘림 콧수는 제각각이고, 고무뜨기 위에 어느 정도 여유분을 두는지에 따라서 다릅니다. 반대로 손목에 딱 붙는 소매일 때는 코를 늘리지 않기도 합니다. 단, 완성한 소맷부리에 손이 통과해야 한다는 사실을 잊어서는 안 됩니다.

소매 너비(소매산이 없을 때)

일반적으로 드롭 숄더(스트레이트), 스퀘어, 또는 각진 진동일 때, 소매 위쪽 가장자리의 가로 너비는 진동둘레 길이의 2배가 필요합니다. 예를 들어 앞뒤 진동둘레 길이가 각각 25cm라면 소매에서 가장 너비가 넓은 부분은 50cm가 필요합니다.

소매 너비(소매산이 있을 때)

세트인 슬리브나 래글런 소매에서 소매산이 있을 때, 소매 너비는 진동둘레 치수와 다를 가능성이 있습니다. 옷 종류나 디자인에 맞춰서 여유분을 어느 정도 확보할지에 따라 치수가 달라집니다.

소매 길이(소매산이 없을 때)

드롭 숄더, 스퀘어, 또는 각진 진동일 때, 소매 길이에는 스웨터의 어깨도 포함됩니다(몸판의 어깨 부분도 소매가 된다). 따라서 소매산이 있는 소매보다 소매 길이는 짧아집니다. 이 타입인 옷의 소매 길이를 계산하려면 뒤 목 중심에서 손목이나 소매 끝으로 하고 싶은 부분까지를 잽니다. 그리고 이 치수에서 뒤판 너비 치수의 절반을 뺀 답이 소매 길이가 됩니다.

소매 옆선 길이(소매산이 있을 때)

이 치수는 손목(또는 소매 끝 위치)에서 겨드랑이까지를 잽니다. 소매산은 겨드랑이부터 시작하기 때문에 소매산이 있는 옷을 뜰 때 필요한 치수입니다.

소매 코늘림(소매산이 없을 때)

소매 코늘림을 계산하려면 먼저 소맷부리 콧수를 소매 너비 콧수에서 뺍니다. 콧수는 콧수 게이지를 너비 치수에 곱하여 계산합니다.

코늘림에 필요한 단수는 소매 길이와 단수 게이지로 정해집니다. 이 방법은 몸판 밑단에서 겨드랑이까지의 코늘림 방법과 같습니다. 겨드랑이에서 2.5cm 정도 내려온 지점까지 코늘림을 고르게 배치합니다(소매 옆선의 편물이 부피가 커지지 않도록 하기 위해). 진동선이 직각일 때는 소매의 끝 부분 증감 없이 뜬 단수와 몸판의 겨드랑이 부분에서 덮어씌운 콧수가 서로 맞습니다. 예를 들어 겨드랑이에서 5cm 덮어씌우고 소매의 위쪽 가장자리에서는 5cm를 일직선으로 뜨는 식입니다.

소매 코늘림(소매산이 있을 때)

소매 옆선 코늘림의 계산 방법은 소매산이 없는 소매일 때와 같습니다. 소매산이 시작되기 전에 위팔 쪽에서 증감 없이 2.5cm 떠둡니다.

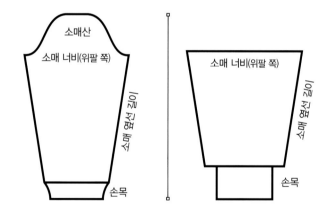

세트인 슬리브의 소매산 만들기

세트인 슬리브는 소매산 곡선의 치수와 몸판의 진동둘레 치수가 일치하도록 해야 하므로 편물의 형태 만들기 중에서도 가장 복잡한 종류에 속합니다. 소매산을 뜨는 일반적인 포인트는 다음과 같습니다.

• 첫 덮어씌우기 콧수는 몸판 쪽 **겨드랑이**의 덮어씌우기 콧수와 같은 수일 것. 이렇게 하면 진동둘레와 소매가 딱 맞는다.

• 소매산의 마지막 덮어씌우기는 소매산 너비가 좁을 때는 5~7.5㎝, 넓을 때는 7.5~12.5㎝로 한다.

• 소매산 곡선은 **각도가 큰 경사**에서 위로 향하면서 급격히 코를 줄여서 경사를 완만하게 만들고, 마지막 몇 단에서 넉넉한 콧수를 덮어씌워서 곡선을 만든다.

• 마지막 덮어씌우기 콧수를 계산하고 나서 **소매산의 가장 위쪽** 곡선의 코줄임을 정한다. 가장 위쪽 곡선은 마지막 덮어씌우기 직전의 1.5㎝분 단수에서 3㎝분 콧수를 덮어씌우는 것이 기준.

• **소매산 높이**를 계산하려면 소매산의 반을 진동둘레의 반(앞판 쪽이나 뒤판 쪽의 진동둘레 치수)에 맞추는 것이 전제이므로 진동둘레 길이를 재고 거기에서 마지막 덮어씌우기 부분의 치수 절반과 소매산의 위쪽 가장자리 곡선 부분에 해당하는 3㎝(가로 방향), 1.5㎝(세로 방향)를 뺀다. 이 뺄셈의 답이 소매산 높이가 된다.

세트인 슬리브의 소매산 만들기

착용감이 좋은 소매산이 되도록 하려면, 니트 전용 모눈용지에 진동둘레와 소매산 코줄임을 그려보기를 추천합니다. 그렸으면 소매산 중심에서부터 한쪽 곡선을 줄자로 잽니다(줄자를 세워서 곡선을 따라 정확히 잽니다). 다음에 진동둘레 곡선을 잽니다. 이 두 부분의 측정치가 거의 같으면 소매산이 진동둘레에 맞습니다. 아래 소매산은 P.222 몸판의 진동둘레(진동 길이 21.5㎝)에 맞도록 디자인했습니다.

기본 데이터
콧수 게이지: 2코=1㎝
단수 게이지: 2.8단=1㎝
소매 너비: 39㎝
진동 길이: 21.5㎝
소매산의 마지막 덮어씌워 코막음: 6㎝
진동둘레의 첫 덮어씌우기: 2.5㎝(한쪽)

뜨는 법
다음 2단의 뜨기 시작에서 5코씩 덮어씌우고, 다음 단의 양 끝에서 1코씩 줄인다. 이후 2단마다 양 끝에서 1코씩 코줄임을 다시 12회 하고, 단마다 1코씩 코줄임을 양 끝에서 9회, 그리고 다음 4단의 뜨기 시작에서 3코씩 덮어씌운다. 마지막은 남은 12코를 덮어씌운다.

계산 방법
너비(콧수):
39㎝×2코=78코(소매 너비)
6㎝×2코=12코(소매산의 위쪽 가장자리)

A 소매산의 위쪽 가장자리 곡선의 범위:
3㎝분 콧수: 3㎝×2코=6코
1.5㎝분 단수: 1.5㎝×2.8=4.2→4단

B 소매산 높이(합계 단수):
진동 길이-3㎝(가로 방향분)-1.5㎝(세로 방향분)-마지막 덮어씌우기 부분의 절반 치수=소매산 높이
21.5㎝-3㎝-1.5㎝-3㎝=14㎝
14㎝×2.8단=39.2→40단

C 소매산의 나머지 코줄임 단수:
소매산의 합계 단수-첫 코줄임 단수-1.5㎝분의 단수(위쪽 가장자리 곡선분)=소매산의 나머지 코줄임 단수
40단-2단-4단=34단

D 소매산의 나머지 콧수:
소매 너비-양쪽 첫 덮어씌우기 콧수-마지막 덮어씌우기 콧수-양쪽 3㎝분의 콧수=소매산의 나머지 코줄임 콧수
78코-10코-12코-12코=44코

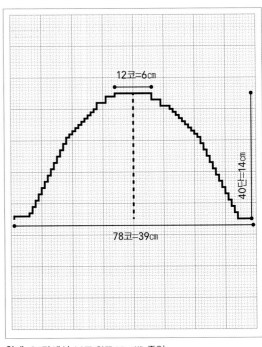

합계: 34단에서 44코(한쪽 22코씩) 줄임

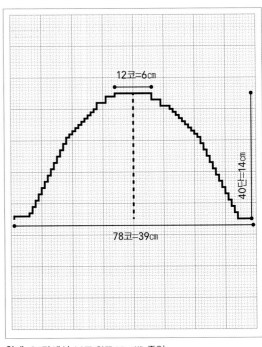

(그래프 라벨: 12코=6㎝, 40단=14㎝, 78코=39㎝)

게이지 **159~162**
신체 치수 **208~209**

니터용 모눈용지 **30, 348~352**
코막음 **61~66**

12 스웨터 디자인하기

224

래글런 소매산 만들기

래글런 소매의 소매산을 만들 때는 소매산의 좌우 단수가 몸판의 소매 다는 쪽과 앞뒤 각각 같은 단수여야 합니다. 래글런 소매에는 **어깨 잇기가 없고** 소매산의 위쪽이 어깨가 됩니다. 어깨 부분의 모양을 세밀하게 만들려면 소매산 중심에 다트를 넣을 수도 있습니다.

가장 간단한 래글런은 앞뒤판 래글런 선의 길이를 같게 합니다. 이때의 소매산은 직선입니다. 그 외에 앞판 쪽을 뒤판 쪽보다 짧게 하여 목선의 형태를 조정하는 방법도 있습니다. 여기에 소매산을 맞대면, 소매산 앞쪽이 뒤쪽보다 짧아져서 좌우 가장자리가 다른 형태가 됩니다. 그

럴 때는 소매산의 높이가 다른 2점을 곡선 또는 각도를 주어서 잇습니다.
좌우 소매산의 형태는 대칭되도록 만들어 목둘레에 맞도록 합니다.

래글런 소매의 소매산 만들기

이 방법은 래글런 소매의 소매산을 만드는 간단한 방법으로, 소매산의 위쪽 가장자리에 남는 코를 한 번에 덮어씌웁니다. 또한 소매산 길이 전체를 통하여 코줄임을 합니다. 경사를 완만하게 하기 위해 몇 군데에서 간격이 다른 코줄임을 교대로 넣었습니다.

기본 데이터
콧수 게이지: 2코=1cm
단수 게이지: 2.8단=1cm
소매 너비: 40cm
소매산의 위쪽 가장자리 너비: 8cm
래글런 길이: 25cm

뜨는 법
다음 2단의 시작에서 3코씩 덮어씌운다. 다음에 2단마다, 그리고 4단마다 양 끝에서 1코씩 코줄임을 5회, 2단마다 1코씩 코줄임을 19회 하고, 남은 16코를 덮어씌운다.

계산 방법
너비(콧수):
40cm×2코=80코(소매 너비)
8cm×2코=16코(소매의 위쪽 가장자리)

길이(단수):
25cm×2.8단=70단(래글런 길이)

코줄임 콧수:
80코-16코=64코(한쪽 32코)
첫 덮어씌우기=2단에서 한쪽 3코씩
32코-3코=29코(한쪽)
70단-2단=68단

코줄임 배치:
교대로 하는 코줄임(예: 2단마다, 4단마다, 2단마다, 4단마다…)
- 2단마다 1코 코줄임을 5회=10단에서 5코 줄인다
- 4단마다 1코 코줄임을 5회=20단에서 5코 줄인다
- 30단에서 10코 줄인다(좌우 합계 20코 줄인다)
2단마다 1코 코줄임을 19회=38단에서 19코 줄인다(좌우 합계 38코 줄인다)

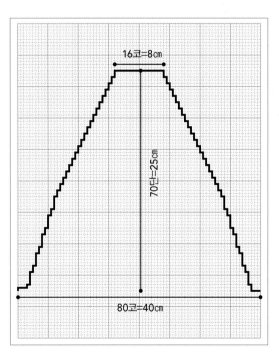

합계: 70단에서 64코 코줄임

카디건 만들기

카디건 만들기에서 진동과 어깨는 풀오버와 선택지가 같습니다. 풀오버와 큰 차이점은 카디건에는 **앞판이 좌우 2장으로 나뉜다**는 것입니다. 일반적으로 이 2장은 같은 너비이고 모양은 좌우대칭입니다.

카디건은 보통 다른 옷 위에 겹쳐 입으므로 풀오버보다 여유분을 넉넉히 잡습니다.

그리고 앞트임을 잠갔을 때 가슴선에 맞는 편안한 스타일로 만들기 위해 앞판은 뒤판보다 여유분을 조금 더 둡니다. 앞여밈단을 달면 앞판의 너비가 넓어집니다. 이것은 앞여밈단을 겹쳤을 때 앞여밈단의 한쪽만큼 너비가 추가되는 것에 따른 것입니다. 어깨 경사는 앞뒤 모두 같지만, 목선은 앞뒤가 다릅니다.

카디건의 앞판 진동이나 옆선은 뒤판에 맞추기 때문에 뒤판과 같은 방법으로 뜹니다. 앞판은 좌우 따로따로 뜨고, 좌우 대칭이 되도록 합니다.

실 2줄을 사용하여 좌우 앞판을 동시에 뜨면 길이나 형태를 같게 맞출 수도 있습니다.

카디건 만들기

앞판 치수를 결정할 때는 한가운데까지의 무늬 수를 계산해야 합니다. 무늬 수에 맞춘 콧수 조정이 필요할 때도 있습니다.

전체 너비, 진동, 목둘레, 그리고 길이 계산이 끝나면 앞트임 부분의 마무리 방법을 정합니다. 뜨면서 끝 코를 1코나 2코 추가해야 할 수도 있습니다. 앞여밈단은(단춧구멍 유무와 관계없이) 나중에 추가로 떠서 마무리할 수도 있고 앞판에서 이어서 뜰 수도 있습니다.

기본 데이터

콧수 게이지: 2코=1cm
단수 게이지: 2.8단=1cm
뒤판의 몸판 너비: 45cm
앞판의 몸판 너비: 24cm
어깨: 10cm
뒤 목 너비: 15cm(여기에서는 표시하지 않는다)
옆선 길이(고무뜨기 제외): 25cm
목 파임: 4cm
진동 길이: 21.5cm
어깨 경사: 2.5cm

뜨는 법

한쪽 앞판을 뜨려면 기초코를 48코 잡아서 고무뜨기를 한 뒤에 70단 뜬다. 진동둘레 모양 만들기는 세트인 슬리브와 같은 방법으로 한다. 목둘레 쪽은 진동둘레 시작에서부터 55단을 증감 없이 뜨고, 목둘레 끝에서 6코 덮어씌우기하고 2단마다 3코 덮어씌우기를 4회 한다. 이와 병행하여 진동둘레 시작에서부터 60단 뜬 지점에서 크루넥과 같은 방법으로 어깨 모양 만들기를 한다.

계산 방법

너비(콧수):
24cm×2코=48코(한쪽 앞판)
10cm×2코=20코(어깨)

길이(단수):
25cm×2.8단=70단(옆선 길이)
21.5cm×2.8단=60.2→60단(진동 길이)
4cm×2.8단=11.2→10단(목 파임)
21.5+2.5cm=24cm(진동과 어깨)
24cm-4cm=20cm
20cm×2.8단=56→55단(겨드랑이에서 목선)

앞 목 코줄임 콧수:
48코(앞판)-10코(진동)-20코(어깨)=18코(앞 목 한쪽)

앞 목선 코줄임 계산:
6코(약 2.5cm) 덮어씌운다=2단에서 6코 덮어씌운다
10단-2단(1번째 코줄임단)=8단→8단에서 나머지 코줄임을 한다
18코-6코=12코→12코를 8단에서 2단마다 코줄임한다→12코÷4회=3코→3코씩 줄인다

합계: 10단에서 18코 줄임

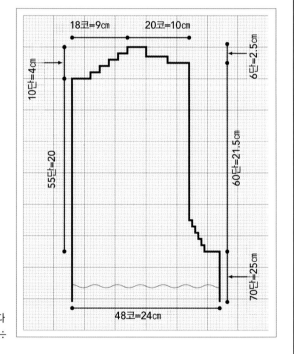

다트 만들기

다트는 어깨 너비를 늘이지 않고 풍만한 가슴에 맞도록 스웨터 앞판을 만들 때 등 옷의 핏을 입는 사람의 체형에 맞춰서 조정하기 위해 이용합니다. 또 재킷, 스커트, 원피스 등 몸의 선을 따라 디자인한 옷에도 다트를 사용합니다. 편물은 다트에 의해 **입체적이 되고** 다트의 너비나 길이에 따라 그 정도가 달라집니다.

니트웨어는 가로 다트와 세로 다트로 입체 형태를 만들 수 있습니다. 양재에서는 다트의 남는 원단이 옷 안쪽에 남는 데 반해, 니트의 다트는 단순히 코줄임만 하는 것이라서 여분의 편물도 남지 않습니다. 다트는 착용감을 고려할 뿐만 아니라 무늬나 배색을 흐트러뜨리지 않도록 신중하게 배치합니다.

세로 다트

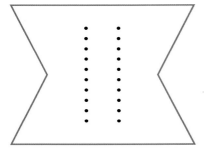

세로로 넣는 2줄 한 쌍의 다트는 허리둘레까지 코를 줄이고 허리둘레 위에서 코를 늘립니다.

세로 다트는 몸에 붙는 옷의 앞판 허리 라인이나 래글런 소매의 소매산 중심을 두드러지게 할 때 사용합니다. 표시한 코의 양쪽에서 1~2코 코늘림이나 코줄임을 합니다.
일반적으로 좌우 한 쌍으로 넣을 때가 많고, 옆선이 아닌 특정 위치에서 여유분이 필요할 때 옆선의 라인을 만드는 것 대신에 사용합니다. 허리가 딱 맞도록 입는 옷에서는 허리둘레까지 코를 줄이고 가슴선 치수까지 코를 늘립니다.
세로 다트를 넣는 순서는 아래와 같습니다.

· 먼저 다트 위치를 정한다. 다트를 2줄 배치할 때는 편물 너비를 세로로 4등분하고 좌우 끝에서 4분의 1 지점에 다트를 배치하는 것이 가장 간단한 방법이다.
· 다트 너비(다트에 할당하고 싶은 편물의 너비)를 콧수 게이지로 구하여 코줄임 콧수를 정한다. 이것을 다트 개수로 나눠서 다트 1개의 코줄임 콧수를 정한다. 다트의 코줄임은 중심의 코 좌우에 균등하게 배치하므로 1개의 코줄임 콧수를 2로 나눠서 한쪽의 코줄임 콧수를 계산한다.

· 다트 길이에 단수 게이지를 곱해서 단수를 구한다.
· 다트 길이의 단수를 다트 1개의 코줄임 콧수의 반으로 나눠서 코줄임 간격을 구한다.

가로 다트

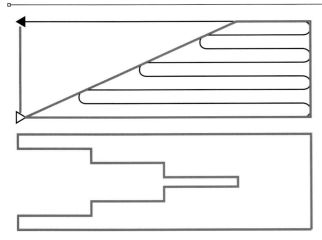

위쪽 그림은 가로 다트의 되돌아뜨기 흐름을 표시한 것입니다. 아래쪽 그림은 코막음을 한 후 다시 코잡기를 해서 만드는 가로 다트를 표시했습니다.

가슴 다트에 이용하는 가로 다트는 되돌아뜨기 또는 덮어씌워 코막음하고 나서 다시 코잡기를 해서 만듭니다. 덮어씌워 코막음을 하면 꿰매기를 해야 하므로 되돌아뜨기로 하는 편이 눈에 띄지 않습니다. 다트는 앞판의 양쪽에 좌우 대칭으로 넣습니다. 되돌아뜨기로 만들 때는 한쪽을 왼쪽 방향으로, 반대쪽은 오른쪽 방향으로 기울게 합니다. 다트를 넣은 편물 길이를 잴 때는 다트가 있는 부분이 아니라 옆선을 따라서 재도록 합니다.
가로 다트를 만드는 순서는 아래와 같습니다.

· 옆선에서 다트를 넣을 위치를 정한다.
· 다트 길이(보통 2.5~5cm)에 단수 게이지를 곱해서 다트에 필요한 단수를 구한다. 단수를 2로 나눠서(오른쪽 다트

는 겉면 단의 끝에서, 왼쪽 다트는 안면 단의 끝에서 한다) 코줄임 콧수를 구한다.
· 다트 너비에 콧수 게이지를 곱해서 다트 너비 콧수를 구한다.
· 콧수를 단수의 반으로 나눠서, 되돌아 뜰(또는 덮어씌우는) 콧수를 구한다.
· 되돌아뜨기(또는 덮어씌우기)가 모두 끝나면 편물의 끝에서 다른 끝까지 뜨고 되돌아뜨기의 단차 없애기나 덮어씌운 콧수와 같은 콧수만큼 코늘림을 한다.

게이지 **159~162**
코늘림 **50~54**

되돌아뜨기로 만들기 **228~230**
코막음 **61~66**

래글런 소매산 만들기 **225**
코줄임 **55~60, 102~103**

신체 치수 **208~209**

되돌아뜨기로 만들기

되돌아뜨기는 편물의 형태를 만들거나 곡선을 만들기 위해, 또는 단수 게이지가 다른 무늬의 길이를 조정할 때 사용하는 기법이며 단을 다 뜨지 않고 돌아오기를 반복합니다. 결과적으로 콧수의 변동 없이 편물의 한쪽이나 일부분이 다른 한쪽이나 그 외의 부분보다 단수가 많아집니다. 이 기법은 단의 도중에서 편물을 돌리기에 **터닝**turning이라고 부르기도 합니다. 되돌아뜨기는 단의 한쪽에서만 할 수도 있고 좌우 동시에 할 수도 있습니다.

되돌아뜨기로 하는 모양 만들기는 어깨나 목둘레에서 덮어씌우기를 할 때 생기는 높낮이 차를 없앨 수 있습니다. 어깨의 되돌아뜨기를 한 뒤에는 모든 뜨개코를 한 번에 덮어씌우든지, 덮어씌우지 않고 다른 편물 한 장과 잇습니다.

단수 게이지가 다른 무늬를 뜰 때 되돌아뜨기를 사용하면, 단수가 적은 부분을 추가로 떠서 전체를 평평하게 조정할 수 있습니다.

자주 이용하는 되돌아뜨기 기법은 **랩앤턴**wrap and turn이지만, 다른 기법으로도 똑같이 뜰 수 있습니다. 단, 기법에 따라 뜨개 난이도나 완성했을 때 눈에 띄는 상태 등에 차이가 느껴지기도 합니다.

되돌아뜨기는 다트, 요크의 뒤 목 세움 둘레, 둥근 요크, 모자, 원형 모티브, 양말 발뒤꿈치 등에 사용합니다. 편물 도중에서 단을 추가했으면 그 단의 끝과 먼저 뜬 단을 매끄럽게 연결하기 위해 아래 중 한 가지 방법으로 '단차 없애기'를 하여 조정합니다.

랩앤턴 되돌아뜨기(겉뜨기 면)

 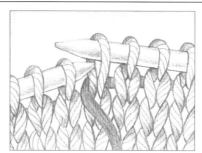  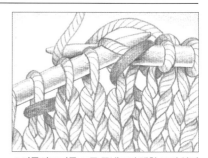

1 편물에 구멍이 나지 않도록, 그리고 매끄럽게 이어서 뜰 수 있도록 다음과 같이 겉뜨기 코에 실을 감는다. 실은 뒤쪽에 둔 상태에서 다음 코에 안뜨기하듯이 바늘을 넣어 오른바늘로 옮긴다.

2 좌우 바늘 사이에서 실을 앞쪽으로 옮긴다.

3 오른바늘에 옮긴 코를 그림처럼 왼바늘로 다시 옮긴다. 편물을 돌리고, 좌우 바늘 사이에서 실을 앞(안뜨기 쪽)으로 옮기면 뜨개실로 1코를 랩한 상태가 된다.

4 되돌아뜨기를 모두 끝냈으면 랩한 코의 앞까지 뜨고, 오른바늘 끝을 랩한 실과 랩한 코에 넣어서 2코를 한꺼번에 겉뜨기한다.

랩앤턴 되돌아뜨기(안뜨기 면)

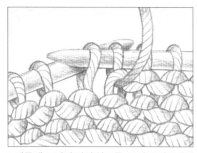 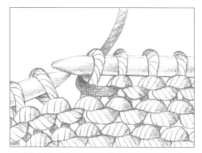 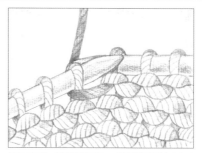 

1 편물에 구멍이 나지 않도록, 그리고 매끄럽게 이어서 뜰 수 있도록 다음과 같이 안뜨기 코에 실을 감는다. 실은 앞쪽에 둔 상태에서 다음 코에 안뜨기하듯이 바늘을 넣어 오른바늘로 옮긴다.

2 좌우 바늘 사이에서 실을 뒤쪽으로 옮긴다.

3 오른바늘에 옮긴 코를 그림처럼 왼바늘로 다시 옮긴다. 편물을 돌리고, 좌우 바늘 사이에서 실을 뒤쪽(안뜨기 쪽)으로 옮기면 뜨개실로 1코를 랩한 상태가 된다.

4 되돌아뜨기를 모두 끝냈으면 랩한 코의 앞까지 뜨고, 오른바늘 끝을 편물 뒤쪽에서 랩의 아래에 넣어서 그림처럼 왼바늘에 끼운다. 왼바늘에 있는 다음 코와 함께 안뜨기한다.

일본식 되돌아뜨기(겉뜨기 면)

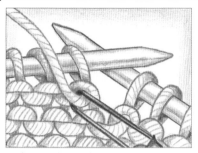
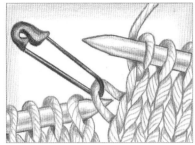
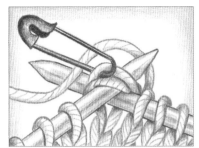

준비 : 되돌아가는 위치까지 겉뜨기하고 편물을 돌린다. 뜨던 실에 마커를 끼우고, 실이 느슨해지지 않도록 한 후 단의 마지막까지 안뜨기한다.

1 단차 없애기를 할 때는 마커를 끼운 코까지 겉뜨기하고, 그림처럼 마커를 당겨서 고리를 만들어 그 고리를 왼바늘에 끼운다.

2 끼운 고리와 다음 코를 한꺼번에 겉뜨기로 뜬다. 마지막에 마커를 뺀다.

일본식 되돌아뜨기(안뜨기 면)

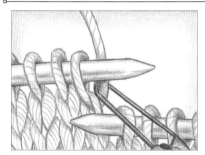

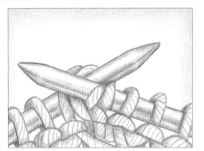

준비 : 되돌아가는 위치까지 안뜨기하고 편물을 돌린다. 뜬 실에 마커를 끼우고, 실이 느슨해지지 않도록 한 후 단의 마지막까지 겉뜨기한다.

1 단차 없애기를 할 때는 마커를 끼운 코까지 안뜨기하고, 그림처럼 마커를 당겨서 고리를 만들어 그 고리를 오른바늘에 끼운다. 다시 그 고리와 왼바늘의 다음 코에 겉뜨기하듯 왼바늘을 넣어서 오른바늘로 옮긴다.

2 양쪽 코를 왼바늘에 옮기고, 꼬아 안뜨기로 2코를 한 번에 뜬다.

바늘비우기를 사용하는 되돌아뜨기(겉뜨기 면)

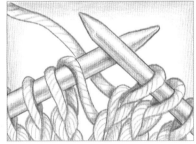
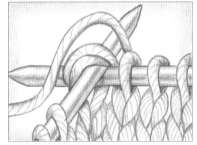

준비 : 되돌아가는 위치까지 겉뜨기하고 편물을 돌린다. 뜨개실을 오른바늘의 앞쪽에서 뒤쪽으로 걸고 그 단의 마지막까지 안뜨기한다.

1 단차 없애기를 할 때는 먼저 바늘비우기 앞까지 겉뜨기한다.

2 바늘비우기 코와 왼바늘의 다음 코를 한꺼번에 겉뜨기로 뜬다.

바늘비우기를 사용하는 되돌아뜨기(안뜨기 면)

  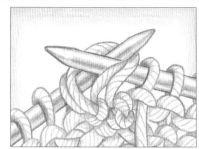

준비 : 되돌아가는 위치까지 안뜨기하고 편물을 돌린다. 그림처럼 뜨개실을 오른바늘의 뒤쪽에서 앞쪽으로 걸고 반대쪽의 되돌아가는 지점까지 겉뜨기한다.

1 단차 없애기를 할 때는 먼저 바늘비우기 앞까지 안뜨기한다. 실을 뒤쪽에 두고 바늘비우기 코는 그대로 둔 채, 그다음 코에는 겉뜨기하듯이 오른바늘을 넣어서 그대로 오른바늘로 옮기고 양쪽 코를 왼바늘로 다시 옮긴다.

2 꼬아 안뜨기로 2코를 한 번에 뜬다.

독일식 되돌아뜨기(겉뜨기 면)

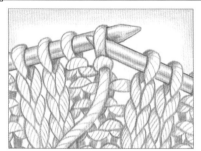 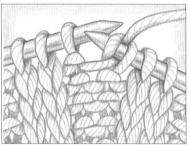 

1 되돌아가는 위치까지 뜨고, 편물을 돌린다. 그림처럼 왼바늘의 첫 코에 안뜨기하듯이 오른바늘을 넣어서 오른바늘로 옮긴다.

2 실을 오른바늘의 위에서 뒤쪽으로 세게 당긴다. 앞단의 코가 당겨져 바늘에 걸려서 2코처럼 되는 상태(이것이 더블스티치)를 만든다. 계속하여 단의 마지막까지 뜬다.

3 다음 단을 뜰 때, 더블스티치로 만든 2가닥짜리 코는 2가닥을 함께 1코로 삼아서 겉뜨기하여 단차 없애기를 한다.

독일식 되돌아뜨기(안뜨기 면)

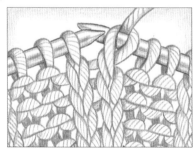 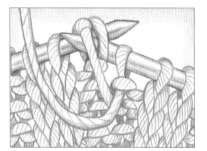

1 되돌아가는 위치까지 뜨고, 뒤에 편물을 돌린다. 겉뜨기 면의 1~2와 같은 방법으로 더블스티치를 만든다.

2 다음 단을 뜰 때, 더블스티치로 만든 2가닥짜리 코는 2가닥을 함께 1코로 삼아서 안뜨기하여 단차 없애기를 한다.

단수 게이지가 다를 때

편물 1장 안에서 단수 게이지가 다른 무늬를 사용할 때는 되돌아뜨기를 사용하여 단수 게이지가 적은 쪽의 무늬를 많이 떠서 조정할 수 있습니다. 되돌아뜨기 방법은 마음에 드는 것을 사용합니다. 예를 들어 오른쪽처럼 메리야스뜨기(단수 게이지 34단=10㎝)와 가터뜨기(단수 게이지 42단=10㎝)를 할 때를 살펴봅시다.

단수 게이지가 다른 편물의 조정

왼쪽은 가터뜨기 17단(4㎝), 오른쪽은 메리야스뜨기 17단(5㎝). 가터뜨기를 5㎝로 하려면 4단이 부족하므로 2㎝마다 2단 많이 떠서 조정하면 메리야스뜨기와 같게 할 수 있다.

가터뜨기를 가장자리에 뜰 때

가장자리를 가터뜨기로 뜨려면, 겉면(의 가터뜨기 쪽)에서 뜨기 시작하여 가터뜨기의 마지막 코까지 뜬 뒤에 되돌려서 가터뜨기 단을 추가한다. 다음 단에서는 단차 없애기를 한다.

가터뜨기를 사이에 뜰 때

가터뜨기까지 뜬 뒤에 되돌리고 다음 단도 가터뜨기까지 뜨고 되돌린다. 다음 단은 가터뜨기를 한 뒤에 단차 없애기를 하고 단의 끝까지 뜬다. 다음 단도 도중에서 단차 없애기를 하고 끝까지 뜬다.

오른쪽으로 올라가는 경사

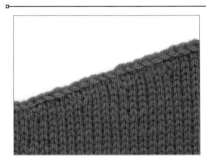

오른쪽으로 올라가는 경사가 생기는 되돌아뜨기 방법으로, 어깨 처짐, 다트, 칼라 등에 사용합니다. 왼쪽 예에서는 메리야스뜨기 20코를 5코씩 4구간으로 구분하고 겉면에서 뜨기 시작합니다.

1단: 겉뜨기 15, 편물을 돌린다(오른바늘에는 뜨고 남은 코가 5코).
2단: 왼바늘의 15코를 안뜨기한다.

3단: 겉뜨기 10, 편물을 돌린다(오른바늘에는 뜨고 남은 코가 10코).
4단: 왼바늘의 10코를 안뜨기한다.
5단: 겉뜨기 5, 편물을 돌린다(오른바늘에는 뜨고 남은 코가 15코).
6단: 왼바늘의 5코를 안뜨기한다.

6단까지 뜨면, 되돌린 위치가 3군데가 됩니다. 7단에서 단의 마지막까지 겉뜨기하면서 3군데에서 단차 없애기를 합니다.

왼쪽으로 올라가는 경사

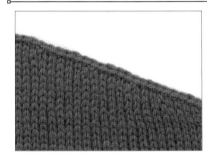

왼쪽으로 올라가는 경사가 생기는 되돌아뜨기 방법으로, 어깨 처짐, 다트, 칼라 등에 사용합니다. 왼쪽 예에서는 메리야스뜨기 20코를 5코씩 4 구간으로 구분하고 안면에서 뜨기 시작합니다.

1단: 안뜨기 15, 편물을 돌린다(오른바늘에는 뜨고 남은 코가 5코).
2단: 왼바늘의 15코를 겉뜨기한다.

3단: 안뜨기 10, 편물을 돌린다(오른바늘에는 뜨고 남은 코가 10코).
4단: 왼바늘의 10코를 겉뜨기한다.
5단: 안뜨기 5, 편물을 돌린다(오른바늘에는 뜨고 남은 코가 15코).
6단: 왼바늘의 5코를 겉뜨기한다.

6단까지 뜨면, 되돌린 위치가 3군데(3코)가 됩니다. 7단에서 단의 마지막까지 안뜨기하면서 3군데에서 단차 없애기를 합니다.

원통으로 뜨는 디자인

원통뜨기 옷은 부분별로 뜨는 대신에 전체를 하나로 이어서 뜨지만, 기본적인 원리는 평면뜨기와 같습니다. P.233, 234 풀오버는 모두 밑단에서부터 위를 향해 뜨고, 겨드랑이에서 몸판과 소매를 나누는 보텀업 타입입니다. P.236~239 풀오버는 목둘레에서부터 톱다운으로 뜨는 타입입니다. 둘 다 카디건으로 뜰 수도 있습니다. 카디건은 하나로 이어서 원형으로 뜨고 앞판 중심을(스틱) 자를 수도 있고, 앞트임을 만들기 위해 대바늘을 사용하여 평면뜨기하는 방법도 있습니다.

옷을 원통뜨기할 때는 언제나 **편물 겉면**을 보며 뜹니다. 서술형 도안의 무늬뜨기가 평면뜨기를 전제로 겉면과 안면 단을 명확하게 구별하여 쓰여 있을 때는 원통뜨기용으로 바꿔서 읽어야 합니다. 원통뜨기에서 메리야스뜨기는 단마다 겉뜨기를 하고 가터뜨기는 겉뜨기와 안뜨기를 교대로 뜹니다. 무늬뜨기나 배색무늬일 때는 무늬가 깨지지 않게 원통뜨기하려면 무늬 단위로 생각해야 합니다. 어떤 무늬라도 원통뜨기는 가능하나, 무늬 맞춤을 그리 엄밀하게 생각하지 않아도 되는 무늬도 있습니다.

줄바늘로 뜰 때의 **게이지**가 대바늘로 뜰 때와 다른 경우도 있습니다. 게이지에 관해서는 P.159~162를 참조합니다.

몸판뿐 아니라 소매도 원통뜨기할 수 있습니다. 또는 원통뜨기하기 쉬운 콧수로 늘어날 때까지 줄바늘로 평면뜨기한 뒤에 원통뜨기할 수도 있습니다. 이때는 단의 시작에 마커를 끼워두고, 코늘림은 마커 양쪽에서 합니다.

원통뜨기 편물의 치수를 잴 때는 편물을 되도록 평평하게 두도록 주의합니다. 재기 전에 콧수의 반을 실이나 다른 줄바늘에 옮겨둡니다. 뜨개코를 바늘에서 완전히 빼도 문제없이 다시 주울 수 있으면 (굵은 실로 뜰 때 등) 완전히 바늘에서 빼도 상관없습니다. 단, 뜨개코를 다시 바늘에 끼울 때 빠뜨리지 않도록 주의합니다.

Tip

원통뜨기 편물 치수 재기

원통뜨기한 편물을 평평하게 하여 재고 싶을 때는 전체 콧수의 반을 별실에 옮겨두면 재기 쉽습니다.

TECHNIQUE

모크 심 Mock Seem

모크 심은 원통뜨기 옷의 옆선에 '꿰매기'처럼 보이는 선을 만드는 기법입니다. 모크 심은 어떤 무늬에도 꼭 맞는다고 할 수는 없으므로 먼저 스와치를 떠서 테스트해보는 것이 좋습니다. 뜨개코를 코막음하기 전에 '꿰매기'를 넣고 싶은 부분(일반적으로는 옆선)의 뜨개코를 1코 빠뜨려서 고무뜨기 부분이나 밑단까지 풀어서 **올이 나간 상태로** 만들고, 빠뜨린 코를 코바늘로 줍습니다. 메리야스뜨기일 때는 1코에서 빼내는 걸친 실을 2줄, 1줄로 교대로 바꾸면서 마지막까지 다시 뜨면 '꿰매기'가 생깁니다. 가터뜨기일 때는 매번 걸친 실 2줄을 1코에서 빼내면 겉뜨기 '꿰매기'가 생깁니다.

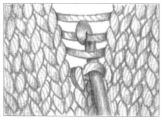

걸친 실 2줄을 빼낸다

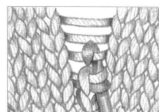

걸친 실 1줄을 빼낸다

요크 없이 원통으로 뜨는 디자인

밑단에서부터 위를 향해 원통뜨기하는 모든 옷은 겨드랑이까지는 같은 방법으로 **원통 모양**으로 뜹니다. 겨드랑이에서부터 완성에 이를 때까지는 몇 가지 방법을 이용할 수 있습니다.

몸판의 원통 모양 편물과 소매를 합쳐서 요크를 만들고 목둘레까지 계속 원통뜨기하는 방법이나 앞뒤판을 원하는 진동 형태로 각각 평면뜨기하고 나중에 소매를 다는 방법 등이 있습니다.

요크를 사용하지 않고 원통뜨기 옷을 뜨려면, 밑단의 시작 위치에 마커를 답니다. 여기가 왼쪽 옆선에 해당합니다(옆선에서 코를 늘리지 않는 디자인이라면 반대쪽 옆선에 다는 2번째 마커는 겨드랑이에 도달할 때까지 필요없습니다).

옆선에서 앞뒤 몸판을 나눴으면 이후는 평면뜨기합니다. 진동의 코줄임은 몸판과 소매를 나눈 단이나 그 다음 단에서 합니다. 먼저 앞뒤판의 코를 나눈 뒤에 진동 코줄임을 하는 게 좀 더 간단합니다. 그 경우에는 먼저 왼쪽 옆선의 마커에서부터 앞판을 뜨고, 단의 딱 절반 지점이 오른쪽 옆선에 해당하므로 2번째

마커를 아직 넣지 않았을 때는 여기서 넣습니다. 여기에서 앞판 뜨개코를 코막음 핀 등에 옮겨서 쉽게 둡니다. 남은 코는 뒤판의 코가 됩니다.

뜨개코를 나누는 단에서 **진동 코줄임을 할** 때는 1번째 마커에서부터 코를 덮어씌우고 2번째 마커까지 앞판을 뜨고, 앞판 코를 코막음 핀 등에 옮겨서 쉽게 합니다. 다음 2단에서 뒤판의 진동 코를 덮어씌웠으면 그대로 뒤판을 평면뜨기합니다.

앞판을 뜰 때는 쉽게 둔 코를 바늘에 다

시 되돌려 놓고, 오른쪽 옆선에서부터 처음에는 안면 단을 새 실을 연결하여 뜨기 시작합니다.

뜨개코를 나누는 단에서 진동 줄임을 할 때 오른쪽 옆선 진동의 덮어씌워 코막음을 첫 번째 안면 단에서 하는 것은 특히 무늬뜨기나 특수한 형태 만들기를 할 때는 아주 중요한 포인트입니다.

TECHNIQUE

원통뜨기와 평면뜨기가 한 작품 안에서 사용될 때의 스와치 뜨기

많은 니터는 스웨터 몸판을 원통뜨기하고 진동둘레에서부터 위를 평면뜨기하는 것을 좋아합니다. 이런 옷을 뜰 때는 원통뜨기에서 평면뜨기, 그리고 평면뜨기에서 원통뜨기로 바꿨을 때의 손땀에 변화가 있는지 없는지를 알아두는 게 중요합니다. 조정할 필요성이 있는지 확인하기 위해 **평면뜨기 스와치**뿐 아니라 **원통뜨기 스와치**도 뜹니다. 완성한 스와치는 평소에 사용하던 방법대로(세탁하여 블로킹하는 방법, 또는 스팀을 쐬어서 블로킹하는 방법) 블로킹합니다. 그 결과, 옷의 완성 치수에 영향을 줄 정도로 게이지 차가 났다면 뜨기 시작하기 전에 고려해둬야 합니다.

평면뜨기 스와치의 안뜨기가 겉뜨기와 비교해서 빡빡하거나 느슨하면, 원통뜨기 부분의

손땀에 맞춰야 할 수도 있습니다. 그럴지만 니터들은 머리로는 이해하더라도 이런 조정을 실행에 옮기는 것을 어려워합니다. 좀 더 실천하기 쉬운 방법으로는 평면뜨기 게이지가 원통뜨기 게이지에 맞도록 **바늘 호수를 바꾸는** 방법이 있습니다. 평면뜨기를 할 때는 안뜨기 단에서 바늘 호수를 바꿉니다. 다른 방법으로는 옷의 디자인에 따른 것이기도 하지만 콧수를 바꾸는 방법도 있습니다. 예를 들어 진동보다 윗부분에 무늬가 있으면 표시 나지 않도록 코줄임이나 코늘림을 할 수 있습니다. 건지 스웨터처럼 질감 있는 무늬뜨기가 진동선 위로 배치되어 있을 때는 몸판의 무늬와 무늬 사이에 안메리야스뜨기나 가터뜨기가 띠 모양으로 들어갑니다. 여기에서 콧수를

증감하면 무늬뜨기와의 게이지 차를 조정할 수 있습니다.

한 작품 안에서 게이지를 조정하는 문제는 원통뜨기와 평면뜨기의 차이만이 아닙니다. 예를 들어 몸판을 단색으로 뜨고 요크 부분에는 **배색무늬**를 뜰 때처럼 한 작품에 두 가지 무늬를 사용할 때, 단색 부분과 배색뜨기 부분은 편물의 특성이 다릅니다. 배색무늬는 메리야스뜨기보다 신축성이 부족합니다. 이런 경우에도 양쪽의 스와치를 떠보면 조정 방법을 찾을 수 있습니다.

많은 옷에서 바늘 호수나 콧수를 바꿔서 쉽게 형태 만들기를 할 수 있습니다. 이 방법은 고무뜨기 부분에 이용할 때가 많고, 소맷부리나 목둘레의 신축성을 확보하며 스웨터의

다른 부분보다 탄탄한 편물로 마무리할 수 있습니다. 바늘 호수를 바꾸는 방법은 허리 라인 만들기에도 사용할 수 있습니다. 이 경우에도 옷 전체의 게이지 스와치를 토대로 하여 최종적인 치수를 알 수 있습니다.

둥근 요크 디자인

둥근 요크 디자인은 **앞뒤판과 소매를 겨드랑이에서 잇고**, 거기에서부터는 넥밴드까지 계속 원통뜨기합니다. 요크 부분이 소매산, 어깨, 앞뒤판이 됩니다. 둥근 요크는 진동과 어깨도 겸하기 때문에 요크 길이는 표준 진동 길이보다 조금 길게 합니다.

요크는 일반적으로 배색무늬나 무늬뜨기를 원통 모양으로 배치하고 그 사이에 무늬 없는 코줄임 단이 들어가는 형태로 이용됩니다. 다음 페이지의 예는 같은 간격으로 코줄임을 배치하고(분산 코줄임) 4회에 걸쳐 코줄임을 하는 둥근 요크입니다. 래글런 진동도 특정 부분에서 몇 단에 걸쳐서 요크의 코줄임을 하여 뜰 수 있습니다.

코줄임을 계속해서 줄바늘에 뜨개코를 펼치기에는 콧수가 부족해졌으면 짧은 줄바늘로 바꾸는 것을 추천합니다.

둥근 요크 스웨터를 뜰 때의 가장 중요한 포인트는 몸판과 소매를 합치는 부분입니다. 이 부분을 몇 과정으로 나눠서 설명합니다.

겨드랑이 코를 코막음 핀에 옮긴다

몸판과 소매를 겨드랑이 길이까지 뜹니다. 이 시점에서 몸판도 소매도 겨드랑이 5~7.5cm 정도의 코는 뜨지 않고 쉬게 둡니다. 이 콧수는 실 굵기나 스웨터 사이즈에 따라 다릅니다. 그리고 이 부분의 중심에 옆선 표시를 해둡니다. 이 부분의 뜨개코는 버림실에 옮겨두고, 요크를 다 뜬 단계에서 몸판과 소매를 서로 잇습니다.

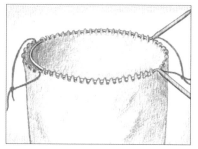 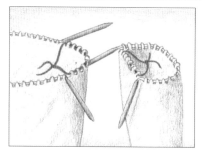

1 겨드랑이의 콧수가 한쪽에서 8코일 때, 1단을 뜨면서 옆선의 좌우 4코씩을 버림실에 옮긴다. 마지막은 왼쪽 옆선의 뒤판 쪽에서 끝나도록 한다.

2 같은 방법으로 소매의 옆선에 표시하고, 그 좌우 4코씩을 버림실에 옮긴다. 버림실에 옮긴 소매의 코와 몸판의 코를 맞붙이면 요크를 뜰 준비가 갖춰진다.

요크를 잇는다

요크를 잇기 전에 니트 핀이나 마커로 앞판 쪽에 표시해둡니다. 왼쪽 겨드랑이의 앞판 쪽에서부터 뜨기 시작하여 오른쪽 옆선 앞까지 뜨고 첫 소매를 뜹니다. 소매는 버림실에 쉬게 둔 겨드랑이 부분 이외의 코를 모두 뜹니다. 뒤판을 오른쪽 옆선에서부터 왼쪽 옆선까지 뜨고, 다른 한쪽 소매를 뜨는데 버림실에 쉬게 둔 겨드랑이 부분 이외의 코를 모두 뜹니다. 그리고 새 마커를 달고 여기를 단의 시작으로 삼습니다.

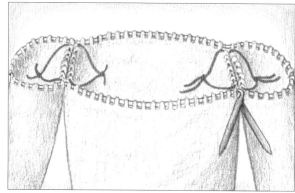

둥근 요크의 첫 중요 포인트는 모든 부분을 잇는 것. 겨드랑이 코는 요크가 완성될 때까지 버림실에 쉬게 둔다.

요크를 만들기

요크 길이를 정할 때는 진동과 어깨도 포함되어 있기 때문에 표준 진동 길이보다 길게 해둡니다.

코줄임은 줄임 콧수, 실 굵기, 스웨터 사이즈 등에 따라 일반적으로 3~5회에 나눠서 합니다. 전체 요크에 대한 비율로 각 코줄임단의 줄임 콧수를 구할 수 있습니다(줄임 콧수는 매번 줄어듭니다). 이 예에서는 알아보기 쉽게 하기 위해 코줄임 단에서는 같은 콧수씩 줄이는 것으로 했습니다. 코줄임 콧수는 요크의 합계 콧수(몸판+소매×2-겨드랑이×4)에서 완성된 목둘레의 콧수를 빼서 구합니다.

기본 데이터

콧수 게이지: 2코=1cm
단수 게이지: 2.8단=1cm
몸통둘레: 100cm
팔둘레: 50cm
목둘레: 40cm
요크 길이: 25cm
겨드랑이 너비: 6cm

뜨는 법

352코를 주운 후에 16단을 원통뜨기한다.
1번째 코줄임 단: *<겉 4, k2tog>를 3회, <겉 3, k2tog>를 14회 반복한다**. *~**를 단의 마지막까지 반복한다. 합계 284코가 된다.
증감 없이 16단 뜬다.
2번째 코줄임 단: *<겉 3, k2tog>를 3회, <겉 2, k2tog>를 14회 반복한다**. *~**를 단의 마지막까지 반복한다. 합계 216코가 된다.
증감 없이 16단 뜬다.
3번째 코줄임 단: *<겉 2, k2tog>를 3회, <겉 1, k2tog>를 14회 반복한다**. *~**를 단의 마지막까지 반복한다. 합계 148코가 된다.
증감 없이 16단 뜬다.
4번째 코줄임 단: *<겉 1, k2tog>를 3회, k2tog를 14회 반복한다**. *~**를 단의 마지막까지 반복한다. 합계

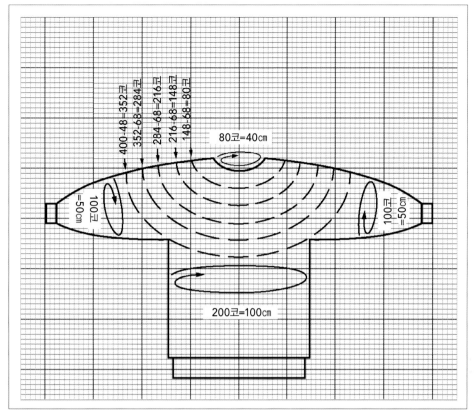

80코가 된다.
증감 없이 2단 뜬다. 넥밴드를 뜰 준비가 되었다.

계산 방법

너비(콧수):
100cm×2코=200코(몸판)
50cm×2코=100코(소매)
40cm×2코=80코(목둘레)
6cm×2코=12코(겨드랑이 쉬는 코)
길이(단수):
25cm×2.8단=70단(요크 길이)

필요한 코줄임 콧수:
200코(몸판)+100코(소매)+100코(소매)=400코
400코-48코(겨드랑이)=352코
352코-80코(목둘레)=272코
70단에서 272코 줄인다
1회분 코줄임 콧수:
272코÷4회=68코 70단-4단=66단
코줄임단마다 68코 씩 줄이고, 66단은 증감없이 뜬다
코줄임 없는 단의 배분:
66단÷4=16.5단→약 16단
합계 단수:
16단×4=64단+코줄임 단 4단+평평하게 뜨는 단 2단=70단

TECHNIQUE

요크 스웨터의 넥밴드

요크 스웨터 넥밴드는 가는 바늘로 바꿔서 고무뜨기를 뜨는 것이 가장 간단한 방법입니다. 이 방법으로 뜨면, 앞뒤판의 목둘레 높이는 똑같아집니다. 앞판 쪽에 목 파임을 만들고 싶을 때는 넥밴드를 뜨기 시작하기 전에 코줄임이나 되돌아뜨기를 하여 목선 만들기를 해줘야 합니다. 이 작업은 좌우 옆 목에 마커를 다는 것부터 시작합니다.

코줄임으로 앞 목 곡선 만들기를 하려면 목 파임의 바닥이 되는 콧수를 정하고, 그 콧수분을 코막음 핀에 옮깁니다. 그리고 평면뜨기로 코막음 핀에 옮긴 코의 좌우에서 코줄임하면서 어깨까지 뜹니다. 남은 뒤 목둘레 코는 덮어씌워 코막음합니다. 넥밴드를 뜰 때는 목둘레 전체(뒤 목둘레와 좌우 앞 목곡선, 코막음 핀에 옮긴 코)에서 코를 주워서 뜨기 시작합니다. 코줍기를 했으면 취향에 맞게 넥밴드를 뜹니다.

톱다운으로 원통으로 뜨는 디자인

보텀업으로(밑단에서 위를 향해) 원통뜨기할 때와 마찬가지로 톱다운(목둘레에서 밑단으로)으로 원통뜨기하면 꿰매는 작업이 없어집니다. 이와 같은 구조의 이점은 뜨면서 옷을 입어볼 수 있는 것입니다. 목에서 겨드랑이까지의 길이나 옆선의 길이를 뜨면서 확인할 수 있습니다. 게다가 완성 후에도 전체 길이나 소매 길이를 더 뜨거나 풀어서 수정할 수 있기 때문에 성장기 아이 옷에는 이상적인 뜨개법입니다.

단, 무늬뜨기나 배색무늬를 이용할 때는 무늬의 **위아래를 거꾸로 하여** 떠야 합니다. 그래서 이 뜨개 방향에는 적합하지 않은 무늬도 있습니다.

래글런 소매 풀오버나 카디건에는 톱다운 구조인 옷이 많이 있습니다. 풀오버에 대해서는 아래에서 설명했지만, 같은 방법으로 하여 앞중심을 잇지 않고 평면뜨기하면 간단하게 카디건으로도 변형할 수 있습니다.

먼저 짧은 줄바늘로 뜨기 시작하고, 콧수가 늘어남에 따라 긴 줄바늘로 바꿉니다.

처음에 각 부분의 경계에 색이 다른 **마커**를 넣어두면 좋습니다. 예를 들어 앞판의 코늘림에는 1번째 색, 앞판 끝선과 소매 끝선에는 2번째 색을, 그리고 뒤판 끝선에는 3번째 색을 사용합니다.

원칙으로 4부분(뒤판, 좌우 소매, 앞판)은

겨드랑이까지는 뜨면서 8군데(각 부분의 좌우 끝)에서 코늘림을 합니다. 또 목둘레를 이을 때까지는 좌우 앞 목선 가장자리에서도 코늘림을 합니다. 코늘림은 래글런 기준코 양쪽에서 진행합니다.

먼저 종이에 치수를 적습니다. 처음에 필요한 것은 뒤 목 너비와 래글런 길이입니다. 이 디자인의 출발점은 뒤 목 너비가 되고, 이것을 토대로 소매 시작 너비를 정합니다. 기준으로는 뒤 목 너비의 1/3이 소매 시작 너비가 됩니다.

뒤 목을 앞 목보다 높게 하기 위해서 기초코를 잡을 때 앞 목의 코는 소매의 앞판 쪽에 좌우 1코씩만 만들어둡니다. 기초코를 잡은 뒤에는 평면뜨기로 코늘림

을 하면서 앞 목의 목 파임이 원하는 길이가 될 때까지 계속하고, 앞 목 한가운데의 평평한 부분의 코를 더 늘려서 원통이 되도록 잇습니다.

기초코(아래 예에서는 56코)를 잡았으면, 1단을 뜨면서 마커를 바른 위치에 넣는 것이 중요합니다. 이것이 그 이후의 과정에서 중요한 역할을 합니다.

코잡기와 마커의 배치

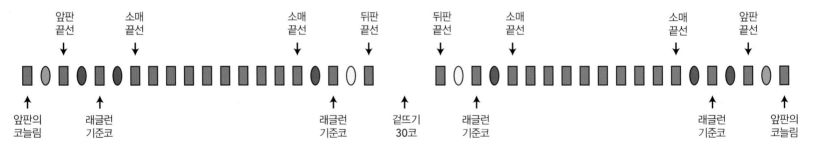

코잡기를 했으면 아직 원통으로 잇지 말고 1단을 다음처럼 뜹니다:

- 첫 코를 kfb하고, 뜬 2코 사이에 마커를 넣는다.
- 2번째 마커를 넣는다(앞판 끝선).
- 겉뜨기를 1코 한다(래글런 기준코).
- 3번째 마커를 넣는다(소매 끝선).
- 겉뜨기를 10코 하고, 4번째 마커를 넣는다(소매 끝선).
- 겉뜨기를 1코 한다(래글런 기준코).
- 5번째 마커를 넣는다(뒤판 끝선).

- 겉뜨기를 30코 하고, 6번째 마커를 넣는다(뒤판 끝선).
- 겉뜨기를 1코 한다(래글런 기준코).
- 7번째 마커를 넣는다(소매 끝선).
- 겉뜨기를 10코 하고, 8번째 마커를 넣는다(소매 끝선).
- 겉뜨기를 1코 한다(래글런 기준코).
- 9번째 마커를 넣는다(앞판 끝선).

- 마지막 코는 첫 코와 같은 방법으로 뜨고, 10번째 마커를 이 마지막 2코 사이에 넣는다.

이와 같이 단을 정리했으면(합계 58코가 된다), 아직 원으로 잇지 말고 앞 목의 코늘림이 완료될 때까지 평면뜨기합니다.

범례

□ 뜨개코

 마커

앞 목 계획 세우기

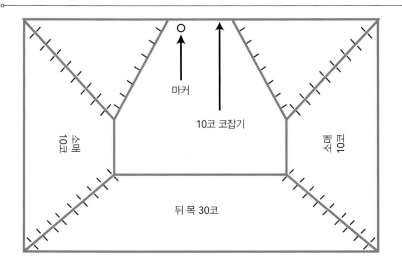

1단(겉면)을 뜨고 마커를 넣으면 앞 목의 코늘림을 할 준비가 완료된다.

2단(안면)과 이후의 안면 단에서는 안뜨기를 한다. 처음 2단을 뜨면, 앞판 끝선의 양쪽에서 1코씩 늘어나 있다. 계속하여 겉면 단에서 매회 10코씩(래글런 기준코 좌우 합계 8코와 좌우 앞판 끝선의 합계 2코) 늘리는 코늘림을 8회 한다.

코늘림 순서는 다음과 같다: 1코 늘린다. 마커까지 뜨고 마커를 옮기고 *다음 마커 1코 전까지 뜬다. 1코 늘린다, 마커를 옮기고 1코 겉뜨기한다. 마커를 옮기고 1코 늘린다**. *~**를 3회 더 반복한다. 마지막 마커까지 뜨고, 마커를 옮기고 1코 남을 때까지 뜨고, 1코 늘린다.

앞 목 중심의 콧수는 코늘림을 다 끝냈을 때의 뒤판 콧수에서 앞판 콧수를 빼서 산출한다(뺄셈 답이 앞 목 중심의 콧수가 된다). 이 콧수(왼쪽의 예라면 10코)를 19단의 마지막에 늘린다(기초코를 잡는다). 원으로 만드는 20단의 처음에 마커를 넣는다. 처음과 마지막의 앞판 끝선에 넣었던 마커는 뜨면서 뺀다. 1단을 뜬다.

래글런 기준코의 양쪽에서 2단마다 코늘림을 하여 래글런 길이(70단)까지 뜬다.

몸판을 뜬다

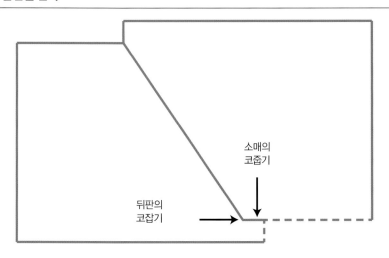

뜨개코를 버림실에 옮기면, 몸판과 소매를 분리하기 전에 입어볼 수 있다. 여기에서 래글런 부분을 조금 더 길게 뜨거나 몇 단 푸는 등 래글런 길이를 조정할 수 있다. 원하는 래글런 길이를 떴으면 마커를 빼면서 소매 코를 버림실에 옮긴다(좌우의 래글런 기준 2코는 소매 코와 함께 해둔다).

앞뒤판을 이어서 몸판 전체를 원통으로 뜬다. 앞뒤판 양 끝에서는 겨드랑이 분량으로 2.5cm나 그 이상으로 콧수를 늘릴 수도 있다. 이 부분을 타당한 범위 안에서 유효하게 활용하여 몸판이나 소매 너비를 조정한다. 이후 밑단까지 계속해서 뜬다.

소매는 줄바늘이나 막대바늘 중 어떤 것으로 떠도 좋다. 소매의 뜨개 시작에서는 앞뒤판의 겨드랑이 분량과 같은 콧수만큼 코를 잡는다. 이때 앞뒤판의 겨드랑이 부분에서 코를 주우면, 나중에 이을 필요가 없다. 톱다운으로 소매를 뜰 때, 소매 솔기에서 코늘림이 아니라 코줄임을 하며 뜬다.

몸판과 소매를 떴으면 나머지는 넥밴드를 더 뜨기만 하면 된다. 겨드랑이 이외에는 꿰매기가 필요 없다.

톱다운으로 뜨는 요크

기본 데이터
콧수 게이지: 2코=1cm
단수(원통뜨기) 게이지: 2.8단=1cm
편물: 메리야스뜨기
뒤 목 너비: 15cm
목 파임: 6.5cm
래글런 길이: 25cm

뜨는 법
기초코를 잡고 첫 단에서 왼쪽 페이지와 같은 방법으로 마커를 넣고, 위의 '앞 목 계획 세우기'대로 목선 코늘림을 한다.

계산 방법
너비(콧수) :
15cm×2코=30코(뒤 목 너비)
길이(단수 또는 둘레):
6.5cm×2.8단=18.2단→18단(목 파임)
25cm×2.8단=70단(래글런 길이)
소매 콧수:
30÷3=10코(뒤 목 너비의 3분의 1) (소매)

기초코 콧수:
30코(뒤 목 너비)+10코(소매)+10코(소매)+2코(앞판 끝선 코)+4코(래글런 기준코)=56코
앞판의 콧수 계산:
18단 종료 후의 콧수: 9코(앞판)+9코(앞판 끝선)=18코(각 앞판)=합계 36코
앞 목 중심 콧수:
46코(뒤 목)-36코(앞 목)=10코

막대바늘 **19~20**
줄바늘 **19, 22, 115**
스티치 마커 **24~25**
코늘림 **50~54**
신체 치수 **208~209**
코잡기 **32~41**
원통뜨기 **113~122**

드롭 숄더, 잘 맞는 세트인 슬리브를 원통으로 뜨는 디자인

톱다운으로 뜨는 풀오버는 래글런 소매만이 아니라 **드롭 숄더**나 잘 맞는 세트인 슬리브로도 뜰 수 있습니다. 이런 스웨터를 뜰 때는 먼저 아래처럼 **양 어깨**와 **뒤 목**에 필요한 콧수만큼 기초코를 잡습니다. 사슬코를 이용한 풀어내는 코잡기로, 나중에 앞판의 코를 주울 수 있도록 해둡니다. 기초코를 잡았으면 뒤판 겨드랑이까지 직사각형으로 뜨고 일단 뜨개코를 버림실에 옮겨서 쉬게 둡니다.

앞판을 뜨려면 기초코를 풀어서 어깨의 코를 뜨개바늘에 끼우고 뒤 목둘레의 코는 코막음 핀에 옮깁니다. 풀오버일 때는 패턴의 지시에 따라, 또는 원하는 대로 앞 목 코늘림을 하며 앞판을 겨드랑이까지 평면뜨기합니다. 앞판이 뒤판과 같은 길이가 됐으면, 앞뒤판을 겨드랑이에서 이어서 원통으로 만들고 밑단까지 뜹니다. 카디건일 때는 앞판을 앞 중심에서 나눠서 각각 겨드랑이까지 평면뜨기합니다. 겨드랑이까지 떴으면, 앞뒤판을 잇고 밑단까지 평면뜨기합니다.

몸판을 떴으면, 진동둘레에서 코를 주워서 어깨에서 소맷부리를 향해 소매를 뜹니다. 같은 간격으로 코줄임을 하며 진동둘레 콧수가 손목둘레 콧수가 될 때까지, 또는 반소매나 7부 소매일 때는 소매 끝의 콧수가 될 때까지 뜹니다.

잘 맞는 세트인 슬리브에 **소매산**을 만들고 싶을 때는 진동둘레에서 코를 주운 뒤에 P.240~241에서 소개하는 방법을 이용하여 소매산 만들기를 해도 좋습니다. 또는 첫 직사각형을 뜨기 시작할 때, 뒤 목을 앞 목선과 같은 방법으로 코늘림하며 만들 수도 있습니다.

풀오버를 완성하려면 뒤 목둘레와 앞 목둘레를 따라서 코를 주워서 고무뜨기나 패턴에 적힌 무늬뜨기로 뜹니다. 카디건일 때는 넥밴드는 목둘레를 따라서, 앞 여밈단(버튼밴드)은 앞판 끝선을 따라서 코를 주워 각각 평면뜨기합니다.

목선 코늘림을 한 톱다운 스웨터를 원통으로 뜨기

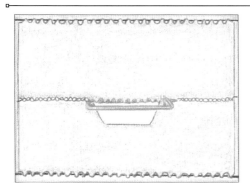

1 어깨에서부터 뒤판을 겨드랑이까지 뜬다. 뒤 목 코는 코막음 핀에 쉬게 두고, 좌우 어깨의 코를 주워서 앞판을 뜬다. 앞 목 코늘림을 하며 뒤판과 같은 길이가 될 때까지 뜬다.

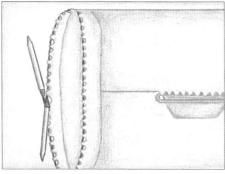

2 진동둘레에서 코를 주워 소매를 어깨에서부터 소매 끝을 향해 뜬다.

3 앞뒤판을 원통으로 만들어서 밑단을 향해 뜬다.

되돌아뜨기를 사용하는 톱다운 세트인 슬리브

많은 전통적인 스웨터는 원통뜨기를 하고 소매도 진동둘레에서 소맷부리까지 시접 없이 떴습니다. 그렇기 때문에 많은 경우에 단순한 형태에 루즈핏이 되는 특징이 있습니다.

이런 스웨터는 일반적으로 어부가 입는 옷이며 겨드랑이 거싯을 더해 소매에도 충분히 여유분을 넣었습니다. 래글런 소매나 새들이 달린 소매라면 톱다운으로 떠도 진동둘레의 부피가 커지는 것을 완화할 수 있지만, 잘 맞는 세트인 슬리브 스웨터는 톱다운으로 뜨기 어려우므로 그런 스웨터는 각 부분을 따로 떴습니다. 이 경우에는 각 부분을 평면으로 떠서 진동둘레에 맞춰서 꿰매어 답니다.

바바라 G. 워커는 저서《니팅 프롬 더 톱 Knitting from the Top》에서 **되돌아뜨기**를 이용하면 톱다운 방식으로도 보텀업으로 뜬 것 같은 잘 맞는 세트인 슬리브를 뜰 수 있다고 소개했습니다. 또 이 방법으로 하면 꿰매기가 불필요해지고, 뜨면서 옷을 입어볼 수 있는 이점에 대해서도 썼습니다.

톱다운으로 잘 맞는 세트인 슬리브를 원통뜨기하는 방법의 대다수는 바바라 워커의 방법이거나 거기에서 파생된 방법입니다. 많은 니터는 잘 맞는 세트인 슬리브를 평면뜨기한 뒤에 소매 달기를 하는 것을 더 좋아하지만, 되돌아뜨기로 뜨는 톱다운 소매도 편리합니다. 톱다운 세트인 슬리브는 원통뜨기 스웨터에서도, 앞뒤판을 따로따로 평면뜨기하는 스웨터에서도 사용할 수 있습니다. 평면뜨기 스웨터에서는 어깨 잇기와 옆선 잇기를 한 뒤에 **진동둘레를 따라** 코를 주워서 소매를 뜹니다.

톱다운으로 시접 없이 세트인 슬리브를 뜨기 시작하려면 먼저 진동둘레를 따라 원을 그리듯이 코를 줍습니다. 진동둘레 치수가 40㎝ 이상이면 40㎝ 줄바늘을 사용합니다. 소매 끝을 향해 떠가면서 코가 줄어들기 때문에 도중에 양쪽 막대바늘로 바꿉니다. 그 외에 줄바늘을 2개 사용하는 방법과 매직 루프로 뜨는 방법도 있습니다.

진동둘레를 따라서 줍는 콧수를 결정하려면 먼저 팔둘레를 잽니다. 그 치수에서 게이지를 사용하여 콧수를 계산하고, 거기에서 겨드랑이 코막음 콧수를 뺍니다. 여유분을 주고 싶을 때는 콧수를 추가합니다. 코줍기 콧수의 반을 진동둘레의 한쪽, 즉 겨드랑이 중심에서 어깨 중심까지, 그리고 나머지 반을 진동둘레의 나머지 한쪽에서 줍습니다.

코줍기를 고르게 분산하려면 진동둘레 앞뒤의 단수를 각각 세고, 2단마다 1코 줍는다. 3단마다 2코 줍는다 등의 규칙을 정합니다. 되돌아뜨기로 모양 만들기를 할 때는 마커를 4개 준비해두면 편리합니다. P.240 그림처럼 1번 마커는 겨드랑이의 끝점에, 2번과 3번은 어깨 중심에서 진동둘레를 따라 앞뒤 각각 3분의 1씩 내려온 지점에, 그리고 4번은 겨드랑이의 시작점에 달아줍니다.

코줍기를 끝냈으면, 겨드랑이 중심에서 원이 되도록 잇고, 단의 시작 위치에 마커를 넣은 후 겨드랑이 중심에서 3번 마커까지 겉뜨기합니다. 마커를 지나 1코를 뜨고 '랩앤턴'(또는 원하는 되돌아뜨기 기법)으로 되돌아갑니다. 편물을 돌리고, 2번 마커까지 안뜨기합니다. 마커를 지나 1코를 안뜨기하고, '랩앤턴'(또는 원하는 되돌아뜨기 기법)으로 되돌아갑니다. 첫 '랩앤턴'을 지나 1코를 뜨고 '랩앤턴', 안뜨기로 돌아가서 '랩앤턴'을 지나 1코를 뜨고 '랩앤턴'합니다. '랩앤턴' 기법으로 뜰 때는 앞단에서 랩한 코를 뜰 때는 반드시 랩과 랩한 코를 한 번에 겉뜨기나 안뜨기하여 단차 없애기를 합니다.

이와 같이 단마다 1코씩 되돌아뜨면서 1번째와 4번째 마커에 도달할 때까지 계속 뜹니다. 도달하면 소매산이 완성된 것입니다. 여기에서부터는 팔둘레 치수에서 소맷부리 치수가 될 때까지 같은 간격으로 코줄임을 하며 소매 끝까지 떠갑니다.

되돌아뜨기 위치를 바꾸거나 소매산 부근의 코줄임 콧수를 아래쪽보다 많게 하면, 보텀업으로 뜨는 소매산의 마지막에 보이는 전통적인 세트인 슬리브 비슷한 소매를 뜰 수 있습니다.

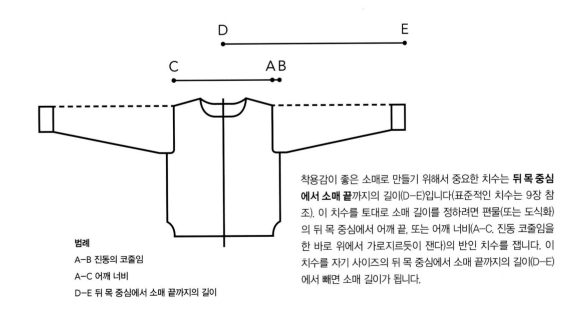

범례
A-B 진동의 코줄임
A-C 어깨 너비
D-E 뒤 목 중심에서 소매 끝까지의 길이

착용감이 좋은 소매로 만들기 위해서 중요한 치수는 **뒤 목 중심에서 소매 끝까지의 길이**(D-E)입니다(표준적인 치수는 9장 참조). 이 치수를 토대로 소매 길이를 정하려면 편물(또는 도식화)의 뒤 목 중심에서 어깨 끝, 또는 어깨 너비(A-C. 진동 코줄임을 한 바로 위에서 가로지르듯이 잰다)의 반인 치수를 잽니다. 이 치수를 자기 사이즈의 뒤 목 중심에서 소매 끝까지의 길이(D-E)에서 빼면 소매 길이가 됩니다.

되돌아뜨기 없는 톱다운 세트인 슬리브

많은 니터가 세트인 슬리브는 기존처럼 소맷부리에서부터 떠서 코늘림이나 코줄임을 하며 소매산을 뜨는 방법보다 톱다운으로 뜨는 편이 실은 간단하다는 것을 아는 듯합니다.

평면뜨기한 소매는 소매 옆선을 잇거나 진동둘레에 달아야 합니다. 이와는 대조적으로 톱다운 소매는 원통뜨기하기 때문에 이을 필요가 없고, 진동둘레를 따라서 코를 줍기 때문에 진동둘레에 소매를 맞춰서 조정하며 소매를 달 필요도 없습니다. 뜨는 작업을 완료하면, 톱다운으로 원통뜨기한 소매는 이미 자기 자리에 달려 있습니다. 도중에서 소매 길이를 확인하기도 간단합니다.

진동 코줄임이 겨드랑이 중심에서 좌우 각각 5~6.25cm, 합계 10~12.5cm일 때는 소매산 만들기를 하지 않아도 됩니다. 이때 소매산 높이는 5cm 이내로 합니다.

이 방법으로 소매를 뜰 때는 진동둘레에서 하는 코줍기를 겨드랑이 중심에서 시작하고, 계속하여 경사나 곡선을 따라서 코를 줍습니다. 시작 위치까지 돌아왔으면 원통 모양으로 잇습니다. 여기에서부터는 같은 간격으로 코줄임을 하며 원통뜨기를 계속하여 팔둘레 치수에서 소맷부리 치수로 줄입니다.

TECHNIQUE

원통 모양 편물을 잘라서 펼치기(스틱)

배색무늬(P.121)에 스틱을 이용하는 것 이외에 같은 테크닉을 풀오버의 진동, 목, 카디건의 앞여밈단을 잘라서 벌릴 때도 사용할 수 있습니다. 잘라서 벌리기 위한 여분의 코를 더 뜨든가, 그대로 조심스럽게 원통 모양 편물을 잘라서 펼칩니다.

스틱용 여분의 코를 뜨지 않을 때는 자를 부분에서 1~2번째 코를 따라 재봉틀로 박아서 보강할 수 있습니다. 보강했으면, 자를 코의 중심을 따라 시침질하고, 잘 드는 가위를 사용하여 시침질 표시를 따라 자릅니다. 잘려진 편물 가장자리는 **감침질**을 하든지 안단을 달아서 마무리합니다.

목선 만들기는 원통 편물의 윗부분에서 할 수 있습니다. 먼저 앞 목선의 중심 부분은 덮어씌우거나 쉬게 둡니다. 다음에 목을 평면뜨기하며 코줄임이나 **되돌아뜨기**로 목선을 만들어줍니다.

대신에 앞 목의 중심 부분에서 덮어씌우기를 하고, 스틱용 여분의 코를 만들어서 원통뜨기하며 코줄임 또는 되돌아뜨기를 스틱 바깥 쪽에서도 할 수 있습니다. 원통 모양 편물을 다 떴으면 잘라서 펼치고 일반적인 스틱처럼 마무리합니다.

울 소재를 사용하면 실이 가볍게 펠팅되어 엉키기 때문에 풀리는 일은 없습니다. 슈퍼워시 가공된 울이나 실크, 합성섬유 실일 때는 스틱을 보강하고, 잘린 가장자리를 안쪽에 꿰매어 마무리합니다.

되돌아뜨기를 사용하는 톱다운 세트인 슬리브

기본 데이터

콧수 게이지: 2코=1cm
단수(원통뜨기) 게이지: 2.8단=1cm
패턴: 메리야스뜨기
진동 길이: 21cm
팔둘레: 37.5cm

뜨는 법과 계산 방법

· 팔둘레를 재서, 진동둘레 코줍기 콧수를 게이지를 사용하여 계산한다.
2코×37.5cm=75코 줍는다

· 마커 1(보라)을 겨드랑이 코막음의 왼쪽 끝, 소매 중심에서부터 좌우 각각 겨드랑이까지의 거리의 3분의 1 위치에 마커 2(주황)와 마커 3(빨강), 마커 4(초록)를 겨드랑이 오른쪽 끝에 넣는다. 소매산 중심과 겨드랑이 중심에도 마커를 넣는다.

· 겨드랑이 중심을 시작점으로 하여 코줍기 콧수의 반을 진동둘레 전반, 나머지는 후반에서 줍는다(앞뒤판 진동둘레에서 고르게 줍기 때문에 합계 콧수는 짝수가 된다. 여기에서는 38코씩 주워서 합계 76코). 겨드랑이 코막음은 16코로 앞뒤 몸판에서 8코씩, 진동둘레에서는 앞뒤 각각 30코씩 줍는다. 진동둘레의 코줍기 방법은 진동 길이(21cm)에서 계산한다:
2.8단×21cm=58.8단→60단
60단에서 30코 줍는다→1단씩 걸러 1코 줍는다

마커 2는 소매 중심에서 왼쪽으로 10코 위치, 마커 3은 소매 중심에서 오른쪽으로 10코 위치가 된다.

· 2단은 겨드랑이 중심에서 마커 3까지 겉뜨기한다. '랩앤턴'(또는 원하는 되돌아뜨기 기법)을 하고, 마커 2까지 안뜨기하고 '랩앤턴'(또는 원하는 되돌아뜨기 기법)한다.

· 단마다 되돌아뜨기를 반복하면서 마커 1과 4에 도달할 때까지 뜨면 소매산이 생긴다. 되돌아가는 위치를 다음에 뜰 때는 매번 단차 없애기를 한다.

· 고르게 코줄임을 하여 소맷부리 콧수가 될 때까지 소매를 원통 뜨기한다.

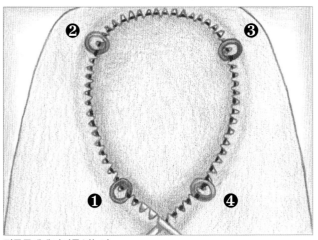

진동둘레에 마커를 넣는다

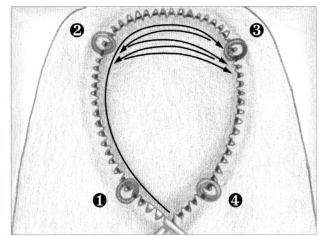

되돌아뜨기로 소매산을 만든다

편물의 가장자리 Selvages

편물 **가장자리**selvage 또는 selvedge란 **단의 시작과 끝**에 뜨개코를 바꿔서 만드는 **끝 부분**edge을 가리킵니다. 편물을 고정시키고, 시접으로 사용하거나 그 상태 그대로 마무리할 수도 있습니다.

기존 패턴에 가장자리 코를 추가하거나 독자적인 디자인으로 사용할 수도 있습니다. 가장자리 코를 추가할 때는 그만큼 총 콧수에 더합니다. 일반적인 가장자리 코는 1코지만, 2코나 그 이상일 수도 있습니다. 스카프처럼 가장자리를 꿰매지 않고 그대로 마무리할 때는 가장자리 코를 2코 이상으로 하면 끝이 말리지 않고 차분합니다. 또 실크 같은 매끄러운 실로 뜨는 비침무늬처럼 편물이 넓어지기 쉽고 모양이 잘 흐트러질 때는 가장자리 코가 형태를 유지하는 데 도움이 됩니다.

무늬뜨기나 배색을 사용한 편물을 꿰매어 이을 때는 가장자리 코를 만들면 무늬를 흐트러뜨리지 않고 이을 수 있습니다. 가장자리 코는 **시접**이 되어 해당 부분을 이으면 사라집니다.

가터뜨기나 걸러뜨기에 의한 가장자리 코는 2단마다 사슬 또는 가터뜨기 산이 생기므로 단수를 세기 쉬워져서 편리합니다.

코늘림이나 코줄임은 모두 가장자리 코의 **안쪽**에서 합니다. 덮어씌워 코막음으로 할 때는 가장자리 코도 덮어씌우고, 줄임 없이 단에서 다시 가장자리 코를 만듭니다. 치수를 잴 때는 반드시 가장자리 코의 안쪽에서 재도록 합니다.

1코 가장자리

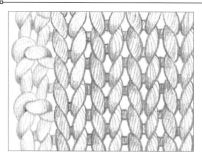

가터뜨기 가장자리(왼쪽 끝) 메리야스뜨기 편물에서 사용하기 좋고 가장 간단히 뜰 수 있으므로 초보자에게도 추천한다.

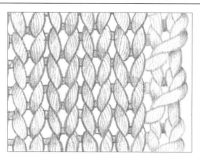

가터뜨기 가장자리(오른쪽 끝) 오른쪽 끝의 느낌은 그림처럼 왼쪽 끝하고는 약간 다르게 보인다. 단마다 다음과 같이 뜬다.
1단: *겉뜨기 1, 1코가 남을 때까지 뜨고 겉뜨기 1**.
2단 이후도 *~** 순서를 반복한다.

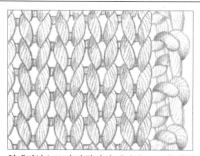

안메리야스뜨기 가장자리 메리야스뜨기 편물에서 사용하기 좋고 간단히 뜰 수 있으므로 초보자에게도 추천한다. 다음 2단을 반복해서 뜬다.
1단(겉면): 안뜨기 1, 1코가 남을 때까지 뜨고 안뜨기 1.
2단: 겉뜨기 1, 1코가 남을 때까지 뜨고 겉뜨기 1.

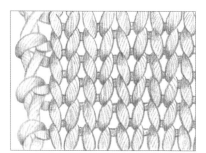

걸러뜨기 가터뜨기 가장자리(왼쪽 끝) 가터뜨기 끝 코와 비슷하지만 짱짱해서 세로 방향으로 늘어나기 쉬운 무늬에 적합하다. 위 그림의 왼쪽 끝은 오른쪽 끝과 느낌이 약간 다르다.

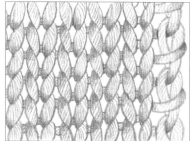

걸러뜨기 가터뜨기 가장자리(오른쪽 끝) 단마다 시작코를 걸러뜨고, 다음과 같이 뜬다.
1단: 첫 코에 겉뜨기하듯이 바늘을 넣어서 오른바늘로 옮기고, 1코가 남을 때까지 뜨고 겉뜨기 1.

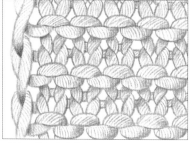

체인 스티치 가장자리 가터뜨기에 적합한 가장자리 코로 단마다 다음과 같이 뜬다.
1단: 실을 앞쪽에 두고 첫 코에 안뜨기하듯이 바늘을 넣어서 오른바늘로 옮긴다. 실을 뒤쪽으로 옮기고 마지막까지 겉뜨기.

걸러뜨기 가장자리

영국식

1단(겉면) : 첫 코에 겉뜨기하듯이 바늘 끝을 넣어서 오른바늘로 옮긴다. 1코 남을 때까지 뜬다. 마지막 코에 겉뜨기하듯이 바늘을 넣어서 오른바늘로 옮긴다.

2단 : 안뜨기 1, 1코가 남을 때까지 뜨고 안뜨기 1.

위의 2단을 반복한다.

프랑스식

1단(겉면) : 첫 코에 겉뜨기하듯이 바늘 끝을 넣어서 오른바늘로 옮긴다. 1코 남을 때까지 뜨고 겉뜨기 1.

2단 : 첫 코에 안뜨기하듯이 바늘 끝을 넣어서 오른바늘로 옮긴다. 1코 남을 때까지 뜨고 안뜨기 1.

위의 2단을 반복한다.

독일식

1단(겉면) : 겉뜨기 1, 1코 남을 때까지 뜨고, 실을 뒤쪽에 두고 마지막 코에 안뜨기하듯이 바늘을 넣어서 오른바늘로 옮긴다.

2단 : 안뜨기 1, 1코가 남을 때까지 뜨고, 실을 앞쪽에 두고 마지막 코에 안뜨기하듯이 바늘을 넣어서 오른바늘로 옮긴다.

위의 2단을 반복한다.

이 방법에는 3가지 변형이 있습니다. 어느 방법이나 2단마다 사슬이 1코씩 생깁니다. 나중에 코줍기를 할 때 사용하는 방법입니다.

2코 가장자리

지막 코에 겉뜨기하듯이 바늘 끝을 넣어서 오른바늘에 옮긴다.

2단 : 안뜨기 2, 2코가 남을 때까지 뜨고 안뜨기 2.

위의 2단을 반복한다.

더블 가터뜨기 가장자리 꿰매지 않고 사용하는 편물에 가장 적합하다. 단마다 다음처럼 뜬다.

1단(겉면) : 첫 코에 겉뜨기 방향으로 꼬아뜨기하듯이 바늘 끝을 넣어서 오른바늘에 옮긴다. 겉뜨기 1, 2코가 남을 때까지 뜨고 겉뜨기 2.

체인 모양의 가터뜨기 가장자리 더블 니팅(이중뜨개)처럼 두께 있는 편물에 적합하다. 다음 2단을 반복한다.

1단(겉면) : 실을 뒤쪽에 둔 상태에서 첫 코에 겉뜨기하듯이 바늘 끝을 넣어서 오른바늘에 옮기고, 실을 앞쪽에 옮기고 안뜨기 1. 2코가 남을 때까지 뜨고 안뜨기 1, 실을 뒤쪽으로 옮기고 마

장식적인 가장자리

2코 남을 때까지 뜬 후 마지막에 겉뜨기 2.

2단 : 실을 오른바늘 앞쪽에서 뒤쪽으로 걸고(바늘비우기) 다시 앞쪽으로 옮겨서 안뜨기 오른코 겹치기한다. 2코가 남을 때까지 뜨고 마지막에 안뜨기 2.

구슬 피코 가장자리

1단 : (좋아하는 방법으로) 2~3코 잡는다. 만든 코를 덮어씌우고 단의 마지막까지 뜬다. 양 끝에 피코를 만들 때는 다음 단도 같은 방법으로 뜬다.

피코 가장자리 아기용품이나 숄을 얌전하게 장식할 수 있다. 작은 단추의 고리도 된다. 뜨는 법은 다음과 같다.

1단(겉면) : 실을 오른바늘 위에서 뒤쪽으로 옮기고(바늘비우기), 처음 2코를 왼코 겹치기하고

겉뜨기/안뜨기하듯이 바늘을 넣어서 코를 옮긴다 **59**

숄 **279~294**

실을 앞/뒤쪽에 두고 **47**

코의 앞/뒤쪽에 **50**

코줍기 **196~198**

넥밴드 뜨기 Neckbands

넥밴드는 다양한 너비의 마감단으로, 편물을 블로킹한 뒤에 편물의 가장자리를 정리하는 것이 목적이며 일반적으로는 몸판에 사용한 바늘보다 1~2호 가는 바늘로 뜹니다. 대부분은 신축성이 있는 **고무뜨기**ribbing를 사용합니다. 칼라와는 달라서, 칼라보다 너비가 좁습니다.

넥밴드에는 다음처럼 뜨는 법이 3종류 있습니다. 먼저 **한쪽 어깨**를 이은 뒤에 막대바늘로 목둘레를 따라 코를 주워 넥밴드를 뜨고, 끝을 이은 후에 계속해서 남은 쪽 어깨를 잇는 방법입니다. 2번째는 먼저 양 어깨를 잇고, **줄바늘이나 양쪽 막대바늘(DPN)**을 사용하여 코를 주워 넥밴드를 원통뜨기하는 방법입니다. 3번째는 **나중에 다는 넥밴드**인데 넥밴드를 따로 뜬 뒤에 나중에 다는 방법입니다. 이때는 세세한 준비가 필요하고 꼼꼼하게 감춰서 달아야 합니다.

목둘레 치수를 충분히 잡았는지, 그리고 넥밴드의 코막음에 충분한 신축성이 있고 머리가 들어가는지를 확인합니다. 고무뜨기 넥밴드는 고무뜨기 패턴대로 뜨면서 덮어씌우면 신축성이 더 높아집니다. 돗바늘을 이용한 고무뜨기 코막음을 이용하면 보기에도 좋고 신축성도 있게 마무리됩니다.

무늬뜨기를 생각하는 과정에서 시접도 고려해야 합니다. 넥밴드를 원통으로 뜰 때는 시접코를 넣지 않습니다.

기본 크루넥

크루넥은 5~7cm의 곡선형 앞 목 파임입니다. 뒤 목은 곡선이어도 되고 직선이어도 상관없습니다. 일반적인 크루넥 넥밴드의 폭은 약 2~4cm입니다. 끝은 코막음해도 되고 안쪽으로 접어 넘기고 감춰서 두 겹으로 만들어도 됩니다.

싱글 크루넥
이 타입의 넥밴드는 원하는 너비로 뜨고, 넥밴드의 패턴에 맞춰서 느슨하게 코막음한다. 목둘레를 따라 코를 주워서 뜨기 시작한다. 몸판의 쉬는 코 부분과 코줍기 부분을 조합하여 뜰 수도 있다. 목 중심 부분의 코를 덮어씌우지 않고 쉬는 코로 해두면 신축성을 얻을 수 있어서, 이 방법은 꼭 맞는 크루넥에 적합하다.

더블 크루넥
이중 크루넥을 만들기 위해 목둘레에서 코를 주워서, 완성 넥밴드 너비의 2배 길이로 뜬다. 넥밴드의 끝을 코막음하고 끝을 안쪽에 감춰서 단다. 절반 위치의 겉쪽에서 안뜨기를 1단 하여 접음산turning ridge을 만들고, 나머지 반을 뜨는 방법도 있다. 신축성을 유지하기 위해 넥밴드의 끝을 코막음하지 않고 별실에 통과시켜 두어 안쪽에 감칠 수도 있다.

크루넥 카디건
뜨는 법은 풀오버와 거의 같다. 일반적으로 앞여밈단을 뜨고 나서 넥밴드를 뜬다. 먼저 오른쪽 앞여밈단의 끝에서 줍기 시작하여 전체 콧수가 홀수가 되도록 줍는다. 이렇게 하면 뜨개 시작과 뜨개 끝을 겉뜨기로 맞출 수가 있어서 가장자리가 단정하다. 넥밴드의 중앙에 단춧구멍을 낼 수도 있다.

브이 넥밴드

브이자 모양 넥밴드는 막대바늘로 평면뜨기하거나 줄바늘이나 양쪽 막대바늘로 원통뜨기합니다. 여기에서 소개하는 방법에서는 줄바늘을 사용하여 다음 순서로 1코 고무뜨기를 합니다: 양 어깨를 이어줍니다. 오른쪽 어깨에서부터 뒤 목둘레를 따라서 홀수 코, 왼쪽 앞 목둘레에서 짝수 코를 줍고, 경계 코에 마커로 표시를 합니다(앞 중심의 코를 만들 때는 1코 많이 주워서 그 코에도 표시합니다). 오른쪽 앞 목둘레에서부터 짝수 코를 줍습니다. 오른쪽 어깨에서 원통으로 잇습니다. 단의 시작은 겉뜨기 1코로 뜨기 시작하고, 코줄임을 포함하여 마커까지 뜹니다(앞 중심의 코가 있을 때, 그 코는 겉뜨기한다). 다시 코줄임을 하고 다음 코를 겉뜨기하고 단의 마지막까지 뜹니다.

중심 코를 만들지 않을 때(A)
마커를 V의 끝에 단다. 단마다 다음과 같이 뜬다.
마커 2코 전까지 뜨고 ssk, 마커를 옮기고 k2tog, 단의 마지막까지 뜬다.

중심 코를 만들지 않을 때(B)
(A)와 마찬가지로 마커를 넣고, 단마다 다음과 같이 뜬다.
마커 2코 전까지 뜨고, k2tog, 마커를 옮기고 ssk, 단의 마지막까지 뜬다.

크로스오버(V의 끝 부분을 겹친다)
V의 끝에서부터 코를 줍기 시작하여 목둘레에서 홀수 코를 줍고 V의 끝에서 코줍기를 끝낸다. 단의 처음과 마지막을 잇지 않고 평면뜨기한다. 왼쪽이 오른쪽 위에 겹치도록 끝을 목둘레에 감쳐서 단다.

중심 코가 있을 때(A)
앞 중심의 코에 표시하고 단마다 다음과 같이 뜬다.
표시한 코 2코 전까지 뜨고, ssk, 중심 코를 뜨고 k2tog, 단의 마지막까지 뜬다.

중심 코가 있을 때(B)
앞 중심의 코에 표시하고 단마다 다음과 같이 뜬다.
표시한 코 1코 전까지 뜨고, 다음 코부터 3코를 중심 3코 모아뜨기한다. 계속해서 단의 마지막까지 뜬다.

브이넥 카디건
카디건의 브이자 모양 넥밴드와 앞여밈단은 동시에 뜬다. 앞여밈단과 목둘레를 계속해서 한 번에 코를 주워 뜨는 방법과 뒤 목둘레 중심에서 나눠서 뜨고 나중에 잇는 방법이 있다.

스퀘어 넥밴드

스퀘어 목선 만들기는 간단하지만, 넥밴드는 모서리를 사각형에 맞춰야 하므로 난이도가 올라갑니다. 모서리 2군데에서는 브이 넥밴드와 같은 방법을 사용하여 액자처럼 뜹니다. 뜰 때는 뒤 목둘레, 좌우 앞 목둘레, 그리고 앞 중심 부분에서 각각 홀수 코를 줍습니다. 앞 목둘레의 좌우 모서리에 해당하는 부분에서는 여분으로 1코 주워서 표시해둡니다.

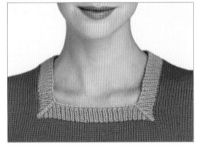

모서리 코에 표시를 하고 단마다 다음과 같이 뜬다.
*표시한 코까지 1코 남은 곳까지 뜨고 중심 3코 모아뜨기**. *~**를 한 번 더 반복하고 다시 단의 마지막까지 뜬다.

겉뜨기/안뜨기하듯이 바늘을 넣어서 코를 옮긴다 **59**

고무뜨기 **46~47, 214~215**

스티치 마커 **24~25**

k2tog **55**

ssk **56**

여러 가지 칼라

칼라는 기능성을 중시하는 것, 장식적인 것 등이 있지만, 옷의 디자인, 실, 스타일에 맞는지가 중요합니다. 칼라에는 만듦새가 간단한 것이나 치밀한 계획이 필요한 것도 있습니다. 터틀넥처럼 넥밴드의 **연장**으로 칼라가 되는 것이나 **따로 떠서** 나중에 다는 칼라도 있습니다. 코트나 카디건 칼라처럼 앞여밈단을 길게 계속해서 뜬 것도 있습니다.

칼라가 말리지 않도록 하기 위해서는 가터뜨기나 멍석뜨기처럼 말리지 않는 편물로 하거나 메리야스뜨기를 사용하려면 코바늘뜨기 등으로 말리지 않도록 막는 효과가 있는 가장자리뜨기를 떠줍니다. 칼라를 액자 모양으로 떠서 안정된 상태로 만드는 방법이 있습니다.
칼라를 따로 뜰 때는 칼라의 시작 부분이 목둘레에 맞는 것이 필수입니다. 목둘

레 치수를 확인하고, 사용할 바늘과 실로 예정된 무늬의 게이지 스와치를 뜹니다. 그리고 치수가 맞는지 확인하던가 필요 콧수·단수를 콧수와 단수 게이지에서 산출합니다.
칼라 형태를 만들려면 되돌아뜨기, 코늘림, 코줄임, 새로 코를 만들어서 코늘림하기, 덮어씌워 코막음 하기 같은 방법들을 사용합니다.

목선이 딱 맞는 디자인에는 옷을 쉽게 입고 벗을 수 있도록 앞뒤 어느 쪽 칼라에 플라켓을 만들어둡니다.
완성한 **칼라는 블로킹하여**, 블로킹한 몸판에 달아줍니다. 시침핀으로 고정하거나 시침질하여 뒤 중심을 맞춘 뒤에 본박음질을 합니다.

코를 주워 뜨는 칼라

터틀넥 크루넥의 연장으로 뜰 수 있다. 일반적으로 고무뜨기이며 같은 콧수인 채 접어 넘기는 부분이 차분해지도록 바늘 호수를 바꿔서(굵게 하면서) 뜬다.

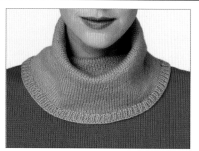

카울 칼라 터틀넥과 비슷하지만 너비가 넓고 길이도 길며 고무뜨기 이외로도 뜬다. 칼라 밑단을 넓히려면 코를 늘리거나 바늘 호수를 굵게 한다. 또는 둘 다 한다. 편물 안면(안뜨기 쪽)에서 원통뜨기하여 접어 넘긴다.

옆트임 칼라 2코 고무뜨기로 뜬다. 한쪽 어깨 잇기 부분에서 코를 잡거나 코줍기의 처음과 마지막에서 코를 주워서 슬릿 부분을 겹친다. 평면뜨기하고, 뜨개 시작과 뜨개 끝은 겉뜨기하여 가장자리를 정리한다.

코를 주워 뜨는 폴로 칼라

앞트임 폴로 앞 목둘레 중심에서 코줍기를 하여 처음과 끝을 잇고 1~2.5㎝ 원통뜨기한다(뜨개 끝도 앞 중심에 맞춘다). 그 이후는 평면뜨기한다. 필요에 따라 1~2코 코늘림을 하여 칼라 양 끝의 균형을 잡는다.

심플 폴로 일반적으로 플라켓과 세트로 사용한다. 한쪽 플라켓의 한가운데에서부터 다른 한쪽의 한가운데까지 코를 줍는다. 입었을 때 차분해지도록 길이가 충분히 길어질 때까지 뜬다. 줄바늘로 평면뜨기하면 뜨기 쉽다.

셰이프드 폴로 심플 폴로처럼 코를 줍고 단마다 '무늬대로 3코 뜨고, 1코 늘리고, 단의 마지막까지 뜬다'를 반복한다. 원하는 폭의 칼라가 될 때까지 계속 뜨고, 마지막에는 패턴대로 뜨면서 코막음한다.

라운드넥용 랩 칼라

랩 칼라는 솔 칼라의 변형으로, 목둘레 치수에 겹치는 부분을 더한 치수만큼 기초코를 잡고, 양 끝에서 되돌아뜨기를 하며 뜹니다.

이 반원형 칼라는 기초코 쪽을 목둘레에 맞추고, 앞 목둘레 중심에서 칼라 양 끝을 2.5cm 이상 겹칩니다. 칼라 높이(단수), 목둘레와 겹치는 부분의 치수(콧수)를 파악해둘 필요가 있습니다.

칼라 기초코 쪽을 꿰맸으면 칼라를 접어 넘기고 칼라의 가장자리, 즉 뜨개 끝 쪽을 바깥쪽으로 합니다. 사진은 뒤 칼라를 접어서 넘긴 모습.

다는 법 : 칼라 전체 콧수만큼 잡는다. 뒤 목 너비 만큼의 콧수는 되돌아뜨기를 하지 않는다. 앞 목 형태를 만들기 위해 칼라의 단수를 앞 목 둘레의 콧수와 겹치는 부분의 합계 콧수로 나눠서 되돌아뜨기 간격(남기고 뜨는 콧수)을 계산한다.

스퀘어넥 솔 칼라

A: 1코 고무뜨기로 세로로 긴 직사각형을 떠서, 고무뜨기 뜨개코가 세로 방향으로 흐르듯이 몸판에 꿰매어 달았습니다.

B: 이 단순한 칼라는 1코 고무뜨기로 가로로 긴 직사각형을 떠서, 뜨개코가 가로 방향으로 흐르듯이 몸판에 꿰매어 달았습니다. A, B 모두 다른 고무뜨기나 가터뜨기로도 뜰 수 있습니다.

사진은 B의 기초코 쪽을 목둘레(몸판은 겉을 위로 오게 놓는다)를 따라서 겹치고, 꿰매어 다는 모습입니다. A는 칼라의 옆면을 목둘레에 맞추고, 기초코 쪽과 코막음 쪽을 앞에서 겹칩니다.

뜨는 법 : 가로 고무단 편물은 기초코와 코막음 한 부분을 앞 중심의 편편한 부분에 꿰매어 합치고, 단 부분은 좌우 옆목과 뒤 목에 꿰매어 단다.
세로 고무단 편물은 기초코를 좌우 옆목과 뒤 목에 꿰매어 달고, 좌우 단 부분은 앞 중심의 편편한 부분에 꿰매어 단다.

브이넥 솔 칼라

브이넥 솔 칼라는 먼저 뒤 목둘레 치수만큼 기초코를 잡고, 서서히 앞 목둘레의 'V'를 따라서 양쪽에서 기초코(코늘림)를 잡으며 목둘레 전체 콧수가 될 때까지 뜹니다. 그 후는 V의 끝에 맞춘 코줄임을 하여 칼라 길이를 정합니다.

칼라를 떴으면 기초코(코늘림) 쪽을 감침질하고 칼라는 접어 넘겨서 입습니다. 이 칼라를 뜨려면, 먼저 목둘레 치수를 계산하고, 콧수 게이지를 곱해서 전체 콧수를 구합니다.

칼라를 꿰매어 달 때는 기초코(코늘림) 쪽을 목둘레(몸판은 겉을 위로 오게 놓는다)를 따라서 V의 끝까지 꿰매고, 양 끝의 코줄임 부분은 겹쳐서 앞 목둘레의 반대쪽에 꿰매어 답니다.

뜨는 법 : 칼라의 총 콧수에서 뒤 목 콧수를 뺀다. 앞 목의 1회 코늘림할 콧수는 겹쳐질 옆선 부분을 고려하여 칼라 깊이에서 2.5~3.5cm를 뺀 값을 기준으로 계산한다. 앞 목둘레 콧수가 되었으면, 겉면마다 양 끝에서 1코씩 코줄임을 하여 겹치는 부분을 뜬다.

게이지 **159~162**

기초코 **32~41**

고무뜨기 **46~47, 214~215**

코막음 **61~66**

꿰매기 **188~191**

되돌아뜨기로 모양 만들기 **228~230**

브이넥 카디건용 숄 칼라

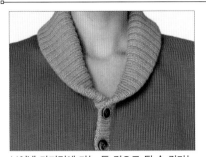   

브이넥 카디건에 다는 두 겹으로 된 숄 칼라는 두 겹으로 된 앞여밈단(밴드)을 뜬 뒤에 한쪽 앞여밈단에서 반대쪽 앞여밈단까지 목둘레에 맞춰서 뜹니다.

칼라를 다 떴으면, 겉면을 위로 오게 하여 뜨개 끝 쪽을 목둘레(몸판도 겉면을 위로 오게 한다)를 따라서 꿰맵니다. 양 끝은 눈에 띄지 않도록 앞여밈단 끝에 꿰매줍니다.

전체를 뒤집어서 이번에는 칼라의 기초코 쪽을 목둘레를 따라, 칼라와 몸판의 꿰맨 끝을 안쪽에 들어가도록 하여 감칩니다.

뜨는 법 : 뒤쪽 목둘레에 맞춰서 코를 잡고, 목둘레 전체 치수가 될 때까지 양 끝에서 코늘림을 하며 뜬다. 앞여밈단 너비의 2배만큼 증감 없이 뜨고, 양 끝에서 코줄임을 하여 처음 코잡기 콧수까지 되돌아간다.

카디건용 미디 칼라

  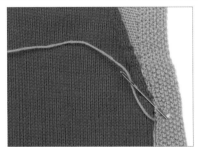 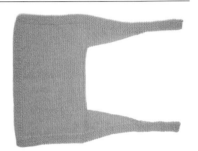

미디 칼라나 세일러 칼라는 브이넥을 따라서 뜹니다. 어깨를 덮을 정도의 충분한 너비가 되도록 하며 앞여밈단(밴드)을 이어서 뜰 수도 있습니다.

뒤 아래 가장자리에서부터 뒤 목둘레를 향해 뜨고 나서 브이넥에 맞춰 앞 목둘레를 뜹니다. 이 칼라를 메리야스뜨기로 뜰 때는 가장자리를 고무뜨기나 멍석뜨기로 둘러싸듯이 하면 끝이 말리지 않고 차분합니다.

칼라는 겉, 몸판은 안을 향한 상태에서 브이넥 선과 뒤 목둘레를 따라 눈에 띄지 않도록 칼라에서 앞여밈단으로 바뀌는 부분까지 꿰맵니다. 전체를 뒤집어서 몸판의 겉을 보면서 앞여밈단을 꿰맵니다.

뜨는 법 : 뒤 목둘레까지는 코줄임 없이 뜬 후 중심 부분을 뒤 목둘레 치수만큼 덮어씌워 코막음한다. 앞 목 코줄임은(가장자리의 멍석뜨기 부분의 안쪽에서 한다) 메리야스뜨기 부분이 없어질 때까지 한다. 계속해서 앞여밈단을 멍석뜨기로 뜬다.

라펠 달린 노치드 칼라

이 전통적인 재킷 칼라는 앞판의 일부로 라펠 부분을 뜬 뒤에 칼라 윗부분을 달아줍니다. 사진의 예시는 라펠을 멍석뜨기로 떠서 리버시블하게 사용할 수 있기 때문에 이 이상의 마무리는 필요 없습니다.

라펠 뜨는 법(몸판에서부터 이어서 일정 간격으로 다음과 같이 뜬다): 겉면 단에서 멍석뜨기 부분까지 3코가 남을 때까지 뜨고, 2코 모아뜨기, 안뜨기 1, 1코 늘린다.
안면 단에서는 앞단의 코줄임과 코늘림 사이의 코는 뜨지 않고 걸러뜬다.

몸판과 목둘레를 꼼꼼하게 블로킹한 뒤, 몸판은 겉, 칼라는 안을 향한 상태로 맞붙이고, 칼라의 기초코 쪽을 목둘레를 따라서 라펠 위까지 꿰맨다.

뜨는 법 : 목둘레에 해당하는 콧수를 잡아서 칼라를 뜨기 시작한다. 멍석뜨기로 뜨고, 칼라와 라펠이 합쳐지는, 노치 시작 위치까지 코늘림을 계속한다. 그대로 증감없이 칼라 길이가 될 때까지 뜬다.

칼라 만들기

되돌아뜨기

랩 칼라처럼 라운드넥 칼라를 뜰 때는 먼저 목둘레 치수에 해당하는 콧수만큼 기초코를 잡습니다. 뒤 목둘레 부분은 되돌아뜨기를 하지 않고 단마다 고무뜨기를 하기 때문에 전체 칼라 길이를 뒤 목에서 잴 수 있습니다. 뒤 목을 제외한 양옆 뜨개코는 되돌아뜨기하여 곡선을 만들면서 뒤 목 높이가 될 때까지 뜹니다.

이 예에서는 뒤 목둘레로 25코, 좌우 앞 목둘레로 18코씩 기초코를 잡습니다(합계 61코). 칼라 길이는 18단, 되돌아뜨기는 양쪽 9회씩(단수의 반)이 됩니다. 이 예의 경우, 18을 9로 나누면 2코, 즉 2코씩 남기고 뜨는 되돌아뜨기를 9회 하게 됩니다.

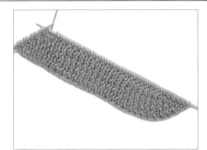

1 2코 남을 때까지 고무뜨기, 다음 코를 오른바늘에 옮기고 실을 감아서(랩) 왼바늘에 되돌려 놓고 편물을 돌린다. 같은 방법으로 단마다 2코 남기고 뜬다. 10단 뜨고 편물을 돌리면 그림처럼 남기고 뜬 코가 10코가 된다.

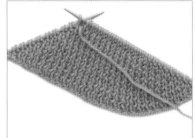

2 양 끝의 남기고 뜬 부분이 18코씩 됐으면 편물을 돌린다. 사진처럼 오른바늘에 18코 남는다. 랩한 코를 주우면서(단차 없애기를 하며) 단의 마지막까지 뜬다. 다음 단도 마지막 18코의 단차 없애기를 하면서 끝까지 뜬다.

코잡기로 하는 코늘림

브이넥 숄 칼라 같은 칼라를 뜰 때는 먼저 뒤 목둘레 치수에 해당하는 콧수만큼 기초코를 잡습니다. 뒤 목둘레의 뜨개코는 단마다 고무뜨기로 뜨는데, 단의 끝에서 일정 수의 코늘림(코잡기)을 하고 좌우 앞 목둘레만큼 콧수가 갖춰질 때까지 계속합니다. 전체 칼라 길이는 뒤 목둘레에서 잽니다.

이 예에서는 뒤 목둘레에 25코, 좌우 앞 목둘레에 24코씩(합계 73코) 칼라 길이는 16단, 코늘림은 양쪽에서 8회씩(단수의 반)이 됩니다. 24를 8로 나누면 3코, 즉 양쪽 칼라 끝에서 3코씩 코잡기(코늘림)를 합니다.

1 *단의 마지막까지 고무뜨기, 3코 잡고 편물을 돌린다. 기존 부분에 맞춰서 3코도 고무뜨기한다**. 필요한 콧수가 될 때까지 *~**를 반복한다. 사진은 양 끝에 6코씩 늘린 모습.

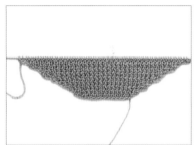

2 사진은 칼라의 양 끝에서 24코 늘린 모습. 이후는 완성 칼라 길이가 될 때까지 뜬다. 기초코 쪽을 목둘레에 맞춰서 감친다.

코막음으로 하는 코줄임

브이넥 카디건을 두 겹으로 된 숄 칼라로 뜰 때는 전체 칼라 너비에 해당하는 콧수가 될 때까지 코를 늘리고 마지막에 같은 콧수를 덮어씌웁니다. 칼라의 기초코 쪽은 카디건 몸판 겉면의 목둘레를 따라, 코막음은 쪽은 안면을 따라 감칩니다.

먼저 뒤 목둘레 치수에 해당하는 콧수만큼 코를 잡고, 뜨면서 미리 산출한 일정 콧수를 늘립니다. 이번에는 원래 기초코 콧수까지 코줄임합니다. 가장 긴 칼라 높이는 뒤 목둘레의 기초

코에서 코막음까지의 길이가 됩니다.

이 예에서는 뒤 목둘레에 26코 잡고, 좌우 앞 목둘레가 각각 32코가 되도록 코늘림을 합니다(합계 90코가 된다). 칼라 길이의 반은 16단, 코늘림은 양쪽에서 8회씩(단수의 반)이 됩니다. 32코를 8로 나누면 4코, 즉 단마다 4코씩 늘리고 그 후에는 단마다 4코씩 코막음합니다.

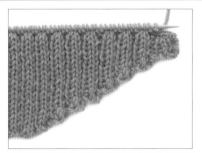

1 첫 26코를 잡고, 2코 고무뜨기를 하면서 양쪽에서 각각 32코 늘어날 때까지 늘린다. 사진은 그후에 처음으로 4코 코막음한 모습.

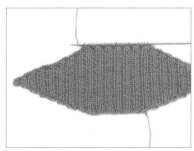

2 계속해서 16단까지 단마다 뜨개 시작에서 4코씩 코막음한다. 이것으로 사진처럼 원래 26코로 되돌아간다. 코막음한 쪽은 기초코 쪽과 대칭이 된다. 기초코 쪽도 코막음한 쪽도 가장자리가 고르지는 않다. 칼라를 몸판 목둘레에 꿰매어 단다.

고무뜨기 **46~47, 214~215**   꿰매기 **188~191**   단차 없애기 **228**   되돌아뜨기로 모양 만들기 **228~230**

랩앤턴 **228**   코막음 **61~66**   코잡기 **32~41**

플라켓Plackets

플라켓은 앞 목이나 뒤 목, 어깨선 등에 **트임**을 만들기 위해 이용합니다. 보통은 플라켓을 뜨고, 거기에 칼라나 넥밴드를 뜹니다. 칼라는 플라켓 끝까지 뜰 수도 있고, 플라켓의 중심까지로 하여 트임을 닫았을 때 칼라가 한가운데에서 맞닿는 것처럼 할 수도 있습니다.

플라켓 너비와 길이를 정할 때는 전체 디자인의 균형을 고려합니다. 센터 케이블 무늬라면 플라켓을 케이블무늬 너비에 맞춥니다. 폭이 넓은 플라켓에는 단춧구멍을 2열로 하여 더블 브레스트 같은 효과를 낼 수도 있습니다. 폭이 좁고 짧은 플라켓은 아이 옷이나 아기 옷에 가장 적합합니다.

다른 고무뜨기의 마감단과 마찬가지로 플라켓도 가는 바늘로 뜨고, 코줍기 콧수와 길이를 조정하며 뜹니다. 콧수가 너무 많거나 적으면 플라켓이 평평하게 잘 놓이지 않습니다.

플라켓의 **버튼밴드**(단추를 다는 쪽)를 먼저 뜨고, 단추 다는 위치에 표시를 한 뒤에 버튼홀밴드(단춧구멍 쪽)를 뜹니다. 단추 다는 쪽을 아래, 단춧구멍 쪽을 위로 하여 2장을 겹칩니다. 플라켓의 아래 가장자리는 울거나 편물이 기울지 않도록 꼼꼼하게 꿰맵니다.

세로 플라켓

고무뜨기 플라켓(가로로 뜬다)
몸판 트임의 끝 코를 줍고, 각각 반대쪽 너비까지 뜬다. 고르게 코막음하여 끝을 정리하고 2장의 아래쪽을 몸판에 꿰맨다.

고무뜨기 플라켓(세로로 뜬다)
몸판 트임의 아래쪽 가장자리에서 코를 주워서 밴드를 2장 뜬다. 다 떴으면 한쪽 끝을 오른쪽 몸판, 다른 한쪽 끝을 왼쪽 몸판에 꿰맨다.

세로 고무뜨기 플라켓 뜨는 법
플라켓 뜨개코를 코막음 핀에 끼우고 몸판을 뜬다. 버튼밴드는 코막음 핀에 잡은 코의 뒤쪽에서 코를 주워서 뜬다. 버튼홀밴드는 코막음 핀의 코를 뜬다.

가로 플라켓

가로 방향 플라켓을 왼쪽 어깨에 뜰 때, 플라켓 길이만큼 왼쪽 진동 길이를 짧게 한다. 플라켓 부분은 앞뒤판에서 코를 주워서 고무뜨기하고, 그 후 넥밴드를 뜬다.

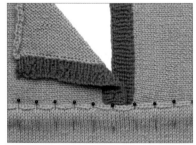

가로 플라켓에 소매를 달 때는 플라켓 2장을 겹친 상태에서 소매를 핀으로 임시 고정하고 꿰맨다.

단춧구멍

단춧구멍에는 다양한 종류가 있습니다. **가로로 긴 것, 세로로 긴 것**, 바늘비우기를 사용한 **아일릿, 단춧고리, 별실**을 떠 넣어서 만드는 것 등이 있습니다. 또 비침무늬의 바늘비우기를 단춧구멍으로 사용할 수도 있지만, 이때는 마무리 단계에서 감침질로 **보강**할 필요가 있습니다. 뜨개코가 느슨한 편물이라면 뜨개코에 단추를 통과시키기만 해서 단춧구멍으로 사용할 수도 있습니다(이 타입 단춧구멍에도 보강이 필요합니다).

어떤 타입의 단춧구멍을 선택할지는 옷의 종류, 착용 방법, 단춧구멍 위치, 단추의 크기와 종류, 그리고 사용 실에 따라 결정됩니다. 예를 들어 큰 단추가 달린 코트라면 입고 벗는 빈도가 높아지기에 큼직하고 튼튼한 단춧구멍이 필요합니다. 또 같은 콧수라도 실이 굵으면 단춧구멍도 커집니다.

단추는 되도록 단춧구멍을 만들기 전에 구입해둡니다. 단춧구멍을 낸 샘플 스와치를 떠서 단추 사이즈가 맞는지 확인합니다. 단춧구멍은 단추가 빡빡하지도 헐렁하지도 않게 통과할 정도의 크기가 가장 좋습니다. 편물은 신축성이 있기 때문에 단춧구멍이 너무 크면 단추가 빠지기 쉽습니다. 납작단추용 단춧구멍은 단추 지름이 같을 때 두께 있는 단추용보다 작아집니다.

단춧구멍을 내기 전에 색이 다른 실이나 안전핀으로 버튼밴드의 **단추 다는 위치에 표시를 해둡니다.** 버튼홀밴드에는 표시에 맞춰서 단춧구멍을 만듭니다. 일반적으로 여자는 왼쪽 밴드, 남자는 오른쪽 밴드에 단추를 답니다. 밴드 사이에 틈이 생기지 않도록 충분한 수의 단추를 달아둡니다.

가로로 긴 단춧구멍은 중심을 밴드 중심에 맞춥니다. 세로로 뜨는 밴드일 때는 단춧구멍이 늘어나서 넓어지지 않도록 구멍 좌우에 뜨개코를 최저 2코씩 배치합니다. 가로로 뜨는 밴드일 때는 앞 중심에 해당하는 단에서 단춧구멍을 만듭니다.

앞여밈단을 접어 넘겨서 두 겹으로 만들 때는 단춧구멍을 2군데에 뚫고, 접어 넘겼을 때 잘 겹쳐지도록 합니다.

실크, 합성섬유나 민감한 실을 사용할 때는 단춧구멍 부분을 **같은 색 재봉실**로 떠서 단춧구멍을 고정합니다.

단춧구멍을 내기 위해 코를 덮어씌웠으면, (보통은 다음 단에서) 그만큼 뜨개코를 만들어서 콧수를 원래대로 되돌립니다. 바늘비우기로 단춧구멍을 만들 때는 코줄임을 하여 콧수를 원래대로 되돌립니다. 단춧구멍의 1단은 지시가 없는 한 편물 겉면에서 뜹니다.

단춧구멍을 완벽하게 내려면 반복 연습이 필요하므로, 실제 옷에 단춧구멍을 내기 전에 다른 편물로 연습해둡니다.

단춧구멍 간격

단춧구멍은 단추를 잠갔을 때 밴드 2장이 겹쳐지고, 떨어져서 틈이 생기지 않도록 간격을 조정합니다. 단추 수는 적은 것보다 1, 2개 많은 것이 바람직합니다.

버튼밴드를 떠서, 위아래 끝에서 1.5cm 이내에 처음과 마지막 단추 위치를 마커로 표시합니다. 마커 사이의 길이를 재서, 같은 간격으로 나머지 단추 위치에 마커를 걸어줍니다. 버튼홀밴드에는 마커에 맞춰서 구멍을 만듭니다. 단추의 위치는 단춧구멍 사이의 단수를 세면 더 정확하게 맞출 수 있습니다. 단수를 정확하게 구하려면 버튼밴드의 단수 게이지를 사용합니다.

버튼밴드와 버튼홀밴드를 동시에 뜬다면, 별도로 게이지 스와치를 떠서 계산해봅니다. 가로 2단 단춧구멍이라면 단춧구멍 1개에 2단이 필요해진다는 것을 기억해둡니다.

버튼홀밴드에 단춧구멍을 뚫을 때, 세로 단춧구멍은 (단춧구멍 길이에 따라) 단추의 위치를 표시한 마커의 약간 아래에서 시작하여 약간 위에서 끝내도록 합니다.

가로 단춧구멍일 때, 세로로 뜨는 밴드라면 마커의 위치에 딱 맞추어 반대편 버튼밴드에 구멍을 뚫고 가로로 뜨는 밴드라면 구멍의 중심을 마커에 맞춰서 뚫습니다.

가로 2단 단춧구멍

2단 단춧구멍은 단춧구멍의 첫 단에서 정해진 콧수를 덮어씌우고, 다음 단에서 덮어씌운 콧수만큼 코를 만듭니다. 마지막에 덮어씌운 코는 단춧구멍 왼쪽의 편물 일부가 됩니다. 단춧구멍 위쪽을 감아코로 만들면 뜨개코가 깔끔하게 정리됩니다. 단춧구멍 모서리를 보강하는 방법도 있습니다. 오른쪽 예는 모두 4코 단춧구멍입니다.

기본적인 2단 단춧구멍 일반적으로 자주 사용하는 방법입니다.

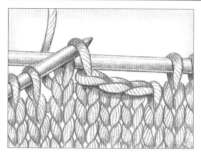

1 1단에서는 단춧구멍 위치까지 뜬다. 겉뜨기 2, 먼저 뜬 코를 나중에 뜬 코에 왼바늘로 덮어씌운다. *겉뜨기 1, 뜬 코에 오른쪽 옆 코를 덮어씌운다**. *~**를 2회 더 반복한다. 4코 덮어씌운 것이 된다.

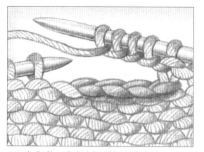

2 2단에서는 덮어씌우기한 부분까지 뜨고, 감아코로 4코를 잡은 뒤에 나머지는 계속해서 뜬다. 이 부분을 다음 단에서 뜰 때는 꼬아뜨기로 하여 떠서 뜨개코를 조인다.

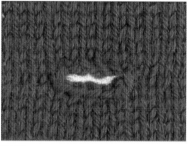

버전 A
1단 : 기본적인 2단 단춧구멍과 같은 방법으로 뜬다.
2단 : 앞단의 덮어씌우기한 부분까지 1코 남을 때까지 뜨고, kfb, 감아코로 3코(덮어씌우기한 것보다 1코 적은 수) 잡는다.

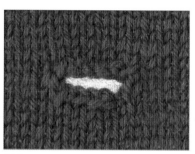

버전 B
1단 : 3코 덮어씌운다. 오른바늘에 남은 코를 왼바늘로 되돌려 놓고, 그 다음 코와 왼코 겹치기한다.
2단 : 앞단의 덮어씌우기한 부분까지 뜨고, 감아코로 5코를 잡는다.
3단 : 1코 많이 잡은 뜨개코의 앞까지 뜨고, 왼코 겹치기한다.

버전 C
1단 : 기본적인 2단 단춧구멍과 같은 방법으로 뜬다.
2단 : 앞단의 덮어씌우기한 부분까지 뜨고, 4코 잡고, 앞단의 첫 덮어씌우기 한 코의 코머리 아래로 오른바늘 끝을 뒤쪽에서 앞쪽으로 넣어서 오른바늘에 옮긴 후에 계속해서 뜬다.
3단 : 덮어씌우기의 코머리와 감아코의 마지막 코를 한꺼번에 뜬다.

가로 1단 단춧구멍

마무리가 **가장 깔끔한 단춧구멍**이며 보강할 필요도 없습니다. 겉면에서 아래쪽을, 안면에서 위쪽을 만듭니다.

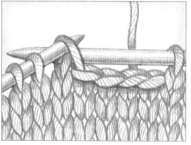

1 단춧구멍 위치까지 뜨고, 실을 앞쪽으로 옮겨서 걸러뜨기 1. 실을 뒤쪽으로 돌려 놓는다. *걸러뜨기 1, 오른쪽 옆 코를 덮어씌운다**. 실은 움직이지 않고 *~**를 3회 반복한다. 마지막 코를 왼바늘로 되돌려 놓고 편물을 돌린다.

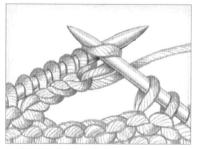

2 다음처럼 케이블 코잡기로 5코 잡는다. *왼바늘의 1번째 코와 2번째 코 사이에 오른바늘을 넣어서 실을 끌어내고, 끌어낸 고리를 왼바늘 끝에 옮긴다**. *~**를 4회 반복한다. 편물을 돌린다.

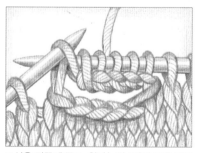

3 실을 뒤쪽에 두고, 왼바늘의 1번째 코를 오른바늘에 옮기고, 1코 많이 잡은 끝 코로 덮어씌운다. 그대로 단의 마지막까지 뜬다.

세로 단춧구멍

세로 단춧구멍의 구멍은 좌우 부분을 다른 실로 동시에 뜨거나 개별로 뜹니다. 후자는 오른쪽을 원하는 길이까지 뜹니다(겉면의 단춧구멍 쪽 가장자리에서 끝낸다). 왼쪽은 2번째 실로 1단 적게, 안면을 뜬 상태에서 끝냅니다. 편물을 돌리고 2번째 실을 자릅니다. 1번째 실로 계속하여 왼쪽을 뜹니다. 단춧구멍 위쪽 끝과 아래쪽 끝의 좌우 경계 코를 감침질로 보강합니다(2번째 실의 실꼬리를 사용하면 좋다).

멍석뜨기 좁은 밴드에도 사용할 수 있다. 반대로 큰 단추나 힘을 받는 부분에는 부적합하고 장식적인 용도에 적합하다. 멍석뜨기는 가장자리가 단정하기 때문에 세로로 긴 단춧구멍을 사용하기 좋다.

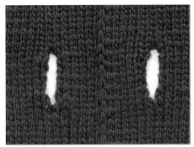

두 겹 단춧구멍 메리야스뜨기는 안쪽으로 말리는 성질이 있기 때문에, 메리야스뜨기의 두 겹 밴드에는 세로 단춧구멍을 사용한다. 구멍의 양쪽에 가장자리 코를 더해주면 끝이 깔끔하게 마무리된다.

2장을 꿰맨 두 겹 단춧구멍 밴드를 떠서 반으로 접어 단춧구멍끼리 맞댄 뒤에 버튼홀 스티치를 한다. 밴드 중심은 걸러뜨기로 하여 접음산을 만들어서 접기 쉽게 한다.

별실로 떠넣는 단춧구멍

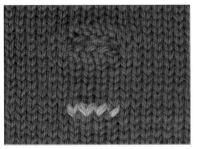

단춧구멍 부분에 별실을 떠넣는 방법입니다. 별실을 떠넣은 뒤, 그 코를 왼바늘에 되돌려 놓고 뜨개실로 다시 한번 그 위에서 뜹니다. 별실은 그대로 두고, 나중에 오른쪽처럼 처리합니다.

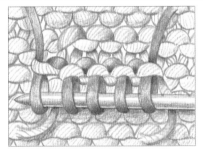

1 작품실과 코바늘을 사용하여 안면에서 단춧구멍의 아래쪽 가장자리 뜨개코에서 1코씩, 옆에서도 1코 주워서 합계 5코를 코바늘에서 꽈배기바늘이나 양쪽 막대바늘로 옮긴다(그림은 코바늘에서 꽈배기바늘로 옮긴 모습).

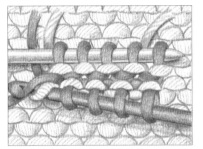

2 위쪽 가장자리에서도 같은 방법으로 4코, 옆에서 1코 주워서 합계 5코를 코바늘에서 꽈배기바늘이나 양쪽 막대바늘로 옮긴다. 약 20cm 남기고 실을 자른다(그림은 위아래를 반대로 하여 코바늘로 마지막 코줍기를 하는 모습).

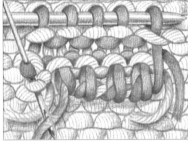

3 돗바늘에 실꼬리를 꿰어 1코씩 편물에 고정시킨 후 별실을 빼낸다. 이 방법은 밴드 안에 늘어남 방지 리본을 달 때도 사용할 수 있다. 그 경우에는 달아준 리본의 단춧구멍 부분에 가위집을 넣고, 남은 코와 리본을 함께 감친다.

아일릿 단춧구멍

1코 아일릿(A)
1단 : 단춧구멍 위치의 2코를 k2tog, 바늘비우기. 2단 : 앞단의 바늘비우기를 그대로 1코로 하여 뜬다.

1코 아일릿(B)
1단 : 단춧구멍 위치에서 바늘비우기. 2단 : 앞단의 바늘비우기는 걸러뜨기하고, 바늘비우기(이중 바늘비우기). 3단 : 바늘비우기 직전의 코에 겉뜨기하듯이 오른바늘을 넣어서 옮기고 이중 바늘비우기를 겉뜨기로 뜨고 왼바늘을 빼지 않고 둔다. 걸러뜬 코로 방금 뜬 코를 덮어 씌운다. 왼바늘에 남아 있는 이중 바늘비우기 코와 다음 코를 왼코 겹치기 한다.

2코 아일릿(A)
1단 : 단춧구멍 위치에서 k2tog, 바늘비우기 2, ssk. 2단 : 앞단 바늘비우기의 1번째 코는 안뜨기, 2번째 코는 꼬아 안뜨기한다.

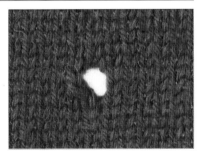

2코 아일릿(B)
1단 : 단춧구멍 위치에서 바늘비우기 2, 꼬아뜨기를 하듯이 k2tog. 2단 : 앞단 바늘비우기의 1번째 코는 안뜨기, 2번째 코는 바늘에서 떨어뜨린다.

오버캐스트 단춧고리

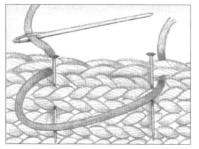

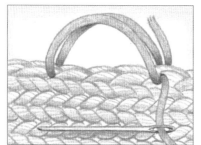

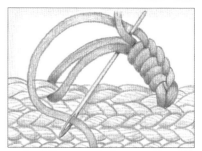

단춧고리는 일반적으로 단추가 1~2개 필요할 때 사용하고, 마지막에 만듭니다. 단춧고리는 가는 실로 뜬 플라켓이나 아기 옷, 재킷, 코트의 여밈으로 적합합니다.

1 편물 가장자리의 단춧고리 시작점과 끝점에 표시한다. 돗바늘에 심이 될 털실을 꿰어, 오른쪽 표시에서 바늘을 빼서 왼쪽 표시에 맞춰 바늘을 넣는다. 고리가 될만큼 남기고 실을 당긴다.

2 다시 한번 양쪽 표시의 사이에 실을 걸쳐서 심을 두 겹으로 하고 다시 오른쪽 표시에서 바늘을 뺀다. 고리 크기에 따라서는 이 순서를 다시 한번 반복하여 심을 3겹으로 한다.

3 바늘의 왼쪽으로 실을 옮기고, 바늘 끝을 고리 아래에서 실 위로 빼고 당겨서 고리를 덮듯이 버튼홀 스티치를 한다.

코바늘로 뜨는 단춧고리

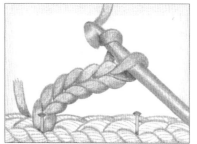

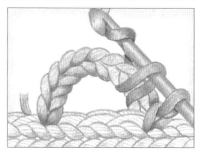

단추 크기에 간단히 맞출 수 있는 고리입니다. 단춧고리는 너무 크면 단추가 쉽게 빠지기 때문에 단추 크기에 맞추는 것이 중요합니다.

1 오버캐스트 단춧고리와 같은 방법으로 단춧고리 위치에 표시한다. 코바늘로 왼쪽 표시에 맞춰서 실을 끌어내고, 사슬뜨기로 고리 길이만큼 뜬다.

2 코바늘을 빼서 오른쪽 표시에 맞춰서 바늘 끝을 넣어 사슬의 마지막 고리에 걸어서 고리를 끌어낸 뒤에 바늘 끝에 실을 걸어서 사슬뜨기를 1코 한다.

3 바늘 끝을 사슬 아래에 넣어서 실을 끌어내고, 다시 실을 걸어서 바늘에 걸린 고리 2개에서 빼낸다(짧은뜨기로 사슬뜨기를 감싸며 뜬다). 이것을 반대쪽 끝까지 반복하고, 마지막에는 실을 자르고 실을 처리한다.

단춧구멍 마무리

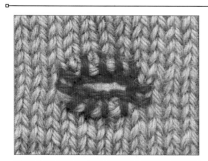

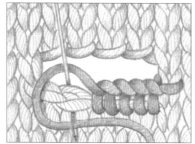

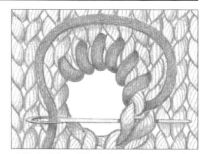

아무리 우수한 단춧구멍이라도 **보강**이 필요할 때가 있습니다. 그 방법은 사용하는 실이나 단추 크기에 따라 다양합니다. 사진의 버튼홀 스티치는 한 겹이거나 두 겹이거나 상관없이 사용할 수 있습니다.

버튼홀 스티치 실은 그대로, 또는 갈라서 사용한다. 단춧구멍을 따라서 오른쪽에서 왼쪽으로 바늘 끝을 단춧구멍 중심을 향하게 하여 수놓는다. 스티치 간격이 너무 좁으면 땀이 빡빡해져서 단춧구멍을 망가뜨린다.

감침질로 하는 마무리는 아일릿을 사용한 작은 단춧구멍에 적합합니다.

감침질 단춧구멍을 따라서 둘레를 고르게 감친다.

다양한 마감단

밴드, 보더, 에징Bands, Borders, Edges 등의 마감단은 옷을 마무리하거나 둥글게 말리는 성질이 있는 편물의 끝을 덮어서 평평하게 만들기 위해 사용합니다. 밴드나 보더는 일반적으로 에징보다 너비가 넓고, 편물에 **안정감을 줍니다**. 레이스무늬 등에 이용하는 에징은 장식성을 주기 위해 사용합니다.

밴드에는 일반적으로 전통적인 고무뜨기를 사용하지만 다른 무늬뜨기도 사용할 수 있습니다. 이때 편물 가장자리를 의도적으로 말리게 하고 싶을 때나 반으로 접는 가장자리 이외에는 가터뜨기나 멍석뜨기처럼 **말리지 않는** 무늬를 선택합니다.

밴드는 몸판과 동시에 뜰 수도 있지만, 확실하게 구분짓고 싶을 때는 가는 바늘로 **따로 떠줍니다.** 이 경우 코를 주워서 밴드를 뜨거나 밴드를 따로 떠두고 마지막에 몸판과 잇습니다. 코를 주워 밴드를 만들 때는 끝에 가장자리 코를 추가해줍니다. 그리고 밴드를 뜨기 전에 주울 콧수가 정확한지 확인합니다. 줍는 코가 너무 적으면 밴드가 당겨지고, 너무 많으면

밴드가 들뜨거나 너울거립니다. 스와치에서 밴드의 게이지를 확인해둡시다.

밴드나 보더 모두 1겹으로 만들 수도, 2겹으로 만들 수도 있습니다. 너비는 2.5~5㎝ 이내가 되도록 하면 안정감 있습니다. 리본이나 테이프로 보강할 수도 있습니다.

고무뜨기 밴드

고무뜨기 밴드는 **유연하고 신축성 있기 때문에** 확실하게 지탱할 필요가 있는 곳에 가장 알맞습니다. 간단한 1코 고무뜨기나 2코 고무뜨기, 또는 여기에서 제시하는 다른 변형을 사용해도 좋습니다.

가로형 이 스타일은 세로형보다 신축성이 있어서 카디건이나 재킷의 앞여밈단에 사용한다. 밴드 중에서는 가장 뜨기 쉬운 반면, 안정된 상태로 평평하게 마무리하려면 신중하게 적절한 콧수를 줍는 것이 중요하다.

세로형 뜨개코의 흐름이 중단되지 않도록 밑단 고무뜨기 부분의 뜨개코를 코막음 핀에 남기고 그것을 이용하여 밴드를 뜬다. 이때 시접 코를 만들어서 나중에 앞판 가장자리와 잇는다.

세로형 밴드는 뜨면서 늘어나지 않도록 주의하며 몸판에 핀으로 임시로 고정해둔다. 뜨개 끝은 코막음하든지 코 상태로 코막음 핀에 남겨두었다가 넥밴드와 함께 뜬다. 마지막에 임시로 고정한 부분을 잇는다.

안뜨기 3코, 겉뜨기 1코 고무뜨기
(4의 배수+3코)
1단(겉면): *안뜨기 3, 겉뜨기 1**, *~**를 반복하고 마지막에는 안뜨기 3.
2단: *겉뜨기 3, 안뜨기 1**, *~**를 반복하고 마지막에는 겉뜨기 3.
위의 1~2단을 반복한다.

메리야스뜨기와 가터뜨기로 하는 고무뜨기
(4의 배수+2코)
1단(겉면): 겉뜨기.
2단: *안뜨기 2, 겉뜨기 2**, *~**를 반복하고 마지막에는 안뜨기 2.
위의 1~2단을 반복한다.

메리야스뜨기와 멍석뜨기로 하는 고무뜨기
(4의 배수+2코)
1단(겉면): *겉뜨기 2, 안뜨기 1, 겉뜨기 1**, *~**를 반복하고 마지막에는 겉뜨기 2.
2단: *안뜨기 2, 겉뜨기 1, 안뜨기 1**, *~**를 반복하고 마지막에는 안뜨기 2.
위의 1~2단을 반복한다.

메리야스뜨기 밴드

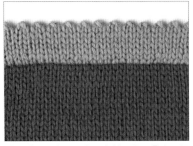

곡선을 따라 만든 2겹 밴드 코를 줍고 접음산을 만들며 뜬다. 실은 가벼운 것이 가장 적합하다. 접음산까지는 겉뜨기 단을 뜰 때마다 코줄임. 접음산을 만든 뒤에는 코늘림을 하여 곡선으로 된 가장자리를 평평한 상태로 만든다.

피코 밴드 2겹으로 마무리하는 밴드. 홀수 코를 주워서 바깥쪽 밴드를 뜨고, 접음산이 되는 겉면 단에서 <왼코 겹치기, 바늘비우기>를 반복하고 마지막에 겉뜨기 1코 뜬다. 밴드 안쪽은 바깥쪽과 같은 길이까지 뜬다.

바이어스 밴드 이 밴드는 따로 떠서 몸판에 잇는다. 겉면 단의 뜨개 시작에서 1코 늘리고, 같은 단의 마지막에서 1코 줄인다.

바깥 말림 밴드 편물 가장자리를 따라 겉면을 보며 코를 줍는다. 안뜨기 단으로 시작해 메리야스뜨기를 4, 5단, 또는 원하는 길이까지 뜬다. 굵은 바늘로 바꿔 쥐고 덮어씌워 코막음한다. 안뜨기 면이 겉쪽으로 말린다.

안쪽 말림 밴드 편물 가장자리를 따라 겉면을 보며 코를 줍는다. 겉뜨기 단으로 시작해 메리야스뜨기를 4, 5단, 또는 원하는 길이까지 뜬다. 굵은 바늘로 바꿔 쥐고 덮어씌워 코막음한다. 안뜨기 면이 안쪽으로 말린다.

이어서 뜨는 보더

보더를 몸판에서 이어서 뜨면 다 뜬 시점에서 작품이 완성된다는 장점이 있습니다. 사용하는 편물은 고무뜨기나 멍석뜨기, 그리고 여기에서 보여주는 바이어스 뜨기처럼 평평하게 자리잡는 것이 적합합니다. 메리야스뜨기 몸판에 가터뜨기 보더를 다는 등 단수 게이지가 다른 조합은 피합니다. 보더를 배색으로 뜰 때는 색을 바꿀 때 실끼리 교차시켜 구멍이 나지 않도록 합니다.

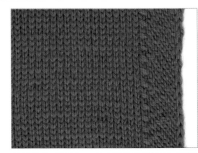

곡선을 따라 뜬 고무뜨기 곡선 모양 만들기를 시작하는 부분에서 고무뜨기로 2코 뜨고 1코 줄인다. 모양 만들기가 끝날 때까지 겉면 단을 뜰 때마다 뜨개 시작 쪽에서 1코 코늘림(고무뜨기 상태로). 고무뜨기 부분의 안쪽에서 코줄임을 계속한다.

멍석뜨기 멍석뜨기는 메리야스뜨기와 단수 게이지가 거의 같기 때문에 메리야스뜨기 몸판과 멍석뜨기 보더가 서로 잘 맞는다. 멍석뜨기는 평평한 상태의 가장자리로 잘 마무리된다는 장점도 있다.

바이어스 메리야스뜨기 편물의 밴드를 1겹으로 만들거나 접어서 안쪽에 꼬맨다. 겉면 단에서는 첫 번째 코를 겉뜨기하듯이 걸러뜨기하고 꼬아 늘리기, 2코 남을 때까지 겉뜨기, 왼코 겹치기 한다. 안면 단에서는 모두 안뜨기한다.

모서리가 있는 가터뜨기 마감단

이 마감단은 따로 떠서 나중에 몸판과 잇습니다. 재킷, 숄, 블랭킷 등에 잘 맞습니다. 모서리 부분은 너비가 넓어지기 때문에 바깥쪽에서부터 떠서 **모서리 중심 코의 좌우**에서 코줄임을 합니다. 기코초 콧수를 구하려면 먼저 몸판 가장자리를 모두 재고, 콧수 게이지를 곱해서 보더 안쪽(뜨개 끝)의 필요한 콧수를 계산합니다. 그다음에 마감단 너비와 단수 게이지를 곱해서 코줄임 콧수를 구합니다. 마감단 안쪽의 콧수와 모서리의 코줄임 콧수 합계가 기초코 콧수가 됩니다.

겉뜨기 모서리 필요한 콧수만큼 코를 잡고, 모서리 코에 표시한다. 겉면은 모서리 2코 전까지 뜨고 왼코 겹치기. 모서리 코는 겉뜨기, 다음 2코는 고리 뒤쪽에 바늘 끝을 넣어서 2코 모아뜨기(꼬아뜨기로 하는 오른코 겹치기). 안면은 모서리의 중심 코만 안뜨기, 그 외에는 겉뜨기한다.

구멍무늬 모서리 필요한 콧수만큼 코를 잡고 모서리 코에 표시한다. 겉면은 모서리 3코 전까지 뜨고 왼코 3코 모아뜨기, 바늘비우기. 모서리 코는 겉뜨기, 바늘비우기, 다음 3코는 고리 뒤쪽에 바늘 끝을 넣어서 3코 모아뜨기(꼬아뜨기로 하는 오른코 3코 모아뜨기). 안면은 모서리 코를 안뜨기, 그 외에는 겉뜨기한다.

여러가지 밴드

가터뜨기 밴드 편물 좌우 끝의 직선 부분에서부터 3단에 2코 비율로 코를 줍고 단마다 겉뜨기한다. 마지막은 코줄임 코막음(P.62)으로 막는다.

'픽업 앤 니트' 보더 단단하고 가는 가장자리로 완성되기 때문에 '모크 크로셰(코바늘 풍)'라고 부르기도 한다. 코를 줍고 다음 단에서 덮어씌워 코막음한다. 또는 1단 겉뜨기를 한 뒤에 덮어씌워 코막음한다.

'헬드 마이터' 밴드 몸판의 가로 너비+밴드 너비만큼 코를 잡는다. 단마다 모서리 쪽의 끝에서 1코씩 남기고 뜨고, 남긴 코는 코막음 핀에 끼운다. 밴드 길이까지 뜨고, 계속하여 몸판을 뜬다.

몸판 끝에서 코를 줍고 겉면 단은 처음에 1번째 코와 코막음 핀의 코를 2코 모아뜨기, 꼬아 늘리기한다. 안면 단은 1코가 남으면 꼬아 늘리기, 마지막 코와 코막음 핀의 코를 2코 모아 안뜨기한다. 코막음 핀의 코가 없어지면 코막음한다.

TECHNIQUE

사슬코를 이용한 코잡기

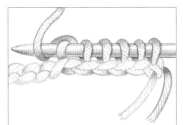

1 이 기초코는 **밴드를 나중에 뜰 때** 사용한다. 고무뜨기에서 위의 몸판 부분 콧수에 맞춰서 별도 사슬 기초코를 잡고, 작품 실로 사슬코 산에서 1코씩 줍는다.

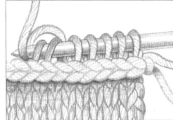

2 몸판을 뜬 뒤, 별도 사슬에 걸린 고리에서 밴드용 코를 줍는다. 그림처럼 코줄임이 필요할 때는 2코 모아뜨기를 하면서 줍는다.

3 밴드를 다 떴으면 사슬을 푼다.

코바늘 에징

니트웨어 마무리에는 코바늘 에징을 이용할 수도 있습니다. 이 에징은 뜨기 쉽고, 생각한 것과 달라도 간단히 풀고 다시 뜰 수 있습니다. 코바늘 뜨개 에징은 편물을 **안정적으로 만들고** 곡선인 부분도 **평평하게 하는** 효과가 있습니다. 1코씩 떠넣어서 가장자리를 튼튼하게 만들거나, 코와 코 사이에 사슬뜨기를 1~2코하여 레이스 같은 장식적인 에징으로 마

무리할 수도 있습니다.

코바늘 뜨개 에징을 뜰 때는 반드시 앞단 뜨개코의 머리 사슬 2가닥이나 덮어씌우기 코에 **앞쪽에서 뒤쪽으로** 바늘 끝을 넣습니다. 사용하는 코바늘은 사용한 대바늘 호수보다 1~2호 가는 것을 사용합니다.

대바늘로 가장자리를 뜰 때와 마찬가지로 코바늘도 편물 가장자리를 따라서 같

은 간격으로 뜹니다. 뜨개코가 너무 많으면 편물이 너울거리고, 반대로 너무 적으면 편물이 당깁니다. 모서리를 만들려면 모서리 코에 2코 이상 떠줍니다.

코바늘 에징은 일반적으로 편물 겉면을 보면서 오른쪽에서 왼쪽으로 뜹니다. 왼손으로 뜰 때는 뜨는 방향이 반대가 됩니다. 다 뜬 옷에 코바늘 에징을 원통뜨기하면 나중에 이을 필요가 없어 좋습니다.

우선 스와치로 시험뜨기하고, 코바늘 호수가 적정한지 확인하며 무늬를 연습해 봅시다.

빼뜨기 에징

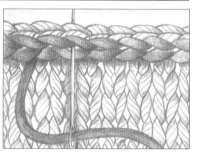

단독으로 너비가 좁은 에징으로도 사용할 수 있지만, 몸판 편물 쪽에 빼뜨기가 생기므로 코바늘을 뜨기 위한 바탕으로 이용하는 것이 가장 효과적입니다. 편물 위에 격자무늬를 만드는 등 코바늘로 장식적인 선을 뜰 때도 사용합니다.

1 뜨개코에 코바늘을 넣고, 바늘 끝에 실을 걸어서 끌어낸다.

2 다음 코에 바늘 끝을 넣고 실을 걸어서 빼낸다. 바늘 끝에는 고리가 1가닥 남은 상태가 된다. 고리는 조금 느슨하게 끌어내어, 가장자리가 너무 빡빡해지지 않도록 주의한다. 이 순서를 마지막 코까지 반복한다.

3 원통뜨기 편물일 때는 마지막에 첫 빼뜨기 한 코의 가운데에 코바늘 끝을 넣어서 빼낸다. 실을 자르고 실꼬리를 겉면으로 끌어내어, 돗바늘로 1번째 코의 빼뜨기를 따라하며 마지막 코로 돌아가고, 실을 겉면에서 안면으로 다시 되돌려 놓는다.

사슬뜨기 하는 법

실꼬리를 조금 남기고 매듭을 만들어서 코바늘 끝에 끼웁니다. 뜨개실을 왼손 검지손가락으로 당기면서 코바늘을 아래에서부터 통과시키고, 실 위로 나와서 바늘 끝에 실을 겁니다. 먼저 바늘에 걸려 있던 고리에서 실을 끌어냅니다. 이것으로 사슬이 1코 생겼습니다.

바늘에 매듭을 끼운 상태

2번째 사슬코를 뜨는 모습

사슬뜨기의 겉과 안

짧은뜨기

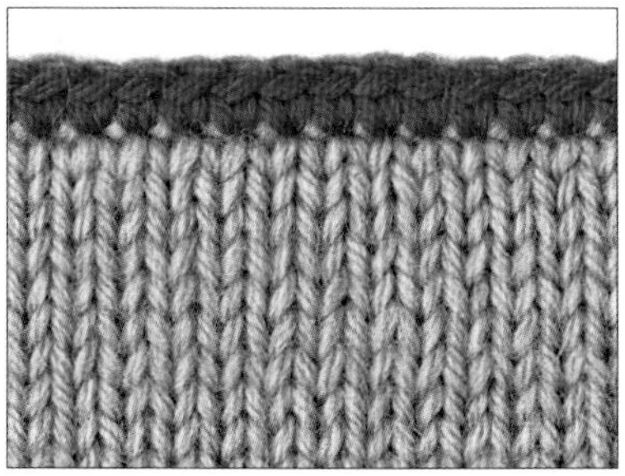

사진처럼 짧은뜨기를 1코 하면 너비가 좁고 정리된 에징이 됩니다. 2단 이상 뜨면 단단한 에징으로 마무리됩니다. 다른 코바늘 에징의 바탕으로도 사용할 수 있습니다.

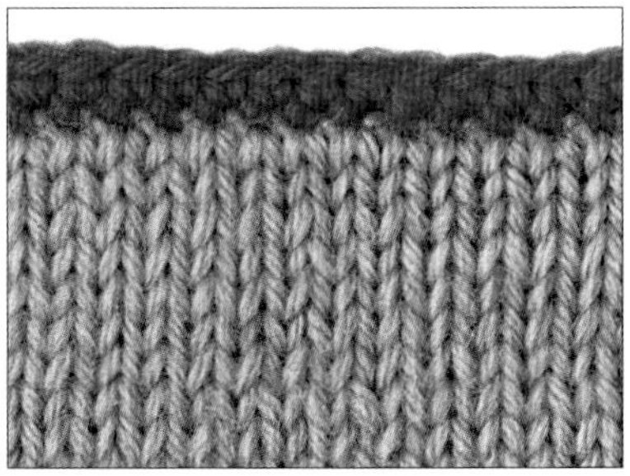

사진처럼 빼뜨기 바탕에 짧은뜨기를 할 수도 있습니다.

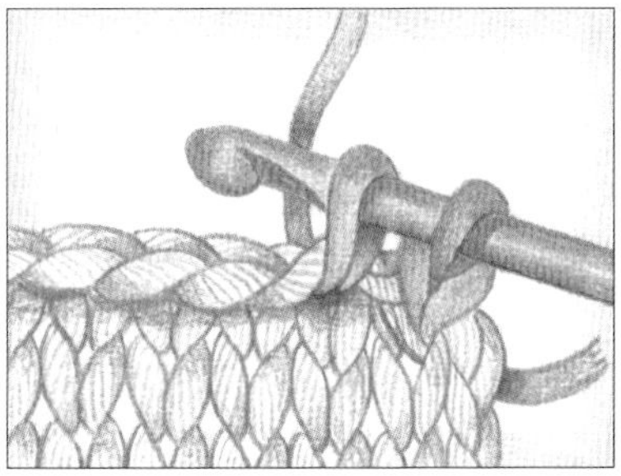

1 1번째 코에 코바늘을 넣고 바늘 끝에 실을 걸어서 빼내어 사슬을 1코 뜬다. *다음 코에 바늘 끝을 넣고 실을 걸어서 빼낸다(코바늘에 걸린 고리에서는 빼내지 않는다).

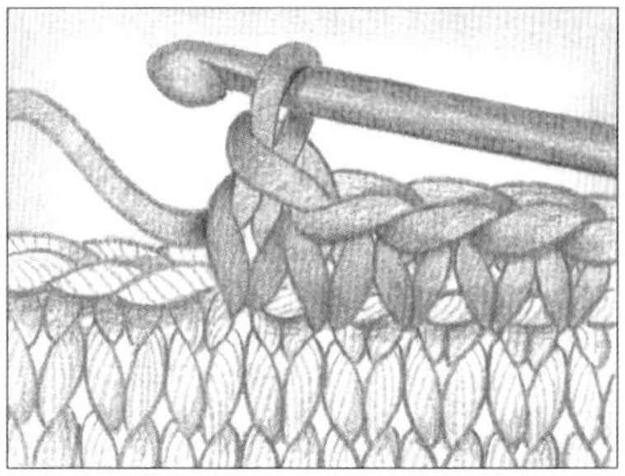

2 한 번 더 바늘에 실을 걸어서, 바늘에 걸린 고리 2개에서 빼낸다**. *~**를 마지막까지 반복한다.

뒤돌아짧은뜨기

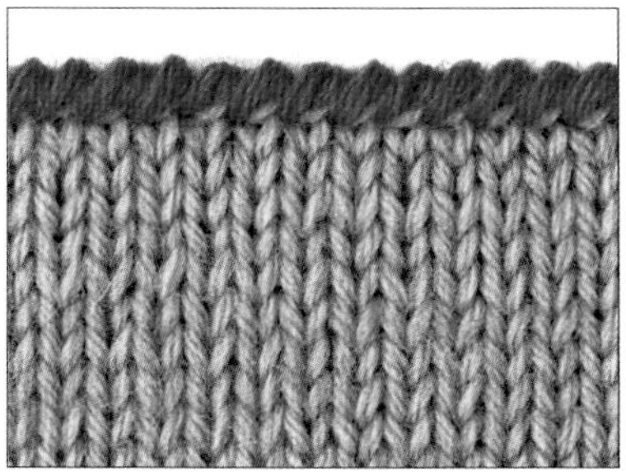

뒤돌아짧은뜨기 에징은 짧은뜨기와 마찬가지로 뜨지만, 오른쪽에서 왼쪽이 아니라 왼쪽에서 오른쪽으로 뜹니다.

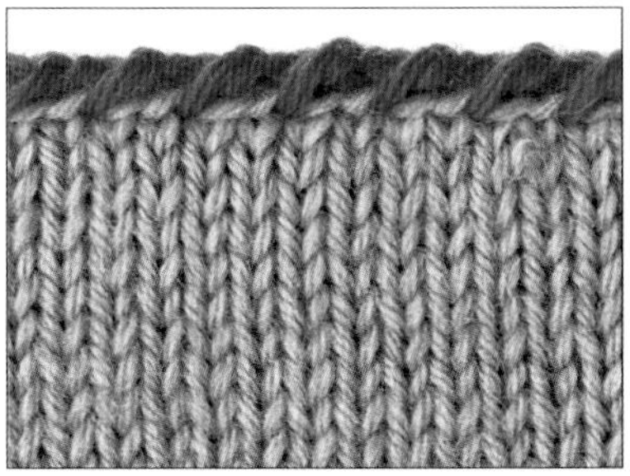

사진의 에징은 뒤돌아짧은뜨기의 변형으로, 〈뒤돌아짧은뜨기 1코, 사슬뜨기 1코, 앞단의 다음 코를 1코 건너뛴다〉를 반복하여 뜹니다.

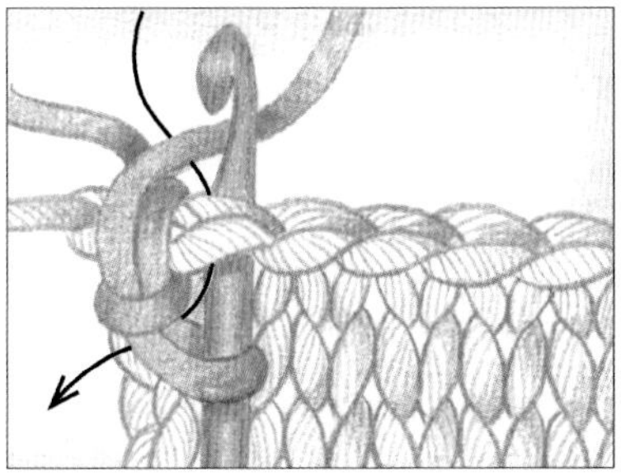

1 왼쪽 끝 코에 코바늘을 넣고 바늘에 실을 걸고 빼내서 사슬을 1코 뜬다. *바늘 끝을 오른쪽 코에 넣고, 그림처럼 실을 걸어서 화살표처럼 편물과 바늘에 걸린 고리 아래로 끌어낸다.

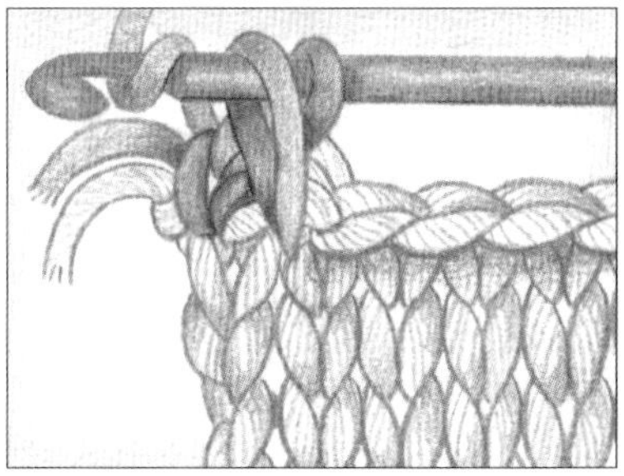

2 코바늘 실을 걸어서 그림처럼 감고, 바늘에 걸린 고리 2개에서 빼낸다**. *~**를 반복한다.

피코뜨기 에징

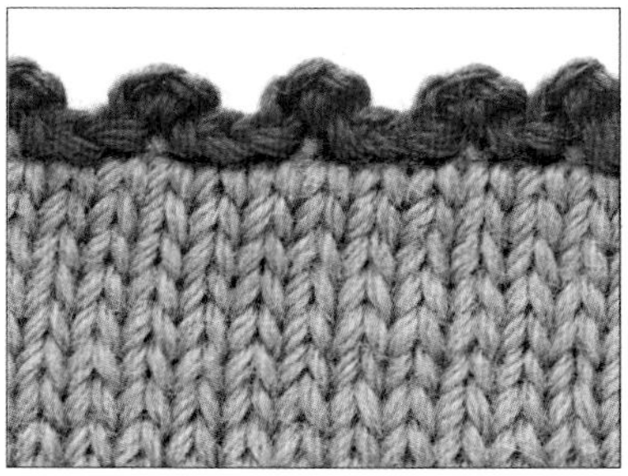

사슬 3코의 피코 사이에 빼뜨기 2코를 하는 '피코 빼뜨기'.

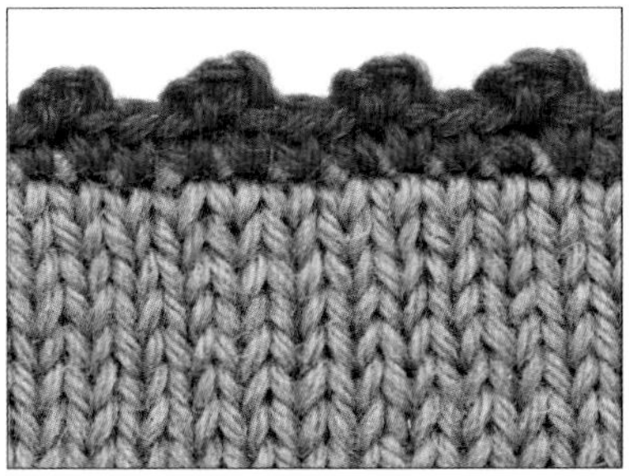

사슬 3코의 피코 사이에 짧은뜨기 2코를 하는 '피코 짧은뜨기'.

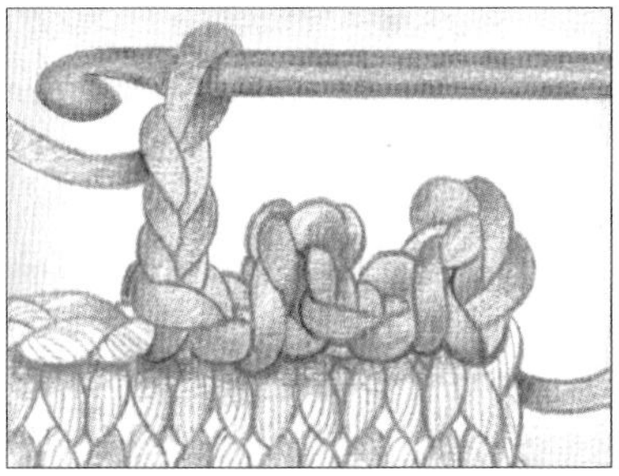

피코 빼뜨기 첫 코에 빼뜨기. *사슬 3코, 원래 코에 한 번 더 바늘을 넣어서 실을 걸고 바늘에 걸린 고리에서 빼낸다, 빼뜨기 2코**. *~**를 반복한다.

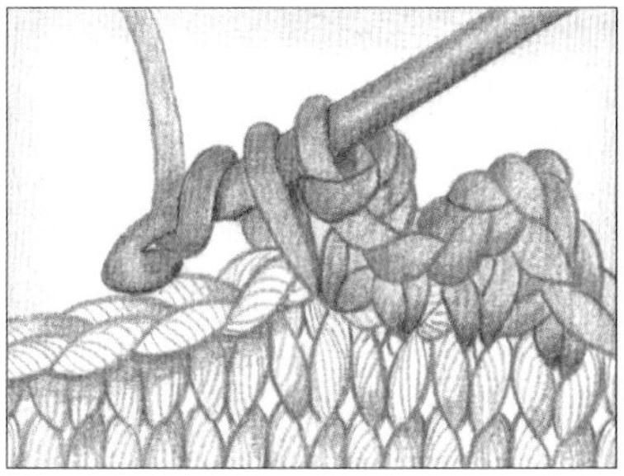

피코 짧은뜨기 첫 코에 짧은뜨기를 1코 뜨고, *사슬 3코, 원래 코에 한 번 더 바늘을 넣어서 실을 걸고 바늘에 걸린 고리에서 빼낸다, 짧은뜨기 2코**. *~**를 반복한다.

치수 **166**
코바늘 사슬뜨기 **210**

접어서 만드는 마감단(헴)

접어서 만드는 마감단Hems은 편물 가장자리의 말림 방지나 늘어남 방지를 위해 **안쪽으로 접어서 만드는** 마감단을 가리킵니다. 가로나 세로 헴은 고무뜨기 대신이 되기도 합니다. 헴은 옷이 자연스럽게 떨어지게 해주며 몸에 밀착되지 않는 편물에 알맞습니다. 예를 들어 니트웨어의 밑단이나 목둘레선, 카디건이나 코트의 앞여밈단 등입니다.
헴은 스커트의 벨트 부분 등의 **고무줄** **통로**로 이용하기도 하고, 몸판과 동시에 뜰 수도, 몸판을 뜬 뒤에 코를 주워서 뜰 수도 있습니다.
헴은 접음산을 만들면 날렵하게, 만들지 않으면 **둥그스름하게** 마무리됩니다. 헴의 접어 넘기는 부분은 몸판에 사용하는 무늬와 관계없고, 메리야스뜨기처럼 매끈한 편물로 하여 **적어도 1호,** 상황에 따라서는 2~3호 **가는 바늘로** 뜹니다. 헴을 다 떴으면 그 위에 뜨는 몸판 편물에 따라 코늘림이나 코줄임이 필요하기도 합니다. 뜨기 시작하기 전에 작은 샘플을 떠봅니다. 비침무늬뜨기는 완성했을 때 편물에서 비쳐 보이기 때문에 헴에는 적합하지 않습니다.
접어 넘긴 안단 부분은 몸판 안쪽에 최대한 눈에 띄지 않도록 감침질이나 공그르기로 고정하든지 코와 코를 1코씩 이어줍니다.

접음산

접음산은 헴의 가장자리를 깔끔하게 정리하는 역할을 합니다. 접음산은 헴을 사용하는 부분이 위인지 아래인지에 상관없이 우선 헴 길이만큼 뜬 뒤에 만듭니다. 헴은 아래에 사용할 때는 몸판 전에, 위에 사용할 때는 몸판 후에 뜹니다.

안뜨기 접음산 편물 안면에서 꼬아뜨기 겉뜨기를 하면 겉면에는 안뜨기 접음산이 생긴다. 다음 단(겉면)에서는 몸판 무늬를 뜨기 시작한다.

피코 접음산 반드시 짝수 코로 뜨는 접음산. 다음과 같이 겉면에서 피코를 뜬다. 겉뜨기 1, *왼코 겹치기, 바늘비우기**, *~**를 반복하고 마지막 1코는 겉뜨기한다.

걸쳐뜨기 접음산 반드시 홀수 코로 뜬다. 다음과 같이 겉면에서 걸쳐뜨기를 한다. 겉뜨기 1, *걸쳐뜨기 1(실을 앞쪽에 두고 걸러뜨기 1), 겉뜨기 1**, *~**를 단의 마지막까지 반복한다.

떠서 잇는 헴KNIT-IN HEM

편물의 두께를 줄이기 위해 뜨개 시작의 기초코와 뜨개바늘에 걸려 있는 뜨개코를 한 번에 뜹니다. 나중에 이을 필요는 없습니다. 이 헴은 일반 코잡기나 풀어내는 코잡기(2장 참조)와 같이 사용합니다.

일반 코잡기를 사용한 헴. 기초코 단에서 코를 줍고 예비 바늘에 옮겨서 몸판 쪽의 코와 함께 뜹니다. 떠서 잇는 헴은 나중에 수정이 필요할 때는 풀기 어려우므로 주의해서 뜹니다.

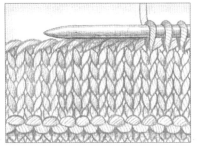

1 먼저 헴 길이까지 뜨고 접음산을 만든다. 몸판 쪽을 같은 길이까지 뜨고, 안면을 뜬 곳에서 일단 쉬게 둔다. 기초코의 겉면 쪽에서 다른 실과 바늘을 사용하여 코를 줍는다.

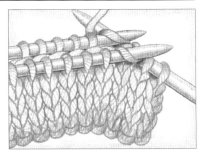

2 다른 실을 자르고 헴을 안면 쪽으로 접어 넘긴다. 겉면 쪽에서 몸판 쪽의 1코와 다른 바늘 쪽의 1코를 함께 겉뜨기한다. 이것을 단의 끝까지 반복한다. 다음 단(안면)에서는 몸판의 무늬 뜨기를 한다.

세로 안단

몸판과 동시에, 또는 나중에 편물 끝에서 코를 주워 뜨는 안단이며, 테일러드 재킷이나 카디건 앞여밈단에 가장 적합합니다. 몸판에 가장자리 코를 떠두면 코줍기가 쉬워집니다. 안단을 몸판에 연결하기 전에 블로킹해두면 깔끔하게 완성됩니다.

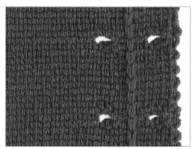

가터뜨기 접음산에 가터뜨기를 사용하고, 몸판에서 계속하여 뜨는 간단한 안단. 단마다 접음산이 될 코를 겉뜨기로 뜬다.

걸러뜨기 접음산에 걸러뜨기를 사용하고, 몸판에서 계속하여 뜨는 안단. 접음산은 겉면에서는 걸러뜨기, 안면에서는 안뜨기로 뜬다. 카디건 앞여밈단이면 몸판과 안단 양쪽에 다 단춧구멍을 만들고 마지막에 둘을 겹쳐서 보강을 한다.

코줍기 나중에 코를 주워 추가로 뜨는 안단. 몸판 편물을 다 떴으면 가장자리 4단에서 3코의 비율로 코를 줍고 안단에 필요한 길이를 뜬다. 뜨개 끝은 사진처럼 덮어씌워 코막음해도 되고 코가 살아 있는 상태로 몸판에 연결해도 된다.

모서리(연귀맞춤)가 있는 안단

가로 헴과 세로 안단이 있는 옷을 뜰 때 헴과 안단이 두꺼워지는 것을 방지하고 끝이 겹치지 않게 연결해 부드러운 가장자리를 만들 수 있습니다. 이를 위해서는 헴의 단수를 계산해서 2로 나누고, 이 숫자만큼의 콧수를 빼서 헴을 뜨기 시작합니다(3cm 정도).

1 코를 잡은 다음 헴은 2단마다 매번 안면에서 1코씩 늘린다. 접음산을 만든다. 앞여밈단이 헴 너비가 될 때까지 2단마다 1코 늘리며 몸판과 접음산, 앞여밈단을 뜬다.

2 이 모서리가 있는 마감단은 안뜨기 접음산까지 2단마다 1코씩 4번 늘리고, 안단을 만들기 위해 2단마다 1코씩 늘리고 1코는 가터뜨기 접음산을 만든다. 헴과 안단을 모서리를 잘 맞춰 잇는다.

곡선으로 된 안단

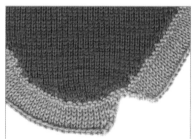

안쪽 곡선 사진의 목둘레처럼 코줍기 부분이 안쪽으로 곡선이 되는 타입의 안단은 접음산에서 안단 가장자리를 향해서 편물을 넓어지게 하기 위해 코늘림을 하며 뜬다.

목둘레를 따라서 코를 주운 후 접음산으로 안면에서 겉뜨기로 1단 뜨고, 안단을 뜨며 곡선이 되는 부분에서 코늘림을 한다. 코늘림을 하는 포인트에 마커를 넣어두면 알아보기 쉽다.

바깥쪽 곡선 카디건 밑단처럼 코줍기 부분이 바깥쪽으로 곡선이 되는 타입의 안단은 접음산에서 안단 가장자리를 향해서 코줄임을 하여 편물을 줄인다.

곡선을 따라서 코를 주운 뒤, 접음산으로 안면에서 겉뜨기로 1단 뜨고, 곡선이 가장 급한 부분에서 고르게 코줄임을 하며 안단을 뜬다.

떠서 붙이는 주머니

주머니는 장식적으로도, 기능적으로도 이용할 수 있어 디자인에 없어서는 안 될 요소입니다. 가장 일반적인 주머니는 **떠서 붙이는 주머니, 뜨면서 만드는 가로 주머니, 뜨면서 만드는 세로 주머니**입니다. 주머니 크기는 옷 치수와 비례합니다. 예를 들어 큼직한 재킷에 조그만 주머니는 어울리지 않습니다.

여성복의 평균적인 주머니 사이즈는 너비 12.5~16㎝, 깊이 12.5~19㎝ 정도입니다. 남성복은 가로세로 모두 2.5㎝씩 크고, 아동복은 2.5㎝나 그 이상 작게 만듭니다.

주머니는 손을 넣고 빼기 쉬운 위치에 달아줍니다. 가지고 있는 스웨터를 참고하면 주머니 위치를 알 수 있습니다. 여성용 스웨터에서는 주머니의 아래 가장자리가 어깨에서부터 52.5~55㎝ 이상 떨어지지 않도록 하고 앞중심에서는 6~10㎝ 위치에 오도록 합니다. 길이가 짧은 스웨터에는 세로 주머니나 옆선 주머니가 사용하기 편합니다.

주머니를 달 때는 주머니와 주머니 마감단을 정하고 주머니 위치를 결정한 후 실과 무늬를 스웨터 몸판에 맞출지 말지를 정합니다. 콧수·단수 게이지를 바탕으로 주머니에 필요한 콧수와 단수를 계산합니다. 그리고 옷에 필요한 실 양에 주머니 분량을 추가하는 것을 잊지 않도록 합니다.

떠서 붙이는 주머니의 종류

사각형이나 직사각형 주머니는 가장 뜨기 쉬운 주머니이며 몸판과는 다른 무늬나 색, 모양도 사각형 이외에 원형이나 삼각형으로도 뜰 수 있습니다. 포인트는 단정하게 뜨는 것. 꿰매서 달 때도 바늘땀이 최대한 보이지 않도록 합니다. 일부러 다른 색의 블랭킷 스티치로 달아도 재미있습니다. 좌우 끝 코를 걸러뜨기로 하면 가장자리가 잘 말리지 않습니다.

기본 주머니 주머니는 편물에 단단히 달고, 꿰맬 때는 주머니 무게를 버틸 수 있는 튼튼한 실을 사용한다. 고무뜨기나 헴의 바로 위에 달면 아래 가장자리가 똑바로 맞춰져서 작업이 간단하다.

케이블이 있는 기본 주머니 사진은 몸판의 케이블무늬에 겹치도록 주머니의 한가운데에 케이블무늬를 넣은 주머니. 주머니의 케이블무늬를 몸판의 케이블무늬에 맞춰서 단다.

모서리가 둥근 주머니 주머니 크기나 사용하는 실에 따라 기초코는 주머니 너비에 필요한 콧수보다 4~6코 적게 잡는다. *1코 겉뜨기, 다음 단에서는 양 끝에서 1코씩 코늘림**, *~**를 반복하여 적게 잡은 콧수만큼 늘려서 필요한 콧수로 되돌아간다.

주머니 다는 법

주머니는 블로킹하거나 다린다. 주머니 치수를 재고, 몸판의 주머니 다는 위치를 다른 색 실로 시침하여 표시한다. 표시한 위에 주머니를 핀으로 임시 고정하고 감쳐서 단다.

이것은 왼쪽과는 다른 방법이다. 먼저 몸판 겉쪽에서 주머니 좌우의 끝에 해당하는 위치의 뜨개코 반 코에 좌우 각각 1단씩 걸러 막대바늘을 통과시킨다. 아래 가장자리에 해당하는 위치에는 모든 코의 반 코에 막대바늘을 통과시킨다.

통과시킨 막대바늘 한가운데에 주머니를 놓고 핀으로 고정한다. 막대바늘의 코와 주머니의 끝 코를 1코씩 돗바늘로 떠서 잇는다.

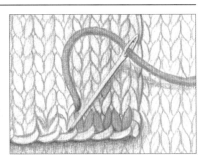

주머니를 꿰매는 바늘땀을 눈에 띄지 않도록 하고 싶으면, 그림처럼 주머니 끝 코를 따라서 메리야스자수를 해서 주머니를 몸판에 고정한다.

헴 가장자리 주머니

헴 가장자리 주머니는 좌우 끝과 아래에 안으로 접어들어갈 분량을 만듭니다. 먼저 필요한 콧수만큼 코를 잡고, 메리야스뜨기로 빡빡하게 1.5㎝ 정도 바닥 쪽의 헴을 뜹니다. 헴 길이는 굵은 실이라면 길게 하는 등 실 굵기에 맞춰 조절합니다.

1 안면에서 꼬아 겉뜨기를 1단 하여 접음산을 만든다. 계속해서 헴과 같은 길이를 떴으면 다음 단의 시작과 끝에 좌우 헴용으로 2코나 4코를 늘린다.

2 좌우 헴과 주머니를 뜬다. 겉면 단에서는 헴의 1코 안쪽 코를 걸러뜨기하고, 안면 단에서 이 코를 안뜨기한다. 마지막은 고무뜨기(약 1.5~2.5㎝)를 하거나 접음산과 헴을 떠서 접는다. 가장자리는 덮어씌워 코막음한다.

3 아래 가장자리는 그림처럼 몸판과 겉끼리 맞대고 접음산을 박음질한다. 좌우 헴은 안쪽으로 접어넣는다. 주머니를 들어올려서 안끼리 맞닿게 하여 접음산을 몸판에 감침질한다.

코를 주워 다는 주머니

뜨면서 만드는 주머니 스타일의 주머니. 좌우 끝은 주머니를 뜨고 나서 몸판에 꿰매도 되고 오른쪽처럼 주머니를 뜨면서 양 끝에서 몸판에 떠서 붙여도 상관없습니다.

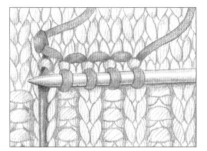

1 필요에 따라 주머니 다는 위치에 시침질하여 표시한다. 그림처럼 주머니 콧수만큼 코바늘로 1코씩 주우면서 뜨개바늘에 끼운다. 안면에서 1단 뜬다.

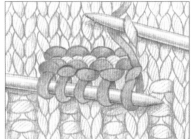

2 다음 단(겉면 단)의 처음에 주머니의 오른쪽 끝과 몸판을 잇는다. 오른바늘 끝으로 주머니의 1번째 코의 바로 위에 해당하는 몸판 쪽 코의 반 코를 떠서 왼바늘에 옮기고 주머니의 1번째 코와 왼코 겹치기한다.

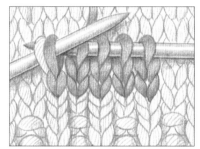

3 단의 끝에서는 마지막 코에 겉뜨기하듯이 오른바늘을 넣어서 오른바늘로 옮기고, 왼바늘 끝으로 주머니 마지막 코의 바로 위에 해당하는 몸판 쪽 반 코를 뜬다. 오른바늘의 코를 왼바늘로 되돌려 놓고 2코를 꼬아서 함께 뜬다.

주머니 뚜껑

뚜껑(플랩)은 코를 주워서 뜨거나 따로 떠서 달아줍니다. 너비는 주머니에 맞추고 주머니 입구 조금 위에 답니다. 몸판을 뜨면서 플랩을 달려면 먼저 플랩을 떠서 코 상태로 코막음 핀에 쉬게 둡니다. 몸판과 이을 때는 플랩 1코와 몸판 1코를 2코 한꺼번에 뜹니다.

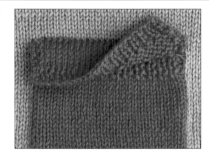

직사각형 이 플랩은 마감단을 떠도, 뜨지 않아도 좋다. 주머니 없이 플랩만 달면 장식 주머니 스타일의 디자인이 된다.

삼각형 이 플랩에는 단춧구멍을 만들어서 주머니를 잠글 수 있도록 한다. 단춧구멍은 세로 단춧구멍도 가로 단춧구멍도 좋다. 플랩은 장식적이면서도 기능적으로 사용할 수 있다.

장식 플랩 주머니 입구를 바깥쪽으로 접어 넘긴 플랩. 주머니를 떴으면 먼저 접음산을 뜨고 계속해서 플랩을 뜬다. 바깥쪽으로 접어 넘겨서 마무리하기 때문에 플랩 부분의 편물 무늬는 겉과 안을 반대로 뜬다.

감침질 **201**
메리야스뜨기 **30, 46**
코바늘 **24~25**

겉뜨기하듯이 **170**
박음질 **191**
코줍기 **196~198**

고무뜨기 **46~47, 214~215**
코막음 **61~66**

단춧구멍 **251~254**
코막음 핀 **24~25**

뜨면서 만드는 주머니

뜨면서 만드는 주머니는 눈에 띄지 않는 가장 일반적인 주머니입니다. 주머니 입구는 **가로**나 **세로**, 또는 **사선**으로 할 수 있습니다. 이 주머니를 뜨는 법은 다양하지만 기본 구조는 같습니다.
대부분은 먼저 안주머니를 떠둡니다(안주머니 뜨는 법에 관해서는 P.267에서 소개합니다).

뜨면서 만드는 주머니에서는 약 2~4㎝ 너비의 주머니 마감단을 더 뜨든지 따로 떠서 나중에 달아줍니다. 단, 더 뜰 때는 본체와 같은 호수의 바늘로 뜨면 느슨해질 가능성이 있으므로 주의해야 합니다. 주머니 마감단을 나중에 달 때는 주머니 입구의 뜨개 끝 코는 코막음해도 되고 마감단을 뜨는 단계까지 코막음 핀에 쉽게

뒤도 상관없습니다. 고무뜨기 마감단의 모든 코를 겉뜨기하며 덮어씌워 코막음하면 잘 늘어나지 않게 됩니다.

뜨면서 만드는 가로 주머니 A

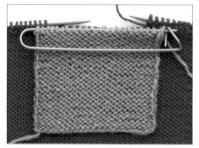

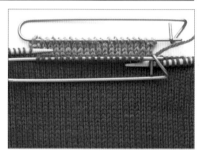

이 방식은 주머니 다는 법 중에서도 가장 자주 사용되는 방법입니다. 주머니의 안주머니를 따로 떠두고, 이것을 편물 안면에 달아줍니다.

1 겉면에서는 주머니 입구 위치까지 뜨고, 안주머니를 달기 위해 덮어씌워 코막음한다. 주머니 마감단은 주머니 부분을 완성한 뒤에 뜬다.

2 다음 단에서는 앞단에서 덮어씌워 코막음한 부분에 안주머니 겉면을 맞대어 겹치고, 안주머니 코를 뜬다. 이음매가 느슨해지는 것을 막으려면 안주머니를 2코 많이 떠두고, 몸판과 안주머니 양 끝의 코를 한꺼번에 뜬다.

주머니 입구의 코를 덮어씌워 코막음하지 않을 때는 몸판 뜨개코를 코막음 핀에 옮기고, 안주머니 겉면을 몸판 안면에 맞대고 안주머니 코를 뜬다. 계속해서 몸판을 단의 마지막까지 뜬다.

뜨면서 만드는 가로 주머니 B

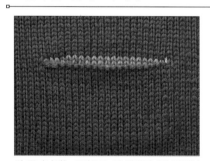

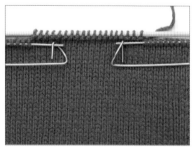

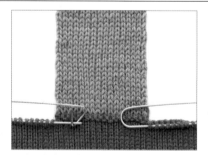

이 주머니에는 2겹으로 된 안주머니가 달립니다. 안주머니는 편물을 띠 모양으로 뜬 뒤에 몸판과 계속하여 뜹니다. 주머니 양 끝은 마지막에 꿰매고, 주머니는 안쪽에서 처지는 모양이 됩니다.

1 겉면에서 뜰 때. 주머니 입구 단에서 몸판의 주머니 입구 앞까지 뜨고, 뜬 코를 코막음 핀에 옮긴다. 주머니 입구 부분은 안뜨기를 해서 접음산을 만든다. 남은 몸판 뜨개코도 코막음핀에 옮긴다.

2 계속하여 주머니의 안주머니만 메리야스뜨기로 약 20㎝ 길이가 될 때까지 뜬다(겉뜨기 단에서 끝난다). 안주머니를 반으로 접고, 계속해서 2번째(주머니 입구의 왼쪽) 코막음 핀의 코를 단의 마지막까지 뜬다.

다음 단을 안주머니 위치까지 뜨고 안주머니 코를 뜬다. 몸판의 나머지 코도 뜨개바늘에 옮겨서 단의 마지막까지 뜨면 주머니 입구 양 끝이 몸판과 이어진다. 안주머니 양 끝을 꿰맨다.

겉뜨기하듯이 **170**
코막음 핀 **24~25**

접음산 **172, 260**

주머니의 안주머니 **267**

코막음 **61~66**

뜨면서 만드는 세로 주머니 A

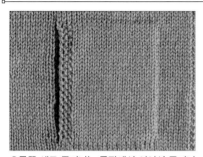

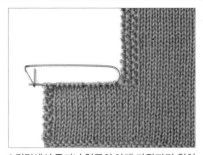

오른쪽 세로 주머니는 몸판에서 이어서 주머니 겉쪽과 멍석뜨기 가장자리를 뜨고 나중에 안주머니를 뜹니다. 왼쪽 주머니는 좌우대칭으로 뜹니다.

1 겉면에서 주머니 입구의 아래 가장자리 위치까지 뜨고, 나머지 몸판 코는 코막음 핀에 옮긴다. 다음 단부터는 몸판과 주머니 입구의 가장자리(멍석뜨기)를 계속해서 주머니 길이까지 뜬다. 안면 단에서 끝내고, 뜨개코를 코막음 핀에 옮긴다.

2 1번째 코막음 핀의 뜨개코를 뜨개바늘에 되돌려 놓고, 새 실을 이어서 주머니 입구까지 뜬다. 계속하여 안주머니용 기초코를 잡는다. 사진은 몇 단 뜬 상태. 그대로 주머니 길이까지 뜬다.

3 겉면에서 원래 실로 안주머니의 오른쪽 끝까지 뜨고, 주머니 부분은 안주머니 코와 코막음 핀에 옮긴 몸판 코를 1코씩 2코를 함께 뜬다. 몸판을 단 끝까지 뜨고, 다음 단부터는 몸판을 계속하여 뜬다.

뜨면서 만드는 세로 주머니 B

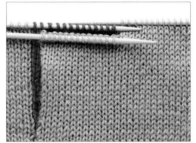

먼저 다른 바늘로 안주머니를 몇 단 떠서 겉면 단을 뜬 상태로 해둡니다. 위 사진은 오른쪽 앞판의 주머니입니다. 왼쪽 앞판 쪽은 좌우대칭으로 뜹니다.

1 몸판을 주머니의 트임 위치까지 뜨고, 거기까지의 뜨개코를 코막음 핀에 옮긴 뒤에 계속해서 단의 마지막까지 뜬다. 다음 단에서는 앞까지 뜨고, 계속해서 다른 바늘의 안주머니를 뜬다. 주머니 길이까지 뜨고, 뜨개코를 코막음 핀에 옮긴다.

2 1번째 코막음 핀의 뜨개코를 뜨개바늘에 되돌려 놓고, 새 실을 이어서 몸판을 뜨고 안주머니 길이까지 뜬다(안면 단을 뜨고 끝낸다). 다음 단은 끝까지 뜬다(주머니 부분은 몸판과 안주머니 코를 1코씩 2코를 함께 뜬다).

3 주머니 입구에 마감단을 달려면 주머니 입구에서 코를 주워 뜬다. 주머니 마감단을 다 떴으면, 양 끝은 몸판에 꿰매준다. 안주머니는 안면에서 몸판에 꿰맨다.

뜨면서 만드는 사선 주머니

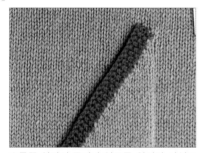

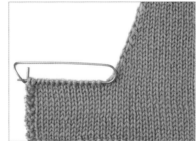

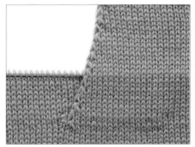

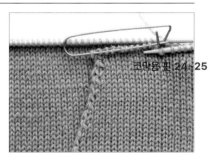

코막음 핀 **24~25**

오른쪽 앞판의 주머니 입구를 위처럼 사선으로 내리려면 먼저 주머니 길이, 주머니 너비, 주머니 입구의 각도를 정해둡니다. 주머니 입구를 사선으로 내는 파우치 포켓은 좌우 주머니 입구를 대칭으로 냅니다.

1 주머니의 트임 위치까지 뜨고, 몸판의 남은 뜨개코를 코막음 핀에 옮긴다. 주머니 입구에 경사를 만들기 위한 코줄임을 하면서, 바늘에 남은 코를 주머니 길이까지 뜬다. 안면 단에서 뜨기를 마치고, 뜨개코를 코막음 핀에 옮긴다.

2 1번째 코막음 핀의 뜨개코를 뜨개바늘에 되돌려 놓고, 새 실을 이어서 몸판을 뜨고 안주머니용 기초코를 잡는다. 주머니 길이까지 뜨고 안면 단을 떠서 끝낸다.

3 원래 실로 끝에서 다른 끝까지 뜬다(주머니 부분은 몸판과 안주머니 코를 1코씩 2코 함께 뜬다). 마감단은 나중에 주머니 입구에서 코를 주워 뜬다. 마감단을 비스듬하게 할 때는 2단마다 위 가장자리 쪽에서 1코 늘리고 아래 가장자리 쪽에서 1코 줄인다.

멍석뜨기 **46**

새 실을 잇는다 **48**

코막음 핀 **24~25**

옆선 주머니

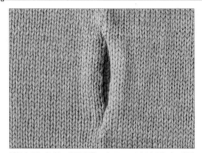

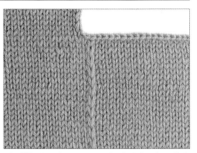

옆선 주머니는 몸판을 다 뜨고 나서 달기 때문에 좌우 어느 쪽에라도 나중에 달 수 있는 주머니입니다.

1겹 안주머니 1장을 사진처럼 앞판 안쪽에 다는 타입. 안주머니는 직사각형으로 떠도, 손 모양에 맞게 곡선으로 떠도 된다.

2겹 2겹으로 된 안주머니를 다는 타입. 안주머니 2장의 주머니 입구 이외의 부분을 박고, 주머니 입구를 앞뒤판에 꿰맨다. 박음질한 3면은 고정하지 않고 그대로 둔다.

연결형 안주머니를 몸판과 이어서 뜨는 타입. 앞뒤판에 같은 안주머니를 달아서 뜨고, 그것을 이어서 2겹 안주머니로 마무리한다.

파우치 주머니

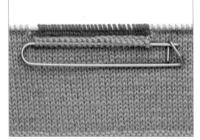

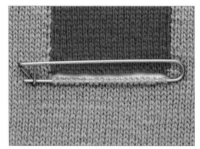

파우치 주머니는 좌우 끝에 세로로 주머니 입구가 뚫려 있고, 주머니 입구에서 다른 한쪽 주머니 입구까지가 이어진 타입의 주머니입니다.

1 주머니 입구의 오른쪽 시작 위치까지 몸판을 뜨고, 주머니의 뜨개코를 코막음 핀에 옮겨 편물 앞쪽에 둔다. 코막음 핀에 옮긴 콧수와 같은 콧수를 오른바늘에 잡고(안주머니가 된다), 계속하여 단의 마지막까지 뜬다.

2 기초코도 포함하여 몸판을 주머니 길이까지 뜨고 일단 쉬게 둔다. 처음에 코막음 핀에 잡은 뜨개코를 뜨개바늘에 되돌려 놓고, 쉬게 둔 몸판과 같은 길이가 될 때까지 뜬 뒤에 안면을 뜨는 단에서 끝낸다.

3 다음 단에서 주머니와 안주머니 뜨개코를 1코씩 2코 함께 뜨며 잇는다. 몸판을 완성한 뒤, 안주머니의 아래 가장자리를 주머니 안쪽에 감쳐서 달고, 주머니 좌우 끝에 마감단을 뜬다.

잘라 뜨는 주머니

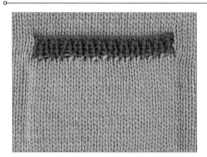

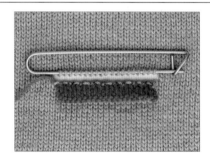

몸판에 가위집을 넣어서 주머니 너비만큼의 뜨개코를 풀어서 주머니를 만듭니다. 몸판을 뜨면서 주머니 부분에 별실을 넣어서 떠두면 작업하기 쉬워집니다.

1 몸판을 뜰 때, 주머니 입구 위치에 별실을 넣어서 떠둔다. 떠넣은 별실 코는 일단 왼바늘에 되돌려 놓고, 작품 실로 다시 한번 뜬 뒤에 몸판을 계속 뜬다.

2 몸판을 다 떴으면 별실을 푼다. 위쪽 코는 코막음 핀에 옮기고, 아래쪽 코는 뜨개바늘에 옮겨서 마감단을 뜬다.

3 위쪽 코를 사용하여 안주머니를 아래 방향으로 뜬다. 안주머니를 다 떴으면 3변을 몸판 안쪽에 감쳐서 달고, 마감단의 좌우 끝은 몸판 겉면에 꿰맨다.

안주머니 뜨는 법

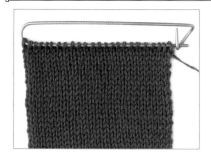

안주머니는 몸판에 사용하는 실과 같은 실로 뜰 때가 많으며, 안주머니(안감)라고 부르지만 실제로는 주머니의 뒤판입니다. 안주머니는 주머니와 같은 콧수, 또는 좌우 끝에 1코씩 추가하여 뜹니다. 스웨터 몸판과 함께 뜨기도 하고, 안주머니를 먼저 뜨기도 합니다.

안주머니를 떴으면 블로킹하고, 몸판과 이을 때까지 뜨개코를 코막음 핀에 쉬게 둡니다. 메리야스뜨기는 안주머니에 사용할 수 있는 가장 일반적인 기법입니다. 옷 몸판의 편물이 메리야스뜨기가 아닐 때는 메리야스뜨기로 안주머니를 뜨고, 위쪽의 몇 단을 몸판과 같은 무늬로 떠서 무늬의 흐름이 깨지지 않게 합니다.

굵은 실을 사용할 때는 안주머니는 가는 실로 뜬 편물이나 직물을, 작품 실로 뜬 3.5~5cm 높이의 플랩에 감춰서 답니다. 이렇게 하면 안주머니가 겉에서 보이지 않게 됩니다. 가는 실로 뜰 때는 마지막 몇 단은 보여도 괜찮도록 몸판에 사용한 실로 뜹니다. 몸판을 실 2겹으로 뜰 때, 안주머니는 1겹으로 뜹니다.

안주머니는 늘어나서 스웨터 아래쪽으로 나올 때가 있으니 몸판보다 짧게 뜹니다. 그리고 안주머니는 빡빡하게 뜹니다.

안주머니를 달 때는 먼저 핀으로 임시로 고정하고 평평하게 달렸는지 확인합니다. 안주머니를 고정할 때는 겉쪽에서 보이지 않도록 주의

하며 빼뜨기로 고정합니다.

주머니의 마감단

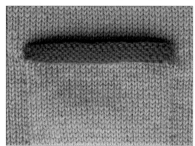

바깥 말림 주머니 바깥쪽을 향해 말리게 한 메리야스뜨기. 일반적인 고무뜨기 마감단의 독특한 변형.

교차뜨기 이것도 간단한 마감단의 대용으로 사용할 수 있다. 띠 모양의 교차무늬를 따로 떠두고, 주머니 입구에 꿰매준다.

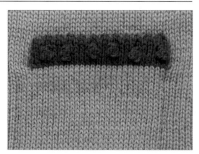

피코 달린 헴 메리야스뜨기를 반으로 접은 편물도 마감단으로 사용할 수 있다. 사진에서는 접음산에 피코를 뜨고 그 아래에 방울을 떴다.

TIP

주머니 마감단

- **주머니 마감단**은 일반적으로 스웨터의 마감단과 같은 편물을 같은 호수 바늘로 뜹니다.

- **고무뜨기 이외**에 마감단에 적합한 편물은 가터뜨기, 멍석뜨기, 안메리야스뜨기입니다. 코바늘 에징도 주머니 입구에 적합합니다.

- **코줍기 콧수는** 신중하게 정확한 수를 줍습니다. 주운 코가 너무 적으면 편물이 당겨지

고 너무 많으면 주머니가 벌어집니다.

- **코막음도 적합한 방법**으로 하는 것이 중요합니다. 고무뜨기 코막음으로 할지 덮어씌워 코막음으로 할지는 마감단의 종류와 신축성을 어느 정도로 할지에 따라 다릅니다.

- **마감단의 무늬**는 중심을 기준으로 좌우 끝에서 무늬가 대칭이 되도록 합니다.

- 주머니 입구의 **모서리는 단단하게 고정합**

니다. 이곳은 가장 힘을 많이 받는 부분이기 때문입니다. 실은 2겹으로 하여 보강합니다.

- 마감단의 좌우 끝을 꿰매는 것을 생략하려면 코를 주워 다는 주머니처럼 처음과 마지막 코를 몸판 코와 함께 뜹니다.

주름과 턱 Pleats and Tucks

주름과 턱은 가벼운 울처럼 메리야스뜨기나 다른 평평한 스티치에서 형태를 잘 유지하는 가벼운 실에 가장 잘 어울립니다. 그렇지만 니트로 만든 주름은 직물로 만든 주름만큼 날카롭게 마무리되지는 않습니다. 스커트에 사용할 때가 많지만, 스웨터에 넣어서 특수한 효과나 드레이프감을 내기도 합니다.

모조 주름은 주름 같은 느낌을 내는 무늬뜨기입니다. 원래의 주름은 같은 콧수의 편물이 **3장 겹쳐져** 있습니다(겉주름face, 접힌 부분fold-under, 속주름 underside).

각 속주름이 다음 겉주름에 이어집니다. 접음산에는 걸러뜨기나 안뜨기를 사용하여 라인을 **눈에 띄게 합니다.** 칼 주름, 박스 주름, 맞주름, 아코디언 주름은 모두 주름이며 매우 비슷한 방법으로 만듭니다.

주름이 들어간 옷을 뜨기 위해 기초코 콧수를 계산하려면 주름 1무늬(겉주름, 접힌 부분, 속주름과 걸러뜨기와 안뜨기) 콧수를 전체 치수를 바탕으로 계산합니다. 이와 같은 주름은 위 가장자리에서 박아서 잇든지 3장 겹친 것을 합쳐서 덮어 씌워서 코막음하면 두께를 줄일 수 있습니다. 이 가장자리를 따라서 허리 밴드의 코를 줍습니다. **가로 주름**(실질적으로는 턱)은 뜨면서, 접어 넘기는 마감단처럼 만듭니다.

가로 턱

수평으로 넣는 턱이며 1줄 또는 몇 줄을 장식적으로 넣을 수 있습니다. 스트레이트 얀으로 뜬 메리야스뜨기 같은 평면적인 편물에 가장 잘 맞습니다. 접음산은 안뜨기, 피코 등 몇 가지 타입이 있습니다. 이 턱은 배색을 사용하여 뜰 수도 있습니다.

1 위 사진의 턱 2줄의 간격은 8단, 턱 부분은 접음산 1단을 포함하여 14단. 먼저 첫 턱의 위치까지 뜨고, 안면 단을 떴으면 마지막 단의 양 끝에 표시를 하고 메리야스뜨기로 7단 뜬다.

2 8단(안면 단)에서 접음산을 뜬다. 모두 꼬아 겉뜨기로 뜨고 다음 단부터는 메리야스뜨기를 6단 한다.

3 가는 바늘을 사용하여, 표시한 단의 코를 오른쪽에서 왼쪽으로 1코씩 줍는다. 다음 단에서는 2의 바늘과 코줍기를 한 바늘을 겹쳐 쥐고, 각 바늘의 1코씩을 2코 함께 뜬다.

모조 주름

겉뜨기와 안뜨기만으로 주름 같은 효과를 내는 무늬뜨기입니다. 허리선에 맞춰서 허리둘레의 두께를 줄이려면 허리 부분에 가까워짐에 따라 중심의 안뜨기 양쪽에서 2코 코줄임을 몇 번 해줍니다.

타입 A 8의 배수로 다음과 같이 뜬다.
1단(겉면): *겉뜨기 7, 안뜨기 1**. *~**를 반복한다.
2단: 겉뜨기 4, *안뜨기 1, 겉뜨기 7**. *~**를 반복하고 마지막은 안뜨기 1, 겉뜨기 3.

타입 B 4의 배수+3코로 다음과 같이 뜬다.
1단(겉면): 겉뜨기 3, *실을 앞쪽으로 하고 1코를 오른바늘로 옮긴다. 겉뜨기 3**. *~**를 반복한다.
2단: 겉뜨기 1, *~**를 반복하고 마지막은 실을 앞쪽으로 하고 1코를 오른바늘로 옮긴다. 겉뜨기 1.

주름

주름의 전체 콧수는 완성했을 때의 너비(주름을 접은 상태)에 콧수 게이지를 곱하고 그 수를 3배 하여(3겹으로 하기 때문에) 계산합니다. 주름 1개당 콧수에는 걸러뜨기와 안뜨기도 더합니다. 주름을 접는 방향은 안뜨기 위치에 따라 정해집니다.

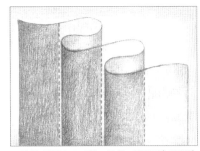

그림은 왼쪽으로 접는 주름. 겉주름(파란색), 접힌 부분(진회색), 속주름(연회색)은 같은 콧수. 마지막 속주름이 다음 겉주름과 이어져 있다.

왼쪽으로 넘기는 주름을 펼친 상태. 겉주름(오른쪽 부분)의 왼쪽 끝은 걸러뜨기(안면 단에서는 안뜨기로 뜬다). 접힌 부분(가운데 부분)의 왼쪽 끝은 안뜨기로 뜨고 속주름(왼쪽 부분)과 이어져 있다. 오른쪽으로 넘기는 주름으로 할 때는 안뜨기와 걸러뜨기 위치를 반대로 한다.

칼 주름과 박스 주름

칼 주름 왼쪽으로 넘기는 주름으로 주름 1개는 21코(겉주름 7코, 접힌 부분 7코, 속주름 7코). 겉주름의 왼쪽 끝은 걸러뜨기, 접힌 부분의 왼쪽 끝은 안뜨기로 뜬다.

작은 칼 주름 오른쪽으로 넘기는 주름으로 주름 1개는 15코.

박스 주름 오른쪽으로 넘기는 주름과 왼쪽으로 넘기는 주름을 맞댄 타입. 스커트에 자주 사용하며, 칼 주름만큼 두껍지는 않다.

맞주름 단독으로 코트의 주름에 사용한다. 좌우 주름의 꼭짓점이 언제나 딱 맞도록, 접힌 부분과 속주름을 코줄임한다. 이 때문에 미리 길이와 코줄임 콧수를 정해두어야 한다.

주름의 코막음

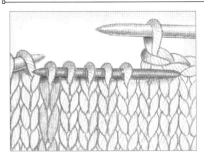

1 이 방법은 좌우 어느 쪽으로 넘기는 주름에도 사용할 수 있으며, 예는 왼쪽으로 넘기는 주름일 때. 주름 앞까지 덮어씌워 코막음한다(겉주름 1번째 코가 오른바늘에 남는다). **겉주름 코와 걸러뜨기를 양쪽 막대바늘에 옮긴다.

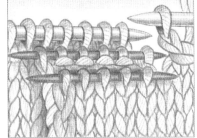

2 접힌 부분의 코와 안뜨기를 다른 바늘에 옮기고, 겉주름과 접힌 부분의 안면끼리 맞닿도록 편물을 접는다. 이때 뜨개코가 바늘에서 빠지지 않도록 주의.

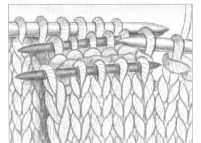

3 접힌 부분의 1번째 코를 오른바늘에 옮기고, 속주름의 1번째 코를 겉뜨기한다. 오른바늘의 2코(접힌 부분의 1번째 코와 겉주름의 1번째 코)를 1코씩 겉뜨기한 코에 덮어씌운다.

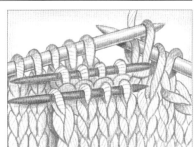

4 *겉주름과 접힌 부분에서 1코씩 오른바늘로 옮기고, 속주름의 1번째 코를 겉뜨기하고 오른바늘의 3코를 1코씩 겉뜨기한 코에 덮어씌운다. 주름 끝까지 *부터 반복한다. 주름 개수만큼 **부터 반복한다.

개더, 루싱, 플레어 Gathers, Ruching and Flares

니트의 개더gathers는 밑단, 칼라, 앞여밈단, 소맷부리, 모자 등에 **주름**을 만들고 싶을 때 사용합니다. 그 외에 허리선 라인을 만들 때 사용하기도 합니다. 개더를 만드는 방법으로는 특정 위치에서 코줄임을 하는 방법과 바늘 호수를 바꾸는 방법이 있습니다. 개더를 이용하면 부피가 커지지 않고 편물 면적을 줄일 수 있습니다. 개더 넣는 법은 코줄임 콧수나 바늘 호수의 차에 따라 다릅니다. 코줄임 콧수가 많을 때는 1단에서 다 줄이지 않고 몇 단에 걸쳐서 코줄임을 하면 좋습니다.

코줄임으로 개더를 넣을 때는 미리 개더의 앞뒤 편물 너비를 정해둡니다. 그 치수를 바탕으로 콧수를 산출하고 코줄임 콧수를 구합니다. 코줄임에는 **눈에 띄지 않는 기법**을 사용합니다.

바늘 호수를 바꿔서 개더를 넣는 방법은 정확하게 사이즈를 조정할 수는 없습니다. 사용할 바늘의 호수는 작품에 사용할 무늬로 스와치를 떠서 결정합니다.

루싱ruching도 개더와 비슷하지만, 의도적으로 편물을 우글우글하게 만드는 방법입니다.

플레어flares도 계획적으로 편물에 볼륨을 주지만, 개더와 달리 플레어는 더욱 넓은 범위를 대상으로 하여 매끄럽게 마무리합니다. A라인 스커트에 많이 이용합니다.

개더

개더는 허리선 라인을 만드는 것처럼 편물을 뜨면서 넣습니다. 편물 가장자리 가까이에 개더를 넣으면 장식적인 프릴이 생깁니다. 또 편물 끝에 이용하면 가장자리 치수에 변화를 줄 수도 있습니다.

손목 사진은 코줄임과 바늘 호수를 바꾸는 방법을 양쪽 다 이용하여 개더를 넣은 예.

허리둘레 개더 부분은 몸판에 사용하는 바늘보다 2호 가는 바늘로 고무뜨기를 한다. 개더 효과를 강조하기 위해 4cm 이상 떴다.

소매산 소매산에 개더를 넣은 퍼프소매의 예. 마지막 1, 2단에서 개더를 넣어 진동둘레 치수에 맞춘다. 예에서는 마지막 단에서 처음부터 끝까지 3코 모아뜨기를 하며 덮어씌워 코막음을 했다.

루싱

벨트 모양에 개더가 들어가는 루싱무늬입니다. 개더 부분에서는 바늘 호수를 바꾸고 콧수도 바꿉니다. 14단 1무늬이며 콧수는 상관없습니다.

1단과 모든 홀수단: 안뜨기. **2, 4, 6, 10, 12단**: 겉뜨기. **8단**: 모든 코에 kfb. 1호 가는 바늘로 바꾼다.
14단: 모두 왼코 겹치기로 떠서 원래 콧수로 돌아간다. 원래 바늘로 되돌린다.

플레어

플레어를 넣은 스커트는 톱다운으로 뜨고, 주름 스커트보다 원단 면적은 적어집니다. (콧수 게이지를 사용하여) 허리둘레 부분 콧수를 아래 가장자리 콧수에서 빼서 코늘림 콧수를 계산합니다.

위에서부터 뜨기 시작하고, 플레어는 〈겉뜨기 4, 안뜨기 2〉 무늬로 시작한다. 콧수에 맞춰서 설정한 간격으로 겉뜨기 부분의 양 끝에서 코늘림을 한다. 아래 가장자리에 가까워짐에 따라 겉뜨기 부분만 넓어진다.

게이지 159~162
소매 200, 223~225, 239~241

고무뜨기 46~47, 214~215
칼라 246~249

마무리 작업

마무리에서 가장 중요한 것은 스웨터를 입었을 때는 보이지 않는 디테일입니다. 디테일에 주의를 기울이면 니트웨어의 겉모양과 착용감을 더욱 좋게 만들 수 있습니다. 편물은 늘어나기 때문에 직물과는 다른 처리가 필요합니다. 편물을 안정적인 상태로 만들기 위해서는 어깨선을 따라서 **시접 테이프**seam binding를 붙이고, 카디건 앞여밈단에는 **리본 안단** ribbon facings을 답니다. 재킷이나 스커트에는 **안감**linings을 넣으면 좋습니다.

옷이 차분하게 떨어지는 느낌을 끌어내기 위해서는 니트에 맞춘 어깨 패드를 뜹니다.

스커트나 재킷에는 **지퍼**를 달고 스커트 허리에는 **고무 밴드**를 넣으면 입기에 더 편해집니다. 직접 만든 단추나 시판 단추를 편물이 잘 늘어나지 않도록 달 수도 있습니다.

마무리에 사용하는 부자재의 소재와 실은 되도록 세탁할 때 같은 방법으로 취급할 수 있는 것으로 합니다. 그렇지 않을 때는 드라이클리닝하거나 세탁하기 전에 부자재 부분을 간단히 떼어낼 수 있도록 다는 방법을 생각해둡니다.

리본 안단

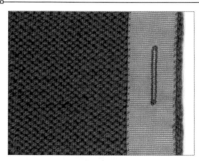

리본 안단은 위치를 정해서 꿰매어 달고, 단춧구멍은 재봉틀로 박아서 마무리합니다.
리본 안단에는 **골지 리본**grosgrain ribbon을 사용할 때가 많고, 보통은 앞여밈단의 안면 쪽에 달지만 장식으로 일부러 겉면 가장자리를 따라 달기도 합니다.

리본 안단은 앞여밈단의 단추 다는 쪽에서는 단추를 지지해주고 단춧구멍 쪽에서는 단춧구멍의 안정성을 높여 줍니다. 단춧구멍은 먼저 편물에 떠둡니다. 그 위치에 맞춰서 리본에 가위집을 넣고, 2장을 겹쳐 버튼홀 스티치로 꿰맵니다. 그 외에 단춧구멍 없는 편물에 리본을 달고, 편물 쪽에서 재봉틀로 단춧구멍을 박고 마지막에 2장을 겹친 상태에서 구멍을 내는 방법도 있습니다.

리본은 나중에 줄어들지 않도록 달기 전에 선세탁을 해두고, 편물도 블로킹해둡니다.

리본은 앞여밈단 길이+2cm(양 끝에 1cm씩 접어 넣는 분을 더한다)를 2줄 준비하고, 1cm를 접은 뒤에 앞여밈단에 핀으로 고정하든지 시침질합니다.

핀은 먼저 한가운데에 꽂고 바깥쪽으로 펼쳐가면서 양 끝을 맞춥니다. 색이 맞는 재봉실로 편물이 오그라들지 않도록 여유를 주며 꿰맵니다.

리본을 달았으면, 단추를 달기 전에 단춧구멍을 뚫습니다. 단춧구멍을 뚫으면 앞여밈단이 조금 줄어들 때가 있으므로, 재봉틀이나 손바느질로 단춧구멍을 만든 뒤에는 단추 다는 쪽과 길이가 맞는지 확인해둡니다.

TECHNIQUE

시접 보강

꿰매기한 시접이 늘어나는 것을 방지하려면 가는 능직 테이프나 시접 테이프를 사용하는 것을 추천합니다. 테이프는 어깨 등 특히 안정성이 필요한 부분에 효과적이며, 꿰매기를 한 뒤에 붙입니다. 너무 커진 어깨너비를 줄이고 싶을 때도 사용할 수 있습니다. 그 경우에는 원하는 너비에 맞춰 테이프를 잘라서 어깨 이음선을 덮듯이 테이프 양쪽을 몸판에 고정하며 적당하게 편물을 홈줄입니다.

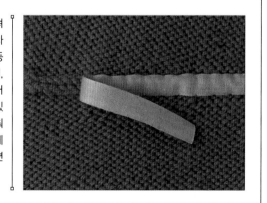

어깨 패드

가벼운 타입

완성 사이즈는 겹실의 가닥 수와 사용 바늘의 호수에 따라 달라집니다. 2장을 잇고, 모아놓은 자투리 실 등을 채워서 두꺼운 패드로 만들 수도 있습니다.
기초코 3코를 잡습니다. 가터뜨기로 뜨면서 다음 단의 양 끝에서 1코씩 코늘림을 하고(겉면에 표시한다), 이후 겉면 단을 뜰 때마다 양 끝에서 1코씩 늘립니다. 겉면 단에서 21코가 될 때까지 떴으면 중심 코에 표시합니다. **코줄임 단(안면)**: 중심 코의 2코 앞까지 뜨고, 중심 3코 모아뜨기. 그대로 단의 마지막까지 뜬다.

25코가 될 때까지 겉면 단마다 양 끝에서 코늘림을 하고, 다음 단에서 '코줄임 단'을 떠서 23코로 줄인다. 다시 겉면 단마다 양 끝에서 코늘림을 하여 29코가 됐으면 다음 단에서 '코줄임 단'을 떠서 27코로 만든다. 처음과 마지막에서 1코씩 코늘림을 하며 모든 코를 느슨하게 덮어씌워 코막음한다.

중간 두께 타입

완성 사이즈는 겹실의 가닥 수와 사용 바늘의 호수에 따라 달라집니다. 기초코 3코를 잡습니다. 가터뜨기로 뜨면서 2단마다 양 끝에서 1코씩 코늘림을 7회 반복하여 17코로 만듭니다. 증감없이 5단 뜹니다. 다음 단에서는 양 끝에서 1코씩 코줄임을 하며 1단 뜨고, 이후에는

2단마다 양 끝에서 코줄임을 하여 콧수가 7코가 될 때까지 반복합니다. 모든 코를 덮어씌워 코막음합니다.
7코 코막음한 단을 코줄임 시작 단에 맞춰서 안쪽으로 접어 넘기고, 안쪽에 고정합니다.

두꺼운 타입

완성 사이즈는 겹실의 가닥 수(최저 3가닥)와 사용 바늘의 호수에 따라 달라집니다.
기초코 5코를 잡아줍니다. **1, 3, 5, 7단(안면)**: 모두 안뜨기. **2단**: 겉뜨기 2, 겹실 3가닥의 1가닥씩에 겉뜨기(inc-3), 겉뜨기 2. − 총 7코.
4단: 〈겉뜨기 1, inc-3〉을 3회 반복하고 겉뜨기 1. − 총 13코.
6단: 겉뜨기 2, 〈inc-3, 겉뜨기 3〉을 2회 반복하고, inc-3, 겉뜨기 2. − 총 19코.
8단: 겉뜨기 4, 실을 1가닥 추가하여 겉뜨기 11, 추가한 1가닥을 빼고 겉뜨기 4.

9단: 안뜨기 4, 실을 1가닥 추가하여 겉뜨기 11, 추가한 1가닥을 빼고 안뜨기 4.
8~9단을 반복하여 패드의 길이가 12.5cm가 되는 겉면 단까지 뜬다. 다음 2단의 뜨개 시작에서 5코씩 덮어씌운다(총 9코).
가터뜨기를 4cm 조금 못 될 때까지 뜨고 덮어씌워 코막음한다. 9코 부분을 밑동에서부터 (5코씩 덮어씌운 단에서부터) 안쪽으로 접어 넘기고, 덮어씌워 코막음한 끝을 안쪽에 고정한다.

가터뜨기 **30, 46**   코늘림 **50~54**

코잡기 **32~41**   코줄임 **55~60, 102~103**

고무 벨트 사용하기

고무 벨트는 스커트에 많이 사용합니다. 너비는 실이나 스커트 종류에 따라 정해지지만, 가장 착용감이 좋다고 하는 것은 2.5cm이상입니다. 벨트용 고무 밴드는 보통 고무 밴드보다 두껍고 튼튼합니다. 허리둘레에 맞춘 길이에 겹침 분량 2.5cm를 더한 길이를 준비합니다.

접어 넘기는 벨트hem casing는 허리둘레를 접어 넘겨서 벨트를 만들고, 고무 밴드는 벨트에 끼운 뒤에 양 끝을 겹쳐서 박아줍니다. 헤링본 스티치를 사용할 때,

고무 밴드 끝은 먼저 박아서 이어둡니다. 접어 넘기는 벨트를 만드는 가장 간단한 방법은 평평한 뜨개코에 접음산을 뜨는 방법입니다. 접어 넘기는 부분은 안의 고무 벨트가 어려움 없이 움직이는 높이를 확보해둡니다. 벨트 부분을 접어 넘기고 고무 밴드 끼우는 구멍을 5cm 정도 남기고 꿰맨 다음, 고무 밴드 한쪽 끝에 안전핀이나 고무줄 끼우개를 끼워서 고무 밴드가 꼬이지 않도록 하며 끼웁니다. 다른 한쪽 끝은 벨트 안으로 들어가 버리

지 않도록 미리 몸판에 핀 등으로 고정해두면 좋습니다. 고무 밴드를 끼웠으면 끝끼리 박아주고 고무 밴드 끼우는 구멍도 감쳐서 막습니다.

그 외에 코바늘로 사슬뜨기를 길게 떠서 고무 밴드 위에서 사슬뜨기를 지그재그로 걸치며 감치는 방법도 있습니다. 이 방법은 헤링본 스티치보다 조금 두꺼워지지만, 접어 넘기는 벨트만큼 두껍지는 않습니다.

헤링본 스티치(새발뜨기)

1겹 구조라서 허리둘레 부분에 여분의 두께가 더해지지 않는 방법입니다. 완성하면 고무 밴드는 자유롭게 움직이고 편물에 걸리지도 않습니다. 고무 밴드가 움직여도 닳아 끊어지지 않도록 튼튼한 실을 사용합니다.
먼저 둥글게 이은 고무 밴드에 같은 간격으로 4군데에 핀을 꽂습니다. 그 핀을 스커트 허리둘레를 4등분한 위치에 배치하고, 고무 밴드를 허리둘레를 따라 늘려서 핀을 촘촘하게 꽂은 후에 꿰매기 시작합니다.

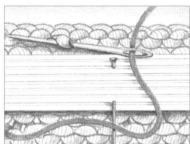

1 튼튼한 실과 돗바늘을 사용하여 왼쪽에서 오른쪽으로 바느질한다. 먼저 고무 밴드 아래쪽에서 1코 뜨고 다음에 그 위치에서 3코 오른쪽의, 고무 밴드 위쪽의 코에 위에서 아래로 바늘을 통과시킨다.

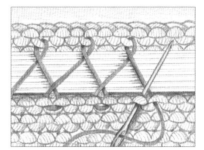

2 처음에 뜬 *고무 밴드 아래쪽 코에서 3코 오른쪽의 코에 위에서 아래로 바늘을 통과시키고, 계속해서 그 1코 왼쪽의 코에 아래에서 위로 바늘을 통과시킨다. 고무 밴드 위쪽의 1에서 바늘을 넣은 코에서 3코 오른쪽의 코에 위에서 아래로 바늘을 통과시킨다**. *~**를 반복한다.

고무뜨기에 고무사 추가

면사 등 신축성이 없는 실을 사용한 편물의 신축성을 보완하고 싶을 때는 같은 색 고무사를 함께 뜨는 방법도 있습니다. 다 뜬 편물에 나중에 고무사를 끼우는 것도 가능합니다. 그 경우에는 고무뜨기 안면에서 고무사를 그림처럼 겉뜨기에 1코씩 통과시켜서 조금 잡아당깁니다. 고무사는 1단씩 옆선 잇기 부분에 고정하든가 원통뜨기라면 단의 시작이나 끝에 고정하고 어느 단이나 장력을 일정하게 유지합니다.

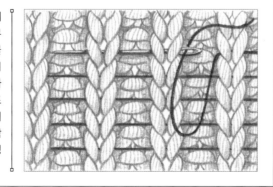

허리 밴드에 고무사를 넣고 뜨기

코바늘을 사용하여 고무사를 넣고 뜨면 허리 밴드가 한층 더 안정된 상태로 평평하게 마무리됩니다. **둥근 코드 모양 고무사**를 허리둘레 치수의 약 4배 길이로, 그리고 코바늘은 스커트에 사용한 막대바늘 호수보다 1호 가는 것으로 준비합니다. 고무사는 한쪽 끝을 2.5㎝ 정도 접고 재봉실을 감아서 고정하여 고리를 만듭니다.

고리 끝에서부터 고무사를 4등분하여 자르지 말고 연필로 표시해둡니다.
이 방법에서는 고무사의 아래에서 뜨개실을 빼내는 동작과 위에서 뜨개실을 빼내는 동작을 교대로 하며 짧은뜨기를 합니다. 2단에서부터는 앞단 코의 머리에 사슬을 뜨기 때문에, 코바늘이 들어가기 쉽도록 짧은뜨기는 느슨하게 합니다.
마지막 단에서 고무사가 약 5㎝ 남으면

스커트를 입어보며 고무사를 조절합니다. 끝내고 싶은 부분에 표시를 하고 구부려서 고리를 만듭니다. 고리에 실을 감은 뒤에 계속하여 마지막 몇 코를 고무사 고리에 떠넣습니다. 고무사를 다 사용한 상태에서 다시 3, 4코 뜨고 나서 멈추고 실을 처리합니다.

코바늘로 고무사를 넣고 뜨기

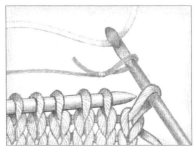

1 1번째 코에 겉뜨기하듯이 코바늘을 넣어 대바늘에서 뺀다. 코바늘을 고무사 고리에도 넣고 뜨개실을 건다.

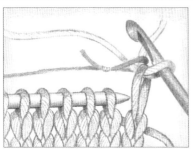

2 고무사 고리와 1번째 코에서 뜨개실을 끌어낸다.

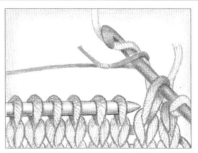

3 *다음 코에도 겉뜨기하듯이 코바늘을 넣어 대바늘에서 빼고, 고무사 고리에도 코바늘을 넣어서 뜨개실을 건다.

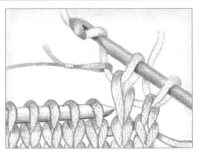

4 고무사 고리와 2번째 코에서 뜨개실을 끌어내고(코바늘에는 고리가 2개 걸려 있는 상태가 된다), 다시 한번 코바늘에 뜨개실을 건다(그림은 실을 건 모습).

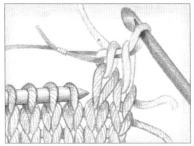

5 뜨개실을 고리 2개에서 끌어낸다**. 고무사를 넣고 뜬 짧은뜨기가 1코 완성된다. *~**를 반복하여 고무사 고리에 들어가는 범위 안(2~4코)에서 짧은뜨기를 한다.

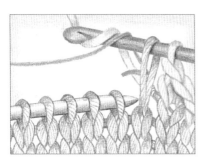

6 《다음 코에 겉뜨기하듯이 코바늘을 넣어 대바늘에서 뺀다. 고무사 아래에서 뜨개실을 걸어서 아까 뺀 코에서 뜨개실을 끌어낸다(코바늘에는 고리가 2개 걸려 있는 상태가 된다).

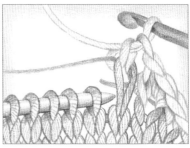

7 고무사 위에서 코바늘에 뜨개실을 걸고 고리 2개에서 끌어낸다》. 《~》를 단의 끝까지 반복한다. 고무사 위치를 조절하고, 연필로 표시한 첫 번째 표시를 단의 끝에 맞춘다.

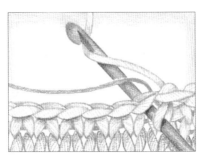

8 2단도 순서 6과 7을 반복하는데, 위 그림처럼 6에서는 코바늘로 앞단 코의 머리 2가닥을 떠서 뜬다.

겉뜨기하듯이 **170** 코바늘 **195**
코바늘 사슬뜨기 **258** 코바늘 사이즈 **24~25**

단추

단추는 옷을 극적으로 변신시킬 때도 있는가 하면 눈에 띄지 않게 편물에 묻히도록 할 수도 있습니다. 또 아래처럼 코바늘을 이용하여 몸판과 세트로 단추를 뜰 수도 있습니다.

단추는 사용하는 실에 적합한 것을 고릅니다. 예를 들어 가죽이나 돌로 만든 단추는 야외용 의류에 사용하는 트위드나 거친 실에 가장 잘 어울립니다. 멋진 유리 단추는 단정한 스타일의 옷이나 드레시한 스타일에 가장 적합합니다.

단추를 구입할 때는 스와치나 실을 가지고 가면 잘 어울리는 단추를 찾기 쉬워집니다. 그리고 잃어버렸을 때를 대비하여 여분으로 1, 2개를 더 사둡니다.

단추 크기는 단춧구멍에 맞추고 단추가 제대로 들어가는지 확인합니다.

세탁이 불가능한 단추는 빨기 전에 반드시 떼어냅니다. 단추 취급법은 구입할 때 포장 등에 표시된 내용으로 확인합니다.

단추를 달 때는 처음에 바늘을 단추의 구멍에 통과시킬 때 편물 안면에 실꼬리를 5~7.5cm 남겨둡니다. 단추를 다 달았을 때 단추 앞여밈단 안면에도 5~7.5cm 실꼬리를 남겨두고, 처음과 마지막의 실꼬리 2줄을 묶어서 고정합니다.

링에 코바늘로 단추를 뜨기

이 단추는 너비 17~18mm 플라스틱 링을 사용하여 만듭니다. 실꼬리를 약 15cm 남기고 링에 짧은뜨기를 빽빽하게 뜹니다. 링이 꽉 찼으면

실꼬리를 약 20cm 남겨서 자르고, 마지막 고리에서 끌어내어 고정합니다. 20cm 실꼬리를 돗바늘에 꿰고 짧은뜨기의 바깥쪽 반 코에 1코씩 걸러서 통과시킨 뒤에 실을 안면 쪽으로 단단히 당겨서 뜨개코를 링 중심으로 모읍니다. 이 실꼬리를 처음 실꼬리와 단단히 묶고, 단추를 달 때 사용합니다.

실 기둥을 만들어 단추 달기

실로 기둥을 만들어서 단추를 달면, 단추와 앞여밈단 사이에 공간이 생깁니다. 그래서 단추를 여닫기 쉽고 단추를 잠갔을 때도 옷이 평평

하고 안정된 상태가 됩니다.

앞여밈단에 단추를 달 때, 재봉실을 조금 느슨하게 통과시켜서 단추와 앞여밈단 사이에 공간을 만들어둡니다. 단추와 앞여밈단 사이의 재봉실에 적어도 실을 2~3회 감아서 매듭을 짓고 멈춥니다. 단추를 달 때, 단추와 앞여밈단 사이에 이쑤시개 등을 넣어두면 재봉실의 여유분을 고르게 할 수 있습니다.

TECHNIQUE

단추 다는 법

단추를 달려면 뜨개실(단추의 구멍에 통과하는 것)이나 색이 맞는 **재봉실**thread, 또는 **펄 코튼**perle cotton(광택 있는 자수실)을 사용합니다. 금속제 단추는 달 때 실이 끊어지기 쉬우므로, **왁스 코팅된 치실**waxed dental floss을 대신 사용해도 좋습니다.

재킷 등 자주 입는 옷에 단추를 단단히 달고 싶을 때는 실을 2겹으로 하고, 끝에 매듭을 지어서 단추를 통과시키고 바늘을 통과시킨 후에 단추를 답니다.

단추와 편물 사이를 몇 번 왕복한 뒤, 단추와 편물 사이에 있는 실 주위를 몇 번 감고 안면으로 바늘을 뺍니다. **속 단추**나 편물, 펠트를 안면에 대고 같이 꿰매어 보강(힘받이 천)할 수도 있습니다.

실꼬리의 매듭은 편물을 빠져나가기 쉬우므로 주의해야 합니다. 편물에 고정하려면 겉면에서 바늘을 통과시키고, 다음에 겉면으로 나온 바늘을 오른쪽 그림처럼 실의 매듭 부분에 통과시킵니다. 매듭 부분의 여분의 실꼬리는 잘라냅니다.

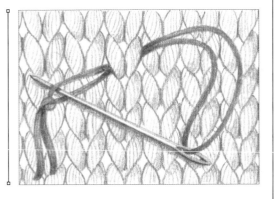

지퍼

니트웨어에 사용할 수 있는 지퍼에는 몇 가지 종류가 있습니다. **좌우가 나뉘어지는** 묵직한 지퍼는 재킷이나 카디건에 사용합니다. 이 타입은 지퍼 이빨이 금속이나 수지이고 내구성이 뛰어납니다. 일반적인 **양재 지퍼**는 스커트의 허리 트임이나 딱 맞는 목둘레의 뒤쪽에 사용합니다. 지퍼는 양재용품점이나 온라인숍에서 구입할 수 있습니다. 사양(길이, 테이프 색, 재질 등)을 주문할 수 있고, 슬라이더나 손잡이를 고를 수 있는 사이트도 있습니다.

니트웨어의 지퍼는 **손바느질**로 답니다. 몸판 트임과 지퍼 길이를 맞춰두고, 바늘땀이 울지 않도록 주의합니다. 지퍼가 트임보다 더 길 때는 지퍼 테이프 부분을 접어서 꿰매둡니다.

편물에 신축성이 있는 니트웨어는 지퍼 달기가 어렵습니다. 지퍼가 달릴 편물 가장자리를 **안정된 상태로 만들려면** 몸판을 뜰 때 가터뜨기를 2코 뜨는 등의 방법으로 가장자리 코를 만들어둡니다. 가장자리가 매끄럽지 않거나 너무 늘어나는 것 같으면 가장자리를 따라 코바늘로 빼뜨기를 해둡니다.

그 외에 편물 가장자리에 **블로킹 와이어** blocking wires를 끼워두는 방법도 있습니다. 이 방법에는 트임 부분보다 조금 긴 블로킹 와이어가 4개 필요합니다. 먼저 1번째 블로킹 와이어를 가장자리 안면에 끼우고, 4~5코 간격을 두고 2번째 와이어를 평행으로 끼웁니다. 반대쪽도 같은 방법으로 블로킹 와이어를 끼웁니다. 편물을 평평한 면에 놓든지 두꺼운 종이나

단단하고 얇은 매트를 아래에 깔아줍니다. 단단한 종이나 매트를 까는 것은 지퍼를 핀으로 고정할 때 다른 부분도 고정해버리는 것을 막기 위해서입니다. 지퍼 테이프 부분을 핀으로 고정하고 한쪽을 시침질합니다. 그리고 지퍼 이빨의 바깥선을 따라서 겉면에서 박음질합니다. 이때 블로킹 와이어는 끼운 채로 두지만, 핀은 빼는 게 바느질하기 쉽습니다. 마지막에 안면 쪽에서 지퍼 테이프를 옷에 **감침질**합니다. 다른 한쪽도 같은 방법으로 처리합니다. 이때는 지퍼를 열어둬야 합니다.

일련의 작업을 끝냈으면(아직 핀이 꽂혀 있을 때는 핀을 빼고) 블로킹 와이어를 뺍니다. 지퍼를 닫은 상태에서 살짝 **스팀을 쏘입니다.** 플라스틱이나 나일론제 지퍼

이빨은 녹을 우려가 있으니 다림천을 사용합니다.

지퍼는 다는 법을 생각하는 단계에서 지퍼 이빨을 보이게 할지 말지를 정해둡니다. 아이용 플라스틱제 코일지퍼처럼 지퍼 이빨 색이 선명한 것은 옷의 포인트 컬러가 될 뿐만 아니라 재미를 줍니다. 트임 부분을 눈에 띄게 하고 싶지 않다면, 지퍼 이빨 부분을 편물 끝으로 덮든지 지퍼 이빨이 겉으로 나오지 않는 콘실 지퍼를 사용합니다(특히 스커트나 목 부분).

지퍼 이빨을 보이게 할 때는 편물 가장자리에 이빨 끝을 맞추고 핀으로 고정합니다. 지퍼 이빨을 편물로 덮을 때는 편물 가장자리에서 1, 2코 안쪽에 이빨 끝을 맞추고 핀으로 고정합니다.

지퍼 달기

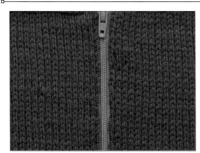

지퍼는 겉면에서는 편물 가장자리를 따라 박음질하고, 안면에서는 감침질을 하여 답니다.

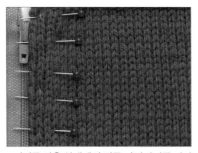

1 지퍼를 닫은 상태에서 편물 가장자리를 지퍼 이빨 바로 옆에 맞추고 시침핀을 꽂아서 양쪽 편물을 중심에서 만나게 한다. 한쪽을 시침질하고, 핀을 빼면서 지퍼 이빨 바로 바깥선을 따라서 겉면에서 박음질한다.

2 안면에서 지퍼 가장자리를 몸판 안면에 감침질하여 고정한다.

안감

니트웨어에 안감을 댈지 안 댈지는 취향이지만, 안감을 달면 완성도가 높아집니다. 안감에 의해 편물이 안정되고 모양이 정리되며 뜨개실이 직접 피부나 다른 옷에 닿지 않게 됩니다. 소매도 팔을 끼우기 쉬워지고, 얇은 니트에는 볼륨이 더해집니다.

옷에 안감을 댈지 말지를 결정할 때 기억해둘 것은 한 번 안감을 대면 드라이클리닝하거나 만일 물빨래를 할 때는 안감을 떼어낼 필요가 있다는 점입니다.

안감 소재는 일반적으로 신축성이 없기 때문에 니트의 신축성을 제한하기도 합니다. 안감에도 어느 정도는 신축성을 갖게 할 수는 있지만 그것은 원단을 **바이어스**로 재단했을 때뿐입니다.

안감에 사용하는 소재는 옷의 종류에 따라 다릅니다. 같은 색으로 맞추거나 또는 취향에 따라 대조적인 색이나 무늬로 해도 상관없지만 신축성 없는 원단을 고르도록 합니다.

다 떠서 블로킹한 각 부분은 안감의 패턴 대신 사용할 수 있습니다. 원단은 1~1.5㎝ 시접을 두어 재단합니다. 다만 겉면이 매끄러운 원단일 때는 다 뜬 니트 각 부분의 윤곽을 패턴지나 심지에 옮겨 그린 후에 작업하는 것이 더 쉬울 때도 있습니다.

안감용 각 부분을 재단하여, 몸판 니트와 맞대기 전에 박아둡니다. 이 작업은 실질적으로는 니트웨어를 안감용 원단으로 복제하는 것과 같습니다.

코트나 재킷의 안감

코트나 재킷의 안감은 추위를 막기 위해서만이 아니라 모양이 무너지는 것을 방지하고, 입고 벗을 때 잘 미끄러지게 해줍니다. 코트와 재킷에는 **중간~두꺼운 안감용 소재**를 사용하고, 뒤 중심에 주름을 10㎝ 더해줍니다(5㎝ 너비 주름이 된다). 주름은 목둘레 쪽만 박아서 고정하고 밑단 쪽은 펴지도록 합니다. 목둘레에서 5~6㎝ 아래에서 1, 2곳에 턱을 넣을 수도 있습니다.

안감의 각 부분을 시침질한 뒤, 코트나 재킷을 안쪽이 나오게 뒤집어서 안감 안쪽을 대고 덮어씌웁니다. 안감 위치를 정리하고 몸판에 시침질한 후에 옷의 바깥쪽이 나오게 다시 뒤집어서 입어봅니다. 문제가 없으면 안감을 몸판에서 빼서 본박음질합니다.

안감을 몸판 어깨 이음선을 따라서 박고 목둘레와 앞판 끝선을 따라서 감침질합니다. 안감의 천 끝은 시접을 편물과의 사이로 접어 넣고 겉에서 보이지 않도록 감칩니다. 어깨 패드는 안감을 달기 전에 달아둡니다.

코트의 안감을 달 때는 뒤판의 목둘레 중심을 안감의 주름 접음산에서 안쪽으로 2.5㎝ 위치를 맞추면, 몸판과 안감의 뒤 중심이 맞습니다. 재킷이나 코트, 스커트 안감의 밑단 시접은 두 번 접어 박기로 처리하고, 옷 안쪽에서는 고정하지 않고 자유롭게 움직이도록 해둡니다. 각 부위를 재단할 때는 밑단에 접어올릴 시접을 남겨둡니다. 완성했을 때의 길이는 겉감보다 짧게 하여 옷 겉에서 보이지 않도록 합니다.

코트나 재킷에 안감을 달 때는 뒤 중심의 주름 분량과 시접을 더해줍니다. 그림의 점선은 완성선입니다.

스커트의 안감

일반적으로 스커트에는 안감을 대서 모양을 유지하고, 입었을 때 **축 처지지 않도록** 합니다. 가벼운 태피터나 실크 소재가 스커트 안감으로 가장 적합합니다.

스커트 안감은 착용 가능한 여유분이 있는 동시에 원단이 남아돌아서 부피가 커지지 않을 정도로 맞아야 합니다.

허리 밴드에 신축성이 있을 때는 늘어나도 안감이 당겨지지 않을 정도의 여유가 필요합니다. 원단은 스커트 본체와 같은 양의 여유분과 시접을 고려하여 재단합니다. 스커트에 안감을 다는 것은 각 부분을 다 이은 후에 합니다. 엉덩이둘레 치수는 허리둘레보다 크므로, 몸의 움직임을 제한하지 않게 허리둘레에서 원단에 주름을 잡습니다. 허리둘레에 신축성을 줄 때는 안감을 스커트 위 가장자리에 박고 나서 고무줄 통로를 만들면 안감은 고무줄 통로의 일부가 됩니다. 옆 지퍼를 단 타이트스커트일 때는 안감에 다트를 넣어서 착용감을 해치지 않도록 합니다.

안감 옆선은 밑단까지 박아서 잇는 대신 옆트임을 만들고, 트임의 가장자리는 감침질합니다. 마지막에 밑단을 공그르기하여 마무리합니다.

밑단을 핀으로 고정하여 스커트를 입어보고, 안감이 스커트 밑단 아래로 보이지 않는지 확인합니다.

옆트임을 넣은 스커트의 안감입니다. 밑단은 안감을 접어서 감침질합니다. 점선은 완성선입니다.

Designing Shawls

숄 입문

숄은 보온을 위해 몸에 두르는 것을 말합니다. 숄에는 **직사각형, 삼각형, 원형** 등의 모양이 있고, **중심에서부터 바큇살 모양으로 넓히며 뜨는** 것도 있습니다. 비침무늬 숄은 바늘비우기, 코늘림, 코줄임으로 모양을 만들고, **초승달형 숄** crescent shawls은 되돌아뜨기short rows로 모양을 만듭니다.

직물 숄이나 망토는 예로부터 남녀를 가리지 않고 착용했습니다. 1800년대에 대바늘뜨기 숄이 출연했습니다. 나폴레옹 시대에는 영국이나 프랑스의 패션 변화가 숄의 수요에 영향을 주었습니다. 여성들은 고대 그리스나 로마가 연상되는 모슬린이나 거즈, 코튼 등 가벼운 소재의 하이웨이스트 드레스를 입게 되었기 때문에 따스하고 아름다운 숄이 필요해졌습니다. 1800~1820년경, 숄은 왕실이나 넉넉한 가정의 부인이 착용하는 것이었지만 1830년대에는 대중에게 폭 넓게 보급되었습니다. 부인용 재킷은 스커트의 부피를 감당하지 못해서, 19세기 중반~종반에는 숄이 인기를 끌었습니다.

같은 시기에 각지에서 레이스뜨기 숄의 전통이 꽃피기 시작합니다. 특히 셰틀랜드, 에스토니아, 오렌부르크가 유명하며 셰틀랜드 햅 솔과 페로이즈 숄은 따뜻함과 실용성을 위해 착용했습니다.

셰틀랜드 숄 SHETLAND SHAWLS

최초의 셰틀랜드 숄은 1840년대에 뜬 것입니다. 손뜨개 양말의 거래가 쇠퇴하기 시작했기 때문에, 영국의 상인 에드워드 스탠든이 현지의 니터들에게 레이스뜨기를 장려했습니다. 부유층 부인들은 지역의 빈곤층 니터들을 구제하기 위해 아름다운 레이스 뜨개 작품을 구입했습니다. 그 물품들은 당초에 에딘버러나 런던의 친구들에게 보내는 선물이었으나 이후에는 상거래로 발전했습니다. 왕족에게 아름다운 숄을 헌상함으로써 숄의 평판이 단숨에 퍼졌습니다.

이 숄에는 전통적으로 셰틀랜드 양의 크림색 목둘레 털을 손으로 빗은 것을 사용했습니다. 이 털을 아주 튼튼하고 가는 실로 뽑아서 가는 바늘로 떴습니다. 다 뜬 숄은 표백 처리를 하고 프레임을 이용하여 블로킹했습니다. 셰틀랜드 레이스의 무늬는 대부분 **가터뜨기**를 기본으로 하여 떴습니다.

햅 숄hap shawls은 셰틀랜드 여성의 일상복이었습니다. 햅은 '덮다, 감다, 몸을 녹이다'라는 의미입니다. 전통적인 햅 숄은 가운데 패널이 있는 사각형 숄이며, 가터뜨기에 테두리가 둘러싸여 있습니다. 테두리는 다른 색으로 뜨기도 했습니다. 상품화하기 위해 질 좋은 울로 뜨지는 않았습니다. 착용할 때는 반으로 접어서 삼각형 상태로 어깨에 걸쳤습니다.

오렌부르크 숄 ORENBURG SHAWLS

러시아 오렌부르크 지방의 숄은 산양 털에서 뽑은 초극세사로 떴습니다. 18세기에는 지역 산업으로 발전했습니다. 숄은 유럽에 수출되어 셰틀랜드 레이스에 영향을 미쳤다고도 합니다. 두 지역 모두 **결혼반지를 통과할** 정도로 섬세한 숄을 뜨는 오랜 전통을 갖고 있습니다. 20세기 초에는 12,000명을 넘는 여성들이 매년 35,000장 이상의 숄을 떴습니다. 그러나 산양 털에 다른 섬유(면이나 견)를 섞게 되고 중간 상인도 개입하며 니터들의 수입은 감소했습니다. 1917년 러시아혁명 무렵에는 좋지 않은 상황이 이어졌지만, 레닌의 정책 시행으로 민예품이 국영 산업이 될 때까지 부흥했고 1926년에는 오렌부르크의 산양모 산업도 조직화되어 다시 발전했습니다. 니터는 재료를 공급받고 급료도 보장받아서, 숄의 품질이 향상되었습니다. 하지만 정부의 원조는 1995년에 중단되고, 니터는 뜨개 방법과 디자인은 구할 수 있어도 전통적인 실을 손에 넣는 것에 제한받게 되었습니다. 오렌부르크 숄은 염색하지 않은 산양 털

(흰색, 회색, 갈색)로 뜨며 독자적인 레이스무늬나 모티브를 만들어냈습니다. 패턴은 **기하학적**이며, 정사각형 또는 직사각형 숄은 다이아몬드 모양의 영역으로 나뉘고 그 안에 레이스 스티치가 들어갑니다. 다이아몬드 모양 주변으로는 복잡한 **지그재그 무늬 테두리**가 있는 숄이 많습니다. 그 외에 전체무늬를 넣은 전통적인 숄도 있습니다.

에스토니아 숄 ESTONIAN SHAWLS

에스토니아 숄의 기원은 1800년대로 거슬러 올라갑니다. 이 숄은 바닷가 리조트 지역인 합살루Haapsalu의 여성들이 떴으며, 집안 살림을 지탱하는 수입원이 되었습니다. 유럽 각지에서 치료를 위해 진흙 목욕을 하러 온 왕족이나 부유한 관광객의 우아하고 아름다운 차림이 숄의 디자인에 영향을 준 것으로 봅니다. 전형적인 숄은 가로세로 90~150cm로 중심에는 무늬뜨기, 너비가 좁은 보더, 따로 떠서 단 **레이스뜨기 에징**이 특징입니다. 대다수는 손으로 뽑은 흰 실로 떴습니다.

가장 큰 특징은 레이스무늬에 질감을 주는 **눕**nupps입니다. 눕이란 에스토니아어로 '봉오리'를 가리킵니다. 합살루 숄은 무게를 달아서 팔았기 때문에 눕으로 무겁게 하여 단가를 올렸다고도 합니다. 19세기 말부터 20세기에 걸쳐서는 정사각형이었지만, 최근에는 직사각형이나 삼각형 숄도 있습니다. 중심에 패널이 있는 사각형 숄은 보더로 둘러싸고 하나로 이어서 뜹니다. 에스토니아의 레이스무늬는 일반적으로 **메리야스뜨기**를 기본으로 합니다.

페로이즈 숄 FAROESE SHAWLS

페로제도는 덴마크 자치령으로 아이슬란드, 스코틀랜드, 노르웨이에서 같은 거리에 있는 제도입니다. 여기에서 뜬 숄은 **중심 패널**이 위 가장자리를 향해 좁아

지는 독특한 모양이며 **어깨 형태 만들기로** 흘러내리지 않게 디자인되어 있습니다. 끝이 가늘고 길게 생겨서 등에 둘러서 묶을 수 있는 것도 있습니다.

페로이즈 숄은 19세기 말 무렵부터 염색하지 않은 털실을 사용하여 떴습니다. 레이스 테두리가 있는 숄은 대부분 단색으로 뜨지만, 테두리를 다양한 무염색 실로 뜨기도 합니다. 일상에서 사용하는 두터운 숄은 단순한 코바늘뜨기 에징밖에 달지 않습니다. 특별한 날에 걸치는 섬세한 숄에는 프린지를 달고 하얀 안감을 대서 레이스무늬를 돋보이게 합니다. 전통적인 레이스무늬는 **가터뜨기**를 기본으로 합니다.

19세기 말에는 가늘고 자연스러운 실루엣이 유행했기 때문에 숄의 인기는 쇠퇴했습니다. 숄은 긴 스카프, 좁고 긴 스톨, 가늘고 긴 여성용 목도리로 줄어들었다가, 1960년대의 농민풍 패션이 다시 돌아오며 부활했습니다. 2000년에 들어서자 니터 사이에서 전통적인 숄의 형태를 재점검하여 더욱 참신한 형태의 숄도 주목받기 시작했습니다. 아름다운 뜨개실을 구사한 디자이너들은 전통적인 형태의 영역을 확대하여 비침무늬 이외의 무늬뜨기를 도입했습니다.

숄 디자인하기

숄의 모양은 다양하며, 대다수는 평면적으로 코늘림, 코줄임, 되돌아뜨기로 모양을 만들지만 중심에서부터 바큇살 모양으로 넓혀가며 뜰 수도 있습니다.

실 고르기

숄은 거미줄처럼 얇은 실에서부터 아란 Aran(초극세~병태에 해당)까지 모든 굵기의 실로 뜰 수 있지만, 특히 비침무늬 숄은 가볍고 가는 실로 떠야 레이스 같은 디자인을 두드러지게 할 수 있습니다. 실크나 강하게 연사한 메리노, 모헤어처럼 굉댁 있고 메끄러운 실로 아름다운 숄을 뜰 수 있습니다. 전통적인 숄은 염색하지 않은 실로 떴습니다. 최근의 숄에 인기 있는 레이스lace나 핑거링fingering yarns(초극세~극세에 해당)은 얌전한 파스텔 컬러에서부터 선명한 색까지 있으며, 손염색사를 사용해 독특한 그러데이션을 만들 수도 있습니다. 그러데이션 염색사를 골랐을 때는 실의 색상이 무늬를 돋보이게 하도록 쉬운 망사무늬, 가터뜨기, 메리야스뜨기와 같은 심플한 무늬뜨기로 합니다.

바늘 고르기

숄은 평면뜨기로도 원통뜨기로도 뜰 수 있지만, 막대바늘로 직사각형 숄 등을 뜨면 뜨개코가 넘칠 때가 있으므로 평면뜨기를 할 때라도 **줄바늘**이 좋습니다. 특히 무게 있는 실로 숄을 뜰 때는 뜨개코를 줄에 끼워두면 손이나 손목의 부담이 줄어듭니다.

끝이 뾰족한 **레이스뜨기 전용 바늘**을 사용하면, 레이스무늬의 코늘림이나 코줄임을 하기 쉬워집니다.

레이스사 이외의 실로 뜰 때도 보통보다 굵은 바늘로 뜨면 뜨개코가 벌어져서, 블로킹하면 깔끔하게 드레이프감이 살아납니다.

무늬 선택하기

숄이라고 하면 레이스무늬를 생각하는 경향이 있지만, 가터뜨기 숄도 있습니다. 교차무늬나 질감 있는 무늬, 배색무늬, 모자이크뜨기, 브리오슈뜨기도 있고, 엔터락, 모듈뜨기, 걸러뜨기무늬 등을 사용할 수도 있습니다. 즉, 다른 니트웨어에 사용하는 무늬나 편물이라면 숄이나 목도리 등에도 사용할 수 있습니다. 더 나아가서는 코바늘뜨기로 하는 에징, 비즈뜨기나 프린지를 단 숄도 드물지 않습니다.

숄 모양 만들기

숄의 기하학적 형태를 만들기 위해서 코늘림, 코줄임, 되돌아뜨기 등을 사용합니다. 레이스무늬에서는 바늘비우기로 코를 늘립니다. 다른 무늬뜨기에서는 꼬아 늘리기make-one, kfb처럼 구멍이 생기지 않는 코늘림 기법을 사용합니다. 에징에 사용하는 무늬뜨기에서는 2코 이상 감아코로 코늘림을 할 때도 있습니다. 밑단에서부터 뜰 때는 좌우대칭으로 코줄임하며 목 쪽까지 뜹니다. 초승달이나 스파이럴 모양 숄의 삼각형 부분은 되돌아뜨기를 사용합니다.

블로킹

마무리하여 모양을 정돈하려면 블로킹이 필수입니다. 레이스뜨기 숄의 블로킹은 P.110~111을 참고하세요. 가터뜨기, 교차무늬, 바탕무늬를 이용한 디자인의 숄은 핀을 꽂든지 블로킹 와이어를 끼워서 펼칩니다. 스팀을 쏘이는 것보다 **물에 적시는** 편이 깔끔하게 마무리됩니다.

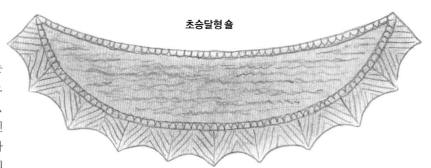

초승달형 숄

삼각형 숄

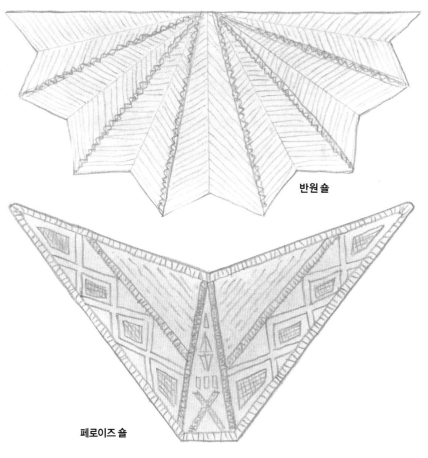

반원 숄

페로이즈 숄

스톨

셰틀랜드 숄

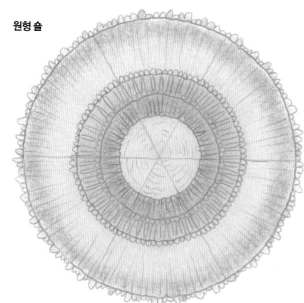

원형 숄

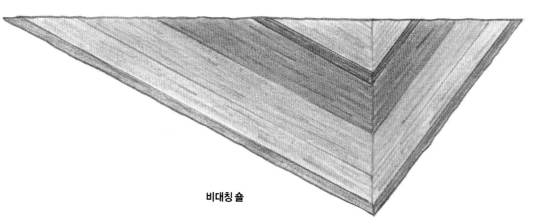

비대칭 숄

디자인 시작하기

숄을 디자인하려면 실이나 무늬만이 아니라 크기와 모양, 에징의 종류, 보더의 유무와 그 종류 등도 모두 고려해야 합니다. 우선은 메인이 되는 무늬뜨기로 큰 **스와치**를 뜹니다. 이 스와치를 **블로킹**하여 콧수와 단수 게이지를 잽니다. 이 데이터는 무늬 배치나 에징에 필요합니다.

기본 형태의 숄은 게이지에서 너비나 길이에 필요한 기초코 콧수를 알 수 있습니다. 무늬 중심을 숄 중심에 맞추고 싶으면 무늬를 홀수 번 반복하도록 설계합니다. 짝수 번 반복하면 무늬는 좌우대칭 배치가 됩니다.

숄 모양 만들기를 코늘림으로 하려면 콧수가 1무늬만큼 늘어날 때마다 무늬 수를 늘립니다. 무늬는 코늘림이나 코줄임에 의해 나눠진 구역 안에서 좌우대칭으로 배치할 수도 있습니다.

숄 보더는 몸판과 동시에 뜨든지 코를 주워서 나중에 뜨든지 따로 떠서 꿰매줍니다. 가장자리를 몸판과 동시에 뜰 때는 처음에 몸판 좌우에 가장자리로 들어갈 1무늬의 콧수를 확보한 다음에 코늘림은 마감단과 몸판 사이에서 합니다. 나중에 뜰 때는 몸판에서 코를 주울 때 무늬의 배수가 되도록 합니다. 숄에 대해

직각으로 에징을 뜰 때는 몸판의 단수에 맞는 무늬를 고릅니다. 주위에 한 바퀴 돌아가며 뜰 때, 모서리 코에는 2코 이상 떠넣습니다. 2코인지 3코인지는 스와치를 사용하여 판단하는 것을 추천합니다.

정사각형과 직사각형 솔

정사각형과 직사각형 솔은 원하는 콧수 만큼 기초코를 잡아서 솔의 길이에 도달할 때까지, 혹은 실이 없어질 때까지 한 방향으로 계속 뜨기만 하면 되므로 간단히 뜰 수 있습니다. 기본적인 구조의 스카프나 단순한 솔은 한 방향으로 뜨기만 하면 복잡한 작업 없이 따스하고도 편하게 사용하기 좋은 스카프나 솔을 뜰 수 있습니다.

그러나 복잡한 모티브나 무늬를 이용할 때는 구조가 달라집니다. 예를 들어 방향성이 있는 무늬를 솔의 양 끝에 좌우대칭으로 배치한다면, 중심에서 두 부분으로 나눠서 각각 **끝에서 중심을 향해**, 또는 **중심에서 끝을 향해** 뜹니다. 중심은 뜨면서 잇든지 나중에 잇습니다.

정사각형 솔 중에는 **삼각형 2장**을 한가운데에서 이은 듯한 무늬가 배치된 것도 있습니다. 이 타입은 끝에서부터 중심을 향해 뜨든지 P.137의 메달리온처럼 **중심에서 기초코**를 잡아서 바깥을 향해 뜹니다. 마찬가지로 직사각형 솔을 **원통으로 뜰** 수도 있는데, 그 경우에는 한 줄로 기초코를 잡은 후 이어서 원통뜨기합니다. 일반적으로 정사각형 솔은 반으로 접어서 어깨에 걸치지만, 팔을 끼울 수 있는 트임을 만들어서 접지 않고 몸에 입고 앞뒤로 편물이 늘어지도록 할 수도 있습니다.

정사각형 솔

정사각형 솔을 **사선으로 뜨려면** 가터 뜨기가 가장 적합하다. 먼저 기초코를 1~5코 잡는다. 겉면을 뜰 때마다 좌우 끝에서 1코씩 코늘림을 하고 안면은 증감 없이 뜬다. 너비가 정사각형의 대각선 길이가 됐으면, 이번에는 겉면을 뜰 때마다 좌우 끝에서 1코씩 코줄임을 한다. 테두리를 동시에 뜰 때는 코늘림도 코줄임도 끝에서 몇 코 안쪽(테두리의 안쪽)에서 한다.

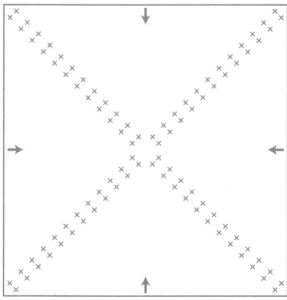

바깥쪽에서 중심을 향해서 뜰 때는 한 변에 필요한 콧수의 4배 콧수를 줄바늘에 잡는다. 단의 처음에 마커를 넣고, 전체 콧수를 4등분하여 각각의 경계 코에도 마커를 넣는다. 코들이 꼬이지 않도록 주의하며 원으로 만들고, 2단마다 마커의 전후에서 코줄임을 하여 8코가 남을 때까지 뜬다. 콧수가 줄어서 줄바늘로 뜨기 힘들어지면 양쪽 막대바늘로 바꾼다. 끝을 길게 남기고 실을 잘라서, 실꼬리를 남은 코에 통과시킨다. 코줄임은 왼코 겹치기와 오른코 겹치기처럼 좌우대칭인 기법을 조합하면 보기에 좋아진다.

직사각형 솔

 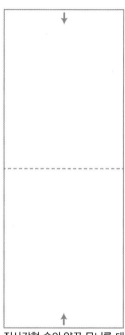

한 방향으로 뜨는 솔은 처음 뜰 때 완성 너비와 길이를 정해둔다. 무늬를 골랐으면 그 무늬로 게이지 스와치를 뜬다. 기초코 콧수는 완성 치수 너비에 맞춰서 무늬의 반복 횟수나 가장자리뜨기 콧수도 고려하여 정한다. 완성 치수 길이가 될 때까지 뜨고 덮어씌워 코막음 한다.

직사각형 솔의 양끝 무늬를 대칭으로 맞추려면 편물 2장을 **끝에서 중심을 향해** 뜬다. 필요한 콧수를 잡고, 완성 치수 길이의 반이 되면 별실이나 코막음 핀에 쉬게 둔다. 다른 1장도 같은 방법으로 떠서 2장을 잇는다.

솔의 중심에서 양끝을 향해 뜰 때는 풀어내는 코잡기로 뜨기 시작한다. 완성 치수의 반이 됐으면 덮어씌워 코막음하고, 기초코의 사슬을 풀어 코를 바늘에 끼워서 나머지 반을 뜬다.

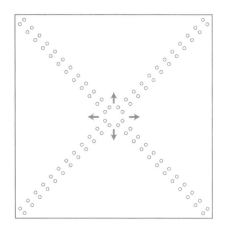

중심에서부터 뜨는 정사각형 숄

양쪽 막대바늘을 사용하여 8코 잡고, 양쪽 막대바늘 4개에 2코씩 나눈다. 원통으로 만들어 1단 뜨고, 다음 단에서 각 바늘의 시작과 끝에서 1코씩 코늘림을 한다(합계 8코 늘어난다). 2단마다 코늘림을 반복한다. 줄바늘로 뜰 수 있는 콧수가 됐으면, 필요에 따라서 줄바늘로 바꾼다. 그때는 양쪽 막대바늘 끝의 코늘림 구역마다 마커를 넣어서 구분해둔다. 원하는 크기가 될 때까지 코늘림을 하면서 계속 뜨고 마지막은 덮어씌워 코막음한다.

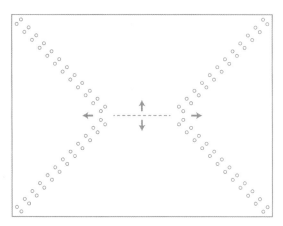

중심에서부터 뜨는 직사각형 숄

직사각형의 긴 변의 중앙 부분 만큼의 콧수를 줄바늘에 잡고 마커를 넣는다. 짧은 변의 코를 1~3 코 잡아서 마커를 넣고, 반대쪽 긴 변도 중앙 부분 만큼 코를 잡고 마커를 넣은 다음 반대쪽 짧은 변의 코를 1~3코 잡는다. 마커를 넣고 코들이 꼬이지 않도록 주의하며 원통으로 만들어서 1단 뜬 다. 원하는 길이가 될 때까지 2단마다 각 마커의 좌우에서 1코씩 코늘림하면서 뜨고, 덮어씌워 코 막음한다. 마지막에 중앙의 터진 부분을 꼬맨다. 풀어내는 코잡기에서부터 뜨기 시작하여 마지막에 코와 코를 이을 수도 있다.

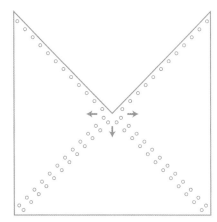

4분의 3 정사각형 숄

목 쪽에서부터 밑단 쪽을 향해 평면뜨기한다. 처음에 기초코를 9코 잡거나 가터 탭 코잡기로 9코를 만든다. 좌우 3코씩은 테두리, 가운데 3코는 숄의 몸판이다. 1단에서는 〈겉뜨기 3, 마커를 넣는다, 다음 3코를 뜨면서 3회 코늘림, 마커를 넣고 겉뜨기 3〉으로 뜬다. 1단 증감 없이 뜬다. 다음 단에서 는 〈겉뜨기 3, 마커를 옮긴다, 1코 늘린다, 겉뜨기 2, 1코 늘린다, 마커를 넣는다, 1코 늘린다, 겉뜨기 2, 1코 늘린다, 마커를 넣는다, 1코 늘린다, 겉뜨기 2, 1코 늘린다, 마커를 옮긴다, 겉뜨기 3〉으로 뜬 다. 이후는 2단마다 〈겉뜨기 3, 마커를 옮긴다, [1코 늘린다, 다음 마커의 앞까지 겉뜨기, 1코 늘린다, 마커를 옮긴다]를 3회, 겉뜨기 3〉으로 코늘림 단을 뜬다(1단에서 6코 늘어난다). 원하는 크기가 될 때까지 뜨고 덮어씌워 코막음한다.

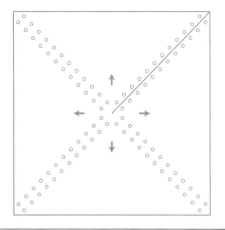

다이아몬드형 숄

중심에 트임이 있는 다이아몬드 숄은 모서리 하나를 한가운데에서 나눠서 한쪽을 단의 시작, 반대쪽 을 단의 끝으로 하여 평면뜨기한다. 기초코를 10코 잡거나 가터 탭 코잡기로 10코를 만든다. 좌우 3 코씩은 테두리, 가운데 4코는 숄의 몸판이다. 1단에서는 〈겉뜨기 3, 마커를 넣는다, 다음 4코를 뜨면 서 4코 늘리고 2코마다 마커를 넣고 마지막에는 겉뜨기 3〉으로 뜬다. 1단 증감 없이 뜬다. 이후는 2 단마다 〈겉뜨기 3, 마커를 옮긴다, [1코 늘린다, 다음 마커의 앞까지 겉뜨기, 1코 늘린다, 마커를 옮긴 다]를 4회, 마지막까지 겉뜨기〉로 코늘림 단을 뜬다(1단에서 8코 늘어난다). 원하는 크기가 될 때까 지 뜨고 덮어씌워 코막음한다.

셰틀랜드 숄의 구조

셰틀랜드 숄은 특수한 타입의 정사각형 숄입니다. 안쪽에 중심 정사각형(중심 패널)이 있고, 그 주위를 보더가 둘러싸고 다시 그 주위에 에징이 있는 구조입니다. 햅 숄의 중심은 가터뜨기이고, 레이스 무늬 숄의 중심은 가터뜨기나 레이스 무늬일 때도 있습니다.

셰틀랜드 숄의 전통적인 뜨는 법은 사각형의 한쪽 바깥 모서리에 몇 코를 잡아서 시작합니다. 이 코들은 숄의 바깥쪽 사각형의 한쪽 변을 따라서 이어지는 에징을 만듭니다. 모서리는 액자 모양으로 뜨면서 나머지 3변의 에징을 떠서 한쪽 끝이 열려 있는 사각형 형태로 만듭니다. 에징을 떴으면 에징 안쪽의 코들을 주워 사다리꼴의 보더를 뜹니다. 액자 모서리는 각 면의 좌우 끝에서 일정한 간격으로 코줄임을 하여 만듭니다. 보더

를 다 떴으면 마지막 보더의 바늘에 걸린 코들을 계속해서 평면뜨기로 중심의 정사각형을 뜹니다. 양옆 보더 뜨개코는 정사각형의 좌우 끝 코를 뜰 때 2코 모아뜨기로 함께 뜹니다. 정사각형을 떴으면, 뜨개 끝의 코는 마주 보는 보더의 뜨개코와 잇습니다. 상당히 번거롭게 느껴지는 방법이지만, 당시의 뜨개바늘은 긴 막대바늘뿐이었기 때문에 이런 방법

을 썼습니다.

현대적인 방식의 셰틀랜드 숄은 아래 그림처럼 중심의 정사각형을 수평이나 대각선 방향으로 뜨고 중심 정사각형이 완성됐을 때 줄바늘에 걸려 있는 코들에 이어 정사각형의 나머지 3변에서도 코를 주워 원통뜨기로 사다리꼴 보더를 뜹니다. 마지막으로 에징을 달면 숄이 완성됩니다.

중심의 정사각형은 수평 또는 비스듬히 뜬다. 수평으로 뜰 때, 기초코는 풀어내는 코잡기 방법을 사용하고, 위 가장자리는 코 상태로 남겨둔다.

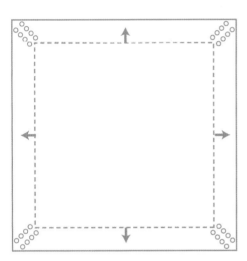

정사각형이 완성되면 주위의 4변에서 코를 줍는다. 정사각형을 수평으로 떴다면 겉면 단을 마지막에 뜨고 줄바늘에 코를 모두 옮긴 다음, 왼쪽 끝에서 코를 주우면서 뜬다. 그 다음 기초코 쪽의 코를 뜨고 편물 오른쪽 끝에서 코를 주워 뜬다. 원통으로 잇고 2단마다 모서리에서 2코씩 코늘림을 한다(2단마다 8코 늘어난다). 안쪽의 보더를 원하는 치수까지 떴으면 덮어씌워 코막음한다.

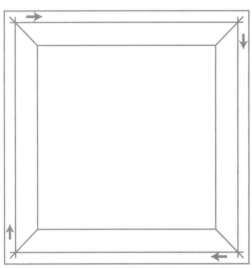

바깥쪽 보더는 안쪽 보더와 마찬가지로 뜰 수도 있고 에징을 따로 뜨며 안쪽 보더에 수직으로 이으며 뜰 수도 있다(P.109 참조). 이으면서 뜰 때는 모서리에서는 반드시 3회씩 뜨면서 잇는다. 숄 전체를 둘러싸듯이 에징을 떴으면 덮어씌워 코막음하고, 코막음 쪽과 기초코 쪽을 잇는다.

삼각형 숄

전통적인 삼각형 숄은 **좌우대칭**symmetrical으로 뜨는 것이 많으며, 이 스타일은 현대의 숄 니터 사이에서도 부동의 인기를 얻고 있습니다. 요즘 삼각형 숄 중에는 가늘고 긴 모양이나 스카프에 적합한 **좌우 비대칭**asymmetrical 디자인인 것도 눈에 띕니다. 삼각형의 가늘고 긴 부분은 목에 한 번 감거나 몇 번 감을 수 있습니다. 좌우 비대칭 삼각형은 원형처럼 중심에서부터 바깥쪽을 향해 뜰 수도 있습니다.

일반적으로 삼각형 숄은 평면뜨기하고 코늘림이나 코줄임으로 모양을 만듭니다. 삼각형이 좌우대칭이 될지 안 될지는 끝의 코늘림이나 코줄임 배치로 정해집니다. 삼각형의 왼쪽 끝과 오른쪽 끝의 코늘림이나 코줄임 수가 같으면 **좌우대칭**이 되고, 한쪽의 코늘림이나 코줄임이 다른 한쪽보다 많으면 **좌우 비대칭**으로 마무리됩니다. 직각삼각형은 삼각형의 1변을 기초코로 하고 한쪽 끝만 코줄임을 하면서 뜹니다. 코늘림이나 코줄임을 하는 단의 간격은 삼각형의 경사에 영향을 줍니다. 코늘림이나 코줄임 간격이 좁으면(예를 들어 2단마다 등) 경사가 **완만**하고, 단의 간격이 넓으면 경사가 급해집니다. 심플한 좌우대칭 숄은 기초코를 몇 코 잡아서 2단마다 양 끝에서 코늘림을 하기만 하여 뜰 수 있습니다. 또 모서리에 해당하는 부분에서 기초코를 잡고 한쪽 끝에서만 코늘림을 하며 절반까지 뜨고, 같은 끝에서 이번에는 코줄임을 하여 원래 콧수까지 줄이는 방법도 있습니다. 코늘림과 코줄임의 비율이 다르면 좌우 비대칭 숄로 완성됩니다. 일반적으로 이 방법으로 좌우 비대칭으로 뜬 숄은 블로킹하여 초승달 모양으로 만들 수 있습니다.

이 밖에 삼각형 숄을 간단히 뜨는 방법으로는 **꼭짓점에서부터 밑변을 향해** 끝이나 수직선을 따라 코늘림을 하면서 뜨는 법도 있습니다.

가장 일반적인 뜨개법은 뒤 칼라 부분에서부터 아래 방향을 향해 **중심과 좌우 끝에서 코늘림을 하며** 뜨는 방법입니다. 이런 숄은 아래처럼 **가터 스티치 탭**(또는 가터 탭)garter tab 기초코로 뜨기 시작합니다.

가터 스티치 탭 기초코

1 코바늘을 사용하여 별실로 사슬뜨기를 5코 한다. 막대바늘과 뜨개실로 사슬뜨기에서 3코 주워 가터뜨기를 2단 뜬다.

2 별실을 조심스럽게 풀고, 남은 코를 양쪽 막대바늘에 끼운다.

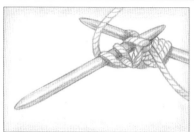

3 겉뜨기 3코, 편물 끝에서 코줍기 1코, 양쪽 막대바늘에서 3코 겉뜨기(합계 7코가 된다). 편물을 돌리고, 숄의 패턴의 1단을 뜨기 시작한다. 그림은 양쪽 막대바늘에 끼운 코를 뜨고 있는 모습.

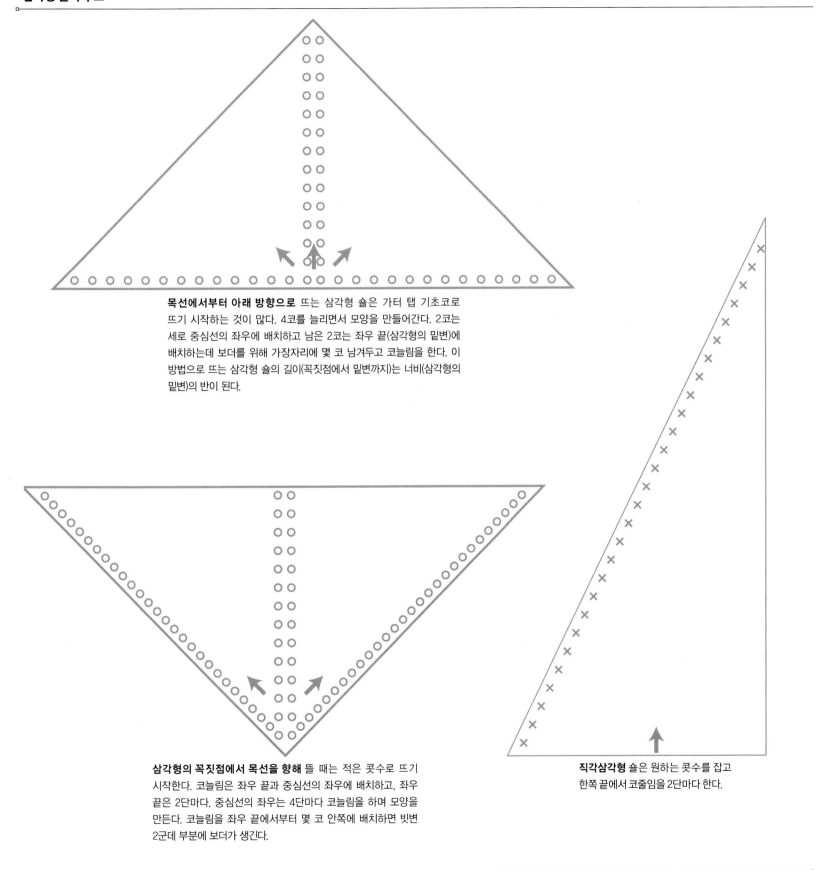

목선에서부터 아래 방향으로 뜨는 삼각형 숄은 가터 탭 기초코로 뜨기 시작하는 것이 많다. 4코를 늘리면서 모양을 만들어간다. 2코는 세로 중심선의 좌우에 배치하고 남은 2코는 좌우 끝(삼각형의 밑변)에 배치하는데 보더를 위해 가장자리에 몇 코 남겨두고 코늘림을 한다. 이 방법으로 뜨는 삼각형 숄의 길이(꼭짓점에서 밑변까지)는 너비(삼각형의 밑변)의 반이 된다.

삼각형의 꼭짓점에서 목선을 향해 뜰 때는 적은 콧수로 뜨기 시작한다. 코늘림은 좌우 끝과 중심선의 좌우에 배치하고, 좌우 끝은 2단마다. 중심선의 좌우는 4단마다 코늘림을 하며 모양을 만든다. 코늘림을 좌우 끝에서부터 몇 코 안쪽에 배치하면 빗변 2군데 부분에 보더가 생긴다.

직각삼각형 숄은 원하는 콧수를 잡고 한쪽 끝에서 코줄임을 2단마다 한다.

원형과 반원형 숄

원형 숄은 중심에서부터 넓히며 뜨는 다양한 코잡기와 뜨는 법을 이용하여 뜰 수 있습니다. **중심에서부터 뜨는 기초코**로 뜨기 시작하여 원형 메달리온과 마찬가지로 중심에서부터 끝까지 뜹니다.

수학적인 **원주율**의 개념, 즉 지름과 원둘레의 관계를 이용하여 원형을 뜨는 방법도 있습니다. 엘리자베스 짐머만은 저서 《뜨개인의 열두 달》에서 파이 숄 뜨는 법을 소개했습니다. 파이 숄에서는 코늘림 단의 간격을 언제나 전 회의 배로 하면

서 배치하고, 코늘림을 하는 단에서 콧수를 배로 만듭니다. 적은 콧수로 뜨기 시작하기 때문에 기초코에서 처음 몇 단은 양쪽 막대바늘을 사용하면 뜨기 쉽습니다. 콧수가 늘어났으면 줄바늘로 바꾸고, 숄이 더 커지면 줄이 긴 줄바늘로 바꿉니다.

반원형 숄은 어느 방법으로도 뜰 수 있지만, 왕복으로 뜹니다. 숄은 면적이 크기 때문에, 대다수 니터는 줄바늘이 더 뜨기 쉽다고 느끼는 듯합니다. 중심에서부터 바큇살 모양으로 넓히며 떠서 웨지

(쐐기 모양) 4개로 모양을 만드는 반원형 숄을 뜨려면 4단마다 8코 늘립니다. 코늘림은 어떤 방법이라도 좋지만, 완성했을 때의 모양에 맞춰서 정하면 좋습니다.

반원형 파이 숄은 원형 숄의 콧수의 절반, 보통 4~5코로 뜨기 시작합니다. 다음 단에서 첫 코늘림을 하고 거기에서부터는 코늘림 단의 배치와 늘리는 법이 파이 숄과 같습니다. 이 방법은 위 가장자리(직선 부분)에 에징이 있는 반원형 파이 숄에 가장 적합합니다. 위 가장자리를 마

무리하면서 반원형 파이 숄을 뜨려면 가터 탭 기초코로 뜨기 시작하고, 숄 몸판과 동시에 위 가장자리에 가터뜨기 보더를 뜹니다. 가터뜨기 보더 콧수는 몸판 콧수에는 포함되지 않습니다. 일반적인 가터 탭에서는 좌우에 3~5코씩 기초코를 잡는데 이 콧수가 가장자리의 너비가 됩니다.

파이 숄과 반원형 파이 숄의 코늘림과 단수는 사용하는 무늬에 맞춰서 조정합니다.

중심에서부터 뜨는 원형 숄

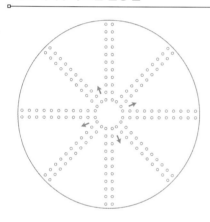

중심에서부터 바큇살 모양으로 원통뜨기한다. 모나지 않도록 코늘림은 최저 8군데에서 한다. 중심에서부터 뜨는 기초코로 8코 잡고 1단 뜬다. **다음 단에서 1코마다 1코 늘려서 16코로 만든다.** 2코마다 마커를 넣고, 3단 뜬다. 4단에 한 번씩 아래와 같이 코늘림을 한다. 〈마커의 1코 앞까지 뜨고 코늘림 1, 1코 뜨고 마커 옮기기, 코늘림 1〉을 반복한다(합계 16코 늘어난다). 원하는 크기가 됐으면 덮어씌워 코막음하고, 꼼꼼하게 핀을 꽂아서 모양을 정돈하여 블로킹한다.

반원형 숄

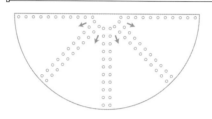

보더를 만들면서 뜨기위해 **가터 탭 기초코**로 코를 잡고 평면뜨기한다. 위 가장자리의 중심에서부터 일정 수의 코늘림을 반복하여 바큇살 모양으로 넓히며 뜨고, 끝에서도 코늘림을 하여 위 끝의 가장자리를 직선 모양으로 뜬다. 먼저 보더 콧수를 정하고, 그 2배+웨지 수만큼(위 예에서는 4) 코를 잡는다. 1단 뜨고, 다음 단에서 웨지만 콧수를 배로 늘리며 좌우 보더 안쪽과 각 웨지 사이에 마커를 넣는다. 3단 뜬다. 다음 단은 첫 마커의 앞까지 뜨고, 마커를 옮기고 〈코늘림 1, 다음 마커의 1코 앞까지 뜨고 코늘림 1, 1코 뜨고 마커 옮기기〉를 4회, 나머지 보더 코들을 뜬다(합계 8코 늘어난다). 이후는 같은 방법으로 코늘림 단을 4단마다 뜨고, 원하는 크기까지 뜬 뒤에 덮어씌워 코막음한다.

파이 숄

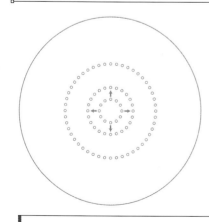

8~10코 정도 기초코를 잡아서 원형으로 만들고, 다음 단에서 **콧수를 배로 늘린다.** 3단 뜨고 다시 콧수를 배로 늘린다. 전 회의 배의 단수(여기에서는 6단)만큼 뜨고 다음 단에서 콧수를 다시 배로 늘린다. 같은 방법으로 코늘림 단의 간격과 콧수를 늘리면서 원하는 크기가 될 때까지 뜨고 덮어씌워 코막음한다.

반원형 파이 숄

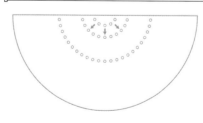

평면뜨기하면서, 파이 숄과 같은 방법으로 뜬다. 코늘림 단에서는 콧수를 배로 늘리고, 코늘림 단의 간격은 전 회의 배로 한다.

원형과 반원형 스파이럴 숄

많은 원형 숄처럼 스파이럴(소용돌이) 모양으로 뜨는 패턴은 **중심에서부터 넓혀가며 뜨는 원형**이 기본이 됩니다. 원형을 바퀴살 모양으로 뜨는 타입과 비슷하지만, 코늘림이나 바늘비우기 위치를 어긋나게 하여 스파이럴 모양으로 만듭니다. 꼬아 늘리기make one나 kfb처럼 **닫힌 코 늘림**은 코가 빽빽한 편물에, **바늘비우기**는 레이스뜨기 숄에 이용합니다. 스파이럴 모양의 숄은 일반적으로 웨지 8개로 구성되지만 실제로는 5~10개나 그 이상으로 해도 상관없습니다. 또 양쪽 막대바늘로 뜨기 시작하면 편리하지만, 숄이 커지면 줄바늘로 뜨는 편이 뜨기 쉽습니다. 레이시한 숄이라면 끝이 뾰족한 바늘이 레이스무늬를 더 편하게 뜰 수 있습니다.

스파이럴 모양으로 뜨는 반원형 숄도 바퀴살 모양으로 뜨는 반원형 숄과 마찬가지로 뜨기 시작합니다. 큰 숄은 그 콧수에 대응하도록 줄바늘을 사용하여 평면으로 뜹니다.

원형 숄은 웨지의 갯수만큼의 기초코를 잡아서 뜨기 시작합니다. 반원형 숄은 웨지 수에 보더의 콧수를 더한 수만큼 기초코를 잡습니다. 원일 때는 원통뜨기하지만, 반원일 때는 평면뜨기로 합니다. 숄은 어떤 무늬로도 뜰 수 있습니다.

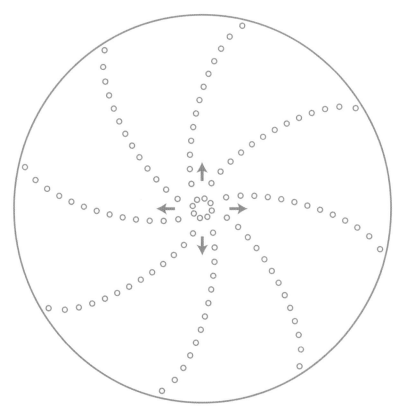

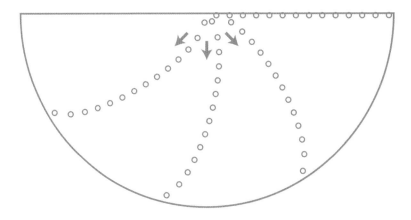

원통뜨기하면서 코늘림을 장식적인 스파이럴 모양으로 배치하는 원형 숄은 **웨지 갯수만큼의 기초코를 잡아서** 원형으로 만들고 1단 뜬다. 다음 단에서는 1코 뜰 때마다 1코 늘린다. 단의 시작과 각 웨지의 앞에 마커를 넣는다. 2단마다 각 웨지(마커) 앞에서 코늘림을 하여 코늘림 단을 뜬다. 원하는 크기가 될 때까지 떴으면 덮어씌워 코막음한다. 장식적인 스파이럴에는 바늘비우기로 하는 코늘림이 가장 눈에 띈다.

반원형 숄은 스파이럴 모양으로 코늘림을 하면서 **평면뜨기한다.** 필요한 콧수만큼 기초코를 잡고, 위 끝에 보더가 생기도록 코늘림을 배치하고, 코늘림 간격을 고르게 유지하며 뜬다. **기초코는 웨지의 수에 보더의 콧수를 더한 수만큼 잡아서** 1단 뜬다. 다음 단은 보더 코를 떴으면 마커를 넣고, 웨지 부분의 코를 배로 늘리면서 웨지 사이에 마커를 넣고, 단의 마지막 보더 앞에도 마커를 넣는다. 이후에는 2단마다 웨지 앞에서 코늘림을 하며 숄이 원하는 크기가 될 때까지 뜨고 마지막에는 덮어씌워 코막음한다.

초승달형 숄과 되돌아뜨기로 뜨는 숄

초승달형 숄은 **전통적인 기하학적 형태의 변형**입니다. 톱다운으로 뜨는 가장 간단한 초승달형 숄은 다른 전통적인 숄과 마찬가지로 코늘림과 코줄임으로 모양을 만듭니다. 좌우대칭이라면 목선에서 몇 코를 잡아 뜨기 시작하여, 2단마다 6군데에서 코늘림을 하여 초승달 모양을 만듭니다. 일반적으로 **가터 탭 기초코**에서부터 3구역으로 나눠서 뜹니다. 레이스 숄을 뜨기 위해서는 바늘비우기를 이용해 코를 늘리고, 좀 더 빽빽한 편물은 꼬아 늘리거나 kfb를 이용합니다.

더 간단한 방법으로는 **한쪽 끝에서부터** 다른 끝을 향해 뜨는 방법도 있습니다. 이때는 기초코 몇 코에서 한쪽만 코늘림을 하며 뜨고, 한동안 증감 없이 뜨고 나서 코늘림을 한 쪽에서 코줄임을 계속하여 기초코 콧수로 돌아갈 때까지 뜹니다. 과거에는 주로 원형 모티브를 뜰 때 되돌아뜨기를 하는 것이 일반적이었으나, 현대의 숄 디자이너들은 되돌아뜨기의 활용 범위를 넓혀서 좌우대칭이나 비대칭 초승달형 숄이나 스파이럴, 그 외에도 독특한 모양의 숄을 뜹니다.

보텀업으로 뜨는 좌우대칭 초승달형 숄에는 되돌아뜨기를 사용합니다. 중앙 코를 지나 3~5cm 정도 뜬 후 편물을 돌려 안면에서도 같은 길이만큼 중앙 코를 지나 뜹니다. 숄의 상단에 도달할 때까지 단을 점점 더 길게 작업하며 반복합니다. 일반적으로 되돌아뜨기는 보더를 뜨고 나서 시작합니다. 되돌아뜬 부분에는 구멍이 생기지 않도록 2코를 한 번에 뜨거나 실을 감는(랩) 등으로 정리해줍니다. **톱다운 되돌아뜨기 초승달형 숄**에는 숄의 상단 폭만큼 기초코를 만들어 뜹니다. 보더의 몇 코 전까지 뜬 다음 편물을 돌려 다시 반대쪽에 같은 수의 코를 남기며 뜹니다. 이후 되돌아갈 때마다 같은 콧수만큼 떠야 할 콧수가 줄어듭니다. 예를 들어 첫 단에서 보더 3코 전까지 떴다면 이어지는 각 단에서 편물을 돌린 지점 3코 전까지 작업하고 편물을 돌립니다.

하트형 숄은 일반적으로 가터 탭 기초코로 시작해서 톱다운으로 뜹니다. 2단마다 좌우 끝과 중심 코의 좌우에서 합계 6군데 코늘림을 합니다.

초승달형 숄

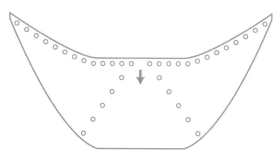

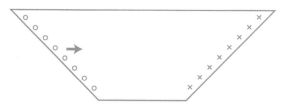

초승달형 숄은 **목선에서부터** 뜨기 시작할 수 있다. 기초코를 몇 코 잡거나 또는 가터 탭 기초코로 뜨기 시작한다. 12코를 잡을 때, 왼쪽에 3코, 가운데가 6코, 오른쪽이 3코. 마커를 오른쪽 3코의 다음, 다음 2코마다. 왼쪽 3코의 앞에 넣는다. 이후 2단마다 보더 코 2코 전과 각 마커의 다음에 코늘림을 하며 원하는 크기까지 넓히면서 뜬다.

초승달형 숄은 가로 방향의 **끝에서부터 다른 끝까지** 뜨면 간단하게 뜰 수 있다. 왼쪽 끝으로 3~5코를 잡고, 한쪽 끝에서 코늘림을 하고 다른 한쪽 끝은 똑바로 뜬다. 편물 너비가 숄 길이가 됐으면 코늘림을 그만하고, 만들고 싶은 숄 길이에서 한쪽 모양 만들기 부분의 길이를 뺀 길이까지 뜬다. 코늘림과 같은 쪽에서 이번에는 코줄임을 같은 비율로 하면서 기초코와 같은 콧수가 될 때까지 뜬다. 마지막에는 덮어씌워 코막음한다.

되돌아뜨기를 사용한 초승달형 숄

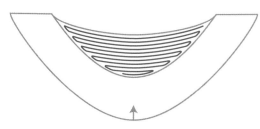

아래 가장자리에서부터 위를 향해 뜨려면, **뜨는 콧수가 늘어나는** 되돌아뜨기를 한다. 숄 밑단의 치수만큼 기초코를 잡는다. 중심에서부터 조금 진행한 위치에서 편물을 돌리고, 반대 방향에도 중심에서부터 같은 콧수를 뜬 곳까지 뜨고 편물을 돌린다. 같은 방법으로 좌우 교대로 같은 콧수만큼 뜨고 나서 되돌아와서 원하는 크기가 될 때까지 뜬다. P.228~230 중 어느 방법으로 단차 없애기를 하거나 단차 부분을 뜰 때 2코 모아뜨기를 하여 되돌아오며 생긴 단차를 매끄럽게 만들면 초승달 모양이 한층 눈에 띈다.

톱다운으로 초승달형 숄을 뜨려면 **뜨는 콧수가 줄어드는** 되돌아뜨기를 한다. 위 가장자리 치수만큼 기초코를 잡는다. 깊은 초승달 모양으로 할 때는 얕은 모양보다 기초코를 많이 잡아야 한다. 앞단 끝의 몇 코 앞에서 편물을 돌리고, 반대 방향도 같은 콧수를 남기고 뜬다. 이후 전 회에 되돌아온 지점에서부터 같은 콧수를 남기고 뜨고, 편물을 돌려서 반대 방향에도 같은 콧수를 남기고 뜬다. 숄을 원하는 깊이까지 떴으면 단차 없애기를 하면서 끝에서 다른 끝까지 뜨고 마지막은 덮어씌워 코막음한다.

가터 스티치 탭 기초코 **286**　　꼬아 늘리기 **52**　　되돌아뜨기 **228~230**　　바늘비우기 **101, 168**　　배색을 사용한 되돌아뜨기 **96**

중심에서부터 넓혀 가며 뜬다 **135~140**　　코늘림 **50~54**　　코줄임 **55~60, 102~103**

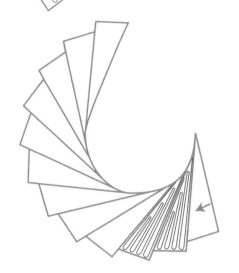

좌우 비대칭 삼각형 숄

좌우 비대칭 삼각형 숄은 아래쪽 모서리에서 몇 코를 잡아서 **좌우를 각각 다른 비율로** 코늘림을 하며 뜬다. 예를 들어 오른쪽에서는 2단마다, 왼쪽에서는 4단마다 코늘림을 하는 식이다. 코늘림은 편물 끝에서 몇 코 안쪽에서 하여 끝을 매끄럽게 마무리한다. 원하는 크기가 됐으면 덮어씌워 코막음한다.

가장자리가 지그재그인 숄

되돌아뜨기 웨지 위치를 조금씩 어긋나게 떠서 가장자리가 지그재그인 초승달 모양을 만든다. 숄 너비분의 기초코를 잡고, 겉쪽 단을 뜰 때마다 단 끝의 조금 앞에서 되돌리고, 안쪽을 끝까지 뜬다. 되돌아뜨기는 '랩앤턴' 등의 기법으로 단차를 없애면서 뜬다. 첫 삼각형을 떴으면 그 삼각형의 좁은 모서리 쪽의 끝에서 2.5~5㎝ 앞까지 뜨고 되돌리고, 반대쪽 끝에서 남기고 뜬 콧수와 같은 콧수만큼 기초코를 잡고, 1번째 웨지와 마찬가지로 2번째를 뜬다. 같은 방법으로 삼각형을 추가하며 떠서 완성하고 싶은 길이가 될 때까지 뜬다. 마지막에는 목 쪽을 끝에서 다른 끝까지(각 삼각형에서 남기고 뜬 좁은 모서리 쪽의 뜨개코를 모두) 몇 단 뜨고 덮어씌워 코막음한다. 이 방법으로는 같은 크기의 웨지로 구성된 숄이 만들어진다. 기초코 콧수와 되돌아뜨기의 간격을 바꾸면 웨지 모양에 변화를 줄 수도 있다.

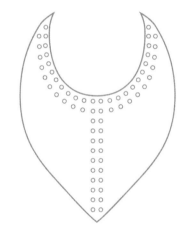

하트형 숄

목에서 아래 방향으로 뜨면서 코늘림 단에서 **6코씩 늘려서** 모양을 만든다. 기초코를 몇 코 잡거나 또는 가터 탭 기초코로 톱다운으로 뜨는 삼각형 숄과 같은 방법으로 뜨기 시작한다. 코늘림은 중심 코의 좌우와 좌우 끝에서 2코씩 한다. 끝의 코늘림에 장식성을 주려면 단의 1번째 코의 뒤와 마지막 코의 앞에서 〈바늘비우기, 겉뜨기 1, 바늘비우기〉처럼 뜬다. 원하는 크기가 될 때까지 겉면을 뜰 때마다 코늘림을 계속하고 마지막에는 덮어씌워 코막음한다.

되돌아뜨기 원형 숄

원형 숄은 되돌아뜨기를 이용하여 평면뜨기로도 뜰 수 있다. P.138처럼 원형은 **되돌아뜨기로 웨지를 몇 개 떠서** 모양을 만든다. 먼저 숄의 반지름, 또는 숄을 반으로 접어서 착용할 때의 위 가장자리 길이의 반에 해당하는 콧수를 잡는다. 2단 뜨고, 다음 단은 단 끝의 조금 앞까지 뜨고 편물을 돌려서 반대쪽 끝까지 뜬다. 다음 단은 앞단에서 되돌린 곳에서부터 같은 콧수만큼 남기고 뜨고, 편물을 돌려서 반대쪽 끝까지 뜬다. 이 요령으로 웨지가 적당한 크기가 될 때까지 뜨고, 다음 단에서는 단차 없애기를 하며 바늘에 걸린 모든 코들을 뜬다. 계속해서 같은 요령으로 원이 될 때까지 웨지를 뜬다. 덮어씌워 코막음하고, 뜨개 시작과 뜨개 끝을 꿰맨다. 시접 없이 잇고 싶을 때는 기초코를 풀어내는 코잡기로 잡는다.

페로이즈 숄의 구조

페로이즈 숄은 **삼각형 사이드 패널 2장**과 **사다리꼴 센터 패널, 에징**으로 구성되며, **어깨 형태 만들기**를 하여 어깨에서 흘러내리지 않도록 고안되었습니다. 숄 전체 모습은 나비 날개가 연상됩니다.

전통적인 페로이즈 숄은 밑단에서부터 위 방향으로 가터뜨기를 하고, 빽빽한 편물에는 M1, kfb, 레이스무늬에는 바늘비우기, 그리고 끝과 센터 패널을 따라서 코줄임으로 모양을 만들었습니다. 코줄임은 숄의 좌우 끝에서 2단마다 1코씩 하는 것이 일반적입니다. 센터 패널에는 수직으로 간격을 두고 중심 패널의 안쪽에 코줄임을 배치해서 완만하게 코줄임을 합니다. 위 가장자리에서 8~10㎝ 지점까지 떴으면, 그때까지의 코줄임과는 별도로 삼각형 사이드 패널의 중심에서 어깨 모양 만들기를 하기 위한 코줄임을 시작합니다.

숄 밑단은 프린지나 레이스무늬를 너비를 넓게 한 가장자리뜨기처럼 아래 가장자리에 떠서 장식할 수도 있습니다. 이런 스타일의 숄에는 전체 레이스 무늬도 잘 어울립니다.

페로이즈 숄을 뜰 때는 기초코를 느슨하게 떠서 밑단에 신축성을 줄 수 있도록 합니다.

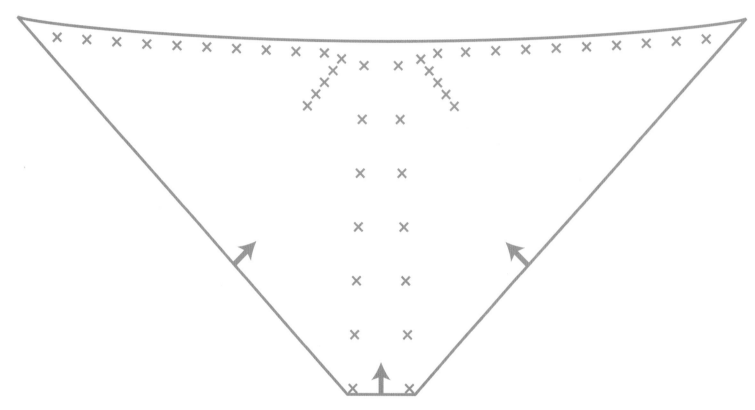

페로이즈 숄은 **밑단에서부터 목선을 향해 코줄임을 하며 뜬다.** 먼저 숄 밑단에 필요한 콧수를 잡는다. 2단마다 좌우 끝에서 1코씩 코줄임을 한다. 이 코줄임은 끝에서 몇 코 안쪽에서 하여 보더를 만든다. 거싯gusset(사다리꼴 패널의 좌우)의 코줄임은 조금 더 간격을 두어서 완만하게 코줄임을 한다. 거싯의 폭을 알 수 있도록 마커로 표시하고, 코줄임은 마커 안쪽에서 한다. 목선 쪽에서 거싯의 너비가 5~7.5㎝ 되도록 단수 게이지를 바탕으로 거싯의 코줄임을 몇 단마다 할지 계산해둔다. 숄 길이가 완성 치수까지 15㎝ 남았으면, 삼각형 구역의 중심에서 2단마다 코줄임을 하며 어깨 모양 만들기를 시작하고, 삼각형의 위쪽 너비가 2.5㎝ 이하가 되도록 한다.

늅과 비즈

레이스 숄에 재질감을 만드는 방법 중 하나로 **늅**Nupp이 있습니다. 이 기법은 에스토니아의 레이스뜨기에서 유래했습니다. 늅은 에스토니아어로 '봉오리'나 '손잡이'를 가리키고 방울하고도 닮았습니다. 일반적인 늅은 **5~9코**이며 겉쪽에서 코를 늘리고, 아래처럼 코늘림한 만큼을 안뜨기로 한 번에 떠서 원래 콧수로 돌아갑니다. 안뜨기로 한 번에 뜨기 쉽도록 코늘림은 느슨하게 뜨고, 끝이 뾰족한 뜨개바늘을 사용합니다. 그리고 코늘림과 바늘비우기 크기를 고르게 하여 늅 모양이 일정하도록 합니다.

숄의 장식에는 **비즈를 다는** 방법도 있습니다. 비즈를 넣으려면 P.328처럼 미리 비즈를 실에 끼워 두는 방법과 뜨면서 코바늘로 비즈를 끼우는 방법이 있습니다. **코바늘을 사용하는 방법**은 아래대로입니다. 이 방법의 포인트는 뜨개코를 뜨기 전에도 후에도 비즈를 끼울 수 있다는 것. 비즈를 코바늘에서 뜨개코로 옮겼으면, 그 코는 뜨지 않고 오른바늘에 옮겨도 되고 떠도 상관없습니다. 그 외에 뜨개코를 떠서 왼바늘에 되돌려 놓고 나서 코바늘 끝에 비즈를 끼워서 뜬 코에 옮기는 방법도 있습니다. 사용하는 코바늘은 바늘 끝이 비즈 구멍을 통과하는 가는 바늘이 필요합니다. 비즈는 레이스나 핑거링(둘 다 극세에 해당) 실로 뜨는 숄에 다는 것이 일반적이지만, 큼직한 비즈를 굵은 실에 달기도 합니다. 또 많은 경우에 비즈는 메리야스뜨기 부분과 코줄임 부분 위에 답니다.

늅 뜨는 법

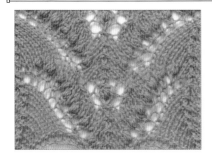

1 겉면 단에서 1코를 7코로 늘린다. 예를 들어 〈겉뜨기 1, 바늘비우기〉를 3회, 겉뜨기 1코를 같은 코에 뜬다.

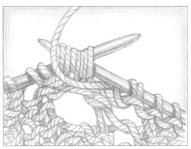

2 다음 단에서는 안뜨기로 7코를 한 번에 뜬다.

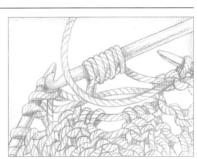

안뜨기 7코 모아뜨기를 하는 것이 어려울 때는 코바늘을 사용하면 뜨기 쉽다.

코바늘로 비즈를 넣어서 뜨기

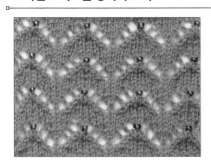

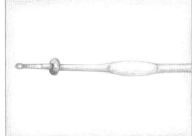

1 비즈를 넣고 뜰 코를 뜨고, 코바늘 끝에 비즈를 끼운다.

2 다 뜬 코에 코바늘을 넣어서 뜨개코에 비즈를 끼운다.

3 뜨개코를 오른바늘로 옮긴다.

겉/안면 **171, 173**

비즈 사이즈 **328**

바늘비우기 **101, 168**

폼폼 **166**

루아나

루아나ruana는 베네수엘라와 콜롬비아의 안데스 지방, 특히 보야카와 안티오키아 지역에서 착용하는 판초 스타일의 상의입니다. 루아나는 뒤가 가로보다 길고, 옆은 트여 있습니다. 뒤는 하나로 이어서 뜨고 어깨에서 나눠서 앞에서는 패널 2장으로 나뉘는 것처럼 되어 있습니다. 목둘레는 브이넥 스타일로 모양 만들기를 합니다.

루아나는 **가로 방향**으로 뜰 때도 있고, 그 경우에는 앞 중심에서 한 번 코막음하고, 다시 기초코를 잡아서 앞판의 남은 반을 뜹니다. 브이넥 모양 만들기에는 코늘림과 코줄임, 또는 되돌아뜨기를 이용합니다. 또 **직사각형 2장**으로 구성할 때도 있습니다.

루아나는 모헤어나 부클처럼 질감 있는 굵은 실로 뜰 때가 많고, 프린지 등 장식을 달 때도 있습니다. 또 백 패널의 직사각형을 반원형으로 하여 변화를 주기도 합니다.

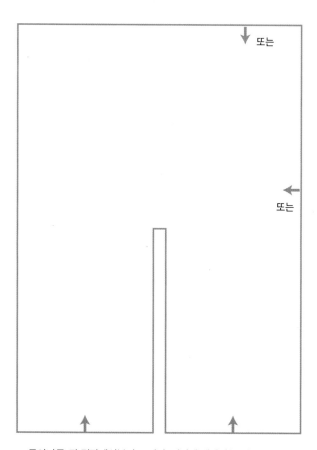

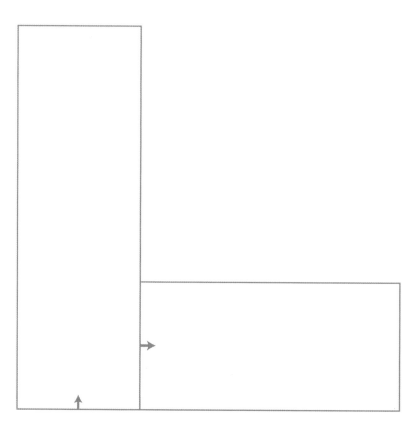

루아나를 뒤 밑단에서부터 뜨려면, 너비에 해당하는 만큼 기초코를 잡고 어깨까지 직선으로 원하는 길이가 될 때까지 뜬다. 콧수의 반을 별실이나 코막음 핀에 옮겨서 쉬게 하고, 앞의 한쪽을 마무리한다. 쉬게 둔 코를 다시 바늘에 되돌려 놓고, 먼저 뜬 한쪽에 맞춰서 뜬다.

가로뜨기를 하려면 전체 길이의 2배만큼 기초코를 잡고, 만들고 싶은 너비의 반까지 떴으면 콧수의 반을 덮어씌워 코막음하여 앞 트임을 만든다. 다음 단에서 덮어씌워 코막음한 만큼 기초코를 잡고, 좌우대칭이 되도록 뜬다. 마지막에는 코막음한다.

그 외에 앞판 2장을 따로 떠서, 2번째 장의 마지막에 뒤 목둘레분의 기초코를 잡고, 먼저 뜬 1번째 장을 이어서 뜨고, 하나로 이어서 뒤판을 만들고 싶은 길이까지 뜨는 방법도 있다.

L자형 루아나는 처음에 한쪽 너비만큼 기초코를 잡아서 원하는 길이까지 뜨고 코를 막는다(오른쪽 아래 직사각형). 다음에 똑같은 콧수만큼 잡고, 2번째 장을 길이가 '1번째 장의 너비+길이'가 될 때까지 뜬다. 코막음하고 그림처럼 꿰매어 잇는다.

기초코 **32~41**	되돌아뜨기 **228~230**	실의 종류 **10~18**
코늘림 **50~54**	코막음 **61~66, 108**	코줄임 **55~60, 102~103**

Designing Accessories

소품 디자인하기

캡과 모자

모자hat는 머리를 덮는 모양을 하고 있습니다. 니트 모자는 모양도 스타일도 사이즈도 실로 다양합니다. 줄바늘로 **원통뜨기**하거나 막대바늘로 **평면뜨기**하여 뒤통수나 옆면에서 잇기도 합니다. 금방 뜰 수 있고 스타일이나 모양과 마찬가지로 실의 선택지도 다채롭습니다.

단색 모자는 스포츠 웨이트나 그보다 굵은 실로, 배색무늬 모자는 핑거링이나 DK 실로 뜹니다.

모자는 인류가 만들어서 몸에 걸친 가장 오래된 의류의 하나입니다. 유럽에서 발견된 25,000년 전의 비너스상은 바스켓 햇이나 캡을 쓰고 있는 것처럼 보입니다. 기원전 3200년의 이집트 고분 벽화에는 원뿔형 모자를 쓴 남자가 그려져 있습니다. 최초의 모자는 밀짚을 엮은 것이나 동물 섬유나 모피를 직조하거나 펠팅한 것이었습니다. 모자는 머리를 보온·보호하는 것일 뿐만 아니라 지위나 직업을 표시하는 수단이기도 했습니다.

니트 모자를 처음으로 뜬 시기는 정확히 특정되지 않았습니다. 원단을 만든다는 의미에서 나온 '니트'라는 말은 15세기 말까지는 사전에 없고, 캡 만들기와 관련하여 처음 등장했습니다.

르네상스시대에 모자와 양말을 가장 널리 떴던 사실은 확인됐습니다. 영국에서는 처음 영리 목적으로 뜬 것이 캡이었습니다. 캡 니팅 길드는 일찍이 1268년에 프랑스에서 설립되었고 영국 코벤트리에서는 1424년, 벨기에에서는 1429년, 스페인에서도 1496년에 설립되었습니다. 캡 니터는 정부의 인가를 받고, 부당 이익을 얻지 않도록 가격 관리를 받았습니다. 니터들의 도구, 즉 뜨개바늘은 제조

가 어려웠기 때문에 드물고 귀중했습니다. 초기의 캡으로 유명한 것은 1520~1585년경에 캡 제조의 중심이었던 웨일즈의 국경 마을 몬머스와 우스터셔의 뷰들리에서 짠 **몬머스 캡**Monmouth cap입니다. 선원이나 군인이 썼던 단추 달린 둥글 갈색 캡은 가발처럼 보인다고 해서 웰시위그라고도 불렸습니다. 이 시대의 비슷한 모자로 귀덮개가 달린 것은 런던의 장인들이 썼습니다.

그 외에 16세기의 모자로는 홀바인이 그린 튜더 왕가의 초상화에서 보이는 것처럼 **납작한 캡**이 있습니다.

영국의 탐험가들은 신대륙에 모자를 가지고 갔고, 메이플라워호의 화물에는 몬머스 캡이 포함되어 있었습니다. 이런 것들이 제임스타운이나 캐나다로 반입되어 **투크**tuques로 변했고, 모피를 얻는 사냥꾼이나 나무꾼이 썼습니다. 이런 심플한 캡은 20세기에는 육체노동자가 쓰고 미군에서는 표준 장비가 되었습니다. **비니**beanies, **와치 캡**watch caps 등으로 불리며 지금도 인기가 있습니다.

17~18세기에는 **탬**tams이 스코틀랜드에서 등장했습니다. 이것은 영국 튜더 가문의 평평한 캡을 닮은 브림이 특징이며 펠팅되었습니다. 시대와 함께 브림이 가늘어지고 **본넷**이라 불리게 된 이 모자는 **베레모**에 더욱 가까워졌습니다.

페어아일 니트의 가장 오래된 샘플은 1850~1860년대에 뜬 캡입니다. 스칸디나비아 지방에 많은 캡처럼 바깥쪽 편물과 하나로 이어서 뜬 안감이 달린 것이 있습니다. 이와 같이 2겹으로 된 캡은 18세기 말이 되자 유럽 전체에서 보이게 되었습니다.

프랑스 베레모의 기원은 17세기에 바스크 지방의 양치기가 쓴, 손으로 떠 펠팅시킨 모자입니다. 1800년대 중반에 나폴레옹 3세가 이 지역을 방문한 것을 계기로 유행했습니다. 방수·방한에 뛰어나다는 점에서 군대에서 채택했고, 현재도 각국에서 군복의 일부가 되었습니다. 이는 신사용 모자로 간주되었기 때문에 1800년대 중반부터 1900년대 전반까지는 노동자 계급인 시민이나 예술가도 썼습니다. 그 후 1920~1930년대에 베레모는 그레타 가르보 등 여배우 사이에서 인기를 끌었고 그 후 패셔너블한 액세서리가 되었습니다. 20세기 중반에는 지식인이나 대항문화에 속한 멤버, 그리고 체 게바라 같은 혁명가도 썼습니다.

18~19세기 스칸디나비아 지방의 모자 원형은 이중으로 된 **스타킹 캡**stocking cap입니다. 이 모자는 **두벨 모사**dubbel mössa(더블 캡)라는 이름으로 알려졌고, 하나로 이어서 뜨고 안감은 안쪽으로 접혀 있습니다. 2색 배색무늬가 많고 자잘한 무늬가 특징입니다. 안감은 1색으로 뜨고, 브림을 접어서 귀를 4겹으로 덮으며, 톱에는 폼폼이나 태슬을 달기도 합니다.

남미 안데스 지방의 **추로**chullos는 문화적으로 중요한 역할을 수행했습니다. 여러 색을 사용하고 섬세한 무늬를 넣은 모자입니다. **바라클라바**balaclavas라고 불리는 모자는 머리, 귀, 목을 덮고 얼굴 부분만 뚫린 니트 헬멧으로 크림전쟁 이전부터 있었으나 1854년 바라클라바 전투 후에 처음으로 이 이름으로 인식되었습니다. 이 머리 덮개는 **우란 캡**Uhlan caps, **템플라 캡**Templar caps으로도 알려

져 있습니다. 우란은 폴란드의 경기병으로 독특한 헬멧을 착용했습니다. 바라클라바의 보온성 및 실용성은 현재도 변함없습니다.

클로슈cloches는 1920년대에 보브 스타일의 머리 모양을 지키기 위해 인기를 얻었습니다. 펠트 제품이 일반적이었지만 대바늘이나 코바늘로도 떴습니다. 니트 베레모, 스타킹 캡과 **터번**turbans은 1930년대에 유행했습니다.

이런 모자의 모양과 뜨는 법은 현대의 니터도 채택하고 있습니다. 모자는 초보자용 작품이라고 생각하는 경향이 있지만, 숙련자라도 섬세한 무늬뜨기나 배색을 사용해서 뜨면 푹 빠져들고 뜨는 보람을 느낄 수 있습니다. 모자는 남은 실의 활용이나 선물용으로도 요긴합니다. 엘리자베스 짐머만은 스와치를 원통뜨기할 때의 지루함을 줄이는 방법으로 니트 모자를 뜨라고 추천했습니다. 정확한 게이지를 얻을 수 있는 동시에 사용할 수 있는 아이템이 완성되기 때문입니다.

자선 활동의 니트 프로그램이 모자를 모아서 필요한 사람들이나 미숙아, 암 치료 환자에게 제공하고 있습니다. 전쟁 중에 유럽의 니터는 군인에게 양말이나 손모아장갑을 떠서 보냈으며 그중에는 모자도 포함되었습니다.

미국 남북전쟁에서부터 제1차 세계대전과 제2차 세계대전, 한국전쟁까지 군대를 지원하고 위로하기 위해 보내는 물건에도 모자는 포함되었습니다.

실제로는 기계편물로 제품화되었지만, 현재도 전쟁터의 군인에게 손뜨개 니트 모자를 선물하는 프로그램이 있습니다.

모자의 구조

모자는 기본적으로 **브림**brim이나 **밴드**
band와 **크라운**crown으로 구성됩니다.
각 부분의 모양이나 크기는 무한히 변화
를 줄 수 있고, **커프**cuff(접는 단), **바이저**
visor(챙), **이어플랩**earflaps(귀덮개)을 달
수도 있습니다.

톱

크라운

라이즈

커프

크라운CROWN

머리를 덮는 부분. 깊이는 다양해서, 비니의 크
라운은 얕고 투크의 크라운은 정수리를 조금
넘을 정도로 깊은 것이 특징이다. 크라운의 옆
면 부분을 라이즈라고 부르며, 크라운 부분은
보통 정수리에서 모양 만들기를 한다.

밴드BAND ※ 사진에는 없음

브림 대신에 다는 폭이 좁은 **밴드**. 니트 모자
의 밴드는 고무뜨기 모양의 편물이 많고, 실
제 머리둘레보다 조금 작게 만들어 살짝 늘
려서 딱 붙게 쓴다. 밴드 너비는 일반적으로
2.5~5cm.

바이저VISOR ※ 사진에는 없음

바이저 또는 **빌**bill은 모자의 앞쪽에서 브림의 연
장으로 얼굴에 햇빛을 막는 차양 역할을 한다.
바이저는 뜨개코가 빽빽한 편물로 뜨거나 브림
을 주머니 모양으로 뜨고 그 안에 초승달 모양
의 플라스틱이나 두꺼운 종이를 넣는다.

브림BRIM ※ 사진에는 없음

모자 아랫부분에서 튀어나오는 부분. 너비는
스타일에 따라 다르다. 클로슈의 브림은 일반
적으로 좁고 앞쪽은 더 좁다. 버킷 햇의 브림은
2.5cm 이상의 너비이며 머리둘레를 1바퀴 돈다.
얼굴 차양용으로 디자인된 선 햇은 브림이 매우
깊다.

커프CUFF

밴드 부분을 착용했을 때의 길이의 배로 떠서
접어 구부린 것. 디자인성뿐 아니라 보온성을
높여 주는 실용성도 있다. 접어서 넘기면 커프
안쪽이 겉으로 나오므로 리버시블 무늬를 사
용하든지 무늬가 안면에 나오도록 뜨면 좋다.
밴드와 마찬가지로 커프도 고무뜨기 모양의 편
물로 떠서 신축성을 확보한다.

이어플랩EARFLAPS ※ 사진에는 없음

이어플랩은 모자 몸판의 일부로서 뜰 수도 있
고 따로 떠서 나중에 달 수도 있다. 턱 아래에
서 묶기 위한 끈을 떠서 마무리하는 것도 종종
있다.

모자의 종류

워치 캡WATCH CAP

비니와 비슷하게 생겼고 커프는 깊다. 이 고전적인 니트 모자는 아래에서부터 원통뜨기한다. 전통적인 워치 캡은 네이비블루 등 짙은 색으로 떴다.

보울러 햇BOWLER

보울러 햇은 전통적인 남성용 모자로 둥그스름한 크라운과 바깥쪽으로 접은 브림이 특징이다. 펠팅시켜서 편물에 독특하고 단단한 촉감과 모양을 만든다. 페도라 햇은 보울러 햇과 비슷하지만 둥근 느낌이 적고 브림이 살짝 얇다.

버킷 햇BUCKET HAT

버킷 햇은 캐주얼한 스타일로 착용하는 모자로 비교적 깊은 브림 끝을 조금 위로 구부려서 쓰는 것이 특징. 크라운에서부터 아래 방향으로 뜨고, 브림은 크라운의 연장으로 뜰 수도, 따로 뜰 수도 있다.

클로슈CLOCHE

프랑스어로 '종'에서 이름을 딴 클로슈는 머리에 살짝 밀착되며, 브림은 얇고 아래를 향해 있다. 전통적으로 펠트로 만들었지만, 클로슈는 니트 아이템으로도 인기 있으며 리본이나 니트 꽃으로 장식할 때도 많다.

필박스 햇PILLBOX HAT

원래는 군용이었으나 1950년대 후반~1960년대 초에 당시 퍼스트레이디 재클린 케네디의 영향도 있어서 유행 패션의 일부가 되었다. 옆면이 곧고 브림이 없으며 매끈하고 시크한 캡이다. 니트 필박스 햇은 일반적으로 납작한 크라운과 옆면을 따로 떠서 나중에 잇는다.

추로CHULLO

안데스 지방에서 유래한 추로는 비니와 비슷하고 이어플랩이 달려 있다. 편물은 배색 무늬나 인타르시아로 뜬 것이 많다.

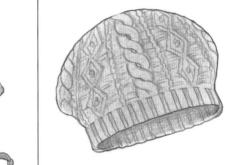

베레/ 탬BERET OR TAM

평평한 모자로 정수리에 폼폼이나 태슬을 달기도 한다. 밴드를 머리둘레에 맞추기만 하면 되므로 밴드에 신축성을 주어서 프리사이즈로 만든다. 밴드를 완성했으면 1~2단마다 코늘림을 하며 뜬다. 어느 정도의 깊이가 되면 같은 간격으로 코줄임을 하여 특징적인 납작한 모양을 만든다.

비니BEANIE

가장 간단한 니트 모자. 브림이 없고, 쓰면 머리에 딱 붙는다. 그렇기 때문에 완성 치수는 실제 머리둘레보다 작고, 신축성이 있다. 뜨는 방향은 보텀업으로 줄무늬나 컬러풀한 배색을 넣기도 한다.

투크TUQUE

스키 캡 또는 투크로 알려져 있다. 딱 맞게 쓰는 세로로 긴 모자이며 끝은 서서히 가늘어지고 맨 끝은 둥그스름하다. 크라운에는 태슬을 달고 조그만 바이저를 달기도 한다.

페이퍼백 햇PAPERBAG HAT

기본적인 모자의 하나. 통 모양의 직선 편물이며 톱을 끈으로 조여서 묶고 쓴다. 아이용으로 인기가 있는 동시에 어른용으로는 어딘지 색다르고 뜨기 쉬운 모자.

뉴스보이 캡NEWSBOY CAP

뉴스보이 캡 또는 개츠비는 평평한 캡과 바이저가 특징인, 19세기 말에서 20세기로 거슬러 올라가는 스타일. 처음에는 남성이나 소년이 썼지만 지금은 여성이나 소녀들 사이에서 인기 있다.

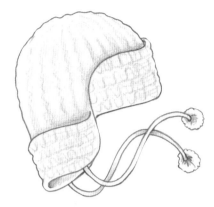

트래퍼TRAPPER

원래는 열렬한 아웃도어파가 썼지만, 지금은 스타일리시한 어번웨어로 사랑받고 있다. 깊은 브림과 이어플랩을 밖으로 접고 목 뒤를 덮듯이 뻗어 있는 밴드가 특징으로 무척 따스하고 쾌적하다. 전통적인 트래퍼에는 모피 안감이 달려 있었다.

뉴슬라우치 햇SLOUCH HAT

특대 비니 같은 모자. 딱 붙지 않고 느슨하게 쓰며 비니보다도 길다. 귀를 덮듯이 쓰면 더욱 따스하다.

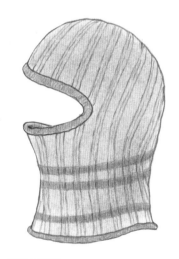

발라클라바BALACLAVA

후드와 비슷하게 생겼지만, 길이가 길고 목과 얼굴의 일부도 덮는다.

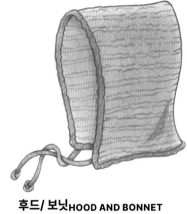

후드/ 보닛HOOD AND BONNET

가장 심플한 후드는 직사각형을 뜨고 뒤통수를 꿰매어 잇고 끈을 단다. 후드는 길이를 길게 떠서 스카프로도 사용할 수 있다. 간단한 베이비 보닛의 구조도 같다.

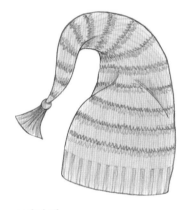

스타킹 캡STOCKING CAP

스타킹 캡은 느슨하게 코줄임을 하면서 길게 뜬 모자. 배색무늬를 넣기도 하고 끝에 폼폼이나 태슬을 단다.

모자 디자인하기

모자의 구조

모자에는 하나로 이어서 뜨는 것도 있고, 여러 부분을 이어서 만드는 것도 있습니다. 대다수 모자는 **줄바늘로 원통뜨기**하고, 콧수가 줄어서 줄바늘로 뜨기 어려워지면 4개 세트 바늘이나 5개 세트 바늘로 바꿉니다. 줄바늘 2개나 매직 루프 기법으로도 뜰 수 있지만, 스타일에 따라 **평면뜨기**로 할 때도 있습니다. 브림을 평면뜨기하고 크라운 부분을 원통뜨기하기도 합니다.

모자는 보통 **커프나 밴드, 그리고 크라운** 순으로 뜹니다. 이 타입의 모자는 마지막에 적은 콧수를 남겨서 마무리합니다. 마무리할 때는 실을 자르고, 실꼬리를 남은 뜨개코에 2회 통과시켜서 코를 막습니다. 그 외에 양쪽 막대바늘이나 줄바늘 2개, 또는 줄바늘 1개로 매직 루프 방식을 사용하여 **크라운의 톱에서 기초코를 잡는** 방법도 있습니다. 이 경우에는 톱다운으로 브림이나 밴드까지 뜹니다. 톱다운 모자는 뜨면서 깊이를 조절할 수 있습니다.

실 고르기

따뜻하게 할 목적으로 뜨는 모자는 굵은 실, 일반적으로 스포츠 웨이트에서부터 아란까지의 실로 뜹니다. 페어아일 탬이나 투크처럼 뒷면에 실이 걸쳐지는 배색 뜨기로 뜰 때의 실은 핑거링이나 DK를 추천합니다. 레이스 전체 무늬, 또는 별색 실을 부분적으로 추가할 때는 가는 실을 사용합니다.

일반적으로 모자는 머리둘레보다 조금 작게 마무리해서 머리에 붙도록 뜨기 때문에 신축성이 있고, 늘어나도 원래 모양으로 돌아가는 성질이 있는 실을 고르는 것이 중요합니다.

편물이 느슨해지기 쉬운 실크나 알파카, 합성섬유를 사용할 때는 스와치를 떠서 모자에 적합한지 확인합니다. 일반적으로 혼방사가 모자에는 더 바람직합니다. 양모를 혼방하지 않은 모헤어는 드레이프감이 너무 지나치게 나오기 때문에 혼방사가 더 예쁘게 떠집니다.

슬로치 햇 등 라이즈나 크라운을 느슨해지기 쉬운 실로 떠로 지장 없는 타입의 모자도 고무뜨기 밴드 부분은 늘어나도 원래 모습으로 돌아가도록 신축성 있는 실로 뜹니다.

교차무늬 등 요철이 있는 무늬를 사용할 때는 강연사로 뜨면 무늬가 더욱 입체적이 됩니다. 적합한 실은 손방적사, 트위트, 솔리드, 세미솔리드 실 등입니다. 그러데이션사는 색이 치우치지 않도록 사전에 스와치를 떠둡니다. 색의 변화로 무늬뜨기가 잘 보이지 않을 때가 있으므로 주의합니다.

미숙아나 암 치료 환자를 위한 모자처럼 특별한 목적이 있는 모자에는 부드러운 감촉이 필요조건이 되기도 합니다. 이런 모자를 모으는 단체는 실 고르기 지침을 정하고 실 종류와 재질 등도 지정합니다.

게이지

머리 사이즈에 딱 맞는 모자를 뜰 수 있도록 잊지 말고 **게이지 스와치를 떠서 블로킹합니다.** 게이지가 너무 느슨하면, 완성한 모자가 주르륵 내려와서 눈을 덮을 수도 있습니다. 반대로 너무 빡빡하면 모자가 이상하게 붕 뜰 우려가 있습니다. 원통뜨기할 때는 게이지 스와치도 원통뜨기합니다. 게이지 스와치를 잴 때 늘어나는 분량을 고려하여 조금 작게 맞춰서 계산하는 것을 잊지 않도록 합니다.

기초코

브림이나 모자 입구에서부터 크라운을 향해 뜨는 모자에는 P.32~41의 기초코 중 하나를 사용합니다. 고무뜨기로 뜨기 시작하려면 **튜블러 코잡기** 중 하나를 추천합니다. 튜블러 코잡기는 단단하면서 신축성도 있는 기초코가 됩니다. 그 외에 일반 코잡기나 독일식 트위스티드 코잡기도 단단하면서 유연성이 있어서 자주 사용됩니다.

시작 부분은 너무 빡빡해지지 않을 정도로 안정된 신축성이 요구됩니다. 사용할 뜨개바늘보다 1~2호 **굵은 바늘**로 기초코를 잡으면, 적당한 신축성을 얻을 수 있습니다.

톱다운 모자는 중심에서부터 넓혀 가며 뜨는(센터아웃) 기초코를 사용합니다. 크라운에는 중심에서부터 뜨는 원형, 다각형, 사각형의 변형을 자주 사용합니다.

코막음

원통뜨기하는 보팀업 모자는 마지막에 남은 코에 **실꼬리를 2회 통과시켜** 조이고 안쪽에서 처리하여 마무리합니다. 후드처럼 평면뜨기로 뜨는 모자는 뜨개 끝을 P.61~66의 기본적인 방법으로 코막음하고, 코막음한 선을 따라 꿰매어 잇습니다.

톱다운 모자는 모자 입구의 가장자리에 맞는 방법으로 코막음합니다. 가장자리가 고무뜨기일 때는 **고무뜨기 코막음**으로 신축성과 유연성을 확보합니다. 코막음은 가장자리를 안정된 상태로 만드는데, 브림의 편물이 당겨지거나 울지 않도록 합니다.

코늘림과 코줄임

모자 입구에서부터 뜨는 모자는 특히 크라운이나 크라운 톱에 코늘림이나 코줄임을 사용합니다. 오른코 겹치기SKP와 왼코 겹치기k2tog처럼 코늘림이나 코줄임은 한 쌍으로 조합하여 사용하는 것이 일반적이며, 서로 마주 보는 것처럼 배치합니다. 톱다운으로 뜰 때는 코늘림을 한 쌍으로 넣거나 바늘비우기를 하면서 크라운 부분을 뜹니다.

보텀업 모자는 고무뜨기 브림 위에서 코늘림을 하여 편물에 여유가 생기게 합니다. 이때 kfb나 꼬아 늘리기make one(M1)처럼 눈에 띄지 않는 기법으로 코늘림을 합니다.

장식하기

많은 모자는 크라운 톱에 **폼폼**이나 **태슬**을 다는데, 이런 장식은 모자를 완성한 뒤에 달아 줍니다. 그 외에 비즈, 자수, 리본, 코바늘로 뜬 꽃 등으로 장식하는 방법도 있습니다.

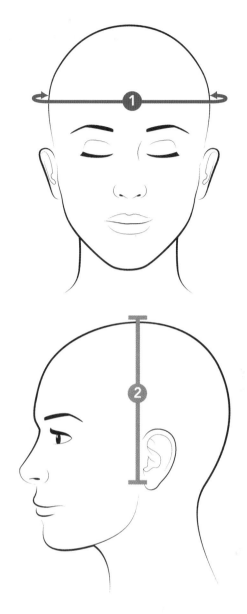

모자 표준 사이즈 표

나이	머리둘레	모자 깊이
신생아	13–15" 33–38 cm	5" 13 cm
유아(3~6개월)	15" 38 cm	6" 16 cm
유아(6~12개월)	16" 40.5 cm	7" 18 cm
유아(1~3세)	17" 43 cm	8" 20.5 cm
어린이(3~10세)	18" 46 cm	8½" 22 cm
청소년	20" 51 cm	10" 25 cm
성인 여성	22" 56 cm	11" 28 cm
성인 남성	23" 58.5 cm	11½" 29.5 cm

머리 치수 재는 방법

모자를 뜨기 위해 머리 부분을 재려면 먼저 줄자를 이마에 대고 머리 **주위**를 잰다. 정확히 치수를 잴 수 있도록 줄자는 딱 맞춘다. 모자 깊이를 정하려면 줄자로 **크라운의 톱**에 해당하는 장소에서부터 원하는 모자 입구 위치까지 잰다. 기준은 위의 표.

1 머리둘레
2 모자 깊이

2색을 사용하는 고무뜨기

페어아일 모자나 스웨터에 사용하는 대표적인 고무뜨기입니다.

1 바탕 실로 겉뜨기를 2코 한다. 실은 반드시 배색실 밑으로 걸치게 뜬다.

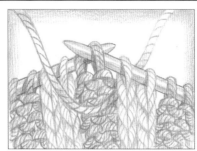

2 배색 실을 바늘 사이에서 앞쪽으로 옮기고 안뜨기를 2코 한다. 실은 바탕 실 위로 걸치게 뜨고, 다 떴으면 바늘 사이에서 뒤쪽으로 되돌려 놓는다.

3 평면뜨기할 때, 안면에서는 처음에 바탕 실로 안뜨기를 2코, 배색 실을 바늘 사이에서 뒤쪽으로 옮기고 겉뜨기를 2코 한다. 배색 실은 다 떴으면 앞쪽으로 되돌려 놓고 그 밑으로 바탕 실이 걸치게 다음 코를 뜬다.

모자의 톱 부분 막는 법

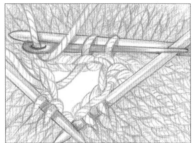

마지막 단을 떴으면, 실꼬리를 길게 남기고 실을 자른다. 뜨개코는 뜨개바늘에 그냥 두고, 돗바늘에 실꼬리를 꿰어서 모든 뜨개코에 2바퀴 통과시킨다. 뜨개코를 바늘에서 빼고 실꼬리를 천천히 당겨서 꼭대기를 막는다. 실꼬리는 안쪽으로 꺼내서 처리한다.

아이코드를 사용한 마무리

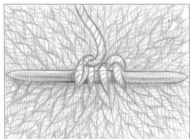

마지막 단을 떴으면, 뜨개코를 모두 양쪽 막대바늘 1개에 옮긴다. 아이코드를 원하는 길이까지 뜬다. 매듭을 장식으로 쓰려면 2cm 정도 더 뜬 뒤에 멈추고 묶는다.

모자 블로킹

모자는 실꼬리를 정리했으면 그대로 착용해도 전혀 문제없지만, 블로킹하면 뜨개코가 차분해지고 편물의 모양과 촉감이 더욱 좋아집니다. 모자를 몇 종류 떠보면, 종류에 관계 없이 **헤드 폼**을 사용한 블로킹이 간단하다는 것을 알 수 있습니다. 이런 틀은 온라인에서 구입할 수 있으며 나무, 와이어, 발포스티롤로 된 제품이 있습니다. 주방에 있는 **볼**을 뒤집은 것이나 풍선을 사용하여 블로킹하는 방법도 있습니다. 탬이나 베레모는 큰 **접시**로 블로킹할 수 있습니다. 그 외에는 블로킹 매트나 색이 빠지지 않는 수건 위에 **평평하게 놓고** 블로킹하는 방법도 있습니다.

세탁 블로킹할 때는 울 워시(헹굼이 필요 없는 니트용 세제)를 조금 넣은 미지근한 물에 20분쯤 모자가 완전히 수분을 머금을 때까지 담급니다. 물에서 꺼냈으면 색이 빠지지 않는 수건에 놓고, 비틀어 짜지 말고 가볍게 눌러서 여분의 물기를 빨아들입니다. 아직 젖은 상태인 모자를 헤드 폼이나 볼, 풍선 등에 덮어씌웁니다. 베레모나 탬일 때는 젖은 모자를 접시에 덮어씌웁니다. 어느 경우에도 그대로 놔뒀다가 완전히 마르고 나서 떼어냅니다.

모자를 헤드 폼이나 접시에 덮어씌운 뒤, **스팀 블로킹**할 수도 있습니다. 스팀다리미로 편물에서 5cm 정도 떨어져서 살짝 스팀을 쐬어줍니다. 누르면 뜨개코가 찌부러지므로, 다리미는 편물에 대지 않도록 합니다. 아크릴이나 그 외의 합성섬유를 포함한 실로 떴을 때는 내열온도를 넘을 때가 있으므로 스팀은 쏘이지 않도록 주의합니다.

접시를 사용하여 블로킹하고 있는 탬

볼을 사용하여 블로킹하고 있는 비니

크라운에 얇은 충전물을 채워서 평평하게 두는 블로킹을 하고 있는 케이블뜨기 캡

손모아장갑과 손가락장갑

손모아장갑mittens이란 엄지손가락과 다른 네 손가락을 나눠서 손에 끼는 장갑을 말합니다. **손가락장갑**gloves은 다섯 손가락을 각각 따로 덮는 장갑입니다. 둘 다 제일 큰 목적은 방한이지만, 악세서리가 되는 화려한 레이스 장갑이나 손을 보호하는 작업용 장갑, 오픈 손가락장갑도 있습니다.

손가락장갑은 차가운 바깥 공기에 닿는 표면적이 크기 때문에 더 따스한 것은 손모아장갑입니다. 손모아장갑에는 손 전체의 열을 유지하는 효과도 있습니다. 북방 한랭지역이 발상지인 전통적인 손의 방한구가 손모아장갑이었던 것도 이해가 갑니다. 전통적인 손모아장갑의 다수는 배색무늬를 채택했습니다. 단색 손모아장갑과 비교하면, 2층으로 된 털실이 손가락이나 손 주위의 온기를 더욱 효율적으로 가둘 수 있습니다.

사냥꾼의 손이나 팔을 보호하는 덮개의 역사는 석기시대로 거슬러 올라갑니다. 손모아장갑은 손가락장갑보다 옛날부터 있었던 것으로 보이며, 서기 1000년경에 **놀빈드닝**nålbinding(뜨개질의 전신)으로 뜬 손모아장갑이 핀란드에서 발견되었습니다.

현존하는 가장 오래된 장갑은 리넨 직물로 만들었고 기원전 1350년에 사망한 투탕카멘의 묘에 보존되어 있었습니다. 이것 이외에도 초기의 장갑은 왕족이나 고위 성직자가 착용했습니다. 7세기에는 일부 주교가 장갑을 끼었다는 기록도 남아 있습니다. 툴루즈의 생 세르냉 대성당에는 흰 메리야스뜨기 편물을 메달리온 자수로 장식한 13세기의 장갑이 보존되어 있습니다. 이 시대에 뜬 초기의 예배용 니트 장갑은 실크로 떠서 자수로 장식했습니다.

장갑 뜨기는 중세에서 중요한 스킬이었습니다. 글로버라고 부르는 장인은 프랑스, 스코틀랜드를 포함한 유럽 각국에서 길드를 결성했고, 14세기에는 니트 장갑의 제작자들이 별도의 길드를 결성했습니다. 글로브 니팅 기술의 습득에는 수업 기간이 5년 필요했습니다.

북방 여러 나라에서 많은 컬러풀한 손모아장갑과 손가락장갑이 인기를 얻은 것은 18~19세기의 일입니다. 노르웨이의 **셀부**Selbu 손모아장갑, **발트제국**(에스토니아, 라트비아, 리투아니아)의 배색뜨기 손모아장갑, **페어아일**의 손모아장갑과 손가락장갑, 러시아 **코미족**Komi의 손모아장갑 등이 유명합니다.

2색으로 뜨고 눈 결정이나 별, 기하학도형 등의 무늬로 장식한, 우리에게도 친숙한 노르웨이 손모아장갑은 셀부 지방의 니트입니다. 셀부의 여성 마리트 암스타(1841~1929)가 1855년에 처음으로 이 손모아장갑을 떴습니다. 바탕색은 흰색이고, 혼례 용품에 사용하는 블랙스타 무늬로 장식한 것입니다. 이윽고 셀부의 다른 여성들도 같은 방식의 손모아장갑을 뜨게 되었습니다.

꼭지점이 8개인 별 **셀부 스타**Selbu Star는 노르웨이의 국민적인 손모아장갑의 매력을 높여줍니다. 이 손모아장갑은 결혼 선물로 사용되며, 신부는 내빈의 협력을 얻어서 손뜨개 손모아장갑을 결혼식에 참가한 남성 전원에게 선물하는 관습이 있었습니다. 1900년 이후, 이 손모아장갑은 중요한 수출품이 되었지만, 이윽고 품질이 떨어졌습니다. 1934년에는 셀부수공예협동조합이 손모아장갑의 품질을 관리하기 위해 설립되었고, 조합원이 패턴과 손모아장갑, 손가락장갑 완성품을 제공하게 되었습니다. 그러나 표준화를 꾀했기에 단 하나뿐인 물건을 만드는 창조성은 제약을 받았습니다. 셀부의 손모아장갑은 일반적으로 엄지손가락에 거싯을 달고 손끝이 뾰족하게 생겼습니다. 커프는 고무뜨기인 것도 있고 레이시한 것도 있습니다. 장갑에 사용된 무늬는 스웨터나 모자, 양말에도 사용됩니다.

셰틀랜드 울로 뜬 **페어아일**의 손모아장갑과 손가락장갑은 전체에 자잘한 무늬를 넣거나 별 같은 커다란 무늬를 손등에 넣습니다. 엄지손가락은 거싯이 있는 것과 없는 것, 두 가지가 있습니다. 이 지역 특유의 배색무늬 스웨터와 마찬가지로 손모아장갑과 손가락장갑도 여러 색을 사용하지만, 1단에 사용되는 것은 2색뿐입니다. 1900년경에는 장갑과 같은 작은 물품들을 떠서 거래하는 것이 흔했습니다. 이것은 페어 아일 스웨터가 인기를 얻기 전의 일입니다.

라트비아, 에스토니아, 리투아니아로 이루어진 발트제국에서 뜨는 손모아장갑은 알록달록한 색상과 정교한 무늬로 유명합니다. 이들 세 나라의 손모아장갑은 사용한 색으로 어느 지역 것인지 판별할 수 있지만, 전반적으로 자잘한 **기하학무늬**를 **촘촘한 게이지**로 떴습니다. 복잡하게 보여도 1단에 사용하는 것은 2색입니다. 라트비아에서 손가락장갑은 세례, 결혼, 장례 등 사회적으로 중요한 행사와 관련되어 있습니다. 결혼식에 온 손님에게, 아이가 세례받을 때는 대부모와 성직자에게, 장례를 치를 때는 묫자리를 파는 사람에게 선물했습니다. 리투아니아의 손모아장갑은 소극적인 색 사용이 특징입니다.

에스토니아의 손모아장갑은 자연스러운 흰색을 기조로 한 검정, 갈색, 짙은 남색 무늬가 특징입니다. 커프는 빨간색과 흰색의 밴드로 시작되고 계속하여 기하학무늬를 떠 넣었습니다. 엄지손가락에는 거싯이 없고, 엄지손가락에 넣는 무늬는 손모아장갑의 다른 부분의 무늬와는 다릅니다. 이것은 노르웨이 손모아장갑의 특징이기도 합니다. 이 지역 손모아장갑에는 커프에 레이스무늬를 넣은 것도 있고, 고무뜨기인 것, 가장자리의 브레이드에서 뜨기 시작하는 것도 있습니다.

러시아 북동부에 사는 **코미족**의 손모아장갑도 기하학무늬를 떠넣은 독자적인 것입니다. 코미족은 원래 순록 무리와 생활하는 유목민이었지만, 1700년경부터 농업, 고기잡이, 사냥을 시작했습니다. 다른 나라와 마찬가지로 마을마다 독자적인 디자인을 보유했습니다. 그 디자인은 줄무늬나 기하학무늬를 2색 이상을 이용하여 전체에 떠넣은 것이었습니다.

또 하나 주목할 가치가 있는 장갑은 스코틀랜드의 **생커 장갑**sanquhar gloves입니다. 가는 울을 아주 치밀하게 떴고, 2색으로 떠서 격자 모양의 기하학무늬가 생겨났습니다. 이 장갑은 전통색인 흰색과 검정을 기조로 하고 있지만, 현대에는 흰색과 대비가 강한 색, 또는 노란색과 갈색을 사용합니다. 커프의 고무뜨기 부분에는 사용하는 사람의 이니셜이나 이름을 배색뜨기합니다.

니트 손모아장갑은 북미에서도 중요한 아이템이었습니다. 캐나다의 **스럼 손모아장갑**thrummed mittens은 로빙사를 방적한 실과 함께 배색뜨기합니다(P.311 참조). 손모아장갑은 식민지 시대에 양말 다음으로 자주 떴고, 캐나다 연안부나 미국 메인주에서 뜬 손모아장갑은 2색 사용 무늬가 특징이었습니다. 미국 뉴잉글랜드 지방의 **펠팅**한 손모아장갑은 어부가 착용한 것입니다. 이민자들은 모국의 전통적인 스타일을 가지고 들어왔습니다. 현재 눈에 띄는 다양한 니트 손모아장갑이나 손가락장갑의 스타일은 당시의 니터가 뜬 무늬와 뜨는 법이 바탕이 되었습니다.

가로 배색뜨기 82~84   거싯 없는 엄지손가락 308   고무뜨기 46~47, 214~215   레이스뜨기 99~112   메리야스뜨기 30, 46

브레이드 가장자리뜨기 40   손가락 없는 장갑 309   손가락장갑/손모아장갑의 커프 305   엄지손가락의 거싯 308~309

14 소품 디자인하기

손모아장갑과 손가락장갑의 구조

손모아장갑과 손가락장갑은 대부분 같은 부분으로 구성되어 있습니다. **커프**에서부터 뜨기 시작하여 **손바닥과 손등을 덮는 부분**의 도중에서 **엄지손가락**이 갈라집니다. 그 후, 손모아장갑은 전체를 합쳐서 **끝 쪽의 코줄임**을 하고, 손가락장갑은 **손가락을 1개씩 덮듯이** 마무리하는 것이 다릅니다.

커프Cuff

손모아장갑이나 손가락장갑의 커프는 손목을 감싼다. 추운 날씨를 위해 디자인한 대부분 손모아장갑과 손가락장갑은 커프을 일반적으로 **고무뜨기**로 촘촘하게 뜬다. 발칸 국가의 것들처럼 일부 전통적인 손모아장갑의 커프는 **땋은 끈 모양의 무늬**로 시작하고 장식적인 패턴이 이어진다. 커프를 레이스 패턴으로 뜰 수도 있다. 꽈배기뜨기 패턴 역시 손목 주위에 맞게 뜰 수 있고 수평 방향의 꽈배기 패널 역시 손모아장갑이나 손가락장갑을 시작하는 데 사용할 수 있다. 손목을 지나 팔꿈치 아래로 연장한 뜨개 장갑인 **건틀릿**Gauntlets은 커프를 벌어지게 또는 꼭 맞게 고무뜨기할 수 있다. 어떤 장갑은 **오페라 장갑**Opera gloves처럼 팔꿈치나 위팔(상완)까지 연장할 수 있으며, 커프를 넓은 원둘레로 길게 뜬다.

손목

커프의 위, 엄지손가락의 아랫부분으로 장갑의 손 부분처럼 커프보다 느슨하게 뜬다. 커프를 고무뜨기로 시작했다면 **코늘림**을 하여 손이나 손목 면적에 맞춘다. 손가락장갑의 스타일에 따라서는 장식적인 무늬뜨기를 넣을 수도 있다. 예를 들어 생커 장갑에는 착용하는 사람의 이니셜을 이 부분에 넣어서 뜬다.

엄지손가락

손모아장갑에서도 손가락장갑에서도 손 둘레에서부터 뜨기 시작한다. 뜨는 법은 다양하고 **거싯**을 다는 경우도 있다. 거싯을 달 때, 손 둘레에서 코늘림을 하여 삼각형을 만든다. 거싯이 생겼으면 별실에 잡아서 쉬게 두고, 가장 마지막에 **엄지손가락을 통 모양으로** 뜬다. 거싯을 달지 않고, 엄지손가락용 **트임**을 남겨두고 마지막에 코줍기를 하여 엄지손가락을 뜨는 방법도 있다. 엄지손가락 끝은 **코줄임**을 하여 마무리한다.

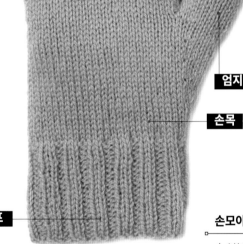

손가락장갑

톱

엄지

손모아장갑

손목

엄지

손목

커프

커프

손모아장갑의 톱

손 부분을 원하는 길이까지 뜬 다음에 **코줄임**한다. 코줄임을 손바닥과 손등의 **경계 전후**에서 해서 손모아장갑의 윗부분이 **뾰족하게 모이도록** 해준다. 이것은 많은 전통적인 손가락장갑에서 채택한 방법이다. 코줄임을 **손바닥이나 손등에서** 하는 방법도 있으며 이 경우에는 부분의 끝에서부터 바퀴살 모양으로 오므라들어서 둥그스름해지며 돔 모양의 톱이 된다.

손가락장갑의 손가락

전체 콧수를 각 손가락을 뜨기 위해 **분할**한다. 쉬는 코는 별실에 옮겨도 되고 바늘에 남겨둬도 좋다. 처음에 바깥쪽의 새끼손가락이나 집게손가락을 뜬다. 손바닥에서 손등을 향해서, 손가락 사이에는 **거싯**을 더해줄 필요가 있고, 감아코로 만드는 기초코 같은 단순한 기법으로 한다. 손가락은 순서대로 뜨고, 각 손가락은 통 모양 편물의 끝에서 코줄임한다.

손

가장 **너비가 넓은**, 손바닥과 손등을 덮는 부분. 전체를 같은 무늬로 할 수도 있고 손바닥과 손등을 다른 무늬로 할 수도 있다. 노르웨이의 손모아장갑처럼 손등에 큰 무늬를, 손바닥에는 자잘한 무늬를 배치하기도 한다. 교차 무늬를 넣을 때, 무늬는 손등에 배치하고 손바닥은 메리야스뜨기로 한다.

305

손모아장갑과 손가락장갑용 손 치수 재기

손모아장갑이나 손가락장갑의 사이즈를 정하기 위한 치수를 재려면 줄자가 필요합니다. 먼저 **손에서 가장 너비가 넓은 부분**을 엄지손가락을 제외하고 재서 손모아장갑과 손가락장갑의 너비를 정합니다. 다음으로 손바닥 아랫부분에서부터 가운뎃손가락 끝까지를 잽니다.

더 엄밀하게 사이즈를 맞춰서 손모아장갑을 뜰 때는 **커프** 둘레나 엄지손가락 길이도 재면 좋습니다. **거싯**을 뜰 때는 손목에서부터 엄지손가락 아랫부분까지를 잽니다.

손가락장갑을 더 정확하게 뜨려면 **엄지손가락** 길이, 손목에서부터 엄지손가락 아랫부분까지를 재서 **거싯** 시작 장소를 정하고, 손목에서부터 새끼손가락까지의 길이도 잽니다. 또 손을 따라 그려서 그것을 토대로 잴 수도 있습니다.

손모아장갑을 뜨기 시작하기 전에 손바닥둘레에 다소 **여유분**을 잡아두는 것을 잊지 않도록 합니다. 손가락장갑은 착용할 때 늘어나서 손에 딱 붙도록, 손바닥둘레의 실제 치수보다 작게 마무리합니다.

고무뜨기 커프는 손목에 확실하게 붙으면서도 손이 통과할 만큼의 신축성을 확보해두는 것도 중요합니다.

손가락장갑과 손모아장갑 표준 사이즈 표

크기	어린이용 2~4세	어린이용 4~6세	어린이용 6~8세	어린이용L 여성용S	여성용 M	여성용L 남성용S	남성용 M	남성용L
손바닥둘레	5" 13 cm	6" 16 cm	6½" 16.5 cm	7" 18 cm	7½" 19 cm	8" 20.5 cm	8½" 21.5 cm	9" 23 cm
손 길이 (커프 위)	4" 10 cm	4¾" 12 cm	5¼ 13.5 cm	6" 16 cm	6½" 16.5 cm	7½" 19 cm	7¾" 20 cm	8½" 21.5 cm
엄지손가락 길이	¾" 2 cm	1" 2.5 cm	1¼" 3 cm	1¼" 3 cm	1½" 4 cm	1¾" 4.5 cm	2" 5 cm	2" 5 cm
엄지손가락 트임	1¾" 4.5 cm	2" 5 cm	2" 5 cm	2¼" 6 cm	2½" 6.5 cm	2¾" 7 cm	3" 8 cm	3¼" 8.5 cm
손모아장갑의 톱 길이	1" 2.5 cm	1¼" 3 cm	1¼" 3 cm	1½" 4 cm	1½" 4 cm	1¾" 4.5 cm	1¾" 4.5 cm	2" 5 cm
손가락장갑의 손목~새끼손가락	-----	2¾" 7 cm	3" 8 cm	3¼" 8.5 cm	3½" 9 cm	3¾" 9.5 cm	4¼" 11 cm	4½" 11.5 cm
손가락장갑의 손목~넷째손가락·가운뎃손가락·집게손가락	-----	3" 8 cm	3¼" 8.5 cm	3½" 9 cm	3¾" 9.5 cm	4" 10 cm	4¾" 12 cm	5" 13 cm
새끼손가락 길이	-----	1½" 4 cm	1½" 4 cm	1¾" 4.5 cm	1¾" 4.5 cm	2" 5 cm	2¼" 6 cm	2½" 6.5 cm
넷째손가락·집게손가락 길이	-----	1¾" 4.5 cm	2" 5 cm	2¼" 6 cm	2½" 6.5 cm	2¾" 7 cm	3" 8 cm	3¼" 8.5 cm
가운뎃손가락 길이	-----	2" 5 cm	2¼" 6 cm	2½" 6.5 cm	2¾" 7 cm	3" 8 cm	3¼" 8.5 cm	3½" 9 cm

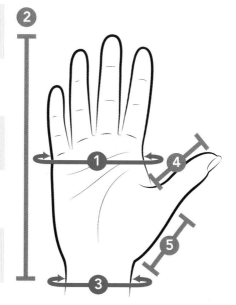

손 치수 재는 방법

손바닥둘레를 재려면 손의 관절이 모이는 가장 너비가 넓은 부분을 줄자가 수평인 상태를 유지하며 잽니다. 손은 펼친 상태에서 그림처럼 손가락도 살짝 벌려둡니다.

1 손바닥둘레
2 손 길이
3 손목둘레
4 엄지손가락 길이
5 거싯 길이

고무뜨기 **46~47, 214~215**
여유분 **156**

손모아장갑과 손가락장갑 디자인하기

실용적이고 아름다운 손모아장갑과 손가락장갑은 메리야스뜨기나 가터뜨기처럼 간단한 뜨기 패턴으로 단색 실로 뜨거나, 선조들의 뜨개에서 보았듯이 정교하게 배색뜨기할 수 있습니다. 따뜻하고 장식적인 이 손싸개는 제작과 디자인 과정에서 고려할 부분이 많습니다.

실 고르기

손모아장갑에 가장 적합한 실은 방한성이 높은 소재입니다. 워스티드나 아란처럼 굵은 실이 이 부류에 들어가며 그중에서도 **천연 라놀린**이 포함되어 있으면 방수 효과도 발휘합니다. 배색무늬에는 가는 실을 사용합니다. 핑거링~DK가 이상적인 굵기입니다. 이런 실은 부드럽고, 양모와 알파카 등의 혼방사를 사용하면 착용감 좋은 손모아장갑이 됩니다. 아이용 손모아장갑에는 기계 세탁할 수 있는 **슈퍼워시 울**이나 아크릴 혼방, 아크릴 100% 실을 골라서 관리하기 쉽게 합니다. 손가락장갑은 손가락을 뜨는 등 세밀한 조작을 하기 때문에 단색인지 배색뜨기인지에 상관없이 가는 실로 뜨는 것이 일반적입니다. 생커 장갑처럼 정교한 무늬를 레이스 웨이트 같은 극세사 2가닥으로 뜰 때도 있습니다. 레이시한 손가락장갑도 레이스나 핑거링으로 뜹니다. 손모아장갑과 마찬가지로 손가락장갑에 사용하는 실도 피부에 닿는 느낌이 부드러운 것이 좋습니다.

게이지

손모아장갑은 손가락장갑보다 낮은 게이지로 떠서 나중에 펠팅할 수도 있지만 일반적으로 손모아장갑도 손가락장갑도 코를 빡빡하게 떠서 외기에서 손을 보호함과 동시에 보온성을 높입니다.

손모아장갑이나 손가락장갑의 커프를 뜨기 전에 손목 부분에 밀착시킬지 말지를 정하고 그에 따라 게이지를 조절합니다. 손가락장갑은 손에서 **가장 너비가 넓은 부분**이 지나갈 수 있도록 늘어남을 염두에 두고 계산하여 손에 맞도록 합니다. 커프가 너무 꼭 끼면 착용하기 어려워집니다.

손모아장갑이나 손가락장갑도 스와치를 뜨는 것이 중요합니다. 소품은 게이지와 작은 차이가 나도 완성했을 때는 크게 영향을 주기 때문입니다.

엄지손가락 거싯의 시작 위치나 엄지손가락 트임은 **단수 게이지**로 정하므로 단수 게이지도 중요합니다. 게이지는 바늘 호수로 조정합니다.

구조

커프에서 손끝까지

손모아장갑이나 손가락장갑은 커프에서 손끝까지 **원통뜨기**합니다. 손모아장갑은 손 부분 뒤에서 코줄임을 하여 손끝을 막습니다. 손모아장갑은 양쪽 막대바늘, 줄바늘 2개, 긴 줄바늘(매직 루프 기법을 사용한다) 등으로 뜰 수 있습니다. 손가락장갑은 손가락 시작 부분에서 일단 코를 쉬게 하고, 손가락 1개분의 코를 줍고 손가락 사이 코Fourchette를 잡아 손가락 끝까지 통 모양으로 떠서 코막음합니다. 엄지손가락은 손모아장갑도 손가락장갑도 코를 주워서 손끝까지 원통뜨기합니다. 손가락 끝은 좁아지기 때문에 관절에서부터 앞은 몸판용 바늘보다 2호 정도 가는 바늘로 뜨면 좋습니다. 손가락을 뜰 때는 짧은 양쪽 막대바늘을 더 선호하는 니터도 있습니다.

아이코드로 뜨는 장갑

손가락장갑의 손가락은 **아이코드 튜브**로도 뜰 수 있습니다. 이때는 **손가락에서부터 뜨기 시작합니다**. 먼저 양쪽 막대바늘로 손가락 끝 크기의 기초코를 잡는데, 핑거링 실이라면 4~6코입니다. 실꼬리는 최저 20cm 남깁니다.

다음 단에서 코늘림을 하여 손가락 길이가 될 때까지 뜨고, 코 상태로 쉽게 둡니다. 이 아이코드는 보통의 아이코드보다도 콧수가 많기 때문에, 뜨개코가 느슨해져서 **올이 나간 것** 같은 부분이 생길 수도 있습니다. 그럴 때는 실꼬리를 사용하여 정리합니다. 손가락 4개분의 통 모양 편물이 생겼으면, 통 4개를 합쳐서 엄지손가락 시작 위치까지 뜹니다.

엄지손가락을 뜨는 방법은 여러 가지지만, 거싯 없는 것이 가장 간단합니다. 별실을 넣고 떠서 엄지손가락 트임을 만들어 두고 그대로 손바닥 아랫부분까지 뜹니다. 커프는 고무뜨기 등으로 떠서 느슨하게 코막음하고 마지막에 엄지손가락을 뜹니다.

바늘 2개로 평뜨기

손가락장갑이나 손모아장갑은 막대바늘 2개로 평면뜨기하고 나중에 이을 수도 있습니다. 평면뜨기하려면 커프에서 손끝까지 손의 양면 뜨는 법을 조합합니다. 이때는 시접으로 1코 뜨고, 원통뜨기하는 지시는 모두 평면뜨기로 바꿔둡니다.

기초코

커프에서 뜨기 시작하는 손가락장갑이나 손모아장갑에는 **튼튼하고 신축성 있는 기초코**를 사용합니다. 고무뜨기로 뜨려면 튜블러 코잡기가 좋습니다. 그 외에 일반 코잡기나 독일식 트위스티드 코잡기도 추천합니다. 가장자리 브레이드에서 뜨기 시작한다면, 커프 둘레에 손이 통과하는지를 확인해둡니다.

코막음

코막음법은 코줄임 방법에 영향을 받습니다. 손모아장갑의 손끝을 뾰족하게 할 때는 손바닥 쪽과 손등 쪽에 몇 코 남기고, 돗바늘에 실꼬리를 꿰어 모든 코에 **실꼬리를 2번 통과**시켜서 조입니다. 이 방법은 손가락장갑의 손끝에도 사용합니다. 손모아장갑의 톱을 둥그스름한 곡선으로 만들 때는 양말 발부리처럼 손바닥과 손등을 키치너 스티치로 **잇습니다**.

코늘림과 코줄임

손모아장갑과 손가락장갑에는 보온성을 고려하여 꼬아 늘리기, kfb 같은 **코가 빡빡한 코늘림 기법**을 사용합니다. 단, 레이시한 장갑을 뜰 때는 바늘비우기를 사용하여 콧수를 늘리기도 합니다. 코늘림을 엄지손가락 거싯의 좌우나 손모아장갑의 톱에서 할 때는 **방향을 좌우대칭**으로 하면 모양이 좋아집니다.

거싯 없는 엄지

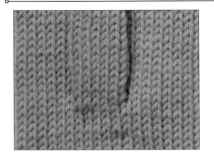
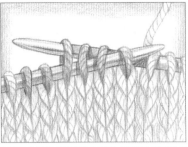
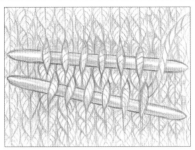
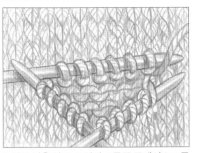

1 엄지손가락 위치까지 뜬다. 별실로 엄지손가락에 필요한 콧수의 반보다 2코 적은 수만큼 뜨고, 뜬 코를 왼바늘에 되돌려 놓는다. 작품 실로 한 번 더 그 위를 뜨고 그대로 계속 뜬다. 계속해서 손가락장갑이나 손모아장갑의 손둘레를 뜬다.

2 손 둘레를 떴으면, 양쪽 막대바늘 2개를 각각 별실 아래 코와 위 코에 통과시키고 조심스럽게 별실을 푼다.

3 작품 실을 잇고, 트임의 오른쪽 끝에서 2코 줍고 트임의 아래쪽 코를 뜬다. 트임의 왼쪽 끝에서 2코 줍고 트임의 위쪽 코를 뜬다. 뜨개코를 양쪽 막대바늘 3개에 나눠서 엄지손가락을 뜬다.

옆선 엄지손가락 거싯

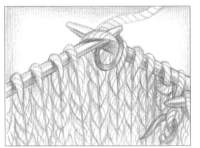
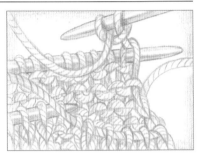

1 커프를 뜬 뒤, 다시 1, 2단 떴으면 단의 마지막에 2코 남을 때까지 뜨고 마커를 넣는다. <겉뜨기 1, 꼬아 늘리기, 겉뜨기 1>로 뜨고 마커를 넣는다.

2 다음 단은 마커까지 뜨고, 마커를 옮기고 1코 늘린다. 다음 마커 앞까지 뜨고 1코 늘린다. 마커를 옮기고 단의 마지막까지 뜬다. 이 코늘림 단을 거싯 길이만큼 분을 다 떴을 때 필요한 콧수가 되도록 고른 간격으로 반복한다.

3 마커와 마커 사이의 코를 별실에 옮기고, 다음 단에서는 빈 부분에 2코 감아코를 만든다. 그림은 감아코를 잡은 모습. 그 후는 손 둘레를 계속해서 뜬다.

비대칭 엄지손가락 거싯

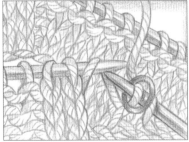
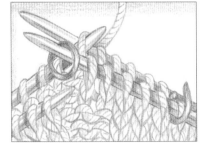
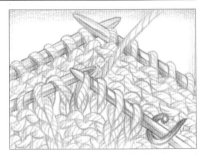

1 왼손 : 단의 한가운데까지 2코 남을 때까지 뜨고 마커를 넣고, 오른쪽으로 꼬아 늘리기(M1R), 겉뜨기 4. 마커를 넣는다. 그림은 코늘림을 하고 있는 모습.

2 마커 2개 사이의 콧수가 '엄지손가락 콧수-4코'가 될 때까지 2단마다 1번째 마커의 다음에서 코늘림을 계속한다. 마커 사이의 코를 별실에 옮기고 4코 잡아서 손 둘레를 계속하여 뜬다.

3 오른손 : 1의 순서에서 꼬아 늘리기와 겉뜨기 4코의 순서를 반대로 하여 뜬다(코늘림은 왼쪽 꼬아 늘리기[M1L]). 2단마다 2번째 마커의 앞에서 코늘림을 계속하여 왼손과 좌우대칭으로 뜬다.

집게손가락 밑에 옆선 엄지손가락 거싯을 배치하기

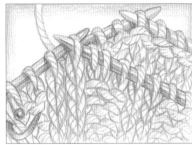

왼손: 손바닥 쪽의 집게손가락의 중심에 해당하는 위치까지 뜬다(단의 중심보다 2~4코 앞이 기준). 마커를 넣고, P.308의 옆선 엄지손가락 거싯과 같은 요령으로 뜬다.

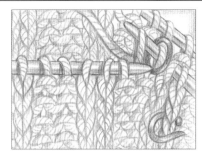

오른손: 손바닥 쪽의 집게손가락의 중심에 해당하는 위치까지 뜬다(단의 중심보다 2~4코 뒤가 기준). 마커를 넣고, P.308의 옆선 엄지손가락 거싯과 같은 요령으로 뜬다.

엄지손가락 뜨기

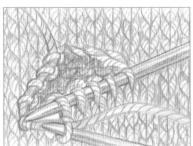

1 별실에 쉬게 한 뜨개코를 양쪽 막대바늘 2개에 나눈다.

2 3번째 양쪽 막대바늘로 감아코 부분에서 코를 줍는다.

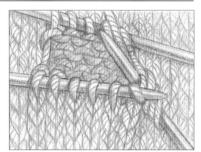

3 작품 실을 이어서 엄지손가락 길이에 도달할 때까지 원통뜨기한다.

손가락 없는 손가락장갑·손모아장갑 뜨기

손가락 없는 손가락장갑(손가락 반까지 덮는다)이나 손모아장갑은 손가락장갑이나 손모아장갑의 순서를 따라서 뜨다가 손가락을 다 뜨기 전에 멈춥니다. 손모아장갑의 밴드를 딱 맞게 하려면 고무뜨기를 몇 단 떠서 손가락둘레에 딱 맞도록 합니다. 손가락을 어느 정도 덮을지는 미리 정해둡니다. **손가락이 반쯤 나오는 손가락 장갑**이라면 각 손가락을 관절까지 뜨고 손가락마다 밴드를 떠서 단단히 코막음합니다.

손가락이 끝까지 있는 손가락장갑이나 손모아장갑에 사용되는 엄지 형태나 엄지 거싯은 손가락 없는 장갑에도 사용할 수 있습니다.

손가락 없는 손가락장갑이나 손모아장갑의 융통성을 살리면서도 일반 손가락장갑이나 손모아장갑의 온기를 유지하려면 손가락 부분에 **커버** 달기를 추천합니다. 커버를 뜨려면, 손가락장갑이나 손모아장갑의 손등 쪽에서 코줍기를 하여 양쪽 막대바늘 1개나 2개에 뜨개코를 끼웁니다. 줍는 콧수는 손 둘레의 반으로 합니다. 커버로 네 손가락을 덮고 싶으니 장갑의 손가락 밑동에서 약 2.5㎝ 아래에서 코줍기를 합니다. 3개나 4개의 양쪽 막대바늘을 사용하여 손 둘레 1바퀴보

다 모자라게 코를 잡습니다.

예를 들어 손 둘레가 합계 60코일 때, 손가락장갑이나 손모아장갑의 손등 쪽에서 30코를 줍고 다시 30코를 잡습니다. 이 60코를 원통뜨기하면서 손끝까지 약 2.5㎝ 남은 지점까지 뜹니다. 마지막은 끝이 둥그스름한 손모아장갑과 같은 요령으로 마무리합니다(P.310 참조).

고무뜨기 **46~47, 214~215**

코막음 **61~66**

양쪽 막대바늘 **19~20, 116**

코줍기 **171**

엄지손가락 거싯 **308~309**

손모아장갑

손모아장갑과 손가락장갑은 커프부터 거 싯까지는 똑같이 뜨지만 손가락을 덮는 법이 다릅니다. 손모아장갑은 손가락을 덮는 부분 전체를 통 모양으로 뜨고 마지막에 막아서 완성합니다.

전통적인 손모아장갑은 코줄임을 하여 **손끝을 뾰족하게 하고** 엄지손가락에 거 싯은 달지 않습니다. 기본적인 손모아장 갑은 커프에 고무뜨기, 몸판에는 메리야 스뜨기나 가터뜨기 등 심플한 편물을 사용합니다. 엄지손가락에는 거싯을 달고, 라운드 톱을 채택했습니다.

패턴을 고르거나 스스로 디자인할 때는 커프와 거싯의 스타일, 손끝 마무리법을 생각해둡니다. 거싯의 종류를 바꾸면 몇 가지 변경할 점이 생길 가능성이 있습니다.

혹시 마음에 드는 무늬가 있으면 무늬의 조정도 검토합니다. 무늬는 단순한 손모아 장갑이라면 메리야스뜨기나 가터뜨기, 겉 뜨기와 안뜨기로 만드는 모티브를 넣습니다. 더 복잡하게 하려면 배색무늬나 교차 뜨기도 좋습니다. 특히 따스한 손모아장갑 에 메리야스뜨기에 로빙(조사/스럼)을 넣고 뜬 **스럼 손모아장갑**도 있습니다.

손모아장갑 표준 사이즈 표

사이즈	어린이용 (2~4세)	어린이용 (4~6세)	어린이용 (6~8세)	어린이용 L 여성용 S	여성용 M	여성용 L 남성용 S	남성용 M	남성용 L
손 둘레	5" 13 cm	6" 16 cm	6½" 16.5 cm	7" 18 cm	7½" 19 cm	8" 20.5 cm	8½" 21.5 cm	9" 23 cm
손 길이 (커프 위)	4" 10 cm	4¾" 12 cm	5¼ 13.5 cm	6" 16 cm	6½" 16.5 cm	7½" 19 cm	7¾" 20 cm	8½" 21.5 cm
엄지손가락 길이	¾" 2 cm	1" 2.5 cm	1¼" 3 cm	1¼" 3 cm	1½" 4 cm	1¾" 4.5 cm	2" 5 cm	2" 5 cm
엄지손가락 트임	1¾" 4.5 cm	2" 5 cm	2" 5 cm	2¼" 6 cm	2½" 6.5 cm	2¾" 7 cm	3" 8 cm	3¼" 8.5 cm
손모아장갑 톱 길이	1" 2.5 cm	1¼" 3 cm	1¼" 3 cm	1½" 4 cm	1½" 4 cm	1¾" 4.5 cm	1¾" 4.5 cm	2" 5 cm

전통적인 손모아장갑 톱

앞을 뾰족하게 만들기 때문에 단마다 4코 코줄임을 한다. 코줄임은 오른코 겹치기SKP를 단의 처음에 배치하고, 왼코 겹치기k2tog와 오른코 겹치기를 단의 한가운데에, 그리고 마지막에 왼코 겹치기를 배치한다. 짝이 되는 코줄임(단의 시작의 오른코 겹치기와 마지막의 왼코 겹치기 · 단의 한가운데의 왼코 겹치기와 오른코 겹치기) 사이에 1, 2코를 끼워도 좋다.

양말 톱 스타일

한 쌍의 코줄임(오른코 겹치기와 왼코 겹치기) 2세트를 2단마다 한다. 한 쌍의 코줄임 사이에는 2코가 있다. 뜨는 법은 다음과 같다: 겉뜨기 1, 오른코 겹치기, 단의 중심 3코 전까지 뜨고, 왼코 겹치기, 겉뜨기 1, 겉뜨기 1, 오른코 겹치기, 단의 끝에서 3코 남을 때까지 뜨고, 왼코 겹치기, 겉뜨기 1. 콧수가 반이 된 시점에서 뜨개코를 양쪽 막대바늘 2개에 나누어놓은 후 잇는다.

라운드 톱

이 톱은 2단마다 6코씩 고르게 줄여서 둥글게 만든다. 나머지 콧수가 6~8코가 됐으면 실꼬리를 길게 남기고 실을 자른다. 실꼬리를 돗바늘에 꿰어서 나머지 코에 2회 통과시키고 조여서 막는다.

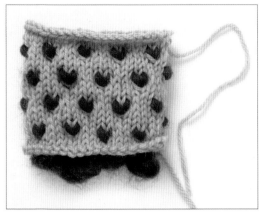

스럼 손모아장갑-겉쪽
로빙(조사/스럼)을 사용하여 손모아장갑에 배색뜨기하면(스러 밍하면) 겉쪽에 무늬가 생깁니다.

스럼 손모아장갑-안쪽
안쪽에는 로빙 고리가 생겨서 아주 따뜻해집니다.

1 로빙 섬유를 약 18㎝ 정도 길이로 찢는다(떼어 낸다). 양 끝이 겹치도록 원형으로 만들고, 물로 이음매를 적셔서 살짝 합쳐서 꼰다. 이렇게 하면 스럼 섬유가 뭉치기 쉬워진다.

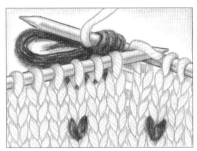

2 오른바늘을 다음 코에 겉뜨기하듯이 넣고, 스럼을 바늘 끝 위에 한 번 접어서 놓는다. 작품 실이 스럼의 왼쪽에 오도록 오른바늘 끝에 감는다.

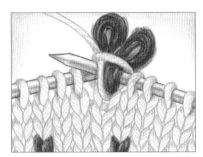

3 스럼과 작품 실 양쪽을 끌어내서 겉뜨기를 완성한다.

4 다음 단에서는 스럼과 작품 실을 함께 꼬아뜨기로 떠서 안쪽의 고리를 고정한다. 안쪽에서 스럼을 가볍게 당겨서 겉쪽의 모양을 정돈한다. 이후에는 스럼을 넣어 뜨는 장소마다 같은 방법으로 뜬다.

TIP

손모아장갑과 손가락장갑을 뜨는 법

• 엄지손가락 거싯 부분이나 손가락장갑의 손가락이 갈라지는 부분에 틈새가 생기지 않도록 하려면 패턴에서 지정한 콧수보다 **많이 줍거나 코를 잡고**, 다음 단에서 여분의 코를 줄이도록 합니다.

• 손모아장갑에는 좌우 같은 모양이 아

니라 **왼손용, 오른손용**으로 뜨는 것도 있습니다. 이런 경우에는 패턴에서 지시하는 엄지손가락 위치에 주의하며, 같은 손모아장갑을 2개 뜨지않도록 신경 씁니다.

• 필요에 따라 **바늘 호수를 바꿔서** 커프 주위와 손끝을 줄여서 뜹니다. 양쪽 막

대바늘을 사용하고 있다면 엄지손가락이나 거싯을 뜰 때는 짧은 바늘로 바꾸면 뜨기 쉬워집니다.

• 손가락장갑의 손가락둘레는 손가락 사이 **콧수**fourchette를 가감하여 조절합니다.

손가락장갑

손가락장갑의 구조는 **손가락을 나누는 곳**까지는 손모아장갑과 비슷합니다. 개별 손가락의 손가락둘레와 손가락 길이를 정하려면 먼저 사용할 사람의 손 모양 그림을 준비합니다. 이것으로 '밴드'의 콧수 중, 네 손가락의 콧수를 계산할 수 있습니다. 커스텀메이드 손가락장갑을 뜨려면, 각 손가락에 대해 손가락둘레 콧수는 손가락둘레 치수에 콧수 게이지를 곱하고, 손가락 길이의 단수는 손가락 길이에 단수 게이지를 곱해서 계산합니다. 선물할 때처럼 장갑을 착용할 사람의 손가락 사이즈를 모를 때는 기준으로 손바닥둘레 콧수의 약 30%를 집게손가락, 22~25%를 나머지 세 손가락에 할당하여 **어림잡아 계산**합니다. 계산한 숫자의 끝수는 올림이나 버림하여 정수로 만듭니다. 손가락둘레의 콧수는 손가락 사이의 콧수로 조정합니다.

대다수 사람의 새끼손가락 시작 위치는 집게손가락~넷째손가락보다 낮은 위치에 있습니다. 여기에 맞춰서 새끼손가락부터 뜹니다. 먼저 새끼손가락 콧수의 반수를 손바닥 쪽에서, 나머지 반을 손등 쪽에서 양쪽 막대바늘에 따로따로 끼웁니다. 이때 나머지 코는 코막음 핀이나 별실에 옮겨둡니다. 새끼손가락 코를 뜨면서 손가락 사이 코로 1~3코 늘리고 새끼손가락을 완성합니다. 쉬게 둔 코를 바늘에 되돌려 놓고, 새끼손가락의 손가락 사이 콧수분으로 늘린 코에서 코줍기를 하여 원통뜨기합니다. 새끼손가락의 손가락 사이 코에서 코를 주워 원형으로 만든 뒤 손 길이까지 떴으면 나머지 세 손가락을 뜹니다.

개별 손가락을 통 모양으로 뜨려면 손가락 사이 코를 만들어주거나 사이 코에서 코줍기를 해서 떠야 합니다. 각 손가락 사이는 1~3코가 기준입니다. 첫 손가락을 뜰 때 손가락 사이 코를 만들어주고 다음 손가락을 뜰 때 주워서 뜹니다. 각 손가락을 필요한 길이까지, 또는 패턴에서 지시하는 길이에 맞춰서 뜹니다. 손가락 끝에서 1.5~2㎝ 남은 지점에서부터 코줄임을 하거나 오므려서 마무리해줍니다. 손가락 끝의 마무리는 바늘 호수를 가늘게 하든지 손가락 끝을 향해 코줄임을 합니다. 손가락 끝은 엄지손가락과 마찬가지로 조여서 막습니다.

손가락 나누는 법

1 엄지손가락 코를 쉬게 두고, 다른 손가락을 뜨기 시작하는 곳까지 떴으면 손 둘레의 뜨개코를 모두 별실에 옮긴다.

2 집게손가락 콧수의 반을 손바닥 쪽, 나머지 반을 손등 쪽에서 각각 다른 양쪽 막대바늘에 끼우고, 3번째 양쪽 막대바늘로 손가락 사이 코를 잡아서 원형으로 만들고 집게손가락을 뜬다.

3 가운뎃손가락은 먼저 가운뎃손가락 콧수의 반을 손바닥 쪽에서 양쪽 막대바늘에 끼우고, 다른 양쪽 막대바늘로 손가락 사이 코에서 코줍기를 한다(사진은 코줍기를 한 모습). 계속해서 손등 쪽에서 가운뎃손가락분의 나머지 절반 코를 같은 양쪽 막대바늘에 끼운다.

4 3번째 양쪽 막대바늘로 손가락 사이 코를 잡아서 원형으로 만들고 가운뎃손가락을 뜬다. 넷째손가락도 가운뎃손가락과 같은 방법으로 뜬다.

5 넷째손가락이 완성되면, 나머지 코를 양쪽 막대바늘 2개에 나누고 3번째 양쪽 막대바늘로 손가락 사이 코에서 코를 주워서 원형으로 만들고 새끼손가락을 뜬다.

거짓 **305**
코잡기 **32~41**

양쪽 막대바늘 **19~20, 116**
코줍기 **196~198, 309**

엄지손가락을 막는다 **305, 307, 309**

양말과 스타킹

양말은 발목에서부터 아래를 덮는 의류입니다. **스타킹**은 다리 전체를 덮습니다. 양말 뜨기는 모든 레벨의 니터를 매료시킵니다. 간단한 메리야스뜨기로 뜨는 양말은 이동 중에 가장 적합한 동시에 여럿이 텔레비전을 보면서 뜨기에도 좋습니다. 양말은 소품이라서 재료비도 적게 들고 스웨터보다도 빨리 완성할 수 있어서 선물하기에도 안성맞춤입니다. 기성품 양말이 더 값싸긴 하지만 손뜨개의 사치스러움은 맛볼 수 없습니다. 손뜨개 양말을 한번 신으면 다른 양말은 신지 못합니다. 만일 양말을 누군가에게 선물한다면 분명히 또 떠 달라는 말을 들을 겁니다.

초기의 풋 커버링

가장 오래된 풋 커버링은 동물 가죽으로 만들어서 발목에 묶는 것이었습니다. 고대 로마 남성은 발을 덮는 천이나 가죽으로 만든 밴드 같은 **파시아**fasciae를 착용했습니다. 후일 파시아는 동물 모피나 펠트로 만들었고 그것이 발을 덮는다기보다 '신는' **우도네스**udones로 대치되며 이들 풋 커버를 착용하는 관습은 로마인과 함께 영국으로 건너갔습니다.

영국에 있는 하드리아누스 장성 근처의 빈돌란다 유적에서는 양말과 샌들을 소포로 보냈다는 내용의 편지가 새겨진 판자와 함께 작은 아이용 천 구두가 발견되었습니다.

이 시대의 양말은 재단 또는 봉제한 원단이나 **스프랭워크**sprang work, 즉 바늘 2개로 신축성 있는 원단을 만드는, 뜨개 이전의 기법으로 만들었습니다.

중동의 도시 두라 에우로포스 유적에서는 니트 삭스로 보이는 조각이 발견되었습니다. 두라 에우로포스는 오래 전 상업의 중심으로 번영했으며 서기 256년에 페르시아군에게 파괴되었습니다. 이 조각은 종종 가장 오래된 편물이라고 인용

되지만, 기법에 관해서는 의견의 차이가 있습니다. 영국 런던에 있는 빅토리아&알버트 박물관의 컬렉션에는 3세기부터 5세기의 콥트(이집트) 양말이 양호한 상태로 보존되어 있습니다.

초기의 니트 삭스

최초의 니트 삭스는 13~16세기의 것입니다. 뜨개는 710년 이슬람교의 확대와 함께 스페인에 들어온 것으로 보입니다. 스페인 왕실은 이슬람교도 니터를 고용했고, 그들이 뜬 여러 가지 물품이 유럽에서 가장 오래된 편물이 되었습니다.

남성복이 다리를 보이는 스타일로 변하면서, 섬세한 실크 스타킹을 뜨는 데 필요한 가는 금속 뜨개바늘의 제조 가공 기술이 고도화되어서 유럽에서 확대된 수요에 대응했습니다. 14세기 초에 들어서서 남성은 다양한 길이의 스타킹을 착용했습니다. 다른 색 줄무늬나 한 짝씩 색이 다른 스타킹 등 장식적인 것도 있었습니다. 이 대다수는 바이어스 모양으로 재단된 직물로 만들었습니다.

시대가 흐르자 남성의 튜닉 길이는 짧아지고, 바지보다 허리에서 발을 덮는 기장에 스타킹이 선호되었습니다. 이것들은 고급스러운 실크나 울, 벨벳으로 만들어졌습니다. 16세기 후반에는 바지가 주류가 되어 니트 스타킹과 맞춰서 착용하게 되었습니다.

니트 스타킹은 직물 스타킹보다 쾌적했기 때문에 인기 있었습니다. 스페인이나 이탈리아에서 제조된 가는 바늘 덕택에 디자인도 다양했습니다. 스페인 귀족의 실크 스타킹은 전 유럽에 영향을 주었고, 실크 스타킹 산업은 북쪽으로 확대되었습니다. 1566년에 작성된 스웨덴 에릭 왕의 의상 목록에는 주로 실크로 뜬 스타킹을 27켤레 소유했다고 기록되어 있습니다.

유럽 중서부의 니팅 길드

프랑스, 독일 및 중앙 유럽에서는 국내의 니터로는 대응하기 어려운 수요에 응해 중세 **길드**가 결성되었습니다. 길드의 니터들은 모든 니트웨어를 뜰 수 있었지만, 길드가 결성되자 니트 스타킹의 유행에 박차가 가해졌습니다. 최초의 길드는 13세기에 설립되었고, 14~15세기에는 특히 가는 니팅 와이어가 출현하여 더욱 확대되었습니다.

1500년대에 양말 뜨기의 중심이었던 스페인 토레도에서 뜬 스타킹은 영국제도와 프랑스 왕궁으로 건너갔습니다. 문서에 따르면 당시의 스타킹은 고급스러운 실크에 세련된 색으로 떴다고 합니다. 스타킹은 이탈리아의 나폴리, 밀라노, 제노바, 만토바에서 수출되었습니다. 16세기가 되자 프랑스가 양말 뜨기의 중심이 되고, 샹파뉴 지방의 트루와 길드에서는 수습생이 한 사람 몫을 하는 장인이 되기까지 3년의 수업 기간이 필요했습니다. 장인들은 모자와 양말, 손가락장갑, 손모아장갑을 떴습니다.

유럽의 다른 도시에서도 니트 스타킹 산업이 번창했고 그중에서도 노르망디는 영국산, 특히 저지섬과 건지섬에서 오는 니트 제품의 거래량이 뛰어나게 많았습니다. 1663년에는 영국에서 스타킹 24만 켤레가 수출되었다는 기록이 남아 있습니다. 벨기에 트루네이에서는 1680년까지 공장 약 2,000곳이 스페인 수출용 울 스타킹을 생산했습니다. 네덜란드도 니트 제품, 특히 16세기에는 영국에서 번창했던 장갑을 수출하고, 스칸디나비아 반도에 뜨개를 전수하는 역할을 했습니다. 니트 산업은 독일, 특히 오스트리아의 보헤미아 주변 지역, 프라하 주변, 헝가리와 슬로바키아로 확대되었습니다.

가로 배색뜨기 **82~84**   메리야스뜨기 **30, 46**
실의 종류 **10~18**

영국제도의 니트

영국 최초의 니트 제품은 모자였지만 곧 거친 울 양말도 뜨게 되었습니다. 박물관 몇 군데에는 16세기에 뜬 울 신발류가 소장되어 있습니다. 실크 스타킹은 1547년 이전에 수입되었다는 기록이 있습니다. 에드워드 4세는 왕실 재정가 토머스 그레셤에게 손뜨개 실크 삭스를 선물받았습니다.

엘리자베스 1세가 1558년에 통치를 시작했을 때, 편물 생산업은 이미 확립되었습니다. 1560년에 여왕은 신년 인사에 실크 우먼(견 가공업에 종사하는 여성)인 몬터규 부인에게서 검정 실크스타킹 2켤레를 선물받고, "너무나도 쾌적하고 고급이며 섬세해서 이제 천 스타킹은 신을 생각이 들지 않는군요"라고 말했다고 합니다. 다만, 여왕은 울 스타킹을 1577년에 신었다는 기록도 있어서 이 이야기의 진위는 확실하지 않습니다.

윌리엄 리는 1589년에 양말 편물기를 발명했습니다. 리는 뜨개로 가계를 유지하는 아내의 부담을 줄이려고 편물기를 만들었다고 합니다. 리가 엘리자베스 1세에게 스타킹을 선물하자, 여왕은 손뜨개 울 산업에 대한 위협을 느끼고 편물기로 실크 스타킹은 뜰 수 없는지 물었습니다. 여왕은 그것이 가능하다고 리가 대답한 뒤에도 리에게 특허를 주지 않았습니다. 그래서 리는 편물기를 프랑스에 가지고 가서 앙리 4세에게서 경제적 지원을 받게 되었습니다. 리가 루앙으로 옮겨 가서 스타킹 공장을 세우자, 편물기는 위그노 교도에 의해 곧 전 유럽으로 퍼졌습니다. 산업혁명 후, 기계편물 울 양말은 생산이 더욱 간단해서 값이 싸졌기 때문에 전 유럽에서 인기였습니다. 19세기 초에는 첫 원형 편물기가 발명되었고, 이 편물기로 인해 거의 전 공정의 기계화가 가능해졌습니다. 결과적으로 많은 재택노동자가 일을 잃고, 많은 양말 제조업자가 장인들을 줄였습니다. 이윽고 더 값싼 재료와 공장의 생산 기술 향상에 의해 양말은 대중용 상품이 되었습니다. 그러나 1600~1800년대에는 영국이 손뜨개 양말 생산국으로서는 선두에 섰고, 16세기 말까지는 20만 명으로 추정되는 사람들이 연간 2,000만 켤레의 양말을 떠서 유럽 각지로 수출했습니다.

뜨개의 인기와 손뜨개 제품의 수요가 높아짐에 따라 1588년에는 뉴욕에서 첫 뜨개 학교가 설립되었습니다. 학교에서는 빈곤층, 특히 아이들에게 생활 수단을 마련해주고 아이들을 말썽에서 지키기 위해 뜨개질을 전수했습니다. 뜨개에는 진정 효과가 있다고 생각했기 때문에 양말 제작의 주류가 기계편물로 옮겨간 뒤에도 학교는 존속했습니다.

북미의 양말 뜨기

식민지 시대의 미국에서는 영국으로 인해 편물기를 포함한 수출이 엄격하게 규제됐습니다. 1699년 의회는 양모품법에 따라 제한을 부과하고 울 및 울 제품 수출을 전면적으로 금지했습니다. 식민지 개척을 위해 들어온 이들은 조례를 무시했지만, 부족한 재료를 천이나 손뜨개 양말로 급한 대로 모면했습니다. 식민지 시대의 스타킹은 단색 울로 떴고, 여성용 양말은 밝은색, 남성용 스타킹은 일반적으로 파란색이나 회색으로 염색했습니다. 1818년에 최초의 양말 편물기가 미 대륙에 밀수되었지만, 이 기계로 생산한 스타킹은 너무 가격이 비싸서 보통은 손뜨개 양말이 영국 수입품이었습니다. 이 수요에 응해서, 숙련된 장인들이 신생 국가, 특히 펜실바니아주에 좋은 기회를 요구했고 1759년에는 저먼타운의 여성들이 손뜨개 스타킹 6만 켤레의 판매 실적을 올렸습니다.

19세기가 되자 아프리카계 미국인 노예가 양말이나 스타킹 등을 뜨는 역할을 맡았습니다. 그들은 실용품만 만들었다고 생각하는 경향이 있지만, 도망 노예 광고에는 그들이 만든 편물의 독특한 디자인이나 배색이 상세하게 기재되어 있습니다.

서부 개척자도 가족의 스타킹을 떴습니다. 주로 여성의 일이었지만, 소년들도 스타킹, 모자, 스카프, 멜빵 뜨는 법을 배웠습니다. 여성들은 수입을 위해 뜨개를 하고 때로는 다른 상품과 교환하기도 했습니다.

캐나다의 개척자도 양말이나 니트웨어를 필요로 했습니다. 뉴펀들랜드에 노르웨이 사람들이 모여 사는 마을에서는 양말 뜨기의 흔적이 발견되었는데, 이 양말은 놀빈드닝nålbinding으로 뜬 것으로 보입니다. 16세기 후반의 계절노동자는 래브라도에서 발견된 바스크 모자 등 캐나다에서 가장 오래된 니트웨어를 떴습니다.

영국이나 프랑스에서 온 개척자들은 모국의 뜨개 전통을 가지고 왔지만, 그 실물은 거의 남아 있지 않습니다. 노바스코샤주의 작가는 흑인 남성이 가족과 함께 미국에서 도망쳐 캐나다에서 자유를 찾는 이야기를 썼습니다. 그의 할머니는 자기 가족을 위해서도 팔기 위해서도 양모를 깎고 실을 자아서 양말을 떴습니다. 캐나다 서부 주의 선구자들은 19세기 초의 미국 개척자들처럼 가족을 위해 양말과 스타킹을 떴습니다.

전시 중의 뜨개

손뜨개 양말은 몇백 년 동안 군인이나 군대를 위해서 떴습니다. 가장 오래된 사례는 영국의 칠년전쟁(1756~1763)입니다.

미국 독립전쟁 중에도 여성들은 군인을 위해 양말을 떴습니다. 당시 여성들은 최전선까지 남성에게 양말이나 그 밖의 필수품을 보냈습니다. 후에 퍼스트레이디가 되는 마사 워싱턴이 그 활동의 주재자였습니다. 여성들은 자발적으로 남북전쟁에서 싸우고 있는 양 군의 군인들을 위해 양말을 뜨는 체제를 만들었습니다. 이 무렵에는 기계편물 양말도 구할 수 있었지만, 군인들은 두껍고 따스하며 내수성이 강한 손뜨개 양말을 선호했습니다. 그러나 남부의 니터는 북부의 니터보다 구할 수 있는 재료가 적어서, 양말 등을 뜨기 위해 이전에 떴던 것을 어쩔 수 없이 풀었습니다.

전시 중 뜨개의 특필해야 할 활동은 제1차 세계대전(1914~1918) 중의 활동입니다. 급증한 양말 수요에 기계생산이 쫓아가지 못하고 게다가 기계편물 양말은 빨리 닳았기 때문에, 북미 여성들은 양말을 떠서 프랑스에서 싸우는 군대에 보냈습니다. 연합국에서도 동맹국에서도 애국심 강한 여성과 아이들, 나이 때문에 참전하지 못한 남성들이 군대를 위해 뜨개질을 했습니다. 영국은 세계의 양모 공급을 관리했기 때문에 전시 중의 뜨개 활동을 지배하게 되었습니다.

전통적인 양말

16~17세기에 걸쳐 뜨개는 중앙 유럽에서 스칸디나비아 지방과 동방의 러시아 쪽으로 퍼졌습니다. 그리고 19세기 초에는 동유럽 전체에로 전해졌습니다. 당초는 실크 스타킹 등 사치품이 수입되었지만 이윽고 이들 디자인이 노동자 계급의 생활에도 도입되었습니다.

페어 아일 양말

셰틀랜드제도가 발상지인 양말은 모자와 장갑, 스웨터 등에 사용되는 **배색무늬** 디자인입니다. 1단에 2색씩 사용하고 실을 안면에서 걸치며 원통뜨기하는 기법입니다.

스코틀랜드의 양말

전통적인 양말이 등장한 것은 19세기의 일입니다. 킬트와 맞춰서 착용한 스타킹은 원래 직물, 그것도 타탄 원단으로 만들었습니다. 이를 대신하여 **아가일무늬** 스타킹을 착용하게 되었습니다. 인타르시아 기법을 사용하여 기하학적인 타탄 무늬를 바늘 2개로 평뜨기하고 나중에 이어서 만들었습니다. 아가일무늬 양말은 영국에서, 그리고 제1차 세계대전 후에는 미국에서도 인기를 얻었습니다. **킬트 호스**kilt hose는 무릎길이의 긴 울 스타킹으로 커프 부분을 밖으로 접어서 신습니다. 대부분은 염색하지 않은 자연색 양모를 가지고 바탕무늬를 떴습니다.

바이에른과 티롤리안의 양말

독일 남부의 바이에른 삭스는 **꼬아뜨기 교차무늬**가 특징입니다. 티롤리안 삭스는 2색으로 **잔무늬**를 전체에 떴습니다. 여러 색을 사용하는 밴드의 다수에는 자연계 모티브를 떠넣었습니다.

발트제국의 양말

에스토니아, 라트비아, 리투아니아라고 하면 손모아장갑이 유명하지만, 양말에도 전통이 있습니다. 손모아장갑과 마찬가지로 선명한 배색의 **작은 기하학무늬**를 사용했습니다. 디자인적으로는 발 부분을 1색으로 뜨고 종아리 부분에 무늬를 넣는 것이 특징이며, 위에 신발이나 부츠를 신는 것을 전제로 했습니다.

스칸디나비아 지방의 양말

이 지역의 손뜨개 양말은 일상에서 사용하는 수수한 것에서부터 무늬나 자수가 복잡한 질감을 동반하는 것까지 있습니다. 가장 친숙한 것은 스웨터에 많이 보이는, 2색을 사용하여 무늬를 뜨는 양말이나 스타킹입니다.

튀르키예와 발칸반도 여러 나라의 양말

튀르키예, 그리스, 불가리아, 크로아티아, 루마니아를 포함한 이 지역의 농민 문화에 있어서 양말과 스타킹은 중요한 것이었습니다. 디자인을 하나로 이야기하기는 어렵지만 **섬세한 배색무늬**로 뜨는 경향이 있었고 발가락부터 뜨는 방식으로 떴습니다. 그리고 가끔 양말을 2겹 겹쳐 신기도 했는데 두꺼운 양말로 몸을 녹이고 장식성 높은 양말을 그 위에 겹쳐 신었습니다. 양말은 결혼식에서도 무척 중요하게 여겼고, 지역에 따라서는 컬러풀한 꽃무늬를 띠 모양으로 넣거나 줄무늬나 기하학무늬를 곁들이기도 했습니다.

현재 우리가 뜨는 양말은 실크 스타킹을 원류로 하며, 실용적인 디자인이나 복잡한 전통 무늬를 도입한 것이 되었습니다.

양말의 표준 사이즈표

신발 사이즈(US 사이즈)	발둘레	발 길이
어린이		
0-4	4½" 11 cm	4" 10 cm
4-8	5½" 14 cm	5" 13 cm
7-11	6" 15.5 cm	6" 15.5 cm
10-2	6½" 16.5 cm	7½" 19 cm
2-6	7" 18 cm	8" 20.5 cm
여성		
3-6	7" 18 cm	9" 23 cm
6-9	8" 20.5 cm	10" 25.5 cm
8-12	9" 23 cm	11" 28 cm
남성		
6-8	7" 18 cm	9½" 24 cm
8½-10	8" 20.5 cm	10½" 26.5 cm
10½-12	9" 23 cm	11" 28 cm
12½-14	10" 25.5 cm	11½" 29 cm

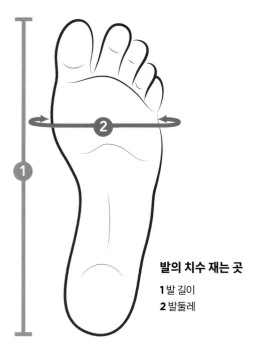

발의 치수 재는 곳

1 발 길이
2 발둘레

가로 배색뜨기 **82~84**
꼬아뜨기 교차무늬 **68, 69, 75**

양말의 구조

양말은 발의 각 부분에 맞춰서 모양을 만들며 뜹니다. 발에 맞지 않는 양말을 신으면 신발에 쓸려서 상처가 나는 등 트러블의 원인이 되고 걷기 불편해집니다. 손뜨개 양말은 대량생산 양말보다 발에 맞도록 조정하면서 뜰 수 있지만, 신는 사람의 발에 딱 맞는 양말을 뜨기 위해서는 양말의 각 부위를 생각하고 치수를 재서 뜨기 시작합니다.

어떤 양말이나 일곱 부분으로 구성되어 있습니다. 여기에서 소개하는 각 부분, 그리고 오른쪽 사진의 양말은 양말 입구에서 발부리를 향해 뜨는 일반적인 양말입니다. 이와 같은 커프다운이나 토업 양말의 뜨는 순서와 사진, 다양한 뒤꿈치와 발부리는 P.318~322에서 소개합니다.

뒤꿈치 덮개 HEEL FLAP

뒤꿈치 뒤를 덮는 부분. 레그 부분의 코를 반으로 나눠서 평면뜨기한다. 나머지 반의 코는 뒤꿈치를 뜨는 사이에는 쉬게 둔다. 신발을 신으면 마찰을 받기 때문에 걸러뜨기 무늬 등 내구성 있는 편물로 뜬다. 더욱 튼튼하게 하기 위해 나일론 등의 실을 더해서 뜨기도 한다.

턴드 힐 TURNED HEEL

뒤꿈치의 바닥 부분. 되돌아뜨기로 뒤꿈치를 덮는 컵 모양의 편물을 뜬다. 되돌아뜨기로 빈번하게 편물을 턴하는(돌리는) 것에서 '턴드 힐'이라고 부른다.

거싯 GUSSET

발둘레 사이즈가 가장 커지는 부분에 맞춰서 다는 여유 부분. 뒤꿈치 바닥을 뜬 뒤, 쉬게 둔 발등 코를 합하여 힐 플랩의 양 끝에서 코를 주워 다시 원통뜨기를 시작한다. 코줍기로 콧수가 늘어나므로 몇 단에 걸쳐 원래 콧수가 될 때까지 코줄임한다. 코줄임에 의해 삼각형 거싯이 생긴다.

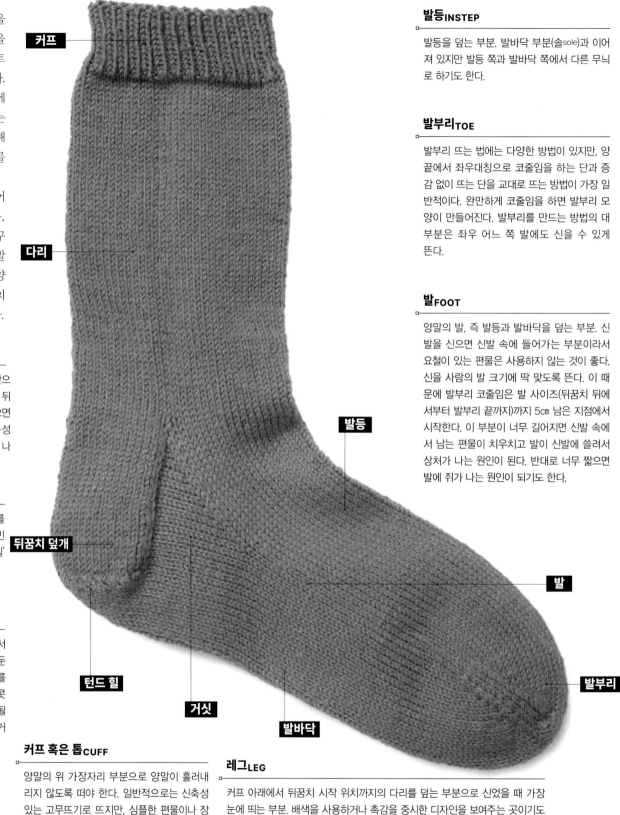

커프

다리

뒤꿈치 덮개

턴드 힐

거싯

발바닥

발등

발

발부리

발등 INSTEP

발등을 덮는 부분. 발바닥 부분(솔sole)과 이어져 있지만 발등 쪽과 발바닥 쪽에서 다른 무늬로 하기도 한다.

발부리 TOE

발부리 뜨는 법에는 다양한 방법이 있지만, 양 끝에서 좌우대칭으로 코줄임을 하는 단과 증감 없이 뜨는 단을 교대로 뜨는 방법이 가장 일반적이다. 완만하게 코줄임을 하면 발부리 모양이 만들어진다. 발부리를 만드는 방법의 대부분은 좌우 어느 쪽 발에도 신을 수 있게 뜬다.

발 FOOT

양말의 발, 즉 발등과 발바닥을 덮는 부분. 신발을 신으면 신발 속에 들어가는 부분이라서 요철이 있는 편물은 사용하지 않는 것이 좋다. 신을 사람의 발 크기에 딱 맞도록 뜬다. 이 때문에 발부리 코줄임은 발 사이즈(뒤꿈치 뒤에서부터 발부리 끝까지)까지 5㎝ 남은 지점에서 시작한다. 이 부분이 너무 길어지면 신발 속에서 남는 편물이 치우치고 발이 신발에 쓸려서 상처가 나는 원인이 된다. 반대로 너무 짧으면 발에 쥐가 나는 원인이 되기도 한다.

커프 혹은 톱 CUFF

양말의 위 가장자리 부분으로 양말이 흘러내리지 않도록 떠야 한다. 일반적으로는 신축성 있는 고무뜨기로 뜨지만, 심플한 편물이나 장식적인 것도 있으며 길이도 다양하게 조정할 수 있다.

레그 LEG

커프 아래에서 뒤꿈치 시작 위치까지의 다리를 덮는 부분으로 신었을 때 가장 눈에 띄는 부분. 배색을 사용하거나 촉감을 중시한 디자인을 보여주는 곳이기도 하다.

고무뜨기 46~47, 214~215
코줄임 55~60, 102~103
되돌아뜨기 96, 228, 230
힐 플랩의 무늬뜨기 321
양말 표준 사이즈 315

양말 디자인하기

실 고르기

울은 따스하고 흡습성이 있고 신축성이 있다는(모양이 잘 무너지지 않는다) 점에서 양말용으로 가장 먼저 선택받습니다. 그렇지만 그 외에도 견, 면, 대두, 알파카, 모헤어, 캐시미어, 또 이들 섬유와 양모의 혼방 등도 사용할 수 있습니다. 삭 얀 sock yarn의 다수는 이들 섬유에 나일론이나 아크릴도 더해서 내구성을 높였습니다.

양말용 실을 정할 때는 반드시 내구성을 고려합니다. 삭 얀이나 핑거링fingering yarn이 어느 것이나 튼튼한 양말에 적합하다고 할 수는 없습니다. 양말에 적합한 실의 조건은 우선 꼬임이 강할 것. 약연사는 양말만큼 내구성이 필요 없는 것, 예를 들어 숄, 카울, 손모아장갑, 손뜨개 장갑 등에 더 적합합니다. 섬세한 실로 양말을 뜰 때는 뒤꿈치나 발부리 등 닳기 쉬운 부분을 뜰 때 보강용 실을 합사하는 것을 추천합니다. 또 삭 얀의 표시가 없는 실로 뜰 때는 실의 라벨에 기재되어 있는 바늘 호수보다 1~2호 가는 바늘로 뜨면 좋습니다.

양말의 대다수는 가는 핑거링으로 뜨지만, 두꺼운 양말은 스포츠나 DK에서부터 워스티드 실로 뜰 때도 있습니다. 단, 굵은 실로 뜬 양말은 신발을 신었을 때 착용감이 별로 좋지 않을 가능성도 있습니다.

양말은 착용했을 때는 늘어나서 발에 적당히 핏되어 모양을 유지하며, 흘러내리지 않을 정도의 신축성이 필요합니다. 신축성이 생기게 하는 방법으로는 고무사 등 신축성 있는 실을 첨가하여 뜨거나 교차무늬나 고무뜨기처럼 신축성 있는 무늬를 이용하는 방법 등이 있습니다. 또 울은 면이나 대나무, 대두 등의 실보다 신축성이 있습니다.

구조

양말은 막대바늘 2개로 평면뜨기한 후 통 모양으로 이을 수도 있지만, 일반적으로는 양쪽 막대바늘 세트나 줄바늘 2개, 또는 긴 줄바늘 1개로 매직 루프 방식을 사용하여 원통뜨기합니다.

원통으로 뜨는 방법은 기본적으로 양말 입구에서부터 발부리를 향해 뜨는 방법 (커프다운)과 발부리에서부터 위를 향해 뜨는 방법(토업)의 2종류입니다. 어느 방법이나 장점이 있으므로 양쪽을 뜰 수 있으면 편리합니다. 발부리, 뒤꿈치, 커프 뜨는 법도 여러 가지가 있으므로 커프다운으로도 토업으로도 사용할 수 있는 것을 P.320~321에서 소개합니다.

게이지

양말은 빡빡하게 뜬 것이 딱 맞고 오래 신을 수 있습니다. 양말은 2~3.3㎜ 바늘로 10㎝=28~32코의 게이지로 뜨는 것이 일반적입니다. 패턴에 따라서는 이것보다 게이지가 촘촘한 것도 있습니다.

먼저 게이지를 확인하기 위해 스와치를 뜹니다. 손땀이 평면뜨기와 원통뜨기에서 다를 때는 원통뜨기로 뜹니다. 양말은 소품이므로 추천 게이지와 오차가 조금 나도 완성 사이즈에 영향을 주기 때문에 주의가 필요합니다. 복잡한 무늬뜨기를 사용할 때는 콧수로 조정하는 것보다 바늘 호수를 바꿔서 게이지를 조절하는 것을 추천합니다.

코잡기

커프에는 뒤꿈치가 통과하는 동시에 신고 있는 동안은 흘러내리지 않을 만큼의 신축성이 요구됩니다.

커프다운 양말을 뜬다면 고무뜨기 기초코 외에 일반 코잡기나 독일식 트위스티드 코잡기가 일반적입니다.

토업의 경우, 기초코에서 발부리의 주머니 형태 부분의 모양을 만듭니다. 거기에서 발둘레 치수가 될 때까지 코늘림을 하는데, 토업 기초코에서부터 되돌아뜨기로 뜨기 시작하는 부분에는 뒤꿈치 모양 만들기와 같은 방법을 사용할 때도 있습니다.

코막음

커프다운 양말의 표준적인 코막음법은 발부리에서 메리야스 잇기를 하는 방법입니다. 빼뜨기로 이을 수도 있지만, 안쪽에 볼록한 줄이 생기기 때문에 착용감이 안 좋다고 느끼는 사람도 있습니다. 발부리를 일정 간격으로 코줄임하여 발부리를 둥그스름하게 만들거나 뾰족하게 할 수도 있습니다. 뾰족하게 할 때는 마지막에 남는 콧수가 얼마 안 되므로 손모아장갑의 끝 부분을 조여서 막는 요령으로 막습니다.

토업으로 뜰 때는 신축성 있는 코막음인 돗바늘을 사용하는 코막음이나 고무뜨기 코막음을 사용하지만, 다른 방법으로도 양말을 신을 때 뒤꿈치가 통과할 만큼 양말 입구가 늘어나면 문제없습니다.

토업의 마지막 단이나 커프다운의 처음에는 피코 에징을 사용하기도 합니다.

코늘림과 코줄임

코늘림과 코줄임은 양말의 뒤꿈치와 발부리 모양 만들기에 사용합니다. 따뜻하게 하려고 신는 양말에서는 kfb 등 뜨개코가 빡빡한 기법으로 늘리고, 커프다운 양말의 거싯이나 토업 양말의 발부리에 사용합니다. 커프다운에서는 발부리 모양 만들기에 코줄임을 사용합니다.

증감코는 무늬 안에서 사용할 때도 있습니다. 예를 들면 레이스무늬를 사용한 양말이라면 바늘비우기로 코늘림을 합니다. 무늬를 만들려면 2코나 그 이상의 코를 한 번에 뜰 필요가 생깁니다. 바늘비우기로 장식적으로 거싯을 만들 수도 있습니다.

되돌아뜨기

되돌아뜨기는 뒤꿈치 모양 만들기나 종류에 따라서는 발부리에도 사용할 때가 있습니다. 커프다운 양말에서는 뒤꿈치 코를 나눴으면 평면뜨기로 뒤꿈치 덮개를 뜹니다.

힐 플랩은 단의 도중까지 뜨고 되돌아가고, 안면 단도 도중까지 뜨고 되돌아갑니다. 이 뜨개법을 반복하여 뒤꿈치 모양 만들기를 합니다. 토업 양말에서는 뒤꿈치와 발부리의 되돌아뜨기에는 '랩'('랩앤턴'의 되돌아뜨기를 한다)을 사용하여 경계코에 구멍이 나지 않도록 합니다.

커프다운Cuff-down 양말

양말을 커프에서부터 아래 방향으로 뜨는 것은 서양 문화에서 전통적인 방법입니다. 옛날부터 양말은 양쪽 막대바늘을 사용하여 이 방법으로 떴으며 현재도 발부리에서부터 뜨는 토업보다 커프다운으로 디자인된 패턴이 많습니다.

현대의 니터는 사용하는 바늘의 선택지로 양쪽 막대바늘, 줄바늘 2개, 또는 긴 줄바늘 1개(매직 루프 방식)로 뜨는 방법이 있습니다.

커프다운으로 뜨는 양말은 일반 코잡기나 독일식 트위스티드 코잡기 등 **신축성 있는 기초코**에서 뜨기 시작합니다. 이 타입의 양말은 커프 부분을 **고무뜨기**로 하지만, 접는 가장자리나 피코 코잡기, 장식적인 가장자리뜨기에서부터 뜨기 시작할 수도 있습니다.

뒤꿈치 뜨는 법에도 다양한 방법이 있지만, 일반적으로 자주 사용하는 방법은 아래처럼 **뒤꿈치 덮개**를 평면뜨기하는 방법입니다. 뒤꿈치 덮개는 많은 경우에 보강을 위해 걸러뜨기무늬를 사용합니다. 뒤꿈치 덮개를 떴으면 **뒤꿈치 바닥 부분**도 평면뜨기하면서 되돌아뜨기를

합니다.

거싯은 뒤꿈치 덮개 양 끝에서 코를 주워 다시 원으로 만들고 떠서 모양을 만듭니다. 원통 편물의 둘레가 다리의 콧수가 되도록 발등의 양옆을 따라 점차적으로 코줄임을 합니다. 그 후는 발 사이즈까지 5㎝ 남은 지점까지 원통으로 뜨고 코줄임을 하면서 **발부리**를 뜹니다.

커프다운 양말의 구조

1 5개 세트 바늘의 4개에 필요한 수의 기초코를 잡는다. 이때 커프에 사용하는 1무늬의 배수에 콧수를 맞춘다. 1코 고무뜨기(k1, p1 rib)일 때는 짝수 코로 한다. 커프가 필요한 길이가 될 때까지 뜬다.

2 다리를 필요한 길이까지 뜨고 나서(여기에서는 메리야스뜨기로 했다) 전체 콧수를 반으로 나눠서 뒤꿈치를 뜨기 시작한다.

3 뜨개코 절반을 양쪽 막대바늘 1개에 합치고, 뒤꿈치 덮개를 바늘 2개로 평면뜨기한다. 발등 쪽(인스텝) 코는 바늘에 걸린 채 쉬게 둔다.

4 되돌아뜨기를 하면서 뒤꿈치 바닥 부분을 뜬다. 좌우대칭으로 코줄임을 하여 구멍을 막는 동시에 발바닥의 콧수까지 뜨개코를 줄인다.

5 뒤꿈치 덮개의 옆선을 따라 코를 줍는다. 주운 코는 뒤꿈치, 발등 쪽의 코와 함께 원통뜨기하고, 각 바늘에 걸려 있는 콧수가 원래 콧수로 돌아갈 때까지 서서히 코줄임한다. 다리 부분보다 발둘레를 넓히거나 줄일 때는 이 시점에서 콧수를 조정한다.

6 발 부분을 원통뜨기하면서 뒤꿈치에서부터 발부리까지 원하는 길이의 5cm 전까지 뜬다.

7 발부리는 양 끝에서 좌우대칭으로 코줄임을 하고, 메리야스 잇기로 발부리를 잇는다.

토업Toe-up 양말

토업 양말은 실 사용량을 확인하며 뜰 수 있어서 많은 니터에게 사랑받습니다. 이 방법으로 뜨면 발과 뒤꿈치를 다 뜬 시점에서 다리에 사용할 수 있는 실 양을 알 수 있습니다. 또 이 방법으로 뜨면 발부리를 이을 필요가 없습니다.

토업 양말의 뜨개 시작에는 다양한 방법이 있고, 양쪽 막대바늘보다 줄바늘 2개

나 1개(매직 루프 방식)가 더 뜨기 편한 경우도 있습니다. 양쪽 막대바늘을 좋아하는 사람은 다음에 나오는 **되돌아뜨기를 이용한 발부리**로 뜨기 시작하면 좋습니다. P.320의 기초코 방법은 줄바늘로도 가능합니다. 줄바늘로 기초코를 잡고 나서 양쪽 막대바늘로 바꿔 쥐고 뜰 수도 있습니다.

발부리를 다 뜨면 원통뜨기하면서 뒤꿈치까지 뜹니다. 뒤꿈치는 **되돌아뜨기 뒤꿈치**로 할 때가 많지만 뒤꿈치 덮개로 뜰 수도 있습니다. 되돌아뜨기 뒤꿈치 뜨는 법은 다음에 나오는 발부리 뜨는 법과 같습니다. 그 외의 뒤꿈치 종류는 P.321에서 소개합니다.

뒤꿈치가 완성되면 전체 콧수는 발 부분

의 둘레와 같아지고 거기에서 다리 부분을 떠 나갑니다. 토업 양말의 코막음에는 **신축성 있는 코막음법**을 사용합니다. 튜블러 코막음(고무뜨기 코막음)이나 돗바늘을 사용하는 코막음을 추천합니다. 그 외에 피코나 레이스 무늬 등을 이용한 장식성 있는 코막음법도 있습니다.

토업 양말의 구조

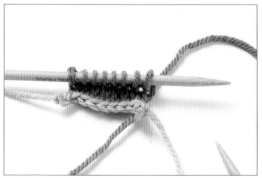

1 토업 양말에 맞는 기초코를 잡아서 뜨기 시작한다. 여기에서는 풀어내는 코잡기를 사용했다.

2 필요한 단수를 다 뜨고 기초코 콧수가 갖춰졌으면, 원통뜨기하면서 코늘림을 하여 모양을 만들고 발 부분에 필요한 콧수까지 늘린다.

3 발 부분을 발부리부터 재서 뒤꿈치까지의 희망 치수에서 5㎝ 남은 곳까지 떴으면 되돌아뜨기로 뒤꿈치를 뜬다. 뒤꿈치 부분을 남겨두었다 나중에 뜨는 방식afterthought heel도 사용할 수 있다.

4 뒤꿈치를 다 떴으면, 다리 부분을 원하는 길이까지 뜨고 커프를 뜬다. 마지막은 신축성 있는 코막음법이나 느슨하게 마무리하는 코막음법으로 코를 막는다.

발부리와 뒤꿈치

커프다운 양말의 발부리

기본 발부리FLAT TOE

커프다운 양말의 발부리로 가장 인기가 있다. 이 타입의 발부리는 4의 배수로 뜬다. 4군데의 코줄임을 좌우대칭으로 배치하고, 한 쌍의 코줄임 사이는 겉뜨기 2코가 되게 한다. 1단의 콧수가 16코가 될 때까지 2단마다 코줄임한다. 마지막에 발부리를 잇는다.

넓은 발부리WIDE TOE

플랫 토와 같은 요령으로 뜨지만, 옆면 2군데의 코줄임 사이의 콧수를 많게 한다(위의 예에서는 6코).

나선형 발부리SPIRAL TOE

4의 배수의 콧수로 뜬다. 뜨개코를 고르게 4분 할하고, 각각 한쪽 끝에서 2단마다 같은 방향으로 코줄임한다(합계 4코 줄어든다). 왼쪽으로 기울어지는 나선형에서는 전에 코줄임한 코와 다음 코를 오른코 겹치기SKP로 뜬다. 오른쪽으로 기울어지는 나선형에서는 전에 코줄임한 코와 그 앞의 코를 왼코 겹치기k2tog로 뜬다.

토업 양말의 발부리

되돌아뜨기로 뜨는 발부리SHORT-ROW TOE

풀어내는 코잡기로 발 둘레에 필요한 콧수의 반만큼 코를 잡는다.

전반/ 단의 끝에 2코 남을 때까지 뜨고 랩앤턴, 다음 단의 끝에 2코 남을 때까지 뜨고 랩앤턴. *전 회에 랩한 코의 앞에 1코 남을 때까지 뜨고 랩앤턴**. '뒤꿈치 콧수의 3분의 1+2코'가 뒤꿈치 한가운데에 남을 때까지 *~**를 반복한다.

후반/ 다음의 랩한 코의 앞까지 뜨고, 랩한 실을 정리하고 그다음 코에 랩앤턴(랩한 실이 전반분과 합해서 2가닥이 된다). 모든 코를 뜰 때까지 반복한다(랩한 실이 2가닥 있는 코에서는 2가닥을 동시에 정리한다). 기초코 쪽의 버림실을 풀어 코를 바늘에 옮기고 발 부분을 원통뜨기한다.

8코 시작 발부리

풀어내는 코잡기로 8코 잡는다. 양쪽 막대바늘을 사용하여 메리야스뜨기로 3단 뜬다. 기초코의 버림실을 풀며 코를 조심스럽게 3번째 양쪽 막대바늘에 옮긴다. 뜨개코를 고르게 바늘 4개에 나누고 2단마다 발부리의 좌우 끝의 1코 안쪽(1번째와 3번째 바늘은 1번째 코의 다음, 2번째와 4번째 바늘은 마지막 코의 앞)에서 코늘림을 하면서 원통뜨기한다(발부리의 좌우 끝 전후에 각각 1코를 세워서 합계 4코 늘린다). 필요한 콧수가 될 때까지 코늘림을 계속한다.

코줄임과 코줍기를 해서 뜨는 발부리

풀어내는 코잡기로 발 콧수의 반(짝수 코)을 잡고, 양쪽 막대바늘로 다음과 같이 평면뜨기한다.

전반/ 1단(안면): 모두 안뜨기.

2단: 겉뜨기 1, 오른코 겹치기, 3코 남을 때까지 겉뜨기, 왼코 겹치기, 겉뜨기 1.

8코가 남을 때까지 1단과 2단의 순서를 반복한다.

후반/ 1단(안면): 모두 안뜨기.

2단: 전반의 편물 끝에서 1코 줍고 마지막 코까지 뜨고, 전반의 편물 끝에서 1코 줍는다.

위 2단을 처음 콧수로 돌아갈 때까지 반복한다. 기초코의 버림실을 풀며 코를 꼼꼼하게 바늘로 옮기고, 계속해서 발부분을 뜬다.

프랑스식 뒤꿈치 French heel

라운드 힐이라고 부르며, 뒤꿈치와 거싯을 이용한 가장 일반적인 뒤꿈치 뜨는 법. 전체 콧수의 반(짝수 코)로 뒤꿈치를 떴으면 다음과 같이 뜬다.

1단(겉면): 걸러뜨기 1, 중심에서 1~5코(★) 지날 때까지 겉뜨기, 오른코 겹치기, 겉뜨기 1, 편물을 돌린다.

2단(안면): 걸러뜨기 1, 중심에서 ★코 지날 때까지 안뜨기, 2코 모아 안뜨기, 안뜨기 1 편물을 돌린다.

3단: 걸러뜨기 1, 앞단의 걸러뜨기(1번째 코) 앞까지 겉뜨기, 오른코 겹치기, 겉뜨기 1.

4단: 걸러뜨기 1, 앞단의 걸러뜨기(1번째 코) 앞까지 안뜨기, 2코 모아 안뜨기, 안뜨기 1.

뒤꿈치의 코를 모두 뜰 때까지 3단과 4단을 반복한다. 되돌아뜨기로 생기는 단차는 다음 단의 2코 모아뜨기로 없어진다.

독일식 뒤꿈치 Dutch heel

스퀘어 힐이라고도 하며 프랑스식 뒤꿈치와 마찬가지로 뒤꿈치 덮개와 거싯을 이용한다. 각 되돌아뜨기에서 코줄임하기 전까지 떠야하는 콧수는 똑같다. 전체 콧수의 반(3의 배수)으로 뒤꿈치 덮개를 정해진 길이까지 다 떴으면 콧수를 3등분하여 다음과 같이 뜬다.

1단(겉면): 3등분 중 가운데 구역이 1코 남을 때까지 겉뜨기, 오른코 겹치기.

2단(안면): 걸러뜨기 1, 3등분 중 가운데 구역이 1코 남을 때까지 안뜨기, 2코 모아 안뜨기.

3단: 걸러뜨기 1, 앞단의 걸러뜨기 앞까지 겉뜨기, 오른코 겹치기.

4단: 걸러뜨기 1, 앞단의 걸러뜨기 앞까지 안뜨기, 2코 모아 안뜨기.

모든 구역의 코를 다 뜰 때까지 3단과 4단을 반복한다.

되돌아뜨기 뒤꿈치

뒤꿈치의 코를 양쪽 막대바늘 1개에 모으고, 다음 순서로 되돌아뜨기를 한다.

전반: 첫 2단은 단의 마지막에 2코 남을 때까지 뜨고 랩앤턴. 그 후는 *전 회에 랩한 코의 1코 앞까지 뜨고 랩앤턴**. 가운데 랩하지 않은 코가 '뒤꿈치 콧수의 3분의 1+2코'가 될 때까지 *~**를 반복한다.

후반: 다음의 랩한 코의 앞까지 뜨고 랩한 실을 정리하고 그다음 코에 랩앤턴(랩한 실이 전반분과 합해서 2가닥이 된다). 모든 코를 뜰 때까지 반복한다(랩한 실이 2가닥 있는 코에서는 2가닥을 동시에 정리한다).

나중에 뜨는 뒤꿈치 afterthought heel

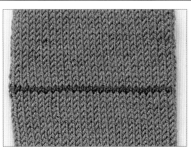

1 양말 입구나 발부리에서부터 뒤꿈치 위치까지 떴으면, 뒤꿈치분의 뜨개코(전체의 반)를 별실로 뜬다. 뜬 코를 왼바늘에 되돌려 놓고 작품실로 한 번 더 뜬다. 계속하여 뜬다.

2 전체를 다 떴으면, 별실을 풀고 뜨개코를 양쪽 막대바늘에 옮긴다. 커프다운 양말의 발부리와 같은 방법으로(또는 원하는 방법으로) 뒤꿈치를 뜬다.

뒤꿈치 덮개에 적합한 편물

※ 아래는 모두 짝수 코로 뜰 때

힐 스티치 heel stitch
1단(겉면): *걸러뜨기 1, 겉뜨기 1**. *~**를 단의 마지막까지 반복한다.
2단(안면): 걸러뜨기 1, 나머지는 모두 안뜨기. 1단과 2단을 반복한다.

콘콥 스티치 corncob stitch
1단(겉면): *걸러뜨기 1, 겉뜨기 1**. *~**를 단의 마지막까지 반복한다.
2단(안면): 걸러뜨기 1, 나머지는 모두 안뜨기. 1단과 2단을 반복한다.

자고새의 눈 Eye of the partridge
1단(겉면): *걸러뜨기 1, 겉뜨기 1**. *~**를 단의 마지막까지 반복한다.
2단과 4단: 걸러뜨기 1, 나머지는 안뜨기.
3단: 걸러뜨기 2, *겉뜨기 1, 걸러뜨기 1**,

*~**를 반복하고, 마지막 2코는 겉뜨기.
1~4단을 반복한다.

걸쳐뜨기 **167** 랩앤턴 **228** 오른코 겹치기 **56** 왼코 겹치기 **55**

주디 백커스 캐스트 온 Judy Baker's cast on

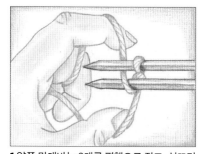 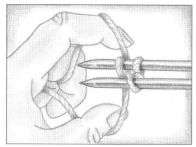 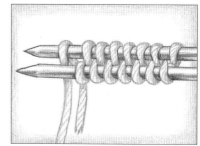 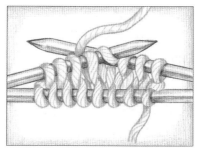

1 양쪽 막대바늘 2개를 평행으로 잡고, 실꼬리를 길게 남긴 매듭을 위쪽 바늘에 건다. 일반 코잡기처럼 실을 쥐고(실꼬리를 집게손가락, 뜨개실을 엄지손가락에 건다), *집게손가락의 실을 아래쪽 바늘에 아래에서부터 감고 위쪽 바늘의 뒤쪽으로 꺼낸다.

2 다음으로 엄지손가락의 실을 위쪽 바늘에 위에서부터 그림처럼 감고(뒤쪽에서 앞쪽으로 감는다) 아래쪽 바늘의 뒤쪽으로 꺼낸다**.

3 *~**의 순서를 필요한 콧수가 될 때까지 반복한다. 기초코를 다 잡았으면, 실이 오른쪽에 오도록 바꿔 쥔다.

4 3번째 양쪽 막대바늘로 위쪽 바늘의 코를 반뜨고, 남은 반은 4번째 양쪽 막대바늘로 뜬다. 계속하여 나머지 기초코도 양쪽 막대바늘 2개에 나누면서 원통뜨기한다. 단의 처음에 마커를 달고, 뜨면서 코늘림을 하여 발부리 모양을 만든다.

메리야스 잇기 kitchener stitch

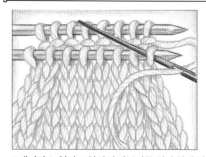 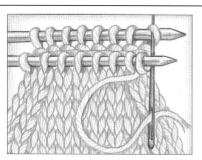 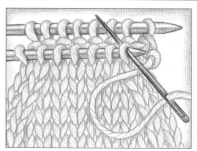 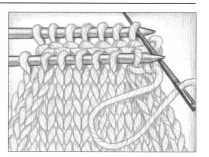

1 메리야스 잇기로 양말의 발부리를 잇기 위해 먼저 전체 콧수를 양쪽 막대바늘 2개에 고르게 나눈다. 뒤꿈치의 중심이 바늘의 중심과 일치하는지 확인하고 실꼬리를 돗바늘에 꿴다. 돗바늘을 앞쪽 바늘의 1번째 코에 안뜨기하듯이 넣어서 실을 끌어낸다(뜨개코는 바늘에서 빠지지 않는다).

2 다음에 돗바늘을 뒤쪽 바늘의 1번째 코에 겉뜨기하듯이 넣어서 실을 끌어낸다(뜨개코는 바늘에서 빠지지 않는다).

3 이번에는 돗바늘을 앞쪽 바늘의 1번째 코에 겉뜨기하듯이 넣어서 실을 끌어내고 뜨개코를 바늘에서 뺀다. 계속해서 돗바늘을 앞쪽 바늘의 다음 코에 안뜨기하듯이 넣어서 실을 끌어낸다(뜨개코는 바늘에서 빠지지 않는다).

4 돗바늘을 뒤쪽 바늘의 1번째 코에 안뜨기하듯이 넣어서 실을 끌어내고 뜨개코를 바늘에서 뺀다. 돗바늘을 뒤쪽 바늘의 다음 코에 겉뜨기하듯이 넣어서 실을 끌어낸다(뜨개코는 바늘에서 빠지지 않는다).
이후는 3과 4를 반복한다.

TIP

양말 뜨기

• 뒤꿈치 덮개와 거싯의 경계 코를 붙이려면 뒤꿈치 덮개의 양 끝에서 코줍기할 때 꼬아뜨기하듯이 고리 뒤쪽에 바늘 끝을 넣어서 줍습니다. 뜨개코를 돌리면 코가 단단히 조여집니다.

• 거싯 부분에 구멍이 나는 것을 막으려면 1~2코 많이 줍고, 많이 주운 코는 다음 단에서 코줄임합니다.

• 양쪽 막대바늘을 사용할 때는 4개 세트보다 5개 세트를 사용하는 것이 더 쉽습니다. 뜨개코를 바늘 4개에 나누면 발등 쪽과 발바닥 쪽을 2개씩에 나누게 됩니다. 줄바늘 2개로 뜰 때는 발등 쪽의 코와 발바닥 쪽 코를 각각 다른 줄바늘에 나눠서 뜹니다.

• 편물에 올이 나간 것처럼 줄이 들어가지 않도록 하려면, 사용하는 바늘에 관계없이 바늘을 바꿔 쥐는 장소에서 장력을 조정합니다.

• 처음에 양말 2짝을 뜰 수 있는 실 양이 있는지를 확인해둡니다. 타래 실은 먼저 무게를 재고, 절반 무게의 볼 2개로 감으면 합리적입니다. 셀프 스트라이핑 얀처럼 뜨면서 자연스럽게 무늬가 생기는 실이라면 뜨개 시작을 같은 색이나 무늬 부분에 맞춥니다. 이렇게 하면 양발의 모양을 같게 할 수 있습니다.

• 커프다운 양말의 발부리를 둥그스름하게 만들려면 마지막 4단에서 단마다 코줄임합니다.

하이 삭스와 무릎 위 길이 양말 뜨기

대부분의 양말 패턴은 크루 삭스(정강이 길이의 양말)를 위한 것이며, 다리 둘레와 발 둘레가 동일합니다. 발목이나 종아리가 패턴 치수보다 가늘거나 굵을 때는 다리 둘레의 **콧수**를 바꾸면 핏감이 개선됩니다. 콧수를 바꿀 때는 새롭게 몇 군데의 치수를 재서 계산합니다.

먼저 다리 부분의 치수를 잽니다. 게이지 스와치를 사용하여 1㎝당 콧수를 산출하고, 이 숫자를 **발목이나 종아리 치수**에 곱합니다. 그 결과를 토대로 필요에 따라 코줄임이나 코늘림을 합니다.

일반적인 크루 삭스보다 긴 양말을 뜨려면 콧수 게이지와 단수 게이지를 사용합니다. 일반적인 크루 삭스는 뒤꿈치부터 양말 입구까지의 길이가 15~20㎝지만, 무릎 길이의 하이 삭스는 33~35㎝, 무릎 위 길이의 양말이라면 50㎝ 이상인 것도 있습니다.

무릎 위 길이 양말의 코늘림 위치를 정하려면 종아리와 무릎 바로 아래 부분의 **둘레 치수**를 잽니다. 그림에 표시한 것처럼 다리 부분의 길이도 잽니다. 토업 양말을 뜰 때, 발목에서부터 종아리 아래까지의 둘레 치수는 일반적인 발목까지 오는 양말과 같습니다. 종아리 아래에서부터 코늘림을 시작하여, 종아리의 가장 치수가 큰 부분의 콧수까지 코늘림을 계속합니다. 그리고 종아리의 가장 너비가 넓은 부분에서 코줄임을 시작하여 무릎 아래 치수까지 코줄임을 합니다. 커프다운 양말을 뜰 때는 이상의 순서를 거꾸로 진행합니다.

1단 안에서 간격을 정해서 코늘림을 하는 방법 대신 다리 뒤쪽에 **거싯**을 만들고 중심의 코를 따라서 코늘림을 하는 방법도 있습니다. 그 경우에 종아리에 필요한 콧수를 좌우대칭으로 코늘림이나 코줄임하여 조정합니다. 콧수 조정은 무늬뜨기의 끝에서 할 수도 있습니다. 그때는 종아리 뒤쪽에 다른 무늬를 넣고 그 무늬의 양 끝에서 뜨개코를 늘리거나 줄여서 브이자 모양의 거싯을 만듭니다.

사이하이 삭스thigh-high sock, 즉 허벅지 길이의 양말일 때는 양말의 위 가장자리가 되는 허벅지 부분의 치수가 필요해집니다. 치수를 잰 후, 하이 삭스와 같은 요령으로 치수를 조정합니다.

코늘림이나 코줄임 간격에 의해 착용감이 정해집니다. 코늘림이나 코줄임 간격이 좁으면 적은 단수에서 크게 넓어지거나 줄어들고, 반대로 간격을 두고 코늘림이나 코줄임을 하면 완만하게 모양 만들기를 할 수 있습니다.

하이 삭스나 사이하이 삭스의 위 가장자리에는 고무뜨기를 사용하면 양말이 잘 내려가지 않습니다.

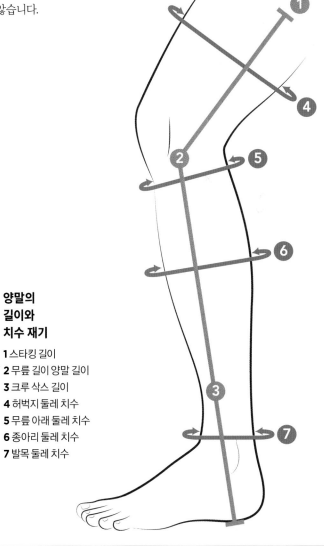

양말의 길이와 치수 재기

1 스타킹 길이
2 무릎 길이 양말 길이
3 크루 삭스 길이
4 허벅지 둘레 치수
5 무릎 아래 둘레 치수
6 종아리 둘레 치수
7 발목 둘레 치수

거싯 **316**
코늘림 **50~54**
게이지 스와치 **159~162**
코줄임 **55~60, 102~103**
고무뜨기 **46~47, 214~215**

양말 블로킹과 손질

양말에 반드시 블로킹이 필요하지는 않지만, 블로킹하면 뜨개코가 고르게 되어서 전체 모양이 좋아집니다. 자기가 신을 양말에는 생략하더라도, 선물이라면 블로킹하는 것을 추천합니다.

양말을 세탁 블로킹하려면 세제나 울 워시를 조금 넣은 미지근한 물에 담가서 20분 정도 두어서 수분을 침투시킵니다. 헹구지 않아도 되는 울 워시를 사용했을

때는 가볍게 휘저은 후 꼼꼼하게 수분을 제거합니다. 일반 세제나 샴푸를 사용했을 때는 수분을 제거하기 전에 헹굽니다. 양말을 수건으로 말아서 가능한 한 남는 수분을 제거합니다. 양말 블로커가 있으면 거기에 양말을 씌워서 말리고, 아니면 깨끗한 수건이나 빨래 건조대 위에 평평하게 놓고 말립니다.

순모로 뜬 양말, 특히 배색무늬 양말은

펠팅되기 쉬우므로 블로킹이나 물빨래할 때는 주의가 필요합니다.

양말은 다른 니트웨어보다도 소모되기 쉽고, 특히 뒤꿈치나 발부리 주위는 심합니다. 마음에 드는 양말이라면 뒤꿈치와 발부리 부분을 교체하거나, 구멍이 뚫렸을 때는 터진 부분을 감쳐서 수선할 수 있습니다.

뒤꿈치 교체

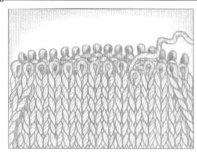

1 뒤꿈치의 시작 위치까지 뜨개코를 조심스럽게 푼다.

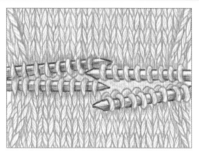

2 뜨개코를 양쪽 막대바늘에 고르게 나눈다.

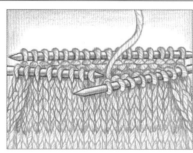

3 양말을 뜬 원래 실을 이어서, 나중에 뜨는 뒤꿈치를 뜬다.

레이스무늬 양말을 앤티크 양말 블로커로 블로킹하는 중

발부리 교체

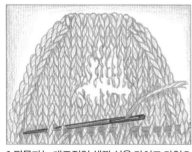

1 편물과는 대조적인 색깔 실을 라이프 라인으로 하여 가장 많이 해진 부분 아래에 통과시킨다.

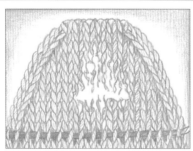

2 구멍 아래의 편물 부분 실을 자르고 발부리 부분을 푼다.

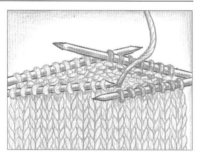

3 라이프 라인을 따라서 양쪽 막대바늘을 통과시키며 뜨개코를 고르게 나누고, 단의 처음을 뒤꿈치의 한가운데(혹은 뒤꿈치의 가장자리)에 맞춘다. 라이프 라인을 빼내고 발부리를 다시 뜬다.

15

여러 가지 장식
Embellishments

자수

작품을 다 떠서 블로킹을 마친 뒤에 작품에 다른 요소를 추가하기 위해 자수를 이용할 때가 있습니다. 자수는 단순한 편물에 사용하면 가장 효과적입니다. 그 중에서도 메리야스뜨기가 가장 적합합니다.

자수에는 여러 종류의 실을 사용할 수 있습니다. 편물에 매끄럽게 통과하는 실을 고릅니다. 또 수놓는 실의 굵기나 조성이 편물에 맞는 것인지 확인합니다. 너무 가는 실은 편물 속에 묻혀버리고, 반대로 굵은 실은 편물을 늘입니다. 자수하는 실의 손질 방법도 스웨터에 사용한 실과 마찬가지로 색 빠짐이 없는 것을 고릅니다.

복잡한 도안은 얇은 부직포에 그려서 자수 위치에 맞춰 시침질합니다. 부직포 위에서 편물에 자수를 하고, 수를 다 놓았으면 부직포를 뜯어냅니다. 편물이 얇을 때는 자수하는 부분의 안쪽에도 부직포를 붙이고 수놓습니다.

바늘 끝이 뭉툭한 바늘을 사용하고, 실을 너무 세게 잡아당기지 않고 고르게 수를 놓습니다. 바늘 굵기는 바늘귀에 자수실이 무리 없이 통과하면서도 뜨개코를 상하게 하지 않을 정도의 것을 고릅니다. 실을 바늘귀에 꿸 때는 실꼬리를 바늘 끝에 놓고 손가락으로 집어서 접음산을 만들어 접음산 부분을 바늘귀에 통과시킵니다. 실꼬리에는 매듭을 짓지 않고, 조금 떨어진 위치에서 자수를 시작할 위치까지 편물 사이를 꿰매듯이 하여 이동합니다.

백 스티치는 윤곽이나 선을 그릴 때 사용한다. 시작점에서 바늘을 끌어내서 조금 되돌아간 위치에 바늘을 넣고, 같은 정도로 간격을 둔 앞의 위치에서 바늘을 뺀다. 오른쪽에서 왼쪽 방향으로 수를 놓는다.

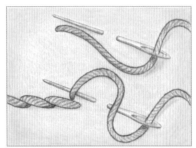

스템 스티치는 줄기나 윤곽을 그릴 때 사용한다. 시작점에서 바늘을 끌어내서 조금 간격을 두고 오른쪽으로 각도를 주어 바늘을 넣고, 시작점과 중간 정도의 위치에서 뺀다. 줄기를 수놓을 때는 언제나 실을 바늘 아래쪽에, 윤곽선을 수놓을 때는 언제나 실을 바늘 위에 둔다.

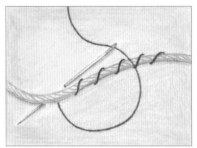

카우칭 스티치는 심지가 되는 실을 놓고, 그 실을 다른 실로 눌러 주는 스티치. 심지 실을 양 끝에 조금 여유를 남기고 원하는 대로 배치한 뒤에 그림처럼 그 위에서 다른 실로 감아서 고정한다. 마지막은 심지 실의 짧은 실꼬리를 바늘에 꿰어 편물 안면으로 넣는다.

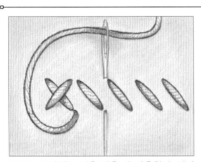

크로스 스티치는 면을 메울 때 사용한다. 먼저 오른쪽에서 왼쪽으로 사선 스티치를 계속해서 수놓는다(하프 크로스 스티치). 이어서 그림처럼 처음 놓은 스티치에 교차하듯이 수놓으면서 되돌아간다.

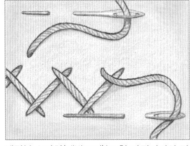

헤링본 스티치(새발뜨기)는 천 가장자리의 감침질이나 면을 메울 때 사용한다. 바늘을 끌어내서 오른쪽 위에 찌르고 조금 왼쪽으로 뺀다. 다음은 오른쪽 아래에 찌르고 조금 왼쪽에서 뺀다. 이것을 왼쪽에서 오른쪽으로 가며 반복한다.

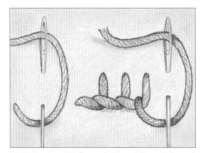

블랭킷 또는 버튼홀 스티치는 단춧구멍의 보강이나 천 가장자리의 감침질에 사용한다. 시작점에서 바늘을 빼고 조금 떨어진 오른쪽에 바늘을 세로로 넣어서 뺀다. 바늘 끝의 밑에 실을 놓고 바늘을 끌어낸다.

15 여러 가지 장식

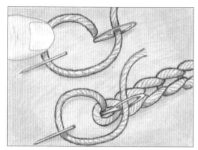

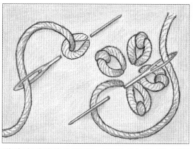

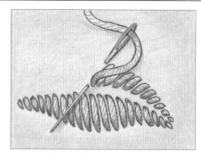

체인 스티치는 윤곽을 그리거나 면을 메울 때 사용한다. 바늘을 빼고, *뺀 위치에 바늘을 찌르고, 조금 간격을 두어서 바늘을 뺀다. 바늘 끝의 밑으로 실을 지나가게 하고, 실을 엄지손가락으로 누르면서 바늘을 뺀다**. *~**를 반복한다.

레이지 데이지 스티치는 꽃을 수놓을 때 사용한다. 먼저 체인 스티치를 1땀 수놓고, 2번째 땀은 바늘을 뺀 위치로는 돌아가지 않고, 그림의 왼쪽 위처럼 체인의 고리 아래에 바늘을 넣어서 체인 위에서 바늘을 뺀다. 실을 끌어당기고, 같은 방법으로 다음 꽃잎을 만든다.

새틴 스티치는 면을 메우는 데 가장 적합하다. 실을 너무 당기면 편물이 우니까 주의한다. 한쪽에서 바늘을 빼서 면의 일부를 메우듯이 비스듬히 위에 바늘을 넣고, 처음에 바늘을 뺀 위치의 바로 왼쪽에서 바늘을 뺀다. 이 동작을 반복한다.

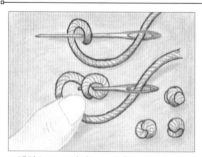

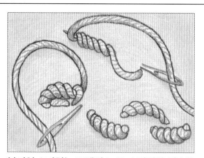

프렌치 노트 스티치는 꽃술을 만드는 것 외에 극태사로 장미꽃 장식을 만들 수도 있다. 바늘을 빼서 실을 1~2회 바늘에 감고, 바늘을 뺀 위치의 바로 옆에 넣는다. 감은 실을 누르고 실을 끌어내서 매듭을 만든다.

불리언 스티치는 프렌치 노트 스티치와 비슷하다. 시작점에서 바늘을 빼고, 스티치 길이만큼 떨어진 위치에 바늘을 넣어서 시작점 바로 옆으로 바늘 끝을 뺀다. 실을 바늘 끝에 4~6회 감고, 감은 실을 누르면서 바늘을 빼낸다. 2번째로 바늘을 넣은 위치에 다시 바늘을 넣어서 조인다.

듀플리케이트 스티치는 겉뜨기를 따라서 수놓는 스티치. 수놓을 뜨개코 아래에서 바늘 끝을 빼고, 그림의 오른쪽처럼 1단 위의 뜨개코의 양 다리 밑에 바늘 끝을 통과시켜서 끌어낸다. 그림의 왼쪽처럼 다시 처음 위치에 바늘을 넣어서 다음 코의 한가운데에서 뺀다.

스모킹

스모킹 또는 허니콤 스티치는 실의 굵기에 따라서도 달라지지만, 안뜨기 3~4코에 겉뜨기 1코의 비율인 편물에 수놓습니다. 스모킹이 완성된 시점에서는 편물이 약 3분의 1로 줄어듭니다. 평행으로 수놓기 위한 가이드로 편물과 대조적인 색깔 실을 스모킹하는 뜨개코 아래에 통과시켜 둡니다.

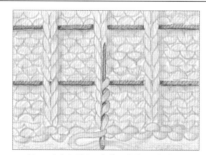

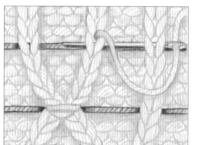

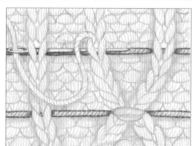

1 고무뜨기의 오른쪽 아래 2번째 줄의 겉뜨기에 바늘을 찌르고, 겉뜨기의 오른쪽 반 코에 위 방향으로 4코분(가이드를 통과시킨 곳까지) 통과시킨다.

2 바늘 끝을 4번째 코에서 빼고, *1번째 줄의 겉뜨기 오른쪽에서 2번째 줄의 겉뜨기 왼쪽까지 찌른다. 바늘을 끌어내고, 실을 당겨서 겉코끼리 끌어당긴다**. *~**를 한 번 더 하면 스모킹 스티치가 완성된다.

3 다음은 2번째 줄 겉뜨기의 왼쪽 반 코에 바늘을 넣고, 위 방향으로 4코분(다음 가이드를 통과시킨 부분까지) 통과시키고, 이번에는 3번째 줄의 겉뜨기 왼쪽에서 2번째 줄의 겉뜨기 오른쪽에 스모킹 스티치를 한다. 같은 방법으로 고무뜨기의 위쪽 가장자리까지 계속한다.

고무뜨기 46~47, 214~215

비즈 넣어서 뜨기

비즈 뜨기는 옛날부터 친숙한 기법입니다. 가장 간단한 것은 비즈를 뜨개실에 끼워두고 일정 간격이나 무작위로 보내서 넣는 방법입니다. 이 방법으로는 비즈는 뜨개코 사이에 들어가는 것이 아니라 편물 바깥쪽으로 튀어나옵니다. 일반적으로 1색이나 1종류의 비즈를 사용하지만, 계획을 세워서 비즈를 끼워두면 여러 종류와 색의 비즈를 규칙적으로 배치할 수도 있습니다. 기법은 오른쪽 페이지에서 소개합니다.

그 외에 18~19세기에 고안된 전통적인 기법으로 핸드백 등의 정교한 장식으로 사용하는 **비즈 니팅**(퍼스 니팅purse knitting이라고도 한다)이라 불리는 방법도 있습니다. 이 기법도 비즈를 뜨개실에 끼우고, 비즈를 뜨개코 사이에 배치하여 비즈로 뜨개코를 완전히 가립니다. 비즈 니팅에서는 무늬와는 반대 순서로(게다가 정확히) 비즈를 끼우고 그대로 비즈를 보내면서 복잡한 무늬를 뜹니다.

비즈는 일반적으로 유리, 나무, 플라스틱, 종이(틀에 종이를 여러 겹 붙인 후 틀을 빼서 만드는 방식)로 만들 수 있지만, 진주, 보석, 단추, 광석 등으로 만든 것도 있습니다. 호화로운 비즈는 실크처럼 광택 있는 실과 조합하여 이브닝웨어에, 캐주얼한 비즈나 돌 비즈는 트위드나 울과 조합하여 일상복으로 만드는 식으로 비즈와 실을 조합하여 사용합니다. 어떻게 조합할지 망설여질 때는 먼저 비즈의 무게가 더해지는 것을 고려합니다. 무거운 실에 비즈를 대량으로 사용했을 때는 착용감이 떨어지고 편물이 늘어납니다. 섬세한 실은 비즈를 끼우면 실이 가늘어지고, 상황에 따라서는 비즈를 끼울 때 끊어지기도 하기 때문에 신중하게 생각합니다. 실이 너무 굵어서 비즈가 통과하지 않으면, 완성한 뒤에 비즈를 달 수도 있습니다. 이때의 실과 비즈 선택은 실이 세탁할 수 있는 것이면 비즈도 세탁 가능한 것을 고릅니다. 드라이클리닝할 때도 마찬가지로 드라이클리닝을 견딜 수 있는 비즈를 선택합니다.

비즈의 좌우 뜨개코는 단단히 떠서, 비즈가 움직여서 안면 쪽으로 움직이지 않도록 합니다. 가장자리가 말리지 않도록, 또 꿰매기 어려워지지 않도록, 편물 가장자리 부근에는 비즈를 넣고 뜨지 않습니다.

무늬뜨기에 비즈를 추가할 때는 창조력을 발휘하세요. 무늬가 구분되는 곳이나 증감코, 케이블의 끝이나 중앙, 비침 부분 등 비즈를 배치할 장소를 여러모로 고려할 수 있습니다.

비즈 끼우기

실에 꿰여 있는 비즈이든 낱개로 있는 비즈이든 상관없이 뜨기 시작하기 전에 뜨개실에 비즈를 끼웁니다. 우선 비즈 끼우는 바늘은 바늘귀에 뜨개실이 통과하는 동시에 비즈 구멍에 통과할 정도로 가늘 필요가 있습니다. 혹시 바늘귀에 뜨개실이 통과하지 않을 때는 별실을 사용해서 비즈를 끼울 수도 있습니다. 그때는 뜨개실을 반으로 접은 접음산에 가늘고 튼튼한 별실을 통과시키고, 별실 양 끝을 바늘귀에 끼웁니다. 이 상태에서 비즈를 바늘과 별실, 그리고 뜨개실에 통과시킵니다(처음에는 뜨개실의 접은 부분에 비즈를 몇 회 왕복시켜서 접음산을 만들면 비즈를 끼우기 쉬워집니다).

비즈는 실에 꿰여 있는 것과 루스(낱개 상태)인 것이 있습니다. 낱개 비즈는 끼우는

데 시간이 걸립니다. 실에 꿰여 있는 비즈일 때는 실꾸리의 매듭을 조심스럽게 풀고, 비즈 끼우는 바늘을 넣습니다. 뜨개실에 비즈를 다 끼웠으면, 플라스틱 용기 등에 넣어서 얽히지 않도록 합니다.

실의 굵기별 적합한 비즈 사이즈

실의 굵기	비즈를 실에 꿰어놓고 뜰 때	뜨면서 비즈를 추가할 때
레이스	8	6 또는 8
라이트 핑거링	8	6
핑거링/삭스	6 또는 8	6
스포츠 웨이트	6	6
DK 웨이트	6	5
워스티드	5	5 이상

※ 비즈 사이즈: 8/0(지름 3.1㎜), 6/0(지름 4.0㎜), 5/0(지름 4.5㎜)

Countesy Laura Nelkin of Nelkin Designs, www.neklindesigns.com

니트웨어 손질 18, 333~336
코바늘로 비즈를 넣는다 293

메리야스뜨기

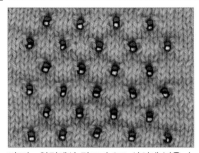

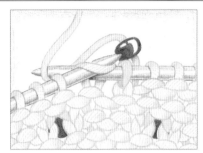

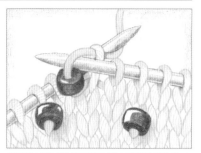

비즈는 안면에서 겉뜨기 2코 사이에 넣을 수 있습니다(겉면에서는 안뜨기). 비즈의 양 옆에 있는 코들은 비즈를 고정하도록 돕습니다.

안면에서 뜰 때/ 비즈를 넣는 위치까지 1코 남은 지점까지 뜬다. 다음 코를 겉뜨기하고, 실은 뒤쪽에 둔 상태에서 비즈를 편물 가까이에 보내고 다음 코도 겉뜨기한다.

겉면에서는 양쪽에 안뜨기를 하지 않고 비즈를 넣습니다. 비즈는 뜨개코의 바로 앞에 들어갑니다. 비즈가 편물의 안면으로 이동하지 않도록 겉뜨기를 단단하게 합니다.

겉면에서 뜰 때/ 비즈를 넣을 코의 앞까지 뜨고, 비즈를 편물 가까이로 보낸다. 겉뜨기를 하고, 끌어낸 실과 함께 비즈도 왼바늘의 뜨개코에서 앞쪽으로 밀어내고 뜨개코를 완성한다.

가터뜨기와 안메리야스뜨기

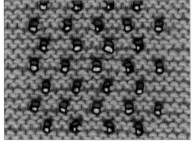

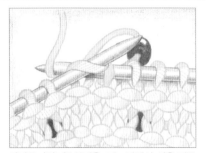

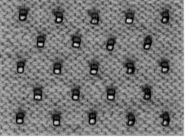

가터뜨기에서는 안면 단을 뜨면서 비즈를 넣고 떠서 겉면에 나오게 합니다. 겉면 단에서는 비즈를 넣고 뜨지 않습니다.

가터뜨기일 때/ 안면을 뜨는 단에서 실을 뒤쪽에 두고, 비즈를 편물 가까이로 보내고 왼바늘의 다음 코를 겉뜨기한다. 비즈는 코와 코 사이에 들어간다.

안메리야스뜨기에서는 겉면(안뜨기 면)에 비즈를 나오게 한다.

안메리야스뜨기일 때/ 겉면을 뜨는 단에서 비즈를 넣을 위치까지 뜨고, 비즈를 편물 가까이로 보낸다. 다음 코를 안뜨기하고, 그 코와 앞 코의 사이에 비즈를 고정한다.

걸러뜨기

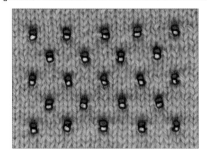

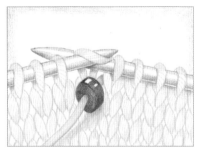

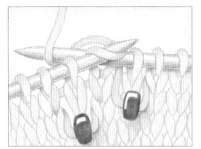

걸러뜨기를 하면서 비즈를 넣으려면 겉면에서 메리야스뜨기를 하면서 합니다. 비즈는 걸쳐뜨기의 걸치는 실에 들어갑니다.

1 비즈를 넣을 뜨개코의 앞까지 뜨고, 뜨개실과 비즈를 앞쪽으로 옮긴다. 다음 코에 겉뜨기하듯이 바늘 끝을 넣어서 오른바늘로 옮긴다.

2 비즈를 앞쪽에 둔 상태에서 뜨개실을 뒤쪽으로 옮기고, 다음 코는 뜨개실을 단단히 당겨서 빡빡하게 겉뜨기한다.

스팽글 넣어서 뜨기

스팽글(시퀸)을 넣는 것은 스웨터 등의 아이템을 장식하는 매력적인 방법입니다. 스팽글은 모양, 색, 크기가 다양하고, 전체를 덮어도, 일정 간격으로 배치해도, 그리고 부분적으로도 사용할 수 있으며 편물도 메리야스뜨기나 가터뜨기, 그 외의 무늬뜨기에도 폭넓게 사용할 수 있습니다. 스팽글은 비즈보다 큰 것이 많고 모양도 불규칙하여 다루기가 어렵기 때문에 비즈보다 다루기가 어렵습니다.

스팽글도 비즈와 마찬가지로 서로 잇는 편물일 때는 옆선 꿰매기를 쉽게 하기 위해 가장자리에서 1~2코 안쪽까지만 달도록 합니다. 스팽글을 취급할 때, 스팽글을 넣어서 뜬 편물은 풀기 어려우므로 정확성이 요구됩니다.

일반적으로 스팽글 구멍은 위나 중심에 뚫려 있습니다. 구멍 위치에 따라서 스팽글의 들어가는 법이 결정되고 스웨터의 완성에도 영향을 미칩니다.

스팽글을 사용한 의류는 취급에 특별한 주의를 기울일 필요가 있습니다. 스팽글에는 물빨래가 가능한 것도, 드라이클리닝이 불가능한 것도 있습니다. 스팀이나 다리미는 대지 않도록 해둡니다. 색 빠짐도 사전에 확인해두는 것을 추천합니다.

스팽글은 미리 실 1타래분을 뜨개실에 끼워둡니다. 끼울 때는 별실을 사용합니다. 입체적인 스팽글은 패임이 있는 편을 실타래 쪽을 향하게 끼우고, 뜰 때 밖을 향하도록 합니다.

메리야스뜨기

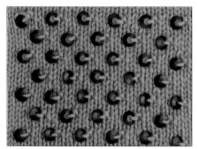

메리야스뜨기에서는 스팽글의 한쪽에서 안뜨기를 하면 스팽글이 평평하게 들어갑니다. 이것을 겉면(겉뜨기) 단에서 합니다.

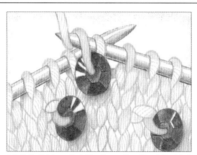

겉면에서 안뜨기를 할 때/ 스팽글을 넣을 위치의 앞까지 겉뜨기를 하고, 실을 앞쪽으로 옮긴다. 스팽글을 편물 가까이까지 보내고 다음 코를 안뜨기한다.

안뜨기를 하지 않고 스팽글을 넣고 뜨려면 조금 손이 갑니다. 그렇지만 스팽글을 고정하는 장소나 다는 것에 따라서는 이 방법이 바람직할 때가 있습니다.

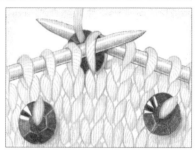

겉면에서 안뜨기를 하지 않을 때/ 스팽글을 넣을 코의 앞까지 뜬다. 오른바늘을 다음 코의 뒤쪽에 꼬아뜨기하듯이 넣고, 스팽글을 편물 안쪽까지 보낸다. 뜨개코를 뜨면서 손가락으로 스팽글을 앞쪽에 통과시킨다.

가터뜨기와 안메리야스뜨기

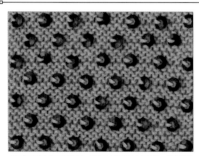

스팽글을 가터뜨기 안면 단에서 뜨면, 겉면에서 봐서 2코 사이의 위치에 스팽글이 들어갑니다.

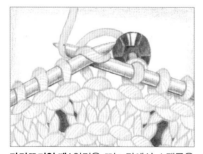

가터뜨기일 때/ 안면을 뜨는 단에서 스팽글을 넣을 위치의 앞까지 뜨고, 뜨개실을 뒤쪽으로 해서 스팽글을 편물 가까이로 보낸다. 스팽글을 코와 코 사이에 둔 상태에서 다음 코를 겉뜨기한다.

스팽글을 안메리야스뜨기의 안뜨기 단(겉면)에서 뜰 수도 있습니다.

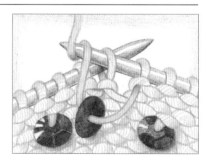

안메리야스뜨기일 때/ 스팽글을 넣을 위치의 앞까지 뜬다. 다음 코의 고리 뒤쪽에 오른바늘을 넣어서 옮기고, 방향을 바꾸고 되돌려서 코를 돌린다. 스팽글을 편물 가까이로 보내고, 돌린 코를 안뜨기한다.

장식용 부속

뜨기를 끝낸 작품은 창조성을 발휘한 다양한 장식을 다는 바탕이 됩니다. 다른 편물 외에 가죽이나 펠트, 리본, 페탈(꽃잎), 시판 아플리케, 코드류, 폼폼, 태슬, 비즈, 돌, 니트 방울 등 수예용품점 등에서 찾거나 이 뒤에 소개하는 순서를 참고하여 직접 만든 것이라도 좋습니다.

리본이나 레더 밴드(가죽을 띠 모양으로 가공한 것), 코드류는 그 자체를 뜨거나 편물의 비침 부분이나 비침뜨기, 드라이브뜨기에 끼워서 사용할 수 있습니다. 또 편물에 다른 색깔 실을 짜넣듯이 끼우기만 하여 격자무늬로 마무리할 수도 있습니다.

장식을 달 때는 단단히 고정합니다. 단, 편물을 얽어매거나 잡아당기거나 울게 하지 않도록 신경 씁니다. 넓은 면적에 아플리케를 할 때는 그 이외의 부분과 같은 신축성을 유지하도록 합니다.

부자재나 장식품 등의 부속은 먼저 스웨터 등에 임시로 바느질하여 배치를 확인한 후에 달아줍니다. 또 바탕이 되는 편물과 장식하는 부속의 세탁 방법이 다를 때는 떼어낼 수 있도록 해둡니다.

코드

트위스티드 코드는 뜨개실 다발을 서로 꼬아서 만듭니다. 굵기는 사용하는 뜨개실 굵기와 가닥 수에 따라 정해집니다. 실은 완성 치수의 3배씩 준비하고, 양 끝에서 각각 2.5cm 지점에서 묶습니다.

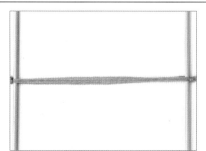

1 둘이서 할 때는 양 끝에 뜨개바늘 등 막대 모양 물건을 끼운다. 혼자서 할 때는 한쪽 끝을 문손잡이 등에 고정하고 다른 한쪽에 막대를 끼운다. 실에 단단히 꼬임이 생길 때까지 막대를 시계 방향으로 돌린다.

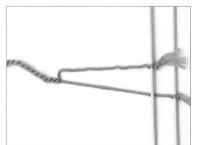

2 꼰 실은 단단히 잡아당긴 상태에서 반으로 접는다. 막대를 빼면, 꼰 실끼리 자연히 서로 꼬아진다.

아이코드는 양쪽 막대바늘로 뜬다. 3~5코를 잡고, *1단 겉뜨기, 뜨개코를 바늘의 왼쪽 끝에서 오른쪽 끝으로 옮긴다. 단의 끝에서 편물 안면에 걸쳐서 실을 단의 처음으로 끌어당긴다**. *~**를 반복하고, 원하는 길이가 됐으면 덮어씌워 코막음한다.

TECHNIQUE

통 모양의 편물이 생기는 스풀 니팅

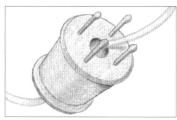

1 도구는 시판하는 제품 외에 나무 실패에 작은 못을 4개 박아서 만들 수도 있다. 먼저 중심의 구멍에 실을 통과시킨다.

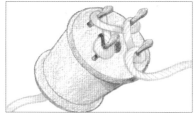

2 각 못에 실을 반시계 방향으로 감고 단단히 당긴다.

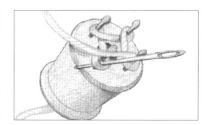

3 1번째 못에 실을 얹고, 돗바늘이나 코바늘로 처음에 감은 실을 얹은 실에 덮어씌우고 못에서 뺀다. 2번째 이후의 못도 아래로 나온 실을 당기면서 같은 방법으로 뜬다.

4 뜨개 끝은 뜬 코를 왼쪽 옆의 못에 옮기고, 돗바늘로 아래 코를 위 코에 덮어씌우고 못에서 뺀다. 못에 걸린 코가 1코가 될 때까지 이 순서를 반복한다.

프린지

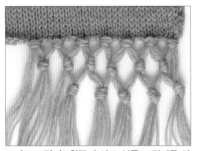

심플 프린지/ 프린지 길이의 2배에 매듭분을 더해서 자른 실 다발을 반으로 접는다. 편물 안면에서 코바늘을 넣고 실 다발을 걸어서 끌어낸다. 만들어진 고리에 실 다발의 끝을 통과시켜서 당긴다. 마지막에 실꼬리를 고르게 자른다.

노티드 프린지/ 왼쪽 순서로 심플 프린지를 만든다(다시 매듭을 만들기 때문에 그만큼 실을 길게 준비해둔다). 각 프린지의 실 가닥 수의 반을 옆 프린지의 반과 합쳐서 매듭을 만든다.

니티드 프린지/ 1. 가로 방향으로 떠서 프린지를 만드는 방법. 먼저 프린지의 완성 길이의 약 5분의 1 길이만큼 기초코를 잡는다. 프린지 너비가 될 때까지 가터뜨기를 띠 모양으로 뜨고, 처음의 4~5코를 덮어씌워 코막음한다.

2. 나머지 뜨개코는 풀어서 프린지를 만든다. 이 프린지의 끝은 그대로 고리 상태로 해도 되고 잘라도 좋다. 가터뜨기 보더에 프린지를 달아 옷에 장식한다.

태슬

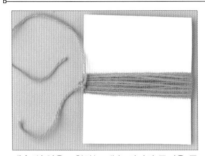

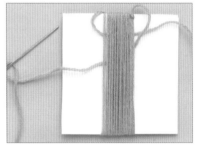

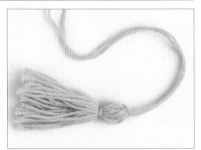

태슬(심 있음)/ 원하는 태슬 길이의 두꺼운 종이에 털실을 감는다. 자른 실을 두꺼운 종이와 실 사이에 통과시키고, 두꺼운 종이의 한쪽 끝에서 다른 한쪽의 끝과 묶는다. 한쪽 실꼬리는 밑동에 감을 실 분량을 남겨둔다.

묶은 쪽과는 반대쪽 끝에서 실을 잘라서 벌린다. 남겨 둔 긴 쪽의 실꼬리를 태슬의 위 끝에 감고(짧은 쪽의 실꼬리는 태슬에 보탠다), 위 사진처럼 실을 위에 통과시킨다. 마지막에 아래 끝을 고르게 자른다.

태슬(심 없음)/ 털실꼬리를 각각 30cm 정도 남기고, 원하는 태슬 길이의 두꺼운 종이에 실을 감는다. 돗바늘을 사용하여, 양쪽 실꼬리를 첫 고리에 묶고 실꼬리를 실 다발 밑에 통과시킨다. 단단히 당겨서 위 끝에서 묶는다.

아래 끝을 잘라서 벌리고, 위 끝에서 약 2cm 지점을 쥐고 실꼬리 2가닥을 밑동에 감는다(한쪽은 시계 방향, 다른 한쪽은 반시계 방향). 이 실 2가닥을 돗바늘에 꿰어, 감은 실 아래에서 꼭대기 부분으로 뺀다.

폼폼

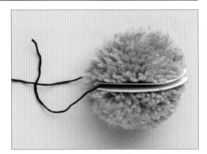

폼폼은 코드의 끝, 모자나 후드, 아동복의 장식에 사용할 수 있으며 간단하게 만들 수 있습니다.

1 먼저 만들고 싶은 폼폼 크기에 맞춰서 원형으로 자른 두꺼운 종이를 2장 준비한다. 한가운데를 도려내고 가장자리를 파이 모양으로 자른다.

2 두꺼운 종이 2장을 맞대고 털실을 단단히 감는다. 다 감았으면 두꺼운 종이의 바깥둘레를 따라서 자른다.

3 두꺼운 종이 2장 사이에 실을 끼워서 묶고, 두꺼운 종이를 빼낸 다음에 폼폼을 가위로 고르게 다듬는다.

니트웨어 손질법

Caring For Knitwear

세탁

니트 세탁과 보관

니트 옷을 오래 입으려면 뜨는 법과 비슷할 정도로 올바른 손질도 중요합니다. 꼼꼼하게 시간을 들여서 손질합니다. 섬유에는 각각 맞는 손질이 필요합니다. 이를 위해서 취급 방법이 기재된 실의 라벨을 보관해두거나 세탁 표시를 옷에 달아두면 편리합니다.

세탁 준비

세탁이 불가능한 부자재나 장식이 달려 있을 때는 사전에 떼어내고, 보수해야 할 곳은 수선해서 세탁에 대비합니다.

카디건 모양이 망가지는 것을 막으려면 주머니 입구나 단춧구멍에 시침질을 하여 막아둡니다. 그리고 얼룩이 없는지 확인합니다. 얼룩을 발견했을 때는 다른 색깔 실로 그 부분을 둘러싸듯 표시해 둡니다. 스웨터 치수가 세탁 후에 변하지 않는 것을 확인하기 위해 간단한 그림에 전체 길이, 몸 너비, 어깨너비, 소매 길이, 소매 너비 등 주요 부분의 치수를 적어둡니다.

손빨래

대다수 섬유는 올바른 방법으로 손빨래하면 펠팅되거나 줄어들지 않습니다. 펠팅이나 줄어드는 3가지 요인은 마찰, 교반, 열입니다. 물은 상온이나 미지근한 물을 사용하고, 세탁과 헹굼에서 같은 온도를 유지합니다. 큰 통 등에서 1벌씩 빨고 그때마다 물을 바꿉니다. 니트를 물에 넣기 전에 가루비누나 중성세제, 울 전용 세제를 물에 녹여둡니다. 비누가 잘 안 녹는 것 같으면 따스한 물로 녹여 두지만, 니트를 빨기 전에는 물 온도를 내리고 세제를 너무 많이 넣지 않도록 주의합니다.

니트는 평평한 상태로 물에 담가서 부드럽게 눌러서 뺍니다. 비틀거나 휘젓거나 문지르지 마세요. 그리고 잠깐만 담가둡니다.

세탁기 사용하기

니트를 세탁기로 빨기 전에는 주의가 필요합니다. 먼저 실의 라벨을 읽습니다. '슈퍼워시 가공'이라고 적혀 있으면 세탁기로 빨 수 있습니다. 세탁기의 '합성섬유'나 '고급 의류 세탁' 코스를 선택하고, 물 온도 설정이 가능하다면 온도는 낮게 설정하여 세탁합니다.

나머지는 손빨래와 마찬가지로 온수로 비누를 녹여두고, 물 온도가 내려간 다음에 옷을 집어넣습니다.

헹굼

헹구지 않아도 되는 울 전용 세제 이외에는 몇 번 반복하여 헹궈서 니트에 세제가 남지 않도록 합니다. 헹굼은 물이 흐려지지 않을 때까지 합니다. 세면대에 샤워기가 달려 있을 때는 샤워기를 사용해서 헹궈도 상관없습니다. 옷이 머금은 수분은 짜지 말고, 우선 세면대나 통에 눌러서 수분을 뺍니다. 아직 수분을 포함한 의류를 들어올릴 때 늘어나지 않도록 반드시 양손으로 아래에서 받치면서 들어올리도록 합니다.

TIP

스웨터를 오래 가게 하는 법

스웨터 세탁법이 고민스럽다면 게이지 스와치로 시험해봅니다. 스와치는 손상되더라도 나중에 다시 떠서 다른 것을 실험할 때 사용하는 등 사용할 데가 있지만, 스웨터가 손상되어 버리면 되돌릴 수 없습니다.

· 울 스웨터에 묻은 얼룩은 금방 알기는 힘듭니다. 스웨터를 자주 빨기보다 중성세제로 부분 세탁을 합니다. 이런 처치를 하면 얼룩이 섬유에 스며들어서 빼기 어려워지는 문제를 막을 수 있습니다.

· 자신만의 라벨을 만들어서 조성이나 취급 암호(예를 들어 'MW'는 'machine washable' 세탁기 사용 가능 등)를 기입해둡니다. 라벨용 테이프에 지워지지 않는 펜으로 암호를 써서, 완성된 스웨터에 달아놓습니다.

· 수선 대비를 해둡니다. 스웨터에 사용한 실을 소량 감아둡니다. 스웨터를 빨 때는 감아 둔 실을 스웨터 옆선 등에 고정하여 같이 빨아서 스웨터와 실 상태를 똑같이 만들어둡니다.

· 작품 노트를 만들어둡니다. 각 작품의 실 라벨이나 게이지 스와치를 붙이고, 올바른 취급법 등에 관해 메모해 둡니다. 계절에 따라 옷을 바꿔 넣을 시기 등에 참고가 됩니다.

게이지 스와치 **159~162**   도식화 **157~158, 171**   라벨 **13**

건조와 블로킹

니트는 되도록 단시간에 건조시키는 것이 중요합니다. 장시간 수분을 머금은 상태로 두면 곰팡이가 필 가능성이 있습니다. 특히 두꺼운 면은 신경써야 합니다.

세탁한 뒤에 수분을 더 제거하려면 의류를 조심스럽게 수건 사이에 끼워서 둘둘 맙니다. 이 작업을 몇 번 반복합니다. 또 수건으로 싼 니트를 세탁기에서 탈수하여 여분의 수분을 제거할 수도 있습니다. 어떤 니트라도 흡습성이 높은 수건 위에서 **평평하게 놓고 말립니다.** 세탁했으면 건조시킬 장소를 만듭니다. 예를 들어 침대 위에서 말린다면 먼저 비닐 등으로 침대를 덮습니다. 블로킹하는 장소 등에 관해서는 11장을 참고하세요.

건조용 망(또는 깨끗한 상태의 방충망 등)을 의자 2개 사이나 욕조 위에 걸쳐놓고, 공기가 통하게 한 상태에서 망 위에 수건과 니트를 놓고 말리는 방법도 있습니다. 건조시키면서 상태를 봐서 니트를 뒤집습니다. 밑에 깐 수건을 도중에 교환하면 건조 시간이 단축됩니다. 단, 직사일광이나 열에는 닿지 않도록 주의합니다.

말릴 때는 도식화의 치수를 바탕으로 하여 필요에 따라서는 핀을 꽂아서 모양을 정리합니다. 겉면을 매만져서 주름을 폅니다. 블로킹하면 다림질은 불필요해지지만, 필요하다고 느꼈을 때는 신중히 다림질합니다. 다리미의 스팀을 활용하여, 다림면을 위아래로 움직이며 부드럽게 다립니다. 다림면을 누르고 왕복하면, 섬세한 섬유가 손상됩니다.

건조기를 사용할 때는 반드시 설정을 저온이나 '섬세한 의류'에 맞추고 금방 꺼냅니다. 완전히 마르기 전에 꺼내서 공기를 쐬고 평평한 상태로 놓고 말려도 좋습니다.

건조기에서 빨리 건조시키는 동시에 옷을 보호하려면 말린 수건을 몇 장 함께 넣습니다. 마르는 상태를 확인하면서 돌립니다. 또 옷을 건조기에 넣기 전에 스와치로 시험해보는 것을 추천합니다.

모헤어 등 기모 섬유는 세탁·건조하면 기모의 부푼 상태가 눌려버릴 때가 있습니다. 스웨터를 평평하게 펴서 말린 뒤에 섬유를 부풀리려면 건조기에서 1, 2분 돌리는 것이 효과적입니다. 그때 설정 온도는 낮게 해둡니다.

실 재사용하기

실을 재사용하려면 먼저 편물을 풀어서 실을 볼 형태로 감습니다. 실의 약해진 부분은 제거합니다.

1 반드시 코막음한 가장자리에서부터 풀기 시작한다. 실은 일단 볼 모양으로 감고 나서 타래로 다시 감는다.
2 실을 쓰기 편하게 하기 위해서 꼬인 부분 등은 풀고, 타래를 합쳐서 묶은 뒤에 적신다.
3 타래를 매달아 말려서 구불거림을 편다.

❶

❷

❸

게이지 스와치 **159~162**   도식화 **157, 171**

블로킹 **184~187**

개는 법과 보관하는 법

니트를 수납하기 전에 주름이나 수선이 필요한 부분은 없는지 확인합시다. 니트는 깨끗한 상태에서 접어서 수납합니다. 그리고 언제나 평평하게 유지하고, 되도록 틈을 두어 수납합니다.

계절마다 옷을 바꿔 넣을 때, 스웨터는 얇은 종이로 여유 있게 싸서 공기가 통하도록 해둡니다. 칼라에 얇은 종이를 대서 모양이 무너지는 것을 방지해도 좋습니다.

수납하기 전에 스웨터는 방충 대책이 필요한 것인지 아닌지 구분해 둡니다. 벌레는 더러움이나 기름기, 동물성 단백질에 접근합니다. 면이나 합성섬유 실은 벌레의 피해를 입지 않습니다. 울에 포함된 라놀린 등 천연 유지를 포함한 스웨터는 벌레가 먹기 때문에 특히 신경을 씁니다. 스웨터를 드라이클리닝한 후에는 비닐을 벗깁니다. 공기가 닿으면 화학약품 냄새를 제거할 수 있습니다.

표준적인 스웨터

1 스웨터 앞판을 아래로 가게 놓고, 몸판 옆선을 등 중심에 맞춰서 접는다. 소매도 같이 접는다.

2 소매를 아래로 가게 접는다. 반대쪽 몸판과 소매도 같은 방법으로 접는다.

3 앞판이 위에 오도록 위아래를 반으로 접는다.

두꺼운 스웨터

1 스웨터 앞판을 아래로 가게 놓고 소매를 한 쪽씩 몸판 쪽으로 접는다.

2 터틀넥은 목 부분도 몸판 쪽으로 접는다.

3 몸판의 아래 절반을 접어 올린다. 사진은 접은 뒤에 앞판이 앞으로 오도록 뒤집은 상태.

인덱스

인덱스

16코×24단=10×10cm

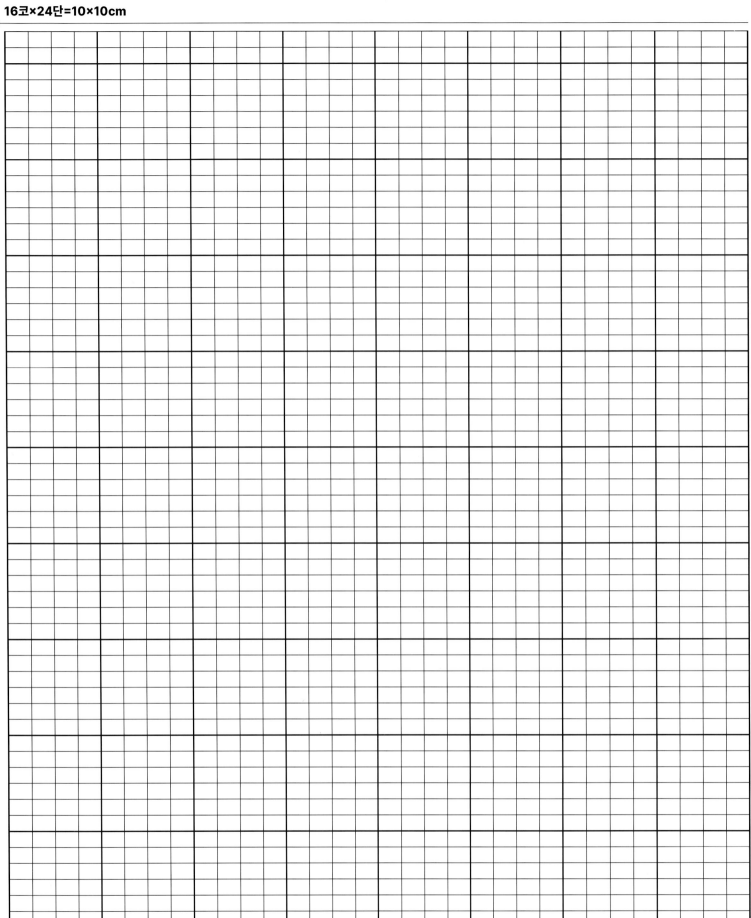

뜨개용 그래프용지

※ 개인적으로 이용할 때만 복사 가능. 상업적 이용은 금지합니다.

니터용 모눈용지 KNITTER'S GRAPH PAPER

17코×25단=10×10cm

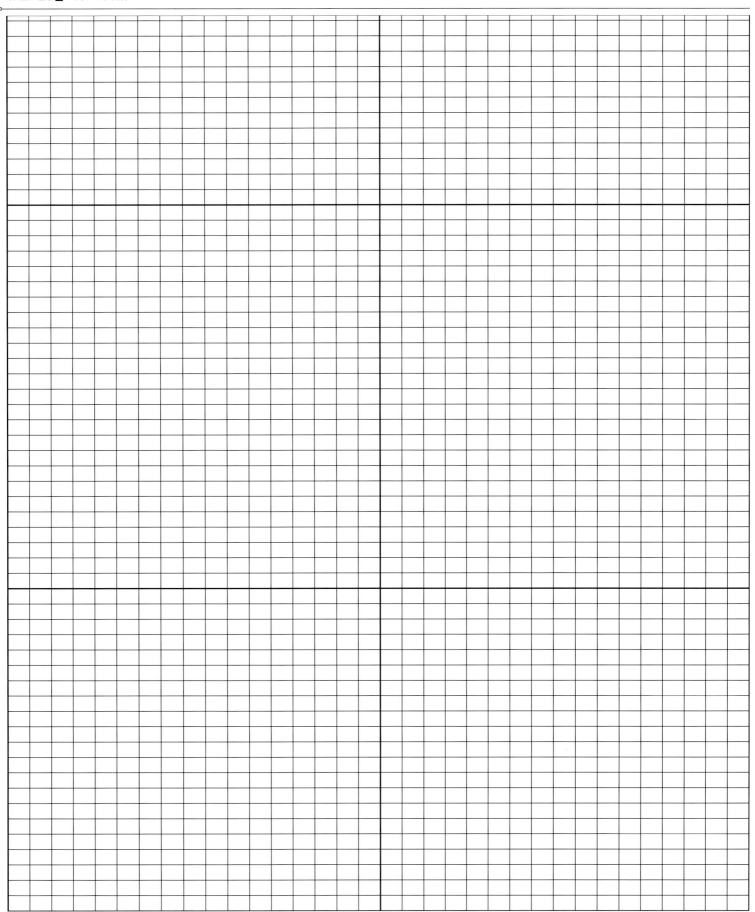

18코×28단=10×10cm

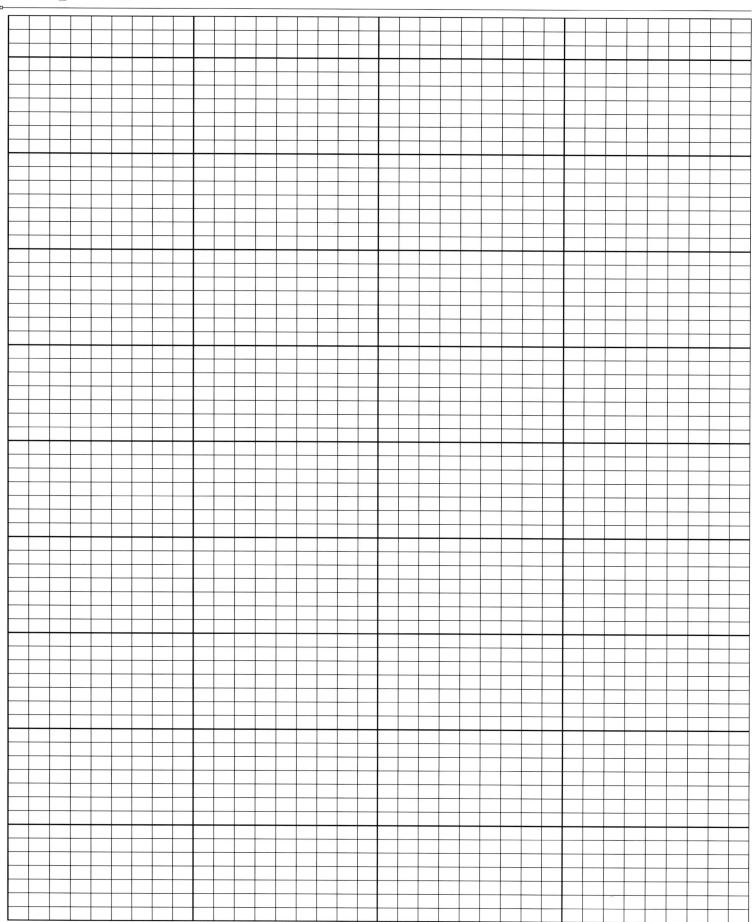

뜨개용 그래프용지

20코×28단=10×10cm

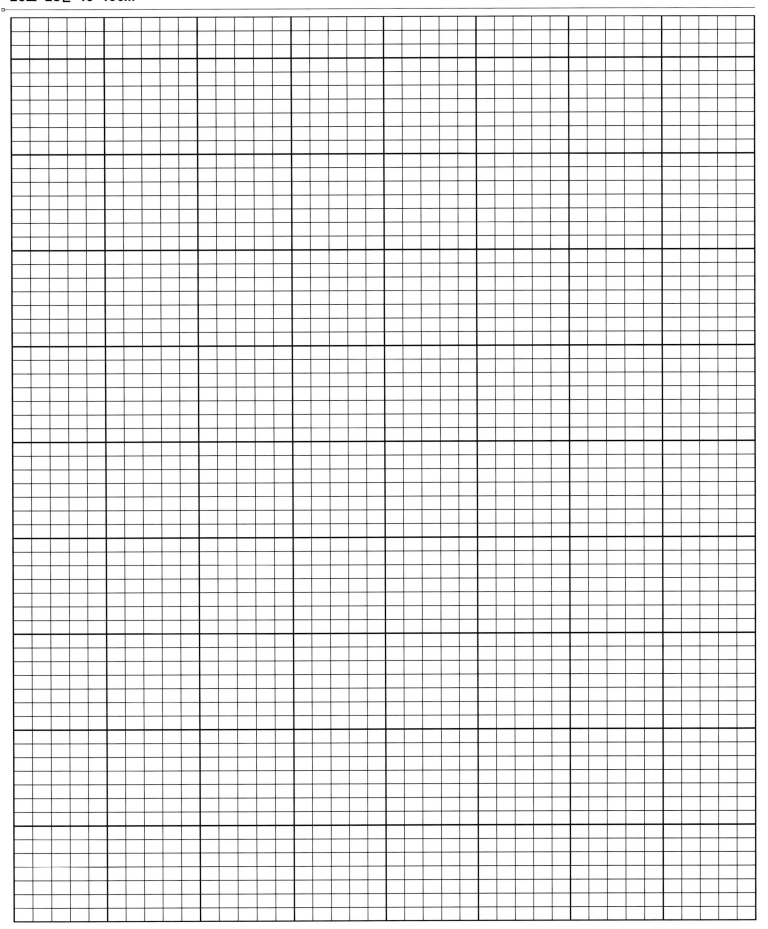

23코×30단=10×10cm

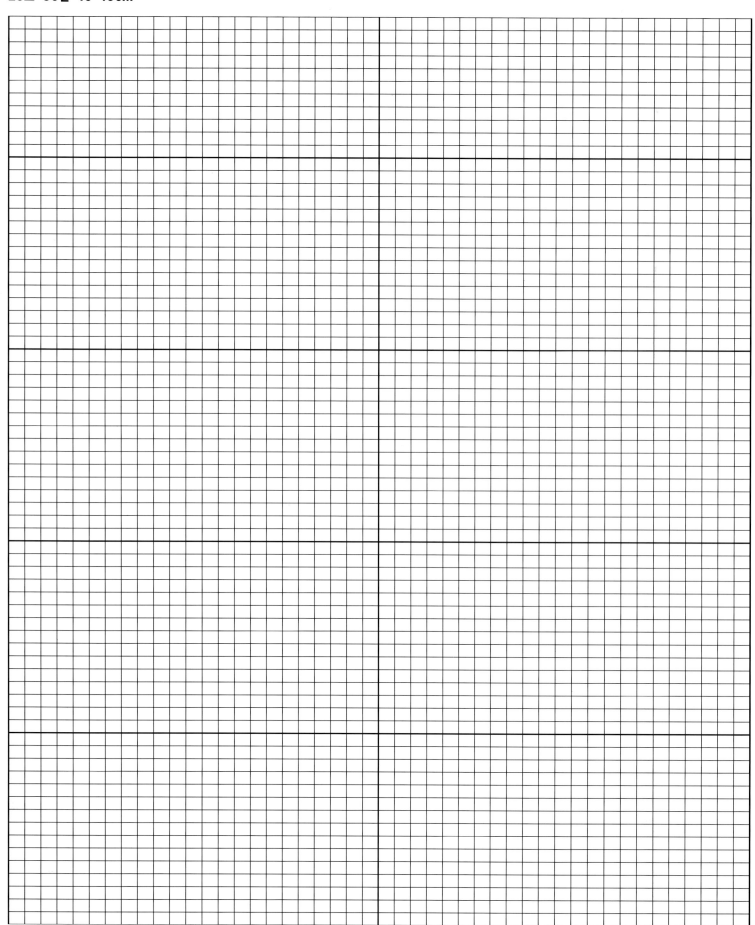

뜨개용 그래프용지

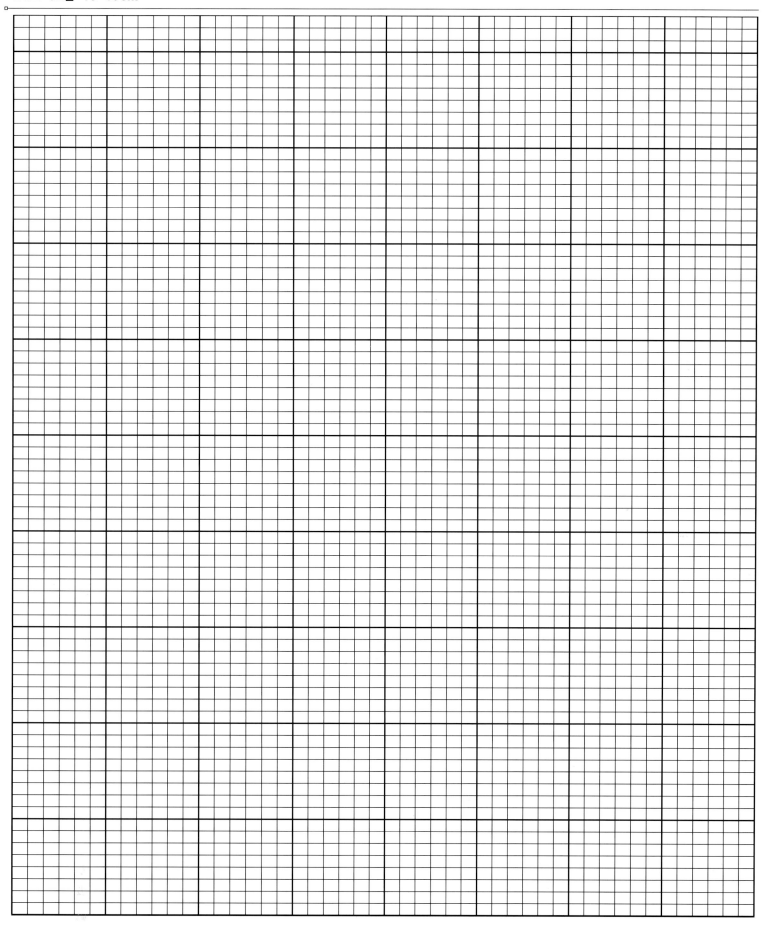

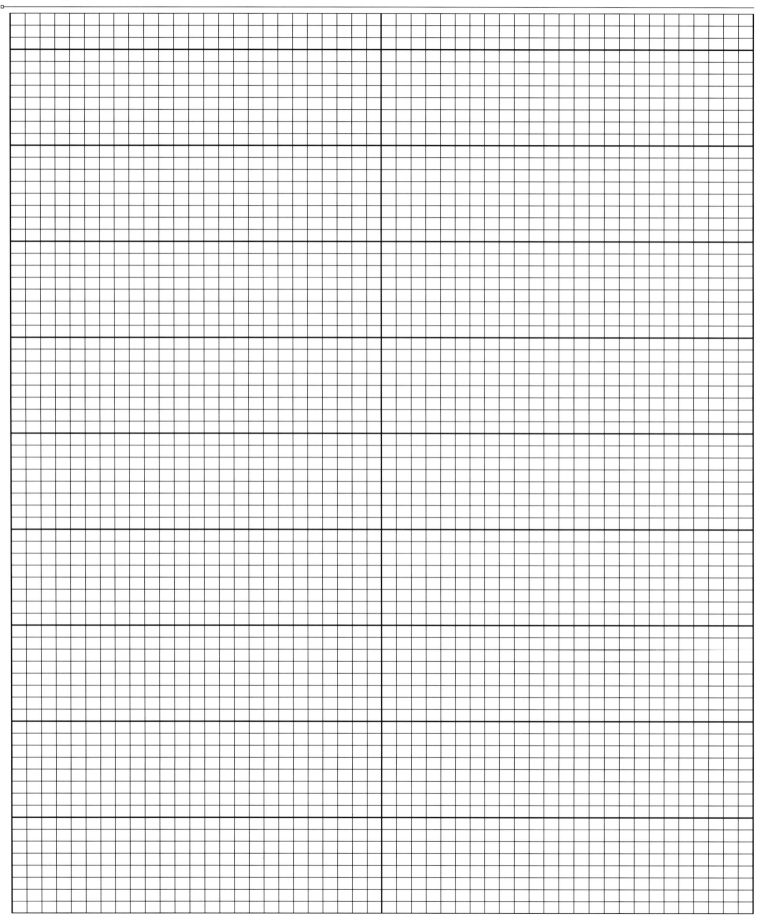

32코×40단=10×10cm

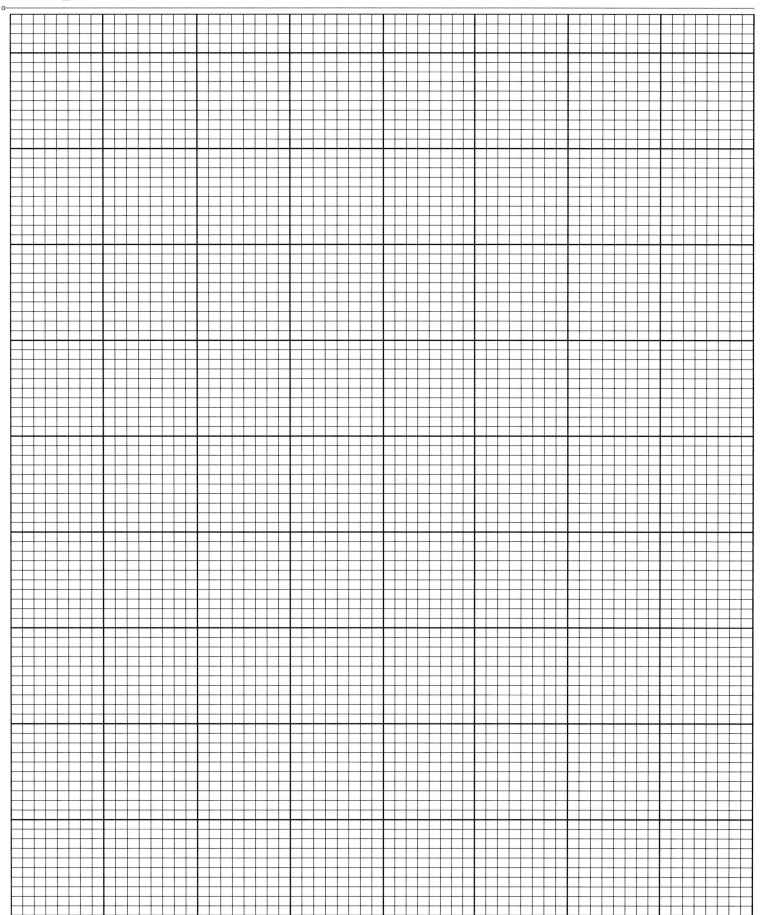

대바늘 뜨개 대백과

1판 1쇄 인쇄 | 2024년 11월 18일
1판 1쇄 발행 | 2024년 11월 28일

지은이 보그 니팅 매거진 편집부
옮긴이 남궁가윤, 서효령
감수 한미란
펴낸이 김기옥

실용본부장 박재성
편집 실용2팀 이나리, 장윤선
마케터 이지수
지원 고광현, 김형식

디자인 푸른나무디자인
교정 정인경(인스튜디오)
인쇄·제본 민언프린텍

펴낸곳 한스미디어(한즈미디어(주))
주소 04037 서울시 마포구 양화로 11길 13(서교동, 강원빌딩 5층)
전화 02-707-0337 | 팩스 02-707-0198 | 홈페이지 www.hansmedia.com
출판신고번호 제 313-2003-227호 | 신고일자 2003년 6월 25일

ISBN 979-11-93712-61-0   13590

니트의 가장 근사한 점은 새로운 발견이나 변형이 무한하다는 것입니다.
우리 니터들에게 정말 행운이라고 생각하지 않나요?

- 엘리자베스 짐머만, 《대바늘 뜨개 대백과》(1989)에서